KB108138

자발적 진화

〈패러다임의 전환 총서〉를 내면서

자신과 이 우주를 입자의 집합체로 인식하는 입자적 우주관이 아직도 세상을 지배하고 있습니다. 무한경쟁과 갈등과 폭력과 불평등과 환경재앙 등 현대사회가 직면한 모든 파국적 문제는 우리 존재의 본질이 낱낱이 분리된 입자라고 생각하는 케케묵은 우주관에 뿌리박고 있습니다.

그러나 홀로그램 모델이 시사하듯이 입자적 우주관은 인간이 한정된 지각능력의 작은 틈새를 통해 우주를 내다볼 때 일어나는 착시현상에서 비롯된 것임이 분명합니다. 깊은 차원에서 들여다보면 입자 우주는 춤추는 파동의 간섭무늬가 만들어내는 그림자, 홀로그램 입체상일 뿐입니다.

파동의 차원에서는 부분이 곧 전체여서 분리라는 개념이 존재하지 않습니다. 우주는 천의무봉天衣無縫, 꿰맨 데 없는 하나의 전일체여서 이것을 인식하지 못하는 인간에게만 온갖 불가사의와 초자연현상이 이해되지 않는 수수께끼로 남아 있는 것입니다.

〈패러다임의 전환 총서〉*는 이 새로운 우주관에 대한 이해를 일반에 진작시키고, 그 앎을 각자의 삶 속으로 가져가는 방법론들을 소개함으로써 태동하는 새로운 우주관이 펼쳐낼 새 시대를 맞이하기 위한 기틀을 닦고자 합니다.

* 〈파동의 세계 총서〉를 〈패러다임의 전환 총서〉로 이름을 바꿉니다.

패러다임의 전환 총서 2

자발적 진화

인류의 경이로운 미래상을 펼쳐 보여주는
신생물학의 거대담론

브루스 립튼, 스티브 베어맨 공저 | 이균형 옮김

정신세계사

옮긴이 이균형은 1958년생으로 연세대학교 전기공학과를 졸업했다. 총각 시절 정신세계에 입문한 이래로 줄곧 의식현상을 탐구하는 한편 해외의 관련서적들을 번역 소개해왔다. 옮긴 책은 《인도 명상 기행》《홀로그램 우주》《깨달음 이후 빨랫감》《웰컴투 오로빌》《깨어나세요》《한 발짝 밖에 자유가 있다》《우주가 사라지다》 등 수십 권이 있다.

Spontaneous Evolution
by Bruce, H. Lipton and Steve Bhearman

패러다임의 전환 총서 2

자발적 진화

ⓒ 브루스 립튼, 스티브 베어맨, 2009

브루스 립튼과 스티브 베어맨 짓고, 이균형 옮긴 것을 정신세계사 정주득이 2012년 6월 29일 처음 펴내다. 편집부장 김우종이 다듬고, 김윤선이 꾸미고, 경운출력에서 출력을, 한서지업사에서 종이를, 영신사에서 인쇄를, 우진제책에서 제본을, 영업 및 기획실장 김영수, 하지혜가 책의 관리를 맡다. 정신세계사의 등록일자는 1978년 4월 25일(제1-100호), 주소는 03965 서울시 마포구 성산로4길 6 2층, 전화는 02-733-3134, 팩스는 02-733-3144, 홈페이지는 www.mindbook.co.kr, 인터넷 카페는 cafe.naver.com/mindbooky 이다.

2022년 11월 4일 펴낸 책(초판 제4쇄)

ISBN 978-89-357-0359-3 03400

《자발적 진화》에 대한 찬사

"《자발적 진화》는 우리 모두가 기다려왔던 생명의 지도다! 브루스 립튼과
스티브 베어맨은 탄탄한 과학과 영적 유머를 적절히 배합하여 동터 오르고 있는
새로운 문명을 신선한 전일적 시각으로 조망해준다. 이들은 무너지고 있는 경제와
종교적 극단주의 너머로 우리를 이끌어, 그런 혼란이 분열된 행성의 비극적
종말이 아니라 목하 진행되고 있는 어떤 과정의 자연스러운 한 단계임을
깨우쳐준다. 이 전체 도면을 보고 나면 더 나은 삶과 더 나은 세상을 위한 우리의
선택은 분명해질 것이다. 우리의 삶과 역사와 문명의 배움은 이 선구적인
책으로부터 비롯되어야 하리라. 나는 이 책이 너무 좋다!"

— 그렉 브레이든, 뉴욕 타임즈 베스트셀러 《디바인 매트릭스》와 《프랙탈 시간》의 저자

"이 강력한 한 권의 책에 담겨 있는 메시지는
세상을 바꿔놓을 만한 잠재력을 지니고 있다."

— 디팍 초프라, 《제3의 예수》의 저자

"이 지혜롭고 의미심장한 책은 인류가 처한 곤경과 암울한 미래 앞에
낙담해 있는 모든 사람을 깨워줄 강력한 처방을 담고 있다."

— 의학박사 래리 돗시, 《예감의 힘》의 저자

"《자발적 진화》는 인류의 운명에 대한 가슴 뜨거운 전망으로 세상을
바꿔놓을 책이다. 최신 과학의 발견들을 근거로 서술되는 이 이야기는
우리로 하여금 건전한 정치체제와 지속가능한 경제와 조화로운 사회의 큰 청사진
속에서 각자가 떠맡아야 할 책임에 주목하게 만든다."

— 톰 하트만, 《고대의 태양빛, 그 마지막 시간》의 저자

"《자발적 진화》는 지극히 중요한 메시지를 담고 있는 위대한 책이다.
게다가 이 책은 창조적인 진화의 길을 설한다. 자연의 이치에 대한 이 책의
지혜로운 가르침을 이해하고 체득한다면 우리는 우리가 의도하는 미래를 스스로
창조해낼 수 있다. 이 전적으로 새로운 스토리로부터 동터 오르는 미래는
너무나도 매혹적이어서, 나는 이 책이야말로 더 큰 사랑, 드높은 생명,
더 창조적인 '지금'에 대한 우리 가슴속 진정한 소망을 성취할 수 있도록
우리의 힘을 북돋아주리라고 믿는다."

— 바바라 막스 허바드, 의식 진화 재단(Foundation for Conscious Evolution)의 창립자

"《자발적 진화》는 과학과 진화론과 영적 의식을 집대성한 재기에 빛나는
역작으로, 우리가 처해 있는 작금의 지구적 상황과, 이런 세상을 수리하기 위해
우리가 어떻게 나아가야 할지에 대한 독보적 시각의 설명을 제공한다. 이 책은
우리가 개인으로서, 그리고 하나의 지구촌 정치경제 시스템으로서 살아남기
위해서는 하루빨리 진화해 나가야만 함을 감지하고, 우리를 지구적 재앙으로부터
탈출시켜줄 행성 도약의 경로를 그려 보여준다."

— 랍비 마이클 러너, 〈틱쿤Tikkun〉의 편집자, 종교 간 진보영성 네트워크 의장, 《신의 왼손》의 저자

어머니이신 땅, 아버지이신 하늘,
그리고 모든 성충成蟲세포들에게 바칩니다.

차례

역자 서문

참 좋은 책이다, 정말 좋은 책이다. 역자 서문에서 삼가야 할 종류의 표현임을 알면서도 나오는 말이다. 이 책에는 이제껏 아무도 상상하지 못했던, 가슴 벅차도록 찬란한 우리의 미래상이 담겨 있다. 그리고, 그것은 못 말리는 낙천주의자의 백일몽이 아니라 첨단과학의 새로운 전망이다.

무슨 말인가? 사방을 아무리 둘러봐도 온통 암울하기만 한 이 현실을 보고서 하는 말인가? '생존투쟁'의 현장에서 우리는 모두가 제 먹고살 궁리에만 급급하다. 운이 좋아서 가외로 약간의 욕망을 채울 수 있다면 그것을 존재의 작은 의미로서 붙들고 자위할 수 있을 뿐이다. 양극의 대립과 구조적 모순 속에서, 사회는 개인을 보호해주지 못하고 개인은 사회를 바꾸지 못한다. 우주선 지구호는 곳곳에 고장이 나고 있는데 선장은 없고, 연료마저 바닥을 드러내고 있다. 아무래도 우리는 곧 추락할 것만 같다.

맞다. 현실은 그렇다. 그러나 그것은 구시대 패러다임의 비좁은 틈새를 통해 내다본 '현실'이다. 새로운 패러다임의 넓은 시야로 바라보면, 달리 보인다. 그것도 완전히.

새로운 생물학은, 진화는 프랙탈을 품고 있는 카오스 현상이어서 임의적인 것처럼 보이는 표면적 현상의 배후에는 분명한 의도와 목적이 감춰져 있으며, 불연속적이라고 말한다. 그것은 완만한 경사길에 깔린 계단을 오르는 것과도 같다. 같은 칸에서 앞으로 나아가는 동안은 시야에 큰 변화가 느껴지지 않는다. 그러다 다음 칸으로 올라서면 시야가 한층 높아지면서 보이지 않던 새로운 전망이 펼쳐져 보이는 것이다.

그러니 결과가 눈에 잘 띄지 않는 것일 뿐, 같은 칸을 전진하는 것은 헛수고가 아니다. 그것은 잠재에너지를 꾸준히 누적시킨다. 그것은 양자 도약과 같다. 일정한 임계치에 이르면 그 누적된 에너지가 폭발하여 우리를 도약시키는 것이다.

여기에 희소식이 있다. 언뜻 보면 캄캄한 나락으로 곤두박질치고만 있는 것 같은 우리의 세상도 사실은 현재에 이르기까지 같은 칸을 꾸준히 전진해온 것이란 말이다. 그리고 가이아의 전두엽 피질인 정보통신망이 기하급수적인 속도로 촘촘히 퍼져가면서 99퍼센트의 세포들을 새로운 패러다임 속으로 일깨우고 있는 지금, 그 계단이 저 앞에 바라다보이고 있다. 바야흐로 도약을 준비할 때다.

달리 말해서 지금, 애벌레로 태어났던 우리 인간은 바야흐로 나비, 곧 인류라는 초생물로 변신하기 위해 어두운 고치 속에서 호된 통과의례를 치르고 있다는 것이 신생물학이 전하는 가슴 뛰는 소식이다. 누적되고 있는 에너지는 폭발의 조건을 기다린다. 그 조건이 무엇인지, 우리가 무엇을 어떻게 해야 하는지를, 유일하게 가능하고 유일하게 확실하고, 게다가 너무나 매혹적인 그 길을 이 책이 보여준다.

그러나 다시 말하지만 이것은 망상이 아니다. 인간은 생물이다. 가이아도 생물이다. 이 우주도 진화해가는 초생물이다. 그러니 행여나 종교도 철학도, 아니, 물리학도 아닌 제깟 생물학이 무슨 거대담론을 설한답시고 나서느냐고 얕보진 말라. 이것은 수십억 년 생명 진화의 역사가 역설해 보여주는 길이다. 인간의 몸으로 진화한 50조 단세포 생물들의 공동체가 가르쳐주는 지혜다.

저자들은 '프랙탈 진화론'이라는 거시적이고 혁명적인 통찰을 통해 인류가 '자발적으로' 진화해가야 할 분명한 길을 보여주고, 경이로운 효율과 조화를 이룩해낸 50조 세포공동체의 살아있는 본보기 속에 70억 인간공동체가 직면해 있는 정치적, 경제적, 사회적, 생태적 위기를 타파할 검증된 해법이 숨겨져 있음을 깨우쳐준다.

서로 싸우는 양극을 한 쌍의 멋진 무용수로 변신시키는 놀랍고 감동적인 대안해법의 사례들은 바로 개체인 동시에 전일체인 세포들이 웅변하여 가르치는 전일적 패러다임의 산물이다. 그리고 이것이야말로 신생물학이 밝혀주는 홍익인간 이화세계弘益人間 理化世界의 밑바탕이니, 깨어나고 있는 99퍼센트의 성충세포들과 우리 사회 각 분야의 가슴 열린 리더들에게 이 책이 희망과 영감靈感의 보고寶庫가 되어줄 것을 의심치 않는다.

2012년 봄
옮긴이 이균형

사족 미국인 저자들이 쓴 책이라서 한국인의 귀에 잘 들어오지 않거나 지루하게 느껴지는 대목도 있을지 모르지만, 그럴 때는 부디 손을 놓기보다는 건너뛰기를 택해서, 그런 사소한 이유 때문에 모르면 손해일 이 환희롭고 장엄한 메시지를 놓치는 불행을 사지는 마시길….
www.cafe.naver.com/mindbooky에서 저자를 동영상으로 만나볼 수 있다.

한국어판 출간에 부쳐

새로운 친구들에게,

우리의 책 《자발적 진화》(Spontaneous Evolution: Our Positive Future and a Way to Get There from Here)가 한국에서 출판된다니 영광스럽고 또한 시의적절하게 여겨집니다.

지난 60여 년 동안 한국민들은 뜻하지 않게 분단국가의 고초를 겪어 왔습니다. 어떤 의미에서 이것은 타인에 대한 두려움이라는 무의식 속의 터무니없는 프로그램이 일으키는 지역과 집단과 민족 사이의 갈등으로 사분오열되어 있는 지구의 정세를 상징합니다.

《자발적 진화》의 가장 중요한 메시지 중 하나는, 이제는 현대과학도 고대의 지혜가 수천 년 동안 가르쳐온 내용에 화답을 보내고 있다는 사실입니다. 즉 우리는 서로 하나로 연결되어 있다, 달리 말해서 우리는 모두가 '인류'라는 한 생명체 속의 세포들이라는 것이지요. 이제 과학은, 자연의 본성은 경쟁이 아니라 협력이어서 진화는 언제나 더욱 고도화된 의식과 한층 더 밀도 높은 연결망을 탄생시킨다는 사실을 깨우쳐주고 있습니다.

경제사에서부터 생태문제와 개인사와 정치사에 이르기까지 오늘날이 세계가 부딪혀 있는 온갖 난국은, 우리가 한시바삐 진화해가야만 할 운명이며 세상을 보고 느끼고 살아가는 새로운 방식, 곧 새로운 패러다임의 출현이 임박해 있음을 알려주는 징후입니다. 낡은 것이 더 이상 버텨내지 못하면 새로운 것이 모습을 드러내게 마련이지요.

한 종으로서, 하나의 세계로서 우리가 서 있는 현위치를 가장 잘 설명해주는 것은 아마도 나비로 변태하는 애벌레의 비유일 것입니다. 애벌레는 매우 '성공적인' 생명체입니다. 왕성한 식욕으로 잎을 갉아먹는 애벌레는 그 몸속의 원기왕성한 세포들 사이의 '번영하는 경제'를 연상시킵니다. 그런데 어떤 시점에 이르자 이변이 일어납니다. 애벌레가 시들시들 기운을 잃고, 세포들이 죽어가기 시작합니다. 한때 번영을 구가했던 '경제'는 마찰음을 내며 멈춰버리고, 혼돈이 덮쳐옵니다.

그러나 대자연의 지혜는 그런 겉모습보다 훨씬 더 멋지고 장엄한 계획을 품고 있습니다. 성충成蟲세포라 불리는 새로운 세포가 나타나기 시작하는 것입니다. 이 세포들은 나비라는 새로운 생명체의 첫 세포들입니다. 이 세포들은 서로 소통하고 연결을 지어가다가, 마침내는 나비가 되는 데 필요한 어떤 임계상태에 도달합니다.

그런데 여기, 실로 놀라운 사실이 있습니다. 애벌레와 나비는 정확히 동일한 DNA를 지니고 있다는 점입니다. 그들은 하나의 동일한 생물인 것입니다. 달라진 것은 그들이 수신하고 있는 신호뿐입니다. 우리도, 새롭게 출현하고 있는 '인류'라는 생명체의 인간성충세포인 우리도 또한 서로 소통하고 서로 연결을 맺어가고 있습니다. '우리는 한몸이야'라고 말하는 새로운 신호를 우리도 수신하고 있는 것입니다.

《자발적 진화》가 여러분이 그 신호에 주파수를 맞추는 데 도움이 되어드리기를 빕니다. 그리하여 우리 지구 행성의 인간들이 애벌레 수준의 의식으로부터 장엄한 비행체의 의식을 갖추고 변신하여 상상 너머의 창공으로 높이 날아오를 수 있도록 말입니다.

평화로운 진화를 빌며,
스티브 베어맨과 브루스 립튼 박사

저자 서문

우리는 왜 이 책을 썼는가

안녕하세요, 저는 브루스 립튼입니다.

저는 스티브 베어맨입니다.

브루스: 우리의 새로운 책 《자발적 진화》(Spontaneous Evolution)를 읽고 계신 여러분, 반갑습니다.

저의 전작 《신념의 생물학》(Biology of Belief)● 은 우리의 태도와 감정이 우리의 생리와 생태와 유전적 발현에 어떤 영향을 미치는지를 밝히는 데에 주력했습니다. 그 책은 개인의 신념이 그의 개인적 현실에 영향을 미치는 메커니즘에 초점을 맞춘 것이지요. 하지만 그보다 더 깊은 공부거리가 남아 있으니, 그것은 한 문화권이나 사회의 집단적 신념 또한 우리의 개인적 생태와 행태에 영향을 미친다는 것입니다.

이 사회는 지금 우리가 지니고 있는 집단적 신념이 스스로에게 이롭지 못하다는 것을, 그리고 이 세계가 매우 위태로운 지경에 처해 있다는 사실을 깨닫기 시작하고 있습니다. 그래서 저는 신생물학과 여타 과학계의 통찰들을 우리의 사회적 신념에 적용시켜서, 우리가 직면해 있는 위협적인 상황에 대처할 방법에 관한 메시지를 전해야 할 때가 왔다고 생각했

● 국내에서는 《당신의 주인은 DNA가 아니다》라는 제목으로 출판됨. (두레 2011) 역주.

습니다.

이 책에서 저는 생태와 신념과 행태를 강조합니다. 하지만 이 메시지를 잘 이해시키기 위해서, 저의 친구 스티브 베어맨이 사회구조와 정치경제 또한 우리의 생태와 어떻게 결부되고 있는지를 설명해드릴 겁니다.

스티브: 저는 지난 22년 동안 코미디를 했습니다. 우주적 희극인 '스와미 비얀다난다'●의 스와미로 분장해서 말이죠. 코미디는 진실을 말하는 멋진 방식이고 레이더를 우회해서 마음의 방어벽을 뚫고 새로운 관점과 정보를 얻어내는 훌륭한 방법이지요.

하지만 스와미가 되기 이전에 직업인으로서 맡았던 저의 첫 번째 역할의 배경은 60년대 미국●●의 정치사회운동 분야였습니다. 저는 재래식 학교를 다니며 자란 아이들을 위해 워싱턴 D.C.에다 대안학교를 설립하는 일에 가담했었지요. 새로운 사상들이 출현하고 시험받던 이 시절은 정말 가슴 뛰는 시대였습니다. 하지만 많은 사람들이 실망 속에서 목격했듯이, 우리가 신봉했던 드높은 이상을 현실로 구현할 수 있을지를 점치는 그 실험의 중요한 대목들은 도처에서 좌초하고 있었습니다. 예컨대 공동체적 삶에 관한 한 세계적인 권위를 지닌 분을 만난 적이 있는데, 유감스럽게도 그는 그 누구와도 함께 어울려 살지를 못했습니다.

이상을 현실로 바꾸는 방법에 대해 내가 얼마나 무지했는지를 깨닫고 나서, 저는 심리학과 인격성장과 명상과 영성을 추구하는 25년의 여행길

● Beyondananda: 영어인 beyond(초월)와 산스크리트어인 ananda(영적 희열)을 합성하여 비베카난다, 요가난다 등 미국에도 잘 알려진 인도 구루(영적 스승)들의 이름을 패러디한 이름. 스와미swami는 힌두교의 영적 위인에게 붙는 경칭임. 이하 각 장의 서두에 인용된 '스와미 비얀다난다'의 말씀은 인간에 대한 예리한 통찰과 풍자가 담긴 스티브 베어맨의 유머다. 역주.
●● 미국의 60년대는 월남전을 배경으로 히피 세대의 반전, 반체제, 반문화 운동 속에서 대안문화가 대중적으로 실험되기 시작한 시대였다. 역주.

에 올랐습니다. 지난 7년 동안 저는 이런 생각들을 종합해서 '국가의 치유'라는 제목으로 책을 한 권 쓰고 싶은 생각에 늘 몸이 근질거렸습니다. 브루스를 만났을 때 저는 우리가 함께 이 계획을 실행해볼 수 있겠다고 생각했고, 그도 동의했습니다.

브루스: 의료계에서 일하다 보면 병원이 포기한 불치병을 선고받은 환자를 자주 보게 됩니다. 그런 때 간혹, 어떤 사건이 일어나서 환자의 개인적 신념에 뿌리 깊은 변화가 일어납니다. 그리고 그를 통해 환자는 자발적 치유현상을 겪습니다. 바로 전까지만 해도 불치병 환자였는데 다음 순간 병에서 완전히 해방되어 있는 것이지요. 이것은 많은 의사들을 경악시킵니다. 하지만 이런 일은 심심찮게 일어나고, 그런 현상이 존재한다는 것을 대부분의 사람들도 알고 있습니다.

지구와 그 생물권 — 거기에는 우리도 포함되지요 — 은 하나의 총체적인 생명체입니다. 이 생명체는 비틀거리고 있는 것처럼 보이지만 지구 자체는 자발적 치유를 일으킬 능력이 있습니다. 그러한 치유를 촉진하는 데 필요한 것은, 자신의 진정한 본성에 대한 우리의 인식과 신념의 근본적인 변화입니다. 우리는 이 자발적 치유의 개념을 원용하여 이 책의 제목을 지었습니다. 왜냐하면 우리는 첨단과학의 새로운 통찰들이 생명의 본질에 대한 우리 문명의 집단적 신념을 근본적으로 바꿔놓으리라고 믿기 때문입니다.

우리는 지구가 속히 치유되도록 돕기 위해 과학의 새로운 통찰과 인류의 희망찬 미래에 대한 이야기를 한데 엮었습니다. 이 책《자발적 진화》는 첨단과학의 통찰과 고대의 지혜를 융합하여 우리가 실로 힘 있는 존재임을, 그리고 우리는 자신의 진화에 스스로 영향을 미칠 수 있는 존재임을 밝혀줍니다.

다윈의 설에 의하면 진화란 매우 느리고 점진적인 과정이어서 종의 진화적 변천이 드러나려면 수백 수천만 년의 세월이 걸립니다. 그러나 과학이 새롭게 통찰한 바에 의하면, 진화과정에는 실제로 오랜 세월의 정체기도 포함되지만 갑작스럽고 극적인 대변환기도 포함되어 있다는 사실이 밝혀졌습니다. 이러한 대변환은 진화과정에 큰 변화를 일으켜 전혀 새로운 형태의 생명을 출현시키는, 일종의 구두점입니다.

현재 우리의 문명은 와해와 붕괴의 국면에 처해 있습니다. 지금 우리에게는 도약적인 진화가 절박하게 요구되고 있습니다. 느릿느릿 점진적으로 진화해갈 여유가 우리에겐 없는 것입니다. 흥미롭게도 우리가 직면해 있는 위기에 비추어보면 문명은 이미 하나의 구두점을 찍기 위한 진통을 겪고 있는 듯합니다.

스티브: 이제 아마도 가장 다급한 의문은 이것일 겁니다. ― 이 구두점은 의문표일까, 느낌표일까, 아니면 유감스럽게도 마침표일까?

사람들도 뭔가가 일어나고 있다는 사실을 알고 있습니다. 그들은 밑바닥을 보이고 있는 자원과 기후변화와 인구폭발에 관한 뉴스를 늘 접해왔습니다. 종말 시계의 초침은 해피엔드가 아닌 뭔가가 굴러 내려오고 있는 자정을 향해 가차 없이 다가가고 있습니다. 종교인들은 종말을 이야기하고 있고요.

한편으로, 우리는 인류가 모두 서로 연결되어 있음을 깨닫기 시작하고 있습니다. 가장 명백한 실례는 인터넷입니다. 우리는 이를 통해 전 세계인과 빛의 속도로 메시지를 주고받을 수 있습니다. 이 즉석 통신은 온 지구촌을 하나로 묶어줍니다. 모든 것이 관계 속에 서로 엮여 있습니다.

그 증거로서, 우리는 과학이 마침내 저 지혜의 산을 등정하여 거기에 홀로 앉아 있는 붓다를 발견하는 현장을 목격하고 있습니다. 인체에 관한 브루스의 과학적 지식과, 국가라는 정치적 체제에 관한 저의 지식을 접목해가는 중에, 우리는 현대과학의 발견과 위대한 영적 스승들의 오랜 가르침이 동일한 결론에 이른 것을 목격하고 있습니다. — 즉, '이 우주는 관계의 세계이며, 우리는 모두가 한 배에 타고 있다. 그리고 아무도 그 배에서 내릴 수는 없다'는 결론 말입니다.

물론 이 놀라운 사실과 함께 우리는, 사물을 보고 헤아리고 믿는 옛날의 방식은 현재의 상황을 벗어나 새로운 단계로 진입하는 데에 도움이 되지 않는다는 사실도 깨닫고 있습니다. 우리의 생존은 경각에 달려 있습니다. 우리는 새로운 패러다임을 필요로 합니다. 우리에게는 자발적인 진화가 요구되고 있습니다. 이것이 우리가 이 책을 쓴 이유입니다.

들어가기

우주의 러브스토리

이것은 하나의 러브스토리다. 온 우주의 ─ 당신과 나와, 그리고 살아 있는 모든 생명체들의 ─ 러브스토리 말이다.

그 제1막은 수십억 년 전 태양으로부터 온 한 빛의 파동이 한 물질입자에 부딪혔을 때 시작됐다. 아버지 태양과 어머니 지구 사이의 그 사랑의 불꽃은 이 청록의 타원체 위에 한 아이를 탄생시켰다. '생명'이라 불린 그 조숙한 아이는 그로부터 이 지구를 놀이터로 삼고 번성하여 그 화려하고도 장엄한 형태를 끝없이 펼쳐냈다. 그 형태들 중의 일부는 오늘날 우리와 함께 남아 있지만, 그보다 훨씬 많은 것들은 멸종되어 영원히 잊혀져버렸다.

7억 년쯤 전에 어떤 단세포 생물이 싱글로는 이제 살 만큼 살았다고 생각했을 때, 이 러브스토리는 제2막의 커튼을 올렸다. 혼자서는 살 수 없다는 것을 깨달은 그들은 서로를 향해 ─ 단세포 생물의 원시언어로 ─ 말했다. "어이, 자기야, 난 너의 사랑이 필요해." 그리하여 다세포 생물이 창조되었다.

제3막은 백만 년 전에 그 다세포 생물이 의식을 지닌 최초의 인간으로 진화하여 무대에 등장했을 때 시작됐다. 의식을 지닌 생명은 자신을 관찰하고 반성하여 자신만의 미래를 창조해낼 수 있었다. 생명이 사랑과 기쁨을 경험하고 음미할 수 있게 되었다. 생명은 심지어 자신을 비웃을 수도 있었고, 결국은 당신이 지금 들고 있는 것과 같은 책을 쓰기에 이르렀다.

제4막은 서로 힘을 뭉쳐서 땅 위에 국가라는 것의 경계선을 긋기에 이른 인간 족속들의 진화 흔적을 따라간다. 현재 우리는 이 4막의 마지막 대목에 이르러서, 그것이 과연 늘 비참한 결말을 맺곤 하던 그리스의 비극처럼 거기서 막을 내리고 말 것인지 어떤지를 궁금해하고 있는 자신을 발견한다. 역기능을 일으키고 있는 인간들과 환경위기에 처한 우리의 혼돈한 세계를 바라보고 있노라면, 우리는 불가피한 탈선의 참극을 향해 달려가는 열차에 실려 있는 것처럼 보인다. 다행스럽게도 그리스에는 5막짜리 연극도 있었는데, 그것은 웃음과 기쁨과 행복과 사랑으로 가득한 코미디였다.

이 책 《자발적 진화》는 우리가 어떻게 하면 무사히 4막으로부터 5막으로 넘어갈 수 있을지에 관한 이야기다. 좋은 소식은, 생물학과 진화는 우리 편이라는 사실이다.

살아남고자 하는 원초적 욕망은 살아 있는 모든 생명체에 내재해 있다. 과학은 이것을 '생물학적 명령(biological imperative)'이라 부른다. 종래의 과학과 종교가 우리에게 이야기해온 것과는 반대로, 진화는 임의적인 것도 아니고 예정된 것도 아니라 생명체와 환경 사이에서 일어나는 지성의 춤사위다. 때가 되면 ─ 위험이든 기회든 ─ 예기치 못한 어떤 일이 일어나서 생물권으로 하여금 더 높은 수준의 통일성 위에서 새로운 균형점을 찾게 한다.

우리는 자발적 치유의 사례들을 흔히 신의 은총으로 일어난 기적적인 치유인 것처럼 여기지만, 조금만 더 깊이 들여다보면 거기엔 뭔가 다른

26

것이 작용하고 있음을 알게 된다. 이 운 좋은 사람들은 종종 의식적으로든 무의식적으로든 자신의 신념과 행동에 근본적이고 의미심장한 변화를 일으킴으로써 자신의 치유에 적극적으로 가담하고 있는 것이다.

자, 여기 나쁜 소식과 좋은 소식이 있다. 지구 위 인간 생명의 스토리는 아직 정해져 있지 않다. 만약 아직도 제5막이 남아 있다면, 그것은 우리 인류가 그 개인적, 집단적 신념과 행태에 기꺼이 변화를 일궈낼 수 있을 것인지, 그리고 또 그 변화를 '제때에' 이뤄낼 수 있을 것인지에 달려 있다.

영적 스승들은 지난 수천 년 동안 우리에게 사랑이 있는 곳을 가리켜주었다. 이제 과학은 그 고대의 지혜를 확인해주고 있다. 우리 각자는 모두가 '인류'라 불리는, 진화해가는 거대한 초생명체의 세포들이다. 인간은 자유의지를 지니고 있으므로, 우리는 그 새로운 발생의 수준까지 상승해갈 것인지, 아니면 공룡처럼 낙오하고 말 것인지를 '스스로 선택할' 수 있다.

비옥한 초승달의 땅, 곧 오늘날은 이라크로 불리는 문명의 요람지 — 역설적이게도 지금은 문명의 무덤이 될 위험에 처해 있지만 — 에서 자라난 종교들은 모두 어떤 구세주를 통한 구원이라는 개념을 가지고 있었다. 그런 의미에서 제5막에서의 메시아의 출현은 생명의 연극을 인간의 희극으로 바꿔놓을 것이다.

무릇 재미있는 코미디에는 반전이 필수다. 자, 여기에 반전이 있다. — 우리의 기도의 답은, 바로 우리 자신이다.

불사조의 탄생

현재 많은 사람들이 문명의 퇴화를 상징하는 듯한 골치 아픈 증세에 꼼짝없이 시달리고 있는 자신을 발견하고 있다. 그러나 어둠 속에 밝아오고 있는 빛을 발견하지 못하게끔 우리를 가로막고 있는 것은 바로 이 근시안적인 초점이다.

이 빛을 사랑이라 부르든 지혜라 부르든 간에, 그 불꽃은 날로 더 밝게 타오르고 있다. 그 빛은 생명의 낡은 방식이 떨어져 나가고 새로운 방식이 출현함에 따라 우리 문명이 출산의 진통을 겪고 있음을 알려준다.

진화의 이러한 패턴은 이집트 신화에 등장하는 신성한 불새인 불사조와도 닮았다. 불사조는 생명이 다하면 계피나무 가지로 둥지를 짓고, 거기에 불이 붙는다. 둥지와 새는 맹렬히 불타지만 그 잿더미 속에서 새로운 새끼 불사조가 태어나고, 그것은 동일한 삶의 순환을 경험하도록 운명지어져 있다.

이 신화의 현대판이 〈불사조의 비상〉(Flight of the Phoenix)●이라는 영화에 잘 그려져 있다. 그것은 갈등 해결, 난관 극복, 그리고 변신이라는 서사시적 스토리의 본보기를 보여준다. 영화의 스토리는 한 석유탐사 팀이 석유굴착장치를 버려둔 채 사하라 사막을 떠나는 장면으로부터 시작된다. 이들에게 한 낯선 힛치하이커가 찾아와 그들이 타고 갈 쌍발엔진 화물수송기에 동승하고, 비행기는 이륙한다. 그러나 비행기는 사막 한가운데서 추락하고 승무원과 승객들은 조난당한다. 한편 사막 저편에서는 강도 떼가 수송기가 위급 상황에서 버린 화물들의 흔적을 따라 비행기의 추락지점

● 국내에서는 2005년 〈피닉스〉라는 제목으로 개봉되었음. 역주.

을 향해 추적해오고 있다.

　조난당한 이 작은 사회에서도 현실과 똑같이 지배권을 노리는 권력투쟁이 잇따른다. 누가 살아남을까? 가장 강한 자인가, 아니면 자원을 쥐고 있는 자인가? 결과는 어느 쪽도 아니다. 그들의 공동체를 파멸로 몰고 갈 내홍에 직면한 그들은 자신이 항공기 설계가라고 주장하는 힛치하이커가 제시하는 대로, 추락한 비행기의 잔해로부터 또 다른 비행기를 조립해낸다는 가당치도 않은 계획을 추진하지 않을 수 없게 된다. 달리 선택이 없는 공동체는 이 희한한 발상에다 모든 기대를 걸 수밖에 없게 되는데, 이 새로운 꿈으로 활기를 되찾은 이들은 불가능을 실현시키기 위해 모든 힘을 뭉친다. 과연 할리우드 영화답게, 강도 떼가 덜컹대는 비행기를 향해 총질을 가해오는 가운데 시험비행도 해보지 못한 비행기는 위기 직전에 안전하게 이륙하여 처녀비행에 나선다.

　하나의 구조가 몰락하고 그 자리에 다른 뭔가가 일어나는 스토리는 생물권에서 거듭거듭 반복 연출되는, 너무나 낯익은 이야기다. 생명은 끝없이 이어지는 재창조의 사이클 속에 놓여 있다.

인류 출현의 운명

　우리가 현재 직면해 있는 위기로부터 일어나, 사랑이 넘치는 참된 세상을 일궈낼 수 있다고 상상하기가 어렵게 느껴진다면 변신하는 또 다른 세계에 대한 이 이야기를 들어보라.

　당신이 자라고 있는 애벌레의 수백만 개의 세포 중 하나라고 상상해보자. 당신을 둘러싼 조직은 마치 기름칠이 잘 된 기계처럼 작동해왔다.

그리고 애벌레의 세계는 예측할 수 있는 과정을 따라 천천히 행진해왔다. 그런데 어느 날부터 그 기계가 덜그럭거리고 흔들리기 시작한다. 시스템이 고장 나기 시작한 것이다. 세포들이 자살하기 시작한다. 파멸이 다가오고 있는 듯한 암울한 분위기가 감돈다.

죽어가고 있는 세포들 가운데로부터 '성충成蟲세포'라 불리는 새로운 종류의 세포들이 나타나기 시작한다. 공동체 속에서 규합하여 집단을 이루면서, 이들은 잔해로부터 전혀 새로운 뭔가를 창조해낼 계획을 짜낸다. 폐허 속에서, 생존한 세포들로 하여금 잿더미로부터 탈출하여 상상을 초월한 아름다운 세계를 경험할 수 있게 해줄 거대한 비행체, 곧 한 마리의 나비가 모습을 드러낸다. 그런데 여기 놀라운 사실이 있다. 애벌레와 나비는 정확히 동일한 DNA를 가지고 있다는 것이다. 그들은 동일한 유기체지만 각기 다른 조직화 신호를 받고, 거기에 응답한다.

오늘날 우리가 처해 있는 상황이 바로 이와 같다. 신문이나 저녁뉴스를 보면 매체들이 이 애벌레의 세계를 보도하고 있다는 것을 알 수 있다. 하지만 곳곳에서는 인간 성충세포들이 새로운 가능성 속으로 깨어나고 있다. 그들은 집단을 이루고 서로 정보를 교류하면서 새롭고 일관된 사랑의 신호에 주파수를 맞춘다.

우리가 발견할 사랑은 감상에 휘둘리는 그런 사랑이 아니라 이 새로운 비행체를 조립해내고 인류로서의 우리의 운명 — 우리가 '인류 출현의 운명(humanifest destiny)'•이라 부르는 — 을 실현시키도록 도와줄, 공명共鳴이라는 접착제다.

어쩌면 당신도 바로 이 새로운 인류의 탄생에 공헌하고 있는, 진화하

• humanifest: humanity(인류)와 manifest(출현)를 합친 것으로 저자들이 만들어낸 말임. 역주.

는 성충세포들 중의 하나일지 모른다. 지금으로서는 그것이 그리 분명히 드러나 보이지 않지만, 미래는 우리의 손에 들려 있다. 그 미래를 보장하려면 우리는 먼저 우리 자신이 진정 누구인지를 깨우침으로써 자신에게 스스로 힘과 능력을 부여해야만 한다.

《자발적 진화》는 우리가 땅따먹기 싸움에 열중하는 대신 이 정원을 함께 가꾸는 새로운 일을 떠맡아 나서기만 한다면 이 행성에도 치유의 기적이 일어나리라는 새로운 전망을 전한다. 일정 수(임계치)의 사람들이 이 믿음을 진정으로 마음과 가슴속에 품고 이 진실을 삶 속에 체화하기 시작한다면 우리의 세계는 어둠 속으로부터 '자발적 진화'라고 할 만한 그 세계로 날아오를 것이다.

당신이 이 책을 다 읽었을 즈음에는 과거의 프로그램과 현재의 지식과 미래의 가능성에 대해 더 잘 알게 되어 있기를 기대한다. 무엇보다도 당신은, 우리가 가능하리라고 늘 꿈꿔왔던 그런 세상을 창조해내기 위해 우리 내부의 프로그램을, 그리고 이 문명을 함께 변화시켜갈 수 있는 분명한 길을 깨닫게 될 것이다.

브루스 립튼과 스티브 베어맨

머리말

자발적 치유

"좋은 소식이 있습니다. 이 지구에 정말 평화가 올 거라고 하네요…
그땐 우리 인류도 거기서 그 평화를 누릴 수 있었으면 참 좋겠습니다."

— 스와미 비얀다난다

미국의 독립운동가였던 톰 페인Thomas Paine의 말을 흉내 내자면, 오늘
날은 영혼이 시험받는 시대다. 광기狂氣와 고장故障이 불가피해 보인다.
우리는 조용히 제정신으로 살기 위해 무인도나 산속으로 숨어드는 것을
상상해보곤 한다. 하지만 이젠 떨어져서 산다는 말 자체가 의미를 잃어버
렸다. 떨어진 장소 같은 것은 존재하지 않는다. 예컨대 국경도 체르노빌
의 방사능 낙진을 막아내지 못하고 중국의 오염된 공기가 아시아 전역을
뒤덮는 것을 막지 못한다. 물속에 몰래 버려진 독성 의료폐기물이 다른
어딘가의 해변을 오염시킨다.

우리가 숨 쉬는 공기와 마시는 물도 모두가 섬세 미묘하게 서로 얽혀
있는 생태계(ecosystem)의 일부다. 하지만 현재 우리가 의존하고 있는 시스
템인 인간의 '에고 시스템ego-system'은 이런 불편한 현실에 대처할 만한
장치를 갖추고 있지 못하다.

아인슈타인은, 문제는 그것이 일어난 그 차원에서는 해결될 수 없다
고 말했다. 우리의 모든 현실이 답이 없는 문제로 꽉 차 있는 듯한 오늘날
보다 이 말이 더 절실하게 다가오는 때도 없었다. 우리의 문제를 더 이상

33

지금까지 해온 것과 똑같은 행위로써는 해결할 수가 없다는 것이 불 보듯 분명하다. 더 많은 무기를 보유하는 것으로는 평화를 가져오지 못한다. 감옥을 더 짓는 것으로는 범죄를 줄일 수 없다. 더 값비싼 의료시설이 우리를 더 건강하게 해주지는 않는다. 더 많은 정보가 우리를 더 지혜롭게 만들어주는 것도 아니다.

우리로 하여금 위기상황에 눈을 돌리지 않고 시키는 일이나 열심히 하도록 만들기 위해서, 언제 어디에나 편리하게 구비되어 있는 중독적인 오락거리들은 우리를 피신처로 안내한다. 그러나 현실이 자꾸 끼어든다. 세상의 모든 것이 뭔가 우리의 통제를 넘어선 가차 없는 위기상황을 향해 굴러떨어지고 있는 것만 같다. 자녀와 손주를 가진 사람들은 그 아이들과 그들의 아이들을 위해 남겨질 세상이 어떤 종류의 세상이 될지, 불안하기만 하다.

2007년 초에 소위 '종말 시계'― 〈원자과학자 공보〉(Bulletin of Atomic Scientists)•가 1945년 최초의 원자탄이 투하된 이후부터 핵무기에 의한 파국의 위험성을 계측하기 위해 사용하고 있는 지표 ― 의 침은 자성에서 5분밖에 남지 않은 11시 55분을 가리켰다. 이것은 1953년에 소련이 최초의 수소폭탄을 터뜨린 이후로 종말에 가장 근접한 시간이었다.

최근에 와서는 종말 지표의 움직임에 핵전쟁 위험의 증가뿐만 아니라, 런던 왕립학회의 의장 마틴 리스 경이 '적군 없는 위협'이라고 불렀던, 생태계와 대양과 기후 악화로부터 오는 생존의 위협도 반영되고 있

• 지구의 안전, 특히 핵무기와 같은 대량살상 무기에 의한 위험과 관련된 공공정책 문제를 다루는 잡지로 표지에 종말 시계를 싣는 것으로 유명하다. (1953년 판의 종말 시계는 자정 2분 전이었고, 2012년 1월 현재는 자정에서 5분 전을 가리키고 있다.) 웹페이지는 www.thebulletin.org. 역주.

다. 사실 적군은 있다. 다만 이 적군은, 스스로 자신을 존속시키는 힘을 지닌 그릇된 사고방식과 그 바탕 위에 세워진 구시대의 제도라는 형태를 취하고 있을 뿐이다.

변화를 원치 않는 비타협적 체질의 체제 속에서 살면서 지구온난화의 영향이 예상보다 일찍부터 미쳐오고 있다는 불안한 뉴스 보도까지 접하고 있는 지금, 세상은 더욱더 기적을 필요로 하는 것 같아 보인다. 이 기적이란 말기로 접어든 병의 자발적 치유와 유사한 무엇일 것이다.

최첨단 과학이 제공하는 통찰을 통해 문명이 처한 궁지를 살펴본 결과, 우리는 이 위기의 먹구름 뒤에 실로 태양처럼 찬란한 기회가 숨어 있다는 사실을 보고할 수 있게 되었음을 기쁘게 생각한다. 이 음악을 반겨 그 가락에 함께 춤추고자 하는 사람들이야말로 우리가 처한 상황의 위협을 경이로운 기회로 바꿔놓는 큰일에 함께할 이들이다.

우리가 추구하는 자발적 치유(spontaneous remission)를 위해서는 우리로 하여금 개인의 생존으로부터 종의 생존으로 임무(mission)를 바꾸게끔 만드는, 문명의 자발적인 임무재정립(spontaneous re-missioning)이 전제되어야 할 것으로 보인다. 이것은 우리의 진화를 위한 첫 번째 임무이자 생명의 명령(biological imperative)이다. 이 치유가 일어나게 하려면 우리는 개인적–집단적 차원에서 우리 문명이 진실이라고 여기고 있는 많은 기본가정들을 재검토해보아야만 한다. 부적절하거나 불완전한 점이 발견되는 신념들은 수정하여 이 문명에 새로운 인식이 박히게 하고, 그것이 우리의 새로운 삶의 방식이 되게 해야만 하는 것이다.

우리가 진정 어떤 존재인지에 대해 첨단과학이 밝혀주고 있는 것을 우리가 이해하기만 하면 우리의 눈을 진실로부터 가리고 있던 허상의 세계는 무너져 내리고 새로운 길이 스스로 드러날 것이다.

우리의 의도는, 이 책이 자발적 치유가 실현되게 하기 위해 우리가 알아야만 할 것과 우리가 지금 알고 있는 것 사이에 다리를 놓게끔 하려는 것이다. 아이러니컬하게도, 과학이 제공하는 새로운 통찰들 중의 일부는 우리가 전통적 지혜로 받아들여왔던 것과는 너무나 동떨어져 있어서 과학자 자신들조차도 그 함의를 파악하는 데에 어려움을 겪고 있다. 달리 말해서, 현실이란 것이 지금까지 알아왔던 그런 것이 아님을 당신이 받아들이지 못한다고 하더라도 탓할 수가 없다는 말이다.

그러니 정신을 잘 차리고 눈을 크게 떠라. 우리는 곧 일생일대의 모험을 하게 될 테니까. '인류라는 생명체의 몸속에서 의식을 차리고 깨어난 세포'라는 우리 자신의 정체를 깨닫고 지구 역사상 가장 의미심장하고 중대한 순간이 될 이 시대를 모두가 동참하여 온전히 경험할 때, 우리는 혼돈 속으로부터 새로운 질서가 스스로 모습을 드러내는 광경을 목격하게 될 것이다. 그걸 어떻게 안단 말인가? 과학이 그렇게 말하고 있다.

아니, 정말?

정말로 그렇게 새로운 현실이 다가오고 있다던 왜 매사가 갈수록 혼돈 속에서 고립되어가기만 하는 것처럼 보이는가 말이다. 그 대답은, 이 위기는 단지 증상일 뿐이라는 것이다. 그것은 우리의 문명이 생물권을 막다른 골목까지 밀어붙이고 있으며, 이제 살아남으려면 새로운 삶의 방식을 고려해야만 한다는 사실을 경고해주는 자연의 방식이다.

우리는 같은 방식으로 이렇게 계속 갈 수는 없다는 것을 알고 있다. 하지만 달리 빠져나갈 길이 보이지 않아서 안절부절못하고 있을 뿐이다. 흥미롭게도 빠져나가는 길은 연속적인 길이 아니다. 그것은 일정 수(임계치)의 인구가 성취해야 할 한 차원 높은 의식이라고 말하면 근사할 것이다. 실제로 그 환희의 순간이 왔을 때, 우리가 옷을 남겨두고 하늘로 날아

올라야 하게 되지는 않을 것이다. 아마 우리는 바로 여기 이 지구에서 옷을 입은 채로, 아니면 발가벗고, 그대로 머물러 있어도 될 것이다. 스코티에 의해 위로 올라가는 대신,* 우리가 해야 할 일은 단지 붓다를 지상으로 비추는 일일 것이다.

이쯤에서 우리가 당신이라면 우리는 이렇게 말하리라. "어이, 이 자발적 진화라는 거 정말 멋지게 들리긴 하는군. 하지만 그게 백일몽이 아니라 정말 실현 가능한 일인지를 어떻게 알겠어?" 이것이 바로 이 책의 나머지 부분이 대답해줄 의문이다. 그리고 이 이야기의 출발점은 진화 그 자체다.

'진화'를 진화시켜야 할 때다

진화에 대한 논점의 핵심은 속되게 표현하자면 한 무더기의 BS**, 곧 신념체계(Belief System)다. 우리는 두 가지의 대립되는 신념체계를 가지고 있는데, 그것들은 마치 시끄럽게 서로 짖어대는 두 마리의 도그마dogma***와도 같아서 나머지 사람들은 자신들의 생각에 귀를 기울일 수조차 없게 만든다.

한쪽에는 우리가 순전히 우연에 의해 이곳에 와 있게 됐다고 우기는

---

* 미국의 SF 드라마 〈스타 트렉〉에서 칩엔지니어 스코티는 특수광선을 아래로 비춰 원격이동하는 승무원들의 몸을 홀로덱holodeck(가상현실 무대)으로 '내려오게' 하거나 광선을 위로 회수하여 본선으로 '올라가게' 한다. 역주.
** BS는 귀 기울일 가치 없는 쓰레기 같은 말을 뜻하는 bullshit(원래의 뜻은 소똥)의 약어로 쓰이기도 한다. 역주.
*** dogma를 dog에 빗댄 표현. 역주.

물질주의 과학자들이 있다. 그들의 주장은 마치 무한수의 원숭이가 무한수의 타자기를 두드려대다 보면 거기서 셰익스피어의 작품이 나오기도 한다고 믿는 것과 다름없다.

다른 쪽에는 근본주의 종교인들이 있어서 성경에 적힌 말 그대로 신께서 이 세상을 창조하셨다고 우긴다. 이중 어떤 이들은 계산 끝에 신께서는 정확히 기원전 4004년 10월 23일 오전 9시에 이 창조작업에 착수하셨다고 주장하기까지 한다.

따로 놓고 보면 이 관점들은 어느 모로 봐도 틀린 소리지만 역설적이게도 이 둘을 한데 놓고 보면 그것은 올바른 방향을 가리켜주고 있다. 최신의 과학은, 창조가 7일 만에 일어나지도 않았지만 임의적인 진화의 산물인 것도 아님을 말해주고 있다. 프랙탈 수학*이라는 새로운 과학 덕분에 우리는, 자연 속에는 가는 곳마다 제닮음(self-similarity) 성질을 지닌 지적知的 패턴이 끝없이 반복되고 있다는 사실을 이해하고 있다. 곧 알게 되겠지만, 이 보편적인 패턴을 통해 인류 문명의 현 상태를 분석해보면 인류의 진화과정은 긍정적이고 희망찬 미래를 향하는 길 위에 놓여 있음이 밝혀진다.

물론 이쯤에서 당신은 이렇게 생각하리라. '문제가 그렇게 낙관적이라면 지금 당장 우리의 상태는 왜 이토록 엉망진창이란 말인가?' 진화에 관한 논의에서 우리는 위기가 촉발하는 진화과정인 '마침표 찍힌 평형상태(punctuated equilibrium)'에 대해 설명할 것이다. 이에 따르면, 장구한 세월 동안 유지되어온 안정상태가 급격하고 예측하지 못한 어떤 변화에 의해

---

* 복잡계(chaos) 속에서 그것을 형성시키고 있는 가장 기본적인 질서의 단위(fractal)를 찾아내는 데 응용되는 수학. 이 프랙탈이 무수히 반복되어 복잡계를 펼쳐낸다. 역주.

중단되는 경우가 있다. 종종 대량 멸종으로 특징지어지는 그러한 대변동이 일어나면 자연의 진화작용은 또 빠른 속도로 많은 종을 새로이 공급해준다.

위기는 진화를 촉발한다. 오늘날 우리가 직면하고 있는 위기와 도전 과제들은 사실 자발적인 변화가 절실히 요구되고 있음을 알려주는 징후인 것이다.

우리의 진화적 발전은 과연 어떻게 실현될까? 우리의 길은 변태하는 나비 애벌레 세포의 그것과 유사하다. 열화劣化해가던 애벌레의 세포들은 새로운 인식(awareness)을 얻으면 진화의 다음 높은 단계를 경험하기 위해 협동하여 자신들의 사회를 재조직한다.

우리는 애벌레-나비의 변태 패턴을 통해 우리의 현재 상황을 설명하고 있지만, 이 둘 사이에는 한 가지 큰 차이점이 있다. 애벌레는 나비가 될 수밖에 없는 운명이지만 우리의 진화가 과연 성공할지는 정해져 있지 않다는 점이다. 자연은 이 설레는 가능성을 향해 우리를 채근해주고 있지만, 그것은 우리의 자발적인 동참 없이는 일어날 수가 없다. 우리는 생명 진화의 의식적인 공동창조자인 것이다. 우리에게는 자유의지가 있다. 그리고 우리는 선택권이 있다. 따라서 우리의 성공은 우리의 선택에 달려 있다. 그리고 그 선택은 전적으로 우리의 인식(awareness)에 달려 있다.

좋은 소식은, 우리는 이미 인류 진화의 다음 단계를 향해 잘 나아가고 있다는 것이다. 우리는 이 도약이 문명의 인식을 영구히 바꿔놓은 한 사건으로부터 시작되었다고 믿는다. 1969년에 우주공간으로부터 전송된 최초의 지구 사진이 영적 지혜를 가진 이들이 예로부터 선언해온 것, 곧 세계는 하나라는 사실을 사진으로써 증명해 보여준 것이다.

한 장의 사진이 수천 마디의 말보다 더 큰 가치를 발휘할 수 있다. 하지만 1969년 1월 10일 자 〈라이프Life〉 지 표지에 실린 지구 사진은 그 가치를 이루 헤아릴 수조차 없다. 세계 시민들의 머릿속에 새겨진 것은 우리의 소중한 푸른 별의 아름다움만이 아니라, 금방 깨져버릴 것만 같이 작고도 연약해 보이는 그런 지구의 모습이었다. 인류학자 마가렛 미드 Margaret Mead는 그 인상을 이렇게 표현했다. "역사상 가장 정신이 번쩍 들 게 하는 사진이다. 어둡고 광활한 우주공간의 대양 속에 떠 있는 우리의 사랑스럽고 외로운 행성. 온갖 나라의 그 많은 사람들의 손에 운명을 맡 기고 있는… 너무나 아름다우면서도 비극적일 정도로 가냘프다."•

우주공간으로부터 바라본 그 지구의 인상은 1969년에 미국의 선구적 사상가 존 맥코넬John McCornell로•• 하여금 지구기地球旗를 창제하게끔 영 감을 주었다. 그리고 지구에 대한 높아진 관심은 1970년대에 미국에서 최초의 환경관련법이 제정되도록 불을 지펴주었다.

그래서 어쨌단 말인가? 그런데 왜 우리는 그 이후로 쭉 퇴보해온 것 처럼만 보인단 말인가?

세계의 성충세포들은 새로운 인식을 통해 활기를 얻었시만 인류의 시 구적 신체는 아직도 한 마리의 애벌레여서, 갑자기 부산히 움직이는 성충 세포들 때문에 당연히 위협감을 느끼고 저항한다. 그리고 이 세계의 에너 지장을 형성하고 있는 것은 아직도 그 경쟁과 다툼의 패러다임이다.

안전한 미래를 확보하려면 우리는 자신의 진정한 정체를 깨달음으로 써 스스로 자신에게 힘과 능력을 부여해야만 한다. 우리는 어떤 세뇌 프 로그램이 우리의 삶을 형성시키고 있는지, 그리고 그 프로그램을 어떻게

• 1977년 3월 20일 유엔에서 행한 지구의 날 연설문에서 인용.
•• John McConnell(1915~): 지구의 날을 창시한 평화운동가. 역주.

바꿀 수 있는지를 앎으로써 우리의 운명을 고쳐 쓸 수 있다.

《자발적 진화》는 이 변신을 위한 첫걸음이 되도록 만들어졌다. 우리는 이 책이 건강하고 평화롭고 지속가능한 세상을 추구하는 독자들에게 정보와 영감과 격려를 제공해주기를 희망한다.

1

당신이 알고 있는 것이
모두 틀렸다면?

"미지를 대하는 최선의 방법은 알지 않는 것이다."
— 스와미 비안다난다

맑은 그믐날 밤에 하늘을 올려다보라. 당신은 바늘 끝만한 무수한 빛의 점들을 볼 것이다. 그 하나하나는 상상하기도 벅찬 우주 속의, 찬란하게 불타는 거대한 항성들이다. 그중 하나의 별에 마음을 모으고, 그것이 까마득한 옛날에 이미 다 불타서 우주공간의 돌멩이로 쪼그라들어 더 이상 존재하지 않을지도 모른다는 사실을 상기해보라. 하지만 그 별은 수십억 광년 밖에 있으므로 이전에 존재했을 때 발해졌던 그 빛이 아직도 보여서, 뱃사람들에겐 방향을 가리켜주는 나침반 역할을 하고 있는 것이다.

자, 이제 하늘로부터 이 작은 지구로 눈을 돌리고 물어보라. "우리가 이미 불타고 없어진 생각 속의 별에 의지해서 항해지도를 그려왔다는 것이 가당키나 한 일이란 말인가? 그렇다면 만약, 생명에 대한 우리의 믿음 또한 그렇게 엉터리라면 어떻겠는가?"

언뜻 보면 이런 식의 논조가 해괴하게 느껴질 것이다. 사실 우리는 이제 그 어느 시대보다도 많은 과학정보를 책과 CD와 DVD와 라디오와 TV와 인터넷을 통해 만들어내고 나누고 받아들인다. 하지만 정보만으로는 충분치 않다. 제대로 된 내용이라도 잘못된 맥락 위에 놓이면 그것은 정말 그릇된 정보가 되어서 우리를 궤도에서 탈선하게 만들거나 위험한 길에 접어들게 할 것이기 때문이다.

이 이야기를 들어보라. 한 선장이 캄캄한 수평선 위에서 불빛을 발견하고 무전기로 그쪽에 진로를 바꿀 것을 요구했다. 저쪽 불빛으로부터 목소리가 돌아왔다. 이쪽 배가 진로를 바꾸라는 것이다. 선장은, 자신은 진로를 바꾸지 못하겠노라고 언성을 높였다. 그러자 먼 불빛으로부터 돌아온 목소리는 이렇게 말했다. "선장, 여긴 등대요."

그러니 아시겠는가, 우리가 택하는 항로는 우리의 인식에 달려 있는 것이다.

이 단순한 보기는 관점의 중요성을 강조해준다.

왼쪽 그림에서 당신은 젊은 여인이나 마녀를 볼 것이다.(양쪽을 다 보려면 그림을 한참 뜯어봐야만 하리라.) 오른쪽 이미지는 왼쪽 그림의 2진 코드 데이터다. 오른쪽의 데이터는 왼쪽 그림의 내용을 기술적으로 정의해주는 것이기는 해도 어느 시점에 어떤 모습을 보느냐 하는 것을 결정하는 것은 2진 코드 데이터에 달려 있는 것이 아니라 관찰자인 당신의 해석과 인식에 달려 있다.

요점은 단순하고 통찰적이다. — 즉, 하나의 과학 데이터가 전혀 다른 두 가지의 인식내용을 묘사할 수 있다는 것이다. 그리고 어느 한 쪽의 인식을 진실이라고 믿으면 우리는 그것을 유일한 현실로 여기고 다른 가능한 현실은 무시해버린다.

실제로 우리는, 그리고 우리의 사회는 지금 과학적으로 부정된 케케묵은 철학적 인식에 의지한 채 바닷길을 항해하고 있다. 그러나 수십억 광년 떨어진 불타 없어진 별과 마찬가지로, 그것이 죽었다는 소식은 아직도 우리에게 전해지지 않고 있다. 등대불과 마찬가지로, 새로운 횃불들이 우리에게 새로운 방향을 비춰주고 있다. — 우리가 그것을 제대로 알아차리기만 한다면 말이다.

오늘날, 인간의 진화도정은 낡은 패러다임과 도전적인 새로운 인식이 불편한 공존을 도모하고 있는 전환점에 와 있다. 우리는 습관과 전통을 따라 낡은 우주관과 결혼했지만 문명은 새롭고 가슴 설레는, 생명에 대한 낙관적 이해라는 태아를 잉태하고 있다.

우리가 처한 곤경을 이해하기 위해, 천문학자 니콜라우스 코페르니쿠스가 성당의 첨탑 위에서 하늘을 관찰하다가 세상을 뒤흔들어놓을 발견을 했던 500년 전의 시대로 거슬러 가보자. 지구가 우주의 중심이라는 대중의 믿음과는 반대로, 코페르니쿠스는 지구가 태양의 주위를 1년에 한 바퀴씩 돌면서 하루에 한 바퀴씩 자신의 축을 중심으로 자전하고 있다는 사실을 깨달았다.

교회는 코페르니쿠스의 생각을 신성모독으로 여기고 낡은 신념만 붙들고 매달렸다. 심지어는 90년 후, 갈릴레오를 칼로 위협하여 코페르니쿠스의 이론에 대한 지지를 철회하고 나머지 생을 감옥에서 지내게 하기까지 했다. 그러나 아이러니컬하게도 그 교회는 자신들의 종교달력의 오차를 수정하기 위해 코페르니쿠스의 수학공식을 채택했다. 요점은, 갈릴레오가 경험했듯이, 인간의 의식이 중대한 변화를 받아들이는 데는 시간이 걸린다는 사실이다.

아인슈타인이 우주의 만물은 에너지로 지어져 있으며 서로 떼놓을 수 없이 얽혀 있음을 수학적으로 증명한 지도 한 세기가 지났다. 하지만 인류의 대부분은 아직도 세상이란 원인과 결과, 작용과 반작용의 연쇄에 의해 작동하는 하나의 물리적 기계라고 말하는 한물간 뉴턴의 물리학 법칙에 의지해서 살고 있다. 권력자들은 아인슈타인의 상대성 이론을 핵무기 제작에 이용했지만 — 교회가 코페르니쿠스의 계산을 그들의 달력 오차 수정에 이용했듯이 — 우리가 공유하고 있는 이 행성의 작은 한 부분을 폭파하는 행위가 얼마나 엄청난 결과를 초래할 수 있는지에 대해서는 털끝만큼의 관심도 두지 않았다.

한편 우리의 편집증적인 그릇된 인식과 '신화적 오해(myth-perception)'• 는 인류를 대자연으로부터 너무나 단절시켜놓아서, 이제 인류의 일거수일투족은 '생명의 위협망'이 되어버렸다. 뉴스의 헤드라인들은 중동의

• myth-perception: misperception(오인)의 접두사 mis(그릇된) 대신 myth(신화)를 사용함으로써 그 그릇된 인식이 과학적 근거가 없는 것인데도 인류가 마치 그것을 신화처럼 붙들고 있음을 시사하는 저자의 신조어임. 역주.

자살폭탄 테러를 경고하지만, 너무나 많은 사람들이 인간이라는 종 전체가 지구에게는 이미 하나의 시한폭탄이 되어 있다는 사실을 깨닫지 못하고 있다. 과학연구의 결과는 인간의 폭식과 오염행위가 6천5백만 년 전에 공룡이 멸종된 이래로 최대의 대량멸종 사태를 빚어내고 있다는 부정할 수 없는 증거를 보여주고 있다. 이 상태가 그대로 이어진다면 금세기 안에 생물 종의 반이 멸종될 것이다.•

케냐의 세렝게티 공원에 사자가 어슬렁거리지 않더라도 우리의 일상은 계속 이어지겠지만(동물원에 가면 언제든지 볼 수 있는데 뭘, 안 그런가?) 생명의 망을 벗어나면 생명은 없다. 동식물의 멸종 경고 속에 노골적으로 언급되지는 않지만 분명히 암시되고 있는 것은, 우리 인류 자신의 멸종이 임박해오고 있다는 사실이다.

현대인류는 자신이 그동안 우주와 생명에 대해 쌓아올린 지식에 대단한 자부심을 느껴왔다. 역사상 가장 수준 높은 교육과 고급정보로 중무장한 인류로서, 우리는 상당한 집단적 지식을 보유하고 있다. 그러나 눈앞의 위기가 말해주고 있듯이, 분명히 우리는 아직도 더 알아야 할 것이 있다.

우리의 문제는 데이터 자체에 있는 것이 아니라 그 데이터의 해석에 있다. 마녀와 여인의 그림이 보여주듯이, 동일한 데이터가 두 개의 전혀 다른 이미지로 해석되는 데에 사용될 수 있다. 그것이 생명의 본질을 이해하는 문제에 이르면, 우리가 그 데이터로부터 조립해내는 이미지가 문명의 생과 사를 가름할 수도 있는 것이다. 다행히도 이 책에 언급되는 첨단과학은 과학 데이터에 대한 새로운 해석을 제공하면서 생명에 대한 우

• Robert Watson, A.H. Zakri, (eds), Ecosystems and Human Well-Being: Current State and Trends, Findings of the Condition and Trends Working Group, Millennium Ecosystem Assessment, 1st edition (Washington DC: Island Press, 2005).

리의 종래의 인식에 의문을 제기한다.

르네 데카르트는 모든 것에 의문을 제기하라고 충고했다. 이제 의문을 제기하기 시작할 때가 왔다. 우리가 알고 있는 모든 것이 잘못된 것은 아니지만 우리가 알고 있다고 생각하는 모든 것을 들여다보고 반성하고 재검토해야만 할 때가 온 것이다.

이 책의 1부는 우리가 현재 믿고 있는 것을 믿게 된 경위를 생물학적 관점에서 설명한다. 거기서 우리는 신념과 생물학 사이의 연관성과, 이 둘의 상호작용이 어떻게 우리의 현실을 지어내고 있는지를 확실히 살펴볼 것이다.

1장 〈믿는 것이 곧 보는 것이다〉에서 우리는 친숙한 속담인 "보는 것이 곧 믿는 것이다"를 거꾸로 뒤집어놓았다. 세포가 정보를 처리하는 과정에서부터 시작해서, 우리는 지각과 인식이 신념으로, 그리고 '현실처럼 보이는 그것'으로 변환되어가는 생물학적 경로를 추적한다. 우리는 실로 마음이야말로 물질의 주인이라는 반박할 수 없는 증거를 제시하고, 또 그것이야말로 실제로 생명이 작용하는 이치라는 근거를 보여주기 위해 세포의 차원까지 곧바로 내려갈 것이다.

2장 〈지역적으로 행동하고 지구적으로 진화해가라〉에서는 잠재의식의 프로그램이 어떻게 우리의 최선의 의도를 부지불식간에 훼방놓는지를 설명할 것이다. 마음이 진화해온 역사를 따라가면서, 우리는 우리 각자가 어떻게 자신의 행동에 대해 탓이 없으면서도 동시에 전적인 책임이 있는지를 밝혀 보여줄 것이다!

3장 〈지나간 스토리 새롭게 살피기〉에서는 생물학으로부터 철학으로 옮겨가서 우리가 현실을 설명하는 데 사용하는 스토리가 어떻게 우리의 인식을, 그리고 따라서 불가피하게 우리의 행위를 좌우하는지를 설명한다. 그리고 문명이 수천 년 동안 진화해온 과정과, 각각의 새로운 패러다임이 우리 조상과 부모들이 보고 창조했던, 또한 우리가 오늘날 보고 창조하는 세상에 얼마나 큰 영향을 미쳤는지를 설명한다.

무엇보다도 자신의 '스토리' 밖으로 나옴으로써 우리는, 메뉴판의 글자를 먹을 수 없는 것과 같이 스토리는 현실이 아니라 단지 스토리일 뿐임을 깨달을 수 있게 된다. 하지만 우리가 그 단어들에 부여하는 의미는 결국 우리가 선택하게 될 음식을 결정한다. 꿈에도 의심하지 않았던 신념의 틀 밖으로 자신을 건져 올림으로써, 우리는 자신을 4막의 비극으로부터 한층 더 경쾌하고 밝은 5막으로 데리고 갈 새로운 스토리를 탄생시킨다.

4장 〈미국의 재발견〉에서 우리는 독립선언문의 제정에 영향을 미쳤고 당장의 진화에도 여전히 적용되고 있는 원리와 실제를 설명한다. 이것은 미국을 찬양하는 애국가가 아니라 '모든 인간은 창조자가 부여한 양도할 수 없는 권리인 생명권과 자유권, 그리고 행복추구권을 지니고 동등하게 태어났다'는 혁명적이고 선구적인 진실을 재인식하자는 것이다. 미국에서조차 아직 이것이 온전히 실현되지 않고 있지만, 사실 이 진실은 토착 원주민들로부터 발원하여 전 세계에 주어진 하나의 선물이다.

1부는 읽는 이에게 안도감을 느끼게 할 것이다. 왜냐하면 1부의 메시지는 세상이 어떻게 잘못되었는지를 설명하는 한편으로 생명을 받들어 모시는 새로운 스토리의 창작을 도와주기 때문이다. 문화적 사상과 개인의 인식이 사실은 우리의 생태뿐만 아니라 우리가 살고 있는 세상도 좌우하는 '획득된 신념'임을 이해할 때, 우리는 개인과 세상을 바꿔놓을 수 있는 통찰을 얻는다. 우리는 사고를 당해 멍하니 앉아 있는 희생자로 머물러 있기를 그치고, 자신에게 스스로 능력을 부여하는 멋지고 사랑에 찬 신세계의 공동설계자요, 창조자가 될 자신의 권리를 소리 높여 외친다.

1

믿는 것이 곧 보는 것이다

"세상을 구원할 필요는 없다.
다만 세상을 좀더 현명하게 사용할 필요가 있을 따름이다."

— 스와미 비안다난다

스스로 인식하든 말든 간에, 우리는 누구나 세상을 바로잡고 싶어한다. 의식적인 차원에서는, 우리 중 많은 사람들이 이타적, 혹은 윤리적 이유에서 지구를 구하고자 하는 영감을 느낀다. 무의식적인 차원에서는, 지구를 돌보는 일에 이바지하고자 하는 우리의 노력은 '생물학적 명령'으로 알려져 있는, 곧 생존본능이라는 좀더 원초적인 행동 프로그램에 의해 구동된다. 지구가 파멸하면 우리도 함께 파멸한다는 것을 우리는 본능적으로 느끼고 있다. 그리하여 우리는 선의를 품고 세상을 내다보면서 궁리한다. 어디서부터 시작해야 할까?

테러, 종족학살, 빈곤, 지구온난화, 질병, 기근… "됐어, 그만, 그만!" 온갖 위기상황이 하나씩 하나씩 더해지는 동안 거대한 좌절의 산이 모습을 드러낸다. 그리고 우리는 너무나 엄청나고도 급박한 눈앞의 위협에 금방 압도당한다. 우리는 생각한다. '나는 수십억 인구 중의 한 사람일 뿐이야. 이 혼란에 대해서 "내가" 뭘 할 수 있겠어?' 문제의 엄청남에다 우리가 상상하는 자신의 왜소함과 무력함까지 더해지면 모처럼 일으켜보려했던 우리의 선의는 이내 간데없이 휘발해버린다.

의식적이든 무의식적이든 우리들 대부분은 걷잡을 수 없어 보이는 세상 앞에서 자신은 너무나 무력하다는 '사실'을 얌전히 받아들인다. 우리는 자신을 단지 나날의 삶을 연명하기 위해 아등바등하는, 언젠가는 죽을 수밖에 없는 나약한 인간으로 여긴다. 자신의 무력함을 받아들인 사람들은 자신의 문제를 해결해주기를 빌며 신께 매달린다.

〈브루스 올마이티Bruce Almighty〉라는 영화는 고통에 신음하는 행성으로부터 끝없이 새어나오는 이 간청의 불협화음에 귀가 먹어버린, 인간을 돌보는 신의 이미지를 익살맞게 그리고 있다. 이 영화에서 주인공 브루스(짐 캐리)는 신의 일을 대신 떠맡는다. 마음속에 끝없이 들려오는 기도의 소음에 마비된 브루스는 그 기도들을 포스트잇Post-It 쪽지로 바꾸는 아이디어를 짜내지만 이내 그는 쪽지의 산사태에 묻혀버리고 만다.

많은 사람들이 성경의 말씀대로 살아가고 싶다고 고백하지만 자신이 무력한 존재라는 인식은 너무나 만연해서, 아무리 신앙심 깊은 신도들조차도 우리의 능력을 찬양하는 그 흔한 성경구절들조차 눈 뜨고도 보지 못하는 것 같다. 예컨대 성경은 그 거대한 좌절의 산에 대해서도 구체적인 가르침을 주고 있다. ─ "너희에게 겨자씨 한 알만한 믿음만 있으면 이 산에게, '여기서 저기로 옮겨가라' 하면 그대로 될 것이요, 너희가 못할 일이 없을 것이다." 이건 정말 믿기 힘든 겨자씨다. 우리에게 필요한 건 오직 믿음뿐이고, 그러면 우리가 못할 일이 없을 거라고? 그래… 좋아!

하지만 이 신성한 가르침을 눈앞에 두고 우리는 자신에게 진지하게 물어본다. '우리가 믿고 있는 이 무력한 자아상이 인간 능력의 참모습일까?' 나날이 발전해가고 있는 생물학과 물리학은 이에 대해 새롭고 놀라운 대답을 제시한다. ─ 우리의 무력감은 한계성에 대한 학습된 암시의 결과라는 것이다. 그러니 우리가 '우리는 자신에 대해 진정으로 무엇을 알고 있는가?'라고 물을 때, 사실은 이렇게 묻고 있는 것이다. ― '우리는 자신에 대해 무엇을 학습받았는가?'라고.

우리는 학습받은 대로 무력한 존재인가?

우리 인간의 진화와 관련하여 현재 이 문명의 '공식 진리 공급자'는 물질주의 과학이다. 그리고 대부분의 사람들이 믿고 있는 의학 모델에 의하면 인체는 유전자의 지배를 받는 생화학적 기계다. 반면에 인간의 마음은 하나의 모호한 부수현상, 곧 뇌의 기계적 작용으로부터 파생된 어떤 부수적 상태다. 이것은 육신이 실체이고 마음은 뇌의 상상의 산물일 뿐임을 주장하기에 딱 좋은 표현법이다.

종래의 의학은 최근까지도 딱 한 가지 성가신 예외인 플라시보 효과를 제외하고는 신체의 기능에서 마음이 담당하는 역할을 부정해왔다. 플라시보 효과란 사람들이 어떤 특정한 약이나 치료과정이 효험이 있으리라고 믿으면 실제로는 아무런 효과가 없는 설탕으로 만들어진 알약을 먹어도 실제로 병이 낫는 현상을 말하는데, 이것은 마음이 신체를 치유시키는 능력을 지니고 있음을 웅변해준다. 의학도들은 모든 병의 3분의 1이 플라시보 효과의 마법에 의해 낫는다는 사실을 배운다.•

• W. A. Brown, "The placebo effect: should doctors be prescribing sugarpills?" *Scientific American*, no. 278 (1998): 90–95; Discovery Channel Production, "Placebo: Mind Over Medicine?" Medical Mysteries Series, *Discovery Health Channel*, 2003, Silver Spring, MD; Maj-Britt Niemi, "Placebo Effect: A Cure in the Mind," *Scientific American Mind* (Feb-March 2009): 42–49.

그러나 그들은 이후의 교육을 통해 마음이 지닌 치유의 힘을 부정하게 된다. 왜냐하면 그것은 뉴턴식 패러다임의 전개도에 들어맞지 않기 때문이다. 유감스럽게도 그들은 의사가 되고 나면 환자들에게 마음이 본래 지니고 있는 치유의 힘을 북돋아주려 하지 않음으로써 부지중에 환자의 능력을 무력화시킨다.

게다가 우리는 다윈 이론의 기본전제를 암묵적으로 받아들임으로써 자신의 능력을 더욱 빼앗긴다. ─ 진화과정은 끝없는 '생존투쟁'을 통해 전개된다는 생각 말이다. 이러한 인식 프로그램으로 세뇌된 인류는 결국 서로 먹고 먹히는 세상에서 살아남기 위한 끝없는 싸움의 쳇바퀴 속에 갇힌다. 테니슨은 자신의 시에서 이 살벌한 악몽 같은 다윈의 세상을 '붉은 이빨과 발톱'의 세상으로 묘사했다.[•]

두려움이 가동시킨 부신피질에서 분비되는 스트레스 호르몬의 바다에 빠져 있는 우리의 체내 세포사회는 적대적인 환경 속에서 살아남기 위해서 '싸우기 아니면 튀기(도망치기)' 전략을 채택하도록 무의식중에 끊임없이 채근받는다. 우리는 낮에는 먹고 살기 위해서 싸우고, 밤에는 텔레비전과 술과 마약과 온갖 형태의 대중오락을 통해 싸움터로부터 도망간다.

하지만 그러는 와중에도 우리 마음의 뒤꼍에는 양심을 괴롭히는 의문이 늘 도사리고 있다. '희망이나 휴식처란 것이 과연 있기나 한 걸까? 우리의 처지는 다음 주나 내년쯤엔 좀 펴질까? 아니면 언제쯤…?'

그렇게 될 것 같지는 않다. 다윈주의자들에 따르면 생명과 진화는 영원한 '생존투쟁'이다.

• Alfred Lord Tennyson, *In Memoriam*, (London, UK: E. Moxon, 1850), Canto 56.

마치 그것만으론 부족하다는 듯이, 세상이라는 사냥개로부터 우리 자신을 지키는 일은 단지 싸움의 절반일 뿐이란 사실이 드러난다. 내부의 적 또한 우리의 생존을 위협하고 있다.

세균, 바이러스, 기생충, 게다가 트윙키(미국의 인기 스낵케익)와 같은 멋진 이름의 음식까지도 우리의 취약한 신체를 쉽게 오염시켜서 생리기능에 파업이 일어나게 할 수 있다. 부모와 교사와 의사들은 우리에게 프로그램을 주입시켜 우리의 세포와 장기는 취약하고 고장 나기 쉬운 물건들이라고 믿게끔 만들어놓았다. 신체는 걸핏하면 고장 나고 질병과 유전자 이상에 굴복한다. 그 결과 우리는 언제 병에 걸릴지 몰라 전전긍긍하면서 여기에 종기가 났을까봐, 저기에 멍이 들었을까봐, 아니면 죽음의 임박을 알려주는 다른 어떤 비정상적인 신호가 나타났을까봐, 부지런히 몸을 살핀다.

보통 사람들도 수퍼맨의 능력을 지니고 있을까?

자신의 생명을 구하는 데만도 이토록 영웅적인 노력이 요구되는데, 세상을 구할 여력이 어디에 있단 말인가? 당면한 지구적 위기상황 앞에서, 우리는 당연히 뒤로 물러나 몸을 움츠린다. 무력하기 짝이 없는 미물이 된 기분에 압도되어서, 세상일에 영향을 미칠 힘을 잃어버리는 것이다. 현실에 참여하기보다는 리얼리티 TV나 보면서 시시덕거리는 편이 훨씬 더 쉽다.

하지만 다음을 생각해보라.

불 위를 걷기: 수천 년 동안 전 세계 방방곡곡의 다양한 문화권과 종

교권의 사람들이 불 위를 걷는 묘기를 부려왔다. 불 위를 가장 오래 걸은 최신의 기네스 기록은 23세의 캐나다인인 아만다 데니슨Amanda Dennison에 의해 2005년 6월에 수립됐다. 아만다는 섭씨 870도 내지 980도로 측정된 벌건 석탄 위를 67미터나 걸었다. 아만다는 뛰지도 날지도 않았다. 그것은 그녀가 불 위를 걸어가는 데 소요된 30초의 시간 동안 벌건 석탄에 맨발을 그대로 대고 있었다는 뜻이다.

많은 사람들에게는 그런 짓을 하고도 화상을 입지 않는다는 것이 초상적인 현상으로 여겨진다. 반면에 의사들은 우리가 우려하는 위험이 사실은 기우라고 주장한다. 타다 남은 불은 열전도율이 높지 않은 데다 발바닥이 실제로 석탄에 닿는 면적도 많지 않다는 것이다. 하지만 이렇게 냉소하는 사람들 중에서 극소수의 사람들만이 실제로 신발과 양말을 벗고 불타는 석탄 위를 걸었지만, 아무도 아만다의 발바닥이 보여준 묘기에는 필적하지 못했다. 게다가, 의사들이 주장하듯이 석탄이 정말 그렇게 '따뜻한' 정도일 뿐이라면 불 위를 걷기에 도전한 '즉흥적인 관광객'들이 무수히 심한 화상을 입은 사실은 또 어떻게 설명하겠는가?

심리학자이자 저술가인 우리의 친구 리 풀로스Dr. Lee Pulos 박사는 '불 위를 걷기'라는 이 현상을 상당히 오래 연구했다. 어느 날 그는 용감하게도 몸소 여기에 도전했다. 그는 바지를 걷어 올리고 마음을 비운 후 불타는 석탄 위를 걸었다. 반대편에 도착한 그는 자신의 발에 아무런 화상의 흔적도 없는 것을 발견하고 용기백배 기뻐했다. 그리고 걸어 올렸던 바짓단을 내리다가, 접힌 선이 다리 주위를 돌아가면서 동그랗게 그을려서 그 아랫단이 떨어져 나가는 것을 보고는 놀라 자빠져버렸다.

불 위를 걸을 수 있게 해주는 메커니즘이 물리적인 것이든 정신적인 것이든 간에, 한 가지 결과만은 일치한다. ― 석탄에 화상을 입으리라고 예상하는 사람은 화상을 입고, 그렇게 예상하지 않는 사람은 화상을 입지 않는다는 것이다. 불 위를 걷는 사람의 신념이 가장 중요한 결정요인이다. 불 위를 성공적으로 걸은 사람들은 관찰자(이 경우에는 걷는 사람)가 현실을 창조한다는 양자물리학의 핵심원리를 몸소 체험한 것이다.

한편 기후 스펙트럼의 반대쪽 극단에서는, 페르시아의 바크티아리 부족이 해발 4,500미터 산악지대의 눈과 얼음 위를 맨발로 며칠씩 걸어다닌다. 1920년대에 탐험가인 에른스트 쇠드색Ernest Schoedsack과 메리언 쿠퍼Merian Cooper는 감동의 수상작인 〈풀: 한 나라의 생존투쟁〉(Grass: A Nation's Battle for Life)이라는 제목의 장편 다큐멘터리를 제작했다. 이 역사적인 필름은 현대세계와 접촉한 적이 없는 유목민족인 바크티아리 부족이 해마다 대이동을 감행하는 장관을 포착했다. 수천 년 동안 그래 왔던 것처럼, 이들 5만 명의 부족민과 50만 마리 가량의 양과 소와 염소들은 일 년에 두 번씩 강을 건너고 빙하에 덮인 산을 넘어 푸른 초지에 도달한다.

산 너머의 목적지에 도달하기 위해 이 강건한 맨발의 부족은 해발 4,300미터인 자드-쿠(노란 산) 꼭대기의 키를 넘는 얼음과 눈을 뚫고 통로를 판다. 다행인 것은, 이 부족은 맨발로 눈 속을 오랫동안 걸어다니면 동상에 걸려 죽을 수도 있다는 엄연한 사실을 까맣게 모르고 있다는 점이다!

요는, 도전거리가 동상이든 화상이든 간에 인간은 우리가 생각하는 것처럼 실제로 그렇게 나약한 존재가 아니라는 사실이다.

무거운 것 들어올리기: 근육질의 남녀가 쇳덩어리를 들어올리는 경기인 역도에 대해서는 누구나 다 알고 있다. 이렇게 힘자랑을 하려면 강한 몸만들기 훈련과, 어쩌면 곁들여서 약간의 호르몬 주사가 필요할 것이다. 역도 종목에서 남자 기록보유자는 인상과 용상을 합산하여 320킬로그램

내지 360킬로그램을 들고, 여자 기록보유자는 200킬로그램 내지 230킬로그램을 든다.

이 기록도 대단한 것이긴 하지만 이들 말고도 훈련받은 운동선수가 아닌 보통사람들이 이보다 더 놀라운 힘의 묘기를 보여준다는 보고가 많이 있다. 1964년에 앙겔라 카발로Angel Cavallo라는 한 어머니는 자동차 밑에 깔린 아들을 구하기 위해 쉐보레 자동차를 들어올린 채 이웃사람들이 잭을 가져와서 설치하여 의식을 잃은 소년을 구해줄 때까지 5분 동안이나 버티고 있었다. 이와 유사한 경우로, 한 건설인부는 수로에 추락하여 자신의 친구를 물속에 갇혀 있게 만든 1,360킬로그램이나 되는 헬리콥터의 한쪽을 들어올렸다. 비디오로 찍힌 이 묘기에서 이 사나이는 다른 사람들이 추락한 헬기 밑에서 그의 동료를 끌어내는 동안 헬리콥터의 한쪽을 번쩍 들어올린 채 버티고 있었다.*

이런 묘기를 아드레날린이 분출된 결과로 치부해버리는 것은 핵심을 간과하는 것이다. 아드레날린의 효과이든 무엇이든 간에 훈련받은 적이 없는 평범한 남녀가 어떻게 그토록 오랫동안 만 톤 가량의 무게를 들어올리고 있을 수가 있단 말인가?**

이 이야기가 놀라운 것은 카발로 아줌마든 건설인부든 평범한 상황에 서였다면 그 같은 슈퍼맨 흉내를 낼 수가 없었을 것이기 때문이다. 자동차나 헬리콥터를 들어올린다는 것은 상상할 수 없는 일이다. 그러나 자식이나 동료의 목숨이 걸려 있는 상황에서, 이들은 무의식중에 자신의 제약적인 신념을 제쳐놓고 오로지 '이 생명을 살려야만 한다!'는 눈앞의 가장

• 카발로에 관한 글: http://www.straightdope.com/columns/read/2636/supermom
  헬리콥터를 들어올린 사나이의 동영상: http://www.youtube.com/watch?v=XbjJBZIONUc
•• 의학적으로 아드레날린의 효과는 그렇게 오래 지속될 수가 없다고 한다. 역주.

중요한 신념에만 의도를 집중했던 것이다.

독극물 마시기: 우리는 날마다 항균비누로 목욕을 하고 강력한 항생제 성분이 든 세제로 집안을 닦는다. 그렇게 함으로써 주변 환경 속에 항존하는 치명적인 병균으로부터 자신을 보호한다. 우리가 미생물의 공격에 얼마나 취약한지를 상기시키기 위해서 텔레비전 광고는 우리의 세상을 라이졸(소독약 이름)로 청소하고, 입은 리스터린(구강청정제 이름)으로 헹궈야 한다고 — …아니, 그 반대였던가? — 줄기차게 권고한다. 방역청은 대중매체와 손을 잡고 최신 독감과 HIV(에이즈 바이러스)와 모기나 새나 가금류를 통해 옮겨지는 전염병의 위험성을 경고하는 정보를 끊임없이 우리에게 주입시킨다.

이런 경고들은 왜 우리를 불안하게 만드는 것일까? 왜냐하면 우리는 우리 신체의 방어체계는 취약해서 외부 이물질의 침입에 전혀 무방비 상태라고 믿도록 세뇌되어 있기 때문이다.

설사 자연의 위협이 그리 심하지는 않다고 하더라도, 우리는 인간문명의 부산물들로부터도 자신을 보호해야만 한다. 공장에서 생산되는 독극물들과 사람들을 통해 배설되는 엄청난 양의 의약물이 우리의 환경을 독성으로 오염시키고 있다. 독극물과 독소와 병균은 물론 우리를 죽일 수 있다. 그쯤은 우리도 다 알고 있다. 그런데 그런 현실을 믿지 않는 사람들이 있다. 그리고 그들은 살아서 그것을 이야기하고 있다.

유전학과 역학疫學의 통합을 논하는 〈사이언스〉 지의 한 기사에서 미생물학자인 디리타V.J. DiRita는 이렇게 썼다. "현대의 역학은 영국의 내과의사인 존 스노우John Snow의 연구에 뿌리를 두고 있다. 그는 콜레라 환자들을 면밀히 조사해본 결과 이 병이 수인성 전염병이라는 사실을 발견했다. 콜레라는 현대 세균학의 정립에도 일역을 담당했다. — 스노우가 획기적인 발견을 한 지 40년 후에 로버트 코치Robert Koch가 콜레라를 일으키는 병원체인 쉼표 모양으로 생긴 콜레라균을 발견하고 질병의 세균감염론을 편 것이다. 코치의 이론에는 반대자가 없지 않았다. 그중의 어떤 사람은 콜레라균이 콜레라를 일으키는 원인이 아니라고 너무나 확신하고 있어서, 그것이 해롭지 않다는 것을 증명하기 위해 콜레라균이 든 물을 한 컵이나 들이켰다. 해명되지 않은 이유로 그는 아무런 증세도 보이지 않았지만, 그럼에도 그는 틀렸다."•

1884년에, 이처럼 기존 의학의 견해에 도전하여 자신의 주장을 입증하기 위해 콜레라균이 든 물을 들이켜고도 멀쩡했던 한 사나이가 있었던 것이다. 그를 이기지 못한 것은, '틀린 것은 그'라고 우긴 전문가들이다.

우리는 이 이야기를 좋아한다. 과학이 이 용감한 실험자가 보여준 놀라운 면역력의 원인 — 그가 자신이 옳다는 것을 철석같이 믿었기 때문일 가능성이 농후하지만 — 을 연구해볼 생각조차 하지 않고 묵살해버렸다는 사실이 너무나 흥미롭기 때문이다. 과학자들로서는 자신들이 만들어 놓은 법칙을 바꾸기보다는 그 사례를 성가신 예외로 치부해버리는 편이 훨씬 더 쉬웠던 것이다. 그러나 과학에서 예외란 단지 아직 알려지거나 이해되지 않은 어떤 것을 의미할 뿐이다. 사실 과학사에서 가장 중요한 진보 중의 상당수는 정상正常을 벗어난 예외적인 경우에 대한 연구로부터 비롯된 것들이다.

자, 콜레라 이야기로부터 얻은 이 통찰을 다음의 놀라운 보고와 함께 비춰보자. 켄터키 동부의 시골지역과 테네시주, 그리고 버지니아주와 노스캐롤라이나주는 오순절교회파로 알려진 맹렬한 근본주의 기독교인들

• V. J. DiRita, "Genomics Happens," *Science*, no. 289 (2000): 1488-1489.

의 근거지다. 이들은 종교적 황홀경 속에서 하나님의 가호를 증명하기 위해 일부러 방울뱀 등의 독사를 다루는 시범을 보인다. 이들 중 많은 사람들이 일부러 뱀에게 물리지만 그들은 독이 퍼질 때 나타나는 그런 신체증상을 보이지 않는다. 게다가 독사 시범은 맛보기에 지나지 않는다. 정말 열렬한 신도들은 하나님의 가호라는 개념의 차원을 높여놓는 시범을 보여준다. 그들은 스트리크닌(신경흥분제)을 상당량 마시고도 별다른 증상을 보이지 않음으로써 하나님께서 그들을 가호하고 계심을 증언하는 것이다.• 이 정도면 과학이 삼키기에는 껄끄러운 신비가 아닌가!

자발적 치유: 날마다 무수한 환자들이 이런 말을 듣는다. "모든 검사와 스캔 결과가 일치합니다. … 유감스럽지만 저희가 해볼 만한 것은 다 해봤으니 이젠 집으로 가셔서 신변을 정리하실 때입니다. 마지막 시간이 가까워지고 있으니까요." 암과 같은 치명적인 병에 걸린 대부분의 환자들에게는 이것이 그들의 마지막 무대의 광경이다. 하지만 불치병을 가지고도 이보다는 좀 드물지만 해피엔딩, 곧 자발적 치유의 스토리를 연출해내는 이들이 있다. 그들은 어느 날 불치병을 얻는다. 그런데 그 다음 날엔 멀쩡해져 있다. 이 당혹스럽고도 되풀이되는 현실을 설명하지 못하는, 인습에 젖은 의사들은 이런 경우에 그저 자신의 진단이 잘못되었다고 결론 짓는 편을 선호한다. 온갖 검사와 스캔 결과가 밝혀놓은 사실에도 불구하고 말이다.

〈코요테 요법〉(Coyote Medicine)의 저자인 루이스 멜-마드로나Lewis Mehl-Madrona 박사에 의하면 자발적 치유는 종종 '스토리의 전환'을 수반한다

• B. E. Schwarz, "Ordeal by serpents, fire and strychnine," *Psychiatric Quarterly*, no. 34 (1960): 405-429.

고 한다.* 이들 중 많은 사람들이 — 온갖 부정적 사실에도 불구하고 — 자신은 다른 운명을 선택할 수 있다고 믿음으로써 의도적으로 자신에게 능력을 부여한다. 또 어떤 사람들은 그저 낡은 생활방식과 거기에 딸려 다니는 스트레스를 날려 보내버리고 여생을 편안하게 즐기며 사는 모습을 상상한다. 자신의 삶을 온전히 사는 행동 속의 어딘가에서 잊혀진 그들의 병은 사라져버린다. 이것은 설탕약조차도 필요 없는, 궁극적인 플라시보 효과의 본보기다!

자, 여기 정말 말도 안 되는 발상이 있다. 부작용 없는 마법의 총알이라고는 해도 찾기가 힘든 암 예방 유전자를 탐색하는 데에만 우리의 모든 돈을 쏟아붓는 대신, 플라시보 효과와 관련된 자발적 치유 현상과 그 밖의 침략적이지 않은 극적인 의학적 반전현상을 연구하는 데에도 어느 정도의 노력을 기울여봄이 타당하지 않겠느냐는 생각 말이다. 하지만 플라시보 치료를 상품화해서 가격표를 붙일 방법을 찾지 못했기 때문에, 제약회사들은 이 본연의 근본적 치유 메커니즘을 연구해야 할 동기 자체를 느끼지 못한다.

수술을 받아야 할까, 아니면 단지 '신앙강화'가 필요할 뿐일까?

불 위를 걷거나 독을 마시거나 자동차를 들어올리거나 아니면 자발적 치유를 보여주는 모든 사람들은 하나의 공통적인 특징을 가지고 있다. —

• Lewis Mehl-Madrona, *Coyote Wisdom: The Power of Story in Healing*, (Rochester, VT: Inner Traditions/Bear & Company, 2005), 37.

자신의 임무를 성공시키리라는 흔들리지 않는 '신념' 말이다.

우리는 신념이란 말을 가볍게 여기지 않는다. 이 책에 언급되는 신념이란 0에서 100퍼센트까지의 척도 위에서 측정할 수 있는 성질의 무엇을 가리키는 것이 아니다. 예컨대 스트리크닌을 마시는 것은 '난 믿는 것 같아' 하는 식으로 말하는 사람들이 할 수 있는 게임이 아니다. 믿음은 임신과도 비슷하다. ― 임신은 하든가, 아니면 안 하는 것이다. 신념 게임의 가장 어려운 부분은, 어떤 것을 믿든가, 아니면 믿지 않는 것이다. ― 그 중간은 없다.

의사들도 말로는 불타는 석탄이 실제로는 그렇게 뜨겁지 않다고 하지만, 스스로 자기 집 난로에서 석탄 덩어리를 꺼내서 그 위를 걸어보려 들지는 않는다. 당신도 말로는 하나님을 믿는다고 하지만, 독을 마셔도 하나님이 가호해주시리라고 믿을 정도로 신앙심이 강한가? 바꿔 말해서, 당신은 스트리크닌을 그냥 저어서 마시고 싶은가, 아니면 셰이크로 만들어서 마시고 싶은가? 이 질문에 대답하기 전에, 의심이 하나도 없는지를 확실히 점검해보는 편이 좋을 것이다. 당신이 하나님을 아무리 99.9퍼센트 믿는다고 하더라도 결국은 스트리크닌보다는 아이스티를 택하고 싶어 하게 될 테니까.

이상의 비범한 사례들을 예외적인 경우로 여기고 싶다면 우리도 동의한다. 그러나 그것이 전통과학으로 설명되지 않는 예외라고 하더라도 사람들은 그런 일을 일상적으로 겪고 있다. 그들이 한 일을 과학적으로 해명할 수 없다고 하더라도, 그들의 경험은 인류의 전통적인 경험이다. 당신 자신도 한 인간으로서 믿음만 있다면 똑같은 일을, 아니, 그보다 더 놀라운 일을 할 수 있을 것이다. 많이 듣던 말 아닌가?

게다가 이런 이야기들이 아무리 예외적인 일처럼 들리더라도 오늘의 예외가 내일이면 과학으로 인정받는 일은 밥 먹듯 늘 일어나는 일이라는 사실을 기억하라.

마지막으로 다중인격 장애, 혹은 좀더 공식적으로는 해리성 정체감 장애(DID)라 불리는 수수께끼의 장애증으로부터 수집할 수 있는, 생물학을 초월하는 마음의 힘을 보여주는 강력한 사례가 남아 있다. DID가 있는 사람은 실제로 자신의 에고를 잊어버리고 전혀 다른 사람의 특유한 인격과 행동특성을 보여줄 수 있다.

어떻게 이런 일이 일어날 수 있는가? 글쎄, 그것은 당신이 운전하면서 라디오에서 어떤 방송국의 프로그램을 청취하는 경우와도 같다. 장거리를 운전하다 보면 그 방송국의 소리에 잡음이 끼어들다가 희미해지고는, 같은 주파수의 다른 방송국의 소리가 들리기 시작한다. 이것은 예컨대 당신이 비치 보이즈의 노래를 즐기면서 가고 있는데 얼마 안 가서 갑자기 그것이 핑크 플로이드의 노래로 바뀌어버리는 것처럼 짜증나는 일일 수도 있다. 아니면, 모차르트의 음악에 흠뻑 빠져서 가고 있는데 갑자기 롤링 스톤즈의 노래가 끼어든다면 어떻겠는가?

신경학적으로 다중인격이란 한 에고에서 다른 에고로 '송신국'이 제멋대로 바뀌어버리는, 원격조종되는 생물학적 로봇과도 같다. 각각의 에고에 의해 표현되는 특유의 행동양식과 인격은 포크 음악과 락 음악이 다른 만큼이나 한참 다를 수 있다.

대개는 DID가 있는 사람의 정신병리학적 특성에만 주목이 쏠리고 있지만, 이 에고의 전환에는 약간의 놀라운 생리적 변화도 수반된다.* 각각

---

* Michael Talbot, *The Holographic Universe*, (New York, NY: Harper Perennial,1992), 72-78. / 《홀로그램 우주》, 정신세계사, 1999.

의 인격들은 고유한 뇌파도腦波圖 특성을 지니고 있는데, 그것은 신경학적 지문에 해당하는 생체지표다. 간단히 말해서, 각각의 인격은 자기만의 고유한 뇌 프로그램을 가지고 있다. 믿을 수 없을지 모르지만 다중인격을 지닌 많은 사람들은 인격이 전환되는 그 짧은 시간에 눈동자의 색깔도 덩달아 바뀐다. 어떤 사람은 다른 인격이 출현하는 동안에 이전의 인격이 가지고 있던 흉터가 감쪽같이 사라져버리기도 한다. 또 많은 경우 한 인격이 가지고 있던 알러지와 예민한 성질이 다른 인격에서는 사라져버린다. 이런 일이 어떻게 일어날 수 있는 것일까?

DID가 있는 사람들이 이 의문에 대답해줄 수 있을지도 모른다. 왜냐하면 그들은 심리신경면역학(psychoneuroimmunology)이라는, 이제 막 싹트고 있는 새로운 과학분야의 입양아이기 때문이다. 심리신경면역학이란 마음(psycho)이 어떻게 뇌(neuro)를 조종하여 면역체계(immun)에 영향을 미치는가를 연구하는 학문(ology)이다.•

기존의 패러다임을 흔드는 이 새로운 과학이 시사하는 의미는 간단히 말해서 이것이다. — 면역체계는 우리 체내환경의 수호자이지만 이 면역체계를 지배하는 것은 마음이라는 것이다. 이것은 우리의 건강상의 특성은 마음에 의해 형성된다는 것을 뜻한다. DID는 기능장애를 뜻하지만, 그것은 우리 마음속의 프로그램이 우리의 병과 그것을 극복할 수 있는 능력, 나아가서 우리의 건강과 행복까지도 지배하고 있다는 사실을 부인할 여지가 없도록 여실히 보여주고 있는 것이다.

이제 당신은 이렇게 말할지도 모른다. "뭐라고? 신념이 우리의 생물

• Suzanne C. Segerstrom, Gregory E. Miller, "Psychological stress and the human immune system: A meta-analytic Study of 30 years of inquiry," *Psychological Bulletin* 130, no. 4 (2004): 601-30.

학적 상태를 지배한다고? 마음이 물질을 지배한다는 말인가? 긍정적인 사고를 하라고? 이것도 알고 보니 뉴에이지 나부랭이였군." 결코 아니다! 앞으로 우리가 첨단과학의 논거를 펼쳐가는 동안에 당신은 그것이 결코 귀신 씨나락 까먹는 소리가 아니라는 사실을 알게 될 것이다.

첨단과학이 말하는 세계

마음이 물질을 지배한다는 말에 대해 과학은 뭐라고 대꾸할까? 그 대답은 어느 과학에다 물어보느냐에 따라 달라진다. 전통의학은 우리가 지금까지 묘사한 현상들 중 어떤 것도 실재하는 것이 아니라고 우기려 든다. 오늘날의 생물학 교과서와 대중매체들은 인체를 세포라는 생화학적 벽돌로 만들어진 하나의 기계로 설명하기 때문이다.

이러한 인식이 일반대중으로 하여금 유전자가 우리의 신체적, 행태적 특성을 지배한다는 유전자 결정론을 받아들이게끔 세뇌해왔다. 이 서글픈 해석은 곧, 우리의 운명이 우리의 부모와 그들의 부모와 그들의 부모의 부모 등으로 끝없이 이어지는 조상으로부터 내려온 유전적 청사진에 의해 결정되는 형질에 꼼짝없이 옭매여 있다는 말이다. 이것이 사람들로 하여금 자신을 유전형질의 노예로 믿게끔 만든다.

다행스럽게도 인간 게놈 프로젝트가 유전자 지배에 관한 전통과학의 믿음을 밝은 햇빛 아래로 끄집어내어 놓았다. 이것은 모순적인 일이다. 왜냐하면 이 연구사업은 그 반대 사실을 입증하기 위해 출범되었던 것이기 때문이다. 전통적인 믿음에 의하면 고도의 복잡성을 지닌 인간은 단순한 생물이 가지고 있는 유전자보다 훨씬 더 많은 수의 유전자를 가지고 있어야만 했다. 그러나 놀랍게도 인간 게놈 프로젝트는 인간이 하등생물과 거의 똑같은 수의 유전자를 갖고 있음을 발견했다. 이것은 유전자 결정론의 밑바탕에 깔려 있는 신화적 오해(myth-perception)를 폭로하는 발견이다.* 과학이 길러온 애완 도그마(pet dogma)는 지나치게 오래 살았으니 이제는 안식을 줘야 할 때가 왔다.

그럼, 유전자가 생명을 지배하는 것이 아니라면 '무엇이' 지배한단 말인가?

그 대답은, '우리가' 지배한다는 것이다!

진화해가는 첨단과학은 우리의 생명을 지배하는 힘은 마음에서 나오는 것이지 유전자 속에 프로그램되어 있는 것이 아님을 밝혀주고 있다.**

이건 멋진 소식이다. 변화의 힘은 우리 안에 있다! 하지만 유전자를 지배하는 마음의 놀라운 힘을 깨워 일으키려면 우리는 생명에 대한 우리의 근본신념 — 우리의 이해와 오해 — 을 잘 되살펴보아야만 한다.

최초의 심각한 오해는 우리가 거울을 들여다보면서 자신을 하나의 단일한 개체로 생각하는 데서부터 일어난다. 실제로는, 한 사람 한 사람의 인간은 50조 개의 세포들이 모여 살고 있는 하나의 거대한 공동체다. 이것은 말하기는 쉽지만 상상하기는 거의 불가능한 숫자다. 인체 내 세포의 총수는 7천 개의 지구에 사는 인간을 다 합한 수보다도 더 큰 것이다!

우리 몸속의 거의 모든 세포는 그 하나하나가 인체 전체가 지닌 모든

---

* E. Pennisi, "Gene Counters Struggle to Get the Right Answer," *Science*, no. 301 (2003): 1040-1041; M. Blaxter, "Two worms are better than one," *Nature*, no. 426 (2003): 395-396.
** B. H. Lipton, *The Biology of Belief: Unleashing the Power of Consciousness, Matter and Miracles*, (Santa Rosa, CA: Elite Books, 2005), 161.

기능을 다 가지고 있다. 다시 말해서 각각의 세포는 자신만의 신경계, 소화계, 호흡계, 근골격계, 생식계, 그리고 심지어는 면역계까지 다 갖추고 있는 것이다. 이 세포들은 작은 인간과도 같으므로, 이것을 거꾸로 말하면 각각의 인간은 거대한 세포와도 같다!

곧 알게 되겠지만, 우리의 마음은 인체라는 거대한 세포문명의 기능을 통합하고 조정하는 하나의 정부와도 같다. 인간의 정부가 시민들을 통제하는 것처럼, 우리의 마음은 세포사회의 성격을 형성시킨다.

마음은 어디에 있고 어떻게 우리에게 영향을 미치는지 등, 마음의 본질에 대한 통찰은 우리의 진정한 힘을 온전히 깨달을 수 있는 기회를 준다. 이 같은 지혜를 가지는 것은 자기 개인의 삶의 전개에도 능동적으로 참여할 수 있게 해주지만 우리가 모여 사는 이 세계의 진화에도 기여할 수 있게 해준다.

생명의 '진짜' 비밀

가장 밑바닥의 차원에서 본다면, 생명이란 생화학적 장치 속의 분자의 움직임으로부터 파생되는 무엇이라는 점에는 전통과학과 첨단과학이 모두 동의한다. 그러나 기계적인 역학 너머에 있는 생명의 진짜 비밀을 밝혀내려면 우리는 제일 먼저 우리 세포들의 기계적 성질부터 살펴보지 않을 수 없다. 이 정보는 갈수록 더욱 불확실해지는 우리의 생존과 직결되어 있기 때문이다.

첨단과학이 말하는 생명을 이해하기 쉽도록, 세포를 상징적인 부품들로 이루어진 모습으로 그려보았다. 기어와 스위치로 제어되고 계기판으로 측정되는 구동 모터가 그 부품들이다. (기계에 별로 흥미가 없는 독자들에게는 인내심을 발휘해주시길 부탁드린다. 대가가 있을 것이다.)

스위치는 기계를 작동시키고 멈추고 함으로써 기능을 제어한다. 계기판은 기계가 어떻게 작동하고 있는지를 보고해주는 피드백 장치다. 스위치를 올리면 기어가 움직이고, 계기판을 통해 그 기능을 관찰할 수 있다.

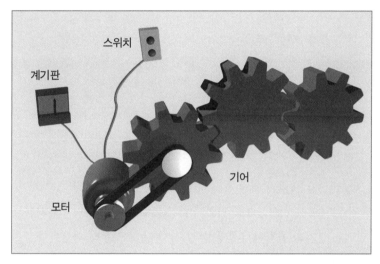

세포가 작동하는 이치는 스위치와 계기판에 의해 조종되는 모터가 가동시키는 기어 장치로 상징될 수 있다.

기어 : 기어는 움직이는 부분이다.

세포에서 이 움직이는 부분은 단백질이라 불리는 분자다. 단백질은 스스로 조립되고 서로 작용하여 세포의 행동과 기능을 일으켜내는 물리적인 벽돌이다. 각각의 단백질은 고유의 구조와 크기를 갖고 있다. 실제로 단백질 부품의 종류는 15만 개도 넘는다. 인간이 만들어내는 기계도 상당히 복잡하지만, 우리 세포 속의 이 정교한 기술에 비하면 인간의 기술은 아무것도 아니다.

특정한 생물학적 기능을 제공하는 단백질 기어들의 조합체를 통틀어서 경로(pathway)라고 부른다. 호흡 경로는 호흡을 담당하는 단백질 기어의 조합체를 뜻한다. 마찬가지로, 소화 경로는 음식을 소화시키는 작용을 하는 단백질 분자들의 그룹이다. 근육수축 경로는 신체의 동작을 만들어내는 작용을 하는 단백질들로 이루어진다.

> **첨단 생물학의 결론 #1**
> 단백질이 생물체의 구조와 기능을 제공한다.

모터: 모터는 단백질 기어를 움직이게 하는 힘을 상징한다.

생명의 으뜸가는 성질은 움직임이므로 모터는 필수적이다. 사실 우리 몸속의 단백질이 움직임을 그치면 우리는 송장이 되고 만다. 그러니 생명은 단백질 분자를 움직여서 행동을 일으키는 힘으로부터 파생된다.

스위치: 스위치는 모터에게 단백질 기어를 움직이도록 명령하는 장치다.

생명은 세포의 행동을 통합하고 정교하게 조종할 수 있어야 하므로 스위치도 필수적이다. 세포의 기능 — 호흡, 소화, 배설 등등 — 을 오케스트라의 악기에 비유해서 생각해보라. 지휘자가 없으면 오케스트라는 불협화음만 만들어낼 것이다. 살아 있는 생명체에서는 세포막 속에 있는 스위치가 세포의 다양한 기능체계를 조화롭게 제어하는 지휘자에 해당한다.

계기판: 계기판은 신체가 각 계통의 생리적 기능을 정확히 감시하는 방법을 상징한다.

생리적 계기판은 생명을 유지하는 데 없어서는 안 된다. 우리 몸속의 계기판을 자동차의 계기판과 비슷한 것으로 생각해보라. 계기판은 운전자의 지휘본부인 계기반에 달려 있으면서도 엔진을 포함해서 자동차 전체의 기능을 감시한다. 자동차의 계기판이 오일의 온도와 연료의 양, 배터리 수준, 속도 등등을 보고해주듯이 신체도 당신이 행동을 조절하여 생명을 유지할 수 있도록 피드백 데이터를 제공해준다. 그러나 바늘이나 LED 화면을 통해 알려주는 기계의 계기판과는 달리 생물학적 계기판은 감각을 통해 정보를 전달한다.

이 감각은 세포가 정상적인 기능을 수행하는 과정에서 만들어내는 화학적 부산물로부터 생겨난다. 이 화학물질들은 체내환경 속으로 방출된다. 신경계의 특화된 세포들은 이 화학적 신호를 인식할 수 있도록 장치된 세포막 스위치를 사용하여 어떤 특정 부산물의 농도가 높아지는 것을 감시한다. 이 신경세포가 활성화되면 그것은 이 부산물의 신호를 우리의 의식이 느낌이나 감정이나 증상으로 경험할 수 있는 감각으로 번역해준다. 예컨대 활성화된 면역세포는 감염에 대항하기 위해서 인터루킨-1과 같은 화학적 전령을 혈액 속으로 내보낸다. 이 인터루킨-1 분자가 뇌 속의 혈관세포의 특정한 세포막 수용기에 의해 인식되면 이 세포들은 뇌 속으로 신호 분자(signal molecule)인 프로스타글란딘 E2를 보낸다. 프로스타글란딘 E2는 열 경로를 활성화시켜서 우리가 체온상승과 오한으로 경험하는 증상들을 일제히 만들어낸다.

오늘날 우리 보건체제의 근본적인 문제 중의 하나는, 의료산업이 그 성공의 척도를 환자로 하여금 이 증상에서 얼마나 잘 벗어나게 하느냐에 두고 있다는 점이다. 의사들은 통증을 없애고 부기를 가라앉히고 열을 내리는 약을 처방한다. 그러나 증상을 약으로 막는 것은 자동차 계기판을 테이프로 덮어버리는 것과 마찬가지로 파괴적인 결과를 가져올 수 있다. 계기판을 가리는 것은 문제를 해결해주지 않는다. — 그것은 자동차가 고장 나서 멈춰버릴 때까지 문제를 '무시하도록' 도와줄 뿐이다.

마찬가지로, 세포에 약을 먹여 증상을 덮어버리는 것은 외부환경으로부터 우리 신체에 폭격처럼 가해지는 온갖 신호들을 무시해버리는 짓이다.

스위치 위의 손가락

우리는 분자 스위치가 단백질 기어를 작동시키고, 그것이 움직여서 행동을 일으킨다는 사실을 밝혔다. 이제 생명에 관한 큰 의문은, '누가, 혹은 무엇이 그 스위치를 누르느냐?'는 것이다. 스위치를 누르기 위해 우리는 신호라는 개념을 도입한다.

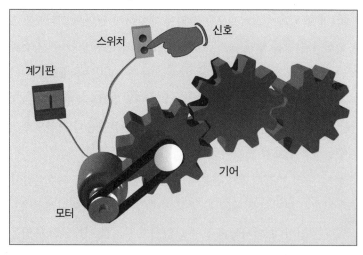

세포의 주변 환경으로부터 온 신호가 기어와 모터와 스위치와 계기판을 움직이게 만든다.

신호 : 신호는 세포 속 모터의 스위치를 켜서 단백질 기어가 움직이게 만드는, 주변 환경으로부터의 힘이다.

신호란 우리가 살고 있는 세계를 형성하는 물리적, 에너지적 정보를 말한다. 우리가 숨쉬는 공기, 먹는 음식, 만나는 사람들, 심지어는 귀에 들리는 뉴스까지, 모든 것이 단백질의 움직임을 촉발시켜 행동을 일으키는 환경의 신호다. 그러므로 우리가 이 논의에서 '환경'이란 말을 쓸 때, 그것은 우리의 살갗 끝에서부터 우주의 끝, 그 사이에 있는 삼라만상을 의미한다. 이것은 가장 큰 의미의 환경이다.

각각의 단백질은 특정한 환경 신호에 대해 마치 자물통에 열쇠가 맞아 들어가듯이 정확하고 긴밀하게 반응한다.

단백질 분자와 그에 상응하는 환경 신호의 결합은 단백질 분자의 모양을 바꿔놓고, 그 모양 자체가 가진 성질에 의해서 그 변화는 움직임으로 나타난다. 세포는 이 분자의 움직임을 이용해서 호흡, 소화, 근육수축 등과 같은 생명을 지탱해주는 단백질 경로를 가동시킨다. 단백질의 움직임이 세포를 살아 움직이게 하여 생명을 유지시키는 것이다.

> **첨단 생물학의 결론 #2**
> 환경 신호는 단백질의 모양을 변형시키고,
> 그 결과로 생기는 움직임이 생명 작용을 일으킨다.

뇌인가 생식계인가

세포 내의 엄청나게 다양한 단백질 경로들이 생명의 '기능'을 제공하기는 하지만 그런 경로를 보유하는 것 자체가 생명을 '만들어내는' 것은 아니라는 점을 강조해둬야만 하겠다. 생명은 세포 단백질 경로의 정밀한 조정과 제어기능에 자신을 의탁한다. 생명을 지탱해주는 이 모든 경로를 조절하는 제어 메커니즘을 상징하는 것은 뇌와 신경계다.

그렇다면… 세포의 뇌는 무엇일까? 글쎄, 아마도 당신이 알고 있을 내용과는 달리, 세포의 뇌는 유전자에 있는 것이 아니다. 고등학교나 대학교의 생물학 시간에 배운 기억을 더듬어본다면 아마도 세포의 가장 큰 소기관인 세포핵이야말로 세포의 지휘본부, 곧 뇌라고 설명되었을 것이다. 유전자는 세포핵 속에 들어 있고 유전자가 생명을 지배하는 것으로 전제되었으므로 이 소기관이 세포의 뇌를 상징한다고 생각하는 것은 자연스러운 일이다. 그러나 이 전제의 신빙성은 매우 희박하다.

80년 전에 발표된 한 실험결과가 유전자가 세포작용의 두뇌라는 가정에 도전장을 던지고 있다. 살아 있는 개체에게서 뇌를 제거하면(닭의 목을 자르면) 그 개체는 죽는다. 그러나 핵적출(enucleation) 과정을 통해 세포에서 핵을 제거해도 세포는 그대로 살아 있고, 많은 세포는 유전자 없이도 두 달 이상 살아 있을 수 있다!* 실제로 핵이 적출된 세포는 생존에 필수적인 단백질 부품을 교체해야만 하게 되기 전까지는 계속 정상적으로 기능한다.

유전자는 단백질 부품을 만들어내는 데 사용되는 청사진일 뿐이다. 핵이 적출된 세포는 결국 죽는다. 그러나 그것은 유전자가 없어졌다는 사실 자체 때문이 아니라 낡아진 단백질 부품을 교체하지 못한 결과로 불가피하게 노쇠가 시작되기 때문이다. 전통적인 사고방식은 세포핵이 세포의 뇌라고 믿도록 가르쳤지만 세포핵은 세포의 생식선 기능을 할 뿐이다. 즉, 그것은 세포의 생식계인 것이다.

이런 오해가 일어난 것은 충분히 그럴 만하다. 예로부터 과학계란 예비군 훈련장과도 같은 곳이었다. 남자들이란 아랫도리로 생각하는 것으로 소문나 있으니 그런 성질을 감안한다면 세포핵을 세포의 뇌로 혼동한 것도 이해할 만한 실수가 아니겠는가.

그런데, 유전자가 뇌가 아니라면 대체 무엇이 뇌란 말인가? 사실 세포의 뇌는 세포의 피부에 해당하는 세포막이다. 세포막 속에는 환경 신호에 반응하여 내부의 단백질 경로에 정보를 중계해주는 단백질 스위치가 내장되어 있다. 세포가 인식하는 거의 모든 환경 신호에 대해 제각기 다른 세포막 스위치가 존재한다. 어떤 스위치들은 에스트로겐에 반응하고, 어떤 스위치는 아드레날린에 반응하고, 어떤 것은 칼슘에 반응하고, 어떤 것은 빛에 반응하는 등등으로 말이다.

세포막에는 십만 개의 스위치가 있을지도 모르지만 그것을 일일이 다 연구해볼 필요는 없다. 왜냐하면 그것들은 모두가 동일한 기본구조와 기능을 가지고 있기 때문이다. 다음 그림은 세포막 스위치의 개념도다.

• E. B. Harvey, "A comparison of the development of nucleate and nonnucleate eggs of Arbacia punctulata," *Biology Bulletin*, no. 79 (1940): 166-187; M.K. Kojima, "Effects of D2O on Parthenogenetic Activation and Cleavage in the Sea Urchin Egg," *Development, Growth and Differentiation* 1, no. 26 (1984): 61-71; B. H Lipton, K. G. Bensch and M. A. Karasek, "Microvessel Endothelial Cell Transdifferentiation: Phenotypic Characteriza -tion," *Differentiation*, no. 46 (1991): 117-133.

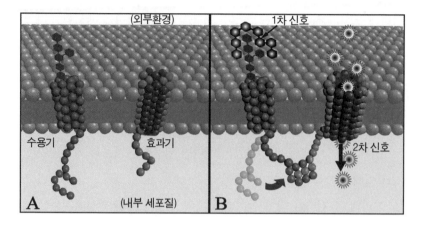

그림 A 각각의 세포는 세포막 전체에 수용기 단백질과 효과기 단백질을 가지고 있어서 이것이
주변 환경과 세포질 사이를 이어준다. 비유적으로 말하자면 이 단백질이 세포의 모터와 기어를
움직이게 하는 스위치 역할을 한다.
그림 B 수용기 단백질이 환경으로부터 신호를 받으면 그것은 자신의 모양을 바꿔서 효과기 단
백질과 연결된다.

　　각 세포막 스위치는 수용기 단백질과 효과기 단백질이라는 두 개의
기본 부품으로 이루어진, 인식의 기본단위다. 수용기 단백질은 그 이름이
시사하듯이 외부환경으로부터 오는 신호를 받아들인다, 즉 감지하는 것
이다. 수용기가 1차 상응 신호(그림 B의 1차 신호)를 받으면 활성화된 수용
기는 스위치의 효과기 단백질을 향해 움직여서 효과기 단백질과 결합할
수 있게 된다.
　　오른쪽 그림에서 수용기 단백질과 효과기 단백질은 마치 악수를 나누
고 있는 것처럼 보인다.(그림 B의 화살표가 가리키는 부분) 세포가 행동을 취
하게 하는 데 사용될 수 있도록 세포 외부로부터의 정보를 세포 내부로
전달할 수 있게 해주는 것이 바로 이 연결이다.

효과기 단백질은 수용기에 의해 활성화되면 특정 단백질 기능과 경로를 제어하는 2차 신호(그림 B의 2차 신호)를 세포질을 통해 세포 내로 내보낸다. 세포막 스위치의 이 일사불란한 활동은 세포로 하여금 끊임없이 변화하는 환경에 대응하여 대사와 생리작용을 지휘함으로써 생명을 유지할 수 있게 해준다.

스위치의 수용기 단백질은 외부환경 요소에 대한 인식능력을 세포에게 제공하고, 효과기 단백질은 신호를 만들어낸다. 그 신호는 특정 세포 기능을 조종하는 육체적 감각이다. 세포막에 위치한 이 스위치들은 수용기와 효과기로 짝을 지어 '육체적 감각을 통해 외부환경 요소를 알아차리는' 능력을 제공한다.•

바로 이 말이 생명의 비밀을 밝힐 열쇠를 제공해준다. 준비되었는가?

이것이 인식(perception)이란 단어의 사전적 정의인 것이다. 이 말의 라틴어 어근은 '이해(comprehension)' 혹은 문자적으로는 '받아들임(a taking in)'이다. 따라서 세포막 속의 단백질 스위치는 인식의 기본 단위분자인 것이다. 이 스위치들은 세포의 분자적 경로와 특정한 생물학적 기능을 제어하므로 우리는 '인식이 행동을 지배한다'고 확실히 결론내릴 수 있다!

또한 친애하는 독자 여러분, 인식이 세포 수준과 인간의 수준 양쪽 모두에서 행동을 지배한다는 사실, 이것이야말로 생명의 '진짜' 비밀인 것이다!

• Lipton, *The Biology of Belief: Unleashing the Power of Consciousness, Matter and Miracles*, 87.

세포막 속의 단백질 수용기 스위치는 환경 신호에 반응하여
세포의 기능과 행동을 제어한다.

질병의 본질

간혹 신체의 자연적인 조화가 무너질 때 우리는 질병, 곧 불편함(disease)을* 경험한다. 그것은 신체가 몸의 기능을 제공하는 시스템들을 정상적으로 제어하지 못한 결과다. 단백질이 상응하는 신호와 상호작용함으로써 행동이 일어나므로, 질병에는 근본적으로 오직 두 가지의 원인밖에 없다. ― 단백질에 결함이 있는가, 아니면 신호가 왜곡되었든가 말이다.

세계인구의 약 5퍼센트가 선천성 장애를 가지고 태어나는데, 이것은 그들이 기능이 온전하지 못한 단백질의 유전암호를 만들어내는 유전자를 돌연변이시켰음을 의미한다.** 구조가 찌그러지거나 결함이 있는 단백질은 '기계가 멈추게' 만들고 정상적인 경로의 기능을 훼방하고 생명의 질과 성질에 해를 끼칠 수 있다. 하지만 인류의 95퍼센트는 기능이 완벽한 유전자 청사진을 가지고 지구에 도착한다.

우리들 대부분은 완벽하게 건강한 유전자를 가지고 정상적인 단백질

---

* disease(질병)는 부정을 뜻하는 접두사 dis-와 ease(편안함)을 합친 말이므로 문자 그대로 해석하면 '불편함'을 뜻한다. 역주.
** W. C. Willett, "Balancing Life-Style and Genomics Research for Disease Prevention," *Science*, no. 296 (2002): 695-698.

을 생산해내므로, 이런 이들에게는 병을 대부분 신호의 이상으로 인한 것으로 돌릴 수 있다. 신호가 장애와 질병을 일으키는 경우는 세 가지 주요 상황이 있다.

그 첫 번째는 외상外傷이다. 척추가 비틀어졌거나 가지런하지 않아서 신경계의 신호 전달을 방해하면 그것이 뇌와 신체 세포, 조직, 장기 사이에 교환되는 정보를 왜곡시킬 수 있다.

둘째로는 독성이다. 우리 체내에 독성이나 독물이 들어온다는 것은 부적절한 화학상태가 일어나는 것을 의미하는데, 그것은 신경계와 세포나 조직 사이의 경로에서 신호의 정보를 왜곡시킬 수 있다. 이 어느 쪽의 원인에 의해서든 변질된 신호는 정상적인 행동을 방해하거나 비뚤어지게 하여 그것이 불편한 상태(dis-ease)로 표출되게 한다.

세 번째로, 불편한 상태를 일으키는 과정에 가장 중요한 영향을 미치는 신호는 생각, 곧 마음의 작용이다. 마음과 관련된 병에서는, 그 불편함의 촉발에 반드시 신체의 물리적 결함이 개입돼야 하는 것은 아니다. 사람의 건강은 환경으로부터 정보를 정확히 인식하고 생명을 지키는 적절한 행동을 선택적으로 일으키는 신경계의 능력에 달려 있다. 만약 마음이 환경의 신호를 잘못 해석하여 부적절한 반응을 일으키면 신체의 행동이 외부환경과 동조되지 않아서 생존이 위협을 받게 된다. 하나의 생각이 얼마든지 전체 시스템을 침식할 수 있다는 것을 상상하기가 어렵겠지만, 사실 그릇된 인식은 치명적인 것이 될 수 있다.

거식증이 있는 사람의 상황을 한번 살펴보자. 친척이나 친구들에게는 이 피골이 상접한 사람이 거의 죽을 지경에 이른 것이 너무나 분명히 보이는데도 불구하고 거식증 환자는 거울 속에서 자신의 비만한 모습을 본다. 마치 놀이공원의 이상한 거울에 비친 모습과도 같은 이 왜곡된 모습을 가지고 거식증 환자의 뇌는 이 착각 속의 비만을 조절하겠다고 나선다. 저런! ─ 신체의 대사기능을 금지시킴으로써 말이다.

여느 통치체제들과 마찬가지로 뇌도 조화를 추구한다. 신경계의 조화는 우리가 경험하는 삶과 그에 대한 마음의 인식이 얼마나 일치하는지를 보여주는 척도다.

흔히 볼 수 있는 최면 쇼는 마음이 자신의 인식과 실제 현실세계 사이의 일치를 어떻게 만들어내는지에 대한 흥미로운 통찰을 제공해준다. 청중석에서 자원자가 무대 위로 올라와서 최면에 빠지면 최면술사는 자원자에게 한 컵의 물을 들게 하면서 그것이 수백 킬로그램이나 나가는 아주 무거운 물건이라고 말한다. 그러면 그 가짜정보를 받은 자원자는 그것을 들려고 땀을 뻘뻘 흘리면서 얼굴이 시뻘게지도록 안간힘을 쓰지만 결국 들지 못한다. 이런 일이 어떻게 일어날 수 있을까? 자원자가 아무리 확고하게 믿더라도 물컵은 결코 수백 킬로그램이 될 수가 없는데 말이다.

들어올릴 수 없는, 수백 킬로그램으로 인식된 물컵의 현실을 실현시키기 위해서, 최면에 빠진 자원사의 마음은 물컵을 들어올리는 데 사용되는 근육에 신호를 보내는 동시에 물컵을 아래로 내리는 데 사용되는 근육에도 그 반대의 신호를 보내는 것이다! 이것이 두 그룹의 근육이 서로 반대되는 힘을 쓰게끔 만들어서 결국은 아무런 움직임도 일어나지 않게 한다. ─ 그래도 근육은 안간힘을 쓰고, 땀은 뻘뻘 난다.

세포와 조직과 장기들은 신경계가 보낸 정보를 의심하지 않는다. 그들은 생명을 북돋아주는 올바른 인식에나 자기파괴적인 그릇된 인식에나 똑같이 열심히 반응한다. 그래서 어떻게 인식하느냐가 우리의 생명을 좌지우지하게 되는 것이다.

플라시보의 치유적 효과에 대해서는 대부분 잘 알고 있지만 그 사악한 쌍둥이인 노시보nocebo 효과에 대해서는 아는 사람이 적다. 긍정적인 생각이 치유를 가져올 수 있는 것만큼이나 확실하게, 부정적인 생각 — 사람은 병에 걸리기 쉽다는 믿음이나, 자신이 독성 물질에 노출된 적이 있다는 믿음을 포함해서 — 도 실제로 그런 생각이 가리키는 바람직하지 못한 현실을 실현시켜놓을 수 있다.

담쟁이처럼 생긴 어떤 독성 식물에 알러지가 있는 일본의 아이들을 실험 대상으로 그들의 팔에다 이 독성 식물의 잎을 문질렀다.* 그리고 대조를 위해 다른 팔에는 비슷하게 생긴 독성이 없는 잎을 문질러주었다. 예상했던 대로 거의 모든 아이들이 독성이 있는 잎을 문지른 팔에는 발진을 일으켰고 가짜 잎을 문지른 팔에는 아무런 반응을 보이지 않았다.

그런데 아이들이 몰랐던 사실은, 실험자가 그 잎을 고의적으로 맞바꿔놓았다는 사실이다. 독성이 있는 잎에 살갗을 대인다는 부정적인 생각이 독성 없는 잎으로부터 발진이 일어나게 만들었던 것이다! 독이 없다고 생각한 독 있는 잎을 문지른 팔에는 대다수가 발진이 일어나지 않았다. 결론은 간단하다. — 긍정적인 인식은 건강을 증진시키고 부정적인 인식은 불편한 상태(dis-ease)를 응결시킨다. 신념의 힘을 보여주는 이 명백한 사례는 심리신경면역학이라는 과학 분야를 생겨나게 한 근거가 된 실험 중의 하나다.

모든 의학적 치유의 3분의 1이 플라시보 효과로 돌려진다는 사실을 감안한다면, 얼마나 많은 병과 질환이 부정적인 생각의 노시보 효과에 의한 것일까? 아마도 우리가 상상하는 것보다 훨씬 더 클 것이다. 특히나

• Y. Ikemi, S. Nakagawa, "A psychosomatic study of contagious dermatitis," *Kyoshu Journal of Medical Science* 13, (1962): 335-350.

심리학자들의 추정으로는 우리가 하는 생각의 70퍼센트는 불필요하고 부정적인 생각이라니 말이다.*

인식은 우리 삶의 경험과 성질을 형성시키는 데 엄청난 영향을 미친다. 그것이 바로 신앙심에 충만한 사람들이 독물을 마시고, 독사를 가지고 놀 수 있는 이유다. 인식이 플라시보 효과와 노시보 효과를 만들어낸다. 인식은 긍정적인 생각보다도 더 영향력이 크다. 왜냐하면 그것은 한갓 머릿속 생각 이상의 것이기 때문이다. 인식은 모든 세포에 속속들이 스며들어 있는 믿음이다. 간단히 말해서, 몸을 통해 표현되는 것(건강과 불건강, 역주)은 마음이 인식하고 있는 것이 무엇인지를 보여주는 하나의 보충자료일 뿐이다. 아니, 더 간단히 말하면, '믿는 것이 곧 보는 것이다!'

> **첨단 생물학의 결론 #4**
> 올바른 인식은 성공을 돕고, 그릇된 인식은 생존을 위협한다.

거의 대부분의 사람들은 자신의 힘과 건강과 소망을 무너뜨리는 제약적이고 자기태만적인 그릇된 인식들을 부지중에 쌓아가고 있다.

다음 장에서 보여드리겠지만, 우리에게 가장 큰 영향을 미치는 인식 프로그램들은 대개 타인들로부터 얻어온 것이라서 그것이 반드시 우리 자신의 목표나 열망을 지지해주지는 않는다. 실제로 우리가 생각하는

---

* Daniel Goleman, Gregg Braden and others, *Measuring the Immeasurable: The Scientific Case for Spirituality*, (Boulder, CO: Sounds True, 2008), 196.

'자신'의 일부인 장단점의 많은 부분은 여섯 살 이전에 가족이나 문화권의 인식으로부터 우리의 마음속으로 다운로드된 것이라고 단언할 수 있다. 이처럼 발달기에 획득된 조건화된 인식이 우리가 어른이 되어서 경험하는 건강과 행동양태 문제의 주된 원인이 된다. 얼마나 많은 아이들이 제약적인 관념 때문에 자신의 잠재력과 꿈을 한 번도 온전히 펼치지 못한 채 어른이 되는지를 생각해보라.*

바로 이 자기파괴적인 프로그램이 우리가 세상에서 환경을 변화시켜보고자 애쓸 때도 나서서 우리를 훼방놓는다는 사실은 놀라운 일이 아니다. 이 통찰은, 세상을 변화시키려고 나서기 전에 먼저 내면을 들여다보고 자신을 변화시켜야만 한다는 점을 강조해준다. 그러면 우리는 자신의 신념을 바꿈으로써 실제로 세상을 바꿔놓을 수 있는 것이다.

변천하는 세상과 마찬가지로, 변천해가는 우리 자신도 가끔씩 단지 선의善意 이상의 어떤 것을 필요로 한다. 우리는 마음의 본질을 이해해야 하고, 뇌의 신성한 이원성인 의식과 무의식이 어떻게 우리 인식의 표출을 지배하고 있는지를 이해해야만 한다. 다음 장에서 우리는 우리가 지역적으로 ― 곧 이 자리에서 ― 인식하고 있는 것이 어떻게 범지구적인 진화의 관문이 되는지를 살펴볼 것이다.

---

* P. D. Gluckman, M. A. Hanson, "Living with the Past: Evolution, Development, and Patterns of Disease," *Science*, no. 305 (2004): 1733-1736; Lipton, *The Biology of Belief: Unleashing the Power of Consciousness, Matter and Miracles*, 177.

2

지역적으로 행동하고
지구적으로 진화해가라*

"정신과 의사가 필요한 이 웅크린 세상에 또 다른 진화 이론은 필요 없다.
필요한 것은 진화의 실천이다."

— 스와미 비안다난다

자발적 진화가 약속하는 것은 다름 아니라 범지구적인 변성이다. 하지만 외부환경을 바꿔놓을 수 있으려면 먼저 자기 내부의 세계를 제대로 알아야만 한다.

우리의 살갗 아래에는 50조 개의 세포가 북적대는 거대사회가 있다. 그리고 그 각각의 세포는 생물학적으로나 기능적으로나 인간과 동급이어서, 하나의 작은 인간이라고 할 수 있다. 이것은 단지 놀래주려고 하는 과장된 말이 아니다. 그건 정말이다. 왜냐하면 우리의 세포가 우리 자신과 얼마나 놀랍도록 유사한지를 깨닫는다면 그때부터 우리는 세포들이 수십억 년의 세월을 거쳐오면서 터득한 비법을 조금이나마 배우기 시작할 수 있게 될 것이기 때문이다. 우리는 또 세포가 어떻게 의식을 만들어내었는지에 대해서도 통찰을 얻게 될 것이다. 그리고 그 의식이 세포 내에서 어

● '지구적으로 사고하고 지역적으로 행동하라'는 전일주의 환경운동가들의 구호를 패러디한 것임. 역주.

떻게 작용하는지를 좀더 알게 됨으로써 인간의 진화 역사상 중차대한 이 시기에 우리 자신의 제약적인 신념의 프로그램을 지우고 다시 쓸 수 있게 될 것이다.

종래의 지식은 우리 몸속 세포시민들의 운명과 행동양태는 그 유전자 속에 이미 다 프로그램되어 있다고 말한다. 분자생물학자인 제임스 왓슨 James Watson과 프랜시스 크릭Francis Crick이 1953년에 유전자 암호를 발견해낸 이래로, 사람들은 수태 시에 부모로부터 획득한 디옥시리보 핵산, 곧 DNA가 우리의 특징과 기질을 결정한다는 인식에 푹 젖어 있다. 한술 더 떠서 유전학의 종래의 관점은, 우리가 물려받은 유전자는 컴퓨터의 읽기 전용 프로그램처럼 고정불변한 것이라는 신념을 심어놓았다.

우리의 운명이 유전자 속에 지울 수 없게 새겨져 있다는 생각은 유전자 결정론으로 알려진, 지금은 구시대의 유물이 된 설로부터 나온 것이다. 그것은 우리가 스스로를 자신의 통제권 밖에 있는 유전적 힘의 제물이라고 믿게끔 만들었다. 유감스럽게도 우리가 이토록 무력한 존재라는 이 가정은 우리를 무책임한 인간으로 만들어놓는 일방통행로다. 너무나 많은 사람들이 이렇게 말하고 있지 않은가? "이봐, 어차피 난 그에 대해선 할 수 있는 일이 아무것도 없어. 그런데 내가 거기에 왜 신경을 써야 해? 비만? 그건 우리 집안이 원래 그래. 그러니 그 과자나 이리 줘."

유전자 너머의 무엇

1980년대에 유전학자들은 유전자가 생명을 지배한다고 확신했다. 그래서 그들은 인간 게놈 지도를 만들기로 했다. 인간이라는 유기체의 모든 유전형질을 정의하는 유전자 조합을 전부 밝혀내기로 작정한 것이다. 그들은 이 암호를 밝혀내면 인간의 질병을 예방하고 치료하는 열쇠를 마침내 손에 쥐게 되리라고 기대했다.

인간 게놈 프로젝트의 운명에 대해서는 나중에 더 이야기하겠지만 당분간은 유전자 공학으로 가는 길에 어떤 놀라운 일이 일어났다고만 말해두자. 과학자들은 생명이 실제로 어떻게 작용하는지에 대한 혁명적으로 새로운 관점을 발견했고, 그러는 과정에서 후성後成유전학(epigenetics)이라는 새로운 과학 분야가 탄생했다.* 후성유전학은 생물학과 의학의 밑바탕을 송두리째 뒤흔들어놓았다. 왜냐하면 그것은 우리가 유전자의 희생물이 아니라 주인임을 밝혀주었기 때문이다.

그리스어 접두사인 epi-는 '위, 혹은 너머'를 뜻한다. 고등학교나 대학교의 기초생물학 학생들은 아직도 유전자 제어(genetic control)에 대해 배운다. 그것은 생명의 형질을 지배하는 것은 유전자라는 관념이다. 그러나 후성유전학적 제어(epigenetic control)에 관한 새로운 과학은, 생명은 유전자 너머의 무엇에 의해 지배된다는 것을 밝히고 있다. 그 '유전자 너머의 무엇'이 과연 무엇인가에 대한 가슴 부푸는 새로운 통찰은 현실의 공동창조자인 우리의 마땅한 역할을 제대로 이해할 수 있는 길을 열어주었다.

앞장에서 배웠듯이, 세포막의 스위치를 통해 작용하는 환경의 신호는 세포의 기능을 좌우한다. 그런데 환경의 신호는 동일한 메커니즘을 통하여 유전자의 활동도 조종하는 것으로 밝혀졌다. 후성유전학의 연구에 의하면 환경으로부터 온 신호는 세포막 스위치를 활성화시켜 세포핵으로 2차 신호를 보내게 한다. 그러면 이 신호는 세포핵 속의 유전자 청사진을

---

* E. Watters, "DNA is Not Destiny," *Discover* (November 2006): 32.

골라서 특정한 단백질이 생산되도록 조종하는 것이다.

이것은 유전자가 저 혼자서 스스로 알아서 활동한다는 종래의 믿음과는 한참 다른 이야기다. 유전자는 독립적인 존재가 아니다. 즉, 유전자는 자신의 활동을 스스로 제어하지 못한다. 유전자는 단지 분자 차원의 청사진일 뿐이다. 청사진이란 설계도다. 그것은 실제로 건물을 짓는 계약자가 아니다. 기능적으로 볼 때 후성유전이란 계약자가 적당한 유전자 청사진을 골라서 신체의 건축과 유지보수를 지휘하게 하는 메커니즘이다. 유전자는 생명을 '지배하지' 않는다. — 유전자는 생명에 의해 '사용된다.'

게놈이 환경의 영향을 받지 않는 '읽기 전용 프로그램'과 같다는 종래의 믿음은, 안다고 생각했지만 틀렸음이 밝혀진 이야기들 중의 하나임이 이제는 증명되어 있다. 후성유전 메커니즘은 실제로 유전자 암호의 정보를 변경시킨다. 후성유전의 창조적 능력은 다음 사실에서 드러난다. — 후성유전 메커니즘은 동일한 유전자 청사진으로부터 3만 가지 이상의 다른 단백질이 만들어지게 할 정도로 유전자 정보를 편집할 수 있다! *

환경 신호의 성질에 따라, 후성유전 메커니즘 속의 심부름꾼은 유전자를 변경시켜 건강한 단백질 부품을 만들어낼 수도 있고 기능장애가 있는 단백질 부품을 만들어낼 수도 있다. 달리 말하자면, 건강한 유전자를 타고난 사람도 후성유전적 신호의 왜곡에 의해 암과 같은 돌연변이 상태를 일으킬 수도 있다는 말이다. 또 반대로는, 동일한 후성유전 메커니즘이 허약체질인 사람의 결함 유전자로부터 정상적이고 건강한 단백질과 기능을 만들어낼 수도 있는 것이다. **

---

* D. Schmucker, J. C. Clemens, et al, "Drosophila DSCAM Is an Axon Guidance Receptor Exhibiting Extraordinary Molecular Diversity," *Cell*, no. 101 (2000): 671-684.

후성유전 메커니즘은 유전자 암호의 정보를 변경시켜서, 유전자가 '읽기 전용 프로그램'이 아니라 '읽기-쓰기용 프로그램'임을 보여준다. 이것은 삶의 경험이 우리의 유전형질을 능동적으로 재정의할 수 있음을 의미한다.

이것은 실로 놀라운 발견이다. 한때 우리는 유전자가 우리의 운명을 지배한다고 확신하고 있었는데, 이제는 새로운 첨단과학이 자연은 그보다 훨씬 더 영리하다고 말해주고 있다. 유기체가 환경과 접촉할 때, 유기체의 인식작용이 후성유전 메커니즘을 개입시켜서 생존의 기회가 높아지도록 유전형질을 미세조정하게끔 하는 것이다.

이 같은 환경의 영향은 일란성 쌍둥이 연구에서 극적으로 드러난다. 탄생과 탄생 직후에는 쌍둥이 형제가 동일한 게놈으로부터 거의 동일한 유전적 활동을 보여준다. 그러나 나이가 들수록 달라지는 그들 각자의 개인적 경험과 인식은 각각 상당히 다른 유전자 조합을 활성화시킨다.[***] 뉴스 매체들은 출생 후에 헤어진 쌍둥이 형제가 결국은 같은 직업을 가지거나 같은 이름의 배우자와 결혼할 정도로 놀랍도록 비슷한 삶을 산 이야기에 열광한다. 이런 이야기는 흔한 것처럼 인식되고 있지만 사실 그것은 지극히 드문 예외일 뿐만 아니라 더욱 중요한 것은, 수태기에 각인되는 행태 프로그램은 쌍둥이가 자란 후에도 그들의 삶과 행태에 뿌리 깊은 영

[**] R. A. Waterland, R. L. Jirtle, "Transposable Elements: Targets for Early Nutritional Effects on Epigenetic Gene Regulation," *Molecular and Cell Biology* 15, no. 23 (2003): 5293-5300.

[***] Mario F. Fraga, et al, "Epigenetic differences arise during the lifetime of monozygotic twins," *Proceedings of the National Academy of Sciences* 102,no. 30 (July 26, 2005): 1064-1069.

향을 미친다는 사실을 매체들이 간과하고 있다는 점이다.[*]

새로운 첨단 생물학이 밝혀주고 있는 이 사실을 온전히 이해하기 위해 잠시 시간을 내어 살펴보도록 하자.

인식은 행동을 제어할 뿐만 아니라 유전자 활동도 제어한다. 이 수정된 과학은 우리가 삶의 매 순간 자신의 유전적 표현을 능동적으로 제어하고 있음을 분명히 보여준다. 우리는 삶의 경험을 자신의 유전자에 담아 그것을 후손에게 물려줄 수 있는, 배움의 생명체다. 그리고 그 후손은 또 자신의 삶의 경험을 유전자 속에 담아서 인류의 진화를 촉진시킨다.

그러므로 우리는 이제 자신을 유전자의 무기력한 희생물로 인식하는 대신 삶에 대한 우리의 인식과 반응이 우리의 생물학적 상태와 행동양태를 역동적으로 형성시킨다는 이 진실이 가져다주는 힘을 받아들이고, 가져야만 한다.

이제 실제로 이 막강한 인식이 어떻게 형성되는지를 살펴보기로 하자.

세포의 미시우주로부터 마음의 거시우주까지

지구상에 생명이 태어난 최초의 38억 년 동안 생물권은 박테리아, 효모, 조류, 그리고 아메바나 짚신벌레 등의 원생동물과 같은 무수한 개체의 단세포 생물들로 구성되어 있었다. 약 7억 년 전에 이 낱개의 세포들은 서로 뭉쳐서 다세포 생물의 세계를 이루기 시작했다. 세포 공동체가

---

[*] Lipton, *The Biology of Belief: Unleashing the Power of Consciousness, Matter and Mira -cles*, 178.

지닐 수 있게 된 집단의식은 개체 세포의 의식보다 훨씬 더 훌륭했다. 의식은 생물의 생존에 중요한 요소이므로 이 공동체의 경험은 그 시민들이 오래 살아남아 번식할 수 있는 기회를 높여주었다.

최초의 인간사회와 마찬가지로 최초의 세포사회는 생존을 위해 각 구성원들이 동일한 서비스를 제공하는, 수렵채집 부족이었다. 그러나 세포사회도 인간사회도, 인구밀도가 높아지자 모든 개체가 동일한 일을 한다는 것이 더 이상 효율적이지도, 효과적이지도 않게 되었다. 그리하여 결국 특화된 기능이 진화되어 나왔다. 예컨대 인간사회에서는 어떤 구성원들은 사냥에 주력하고 어떤 이들은 집안일을 하고 또 어떤 이들은 아이들을 키운다. 세포사회에서 특화란 어떤 세포들은 소화세포로, 어떤 세포는 심장세포로, 또 다른 세포는 근육세포로 분화하기 시작하는 것을 의미했다.

인간과 동물의 대부분의 체세포는 자신의 외피 너머의 환경을 직접 지각하지 못한다. 예컨대 간세포는 간에서 일어나는 일은 인식하지만 세상에서 일어나는 일은 직접적으로 알지 못한다. 그러므로 뇌와 신경계는 환경의 자극을 해석하여 세포에 신호를 보내줘야만 한다. 그러면 세포는 그 신호를 종합하여 인식된 환경에서 생존할 수 있도록 신체장기의 생명 지탱 기능을 조정하는 것이다.

성공을 거둔 다세포 사회의 이 분화적 특성은, 이 복잡다단한 지각내용을 통합하고 분류하고 기억하는 작업에 엄청난 수의 세포를 배치할 수 있도록, 두뇌를 진화시키는 밑바탕이 되어주었다. 진화 과정을 통해 뇌의 세포들은 경험된 무수한 지각내용을 기억하고 그것을 통합하여 강력한 데이터베이스를 구축하는 능력을 획득했다. 이 데이터베이스로부터 만들어진 복잡한 행동 프로그램은 그 생물체에게 '의식'이라는 독특한 특성을 부여했다. 이 '의식'이란 말은 우리가 가장 기본적인 의미에서 '깨어서 아는 상태'를 뜻할 때 사용하는 말이다.

많은 과학자들은 의식을 생명체가 지니고 있거나, 아니면 지니고 있지 못한 어떤 것으로 생각하기를 좋아한다. 그러나 진화에 대한 연구는 의식의 메커니즘이 오랜 세월에 걸쳐서 진화해온 것임을 시사하고 있다. 따라서 의식의 성질은 의식수준이 낮은 원시적인 생명체로부터 고유의 자아의식을 지닌 인간과 기타 고등 척추동물에 이르기까지, 그 각성도의 변천상을 보여줄 것이다. 자아의식이란 말로써 우리가 의미하는 것은, '내 헤어스타일이 괜찮나?' 하는 그런 의식이 아니라 삶의 참여자인 동시에 관찰자가 되는 그런 성질을 뜻한다.

자아의식의 표현은 전두엽 피질로 알려진, 진화적 적응의 작은 산물과 특히 관련이 있다. 전두엽 피질은 인간으로 하여금 자신의 인격적 정체성을 자각하고 사고행위를 경험할 수 있게 해주는 신경학적 기반이다. 자아 인식을 못 하는 원숭이나 다른 동물들은 거울을 들여다보아도 그 속의 모습을 언제나 다른 생물로 인식한다. 반면에 신경학적으로 고등동물인 침팬지는 거울을 보고 그 속의 모습을 자신의 모습으로 인식한다.[*]

두뇌의 의식과 전두엽 피질의 자아의식 사이의 중요한 차이점은, 종래의 의식은 유기체가 당면한 순간의 환경조건을 판단하고 반응할 수 있게 해주는 반면에 자아의식은 개체로 하여금 현재뿐만 아니라 미래까지도 감안해서 자신의 행위가 가져올 결과를 계산할 줄 알게 한다는 것이다.

자아의식은 우리를 단지 자극에 대한 반응자가 아니라 공동창조자가 되게 해준다. 즉, 우리는 의사결정 과정에 '자아'를 개입시킬 수 있는 것

---

[*] Gordon G. Gallup Jr., "Chimpanzees: Self-Recognition," *Science* 167, no. 3914 (2 January 1970): 86-87.

이다. 종래의 의식은 유기체로 하여금 생명 드라마의 역학力學에 참여할 수 있게 해주었지만 자아의식의 특성은 우리에게 배우만이 아니라 관객의 한 사람, 심지어는 감독까지도 될 수 있는 기회를 제공한다. 자아의식은 자기반성을 할 수 있는 선택권을 제공하여 드라마를 검토하고 편집할 수도 있게 해주는 것이다.

자아의식만큼이나 중요한 것은 우리 자신의 정체성인데, 그것은 사실 우리가 '마음'이라고 부르는 것의 작은 일부다. 자아를 의식하는 마음은 자신을 돌이켜보는 일을 하고, 다른 마음은 세상을 주시하면서, 우리의 호흡에서부터 운전에 이르기까지 모든 것을 통제하고 있다. 그리고 여기에 막 뒤로부터 '잠재의식적 마음'이 무대 가운데로 등장한다.

일반적으로 말하자면 자극에 대한 반응이라는 자동적 행동양태와 관련된 두뇌 메커니즘을 잠재의식적 마음, 혹은 무의식적 마음이라고 하는데, 그것은 이 기능에는 의식적인 관찰도, 주의도 필요하지 않기 때문이다. 잠재의식적 마음의 기능은 전두엽 피질이 생겨나기 오래전에 진화되었다. 그래서 자아의식을 표현하지 못하는 유기체들도 몸을 움직여 역동적인 환경의 도전을 헤쳐나가는 데는 아무런 어려움이 없는 것이다. 하등생물들과 유사한 방식으로, 인간도 자아의식을 가진 마음의 충고나 입력 데이터 없이 자신을 꾸려나가는 자기조절체계를 통해 자동운항을 할 수 있다.

잠재의식적 마음은 놀랍도록 강력한 정보처리기여서 인식된 경험을 기록하고, 단추만 눌러주면 그것을 영원히 재생시킬 수도 있다. 흥미롭게도, 우리는 다른 누군가가 우리의 단추를 누를 때만 자신의 잠재의식적 마음의 자동프로그램을 가끔씩 자각하곤 한다.

사실 단추를 누른다는 표현은 잠재의식적 마음의 경이로운 데이터 처리능력을 묘사하기에는 너무나 느리고 순차적인 이미지다. 잠재의식적 마음에 할당된 불균형스러울 정도로 큰 뇌 부위는 1초에 4천만 개 이상의 신경신호를 해석하고 반응할 수 있다. 그에 비해 왜소한 자아의식적 마음의 전두엽 피질은 고작 초당 40개의 신경신호밖에 처리하지 못한다. 이것은 정보처리기로서는 잠재의식적 마음이 자아의식적 마음보다 백만 배나 더 강력하다는 것을 뜻한다.*

이런 마법과도 같은 정보처리능력과는 대조적으로, 잠재의식적 마음은 기껏해야 조숙한 다섯 살짜리 아이 정도의 창조력밖에 지니고 있지 못하다. 자아의식적 마음은 자유의지를 표현할 수 있는 반면에 잠재의식적 마음은 주로 이미 입력되어 있는 자극-반응 습관을 표출한다. 우리는 예컨대 걷기, 옷 입기, 운전하기 등 한 가지의 행동패턴을 학습하고 나면 그 프로그램을 잠재의식적 마음의 관할로 이관시킨다. 그것은 우리가 주의를 주지 않고도 그 복잡한 기능을 수행할 수 있게 됨을 뜻한다.

잠재의식적 마음은 껌을 씹으면서 동시에 모든 체내조직을 운영할 수 있는 반면에 자아의식을 책임지는 그보다 훨씬 작은 전두엽 피질은 아주 소수의 일밖에는 동시에 처리하지 못한다. 자아의식적 마음의 다중업무 동시처리능력은 물리적으로 한정되어 있지만, 숙련된 자아의식적 마음의 단일업무 처리 솜씨는 매우 능숙하다. 그것은 집중과 몰입의 기관인 것이다.

한때는 맥박, 혈압, 체온 등, 몸의 소위 불수의不隨意 기능 중 일부는 자아의식적 마음의 통제권 밖에 있다고 생각되었었다. 하지만 이제는 우리도, 요기나 명상의 고수와 같이 진화된 정신력을 지닌 사람들은 실제로 불수의 기능을 제어할 수 있다는 사실을 알고 있다.

• T. Norretranders, *The User Illusion: Cutting Consciousness Down to Size*, (New York: Penguin Books, 1998), 126, 161.

이것은 잠재의식적 마음과 자아의식적 마음이 환상의 2인조가 되어 일하고 있음을 말해주고 있다. 잠재의식적 마음은 자아의식적 마음이 돌보지 못하는 모든 행동을 제어한다. 이것은 알고 보면 현재에 일어나는 거의 모든 일을 뜻한다! 우리들 대부분은 자아의식적 마음이 과거와 미래에 대한 생각이나 상상 속의 문젯거리에 너무나 몰두해 있어서, 나날의 순간순간의 일은 모두 잠재의식에게 맡겨놓고 있다. 인지 신경과학자(cognitive neuroscientist)들은 자아의식적 마음이 우리의 인지작용에 단 5퍼센트밖에 기여하지 못한다고 결론을 내렸다. 이것은 우리의 의사결정, 행동, 감정, 그리고 행동의 95퍼센트는 잠재의식적 마음의 자동적 과정으로부터 나오는 것임을 뜻한다.[*]

누가 우리의 카르마를 조종하는가?

어떤 것에 대해 "마음이 두 갈래다"라고 말한 적이 있다면 당신은 옳은 말을 한 것이다. 그 생각을 한 마음은 자아의식적인 마음이다. 인지적인 사고와 인격적 정체성과 자유의지의 본부인 그 조그마한 40비트짜리 프로세서 말이다. 그것은 요구와 야망과 의도를 선언하는 마음의 부분, 그리하여 신을 웃게 만드는 부분이다. 웃기는 것은, 그 부분의 마음이 자신은 이런 사람이라고 상상하고 있지만 그것은 고작 우리 삶의 5퍼센트밖에 관여하지 않는다는 사실이다.

• Marianne Szegedy-Maszak, "Mysteries of the Mind: Your unconscious is making your everyday decisions," U.S. News & World Report, February 28, 2005.

이 데이터는 긍정적 사고 훈련을 했지만 부정적인 결과밖에 못 얻은 사람들이 깨닫는 슬픈 사실, 곧 우리의 삶은 의식적인 소망과 의도에 지배되지 않는다는 사실을 밝혀준다. 못 믿겠다면 셈을 해보라. 잠재의식이 쇼의 95퍼센트의 시간을 장악하고 있다. 그러니 우리의 운명은 사실 기존의 프로그램, 곧 습관의 지배하에 놓여 있는 것이다. 그 습관은 삶의 경험으로부터 얻어진 인식과 본능으로부터 파생된 것이다.

잠재의식적 마음에서 가장 강력하고 영향력 있는 프로그램은 맨 처음에 기록된 프로그램이다. 우리의 가장 기본적인 인생형성 프로그램은 수태로부터 여섯 살 사이의 지극히 중요한 형성기 동안에 우리의 주요 교사인 부모, 형제, 그리고 주변의 사람들을 보고 듣는 사이에 획득된다. 정신과 의사와 심리학자와 상담가들이 너무나 잘 알고 있듯이, 유감스럽게도 우리가 배운 것의 많은 부분은 그릇된 인식에 근거한 것인데, 그것이 지금에 와서 자기파괴적이고 제약적인 신념으로 표출되고 있는 것이다.

대부분의 부모들은 자신의 말과 행동이 아이의 잠재의식적 마음속에 끊임없이 기록되고, 그것이 아이들 삶에서 초기경험의 흔적을 형성한다는 사실을 깨닫지 못한다. 어린아이에게 자주 나쁜 아이라고 꾸지람을 하면 아이는 그것이 최근의 행동에만 관련된 일시적인 상태에 대한 지적임을 이해하지 못한다. 대신 그들의 어린 마음은 이 선언을 그들의 영구적인 정체성으로 받아들여 기억한다. 말로 했든 안 했든 간에, 아이가 부족하다거나 영민하지 못하다거나 병약하다거나 하는 등의 전사된 신념도 마찬가지이다.

부모의 이런 부주의한 선언들은 아이의 잠재의식 속에 곧바로 다운로드된다. 마음이 하는 일은 프로그램과 현실 사이의 일치를 만들어내는 것이므로 뇌는 프로그램된 인식이 진실임을 확인해줄 적절한(사실은 부적절한) 행동반응을 부지불식간에 만들어낸다. 잠재의식의 프로그램은 이렇게 일단 획득되고 나면 자동적으로 자신의 인식을 그릇된 현실로 만들어내어 개인의 삶을 형성시킨다.

이것을 운 나쁜 실제 경험에 적용시켜보자. 당신이 장난감이 갖고 싶어서 쇼핑몰에서 떼를 쓰고 있는 다섯 살짜리 어린아이라고 상상해보라. 사람들 앞에서 떼를 쓰고 있는 당신을 멈추게 하기 위해 아버지는 홧김에 옛날에 자신이 떼를 썼을 때 자신의 부모가 했던 말을 그대로 내뱉는다. —"넌 그걸 가질 자격이 없어!" 그로부터 2~30년의 세월이 지나서 이제 당신은 엄청난 부를 안겨줄 새 일자리를 눈앞에 두고 있는 어른이다. 당신은 미래의 장밋빛 전망에 온갖 멋진 상상으로 부풀어올라 있다. 그런데 갑자기 일에 차질이 일어난다. 한때 선명하게 보였던 길이 이젠 꽉 막혀 있는 것처럼 보인다. 당신은 분명히 성공할 수 있다는 것을 아는데 뭔가가 갑자기 틀어진 것이다. 당신의 새로운 행동은 비전문적이고 서툴러진다. 그리고 면접관이 그것을 알아차린다.

'어떻게 된 거지?' 당신은 의아해한다. 문제는 당신의 잠재의식적 마음의 프로그램이 의식적 마음의 욕망과 대치해 갈등을 일으키고 있다는 것이다. 자아의식적인 마음은 이 기회에 대해 긍정적이고 희망적이지만, 입력되어 있던 아버지의 메시지 —"넌 그걸 가질 자격이 없어!"— 가 잠재의식적 마음의 행동을 파괴적으로 프로그램하고 있는 것이다. 최면당한 사람이 천 파운드짜리 무게로 착각한 물컵을 들려고 애쓰는 것처럼, 당신의 잠재의식적 마음은 당신의 현실이 프로그램과 일치하게끔 만들기 위해서 열심히 자기파멸의 행동을 하고 있다. 그리고 아마도 당신은 이런 일이 일어나고 있다는 것을 상상조차 못하고 있으리라.

왜냐고? 당신의 의식적인 마음이 돈을 더 벌면 무엇을 살까 하는 등의 온갖 생각에 몰두해 있는 동안에 자동 프로그램이 쇼를 이끌어가고 있기 때문이다. 자아의식적인 마음이 다른 일에 몰두해 있으면 그것은 잠재의식적인 마음에 의해 일어나는 자동적인 행동을 감독하지 못한다. 그리고 잠재의식의 프로그램이 우리의 행위의 95퍼센트를 해치우므로 우리는 자신의 행동 대부분을 알아차리지 못하는 것이다!

예컨대 당신에게 빌이라는 어릴 적 친구가 있다고 하자. 당신은 그와 그의 가족을 잘 알고 있기 때문에 빌의 행동이 아버지의 행동과 매우 닮았다는 것을 안다. 그러다가 어느 날 당신이 빌에게 지나가는 말처럼 이렇게 말한다. "빌, 자넨 아버지와 똑같아." 빌은 깜짝 놀란다. 당신이 그런 말을 입에 올린다는 사실 자체에 분개하듯이 말이다. 그는 따지고 대든다. "어떻게 그런 말도 안 되는 소리를 할 수 있나?"

우주가 웃을 일은, '빌만 빼고는' 모두가 그의 행동이 그의 아버지를 닮았다는 것을 안다는 사실이다. 왜냐고? 왜냐하면 빌이 아버지를 보고 자란 결과로 어릴 때 다운로드되어 있던 잠재의식의 행동 프로그램을 가동시키고 있는 그동안에도 그의 자아의식적인 마음은 늘 생각에만 몰두해 있었기 때문이다. 그런 순간에는 그의 잠재의식의 자동 프로그램은 관찰되지 않는 가운데 작동한다. 왜냐하면 그것은 '무의식적인' 것이기 때문이다.

무의식적인 행동이 작용하는 또 다른 흔한 예로서, 당신이 옆자리에 앉은 친구와 이야기에 몰두한 채로 운전을 하고 있다고 상상해보라. 당신은 이야기에 너무나 몰두한 나머지 한참 후 도로로 시선을 돌리고 나서야 자신이 지난 몇 분 동안 운전에 전혀 주의를 보내지 않았음을 깨닫는다. 자아의식적인 마음이 이야기에 몰두해 있었기 때문에 자동차는 잠재의식적 마음의 자동항법장치에 의해 운전되고 있었던 것이다. 그 공백의 시간에 어떻게 운전했는지를 말해보라고 한다면 당신은 이렇게 대답할 것이다. "몰라. 난 신경 쓰지 않고 있었어."

아하! 바로 이거다. 의식적 마음이 바쁠 때, 우리는 자신의 잠재의식적인 행동을 지켜보지 않는다. 주의를 두지 않는 것이다! 그래서 우리는 인생이 뜻대로 풀려가지 않을 때도 자신이 그 실패에 톡톡히 한몫했다는 사실을 거의 자각하지 못하는 것이다. 자신의 잠재의식적 행동의 영향을 자각하지 못하기 때문에, 우리는 자연히 자신을 외부의 힘에 의해 희생당한 희생양이라고 생각한다.

유감스럽게도 희생자라는 생각은 스스로 자신을 실현시키는 프로그램이다. 우리가 자신을 희생양이라고 생각하면 뇌의 작용이 그 진실을 현실 속에 실현시킬 것이다. 희생양인 우리는 자신이 의도를 실현시킬 힘이 없다고 여긴다. 하지만 이보다 진실과 거리가 먼 것은 없다.

곧 알게 되겠지만, 우리 마음속 인식의 데이터베이스와 프로그램된 신념은 우리의 삶을 형성시키는 중요한 요소들이다. 좋은 소식은, 사실은 그 데이터베이스의 내용에 대해 전권을 휘두를 수 있는 힘이 우리에게 있다는 것이다. 잠재의식의 신념과 프로그램을 인식하는 것, 이것이 바로 자발적 진화로 가는 관문이다.

프로그램 바꾸기

프로그램된 인식이 우리의 생물학적 상태와 행동양태, 우리 삶의 성격을 직접적으로 형성시키므로, 인식의 세 가지 주요 원천을 알아두는 것이 중요하다.

최초의 프로그램된 인식은 유전을 통해 획득된다. 우리의 게놈에는 본능이라 불리는 원초적 반사행동을 제공하는 행동 프로그램이 담겨 있다. 불에서 손을 빼내는 것은 유전으로부터 나오는 행동이다. 이보다 더 복잡한 본능에는 신생아가 돌고래처럼 헤엄을 치는 능력이나 암의 성장을 막기 위해 내재된 치유 메커니즘이 활성화되는 것 등이 있다. 유전적으로 물려받은 본능은 자연으로부터 획득된 인식이다.

삶을 지배하는 인식의 두 번째 원천은 잠재의식 속에 다운로드되어 있는 경험적 기억으로부터 온다. 이 강력하게 학습된 인식은 훈육이 미치는 영향력을 보여준다. 잠재의식적 마음에 다운로드되는 가장 초기의 삶의 인식 중에는 우리가 자궁 속에 있는 동안에 어머니가 가졌던 감정 패턴도 있다.

산모가 태아에게 주는 것은 영양만이 아니다. 산모의 감정적 신호, 호르몬, 스트레스 요인 등이 가져오는 복잡한 생화학적 상태의 변화도 태반의 울타리를 넘어 태아의 생리와 발달에 영향을 미친다. 산모가 행복하면 태아도 행복하나. 산모가 겁에 질려 있으면 태아도 그러하다. 산모가 태아를 거부하는 생각을 품고 있으면 태아의 신경계는 거부의 감정으로 자신을 프로그램한다.

수 게르하르트Sue Gerhardt의 중요한 저서인 《사랑은 왜 중요한가》(Why Love Matters)는 태아의 신경계가 자궁의 경험을 기록한다는 사실을 강조한다.● 아기가 태어날 때쯤이면 산모의 경험으로부터 다운로드된 감정적 정보는 이미 아기의 인격의 반을 형성시키고 있는 것이다!

● Sue Gerhardt, *Why Love Matters: How Affection Shapes a Baby's Brain*, (London, UK: Brunner-Routledge, 2004), 32–55.

하지만 잠재의식적 마음의 가장 강력한 인식 프로그래밍은 탄생 이후로부터 여섯 살에 이르는 동안에 일어난다. 이 시기에 아이의 뇌는 모든 감각적 경험을 기록함과 더불어 말하기, 기어가기, 일어서기, 그리고 달리기와 뛰기 같은 더 어려운 활동을 위한 복잡한 운동 프로그램을 학습한다. 동시에 아이의 감각체계는 총가동되어 세상과 세상이 돌아가는 이치에 관한 엄청난 양의 정보를 다운로드한다.

주변 환경 속의 사람들 — 주로 부모, 형제, 친척들 — 의 행동패턴을 관찰함으로써 아이는 인정받는 사회적 행동과 그렇지 않은 행동을 구별하는 법을 배운다. 여섯 살 이전에 획득된 인식이 개인의 삶의 성격을 형성시키는 밑바탕의 잠재의식 프로그램이 된다는 사실을 깨닫는 것이 중요하다.

학습이 빨라지는 이 시기에 자연은 발달단계상 엄청난 양의 정보를 다운로드하는 잠재의식적 마음의 능력을 급격히 향상시킴으로써 이 문화화 과정을 촉진시킨다. 우리는 어른과 아이들의 뇌파 연구 덕분에 이것을 알게 되었다. 성인의 뇌파도는 신경의 전기활동이 의식상태의 변화와 관련됨을 보여준다. 성인의 뇌파도는 인간의 뇌가 최소한 다섯 가지의 뇌상태와 관련된 다섯 가지 주파수 범위에서 작용한다는 사실을 보여준다.

뇌활동	주파수 범위	주파수 범위와 관련된 성인의 상태
델타	0.5-4헤르쯔	잠/무의식
쎄타	4-8헤르쯔	상상/몽상
알파	8-12헤르쯔	고요한 의식
베타	12-35헤르쯔	집중된 의식
감마	35헤르쯔 이상	극대치의 성과

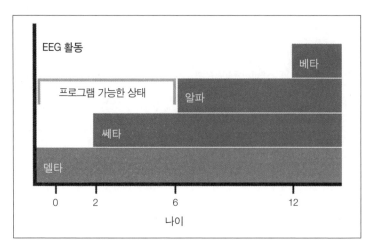

아동기 발달단계에 현저하게 나타나는 뇌파 활동을 보여주는 도표

성인의 뇌가 일상적으로 작동하는 동안에 뇌파의 진동은 주파수 범위 전체를 오르락내리락하면서 상태가 끊임없이 바뀐다. 그러나 발달기 아동의 뇌파는 이와는 현격히 다른 양상을 보인다. 뇌파의 주파수와 그에 상응하는 상태는 시간이 지남에 따라 단계적으로 진화해간다.[*]

두 살에 이르기까지 아이의 주된 뇌파활동은 EEG(뇌파도) 주파수 범위에서 가장 낮은 델타파이다.

두 살에서 여섯 살 사이에는 아이의 뇌파 활동이 빨라져서 주로 쎄타파에서 작동한다. 쎄타파 상태에 머무는 동안 아이는 많은 시간 상상의 세계와 현실의 세계를 혼동하면서 지낸다.

알파파 활동과 관련된 고요한 의식상태는 여섯 살 이후에야 주된 뇌

● R. Laibow, "Clinical Applications: Medical applications of neurofeedback," In J. R. Evans, A. Abarbanel, *Introduction to Quantitative EEG and Neurofeedback*, (Burlington, MA: Academic Press Elsevier, 1999).

상태가 된다.

열두 살쯤이 되면 뇌는 집중된 의식상태인 베타파 상태에서 주로 활동하기는 하지만 모든 주파수 범위를 보여준다. 이 나이가 되면 아이들은 초등교육을 마치고 중학교에서 좀더 강화된 학습 프로그램에 들어간다.

당신이 모르신다면 여기에 매우 중요한 사실이 있다. — 아이들이 여섯 살이 되기 전까지는 알파파의 의식상태가 뇌의 주된 상태로 자리잡지 않는다는 것이다. 여섯 살 이전의 아이들의 상태를 지배하는 델타파와 쎄타파 활동은 그들의 뇌가 의식권 아래의 수준에서 작동한다는 것을 의미한다. 델타와 쎄타 뇌파상태는 '최면 트랜스'라고 알려진 뇌 상태, 곧 최면치료사가 피술자의 잠재의식에 새로운 행동방식을 다운로드시킬 때 이용하는 것과 동일한 뇌 상태이다.

달리 말해서 아이는 처음 6년간의 삶을 최면 트랜스 상태에서 보내는 것이다!

이 시기에는 세상에 대한 아이의 인식이 자아의식적 마음의 분석과 식별의 여과기(아직 제대로 존재하지도 않는)를 거치지도 않고 잠재의식 속으로 곧장 다운로드된다. 그리하여 삶과 삶 속에서의 자신의 역할에 대한 우리의 기본 인식은 그런 신념들을 선택하거나 거부할 능력이 갖추어지지도 않은 가운데 학습된다. 우리는 순전히 주입된 프로그램인 것이다.

예수회 교인들은 이 세뇌되기 쉬운 상태에 대해 잘 알고 있어서 이렇게 큰소리를 쳤다. "당신의 아이를 일곱 살 때까지만 내게 맡기면 인간을 만들어주겠소." 그들은 아이의 트랜스 상태가 그 잠재의식적 마음속에 교회의 교리를 곧바로 주입시킬 수 있게 해준다는 사실을 알고 있었던 것이다. 그렇게 한 번 주입된 정보는 그가 일평생 동안 하는 행동의 95퍼센트에 피할 수 없는 영향을 미칠 것이다.

아이들이 삶의 형성기에 의식적인 정보처리, 곧 알파파의 활동이 없이 쳐면 트랜스 상태에 빠져 지내는 것은 논리적으로도 불가피한 일이다. 무엇보다도, 자아의식적인 마음의 기능과 관련된 사고과정은 아무것도 없는 백지상태에서는 가동할 수가 없다. 자아의식적인 마음이 정보를 처리하려면 학습된 인식의 데이터베이스가 있어야만 한다. 따라서 사람이 자아의식을 표현할 수 있으려면 그전에 뇌가 잠재의식적 마음속으로 세상의 경험과 관찰내용을 그대로 다운로드함으로써 세상에 대한 실질적인 인식을 획득하는 작업부터 해야만 하는 것이다.

그러나 인식을 획득하는 이 방법에는 매우 심각한 부정적 측면이 있다. 그 결과는 너무나 심각해서, 그것이 개인의 삶뿐만 아니라 문명 전체에 영향을 미칠 수도 있다. 문제는, 우리가 비판적인 사고능력을 갖추기 오래전에 삶에 대한 인식과 신념이 다운로드되어버린다는 점이다. 어린 아이 적에 제약적이거나 자기파괴적인 신념을 다운로드받으면 그 인식, 혹은 오해는 우리의 진실이 되어버린다. 우리가 서 있는 토대가 오해의 토대라면 우리의 잠재의식적 마음은 그 프로그램된 진실에 부합하는 행동을 열심히 만들어낼 것이다.

이 중요한 발달기 동안에 획득된 인식은 유전적으로 물려받은 본능을 실로 무력화시켜놓는다. 예컨대 우리는 누구나 산도를 나오는 순간부터 본능적으로 마치 돌고래처럼 헤엄을 칠 줄 안다는 사실을 생각해보라. 당신은 이렇게 의문스러워할 것이다. '그럼 왜 우리는 아이들에게 수영을 가르쳐야 하나? 왜 그토록 많은 사람들이 물을 무서워할까?'

당신이 부모라면 당신의 갓난쟁이가 물가에 다가갈 때 보이는 자신의 반응을 생각해보라. 아이의 안전을 걱정하는 당신은 달려가서 아기를 붙잡을 것이다. 그러면 아기의 마음은 당신의 필사적인 행동을 보고서, 물을 생명을 위협하는 대상으로 받아들인다. 물은 위험한 것이라는 인식으로부터 얻어진 두려움은 헤엄치는 본능적 능력을 무력화하여 전에는 능숙하게 헤엄치던 아이를 물에 빠져서 허우적거리는 아이로 만들어놓는다.

지금쯤 당신은 이렇게 생각하고 있을 것이다. '야, 이거 대단한데. 내가 유전자의 희생양이 아니라니 안심이야. 하지만 이젠 내가 내 프로그램의 희생양인 것처럼 보이는군. 내 작은 40비트짜리 의식의 컴퓨터가 잠재의식의 슈퍼컴퓨터 운명 앞에서 무슨 힘을 쓰겠어? 좋은 소식은 없나?' 있다. 좋은 소식은, 프로그램된 것은 무엇이든 간에 다 지우고 다시 프로그램할 수 있다는 사실이다.

이것은 인식의 세 번째 원천으로 우리를 데려간다. 자아의식적 마음의 행동 말이다. 누름단추에 반응하는 잠재의식적 마음의 프로그램과는 달리, 자아의식적인 마음은 상상력을 주입하여 무한히 다양한 신념과 행동을 만들어내는 과정을 통해 인식을 혼합하고 형성시킬 수 있는 창조의 장場이다. 자아의식적 마음의 속성은 생명체에게 우주에서 가장 강력한 힘 중 하나인 자유의지를 표현할 기회를 부여한다.

> **삶을 형성시키는 인식의 원천**
>
> 1. 게놈 프로그램(본능)
> 2. 잠재의식적 마음속의 기억
> 3. 자아의식적 마음의 행동

탓하기 게임으로부터 책임(response-ability)* 게임으로

우리 개인의 문제든 문화권의 문제든, 문제의 대부분은 잠재의식적 행동이 자신의 눈에는 띄지 않는다는 사실로부터 야기된다. 말했다시피 이런 행동들은 타인들의 말과 행동으로부터 나와서 여과 없이 고스란히 기록된 것들이다. 물론 이들의 말과 행동 역시 똑같은 제약적 신념들로 프로그램된 것이다. 의식적 마음이 우리를 꿈을 향해 나아가게 하려고 애쓰는 동안, 보이지 않는 잠재의식의 프로그램은 우리도 모르는 사이에 우리를 훼방하여 앞으로 나아가지 못하게 가로막는다.

다행히도, 잠재의식은 프로이트가 말한 것과 같이 기분 나쁜 죄악과 암흑의 구렁텅이가 아니다. 그것은 단순히 삶의 경험을 행동의 테이프에 다운로드하는 녹음재생 기계일 뿐인 것이다. 자아의식적인 마음은 창조적이지만 잠재의식적 마음은 이미 입력되어 있는 프로그램에만 반응한다. 주체적 존재(당신)의 감독을 받는 자아의식과는 달리 잠재의식적 마음은 기계에 가깝다. 당신의 잠재의식 프로그램을 지배하는 의식적 존재는 없다.

하지만 다음에 당신이 훼방꾼인 잠재의식의 프로그램을 바꿔놓을 희망으로 자신에게 말을 걸 때는 이것을 명심하라. — 잠재의식과 이성으로 대화해서 바꿔놓으려는 것은 녹음기에 말을 걸어서 테이프의 내용을 바꿔놓으려고 애쓰는 것과도 같다는 것을 말이다. 어느 경우든 간에 그 기계 속에는 당신의 말에 반응해줄 존재나 부품이 들어 있지 않다.

좋은 소식은, 잠재의식의 프로그램은 고정불변한 것이 아니라는 사실

---

* responsibility = response(응답) + ability(능력), 곧 책임이란 응답하는 능력을 뜻한다. 역주.

이다. 우리는 자신의 제약적인 신념의 프로그램을 고쳐 쓸 능력을 가지고 있으며, 그 과정에서 자기 삶의 지배권을 되찾을 수 있다. 하지만 그 프로그램을 바꾸려면 잠재의식을 타이르는 일방적이고 헛된 독백이 아닌 어떤 과정을 가동시켜야 한다.

우리의 과거의 행위가 잠재의식적 마음의 보이지 않는 작용 속에 이미 예언되어 있었음을 깨닫기만 한다면 우리는 자신을 용서할 기회를 가질 수 있다. 내 눈에 띄지 않는 나의 행동이 대개 타인들의 신념으로부터 온 프로그램이며, 그 타인들 또한 시간을 거슬러 올라가면 다른 타인들에 의해 프로그램되었다는 사실을 아는 것은 크게 도움이 된다. 아마도 우리는 원죄 대신 최초의 그릇된 인식을 논해야만 할 것 같다.

어쨌든 간에, 우리의 부모도, 그리고 그들의 부모도 자신이 이미 짜여진 각본대로 행동하고 있다는 사실을 몰랐다. 이런 점에서 지금껏 우리가 만난 모든 사람들 또한 어릴 때 잠재의식적 마음속으로 다운로드된 프로그램으로부터 비롯된 '보이지 않는' 행동에 빠져들어 있었음을 기억하는 것이 중요하다. 그러니 그들도 자신이 무의식중에 우리의 삶에 끼어들어 우리에게 어떤 영향을 끼치고 있는지를 깨닫지 못했던 것이다.

이것이야말로 대부분의 사람들이 여러 세대 전에 자신의 조상들에게 가해진, 또 그들에 의해 저질러져온 문화적 과오에 무의식적으로 반응하면서 살아가는 이런 세상에 평화를 가져오기 위해 지극히 요긴한 통찰이다. 이런 관점에서 볼 때, 우리는 비난과 죄책감, 희생자와 가해자 등 감정적 부하가 잔뜩 실린 관념들을 한 걸음 물러서서 다시 살펴보아야만 한다는 것을 깨닫는다. 최신 과학의 발견들이 뒷받침해주고 있는 것처럼, "저들은 자신이 하는 짓을 모르고 있으니 저들을 용서하소서"라고 한 예수의 말은 완벽하게 옳다.

예수의 삶과 가르침을 잘 살펴보면, 그가 바로 이 새로운 의식의 과학을 자신의 행동에 적용했다는 것을 알 수 있다. 스스로 제약하는 믿음만 없다면 누구든지 그가 행했던 것과 같은 기적을 행할 수 있으리라고 그가 역설했던 이유도 그것이다. 믿음으로써 생명을 되살릴 수 있다고 선언했을 때 예수는 비난의 표적이 되었다. 가장 중요한 것은, 그가 용서의 진실이야말로 평화를 향해 가는 가장 중요한 길임을 알았다는 것이다. 충분히 많은 숫자의 사람들이 자신의 자리에서 이 단순한 일을 실천하기만 한다면 우리는 실로 범지구적인 진화를 이뤄낼 수 있을 것이다.

우리의 마음이 작용하는 메커니즘에 대한 과학의 통찰에 의하면, 첨단 생물학은 우리에게 위대한 선지자들의 충고, 곧 타인의 죄를 용서하라는 충고를 명심할 것을 애타게 일러주고 있다. 우리는 과거의 사연에 의해 프로그램된 그릇된 행동들로 인해서 생겨난 감정의 사슬에 얽매여 있었던 것이다. 우리는 용서를 통해 자신과 타인들을 이 사슬에서 풀려나게 하고 지나간 모든 사연들을 놓아 보내야 한다. 그럴 때, 오직 그럴 때만 우리는 긍정적인 미래를 마음껏 창조해낼 수 있을 것이다.

건강심리와 용서의 전문가인 심리상담가 프레드 러스킨Fred Luskin 박사가 자신의 저서 《완전히 용서해버리라》(Forgive for Good)에서 말하듯이, "용서는 우리를 과거에 갇혀 있지 않도록 구해준다." 용서의 또 다른 구루guru로서 《근본적 용서》(Radical Forgiveness)의 저자인 콜린 팁핑Colin Tipping 은 한술 더 떠서, 용서는 "희생자라는 원형(archetype)을 영구히 바꿔놓는다"고 말한다.

우리 개개인의 잠재의식 프로그램에 더하여, 사회 또한 보이지 않는 집단적 신념을 지니고 있다. 자신이 아버지와 똑같이 행동하고 있다는 것을 깨닫지 못했던 빌이 생각나는가? 우리 개인들이 지니고 있는 무의식적인 문화적 인식이 사실은 집단적 신념이고, 그러므로 다른 이들에게도 마찬가지로 자각되지 않는다는 사실을 생각해보라. 그리고 이런 상황이 그런 신념들을 그만큼 더 해로운 것으로 만들어놓는다는 사실을 생각해보라.

사실이지, 결국은 철학이 생물학을 결정짓는다. 왜냐하면 우리의 뇌가 하는 일이란 우리 무의식 속의 집단적 신념과 세상에서 우리가 경험하는 현실이 서로 일치되게 만드는 것이기 때문이다. 우리의 다음 여정은, 우리네 문화의 스토리가 지금까지 어떻게 진화해왔으며, 앞으로는 어떻게 전개되어갈지를 살펴보는 것이다.

3

지나간 스토리 새롭게 살피기

"그대의 스토리를 꼭 붙들고 놓지 말라,
그럼 그대는 거기에 갇힌 것이다."

— 스와미 비얀다난다

스토리에 관한 스토리

50대 중반의 심리학자인 우리 친구 하나는 노부모님과 관계된 일로 심한 가정불화를 겪었다. 상황은 병이나 노쇠와는 전혀 상관이 없었다. 그 소동의 내막은 그보다 훨씬 더 해괴한 것이었다. 우리 친구의 부모님은 이혼한 지 50년이 되었는데, 제각기 재혼했다가 사별하고 혼자가 되자 서로 다시 만나서 살아보기로 한 것이다. 그들은 80대 중반으로서 건강이 좋은 편이었다. 그들은 다시 결합하여 여생을 함께 보내기로 했다.

이 얼마나 멋진 스토리인가! 그런데 그게 뭐가 문제란 말인가? 그건 이렇다. — 첫 번째 가정의 자식들과, 부모가 이혼 후에 가졌던 두 새로운 가정의 자식들이 이 생뚱맞은 상황에 또다시 적응해야만 하도록 강요받게 된 것이다. 평생 동안 이전 배우자의 배신에 대한 부모들의 넋두리를 들어주고 또 그것을 겨우 자신의 스토리의 일부로 만들어놓았는데 — 그리고 그 속을 털어놓느라고 여러 해 동안 수천 달러의 돈을 심리상담가들에게 갖다 바쳤는데 — 바로 그 당사자들이 이제는 갑자기 그것을 거꾸로 뒤집겠다고 하니, 또다시 거기에 꾸역꾸역 적응해야만 하게 된 것이다! 자식들은, 삶의 매 순간이 소중한 이 시점에 더 이상 쓸모없는 과거의 스토리를 붙들고 있기보다는 몇 년의 여생이나마 행복을 나누는 것이 더 중요하다고 결론내린 부모님의 입장을 받아들이고 이해해야만 하게 된 것이다.

우리 인간은 저마다의 스토리에 따라 살기도 하고 죽기도 한다. 우리는 의미를 만들어내는 생물이며, 우리가 만들어낸 의미는 삶 그 자체만큼이나 중요해진다. 1930년대에 오손 웰즈Orson Welles가 자신의 유명한 라디오 프로그램이었던 〈우주전宇宙戰〉을 방송했을 때 일어났던 일을 생각해보라. 그 가짜 뉴스를 시작한 지 몇 분 뒤부터 듣기 시작한 사람들은 그것이 정말로 화성인들의 지구 침공을 보도하는 뉴스인 줄로만 알았다. 그 결과 집단 히스테리와 공황상태의 피란 소동이 일어났다. 심지어 어떤 이들은 자살까지도 고려했는데, 그들로서는 이 극적인 시나리오 변동에 대처하기가 너무나 곤혹스러웠던 것이다.•

우리는 자신의 스토리라는 터 위에다 인생을 지어 올린다. 그 스토리에다 많은 것을 쏟아 부을수록 그것은 더 중요해지고, 그래서 그것이 더 이상 쓸모가 없음이 분명해진 이후까지도 우리는 거기에다 모든 것을 쏟아붓게 된다. 중동의 팔레스타인과 이스라엘이나, 최근의 일로는 북아일랜드의 가톨릭과 개신교도 사이의 분쟁을 생각해보라. 비방은 끝도 없이 이어진다. 왜냐하면 살인과 모욕행위가 그 스토리를 한 층(story)씩 더 높

• 1938년 10월 31일 자 뉴욕 타임즈의 1~2면에는 〈전쟁드라마를 사실로 오인한 청취자들 공황상태〉라는 기사가 실렸다.

이 쌓아올려 놓기 때문이다.

우리가 가지고 있는 스토리들 중 많은 부분이 수백 년 묵은 것들이다. 하지만 만일 세상에 관해 우리가 배웠던 '진실'이란 것들이 틀렸다면 어떡하겠는가? 그게 알고 있는 것과 정반대라면 어떻게 하겠는가? 당연한 것으로 알고 싸워왔던 것이 우리가 저지를 수 있는 가장 부당한 짓이었음이 밝혀진다면 어쩌겠는가? 다윈주의 사회진화론자(social Darwinist)들이 뭘 크게 잘못 안 것이라면 어쩌겠는가? 생존의 열쇠가 경쟁이 아니라 협동이라면 어떻게 하겠는가?

지구종말 시계가 자정을 향해 쉼 없이 다가가고 있는 오늘날, 우리를 이 위태로운 벼랑 끝에다 데려다놓은 것은 혹시 다름 아닌 우리 자신의 집단적 스토리가 아닐까? 우리는 지나간 스토리는 얼마 남지 않은 소중한 여생에 아무런 쓸모가 없다는 결론을 내린 우리 친구의 노부모로부터 뭔가를 배울 수 있지 않을까?

이제는 모든 생물이 똑같은 선택의 기로에 서 있다. — 스토리를 택하겠는가, 목숨을 택하겠는가? 사연도 많은 우리의 역사는 허구한 날 그렇고 그런 전쟁과 불화와 착취와 불신의 스토리로 점철되어 있다. 그러나 우리 앞에는 우리가 한 종으로서 생존할 수 있게 해줄 열쇠가 담긴 새로운 스토리가 놓여 있다. 우리는 지나간 스토리를 붙들고 아래로 떨어질 것인가, 아니면 지혜롭게 새로운 스토리와 함께 솟아오를 것인가?

'정신이상'은 '똑같은 일을 반복하면서 새로운 결과를 기대하는 상태'라고 정의된다. 이제 당신에게 도발적인 질문을 하나 던진다. — 이 정신 나간 세상이 제정신을 차린다면 어떤 일이 벌어질까?

'공식 진리 공급자'의 선정방식

우리의 현재의 스토리와 그것을 바꾸는 법, 그리고 바꿔야만 하는 이유를 제대로 이해하려면 스토리의 히스토리(역사)를 살펴봐야만 한다.

인간에게 의식이 생겨난 이래로 우리는 세 가지 영원한 의문에 대한 답을 구해왔다.

1. 우리는 어떻게 여기까지 오게 되었는가?
2. 우리는 왜 이곳에 있는가?
3. 이왕 왔으니, 어떻게 사는 것이 가장 좋을까?

이 질문에 가장 만족스러운 답을 제공하는 사람이나 단체가 그 사회의 '공식 진리 공급자'가 된다. 그런데 이 특권적인 직함의 소유자는 이따금씩 교체되곤 해왔다. 어떤 전환기를 맞을 때마다 문명은 옛날의 답이 더 이상 먹혀들지 않는 도전적 상황에 부딪혔던 것이다. 그런 때면 인간들은 삶에 대한 새롭고 유용한 설명을 찾아 나섰다. 지금 이 사회가 바로 그런 시기를 맞이하고 있는 듯하다. 새로운 세계관을 받아들여야 할 문턱에 당도해 있지만 아직도 구태의연한 비유와 설명에 갇혀 있는, 그런 시기 말이다.

역사를 통해 인간은 두 종류의 스토리로써 인간 존재의 본질을 묘사해왔다. 정적인 것과 동적인 것이 그것이다. 정적인 스토리는 변하지 않고 순환하는 모습의 우주를 보여준다. 대개 이런 스토리는 자연계와 별들이 보여주는 예측가능하고 반복되는 패턴을 근거로 지난해에, 혹은 지난 만 년 동안 일어났던 일은 다시 일어날 가능성이 있다는 신념을 담고 있다. 정적인 문명의 성격을 가장 잘 보여주는 상징은 원, 혹은 그보다 좀더 멋진 것으로는, 자신의 꼬리를 물고 있는 뱀의 둥근 형상이다.

동적인 스토리는 학습과 진화를 토대로 진보해가는 모습의 우주를 보여준다. 역사는 인간이 새로운 정보와 경험을 접할 때마다 그 행동에 깊은 변화를 일으킨다는 사실을 분명히 보여준다. 우리의 조상은 불을 발견했고 도구를 만들고 바퀴를 발명했으며 사냥하고 농사짓는 법을 터득했고 무기를 만들어내고 집을 지었다. 지난 100년 사이에는 기술의 혁신으로 인해 인간의 생활만 바뀐 것이 아니라 지구상의 모든 생물 종이 영향을 받았다. 동적인 인간 존재의 상징은 진보의 벡터로서 날아가는 화살의 모습, 그보다 좀더 멋진 것으로는, 멀어져가고 있는 로켓의 형상이다.

그러면 어느 스토리가 진짜일까? 우리는 끝없이 반복하며 순환하는 패턴 속에서 살고 있는가, 아니면 진화하고 성장해가고 있는가? 답은 둘 다이다. 양쪽 상황이 모두 동시에 일어나고 있는 것이다.

토착원주민들이나 땅에 밀착해서 살아가는 사람들은 자연의 순환에 조화롭게 순응함으로써 생존해간다. 균형을 유지하며 사는 방식은 살아남게는 해주지만, 기술의 발전은 장려는커녕 필요로 하지도 않는다.

그러나 서구문명과, 점점 더 많은 수의 아시아 국가들이 진보의 화살에 마음을 뺏기고 있다. 유감스러운 것은, 테크놀로지라는 육체파 미녀가 인간을 자연과의 연결로부터 떼어놓아 기술발전의 추구가 부조화와 불균형과 지구적 위기상황을 초래하고 있다는 점이다. 우리의 진보의 화살은 한 파국으로부터 다음의 파국으로 우리를 실어 나르는, 궤도를 이탈한 로켓이 되어버렸다.

우리는 생존하기 위해서 — 그리고 번성하기 위해서 — 정적인 모델과 동적인 모델, 밀(wheat)과 스마트폰 중에서 택일을 해야만 하는 것일까? 다행스럽게도 우리는 양자택일의 질문에는 답하지 않아도 된다. 대신에 '양쪽 다'라는 해법을 택할 수 있다.

그 이유 중 하나는 테크놀로지 없이는 살 수가 없다는 점이다. 세포사회가 자유롭게 살아가는 개체세포로부터 빽빽이 모여서 사회를 이루고 살아가는 다세포생물로 진화해가는 동안에, 테크놀로지는 진화에 없어서는 안 될 필수요소가 되었다. 이 군집체를 조직하고 운영해가기 위해서 세포들은 경량 구조물(골격), 강철과도 같은 콜라겐 케이블(연결조직), 연성과 가소성이 있는 보강재(섬유연골), 그밖에 온갖 생물학적 발명품을 만들어내기 위해 필요한 기술을 개발해냈다.

그러한 기술적 구조물들의 놀라운 점은, 그것이 세포 속에서 '발견된' 것이 아니라 주어진 환경 속에서 세포들이 의도적인 상호작용을 통해 '만들어내고' 조립해낸 것이라는 사실이다. 그러니 이 기술에 대해서는 약간의 존경심을 품도록 하자! 그것이 없었으면 우리는 여기에 살아남아 있지 못했을 것이다.

확실한 것은, 자연의 본성은 양면적이라는 것이다. — 똑같은 모습으로 남아 있는 동시에 변화해간다는 점 말이다. 그럼 이 정적인 패턴과 동적인 진화를 결합시키면 어떤 일이 일어날까? 간단하다. 순환적 존재를 상징하는 원을 만들어내고, 거기에 방향성을 지닌 진보를 상징하는 벡터를 더해보라. 그리고 보라! 우리는 어디를 가든 너무나 친숙하게 발견할 수 있는 '진화의 나선'을 얻게 된다. 조화와 균형의 원리와 기술적 진화의 원리를 합하면 자족적으로 번성해가는 문명이 태어나는 것이다.

그러나 미리 경고해두지만, 이 해법이 실현가능한 것이 되려면 현재 우리 문화의 배경을 이루고 있는 바탕신념들을 다시 써야만 한다. 다행히도 우리에게는 용기를 주는 선례가 있다. 새로운 사상이 인류의 진로를

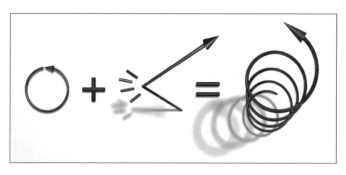

원은 순환적 존재, 조화, 균형을 상징한다. 벡터는 방향성 있는 진보와 기술적 진화를 상징한다. 둘을 합하면 자족적으로 번성하는 문명을 향해 나아가는, 보편적이고 친숙한 진화의 나선이 생겨난다.

바꿔놓는 것은 처음 있는 일이 아닌 것이다. 지난 8천 년 동안에 서양문명은 네 번이나 좌우명을 바꿔 썼다. 그리고 그때마다 사회는 역사적인 격변을 일으켰다.

바탕 패러다임: 스토리의 간략한 히스토리

고고학자와 역사가들은 세계의 문명들이 네 가지의 바탕 패러다임 — 존재에 대한 동의된 설명 — 을 거쳐 왔다고 말한다. 곧, 정령신앙(animism), 다신론多神論(polytheism), 일신론一神論(monotheism), 그리고 물질주의(materialism)가 그것이다. 각 단계가 이해의 한계에 부딪히고 영향력이 떨어지면 진화가 일어나고 새로운 단계가 출현하여 이전의 패러다임을 논박하고 나서면서 이전 것의 흔적은 더욱 통합된 그림의 일부로 품거나, 아니면 하나의 독립적인 설로서 남겨둔다.

각 문명의 성격과 운명은 사람들이 우주와의 관계 속에서 자신의 존재를 어떻게 인식하느냐에 의해 좌우된다. 문명의 여명기부터 인간은 우주를 두 개의 양분된 영역, 곧 물질적 영역과 비물질적 영역으로 나눴다. 물질적 영역은 물리적 우주를 말하고, 물질로 이루어져 있다. 비물질적 영역은 보이지 않는 힘의 세계를 말하고, 고대인들은 그것을 영靈(spirit)이라 했고 오늘날의 과학자들은 그것을 에너지장이라고 한다. 이 비물질적인 힘이 우리 인간의 경험에 큰 영향을 미친다는 데에는 현대과학자들과 고대의 신비가들 모두가 동의한다. 우리의 논의에서는 '에너지장'과 '영'을 호환적인 표현으로 간주한다.

　각 단계의 문명을 형성하는 네 가지의 바탕 패러다임은 그 문화가 물질적 영역이나 비물질적 영역과 어떻게 관계를 맺는가를 결정한다. 어떤 문화는 영적 세계를 땅 위의 삶의 성격을 지배하는 가장 중요한 요소로 인식하고, 다른 문화들은 물질 영역을 우주를 형성하는 가장 중요한 요소로 강조한다. 또 어떤 문명은 양쪽 영역 모두를 삶의 경험을 결정하는 근원적 요소로 본다. 사회가 우주와의 관계를 어떻게 인식하는지를 평가하기 위해 서양문명의 진화과정을 도표화해보면 인류의 진화와 그 미래에 관한 놀라운 통찰을 얻게 된다.

　우리는 영적/물질적 영역과의 관계를 어떻게 인식하느냐와 관련된 문명의 신념을 역사적으로 추적해보기 위해 다음과 같은 도표를 만들어보았다. 그림 A에서는 각 영역들이 서로 독립적인 요소로 표시되어 있다. 그림 B는 이것을 좀더 현실적으로 표현해서, 영성을 100퍼센트 중요하게 여기는 신념으로부터 물질적 현실을 100퍼센트 중요하게 여기는 신념에 이르기까지 정도에 따라 점진적으로 변하는 신념들로 나타내었다. 중간의 선은 물질을 50퍼센트, 영성을 50퍼센트 강조하는 평형점을 나타낸다.

그림 A 영은 비물질적인 영적 영역을 나타낸다. 물질은 물질적인 물리적
영역을 나타낸다.

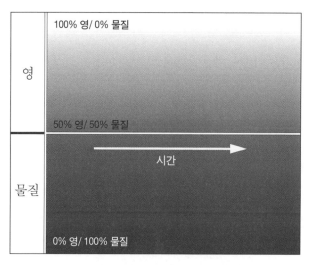

그림 B 현실에서는 영과 물질이 서로 겹쳐서, 100% 영 / 50% 물질과
50% 영 / 100% 물질 사이에서 연속체를 이룬다.

그림 B의 중간선은 문명의 진화도정이 펼쳐지는 시간좌표다. 하나의 바탕 패러다임으로부터 그다음 패러다임으로 가속되어 가는 진행과정은 인류가 기하급수적인 속도로 진화해가고 있음을 보여준다. 하나의 인식 차원을 통과하고 나면 그다음 차원의 인식을 더 빨리 통과해갈 수 있는 심층적인 이해를 얻게 되어서, 진화는 갈수록 촉진된다. 이 시간좌표에 세월이 더해져가는 동안에 목격하게 되겠지만, 시간의 흐름은 실로 가속되어가고 있다.

문명은 바야흐로 제5의 패러다임으로 진화해가는 문턱에 있음을 모든 지표들이 보여준다. 하지만 그전에, 우리가 있었던 곳을 한 번 살펴보기로 하자.

정령신앙: 나를 만물과 하나로 만들어주소서

정령신앙은 아마도 가장 오래된 종교일 것이다. 그것은 기원전 8,000년, 석기나 신석기 시대의 원시문화에 그 기원을 둔 것으로 믿어진다. 그것은 생물, 무생물을 통틀어 만물에는 영이 깃들어 있다는 믿음에 근거한다. 정령신앙은 물질적 영역과 영적 영역 사이의 완벽한 평형점에 서 있는 문화를 상징하므로 우리는 그것을 그림의 중간선에다 놓았다.

라틴어로 '숨', 혹은 '영혼'이란 말인 anima에서 온 단어인 정령신앙(animism)은 자아와 환경 사이에 경계가 없는 에덴동산의 영적 경험이다. 만물 ― 비, 하늘, 바위, 나무, 동물들, 그리고 물론 인간들 ― 이 보이지 않는 영을 지니고 있다. 그리고 자연 속의 낱낱의 부분들이 각자의 영을 경험하는 한편, 세상의 모든 영들은 하나의 전체의 일부다.

정령신앙 시대에는 영과 물질은 본래적으로 서로 평형을 이루고 있다는
생각이 주도적인 패러다임이었다.

에덴동산을 유대교나 기독교 전통의 전유물로 생각할지도 모르지만,
신화학자인 조셉 캠벨Joseph Campbell은 이 이야기가 모든 문화에 보편적으
로 존재한다고 한다.[*] 이 신화의 보편성은 우리가 만물과의 연결성에 대
한 원시기억을 보편적으로 지니고 있음을 말해준다.

정령신앙은 아직도 몇몇 곳의 원시부족들 사이에 남아 있다. 호주 원
주민들에게는 영적 세계가 실재하는 현실이다. 그들은 물리적 세계의 삶
도 문자 그대로 '깨어서 꾸는 꿈'으로 인식한다. 그래서 이 세계와 그 이
웃 세계, 곧 물질적 세계의 물질과 영적 세계의 보이지 않는 힘 사이의 막

---

[*] Joseph Campbell, *Thou Art That: Transforming Religious Metaphor*, (Novato, CA: New World Library, 2001), 49-54; Laura Westra, T.M. Robinson, *The Greeks And The Environ -ment*, (Lanham, MD: Rowman & Littlefield,1997), 11.

은 매우 옅다. 고대의 어떤 부족들에게는 시간 자체가 존재하지 않았고 매 순간은 그저 또 하나의 지금일 뿐이었다.

정령신앙은 영원한 의문에 이렇게 답한다.

1. 우리는 어떻게 여기까지 오게 되었는가?

   우리는 어머니이신 지구(물질적 영역)와 아버지이신 하늘(영적 영역)의 자녀들이다.

2. 우리는 왜 이곳에 있는가?

   이 정원을 가꾸며 번성하려고.

3. 이왕 왔으니, 어떻게 사는 것이 가장 좋을까?

   자연과 조화롭게 어울려 사는 것.

정령신앙은 아마도 에덴동산 이래로 인간이 영과 물질 사이에서 가장 평형점에 가까이 다가간 예일 것이다. 정령신앙의 패러다임이 지배하던 시대에는 보이지 않는 영적 영역과 보이는 물질적 영역이 조화를 이루었다. 만물은 동일한 그것(the same One)과 하나였다. 삶이 원래 정적이고 순환적인 것이었다면 우리는 지금도 에덴에 있을 것이다. 주변 환경과 사실상 구별되지 않을 정도로 완전히 어우러진 채로 말이다. 인간들은 이 거대한 지구 동물원의 어떤 동물과도 다르지 않았을 것이다.

하지만 모종의 힘, 혹은 동기가 — 아마도 인간에 내재한 호기심이 — 우리의 조상들을 그 목가적인 동산 밖으로 내보냈고, 그리하여 우리는 한 종으로서 이 세계를 관찰하고, 그 안에서 진화하고 지식을 쌓아갈 수 있었다. 우리가 순진무구한 은총의 상태로부터 타락한 것으로, 신으로부터 분리된 것으로 신학이 간주하는 그것은, 사실은 존재에 대한 이해와 앎의 추구를 통해 인간의 진화를 촉진하는 '지혜의 업그레이드'였던 것이다.

지혜의 열매를 한 입 베어 물자 지구가 흔들렸다. 에덴동산의 일체성이 깨어지고, 문명이 태어나 영과 물질이라는 독립적인 영역들을 경험하기 위해 길을 나섰다. 그러나 그 옥에는 중대한 티가 있었다. 이 세계의 관찰자 역할을 하기 위해서 우리의 조상들은 그 바깥에 서서 안을 들여다봐야 했다. 그런데 이 관점이 그들과 자연 사이의 관계에 중대한 변화를 가져왔다. 갑자기 우주가 '나'와 '나 아닌 것'으로 나뉜 것이다. 그리고 한때는 '나와 우리'에게 조화롭게 느껴졌던, 말하자면 만물과 하나였던 바로 그 힘의 제물이 되지 않게끔, '나 아닌 것'에 속하게 된 모든 힘들을 길들여야만 하게 되었다.

다신론: 최초의 영적 분화

인간이 나와 나 아닌 것 간의 차이를 강조하기 시작하자 에덴의 합일 상태는 '영적 분화'에 자리를 내줘야 했다. 물리적 세계로부터 고삐가 풀려난 영적 영역은 자신만의 에너지를 띠게 되었다.

다양한 신들이 생겨나면서 사회가 정령신앙의 일체성으로부터 연결이 끊긴 기원전 2천 년경에 이르자 다신론이 부상하기 시작했다. 다신론자들은 영을 물질로부터 분리시키면서 영적 영역에 자연의 요소들을 상징하는 다양한 우상신들의 세계를 병합시켰다. 그런데 아뿔싸, 이 우상신들은 인간의 건강과 행복을 지켜주는 대가로서 저마다 특별한 의식과 제례를 통한 숭배를 요구했다. 다신론자들은 영적 세계에서 삶의 수수께끼에 대한 해답을 찾느라 자연과는 담을 쌓기 시작했다.

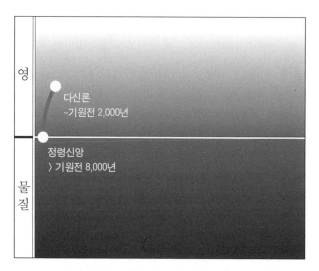

다신론의 출현과 함께 주도적인 패러다임이 영적 영역으로 이동하기 시작했다.

인간과 초인간의 성격을 보이는 그리스의 남신과 여신들이 올림포스 산정의 수정궁에서 살기로 하면서 다신론의 전성시대가 도래했다. 이들은 종종 다양한 모습으로 변장한 채로 수정궁으로부터 '통근'을 했다. 그 결과 진짜 인간들은 어떤 인간이나 생물이 사실은 신인지 아닌지를 구분하지 못했다.

그것이 뜻하는 바는 심대한 것이었다. 변덕스러운 신들과 함부로 어울려 놀다가는 엄청난 재앙을 초래할 수 있었던 것이다. 그러니 교훈은 간단하다. ― 모든 사람과 사물을 신으로 모시고 곱게 살라는 것이다. 어떤 존재의 노여움을 사서 그가 당신을 날마다 영원히 산꼭대기까지 커다란 바윗덩이를 굴려 올리게끔 만들어놓고 통쾌해하는 꼴을 보고 싶진 않을 테니까 말이다.

다신론은 영원한 의문에 새로운 답을 제시했다.

1. 우리는 어떻게 여기까지 오게 되었는가?
   우리는 혼돈으로부터 왔다.

2. 우리는 왜 이곳에 있는가?
   장난질 좋아하는 신들의 변덕에 기분을 맞춰주려고.

3. 이왕 왔으니, 어떻게 사는 것이 가장 좋을까?
   신들의 분노만 사지 말라.

원시인들이 당연하게 생각했던 것에 대한 설명을 찾아서, 다신론 시대의 사람들은 최초의 철학자들을 탄생시켰다. 그리스의 사상은 서로 배타적인 두 가지의 다른 관점으로 진화했다.

데모크리투스(기원전 460~370)가 퍼뜨린 첫 번째 관점은 물질이 우선한다고 주장했다. 데모크리투스는 '쪼갤 수 없다'는 뜻의 원자(atom)란 말을 만들어냈다. 그는 물질세계의 가장 작은 조각인 보이지 않고 더 이상 쪼갤 수 없는 원자가 모든 물리적 구조물의 핵심이며 이 우주는 허공 속에 떠다니는 원자들로 이루어져 있다고 주장했다. 데모크리투스와 그의 추종자들에게 중요한 것은 오로지 물질이었다. 달리 말해서, 눈에 보이는 것만이 있는 것의 전부였다.

이에 반해서 소크라테스(기원전 470~399)는 이와는 사뭇 다른 관점을 제시했다. 그는 우주의 본질을 이원성으로 인식했다. 한쪽에는 생각이 '형체'를 띠는 비물질적 영역이 있었다. 형체 대신 소크라테스가 자주 썼던 말은 '영혼'이었다. 그는 또 눈에 보이는 물질적 세계는 완벽한 형체의 '조악한 그림자', 곧 모조물인 반면에 비물질적 세계의 형체들은 완벽하다고 했다. 예컨대, 우리는 완벽한 의자를 상상할 수 있지만 실제로 만들어진 의자는 기껏해야 원래의 완벽한 구상을 어설프게 흉내 낸 것일 뿐이라는 것이다.

다신론이 성숙해지자 그리스인들은 데모크리투스와 소크라테스의 관점이 공존하도록 허용했다.

일신론: 신은 더 이상 이곳에 살지 않는다

수천 년 동안 신들이 날뛰며 난장판을 치는 꼴을 보아온 끝에 스토리는 다시 진화의 길을 따라 영적 영역으로 더 깊이 움직여가야 할 때가 됐다.

아이들이 때가 되면 질서와 규율의 필요성을 느끼듯이, 영적 이해에 대한 탐구도 일신론(monotheism)과 모든 것의 규칙을 내려주는 전지전능하고 편재한 유일신에 대한 믿음으로 이끌려갔다. 이 신은 세상으로부터 완전히 벗어나 있을 뿐만 아니라 우리에게 이 세상 밖의 안락한 곳을 약속하기까지 했다. 그의 규칙을 ― 최소한 그의 거룩한 지상의 사자들이 제시하는 것만이라도 ― 따르며 살기만 한다면 말이다.

중동의 히브리족 중 소수가 2천 년 동안 유일신을 숭배해왔지만, 기독교는 모든 것을 품고 있는 유일신에 대한 믿음으로써 일신론을 서구세계의 지배적 신학 패러다임으로 발전시켰다.

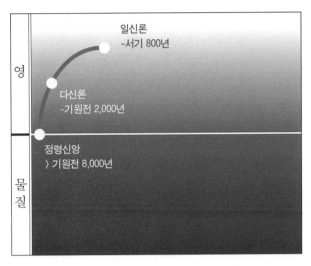

일신론은 지배적 패러다임을 깊은 영적 영역으로 데려갔다.

그리스도 이후 첫 천 년 동안, 로마 교회의 부흥은 문명의 새로운 단계가 어떻게 이전 사회의 잔재를 포섭하여 재조직할 수 있는지를 보여주는 훌륭한 보기가 되었다. 이전의 이교 로마 문명이 가지고 있던 온갖 우상과 제전들은 극단적인 개조과정을 거쳐 그리스도교의 성상聖像과 축제 행사로 바뀌었다.

알베르투스 마그누스Albertus Magnus와 그의 제자인 토마스 아퀴나스 Thomas Aquinas의 후원 아래, 교회는 그리스 황금기로부터 전해온 1,500년 묵은 과학과 철학을 수선하여 개조했다. 그들은 거기서 반발의 여지가 있는 다신론적 수사를 걸러내고 신구약 성경의 내용과 부합되도록 내용을 뜯어고쳤다. 아퀴나스는 그리스도교 사상과 아리스토텔레스의 철학을 종합하여 자연신학을 만들어내었다. 그것은 자연의 탐구를 통해 신을 이해하려고 애쓰는 신념체계다.

유대-그리스도교 교회는 특히 소크라테스의 이원적 우주 개념과 그의 '완벽한 형체', 곧 영혼에 이끌렸다. 교회는 물질적 영역인 지상의 조악한 그림자 세계의 불완전한 삶은 '영적 고난길'을 상징한다고 가르쳤다. 지구는 단지 도덕극의 극중 인물로서 사는 곳, 보이지 않는 하늘왕국의 완벽한 상태를 향해 가는 도중의 한 정거장일 뿐인 것이다. 나중 온 자가 먼저 되고, 지금 고난받는 자가 훗날에 잔칫상을 받으리라는 선전문구는 견딜 수 없는 (부유한 상전을 위해 봉사하는) 이승의 삶을 축복받은 저승의 삶으로 가는 디딤돌로 여기게 만들어놓았다.

간단히 말해서, 일신론은 영적 영역을 전적으로 강조하면서 물질적 영역은 파멸과 결부시켰다. 그리하여 일신론의 패러다임 속에서 살아가는 동안에 문명은 오로지 영적 영역에만 치중하여 중간선의 평형점으로부터 최대한 멀어져 올라갔다. 인류가 약속된 저세상의 삶에 너무나 치중한 나머지 지상의 삶은 균형을 잃어버렸다.

다신론과 새로운 일신론 패러다임의 철학적 차이는 신의 권능이 거하는 곳과 그 접근성에서 두드러졌다. 그리스의 신들은 올림포스 산 위에서 살았으나 기독교의 새로운 신은 하늘 높은 곳 어딘가에 있어서 정확한 주소가 없었다.

모든 것의 위에 있는 이 유일신은 '낮은' 세계로 내려줄 일련의 계명을 필요로 했다. 그리하여 우리 인간은 창조자로부터 완전히 분리된 채 목회자의 중개를 필요로 하는 한갓 필멸의 존재로 전락했다. 선교사들은 고맙게도 온 세계를 다니면서 이미 정령신앙으로 매 숨결마다 창조자와 통교하고 있는 '미개인'들을 하루아침에 개종시키는 무용을 뽐내면서 교회의 권력을 드높여주었다.

일신론자들은 세 가지 영원한 의문에 이렇게 답했다.

1. 우리는 어떻게 여기까지 오게 되었는가?
   신의 중재로.

2. 우리는 왜 이곳에 있는가?
   도덕극의 주인공으로 살려고.

3. 이왕 왔으니, 어떻게 사는 것이 가장 좋을까?
   성경 말씀에 복종하라, 그러지 않으면…

교회는 인생은 짧고도 가혹하다고 말하면서 아주 강압적인 제안을 한다. — '우리가 시키는 대로 하면 너희도 유일한 분이신 신과 함께 저승의 삶을 누릴 수 있는 영광의 문을 지나갈 수 있다'는 것이다. 그들의 판촉전략은 단도직입적이고도 아주 효과적이었다. — 우리 물건을 사서 천국에 입장하라. 안 사면 곧장 지옥행이다.

하지만 종교적 위계구조와 함께, 온갖 규율이 등장했다. 아버지이신 신의 이름하에 행해지는 고문과 억압은 말할 것도 없었다. 그리고 스스로 선언한 무류설無謬說 • 과 아울러 절대지식이 생겨났다. 지식은 곧 권력이므로 절대지식은 곧 절대권력이었다. 그러므로 교회의 무류성을 의심한다는 것은 이단적 행위로서 죽음의 벌을 받아 마땅한 것으로 여겨졌다.

• 신과, 신을 대변하는 성경과 교회에는 오류가 없다는 주장. 역주.

이것은 교회에 무소불위의 권력과 난공불락의 권위를 부여했다.

교회는 그 절대지식에 도취된 나머지 자신의 절대권력에 의해 부패하고, 그것이 자신의 발밑을 파게 하여 결국은 진리의 조정자라는 문명의 최고 권좌에서 떨어지게 되었다.

교회의 지배권 몰락에 핵심 역할을 한 사건은 1517년 독일의 수사修士이자 교사였던 마르틴 루터가 교회의 면죄부 판매에 반기를 든 일이었다. 면죄부는 말하자면 돈 많은 죄인들을 위한 지옥통과증이었다. 루터의 저항은 종교개혁을 불러왔고 그 결과 오류 없었던 교회의 권위는 몰락하기 시작했다. 데카르트와 베이컨과 뉴턴 등의 기여에 힘입어 과학이 물질우주의 수수께끼를 풀기 시작함과 함께, 인류의 진화경로는 머물러 있던 영적 영역으로부터 멀어져 나오기 시작했다.

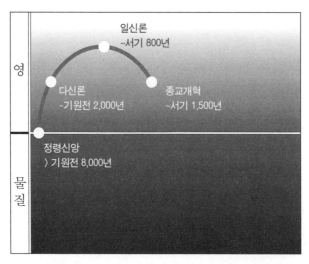

종교개혁은 주도적 패러다임이 영과 물질 사이의 평형점을 향해 다시 움직여가기 시작하게 하는 최초의 방향전환 계기가 되었다.

이신론: 섬광

17세기 말에서 18세기에 이르러 인간의 진화경로는 영과 물질 사이의 평형을 반영하는 강력한 중간점을 향해 문명을 이끌어가고 있었다. 그 당시 서구문명은 일신론적 종교전통 대신 이성과 개인주의를 강조하는 유럽의 지식운동 물결인 계몽시대를 맞고 있었다. 계몽철학은 신과 자연은 하나이고 동일하며, 인간은 자연에 대한 과학적 이해를 통해서 신과 조화롭게 사는 법을 배울 수 있다고 했다.

흥미로운 것은, 계몽철학을 특징지었던 영과 물질의 평형은 사실 프랑스의 철학자 장 자크 루소Jean-Jacques Rousseau의 아메리카 원주민 정령신앙 문화 연구로부터 파생한 것이다. 루소가 인간의 천부적으로 선한 성품을 상징하는 '고상한 미개인(noble savage)'이란 말로써 이상화하여 묘사한 아메리카 원주민들은 문명의 타락한 영향력에서 벗어나 있었고, 그것이 유럽인들로 하여금 아메리카의 신천지로 이민을 떠나게 만드는 유행을 주도했다.

이 시대의 많은 선구자들은 이신론자理神論者였다. 그들은 계몽철학의 실천가들로서 지고의 존재는 인정하지만 인간을 상대하는 초자연적인 신을 믿기는 거부했다. 그들은 소위 '자연의 법칙과 이성'에다 자신들의 믿음의 근거를 두었다. 8천 년 전의 정령신앙 신봉자들과 마찬가지로, 이신론자들은 자연의 물질적, 비물질적 영역 양쪽과 자신들의 관계를 중시했다.

아메리카 원주민 문화로부터 직수입된 요소들과 이신론(deism)으로 점철된 미국 독립선언문과 헌법은, 그래서 깊은 영적 진리와 우아한 물질우주의 물리법칙 사이에서 절묘한 균형을 보여준다. 문명이 영과 물질의 평형점으로 귀환한 이 상서로운 사건이 바로 미국 건국의 토대였던 것이다.

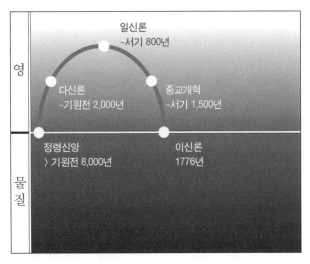

이신론의 시대는 영과 물질이 다시 평형을 이룬 짤막한 조화의 순간을 점 찍었다. 이 평형상태는 오래가지 못했다. 그러나 그것은 진화적 평형상태를 회복할 수 있는 가능성을 예고해주는 역할을 했다.

하지만 시간의 화살은 결코 멈추는 법이 없다. 그리하여 진화의 경로도 계속 이어져서, 중간점을 지나 물질이라는 미지의 영역으로 나아갔다. — 저세상으로부터 멀어져 속세인 이 세상으로 말이다.

문명이 물질의 영역으로 더 깊이 나아감에 따라, 물질우주에 대한 과학의 집중적인 탐구는 역사상 상상할 수 있는 그 어느 때, 그 누구보다도 더 나은 물질적 삶을 제공해주는 지식과 기술의 결실을 맺었다.

예수가 물을 포도주로 변하게 했다는 소문 속의 기적과, 증기기관차를 타고 동양으로 여행하는 기적이나 천연두의 횡포를 막아내는 백신의 기적을 어찌 비교하겠는가? 그러나 계몽주의 시대의 과학은 그 모든 기술적 기적에도 불구하고 문명의 '공식 진리 공급자'라는 타이틀에 걸맞은 위치를 아직 점하지 못했다.

간단히 말해서 과학은 아직 우리의 기원에 대해 성경이 제시하는 것보다 그럴싸한 진리를 제시할 수가 없었던 것이다. 그것은 곧 과학의 진리는 교회의 인정받은 진리에 비해 교향악단의 제2바이올린과 같은 역할밖에 못했다는 뜻이다.

과학적 물질주의: 물질이 중요하다 *

일신론은 오로지 신앙에만 근거를 두고 있었다. 그러나 프랜시스 베이컨Francis Bacon이나 아이작 뉴턴Isaac Newton과 같은 철학자와 과학자들은 사람들로 하여금 눈을 돌려 교조주의에 의문을 제기하고 그 답을 스스로 찾아보게 만들었다. 그 시대의 사람들에게 과학적 진리는 수학적 확실성과 예측가능성에 입각해 있었고, 테크놀로지의 기적은 바야흐로 새로운 산업혁명을 몰고 올 것이었다.

한편 교회는 지식의 통제권을 지키기 위해 필사적으로 애썼다. 그들은 창조적인 사상가들을 종교재판소의 초대장으로 위협했다. 그것은 사람들이 '올바로 생각하도록' 도와주는 아주 효과적인 방법이었다.

교회는 또 많은 주제를 금기로 정하여 우주에 대해 좀더 알고 싶어하는 호기심 많은 신생 과학자들을 단념시킴으로써 지식의 탐구를 저지했

---

* 물질이 중요하다(matter matters): 물질을 뜻하는 matter는 동시에 '중요하다'는 뜻도 지니고 있다. 역주.

다. 예컨대 교회는 인체가 '신의 신비', 곧 신만이 볼 수 있는 금지된 영역이어서 그 안을 들여다보는 것은 죄악이라고 공표했다. 인체 내부의 작용에 대한 탐구를 용인하지 않는 지적 금기 때문에 기독교인들은 의사가 될 수 없었다. 그래서 의료행위는 유대인, 회교도, 그리고 교회가 불신자로 간주하는 사람들만이 할 수 있는 일이 되었다. 그러나 인체 탐구에 대한 교회의 금지법에도 불구하고 과학자들은 다른 분야들을 계속 탐구해 갔다.

철학자이자 수학자인 르네 데카르트Rene Decartes와, 그리고 그를 뒤이어 아이작 뉴턴은 우주가 하나의 기계라는 가정을 확립했다. 뉴턴의 수학 법칙은 태양계에 시계의 톱니바퀴같이 정확한 법칙성을 부여했다. 신이야말로 최초의 시계공일지도 모른다는 생각을 이 새로운 과학이 부인하지 않았듯이, '우주 시계'는 태엽을 감아놓자 오로지 수학에만 의지해서도 아주 잘 작동했다.

과학이 지배하는 세상에서 신이란, 신 없이도 잘 굴러가는 이 행성으로부터 너무나 동떨어진 존재였다. 잇따른 산업혁명과 기술의 발명은 신을 그림 밖으로 더 멀리 밀어냈다. 인간이 스스로 과학기술로써 기적을 행사할 수 있는데 신이 무슨 소용이란 말인가?

과학적 물질주의가 문명의 지배적 패러다임이 된 것은 19세기 중반 영국의 박물학자인 찰스 다윈이 무대에 등장한 이후였다. 바탕 패러다임의 스토리는 세 가지의 영원한 의문에 답을 해야만 한다는 사실을 상기하라. 다윈이 《종의 기원》(The Origin of Species)을 제시하기 전까지 과학은 '우리는 어떻게 여기까지 오게 되었나?' 하는 의문에 적당한 설명을 제시하지 못했다. 종의 기원에 관한 다윈의 이론은 인간이, 끝없는 생존투쟁을 통해 일어난 수백만 년에 걸친 유전적 변형을 통해 원시생명으로부터 파

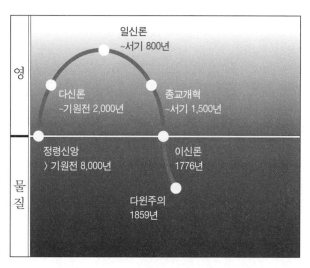

다윈주의는 주도적 패러다임을 물질의 영역으로 전환시켰다.

생되어 나온 것이라고 주장했다. 19세기의 사람들은 동식물이 번식하는 양상에 대해 익히 잘 알고 있었기 때문에 다윈의 이론을 곧이곧대로 받아 들였다. 진화론이 과학적인 사실로 받아들여지자 문명은 곧장 교회를 지 고의 권좌로부터 끌어내리고 과학의 물질적 우주관과 함께 과학적 물질 주의를 '공식 진리 공급자'로 채택했다.

물질주의자들은 세 가지의 영원한 의문에 이렇게 답했다.

1. 우리는 어떻게 여기까지 오게 되었는가?
   임의적인 유전에 의해.

2. 우리는 왜 이곳에 있는가?

   번식하기 위해.

3. 이왕 왔으니, 어떻게 사는 것이 가장 좋을까?

   밀림의 법칙에 따라.

이리하여 우리는 성경의 계율로부터 급강하하여 밀림의 법칙을 가지게 되었다. 물질주의라는 양날의 칼은 그 날이 서자 우리 조상들은 상상도 못했던 기술의 편이와 안락을 제공해주었다. 간단히 말하자면 문명은 절대적 권위를 다른 것으로 바꿔치기한 것이다. 과학의 '기적'에 밀려, 유일신교의 교조는 과학적 물질주의, 혹은 과학주의라는 교조적 종교에 자리를 내주었다. 과학에게는 물질세계가 존재하는 것의 전부였고, 이 이념적 포장 속에 들어맞지 않는 것은 모두가 이단설로 낙인찍혔다.

처음으로 부모로부터 독립을 주장하게 된 풋내기 청년처럼, 인간은 자신이 물질이라는 토대 위에서 우주의 이치를 이해할 수 있고, 따라서 생명의 모든 비밀을 풀 수 있으리라고 상상하기 시작했다. 1953년 분자생물학자인 제임스 왓슨James Watson과 프랜시스 크릭Francis Crick이 DNA의 이중나선 구조를 발견하면서 생물학의 궁극적 비밀을 밝혀냈다고 선언했을 때, 문명의 길은 물질 영역을 향한 극단적인 일탈을 감행했다. 왓슨과 크릭은 세포 발생의 기본요소의 본질을 밝힘으로써 생명의 물질적 기원을 찾아냈다.

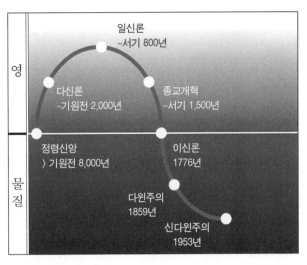

신다윈주의는 주도적 패러다임을 물질 영역의 깊숙한 곳으로 데려갔다.

조류가 방향을 돌리다

글쎄, 흥하면 언젠가는 망하기 마련이어서, 우리 인간은 그 이래로 '쇠락'의 길을 걸어왔다. 신성시되어왔던 과학기술은 지난 50년 동안 상상할 수 없을 만큼 부정적인 뒤끝을 노출시켰다.

월트 디즈니의 영화 〈환타지아〉에서 미키마우스는 스승과 같은 지식도 지혜도 없으면서 마법사의 요술을 재현해보려고 덤비는 애송이 제자로 등장한다. 그 결과는 참담하다. 미키는 자신이 풀어놓은 그 힘을 통제할 수가 없다는 당혹스러운 사실을 직면해야 했기 때문이다. 이와 마찬가지로 현대문명은 미키마우스만큼이나 알량한 의식수준밖에 갖추지 못한 주제에 과학기술의 엄청난 힘을 함부로 풀어놓았다. 그 결과로, 예컨대 우리에게 페니실린과 소아마비 백신과 개심開心수술의 기술을 제공해온

— 그러나 보이지 않는 영역에 대해서는 그만한 이해도 없는 — 물질의학 자체가 이제는 서구사회의 주요 사망 원인이 되어 있다.

과학적 물질주의 문화를 자본화하려는 최후의 몸부림으로서, 벤처 자본가들은 과학자들과 대중을 설득하여 인간게놈 프로젝트에 투자하게 했다. 이 프로젝트는 신다윈주의 분자생물학자들로 하여금 인체를 만들어내는 데 필요한 것으로 추정하는 십오만 개의 유전자를 찾아내게 하여 특허를 획득하기 위한 것이었다.

그러나 2001년에 완료된 이 프로젝트는 인간의 게놈이 단지 약 23,000개의 유전자로밖에 이루어져 있지 않다는 사실을 밝혀냈다. 찾지 못한 125,000개의 유전자는 생물학을 유전적 프로그램으로 바라보는 신다윈주의자들의 신념이 근본적으로 그릇된 것임을 명명백백히 폭로해주고 있다.[*]

이 같은 오류의 토대 위에 세워진 보건체제는 뒤에서 설명될 그 밖의 근본적으로 잘못된 인식들과 결합하여 보건 발전을 저해하고, 대중요법의 효과 저하와 의료비용 상승에 직접적인 원인을 제공했다. 대중요법적 보건체제의 현 상황에 대한 대중의 불만은 미국 인구의 과반수가 대체요법을 찾고 있다는 사실에서 드러나고 있다.

흥미롭게도, 대부분의 대체요법들은 인간 생명의 성격을 형성하는 보이지 않는 에너지장의 역할을 강조한다. 다음의 그림은 문명이 물질주의로부터 멀어져서 보이지 않는 근원, 곧 영의 영역과의 평형상태를 향해 움직여가고 있는 동향을 보여준다.

• P. H. Silverman, "Rethinking Genetic Determinism: With only 30,000 genes, what is it that makes humans human?" The Scientist (2004): 32-33.

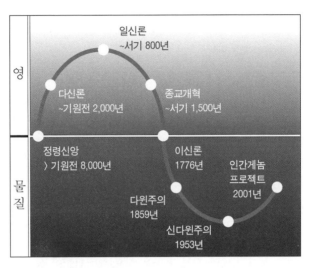

인간게놈 프로젝트는 여전히 물질적인 차원의 노력이긴 했지만, 주도적 패러다임이 평형점을 향해 다시 움직여가게 하는 데 결정적인 역할을 했다.

유전자가 우리 운명의 주인이라는 그릇된 신념을 대체하는 새로운 과학이 떠올랐다. 후성유전학이라는 새로운 과학은 생명체의 생물학적 상태와 유전적 활동이 환경과의 상호작용으로부터 직접적인 영향을 받는다는 사실을 잘 알고 있다. 후성유전학은 우리가 유전자의 희생제물이 아니라 환경을 제어함으로써 자신의 생물학적 상태를 통제할 수 있는, 자기 운명의 주인임을 밝혀주고 있다.

불행 중 다행인 것은, 이 사회의 진화 경로가 아주 적시에 강력한 중간점을 향해 급격히 방향을 틀고 있다는 것이다. 물질주의 속에서 균형감각을 잃고 있는 우리의 행태가 지구상의 생명을 얼마나 위협하고 있는지를 깨우쳐주는 교훈들이 날마다 새롭게 제시되고 있다. 감사하게도 우리는 가속되는 깨달음의 곡선궤도 위에 서 있는 듯하다. 하지만 이 정현파의 물결 위에서 무의식의 롤러코스터를 타는 악몽을 피하려면 우리에게 지금 필요한 것은 영과 물질의 양분화가 아니라 그것의 조화로운 통합임을 온전히 깨달아야만 한다.

종교적 근본주의, 특히 종교적 황홀경이나 그 밖의 비현실적 보상에 대한 망상이 다시금 고개를 들고 있는 작금의 현상은 우리 인간이 파멸의 길을 따라 '곧장 전속력으로' 달려가고 있음을 인류가 집단적으로 감지하고 있음을 말해주는 듯하다. 검은 망토를 입은 사제도, 흰 가운을 입은 과학자도 지금 당장 우리에게 도움을 줄 수는 없다. ― 최소한 현존하는 신념체계의 비좁은 울타리 안에서는 말이다. 일신론도, 과학주의도 인간을 자연으로부터 멀찍이 떼놓았다. 근본주의 종교는 인간을 나머지 모든 창조물들의 일부가 아니라 그보다 높은 것으로 떠받들어 올린다. 과학적 물질주의는, 생명이라는 기적은 단지 유전현상이라는 주사위가 아무렇게나 굴러서 생겨난, 우연의 소산이라고 말한다.

스토리 배후의 스토리

우리에게 왜 새로운 스토리가 필요한지를 깨닫기 시작했는가? 낡은 스토리들은 우리를 나약한 존재로 만들어 머나먼 존재인 신의 자비 아니면 임의적인 유전현상의 요행에 기대게 한다. 그것들은 앞으로 나아갈 수 있게 해주지는 않고 사람들을 양분兩分하여 머물 수 없는 자리에 머물게 함으로써 우리의 주의와 에너지를 앗아간다. 우리는 또다시 궤도를 이탈해야만 하는가, 아니면 일체성과 통일성을 일궈내어 진화의 경로가 다시 한 번 문명을 영성과 물질이 평형을 이룬 강력한 중간점에 데려다놓을 머지않은 장래에, 놀라운 진보의 한 걸음을 내디딜 것인가?

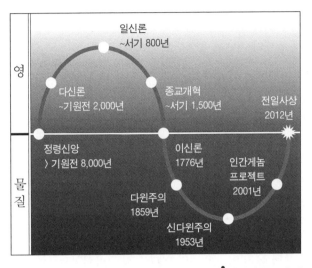

다가올 자발적 진화의 기대되는 소산인 전일숲—사상*에 의해, 주도적 패러다임은 다시 한 번 영과 물질 사이에서 평형을 이루어 양쪽으로부터 최선의, 가장 강력한 특질을 이끌어낼 것이다.

끈질긴 원형적 패턴들이 이원성의 싸움에 기름을 붓고 있을 때는, 물리적 존재의 본질에 관한 양자물리학자들의 말을 상기해보는 것이 현명할 것이다. — 모든 입자의 배후에는 입자에게 할 일을 일러주는 파동이 존재한다. 정령신앙을 믿는 사람들과 이신론자들이 영과 물질은 온전히 병존해야 함을 이해했듯이, 우리는 '이것 아니면 저것'을 초월하여 '양쪽 다'를 인식해야만 할 과제를 안고 있다. 그것은 '맛도 좋고 배도 안 부른~' 하는 맥주선전 문구와도 같다. 영도 좋고 물질도 좋다. 파동도 좋고

- holism: -sm을 -론, -주의, -신앙, -사상 등으로 다양하게 옮긴 데는 우리에게 좀더 친숙한 표현을 고르거나 문맥에 따라 자연스럽게 읽히도록 고려한 것 외에 별다른 뜻이 없음. 역주.

입자도 좋다. 당신도 좋고 나도 좋고 다른 사람들도 모두 좋다.

생명의 스토리 자체를 들여다보자. 생명은 중간점, 곧 제로 포인트에서 존재를 드러냈다. 거기에는 에너지의 파동과 물질의 입자 양쪽 모두가 온전히 존재했다. 태양으로부터 온 에너지가 수십억 년 동안 마터Mater(라틴어로 어머니란 뜻), 곧 우리의 어머니 지구(Mother Earth)를 구성하는 물질(matter)의 입자에 부딪혀왔다. 이 광파의 에너지는 광합성이라 불리는 과정을 통해서 지구의 무기無機화학 속으로 융합되었다. 광파의 합성물과 화학적 입자들은 생체의 화학인 유기有機화학을 만들어냈다. 태양의 에너지가 광합성을 통해 생명 없는 물질을 살려낸 것이다. 그러니 실로 생명은 하늘로부터 온 빛이 물리적인 땅의 물질과 융합함으로부터 비롯된 것이다! 정령신앙을 믿는 아메리카 원주민들이 아버지 하늘과 어머니 땅이라는 개념을 어디서 만들어냈는지를 이제 알겠는가?

이와 흡사하게, 본질적으로 유전자를 전달하기 위한 수단으로 고안된 정자세포는 오직 정보만을 담고 있다. 그러므로 모태의 난자 속에서 정자는 물질과 융합하는 파동과 대등한 작용을 한다. 우주의 놀라운 제닮음 패턴의 통합망 속에서 다시금 생명이 창조되는 것이다. 정보와 물질로부터 새로운 생명이 출현한다. 이것은 아무리 연구해도 난자와 정자를 서로 별개의 존재로 보고서는 예측해낼 수 없는 일이다. 영과 물질, 에너지와 입자, 남성과 여성이라는 반대극을 통합함으로써 우리는 장차 전대미문의 새로운 인간사회를 창조해낼 수 있을까? 우리가 지금 가지고 있는 것, 지금의 우리 모습을 연구하는 것으로는 전혀 예측하지 못할 그런 모습의 사회 말이다.

새로운 인류라는 개념은 아닌 밤중의 홍두깨와 같은 이상론으로 들릴지도 모른다. 하지만 다른 수가 있는지를 생각해보라. 우리는 진화해갈 것인가, 아니면 멸망할 것인가 하는 운명의 기로에 서 있다. 당신은 어느 쪽을 택하고 싶은가? 그리고 2부 〈말세의 네 가지 신화적 오해〉에서 보게 되겠지만, 우리 한 사람 한 사람의 선택은 지금까지 상상해왔던 것보다도 훨씬 더 큰 힘을 우리의 현실에 미치고 있다. 따라서 우리가 어느 쪽을 더 좋아하는가 하는 선택이 실제로 인류의 운명을 바꿔놓을 수도 있다.

이신론을 믿은 선조들과는 달리 우리가 지금 처해 있는 싸움은 외부의 어떤 왕권과의 싸움이 아니라 우리 자신 내부의 의식적－무의식적 제약, 인간의 본성과 능력에 대한 우리의 왜곡된 오해와의 싸움이다. 우리는 우리 자신의 두려움과, 더 이상 존재하지 않는지도 모르는 것들에 대항하고 있는 우리의 습관적인 방어벽과 싸우고 있다. 농담으로 말하기엔 너무나 서글픈 사실은, 우리들 대부분은 우리가 알지도 못하는, 과거에 살았던 사람들의 제약적인 신념에 의해 '원격조종'을 당하고 있다는 것이다!

새끼 코끼리를 조련할 때는 다리를 튼튼한 밧줄로 묶어 말뚝에 매어 놓는다. 새끼 코끼리가 아무리 힘껏, 아무리 오래 잡아당겨봐도 말뚝은 끄떡하지 않는다. 결국 코끼리는 밧줄을 어찌할 수 없는 막강한 힘의 상징으로 인식하게 된다. 그리하여 이 코끼리가 어미가 되면, 다리에다 밧줄을 묶는 것만으로도 코끼리를 한 자리에 얌전히 머물러 있게 만들 수 있다. 왜냐하면 코끼리는 이미 밧줄의 막강한 힘에 굴복했기 때문이다. 어미 코끼리는 어떤 밧줄이든, 어떤 말뚝이든 이겨낼 힘이 있음에도 불구하고, 새끼 시절에 프로그램된 제약적인 신념이 코끼리를 꼼짝 못하는 얌전한 동물로 만들어놓는 것이다.

이제 우리는 이렇게 의문해볼 수 있다. '어떤 스토리와 신념이 우리를 무의식 속에서 고삐를 매어서 힘을 못 쓰게 하여 우리의 진정한 능력을 훼방 놓는 것일까? 우리는 원죄나 우주의 무의미함에 관한, 의심해본 적 없는 신념을 굴레처럼 쓰고 있는 것은 아닐까? 우리는 정신의 인도에도 불구하고 마음속 깊은 곳에서, 힘 앞에서는 굴복할 수밖에 없다고 믿고 있는 것이 아닐까? 우리는 세상이란 언제나 궁핍과 싸움에 시달리는 곳이라는 신념에 굴복하여 지배당하고 있는 것이 아닐까?'

그 말을 마하트마 간디에게 해보라. 아니, 그보다도 마틴 루서 킹이나 워싱턴, 제퍼슨, 프랭클린에게 그 말을 해보라. 다음 장에서 보게 되겠지만, 미국 건국의 아버지들이 못다 이룬 일 속에 우리의 다음 진화단계의 열쇠가 들어 있을 가능성이 너무나 농후하기 때문이다.

그들이 소위 '자연법'의 기초 위에 미합중국을 건설했듯이 어쩌면 지금 우리에게도 어머니 지구의 몸 세포로서, '그리고' 영원한 우주의 영의 에너지로서, 우리의 가장 높은 본성에 따라 살아갈 수 있는 초현대판의 자연법이 필요한 것인지도 모른다.

그 새로운 방향이야말로 에덴동산으로 돌아가는 차표일지도 모른다. 아무튼 이번엔 우리도 그 무엇보다 아름답고 사랑에 넘치는 생명의 표현을 함께 창조하는, 동산의 깨어 있는 주인으로 돌아가야만 한다.

4

미국의 재발견

> "미국에는 혁명(revolution)이 필요한 것이 아니다.
> 그건 이미 해봤으니, 사절이다.
> 지금 필요한 것은 미국의 진화(American Evolution)다.
> 이 나라 국부들이 꿈꾸었던 그런 시민으로 우리가 진화해가는 그런…"
>
> — 스와미 비얀다난다

배양접시 속의 진화

우리가 이 책을 쓰기 시작했을 때, 원래의 제목은 '미국의 진화(the American Evolution)'●였다. 왜냐하면 우리, 브루스와 스티브는 생물학과 정치학이라는 너무나 다른 배경을 가지고 있지만 둘 다 미합중국이라는 정치적 실험 속에서 '진화(evolution)'가 보여줄 잠재력을 발견했기 때문이다. '여럿으로부터 하나를(e pluribus unum)'이라는 미국 건국의 국시는 한 사람 한 사람의 인간이 저마다 '인류'라는 한 몸속의 깨어 있는 세포라는 진화 과학의 새로운 통찰을 오래전부터 보여주고 있다. 미국을 온 세계 사람들이 교훈을 얻을 수 있는 하나의 거대한 과학실험 프로젝트, 즉 인간 배양접시로 바라본다면 이 과학실험이라는 개념은 더욱 의미 있게 다가온다.

● 미국 독립혁명(American Revolution)의 패러디. 역주.

생물학적 관점에서 본다면, 지구는 생태계 모든 생명체의 성장과 생존을 뒷받침해주는 거대한 배양접시와도 같다. 바다와 강과 산맥과 사막은 자연의 지리적 경계를 만들어내며 각 지역을 저마다 독특하고도 다양한 동식물 사회의 서식지로 빚어낸다. 각 환경의 독특한 성격이 거기에 서식하는 종들의 진화적 특질을 형성시킨다.

지구상에 서식하는 인간들에게도 이것은 마찬가지다. 문명의 부흥과 함께 환경은 지정학적 경계에 의해 나라와 지방으로 더욱 잘게 나누어졌다. 최근까지도 각 나라와 지방에 사는 거주민들은 주변 부족들의 영향을 차단하고 살아왔다. 그래서 각 정치적 경계들은 그 안에 거주하는 인간들의 성격과 특질을 형성시키는 특정한 환경을 제공했다.

정치적 경계에 의해 분리된 각 나라들은 그 시민들의 성장과 발달을 뒷받침해주는 배양접시와도 같다. 시간이 지남에 따라 각 주권적 배양접시 속의 문화적 환경은 각 나라 국민들의 성격을 정의하는 독특한 관습과 특징을 형성시킨다.

농업이나 축산에서 분명히 드러나듯이, 교배는 생물의 특질을 보존하고 개선할 수 있다. 교배의 긍정적인 측면은 놀랍도록 다양하게 만들어진 개와 고양이의 품종에서 볼 수 있다. 하지만 유감스러운 것은, 전국 챔피언을 낳을 수 있게 해주는 교배가 동시에 유전적 결함을 빚어낼 수도 있다는 점이다. 교배에 의한 유전적 혼란은 기형 뼈나 관절, 혈우병, 정신박약 등과 같은 온갖 퇴행성 질환을 만들어낼 수 있다.

18세기경에는 문화권 내부의 교류에 의해서만 이뤄진 번식이 서양문명을 구성하는 각 배양접시 국가들에 고유한 긍정적/부정적 특질을 형성시키고 있었다. 콜리와 불독의 성질이 다르듯이, 상대적으로 고립된 문화권에서 번식한 인간들은 문화적 개성을 나타냈다. 이러한 경향성은 유럽

각 나라의 국민들이 천국과 지옥에서 어떻게 사는지에 대한 농담 속에 재치 있게 표현되어 있다. 천국에 가면 경찰은 영국인이고 기술자는 독일인, 요리사는 프랑스인, 연인들은 이태리인, 그리고 전체를 운영하는 것은 스위스인들이다. 지옥에서 가면 경찰은 독일인, 요리사는 영국인, 기술자는 프랑스인, 연인들은 스위스인, 그리고 전체를 운영하는 것은 이태리인들이다. 우리는 이런 '인간 품종'들의 저마다 다른 개성을 깨닫고는 웃는다.

18세기 유럽의 인간 품종의 바탕에는 또 다른 요소가 작용하고 있었다. 각 나라의 시민들은 자신이 태어난 가문이 예정해주는, 카스트와도 같은 힘과 지위의 서열구조 속에서 계층화되었던 것이다. 단단히 계층화된 사회계급이 본질적으로 한 시민의 장래를 태어나기 이전부터 결정했다.

그래서 1700년대에 이신론적인 계몽철학이 서양문명을 휩쓸었을 때 장 자크 루소가 신세계에 사는 고상한 미개인들의 자유로운 기상을 운운하자, 그것은 '무한가능성'이라는 사람들의 시든 꿈에 영감을 팽팽히 불어넣어주었다. 무한한 가능성이 펼쳐져 있는 계급 없는 신세계의 꿈에 부푼 세계 각지의 사람들은 더 나은 삶을 찾아 아메리카라는 신개척지의 풍요로운 땅으로 이주해갔다.

미합중국의 건국은 인류문명의 진화를 위한 하나의 거대한 실험이었다. 아메리카 식민지에는 다양한 인종과 민족과 국적 출신의 온갖 종류의 인간들이 씨뿌려졌다. 유럽과 아시아로부터 멀리 떨어져서 대양이라는 지정학적 울타리에 둘러싸인 미국은 하나의 범지구적 문명이 그 역동성과 잠재력을 시험해볼 수 있는 문화적 배양접시의 역할을 제공했다.

농부와 유전학자와 애완동물 애호가들은 일찍부터 교배종 개체들이 순종 부모보다 나은 특질을 보이는 경향이 있다는 점을 알고 있었다. 과학자들은 이 현상을 '잡종강세'라고 부른다. 문화 간 교배의 측면에서 말하자면, 미국이 급속히 세계강국으로 부상한 사실도 이 잡종강세의 힘을 증언해준다.

문화 간 교배에 더하여 미국의 건국은 또한 인류가 영적 영역과 물질적 영역 간의 균형을 이룰 필요가 있음을 더욱 깊이 인식하게 하는 데 기여했다. 미국의 놀라운 성공은 최소한 부분적으로는 계몽철학에 의해 길러진 인류 평등주의 문명의 수준 높은 진화원리를 독립선언문과 헌법 속에 그대로 융합시킨 데서 기인한다. 미국 건국의 아버지들은 자신의 목숨을 걸고 이 일을 했다. 그것은 자신을 위해서도 아니고 심지어 아메리카 식민지의 시민들을 위해서도 아니었다. 그렇다. 그들은 온 인류에게 헌정된 이 선언을 통해 삶의 가치에 대한 인간의 재인식을 요구한 것이다.

우리가 진화해온 노정에서 보았듯이, 유감스럽게도 이신론 시대의 조화된 문명은 인류가 물질의 영역으로 행진해가던 중에 그저 잠시 지속되었을 뿐이다. 1860년대에는 다윈의 이론이 신이 없는, 물질에 뿌리박은 존재의 개념을 세상에 들여왔다. 다른 한편에서는 미국 시민전쟁과 그 뒤를 이은 산업부흥이 새로운 물질주의 사상을 몰고 왔다. 그것은 미국으로 하여금 이신론적 영성의 뿌리를 팔아넘기고 금본위제를 받아들이게 했다. 물신숭배의 조류와 함께 기계가 지배하는 세상이 왔다. 이 시대 미국의 엄청난 경제적 성공은, 그 어떤 희생에도 아랑곳하지 않고 '생명 없는 존재'에 힘을 부여하여 이윤을 추구함으로써 앞당겨진 것이다. 1880년대에는 이 생명 없는 존재, 곧 '기업'에 인간의 권리가 부여되었다. 그러나 거기에 인간의 가슴이 지니고 있는 도덕적 양심은 없었다. 자연에서는 흔히 그렇듯이, 환경에 일어난 불균형에 대한 반응으로서 침입종과 같은 생물이 번성하고, 그것이 평형 실조현상을 일으킨다.

어떤 희생에도 아랑곳하지 않고 성장해가려고 하는 것이 기업의 불가피한 본성이어서, 한 때는 이로웠던 이 생물도 이제는 신체의 역학관계에 빗대자면 기생충과 같은 것이 되어버려서, 보이는 데서는 미국의 물자를 고갈시키고 보이지 않는 데서는 국부들이 세워놓은 도덕적, 영적 이상을 무너뜨려놓았다. 이 장에서 곧 알게 되겠지만, 미국의 건국 이상은 — 현실은 그에 턱없이 못 미치고 있음에도 불구하고 — 인류 진화에 중요한 한 단계였고 나머지 세계를 위해서도 하나의 횃불과도 같은 역할을 했다.

하지만 이 거대한 실험은 결코 끝난 것이 아니다. 어떤 이들은 부시 정권 이후의 깨어남을 통해서 국부들의 이상을 실현시키고자 하는 새로운 노력이 일어나고 있다고 말한다. 냉소주의 시대를 벗어나서 진화의 가능성을 바라보는 시대로 진입하게 되면 우리는 미국의 국시가 어떻게 상실되었는지를, 그리고 그것을 어떻게 하면 다시 부활시킬 수 있을지를 깨닫게 될 것이다.

미국: 혁명(revolution)에서 퇴락(devolution)으로

인간 진화의 경로를 따라 일어난 패러다임의 부침을 살펴볼 때 중요한 것은, 역사란 결국 그것을 쓰고 해석하는 이의 것이며, 또 그 해석은 해석자의 사상을 따라가기 마련이라는 사실을 기억하는 것이다. 그러니 우리는 스토리의 많은 부분들이 부정확하게 기록될 뿐만 아니라 정확하고도 흥미로운 많은 사건들이, 그것이 말해주는 진실이 현재의 '공식 진리 공급자'가 제시하는 각본에 들어맞지 않는다는 이유만으로 종종 가볍게 무시돼버리곤 한다는 점을 알고 있어야만 한다.

미국에서 자란 우리는 대개 독립선언이나 권리장전, 그리고 건국의 국시에 관련된 이야기들을 기억하고 있다. 초등학교에서 배운 건국의 아버지들에 관한 이야기들은 예컨대 엠마누엘 로이츠Emanuel Leutze가 그린 '델라웨어 강을 건너는 워싱턴'이라는 제목의 그림처럼 일종의 초자연적인 분위기를 띠고 있었다. 그 그림에는 독립전쟁 당시에 조지 워싱턴 장군이 병사들의 호위 속에서 얼음장이 떠다니는 델라웨어 강을 건너가는 뱃머리에 서 있는 광경이 묘사되어 있었다.

건국의 아버지들은 처음에는 각자의 역사적 공헌에 걸맞게끔 우상화되었다. 그러나 그들의 찬란했던 후광도 유례없는 정치분쟁, 산업부흥이 몰고 온 기계주의 정서, 그리고 파고들기 좋아하는 저널리스트와 작가와 회의적인 학자들의 가차 없는 공격 등, 100년 세월의 풍파에 시달린 끝에 빛을 잃고 말았다. 저널리스트와 작가와 학자들은 사람들이 소중히 모셔온 이 모든 우상과 이상들도 이제는 몰락의 운명을 맞이하고 있음을 분명히 보여주었다.

남북전쟁은 분명히 미국의 순수성에 치명타를 입혔다. 그리고 전쟁이 끝나자 미국의 경제는 농업으로부터 기계문명을 뒷받침하는 석탄, 철강, 철도산업이 주축이 된 공업으로 전환되었다. 11월의 선거 투표를 위해 추수감사절을 헌납한 도시의 정치단체들도 '기계'로 불렸다.

1800년대 말의 사람들은 미국의 저술가 호레이쇼 앨거Horatio Alger가 쓴 '갑부가 된 가난뱅이들'의 단순화된 성공담을 즐겨 읽었다. 그것은 경쟁의 세계에서 성공의 열매를 수확한 인물들을 찬양하는 이야기였다. 1900년대에 이르자 낙관주의는 각박한 현실을 폭로하는 책들에 의해 자리에서 밀려났다. 그중에는 미국 육류가공공장의 끔찍한 환경을 폭로하는 업튼 싱클레어Upton Sinclair의 《정글》도 있었다. 추문을 캐는 저널리스트 아이다 타벨Ida Tarbell, 링컨 스테픈즈Lincoln Steffens 등의 사람들은 스탠 더드 오일Standard Oil과 같은 거대기업들이 자행하는 폭압적인 행패 등, 기계화 시대의 그늘진 모습을 파헤쳤다. 20세기 전반에 미국에서 가장 영향력 있었던 역사가는 아마도 찰스 베어드Charles Beard일 것이다. 그는 실제로도, 또한 상징적으로도 미국의 기계화 시대가 낳은 대표적 인물이 었다. 자신의 이익만 추구하는 몽매한 시대의 저술가였던 베어드가 국부 들의 후광의 이면에서 이기적인 이해만 밝히는 동시대 보통 인간들인 초 기 산업시대의 사업가와 정치가 군상의 모습을 찾아낸 것도 이해할 만한 일이다.*

국부들에 대한 베어드의 비하적인 관점은 날로 성해가던 탈근대주의 패러다임의 냉소주의에 힘입어 전통적 지혜의 뿌리를 흔들었다. 그 결과 로 지난 50년 동안에 미국 건국의 아버지들이란 곧 간섭이 적은 연방정 부를 갈망한 제퍼슨식의 수구꼴통 애국자들로 연상되게끔 되어버렸다.

이런 한편으로, '정치적 모범(political correctness)'**이라는 자신들만의 패러다임을 따르는 좌파 학자들은 국부들을 특권층의 백인 남자들로 바 라보았다. 그들 중 많은 사람들은 노예를 거느렸고 토착 원주민들의 땅을 빼앗는 행위를 인가했다는 것이다. 이 비판적인 학자들은 이렇게 논박했 다. 권리장전을 쓴 사람들이 그토록 계몽된 사람들이었다면 그들은 왜 모 든 '남자인간(men)' — '여자인간(women)'은 빼고 — 은 동등하게 태어났 다고 썼는가? 그리고 그들이 언급한 유일한 여자인간인 벳시 로쓰Betsy

---

* Thom Hartmann, *Screwed: The Undeclared War Against the Middle Class-And What We Can Do About It*, (San Francisco, CA: Berrett-Koehler, 2006), 74-75.
** 사회적 불공정, 차별, 모욕행위를 지양하기 위한 언행과 사상과 제도, 정책을 통칭하는 개념. 역주.

Ross는 왜 국기를 깁는 일이나 해야 했는가?[*]

　오늘날 우리는 워싱턴, 제퍼슨, 아담스, 프랭클린, 핸콕, 그리고 독립 선언서에 서명한 나머지 56인의 대표자들을, ― 그들 중 다수는 그 영웅적 역할을 자임한 이후로 추방되거나 경제적 곤란을 겪었다 ― 그리고 그들이 목숨과 재산을 걸고 지켰던 이상이 어떻게 단념될 수 있으며 그들의 공헌이 어떻게 단순한 이기적 행위로 치부될 수 있는지를 다만 상상해볼 수 있을 뿐이다.

미국의 독립은 다과회(tea party)가 아니었다[**]

　현대 미국의 라디오 '해설자'(uncommontator) [***]이자 《제퍼슨이라면 어떻게 할까?》라는 책의 저자인 톰 하트만Thom Hartmann은 좀더 통합적인 관점을 제시하면서 보수주의자와 진보주의자들 모두에게, 이 국부들에게 '엘리트주의자 백인들(elitist white guys)'이라는 딱지를 붙이면 어떻겠냐고 제안한다. 자신의 정치적 관점을 '급진적 중도파(the radical middle)'로 일컫는 하트만은 자신의 연구에서 미국 독립운동가 중에서 가장 부유했던 존 핸콕도 재산을 다 합해봤자 오늘날의 가치로 75만 달러밖에 안 된다는 사실을 발견했다. 또 한 사람의 부유한 서명자였던 버지니아의 토마스 넬슨은 자신의 땅과 집을 영국에 몰수당하여 빈털터리가 된 채 50세에 죽

● 벳시 로쓰는 실내장식업을 하는 재봉사였는데 다니던 교회에서 만난 죠지 워싱턴에게 최초의 성조기를 만들어 준 것으로 알려져서 미국 건국 일화에 등장하는 유일한 여성이 되었다. 역주
●● 미국 독립운동을 촉발한 보스턴 차 사건(Boston tea party)을 패러디한 말. 역주.
●●● '별난(uncommon) 해설자'라는 뜻으로, 해설자(commentator)를 패러디해서 만든 말인 듯함. 역주.

었다고 한다.•

오늘날의 교육자들은 미국의 청소년들에게 식민지에서 영국을 몰아
내는 것은 필요한 일이었다고 믿게끔 가르치고 있지만, 사실 독립을 주장
한 운동가들은 이주민 중에서도 소수파에 속했다. 하트만은 이렇게 썼다.
"이 사람들(독립선언서 서명자들)은 이주민들 중에서도 가장 이상주의적이
고 의지가 분명한 사람들이었다. 당시의 보수주의자들은 미국이 영원히
영국의 식민지로 남아 있어야 한다고 주장했지만 이 급진적 해방론자들
은 개인의 자유와 사회적 책임 양쪽을 다 신봉했다."••

독립선언서에 서명했을 때 국부들은 자신이 사망보증서에 서명하고
있음을 분명히 알고 있었다. 그들이 "우리는 우리의 목숨과 재산과 거룩
한 명예를 걸고 서로에게 맹세하노니,"라고 썼을 때 그들은 자신을 법적
인 역모자로 만들고 있으며, 그리고 그 모반의 대가는 죽음임을 알고 있
었다. 패트릭 헨리Patrick Henry가 "나에게 자유를 달라, 아니면 죽음을 달
라!"고 외쳤을 때, 그것은 수사적인 과장이 아니었다. 그리고 벤 프랭클
린Ben Franklin이 동료 운동가들에게 "우리는 모두가 함께 교수대에 매달려
야 한다. 그렇지 않으면 틀림없이 따로따로 매달리게 될 것이다"라고 말
했을 때도 그것은 말뜻 그대로였다.

'조지 국왕이 안경을 안 쓰고도 볼 수 있도록' 다른 이들보다 훨씬 크
게, 그리고 최초로 독립선언서에 서명했던 존 핸콕은 모반을 선동한 대가
를 이미 치렀다. 그와 아내가 영국군을 피해서 달아나야 했을 때, 그들의

• Thom Hartmann, *What Would Jefferson Do? A Return to Democracy*, (New York:
  Harmony Books, 2004), 53.
•• 같은 책 52쪽.

아기가 출산 중에 죽어버린 것이다.*

하트만에 의하면 56인의 서명자 중 아홉 명은 전쟁 중에 목숨을 잃었고 열일곱 명은 집과 재산을 잃었다. 그는 이렇게 결론 내렸다. "보수주의 왕당파 가문의 많은 사람들은 아직도 (캐나다와 영국에) 상당한 재산과 권력을 가지고 있지만 국부들 가문의 사람들은 어느 한 사람도 부나 정치적 권력을 지니고 있지 않다."**

오늘날의 정치적 대화에도 여전히 팽배해 있는 냉소주의 속에서, '진정한 변화는 오지 않는다'는 고단하도록 끈질긴 신념을 받아들이기란 누워 떡먹기와도 같다. 하지만 이것을 생각해보라. ― 대부분 젊은이들로 이뤄진 한 무리의 사람들(가장 연장자인 프랭클린이 72세였고 평균에 가까운 제퍼슨은 33세였다)이 당시 세계에서 가장 큰 권력이었던 대영제국에 맞서서 일어났다. 조지 3세 국왕은 이 독립혁명가들에게 군사력에 더하여 막강한 경제력을 휘두르고 있었다. 그는 당시 최대의 다국적기업이었던 동인도회사의 소유주이기도 했기 때문이다. 이 회사가 훗날 저 유명한 보스턴 차 사건(Boston Tea Party)의 표적이 되었다.

왕권 아래에 평등한 주권은 존재하지 않는다

반란보다 더 놀라운 것은 이 독립혁명이 토대로 삼고 있었던 진화적 이상이었다. ― "우리는 모든 인간은 동등하게 태어났으며 천부권을 부여받았으며 그 안에 생명과 자유와 행복추구권이 있다는 이 진리가 자명

---

* 같은 책 53쪽.　** 같은 책 67쪽.

함을 선언한다." 이 선언은 당시 유럽의 가장 계몽된 법에도 정면으로 반기를 든 것이었다.

영국법에 의하면 신이 국왕에게 왕권을 부여했고, 그럼으로써 그는 마그나 카르타Magna Carta*에 명기된 바대로 자신의 신하들에게 권리를 부여할 수 있었다. 이러한 원칙은 전형적인 위계구조를 대변하는 것으로서, 왕족이 아닌 평민들을 곧바로 하층계급의 밑바닥으로 데려다놓았다. 평민들이 동등한 주권을 가지고 정부에 권위를 부여하는 — 그 반대가 아니라 — 시민이 될 수 있다는 개념은 그 자체가 들어본 적이 없는 개념이었다. 이런 생각은 대체 어디서 나온 것일까?

고등학교나 대학교의 역사책에서 희미하게 기억날지 모르겠지만, 이런 생각들은 유럽 계몽시대의 존 로크와 장 자크 루소와 같은 사상가들과 소위 자연법이라는 것으로부터 나온 것이다. 자연법 아래서 인간의 모든 법은 신과 자연의 법에 얼마나 부합하느냐 하는 것을 기준으로 판단된다.

이것은 뭔가 해석이 필요한 것처럼 보인다. 그리고 실제로 그랬다. 처음엔 이랬다. — 신, 그리고 신의 대리자인 국가는 인간의 행복을 위한다. 자연법은 최대다수의 행복을 최대한 보장한다.

영국의 사상가 토마스 홉스Thomas Hobbes는 1651년에 발표된 그의 고전적 저작인 《리바이어던Leviathan》에서 이 자연법을 대충 다음과 같은 아홉 개의 원칙으로 성문화하는 시도를 했다.**

• 영국의 귀족들이 왕권에 대항하여 쟁취해낸, 국민의 권리를 옹호하는 법조항으로 근대헌법의 토대가 되었다. 역주.
•• Sharon A. Lloyd, Susanne Sreedhar(eds), "Hobbes's Moral and Political Philosophy," Stanford Encyclopedia of Philosophy, Stanford University.

1. 먼저 평화를 찾고, 전쟁은 마지막 수단으로 택하라.
2. 자신에게 허용하는 것과 동일한 자유를
   타인들에게도 기꺼이 허용하라.
3. 약속을 지키라.
4. 감사를 실천하라.
5. 자신의 요구를 사회의 법에 조화시키라.
6. 적절하다면 회개하는 자를 용서하라.
7. 원한이 생길 때, 과거의 큰 악 대신 따라야 할
   더 큰 선을 중시하라.
8. 결코 상대방에게 적의를 표명하지 말라.
9. 타인의 동등함을 인정하라.

존 로크는 또 나름대로 이 원리에 입각한 통치형태를 추구했다. 그는 처음에는 1689년에 익명으로 발표했던 《통치형태에 관한 두 논문》(Two Treatises of Government)에서, 통치자가 이 자연법을 거슬러 '생명, 자유, 그리고 소유물'을 보호하는 데 실패한다면 대중은 그 정부를 타도할 권리가 있다고 주장했다.* 어디서 많이 들어본 말 같은가? 이것이 바로 토마스 제퍼슨이 독립선언서를 쓸 때 이용했던 논거다.

---

* John Locke, *Two Treatises of Government*(1680-1690), Lonang Library.

풀뿌리 민주주의가 신성한 땅에 뿌리를 내리다

그러나 계몽시대의 사상에서 멈춰버린다면 우리는 국부들과 그들이 만들어낸 정부에 미쳤던 가장 중요한 영향력이 어디서 왔는지를 알 수 없을 것이다. 로크와 루소 같은 유럽의 사상가들은 그들의 생각을 어떤 원천으로부터 얻었던 것일까? 그 답은 — 제퍼슨과 워싱턴과 프랭클린의 뒤뜰, 곧 신세계다.

유럽에서는 그리스의 황금시대에도 인간의 완성에 관한 수준 높은 사상이 존재하기는 했지만 생명, 자유, 그리고 행복추구라는 개념은 소크라테스의 완벽한 형체의 세계에서도 추상적인 이상으로만 남아 있어서 현실이라는 조악한 그림자 세계 속으로 펼쳐지지 못했다. 아메리카로부터 그 원주민들의 삶의 방식과 관습에 관한 최초의 보고가 전해지기 전까지는 말이다.

북아메리카의 '고상한 미개인'에 대한 루소의 묘사는 좀 지나치게 이상화된 것일지는 몰라도, 거기에는 실질적인 근거가 있었다. 실제로, 민주주의와 권력의 균형이라는 개념은 독립선언문의 서명자들이 혁명의 반기를 들고 일어서기 최소한 300년 내지 400년 이전에도 생생히 살아서 뿌리내리고 있었던 것이다! 어쩌면 이르게는 1100년, 혹은 어떤 이들이 말하듯이 1400년, 혹은 1500년대에 지금의 미국 북동부, 온타리오주 남부, 그리고 캐나다의 퀘벡에 살던 여섯 부족이 함께 뭉쳐서 이로쿠오즈 Iroquois 연방을 결성했다.*

---

* Robert Hieronimus, *America's Secret Destiny: Spiritual Vision & the Founding of a Nation*, (Rochster, VT: Destiny Books, 1989), 6-9.

이로쿠오즈 연방의 이야기는 출생이 불분명하지만 '두 강이 만나는 곳'이라는 이름으로 알려진 한 위대한 원주민 현자로부터 시작된다. '두 강이 만나는 곳'은 현재의 뉴욕 북부 지역에서 서로 싸우고 있던 부족들 간에 평화를 정착시키기 위한 방법으로서 평화와 힘을 얻기 위해 서로 연맹할 것을 제안했다. 그는 히아와타[Hiawatha](이)라는 중재자를 내세워 부족들을 한자리에 모이게 만들었다. 그 결과가 오논다가[Onondaga] 말로 '긴 집 사람들'이란 뜻의 하우데노사우니 연맹이었다. 연맹은 모호크족, 오네이다족, 오논다가족, 카유가족, 그리고 세네카족으로 이루어졌고 나중에는 캐롤라이나에서 이주해온 투스카로라스족도 포함되었다. 이렇게 연맹함으로써 여섯 개의 다양한 부족국가는 미합중국 헌법을 놀랍도록 예시豫示해 보여주는 정치체제를 통해 훨씬 더 평화롭고 조화롭게 살 수 있는 길을 찾았다.*

이로쿠오즈 연방과 미합중국 정부 사이에는 다른 유사성들도 보인다. 훗날 아메리카의 연방제와 마찬가지로 부족들은 지역적 문제에 대해서는 자치권을 유지시켰다. 연맹은 하나의 상호적인 방어조약으로서, 외부의 적으로부터 자신을 보호하는 강력한 다부족 연방국가 체제를 제공했다. 그것은 그러지 않았다면 서로 간에 늘상 일어나곤 하던 다툼과 싸움에 소모되었을 생명과 자원과 에너지를 아낄 수 있게 해주었다. 그에 더하여, 연방은 세 가지 통치기구 사이에 견제와 균형을 유지하는 세련된 체제를 채택했다.

식민지 아메리카의 이로쿠오즈 연방국은 유럽의 계몽시대 사상가들에게 자유에 대한 현실 속 실물교육의 본보기가 되어주었다. 이로쿠오즈

• 같은 책 8쪽.

연방국에 관한 저명한 역사가이자 아메리카학 교수이자 야마시 원주민인 도널드 그라인드Donald A. Grinde가 지적하듯이, 이로쿼우즈 원주민들은 해롭지 않은 한 표현의 자유를 신봉했다. 그라인드가 '죄 지향적'이고 온갖 종류의 '하지 말지어다'로 점철되어 있다고 묘사한 유럽 사회와는 달리, 부족문화는 '염치 지향적'이었다. 즉, 그들은 자신과 부족 전체에 불명예를 가져올 범죄를 막아주는, 공동체 지향적 동기를 지닌 개인이라는 강한 정체성을 지니고 있었던 것이다.[*]

백인의 '아메리카화'

원주민의 통치구조와 미합중국 통치구조 사이의 유사성은 물론 아메리카 원주민들이 이주민들의 나날의 삶에 끼친 깊은 영향으로부터 비롯된 것이다. 영국이 아닌 신세계에서 자란 사람들에게는 특히 그랬다.

유럽보다 더욱, 아메리카는 가는 곳마다 야생의 자연이 펼쳐져 있어서 지극히 격식 없고 현실적인 평등사상이 이주민들 사이에 자연스럽게 퍼져나갔다. 원주민 법을 연구하는 학자인 펠릭스 코헨Felix Cohen이 말하듯이, "아메리카의 진정한 서사시는 아직 끝나지 않은 백인들의 아메리카화의 이야기다."[**]

예컨대, '구세계'로부터 배에서 갓 내린 이주자들은 원주민과 마찬가지로 사슴가죽옷 차림을 한 정착민들을 보고, 심지어는 그들이 목욕과 같

● Carol Hiltner, "The Iroquois Confederacy: Our Forgotten National Heritage," *Freedom and National Security 2*, (May 2002), Spirit of Ma'at.

●● Hieronimus, *America's Secret Destiny: Spiritual Vision & the Founding of a Nation*, 9.

은 원주민들의 관습을 받아들이기까지 한 것을 보고는 경악했다! 당시의 유럽 사회에서는 목욕이 건강에 해로운 것으로 여겨지고 있었으니, 분명히 유럽인처럼 보이는 자들이 원주민들과 섞여서 벌거벗고 물속에 몸을 담그고 있는 광경을 목격하는 그들의 반응을 한 번 상상해보라.

토마스 제퍼슨은 어릴 적에 아메리카 원주민 문화에 깊은 영향을 받았다. 그의 아버지 피터 제퍼슨은 어린 톰을 여행에 무수히 데리고 다녔던 지도제작자였다. 샤드웰Shadwell에 있었던 제퍼슨의 어릴 적 집을 자주 방문했던 손님은 체로키족 추장 온타세테였다. 거기서 어린 톰은 아버지가 추장과 함께 밤을 새우며 긴 대화를 나누는 자리를 함께했다.[•]

실제로 미합중국의 건설을 최초로 제안한 것은 이로쿠오즈 연방국의 한 원주민이었다. ― 그것도 7월 4일에 말이다! 1744년 7월 4일, 이로쿠오즈와 영국인 이주자들이 프랑스인들에 맞서서 동맹을 맺도록 주선된 자리에서 '카나사테고'라는 이름의 카리스마 넘치는 한 원주민 추장은 이주민들을 향해 이렇게 말했다. "우리의 지혜로운 선조들은 다섯 국가들 사이에 친선과 동맹의 조약을 맺었습니다. 이것은 우리를 얕잡아볼 수 없는 존재로 만들어주었지요. 이것이 이웃 나라들을 대할 때 우리에게 큰 비중과 힘을 실어주었습니다. 우리는 하나의 강력한 연방입니다. 우리의 지혜로운 선조들이 택한 것과 같은 방법을 연구해보면 여러분도 매우 강력한 힘을 얻게 될 것입니다. 그러니 어떤 일이 생기더라도 서로 흩어지지 마십시오."[••]

그 자리에 참석했던 벤저민 프랭클린에 의하면, 카나사테고는 또 이

• Hartmann, *What Would Jefferson Do? A Return to Democracy*, 25.
•• Nancy Shoemaker, ed., *American Indians*, (Malden, MA: Blackwell Publishers, Ltd., 2001), 112.

주민들에게 한 가지 강력한 시범을 보여주었다고 한다. 추장은 화살을 하나 들고는 손쉽게 그것을 두 동강 내었다. 그러나 열두 개의 화살 — 한 개가 이주민 대표자 한 사람을 상징하는 — 을 한꺼번에 부러뜨리려고 했을 때는 그들 중에서 가장 힘센 사람조차 성공하지 못했다.[*] 흥미롭게도, 대륙의회의 서기이자 윌리엄 바튼William Barton의 대변인이었던 찰스 톰슨Charles Thomson이 1782년에 고안해낸 미합중국의 문장紋章에는 열세 개의 화살을 움켜쥐고 있는 독수리 그림이 있다.

프랭클린은 카나사테고를 만난 직후에 연방제를 도모하는 운동을 개시했다. 그는 1751년에 이렇게 썼다. "무지한 미개인들의 여섯 나라가 그런 연방을 만들기 위한 계획을 짜내고 오랜 세월 유지되도록 그것을 실천할 수 있었는데, 열두어 개의 영국 식민지들에게 그런 연맹을 맺는 것이 불가능하다면 그것은 너무나 기막힌 일일 것이다."[**]

'무지한 미개인'이라는 말만 젖혀둔다면 프랭클린은 이로쿼즈의 정치적 지혜를 깊이 존중했다. 1754년에 뉴욕 알바니의 의회에 제출한 프랭클린의 알바니 연맹안(Albany Plan of Union)은 영국왕실과 식민지 대표에 의해 지명될 대표의 중요한 역할을 포함해서 이로쿼즈 연방의 많은 특징을 받아들이고 있었다.[***]

알바니의 안은 통과되지 않았지만 그것은 1781년에 신생 미합중국 최초의 행정문서가 된 합중국 연방조항(U.S. Articles of Confederation)의 밑바탕으로 이용되었다. 그 결과로 자연스럽게 이로쿼즈 연방국은 헌법의회에 대표를 참석시키게 되었다.

---

[*] Hieronimus, America's Secret Destiny: Spiritual Vision & the Founding of a Nation, 12
[**] 같은 책 11쪽.   [***] 같은 책 11~12쪽.

필라델피아에서 헌법의회가 소집되고 있는 동안에 유럽에서는 군주제에 대한 또 하나의 반란이 일어났다. 프랑스의 국민회의는 합중국의 독립선언을 모델로 삼아 독자적으로 인권 선언문과 시민권 선언문을 작성했다. 미국의 선언문과 마찬가지로 프랑스의 선언문에는 인간의 기본권을 강조하는 조항이 담겨 있었다.

그러나 프랑스판 선언은 감행되지 못했다. 아마도 유럽 군주체제의 세력이 너무나 막강해서 감정이 북받쳤던 시민들조차 그것을 무너뜨리지 못했던 모양이다. 그러나 대영제국 군주의 입김이 덜 미치는 대서양 건너편의 신세계에서는 혁명적이고 진화적인 식민지 주민들이 새로운 공화국을 세우고 있었다.

아메리카의 진화적 전통

미국 정부 수립에 미친 아메리카 원주민의 영향력 외에도 미국의 건국자들에 관련된 알려지지 않은 이야기가 또 하나 있으니, 그것은 오늘날 우리가 서 있는 바로 그 진화의 문턱과도 관계가 있다.

어느 축이 땅에 뿌리를 박고 있느냐에 따라서 이 나라의 건국자들은 과학자냐, 종교가냐 아니면 이신론자냐로 묘사되어왔다. 그러나 사실 그들은 세 가지 다였다. 로버트 히에로니무스Rebert Hieronimus는 자신의 저서 《미국의 감춰진 운명》(America's Secret Destiny)에서 벤저민 프랭클린, 조지 워싱턴, 그리고 토마스 제퍼슨의 영적 삶을 깊이 파고 들어간다. 이 세 명의 미국 건국자들은 모두가 종교 없이도 영과 교감했던 아메리카 원주민들, 그리고 프리메이슨의 윤리적, 형이상학적 이상으로부터 영향을 받았다.•

건국의 국부들 중 다수는 프리메이슨의 형제들이었다. 프리메이슨 Freemason이라는 이름 속의 메이슨mason은 돌로 건물을 짓는 석공을 뜻하지만 프리free라는 말은 성당과 기타 건축물을 짓기 위해 국가의 경계를 너머 여행할 수 있는 자유를 허락받은 이 결사단체의 옛 창설자들을 직접 지칭하고 있다. 그 기원이 비밀결사인 성전 기사단(the Knights Templar)까지●● 거슬러 올라가는 프리메이슨은 '인류의 정신적 부활과 완성'이라는 이상을 현실 속에 구현하는 일에 헌신한다.●●●

프리메이슨은 마음과 가슴의 조화로운 발달을 통해서 인류를 위한 이타적 봉사에 삶을 바칠 것을 맹세한다. 역사가 찰스 리드비터Charles Leadbeater가 '진화가 촉진되도록' 신체의 에너지에 영향을 주는 의식으로 묘사한 메이슨의 특별한 비밀의식儀式을 우리의 국부들도 치렀다는 것은 의심의 여지가 없다.●●●●

벤저민 프랭클린은 프리메이슨에 너무나 매혹된 나머지, 가입할 수 있는 최소 나이인 스물한 살이 될 때까지 기다리지도 않고 스무 살에 자신의 비밀단체를 결성했다. 그는 자신의 단체를 석공들이 사용하던 가죽 앞치마를 지칭하여 레더 에이프런 클럽Leather Apron Club이라고 불렀다. 그는 나중에 그 이름을 준토 클럽Junto Club이라고 바꿨다가 결국은 미국철학협회(American Philosophical Society)로 바꿨다. 그들의 신조는 무엇이었냐

● 같은 책 17쪽.
●● 성전 기사단: 예루살렘의 솔로몬 성전 터를 본거지로 성지와 순례자들을 이슬람 세력으로부터 보호하기 위한 목적으로 중세 프랑스에서 결성되고 나중에 수도회로서 교황의 공인을 받은 기사단. 십자군 전쟁의 싸움에 주도적 역할을 함. 역주.
●●● 같은 책 18쪽.
●●●● 같은 책 16쪽.

고? 간단히, '두려움 없는, 사랑에 토대한 평화의 우주 건설'이다.●

프랭클린은 과학과 종교를 결합시킨다는 일생의 꿈을 이루기 위해 프랑스에서 아폴로니언 소사이어티Apolonian Society라는 또 다른 비밀 결사조직을 결성했다. 메이슨의 한 사람으로서 그는 메이슨의 교의가 이신론과 사실상 구분되지 않는다는 것을 발견했는데, 그것은 이성과 대자연이라는 증거를 토대로 한 신에 대한 믿음이다. 그래서 그는 신을 '궁극의 건축가'라 불렀다.●●

조지 워싱턴의 종교적 헌신의 성격에 대해서는 서로 상반되는 이야기들이 있다. 그것은 워싱턴이 비밀단체들의 이신론적 수행법과 주류종교의 종교적 수행법 사이의 가교와 같은 존재였기 때문이다. 이처럼 그는 자신의 모든 동료들과 대화가 통했다. 이 때문에 종교계 일각에서는 그가 했던 너무나도 경건한 말들을 즐겨 인용하고, 진보 사상계에서는 그가 세례를 받은 적이 없으며 교회 다니기를 그만두고 교회 대신 아내인 마타에게 헌신했다고 주장한다.

아무튼 간에 워싱턴은 오직 프리메이슨에 가입한 장군들에게만 명령을 내렸고, '인류의 형제애와 신의 부성애'라는 근본원리를 받아들였다. 그는 날마다 기도와 명상에 시간을 보냈고 자신의 부하들에게도 아침마다 기도를 올리도록 명했다. 목사가 없을 때는 종종 그 자신이 성경 읽기 모임을 주도했다.●●●

제퍼슨은 내놓고 종교적인 티를 내진 않았지만 제퍼슨 성경을 썼고 "나는 진정한 크리스천이다, 그러니까 예수의 가르침을 따르는 제자다"라고 말한 적도 있다. 제퍼슨은 평등을 성경과 과학이 뒷받침하는 사실로

● 같은 책 29~36쪽.　●● 같은 책 23쪽.　●●● 같은 책 26쪽.

보았고, 이 진화적 원리가 모든 인간이 평등하게 태어났다는 인간의 보편적 형제애 사상으로 확대되어야 한다고 주장했다.[*] 1801년에 미국의 제3대 대통령으로 취임하는 연설에서 제퍼슨은 미국을 '자비로운 종교에 의해 계몽되고, 행위로써 신앙을 고백하고 다양한 형태로 실천하는 나라, 또한 정직, 진실, 중용, 그리고 인간애와 함께 신의 섭리를 인식하고 받드는 그런 나라'로 선언했다.[**]

히에로니무스에 의하면 이보다 더 흥미롭게 우리의 시대와 장소에 맞아떨어지는 것은, 프랭클린과 워싱턴과 제퍼슨이 지켰던 '그대들은 형제'라는 신지학神智學의 전통사상이다. 즉, '모든 나라들은 저마다 고유한 영적 운명을 가지고 있어서 그 나라 지도자의 의지를 통해 신의 뜻이 실현되도록 모든 도덕적 수단이 동원된다'는 것이다.[***]

아마도 미국의 감추어진 운명이란 영과 물질 사이에서 이신론적 균형을 이루고 사는 본보기를 보임으로써 모든 나라들도 각자 저마다의 신성한 사명을 발견하도록 촉구하는 것이리라. 그렇게 한다는 것은 새로운 행동으로써 몸을 움직여 나아갈 뿐만 아니라 음미되지 않은 과거로 돌아가 그 의미를 재인식하는 것까지도 포함한다.

아메리카 원주민으로부터 기원하는 우리의 뿌리와 관련해서 두 가지의 해결되지 않은, 게다가 거의 인식조차 되지 않고 있는 문제가 있다. 그 첫째는 우리의 영적 은인이 된 이들에 관한 슬픈 진실이다. 다른 하나는 우리의 국부들 중 가장 깨인 이들조차 받아들일 꿈도 꾸지 못했던 아메리카 원주민 문화의 핵심적 측면과 관련된 것이다.

---

[*] 같은 책 41~42쪽.　[**] 같은 책 42쪽.　[***] 같은 책 93~99쪽.

우리의 은인들에 대한 보은: 스콴토에서 톤토까지

여기 정신이 번쩍 들게 하는 놀라운 통계가 하나 있다. 도날드 그라인드에 따르면 크리스토퍼 콜럼버스가 1492년에 드디어 최초로 신세계를 발견했다고 생각했을 때, 지금의 미국 땅에는 최소한 600만 명의 아메리카 원주민들이 살고 있었다. 이것은 적게 잡은 수치다. 다른 이들은 1,500만 또는 2,000만 명이었다고도 한다. 그런데 1900년대에 이르자 아메리카 원주민의 인구는 단지 25만 명밖에 남아 있지 않았다.[*]

이 같은 인구감소 원인의 대부분은 유럽인들이 인구가 밀집된 유럽의 도시들로부터 가지고 온 천연두, 홍역, 매독 등의 전염병 — 아메리카 원주민들에게는 면역력이 없는 — 때문이라고 할 수 있다. 그러나 전쟁과 강제이주, 공공연한 학살 등 영토약탈의 다른 모든 부수행위들이 질병이 단지 개시했을 뿐인 그 일을 마무리지었다.

그라인드는 원주민들이 미국의 건국에 공헌한 사실에 관한 정보의 통제와 그들의 집단적 죽음 사이에는 명백한 상관관계가 있음을 지적한다. 그는 이렇게 썼다. "우리가 파멸시키고 있는 민족이 뭔가 가치 있는 것을 지니고 있다면, 우리는 원주민들을 정복하고 복종시키고 파멸시키는 이 모든 일들을 정당화할 수 없기 때문이다."[**]

1970년까지 아메리카 원주민들에 대해 일반에 알려져 있었던 유일한 사실이란 고작 청교도들이 첫해의 어려운 고비를 넘기고 살아남도록 도

---

[*] Hiltner, "The Iroquois Confederacy: Our Forgotten National Heritage," *Freedom and National Security 2.*

[**] 같은 글.

와줬던 파툭셋Patuxet 원주민 스콴토Squanto에 관한 이야기와 〈고독한 방랑자〉(The Lone Ranger)와 같은 라디오나 TV 쇼를 통해 듣고 보는 묘사가 전부였다. 달리 말하자면 그들의 인식은 스콴토에서 톤토Tonto•까지가 전부였다.

그러나 1970년에 소설가이자 역사가인 디 브라운Dee Brown이 《운디드니에 날 묻어주오》(Bury my Heart at Wounded Knee)라는, 서부의 아메리카 원주민 역사에 관해 일대 계몽을 가져온 책을 출판했다. 이 뛰어난 책과 나중에 극작가 다니엘 자이엇Daniel Giat이 극화한 텔레비전 영화로 인해 미국 사회는 더 이상 유럽의 침략자들, 그러니까 정착민인 자신들이 원주민들에게 자행했던 학살과 문화말살 행위를 부인할 수 없게 되었다. 게다가 아메리카 원주민들이 자신들을 위해 기여한 공로 또한 더 이상 부인할 수 없도록 진실이 공개되었다. 그리고 곧 보게 될 것처럼, 그들의 기여는 그것이 전부가 아니었다.

미국 건국의 어머니들

반복하자면 이로쿠오즈 부족사회로부터 배워야 할 가장 중요한 교훈은, 권위라는 것은 위로부터 떨어지는 것이 아니라 땅으로부터 비롯되어 나온다는 생각이었다. 유럽의 법은 아무리 계몽된 것이라 해도 '신이 국왕에게 권력을 부여하고, 왕은 그 권력을 제 마음대로 귀족들에게 나눠주

• 주인공인 '고독한 방랑자'의 친구로 등장하여 주인공과 함께 탐욕적인 백인들의 나쁜 짓들을 바로잡는 극중 원주민의 이름. 역주.

면 그걸로 끝'이라는 식이었다. 우리 국부들의 가장 진보적인 진화 개념
— 아메리카 원주민들로부터 바로 나온 개념 — 은, 통치체제는 호혜적이
고 번창하는 공동체를 위한 맹약에 참여하는 동등한 주권을 지닌 시민들
로부터 만들어져 나와야만 한다는 것이었다. 다시 아메리카 원주민 사회
에 대한 그라인드의 말을 들어보자. — "권력은 대중으로부터 지도자에
게로 불어넣어진다. 그러면 지도자들은 그 뒷받침 위에 존재한다. 뒷받침
이 사라지면 그들의 권력도 사라진다."•

프랭클린과 다른 동료들이 이로쿼오즈 연방국의 기여를 인정했다고
는 하지만 그들이 언급을 빼먹었던 — 그리고 미국의 헌법체계에 포함시
키는 데 분명히 실패했던 — 사실 하나는 그 부족 속의 여성의 역할이었
다. 아메리카 원주민 사회에 왕도 귀족도 존재하지 않았던 데에는, 그리
고 그 문화가 거의 인류평등주의적이고 부족 안의 자원은 사회적 지위가
아니라 필요에 따라 나눠졌던 데에는 원인이 있었다. 그 원인이란 '할머
니 의회(Council of Grandmothers)'라 불리게 된 그것이다.

아메리카 원주민 문화는 지구와 식물들과 땅을 여성적인 것으로 바라
보았다. 식물을 기르고 음식을 만들고 아이를 낳아 기르는 등 공동체 내
의 살림살이와 관련된 기본생활에 가장 익숙한 것은 나이 든 여인들이었
기 때문에 남자들이 여인들의 본질적인 능력과 힘을 인정하는 데는 많은
사색이 필요하지 않았다.

아메리카 원주민들의 통치형태의 기본단위는 대개 한 사람의 할머니
를 우두머리로 하는 일단의 그룹이었다.•• 그룹은 재산을 공동으로 소유

• Hiltner, "The Iroquois Confederacy: Our Forgotten National Heritage," *Freedom and
National Security 2.*

하고, 모든 구성원들을 먹여 살리기에 충분한 힘을 기르는 데에 그것을 이용했다. 이로쿠오즈 연방의 부족민들은 여성과 남성이 정치적으로 화합하여 균형과 조화 속에서 함께 일해야 할 필요성을 인식하고 있었다. 원로 여성들, 곧 할머니 의회는 실질적인 정치권력을 지니고 있어서, 추장을 선택하고 무능하거나 잘못을 저지른 추장을 탄핵하는 독점적 권력을 행사했다. 여성들은 심지어 전쟁을 치를 것인지 말 것인지를 최종적으로 결정하는 권한까지 가지고 있었다.

여성의 힘을 과찬하지는 말자. 실제로 이로쿠오즈의 남자들은 언제 전쟁을 나가야 할지를 결정하는 권한을 여자들에게 맡겨놓고는 가끔씩 곤욕을 치러야 했다. 여자들이 걸핏하면 남자들을 전쟁에 내보내려고 해서 탈이었던 것이다! 이로쿠오즈 연방은 그 회원국 사이의 싸움을 금했지만 외부 부족들과의 사이에서는 유아납치를 동반한 분쟁이 종종 일어나고 있었다. 그래서 여자들은 아이를 납치해간 부족에게 복수를 하고 싶어했던 것이다. 게다가 여자들은 잃어버린 남편과 아들에 대한 슬픔을 더 크게 느끼고 표현했고, 그것은 싸움과 복수의 요구로도 발전했다.•••

아이들을 키우는 나이가 지나면 여자들은 씨족의 어머니가 되었고 일부는 동시에 전사가 되기도 했다. 그들은 종종 싸움판에 동반하여 남자들이 그들의 책무를 게을리하지 않고 일정 수의 적을 죽이는지를 확인했다. 싸움패가 포로를 잡아와서 여인들에게 고문하도록 넘겨줬다는 보고도 있다. 왜 그런 짓을 하느냐고 묻자 한 추장은 이렇게 대답했다. "그들이 싸움에 싫증나게 만들려고 일부러 그렇게 했소."••••

흥미롭게도, 그러나 놀랍지는 않게도, 사실 미국의 여성운동은 원주

•• 같은 글.   ••• 같은 글.   •••• 같은 글.

민 문화를 접하면서 불붙은 것인지도 모른다. 여성학 연구로 최초로 박사 학위를 받은 여성학자 중 한 사람인 샐리 로쉬 와그너Sally Roesch Wagner는 수잔 앤터니Susan B. Anthony와 엘리자베스 캐디 스탠튼Elizabeth Cady Stanton을 위시한 19세기 말 여성 인권운동의 창시자들은 일찍이 이로쿼오즈 연방의 여성들과 깊은 접촉을 가졌었다고 보고한다.●

스탠튼은 자신이 열두세 살 때부터 이로쿼오즈 보호구역을 방문했다고 했다. 그녀는 자신의 원주민 친구의 어머니가 남자에게 말을 팔아 돈을 챙기는 모습을 보고 놀랐다. 어린 엘리자베스는 이렇게 물어봤다. "아저씨가 돌아오시면 야단맞지 않나요?" 그러자 여자는 그 말은 자기 것이기 때문에 자기 맘대로 할 수 있다고 대답했다.●●

소위 문명세계라는 곳에 사는 여성이 자신의 사유재산을 갖지 못하던 그 시절에, 그것은 눈을 번쩍 뜨게 만드는 사건이었다. 남녀와 계층을 막론하고 누구나 동등한 재산권을 가졌던 것은 아메리카 원주민 문화에 자유와 민주의 정신을 함양시켜주었다. 왜냐하면 그것은 경제적 힘을 이용하여 상대방의 의지를 꺾는 그런 비열한 일은 일어나지 못하게 만들었기 때문이다.

무지와 잔혹의 역사든 친절과 지혜의 역사든 간에, 역사 이야기를 읽을 때는 그런 상황들을 높은 관점으로부터 객관적으로 내려다보는 것이 중요하다. 특정한 부족이나 민족, 즉 타인들의 나쁜 점을 비난하기보다는 그러한 성질이 대개는 보이지 않는 신념에 의해 유지되는 인간 보편의 성

● 같은 글. Original Source for this reference in Hiltner article: *Sally Roesch Wagner, Sisters in Spirit: Iroquois Influence on Early Feminist,* (Summertown, TN: Native Voices, 2001)
●● 같은 글.

향임을 인식하는 것이 훨씬 더 이로운 변화를 가져다주는 것이다.

앞으로 깨닫게 되겠지만, 우리는 악을 타인에게 투사함으로써 우리 사회의 악을 지탱시키고 있다. 우리가 자기 내부에, 그리고 우리 문화 내부에 있는 악을 인식하고 그것을 자신의 것으로 받아들이면 — 그런 자신의 문화를 혐오하는 것이 아니라 사랑하는 태도로써 — 우리는 악을 투사하기를 그만두게 되고, 그럼으로써 악의 힘을 빼앗을 수 있게 된다. 바로 이러한 인식과 깨달음이 우리 자신과 타인들 내부의 의식을 일깨우기 위한 첫 단계이다.

양반구의 통합: 콘도르와 독수리

아메리카 원주민들은 우리에게 또 한 가지의 선물을 선사한다. — 이것은 안데스 산악지방 원주민들의 고무적인 예언이라는 형태로 주어진 선물이다. 그들의 전승에 의하면 수백 년 전에 인간들은 콘도르의 길과 독수리의 길이라는 두 갈래의 길로 갈라져 갔다.

남반구 사람들을 대표하게 된 콘도르의 길은 가슴, 직관, 그리고 영과 관계가 있다. 북반구 사람들을 대표하게 된 독수리의 길은 두뇌, 이성, 그리고 물질과 관계가 있다. 지난 500년 동안은 독수리의 힘 — 정신적, 물질적 힘 — 이 콘도르의 직관적이고 영적인 가슴 중심적 힘을 지배했다. 그러나 예언에 의하면 이것이 바뀌리라는 것이다.

남반구 사람들의 토착전통에서는 시대를 약 500년의 기간인 파차쿠티스pachacutis로 나눴다. 아스텍의 달력 — 일명 멕시코 민족의 신성한 돌 달력 — 에 의하면 1492년에 시작된 네 번째 파차쿠티스는 혼란과 고난

과 갈등의 시대로 예언된다. 1992년 10월 12일부터 우리는 다섯 번째 파
차쿠티스에 들어섰는데 이 시대는 협력과 통합의 시대로서 독수리와 콘
도르가 '나란히 함께 하늘을 나는' 그런 시대다.●

이것은 시의에도 맞는 말이다. 최근 수백 년의 진화도정에 우리로 하
여금 영성과 물질주의의 심층을 거쳐 가게 한 바탕 패러다임들에는 한 가
지 공통점이 있는데, 그것은 그 패러다임들이 거룩한 여성성, 곧 이 땅,
지구와는 단절되어 있었다는 점이다. 뒤에서 더 깊이 살펴볼 테지만, 여
성성을 부인하고 단절하는 서구사회의 태도야말로 우리를 자연의 세계와
접촉하지 못하게 한 핵심 요인이다. 수백 년 동안 처음에는 남성인 신에
의해, 그다음엔 남성인 과학에 의해 한쪽으로 기운 힘이 우리의 세계를
몰아서, 바야흐로 자신이 서 있는 땅을 무너져 내리게 하기 직전까지 데
려온 것이다.

이제 드디어 우주는 그 끝없는 유머로써 우리에게 좌반구와 우반구,
남반구와 북반구의 화해를 이루어내라고 재촉하고 있다. 거룩한 남성성
과 거룩한 여성성을 하나로 연결해줄 이 시대의 영적 재통합은 한갓 토속
신앙이나 여신숭배 사상의 부활이 아니다.

달라이 라마도 이에 대해 말했다. 그는 자신이 히말라야 출신의 마지
막 달라이 라마가 될 것이며, 다음 달라이 라마는 다른 고산지대인 안데
스에서 나올 가능성이 높다고 한다. 한편 여러 국제단체들은 독수리족과
콘도르족이 서로의 능력을 공유함으로써 이 새로운 인간문화를 창조할
수 있도록 돕기 위해 파차마마 연맹Pachamama Alliance이라는 이름하에 힘

● Alverto Taxo, *Friendship with Elements*, (Little Light Publishing, 2005), 3.

을 뭉치고 있다.*

콘도르족 사람들은 상대적으로 작은 규모로 평화롭게 살고 있지만 그들의 삶은 자연과의 연결로부터 오는 지혜와 즐거운 상호관계로 풍성하다. 이제 개발과 문명화의 힘을 마주하고 있는 콘도르족은 이 선물들 중 어느 것을 받아들이고 어느 것을 버릴지를 신중히 결정하는 법을 배워야만 한다.

독수리족은 대개 물질적으로는 부유하지만 영적으로 궁핍하다. 부와 소유물이 삶을 왜곡시키고 공동체를 약화시킨 듯하다. 그 탐욕과 부조리를 시민들이 자각하지 못하는 미국에서는 이 불균형이 특히 두드러진다. 세계 인구의 5퍼센트밖에 안 되는 미국은 세계 자원의 30퍼센트를 소비하고 있고, 사람들은 체중감량을 위해서만 한 해에 350억 달러의 돈을 쓰고 있다.**

우리가 현재 처해 있는 이 심각한 정신이상에 대처하기 위해서는 우리에게 주입되어 있는 보이지 않는 신념들을 다시 검토해봐야만 한다. 심리학자 제임스 힐만James Hillman은 직선적이고 지적인 사고를 중시하는 '북반구의 사상가들'은 '남으로 가서' 익숙해 있는 '심리적 영토'의 구속으로부터 자신을 해방시켜야만 한다고 주장한다.***

2부인 〈말세의 네 가지 신화적 오해〉에서, 우리는 서양문명이 북반구의 과학적 물질주의 가치관에 집착한 끝에 역설적이게도 '남으로 넘어가버리게' 된 사연을 살펴볼 것이다. 우리는 문명의 생존을 위협하여 인류

---

* http://www.pachamama.org/
** Melisa McNamara, "Diet Industry is Big Business," CBS Evening News, Dec. 1. 2006.
*** Aura Glaser, *A Call to Compassion: Brining Buddhist Practices of the Heart into the Soul of Psychology*, (Berwick, ME: Nicholas-Hays, 2005), 116.

로 하여금 양반구의 화해를 통해 진화해가도록 강요하고 있는 네 가지 오해의 결말을 살펴볼 것이다. 운동가이자 저술가인 존 퍼킨스John Perkins의 말을 빌리자면, "콘도르와 독수리가 이 기회를 받아들인다면 그들은 전대미문의 가장 놀라운 후손을 낳게 될 것이다."•

• John Perkins, *Confession of An Economic Hit Man*, (San Francisco, CA: Berrett-Koehler, 2004), 210.

2

말세의 네 가지 신화적 오해

"악순환에 빠져 있는 자신을 깨달았다면
하찮은 것들은 제발 그만 놔버리라!"

— 스와미 비안다난다

우리는 인식이 우리의 생리 상태에 어떤 영향을 미치는지를, 그리고 그것이 우리의 현실을 만들어내는 데에 어떻게 일조하는지를 살펴보았다. 우리는 또 스토리 — 그것을 통해 세상을 바라보고 이해하는 철학적 인식의 렌즈 — 가 집단현실의 매개변수를 크게 좌우한다는 사실도 알았다. 역사는 바탕 패러다임의 스토리들이 서로 교대해가면서 펼치는 나선상의 역동적인 춤사위 속에서 문명이 진화해가는 모습을 보여준다.

실로 문명은 나선상의 춤을 추고 있다. 그런데 우리는 제정신을 잃은 채 돌아가고 있는 것 같다. 범지구적인 위기상황과 날로 깊어지고 있는 혼돈상태는 진화의 일대 전환점이 다가오고 있음을, 패러다임의 주도권이 배턴터치 될 지점이 다가오고 있음을 알려주고 있다. 이제 과학적 물질주의의 극단을 실컷 경험한 우리의 경로는 강력한 중간점 — 도표 위에서 가장 강력한 지점 — 으로의 귀환을 향해 빠르게 움직여가고 있다.

이전에도 우리는 영적 세계와 물질적 세계가 하나가 된 중간점에 두 번 머물렀던 적이 있다. 첫 번째는 영과 물질을 구분하지 않는 정령신앙의 세계관을 지녔던 에덴동산 시절이었다. 그것은 우리가 큰 배움의 모험 길을 떠나기 전이었다.

우리의 진화 여정의 첫걸음에서 문명은 이 땅으로부터 멀찍이 떨어져 사는 신의 비물질적인 세계 깊은 곳을 지나갔다. 영적 영역의 탐사를 끝 낸 후에 인간의 여정은 물질주의의 영역을 향해 가는 도중에 잠시 다시 중간점을 지났다. 그것은 계몽시대의 이신론자들이 영적 사상과 물질적 사상 양쪽을 다 포용했던 시절이었다. 독립선언은 영적 이상주의와 실용적 현실주의가 완벽하게 융합된 하나의 좋은 본보기였다. 그러나 문명의 '균형과의 유희'는 이내 지나가버렸다. 인류는 과학적 물질주의라는 극단의 세계 속으로 또 곤두박질해 달려가고 있었던 것이다.

영성주의와 물질주의라는 양극단을 섭렵한 문명의 경험은 현실의 본질에 대한 깊은 통찰을 제공해주었다. 그리고 진화의 여정이 다시금 우리를 중간점으로 데려가고 있는 이때, 인류는 두 개의 근본노선이 엇갈리는 교차로에 서 있다. 우리는 우리의 양극화된 관점을 소화하고 통합시킴으로써 하나의 지구촌으로 태어나는 양자도약적 진화를 이뤄낼 수도 있고, 아니면 죽어가는 행성에서 최후로 살아남는 패러다임이 되기 위해 싸우고 있는 근본주의 종교와 물질주의 과학처럼, 정신 나간 양극화를 계속 고집할 수도 있다.

이 양자적 도약을 과연 이루어낼 것인가 말 것인가는 우리가 과거와 현재의 패러다임으로부터 깨달아야만 할 것을 얼마나 깨닫느냐에 달려 있다. 진화란 인식의 누적을 통한 진보임을 이해한다면, 그리고 우리의 집단적 인식을 한 초점에 집중시킬 수만 있다면 우리는 이 진화과정을 촉진시킬 수 있을 것이다.

장막을 걷어라

2부에서 우리는 현재의 바탕 패러다임인 과학적 물질주의가 결국은 생명을 총체적으로 위협하고 있는 상황을 자세히 들여다볼 것이다. 우리는 특히, 현대과학에 의해 — 완전히 틀리진 않았다고 하더라도 — 결함이 있는 것으로 판명되었음에도 불구하고 지금도 우리 현실의 주춧돌 역할을 하고 있는 네 가지의 문화적 신념을 조명해볼 것이다. 우리가 이대로 계속 간다면 다다르고 말게 될 곳을 암시하는 뜻에서 우리는 이 신념들을 말세의 네 가지 신화적 오해(Four Myth-Perceptions of the Apocalypse)라 부를 것이다.•

물질적 세계에 대한 현대사회의 신앙심과 숭배는 우리로 하여금 궤도를 이탈한 채 끝없이 돌진하게 만들어 세상을 뒤흔들고 있다. 자연자원을 가속적으로 착취하여 이루려는 무한성장은 언제까지나 지속될 수가 없다. 땅을 쓰레기 매립지로 취급하고 우리의 공기와 물과 흙을 오염물질의 최종종착지로 여기는 것은 자살행위다. 문제해결의 수단으로 의지하는 전쟁은 결국 '인간이 없으면 문제도 없다'는 식의 인간문제 궁극의 해법으로까지 우리를 몰아붙인다.

과학적 물질주의라는 현재의 패러다임은 분명 당장의 진화적 도전과제에 걸맞지 않다. 그렇다고 해서 이전의 패러다임인 일신주의 종교로 돌아가는 것도 우리를 전진하게 해주지 않는다. 불길한 말세의 예언대로 과

• myth-perception: misperception(오인, 오해)의 접두사 mis-(그릇된) 대신 myth(신화)를 사용함으로써 그릇된 인식의 원인이 과학적 근거가 없는 것인데도 인류가 마치 그것을 신화처럼 붙들고 있음을 시사하는 저자의 신조어임. 역주.

연 우리는 목숨이 위급한 지경에 처해 있는 듯하다. 그러나 종말의 파멸을 피할 수 있는 열쇠는 말세라는 말의 의미 — '세상의 끝'을 의미하는 말이 되기 이전의 의미 — 를 제대로 이해하는 데에 있다.

원래 말세(apocalypse)는 예언적 계시, 곧 '장막을 걷어냄'을 뜻했다. 그것은 감추어진 뭔가를 드러내는 것을 의미했고, 그리스 시대 이래로 시간의 마지막 날에 일어날 일에 대한 계시와 관련이 있었다. 이 말의 새로운 — 아니, 사실은 오래된 — 해석은, 우리의 보이지 않는 프로그램을 가리고 있는 장막을 걷어내기만 하면 우리는 지금 가고 있는 길을 그대로 달려갈 때 기다리고 있을 불가피한 탈선사고를 피할 수 있다고 일러준다.

과학적 물질주의는 현재의 지배적 바탕 패러다임에 네 가지 교의를 제공했다. 그것은 최근까지도 반박할 수 없는 과학적 사실로 받아들여져 왔다.

1. 오로지 물질만이 중요하다.* — 우리가 보는 물리적 세계가 존재하는 것의 전부다.

2. 적자생존 — 자연은 가장 강한 개체를 선호하며 정글의 법칙이 자연의 유일한 실질적 법칙이다.

3. 유전자 속에 다 들어 있다. — 우리는 생물학적 유산인 유전자의 희생양이며, 과학이 우리의 유전적 결함과 약점을 보상해줄 방법

---

* Only matter matters. 물질을 뜻하는 matter가 중요하다는 뜻의 동사로도 쓰인다는 사실 자체가 물질을 중시하는 뿌리 깊은 패러다임을 반영하고 있다. 역주.

을 찾아주기를 기다리는 것만이 우리의 가장 큰 희망이다.

4. 진화는 임의적으로 일어난다. ─ 생명은 본래 임의적인 것이고 목적이 없다. 우리는 무한수의 원숭이가 무한수의 타자기를 하염없이 두드려댈 때 셰익스피어의 작품이 나올 수 있는 확률만큼이나 임의적인 우연에 의해 여기에 존재하게 된 것이다.

다음의 네 장에서 우리는 첨단과학이 이 교의에 가하는 의미심장한 수정의 내용들을 통해 이 네 가지 교의가 그 기원으로부터 신화적 오해로까지 발전해온 경위를 추적해볼 것이다.

그리고 9장 〈교차점의 부조不調현상〉에서는 우리가 이 각 신념들의 논리적인 듯하면서도 부조리투성이인 결론을 받아들인 결과가 무엇인지를 살펴볼 것이다. 우리가 살펴볼 제도들 ─ 경제, 정치, 의료, 대중매체 ─ 모두가 똑같이 치명적인 재난에 봉착해 있다. 그것들은 과학적 물질주의를 왜곡의 한계까지 밀어붙여서 돈과 기계와 물질주의 사상을 인간의 생명보다 더 중요하고 가치 있는 것으로 만들어놓았다.

그다음 10장 〈제정신으로 돌아가기〉에서는 우리가 신의 어린아이 같은 현재의 모습으로부터 신의 장성한 자녀로 변해갈 수 있을지를 살펴볼 것이다. 이 진화노정 위, 우리가 서 있는 곳으로부터 어떻게 하면 깨우쳐야만 할 것을 잘 깨우쳐갈 수 있을지를 살펴볼 것이다. 그럼으로써 우리가 서로와, 자연과, 그리고 만물 속의 신성과의 재연결에 기꺼이 참여하는 일원이 될 수 있을지를 말이다. 우리는 따뜻하고 겸손한 태도로써 자신의 잠재력을 포용하는 법을 배울 것이다.

이처럼 현재의 상황과 미래의 가능성을 살펴보는 것은 필요한 일이다. 왜냐하면 만약 이 세상을 맑은 눈과 자비심, 게다가 유머까지 지니고 바라볼 수 있게만 된다면 우리에게도 이 혼수상태로부터 빠져나와 자발적인 진화를 이뤄낼 가망성이 보이기 때문이다. 문명이 지금 어디에 서 있는지를 살펴보고자 할 때 가장 적당한 렌즈는, 아마도 우리가 과학적인 것이라면 무엇이든 열렬히 숭상했기 때문에 존재할 수 있었던 오락 장르인 공상과학일 것이다. 한 예로서 〈매트릭스Matrix〉라는 영화를 보자.

시나리오 속의 가까운 미래에 젊은 컴퓨터 해커인 네오는 자신이 두 개의 병존하는 세계에 몸담고 있음을 깨닫는다. 하나의 세계는 '매트릭스'로서, 일상적 삶이 펼쳐지는 사이버 시대의 가상현실 공간이다. 다른 세계는 그 배후의 세계로서, 인공지능 기계가 인간을 행복한 미혹상태에 빠뜨려놓고 자기들의 기계장치에 전력을 공급해주는 전원으로 이용한다. 알게든 모르게든, 네오의 세계에서 대부분의 인간들은 복락을 주는, 혹은 최소한 소극적 무지에 빠져 있게 하는 파란 알약을 먹었다. 네오, 그리고 모피어스나 트리니티 같은 동료들은 빨간 알약을 먹었는데 그것은 매트릭스로부터 빠져나오는 훨씬 더 위험한 깨어남의 길이다.

무엇으로의 깨어남 말인가? 모피어스는 네오에게 이렇게 말한다. "매트릭스는 컴퓨터가 인간을 지배하여 건전지로 바꿔놓기 위해서 만들어낸 꿈의 세계다." 공상과학이 흔히 과학적 현실을 앞서 예견해준다는 사실을 알고 있다면 — 쥘 베른의 《해저 2만 리》에 등장했던 '잠수함'을 생각해보라 — 이 삶이라는 매트릭스를 빠져나와서 눈앞에 펼쳐져 있는 이 세계를 의심의 눈으로 잘 살펴보는 것이 신상에 좋을 것이다.

우리가 '대중 정신착란'의 무기를 논할 때 알게 되겠지만, 대부분의 사람들은 파란 약을 먹고 현실을 떠나서 TV 속의 리얼리티 쇼에 빠져 있다. 하지만 한편으로는 날마다 갈수록 많은 숫자의 사람들이 빨간 약을 선택하여 압도적인 혼란과 놀라움의 세계로 깨어나고 있다.

우리가 자연스러운 인간의 행동으로 여기고 있는 것들의 대부분이 발달기 프로그램의 산물임을 깨닫는 순간, 그 혼란은 걷힌다. 2부에서 우리는 옛날 옛적에나 통했지 지금은 우리 세계의 파괴에나 기여하고 있는 그런 신념들을 우리가 받아들이게 된 경위를 설명한다. 이 난국에 처하여 달리 어떻게 해야 할지를 말해줄 이가 없으니, 프로그램이 우리를 장악하여 절망적인 상황 앞에서 무력감에 빠져들게 만들고 있는 것이다.

결판을 내야만 할 진정한 문제는, 우리가 수천 년 동안 무력한 존재로 프로그램되어왔고, 그 결과로 우리의 생존을 타인, 특히 영성과 건강 분야의 타인들에게 의존해왔다는 사실이다. 물론 거기에는 돈이 개입되었고, 그 거래가 현재 우리가 맞이하고 있는 범지구적 난국에 크게 이바지했다. 하지만 스스로 자신에게 들씌워놓은 이 매트릭스로부터 빠져나갈 수 있는 쉬운 길이 있다. 새로운 인식을 얻고, 그에 맞춰 행동함으로써 우리는 우리를 제약하고 있는 문화적 프로그램을 고쳐 쓸 기회를 만들어낼 수 있는 것이다.

프로그래밍의 첫 단계는 기존의 프로그램을 버리고 눈을 뜨는 것이다. 우리는 이것을 매트릭스 밖으로부터 프로그램을 들여다봄으로써 해낸다. 어떻게 엑크하르트 톨레Eckhart Tolle는 자신의 저서 《지금의 힘》(The Power of Now)•에서 자신이 너무나 절망적이고 고통스러워서 자살을 생각했던 때에 대해 이야기한다. 그때 그에게 난데없는 생각이 하나 떠올랐다. '대체 정확히 누가 누구를 없애고 싶어하는 걸까?' 이 직관적인 통찰과 함께 톨레는 자신이 또한 이 매트릭스, 곧 현 상황이 펼쳐지고 있는 세

• 《지금 이 순간을 살아라》, 도서출판 양문.

계 밖에 있는 관찰자이기도 하다는 사실을 깨달았다. 이것이 그가 자신이라고 생각했던 것에 대한 집착으로부터 그를 해방시켜주었다.

양자물리학자들은 우리의 관찰이 현실을 바꿔놓는다고 말한다. 이것이 과연 사실이라면 말세의 네 가지 신화적 오해, 그리고 인간과 사회가 일으켜놓은 역기능에 대해 우리가 제시하는 통찰은 당신과 우리 모두를 도와 세상을 관찰하는 우리의 눈을 변화시켜주어야만 할 것이다. 그것이 우리의 집단의식을 일깨우고, 또한 우리의 집단현실도 변화시켜주리라는 것이 바로 우리의 희망이다.

5

신화적 오해 1 :
오로지 물질만이 중요하다

"보이지 않는 힘이 세상을 지배한다고들 하는데,
내 눈엔 그게 보이질 않아."

— 스와미 비얀다난다

과학은 종교인가?

중세 암흑기에 일신론이 다음 세 가지의 영원한 의문에 대해 가장 그
럴듯한 답을 제공했을 때, 그것은 서양문명의 바탕 패러다임이 되었다.

1. 우리는 어떻게 여기까지 오게 되었는가?
2. 우리는 왜 이곳에 있는가?
3. 이왕 왔으니, 어떻게 사는 것이 가장 좋을까?

이전의 패러다임이었던 다신론의 자리를 빼앗은 교회는 자신이 문명
의 지식의 유일한 원천임을 자처했다. 대중교육의 주공급자가 된 교회는
지식의 통제력을 이용하여 엄청난 부와 막강한 권력을 쌓아올렸다. 그리

고 다른 한편에서는 신과 왕 사이의 중계자를 자처함으로써 강력한 법을 등에 업고 지배권을 독차지했다.

'인간을 이롭게 한다'는 교회 본래의 사명은 권력의 독에 오랜 세월 마취된 끝에 '자신을 이롭게 한다'는 더 강력한 사명 앞에 뒷전으로 밀려났다. 그러나 그 권력은 '교회의 지식이 절대적 진리를 대변한다'는, 언제 무너질지 모르는 불안한 전제 위에 터 잡고 있었다.

하지만 현실을 보라. 권력으로는, 특히나 케케묵은 구시대의 지식에 입각한 권력으로는 그런 주장을 뒷받침할 수가 없다. 그래서 시간이 감에 따라 교회의 신학자들은 그들의 것과는 다른 진리에 도달한 다른 이들을 맞닥뜨리지 않을 수 없게 되었다.

그리하여 종교재판이 등장했다. 이를 통해 교회라는 마피아 조직은 신앙에 도전하는 자들에게 거절할 수 없는 '타협안'을 제시했다. ─ 사상을 잃든가, 목숨을 잃든가 말이다. 교회의 도그마와 어긋나는 관점을 가진 이들은 교회가 선고하는 대로 착실히 수감되고 고문당하게끔 되어 있었다.

교회의 이런 포악한 권력은 마치 산뜻한 아침공기처럼 등장한 르네상스 과학자들에 의해 마침내 심각한 도전을 받았다. 과학자들은 속 시원하고 더 인간적이고 제정신인 지식과 관점으로써 진리에 대한 치우침 없는 눈과 열린 마음을 유지할 것임을 서약했다.

그러나 세월이 지남에 따라 진리의 '공식 공급자', 그리고 그 패러다임의 수행자로서 자리를 굳힌 과학 또한 그들의 진리를 절대적이고 결함 없는 것으로 억지주장하고 그것을 지키려고 나서기 시작했다. 그리하여 현대세계에서는 '과학적'이란 말이 곧 '진리'와 동의어가 되었다. 그에 반해 비과학적인 것으로 낙인찍힌 신념은 운 좋으면 의심스러운 것이 되지만 운 나쁘면 — 또다시 — 법에 의해 처벌받아야 할 불법적인 대상이 되었다.

과학은 '우리가 네게 가장 좋은 것을 알고 있다'는 태도를 등 뒤에 숨기고 과학의 이단으로 여겨지는 죄인들을 처단하는 신판 마녀사냥에 나섰다. 그들은 카이로프랙틱 시술자들, 에너지 요법가들, 산파들, 그리고 기타 주류과학의 사상에서 벗어나 거기에 도전장을 내미는 요법들을 사냥하면서 '비과학적인' 신념과 시술법으로 낙인찍어 학대하고 감옥에 가두었다.

심지어는 '과학적' 기준을 따르지 않기로 결심한 시민들조차 체포되어 유죄 판결을 받는다. 예컨대 암이나 기타 질병에 걸린 아이들의 부모가 '정상적인' 치료를 거부하면 법원이 자녀양육권을 빼앗는다. 의학적 처치법이 대안요법보다 더 나은 해결책을 제공해주지도 못하는데도 말이다.

2004년에 월크스베어 종합병원의 의사들은 앰버 말로우 씨의 아기가 자연분만을 하기에는 너무 커서 제왕절개 수술을 해야 한다고 판단했다. 그녀가 그것을 거부하고 다른 곳에서 출산하기 위해 퇴원하자 병원 당국은 만일 그녀가 다시 돌아오면 강제로 제왕절개 수술을 할 수 있도록, '아기의 생명을 위협한 혐의'로 체포할 수 있다는 법원의 명령서를 받아놓았다. 다행스럽게도 이 이야기는 해피엔딩으로 끝났다. 뉴스 기사에 따르면, 말로우 씨는 다른 병원에서 이내 자연분만으로 순산을 했다는 것이다.•

그렇다면 현대과학은 스스로 주장하고 있는 것처럼 절대적 지식의 확고한 근원인가? 절대적으로 아니다!

• MSNBC.com, "What are mother's rights during childbirth? Debate revived over pregnant woman's choice of delivery," *The Associated Press*, May 19, 2004. (www.msnbc.msn.com/id/5012918/)

하지만 좋은 소식이 있다. 과학의 정신은 건강하게 살아 있다. 틀 밖에서 사고하는 개척자들은 지금 첨단과학 분야에서 대격변의 기틀을 놓아가고 있고, 그들의 새로운 사상은 생명을 바라보는 우리의 관점을 급진적으로 바꿔놓고 있다. 혁명이 진행되고 있는 동안에 낡은 제도권 과학을 지키려는 수구세력은 자신들의 영토를 방어할 진지를 구축해왔다. 그들이 애지중지하는, 그러나 폐물이 된 도그마를 보전하고 지키기 위해 기성과학 — 아니, 더 정확히 말해서 제약사들과 같이 과학으로부터 이익을 챙기는 무리들 — 은 '우리가 말했으니 그것은 진리다!' 하는 식으로 도그마를 강요하는 종교의 영역으로 빠져들었다.

그러나 곧 알게 되겠지만, 뉴턴식의 단선單線적 논리를 따라 오로지 물질만이 중요하다는 비논리적인 결론을 선언한다면 우리는 보이지 않는 영역의 한 차원을 몽땅 배제해버리게 되고 만다. 그런데 그 차원이야말로 우주의 본질과 이치를 이해하는 데에 가장 중요한 부분임을 우리는 막 깨닫기 시작하고 있다. 한편, 신과학의 선도자들은 과학적 물질주의라는 교회의 문 앞에다 그들의 논문을 붙여놓았다. 개혁은 시작됐다!

절대적 확실성을 향해 가는 길에 일어난 희한한 일들

〈불을 찾아서〉(Quest for Fire)라는 영화는 선사시대 문명에 대한 예리한 통찰을 제공한다. 고대의 인간들은 생존의 수단으로 불을 사용함으로써 맹수들로부터 자신을 보호하고 환경을 지배하는 기술을 터득하기 위한 큰 걸음을 내디뎠다. 초기의 인간들은 불을 사용할 줄은 알았지만 불을 일으키지는 못했다. 이 족속들은 여행 중에도 불씨를 유지하기 위해 모두가 힘을 합하여 엄청난 노력을 쏟았다. 불씨를 잃어버리면 그들은 이내 어둠 속에서 주변을 배회하며 호시탐탐 목숨을 엿보는 맹수들의 제물 신세로 떨어질 것이기 때문이었다.

이 영화의 마지막 장면에서 선사시대의 주인공은 불을 일으키는 방법을 터득한다. 이 감동적인 순간을 표현한 장면은 인류 진화사상 획기적인 한순간을 뛰어나게 포착해내고 있다. 그 시점 이전까지 인간의 마음은 오로지 난폭한 맹수들이 지배하는 세계에서 당장 살아남는 일에만 골몰해 있었다. 불을 지배하게 되자 인간은 이제 더 이상 평범한 동물이 아니었다. 그들은 생물권의 지배자로 등극하는 길을 가고 있었다. 영화는 부족이 모닥불 주변에 편안히 모여앉아 있고 우리의 주인공은 눈을 들어 보름달을 쳐다보며 생각에 잠기는 장면과 함께 끝난다. 눈앞의 생존 문제가 해결됨으로써 비로소 인류는 대자연을 음미할 수 있는 자유를 얻은 것이다.

이 작은 사건으로부터 출발하여 과학이 기울여온 노력은 결국 우주가 어떻게 운행하는지를 공식적으로 탐구하고 분석하고 이해하는 수준에까지 이르게 되었다. 서양문명의 재래과학은 그리스의 황금기에 우주에 대한 관찰과 통찰을 끌어모아 간단한 실험으로부터 도출된 결론과 통합시켰던 아리스토텔레스와 같은 철학자들에 의해 공식적으로 출범했다.

기독교의 일신론이 서양문명의 바탕 패러다임으로 자리잡자, 기독교는 그리스의 과학을 우주에 대한 자신들의 지식에 융합시켰다. 토마스 아퀴나스Thomas Aquinas와 알베르투스 마그누스Albertus Magnus는 기독교 경전의 교의를 수용하고 뒷받침하기 위해 그리스의 과학사상을 거기에 적당히 짜맞췄다. 자연 신학(Natural Theology)으로 알려진, 기독교에 기반한 이 새로운 과학은 과학이 신의 창조세계를 바라보고 연구할 방식을 일정하게 공식화하여 지정해놓았다. 이처럼 종교의 지원세력으로 생겨난 과학은 교회의 시녀인 자신의 자리를 충실히 지켰다.

그러나 앞서 말했듯이 과학이 교회력敎會曆의 수수께끼를 해결하는 일을 맡게 되었을 때, 마침내 패러다임 혁명의 씨앗이 뿌려졌다. 태양계가 태양을 중심으로 공전한다는 코페르니쿠스의 발견은 교회로부터 독립된, 별개의 공식적 실체로서의 현대과학을 태동시켰다. 그리고 그 발견의 선언은 오류 없는 교회의 권위와, 그리고 결국은 일신론의 패러다임까지도 무너뜨리게 될 더 큰 도전들이 줄을 잇게 하는 하나의 전환점이 되었다.

1543년은 현대과학 혁명 출범의 해로 간주된다. 이 해는 코페르니쿠스가 생애의 마지막에 자신의 저서 《천체의 회전에 관하여》(De Revolutionibus Orbium Coelestium)를 출판하여 교회의 오류 없는 권위에 성공적으로 도전한 해이다.

현대과학이 씨름해야 했던 최초의 문제 중 하나는 바로 '진리란 무엇인가?' 하는 것이었다. 16세기의 과학이란 그리스인들로부터 전해지고 기독교 신학자들에 의해 조작된 옛 사상들의 조합물이었다는 점을 상기하라. 과학은 진정한 '진리'와 열렬히 주창되는 '신념'을 구별하고 확증할 방법이 없다는 사실 때문에 혼란에 빠졌다.

따라서 현대과학의 첫 번째 임무는 데이터를 평가할 과학적 방법론을 만들어내는 것이었다. 본질적으로 과학적 방법론은 현상을 관찰하고 계측하고 가설을 만들어내고 그 가설을 확인할 수 있는 실험을 수행하는 것으로 구성된다. 그다음엔 실험의 결과를 이용하여 가설을 다듬어 그것이 실험의 결과를 더 정확히 예측할 수 있게 한다. 결국 예측가능성이 과학적 진리의 주요한 증거인 것이다.

르네 데카르트는 과학의 완전한 개혁을 주창함으로써 새로운 패러다임을 더욱 진보시켰다. 그는 대담하게 기존의 고대 그리스 사상을 버리고 그것을 프랜시스 베이컨의 분석적인 과학 방법론에 입각하여 증명할 수 있는 진리로 대체할 것을 주장했다. 데카르트는 "모든 것을 의심하라"고 말했고, 실제로 그가 의심할 여지없는 진리임을 아는 유일한 것은 자신이 존재한다는 사실밖에 없었다. 그리하여 그는 저 유명한 "나는 생각한다. 고로 존재한다"는 말을 남겼다. 곧 알게 되겠지만 어쩌면 이 우주도 그와 같은 주장을 할 수 있을 것이다.

과학적 방법론은 연구대상에 대한 직접적인 관찰과 계측을 요구한다. 오늘날과 같은 기술이 없었던 초기의 과학자들은 오직 스스로 보고 만지고 계측할 수 있는 것들밖에는 연구할 수가 없었다. 뉴턴과 데카르트의 시대에는 보이지 않는 배후의 에너지라는 개념 ─ 현대 양자물리학자들이 '장(field)'이라 부르고 아인슈타인이 훗날 '물질의 유일한 지배자'로 여겼던 ─ 은 명백히 과학적 관찰의 범위 밖에 있었다.

따라서 과학적 방법론의 매개변수는 과학을 물리적이고 물질적인 세계 안에만 한정할 수밖에 없었다. 이렇게 연구의 범위를 좁히고 마음이나 영과 같은 비물질적인 개념은 분석적 과학의 틀 밖의 것으로 규정함으로써, 과학은 과학적 물질주의의 입장을 공식적으로 천명했다. 그 결과 과학은 보이지 않는 영역의 그러한 요소들을 물리적 과학의 엄격한 법칙을 따르지 않는 형이상학적 개념으로 간주하고 그것을 기꺼이 교회에 떠넘겨버렸다.

과학자들은 교회의 신념으로부터 떨어져 나와 관찰의 대상을 만져지는 물리적 우주로 한정지음으로써 하나의 새로운 사상을 출범시켰다. 즉, 우주를 모종의 영적인 힘에 의해 조종되는 것으로 보는 대신 우주는 하나의 물리적인 기계라는 생각을 탐구하기 시작한 것이다. 그들에게는 행성과 별과 동식물들이 단지 거대한 시계장치 속의 작은 톱니바퀴에 지나지 않았다.

그 기계를 신이 창조했다는 생각은 과학자들도 지지했지만 다른 한편으로 그 기계가 일단 가동된 다음의 일상적인 운행에는 신도 더 이상 직접적으로 관여하지 않는다고 믿었다. 과학자들은 신을, 우주를 굽어보면서 세상을 영적 실에 매달린 꼭두각시 인형 부리듯이 조종하는 존재로 상상하는 대신, 우주를 그 부속품들의 움직임을 반영하면서 영구적으로 작동하는 하나의 기계로 바라보았다.

아이작 뉴턴은 우주가 하나의 기계라는 데카르트의 가정을 수학을 통해 과학적으로 확증했다. 뉴턴은 천체를 관찰하고 계측하여 우주가 — 그리고 전체 생명이 — 운행하는 방식에 관한 새로운 철학을 만들어냈다. 뉴턴은 기계적 역학의 과학, 곧 물리학을 공식적으로 수립했으니, 그것은 우주의 운행을 배후에서 조종하는 메커니즘을 연구하는 학문이다.

뉴턴의 과학은 두 가지의 절대적인 것, 곧 절대적 공간과 절대적 시간 위에 세워졌다. 그가 정의했듯이 '계량화할 수 있는 우주'에서 사물은 중력의 조종에 따라 이 절대적 공간과 시간 속을 움직인다. 중력은 보이지 않는 힘이지만 뉴턴은 그것을 그 결과, 구체적으로 말하자면 떨어지는 사과를 보고 알아차렸다. 물질주의자인 뉴턴의 신봉자들은 중력의 눈에 보이지 않는 성질 때문에 주춤거리지 않았다. 그들은 단순히 중력을 물질과 소위 '에테르'라는 기체와 같은 물질의 결합에 의해 일어나는 것으로 설명했다. 그러니까 그들은 중력을 대상의 질량이 지닌 하나의 속성으로 본 것이다.

뉴턴 철학의 세 가지 주요 교의는 1700년대 이래로 과학자들이 우주의 연구에 어떻게 접근해야 할지를 규정하게 되었다.

1. 물질주의 — 물질만이 유일한 근본적 실재다. 우주는 눈에 보이는 물리적 부분들에 대한 지식을 통해 이해될 수 있다. 생명은 보이지 않는 정령들의 생기로부터 생겨나는 것이 아니라 신체 내의 화학적 작용으로부터 생겨난다. 간단히 말해서, '중요한 것은 오로지 물질뿐이다.'

2. 환원주의 — 어떤 것이 아무리 복잡하게 보이더라도 그것은 언제나 그 낱낱의 구성요소로 분해할 수 있고, 그것을 연구함으로써 전체를 이해할 수 있다. 간단히 말해서, '무엇을 연구하려면 그것을 낱낱이 쪼개놓고 그 조각을 연구하라.'

3. 결정론 — 자연 속에서 일어나는 일은, 모든 작용은 반작용을 일으킨다는 이치에 의해 인과적으로 결정된다. 하나의 결과는 개별적 사건들의 단선적 진행에 따라 예측될 수 있다. 간단히 말해서, '우리는 자연의 작용의 결과를 예측하고 통제할 수 있다.'

뉴턴의 물질주의, 환원주의, 그리고 결정론은 우주에 대한 분석방법만 제공한 것이 아니라 통제 가능한 유토피아도 약속했다. 그 대가는? 사상계(the thinking world)는 신과 영과 보이지 않는 힘들에 대한 관심을 포기해야 한다.

1700년대 초의 뉴턴 시대와 1700년대 말 계몽시대 사이의 어느 시기에 이르자 신참인 현대과학의 패러다임과 아직도 지배적이었던 교회가 관리하는 일신론 패러다임 사이의 긴장이 풀어졌다. 우주를 물질적 영역과 영적 영역으로 간편하게 나눠놓음으로써 과학은 물리적 세계를 다스리고 종교는 형이상학적 세계를 다스리게 된 것이다.

그리하여 과학은 자유롭게 우주의 본질이 물질적인 것임을 증명하는 연구에 몰두할 수 있게 되었고 종교는 이전과 마찬가지로 초월적인 영혼들의 길을 안내했다. 그것은 최고권력을 지닌 두 지성 사이에는 편리한 정정협정이었지만 그 결과로 일어난 물질과 영의 분리는 오늘날도 우리의 세계를 위협하고 있는 불균형을 초래한 원흉이다.

19세기가 다가오고 있을 즈음에는 뉴턴이 확립한 반박할 수 없는 진리의 기초 위에 물질우주가 송두리째 얌전히 안착해 있었다. 과학은 우주가 원자라 불리는 기본입자로 만들어진 하나의 물리적 기계임을 완전히 증명했다고 자신하여, 원자들의 당구공 같은 작용-반작용을 연구함으로써 우주의 역학을 규명하고 이해할 수 있다고 생각했다. 실제로 19세기 말에 이르자 물리학자들은 스스로 너무나 도취된 나머지 물리학은 완성되어서 더 이상 배울 것이 없노라고 공언했다.

켈빈 경Lord Kelvin으로 명성이 난 윌리엄 톰슨William Thomson은 아일랜드 태생의 이론물리학자이자 엔지니어인데, 그는 1900년 영국 과학발전협회의 물리학자들이 모인 자리에서 이렇게 연설했다. "이제 물리학이 발견할 새로운 사실은 없습니다. 남은 것은 단지 더욱더 정확한 계측밖에 없습니다."• 노벨상을 탄 미국 최초의 물리학자인 앨버트 미켈슨Albert Michelson도 이와 비슷한 발언을 했다. 시카고 대학교의 물리학과 학장이었던 그는 뉴턴의 과학이 너무나 완벽해서 물리학 대학원생은 더 이상 필요가 없다고 했다. 그는 "배후의 위대한 법칙이 튼튼히 확립되어 있어서,

---

• Eric Weisstein's World of Scientific Biography, "Kelvin, Lord William Thomson(1824-1907)," 1996-2007.

더 이상의 물리학의 진리는 소수점 여섯 자리 이하에서나 찾아봐야 할 것"이라고 큰소리쳤다.•

그런데 절대적 확실성을 향해 가던 그 길에서 재미있는 일이 벌어졌다. 원숭이도 까불면 나무에서 떨어진다는 속담처럼, 예상치 못했던 이상한 현상들이 뉴턴 물리학의 세계를 거꾸로 뒤집어놓기 시작한 것이다. 1895년 독일의 물리학자 빌헬름 콘라트 뢴트겐Wilhelm Conrad Roentgen의 엑스레이 연구에서 기계적 우주관에 최초의 금이 발생했다. 그는 물질로부터 방출되는 수수께끼의 힘이 존재하며, 그것은 다른 물질을 관통해 지나간다는 사실을 보여주었던 것이다. 잇따라서 프랑스의 물리학자 앙투안 베끄랄Antoine Becqueral, 그다음엔 마리와 피에르 퀴리Marie and Pierre Curie가 방사능 현상을 발견했다. 이 현상은 원자가 생각했던 것처럼 불변하는 물질이 아니며 이 근본원소가 사실은 다른 원소로 변하기도 한다는 사실을 밝혀주었다.

2년 후에 영국의 물리학자 조셉 존 톰슨 경Sir Joseph John Thompson은 전자를 탐지해내어 뉴턴 물리학이 주장했던 것처럼 원자가 우주의 가장 작은 입자가 아니라 그보다 더 작은 아원자 입자로 이루어져 있다는 것을 보여주었다.

가열된 원소에서 방출되는 빛의 스펙트럼을 연구하던 독일의 물리학자 막스 플랑크Max Planck는 전자가 원자의 한 에너지 준위로부터 다른 준위로 도약할 수 있다는 사실을 발견했다. 전자는 두 에너지 준위 사이의 중간값을 보이지 않고 단번에 다른 에너지 준위로 뛰어올랐던 것이다. 따

• Fay Flam, "The Quest for a Theory of Everything Hits Some Snags," *Science* no.256(1992): 1518-1519.

라서 플랑크는 전자가 일정 단위의 불연속적인 방사에너지 덩어리로 이루어져 있다는 것을 깨닫고 그것을 '양자量子(quanta)'라고 불렀다. 그의 연구는 전자가 에너지 준위 사이를 뛰어다닐 때 에너지 양자(일정 단위의 에너지)를 얻거나 잃거나 한다는 것을 밝혀냈다. 그리하여 이것이 '양자물리학'의 기원이 되었다.

1905년에는 독일의 물리학자 앨버트 아인슈타인Albert Einstein의 광전효과에 관한 연구가 비물질적인 광파光波도 이전에는 오직 물질에만 있는 것으로 알려진 물리적 성질을 드러낸다는 것을 보여주었다. 아인슈타인은 자신의 관찰을 근거로 미립자의 성질을 보이는 방사광 에너지의 양자인 광자의 존재를 가정했다. 물질이 빛처럼 행동하고 빛은 물질처럼 행동하는 광경 앞에서 뉴턴의 물리학은 갑자기 모호하고 불확실해지는 듯했다.

1926년에 프랑스의 물리학자 루이-빅 토르 드 브로이Louis-Votor de Broglie는 물질의 모든 입자들은 또한 비물질적인 파동처럼 행동할 것이라고 예언했다. 그리고 그의 드 브로이 가설은 3년 후에 전자의 연구를 통해 확인되었다. 이 실험들은 전자가 파동의 성질과 입자의 성질을 모두 가지고 있음을 보여주었다. 즉, 전자는 물질적이며 동시에 비물질적인 것이다.

이러한 발견과 함께, 물리학이 완성되었다는 톰슨과 미켈슨의 발언 이후 불과 4반세기만에 뉴턴 물리학의 견고한 기반은 마치 선가禪家의 역설과도 같이 뒤집어져버렸다.

입자와 파동 사이의 혼돈은 양자역학의 등장과 확립을 통해 마침내 해결되었다. 양자물리학의 특징인 파동-입자의 양면성은 모든 물질은 입자적 성질과 파동적 성질을 모두 가지고 있음을 이해할 수 있는 통일된 하나의 이론틀을 제공했다. 양자의 기이한 세계가 당신을 환영한다!

아인슈타인의 물질-에너지 등식은 에너지와 물질의 통일성을 확인해준다. 여기서 에너지(E)는 질량(m)에 빛의 속도(c)의 제곱을 곱한 것과 같다.($E=mc^2$) 이로써 아인슈타인은 원자가 사실은 물질로 이루어진 것이 아니라 비물질적인 에너지로 이루어져 있음을 보여주었다! 오늘날은 물리적 원자가 쿼크quark, 보존boson, 페르미온fermion 등과 같은 일련의 아원자 단위들로 이루어져 있다는 설이 확고히 자리잡고 있다. 흥미롭게도 입자물리학자들은 이 아원자 단위들을 미세한 토네이도와 같은 에너지의 소용돌이로 보고 있다.

달리 말해서, 우주가 오로지 물질로만 이루어져 있다는 뉴턴 우주관의 오랜 아성이 공든 환상이었음이 밝혀진 것이다! 반면에 모든 물질과 에너지의 본질과 작용을 설명하는 아인슈타인의 통합적 이론은 그 안의 모든 물리적 부분들과 에너지장들이 서로 얽혀서 상호의존하고 있는, 쪼갤 수 없는 하나의 역동적 총체로서의 우주를 그려내고 있다.

양자역학이 과학이 붙들고 있던 물질주의의 기반을 흔들어놓고 있는 동안에, 플랑크의 연구도 전체 대신 낱낱의 부분들에만 초점을 맞추고 있는 환원주의에 의문을 제기했다. 환원주의가 단순히 기계적인 작용들을 설명하려고 하는 반면 플랑크는 단선적 인과반응을 통해서 예측할 수 없는 일부 사건들이 '장(field)'이라 불리는, 배후의 상호작용하는 에너지의 일부로서 동시에 일어나는 듯하다고 역설했다.

플랑크의 이 같은 통찰은 우리가 우주의 본질을 올바로 이해하기 위해서는 환원주의를 버리고 모든 것이 다른 모든 것과 상호작용을 주고받는 전일적 우주관으로 눈을 돌려야 함을 환기시켜주었다.

흥미롭게도, 환원주의를 묘사하는 데 이용되던 전형적인 비유는 시계가 가게 하는 것이 무엇인지를 알아내기 위해서 태엽시계를 분해하는 모습이었다. 톱니바퀴와 태엽의 기계적인 상호작용을 관찰하면 시계를 고

치거나 만들어낼 수 있을 것이다. 마찬가지로 과학자들은 살아 있는 생물이 움직이게 만드는 것이 무엇인지를 규명하기 위해서는 그 신체를 해부해서 그 조각들을 연구하면 되리라고 생각했다.

다행스럽게도, 환원주의도 시계의 비유도 이제는 모두 한물간 유행이 되어버렸다. 디지털시계를 생각해보라. 그것을 분해해서 그 부품을 살펴보라… 무엇이 보이는가?

디지털시계는 양자역학에서 파생된 기술로 만들어지고, 톱니바퀴의 물리적인 상호작용이 아니라 에너지의 움직임에 의해 작동한다. 디지털시계를 분해해서 그 조각들의 구조를 아무리 들여다보아봤자 그것이 작동하는 이치를 결코 알아낼 수가 없을 것이다. 낱낱의 물질적인 부분들에만 돋보기를 들이대는 환원주의를 아무리 깊이 추구해봤자 서로 얽혀 있는 양자 우주의 통합적인 메커니즘에 대한 통찰은 결코 제공해주지 못하는 것이다.

양자물리학은 우리의 물질주의적, 환원주의적 집착에 도전장을 내밀고, 거기에 한술 더 떠서 결정론이라는 개념조차 소용없게 만든다. 결정론은 인간의 선택과 결정을 포함한 모든 사건들은 자연의 법칙을 충실히 따르는 특정한 인과적 반응의 연쇄선상에서 예측될 수 있다는 교의다. 간단히 말해서 결정론은, 충분한 데이터만 있으면 미래를 예측할 수 있다고 주장했다.

그러나 독일의 물리학자이자 양자역학의 아버지 중 하나인 베르너 하이젠베르크Werner Heisenberg는 원자궤도의 한 전자의 위치와 속도를 동시에 둘 다 알아내는 것은 불가능하다는 사실을 발견했다. 위치를 정확히 알아낼수록 전자의 속도는 점점 더 불확실해지고 그 반대도 마찬가지라는 것이다.

하이젠베르크의 불확정성 원리는 위치와 속도, 시간과 에너지, 회전 각과 회전 모멘트 등과 같이 한 쌍의 결합변수라면 어느 것에나 적용된다. 이 이론은, 한 변수를 측정한다는 것은 그것과 쌍이 되는 변수에 혼란을 일으켜서 결코 두 개의 변수 모두를 동시에 정확히 예측할 수는 없음을 시사한다. 하이젠베르크의 이 이론은 결정론에 대한 정면의 모욕일 뿐만 아니라 또한 물질의 존재 그 자체가 하나의 불확정성임을 시사한다.

양자역학의 채택이 뉴턴 물리학을 부정하여 무효화하는 것이 아니라 그것을 포용한다는 점을 유념하라. 달리 말하면 양자역학은 뉴턴 물리학이 제공하는 정보를 포함하면서 든든히 보강해주는, 더 광대한 영역의 인식체계인 것이다. 따라서 양자역학은 이미 알려진 것뿐만 아니라 지금껏 인식되지 않았던 힘, 우리 우주의 운행을 지배하는 새로운 힘의 영역을 설명해준다.

양자역학은 원자와 소립자 등으로 이루어진 물질우주가 사실은 에너지들이 모여서 형성하는 힘의 장(力場)이라는, 우주의 보이지 않는 배경의 한 구성요소일 뿐이며 이 배경이야말로 물질우주를 지배하고 있음을 강조한다.

초등학교 때 자석과 종이와 쇳가루로 해봤던 실험을 기억할 것이다. 종이 위에다 쇳가루를 뿌리면 가루는 제멋대로 흩어진다. 그러나 종이 아래에 자석을 갖다 대면 뿌려진 쇳가루들은 보이지 않는 자기장의 형태를 반영하는 무늬를 이루며 재배열한다. 이 과정은 아무리 여러 번 반복해도 매번 같은 현상을 보여준다.

자, 이제 자석이나 보이지 않는 장의 역할에 대한 지식이 없이 이런 무늬가 나타나는 현상의 원인을 설명하려고 해본다고 상상해보라. 당신의 눈에는 쇳가루밖에 보이지 않는다고 한다면 당신은 어떤 식의 결론을 내릴 것인가? 당신은 쇳가루란 스스로 줄을 맞추어 정렬하는 정말 놀라운 물질이라고 결론내리기가 십상일 것이다!

이것이 우리가 오로지 물질적 영역에만 주목한 채 우주를 이해하려고 할 때 겪게 되는 문제인 것이다. 보이지 않는 장이야말로 물질을 지배하는 진정한 힘임을 이해하고 있는 우리의 우주에서는 그것은 정말 터무니없는 착각이 아닐 수 없다. 아니면 아인슈타인이 특유의 단순명쾌한 표현으로 말했듯이, "장은 입자를 지배하는 유일한 힘이다." 아인슈타인이 뜻했던 것은 장이야말로 그 신비한 쇳가루를 포함하여 모든 물질을 지배하는 배후의 에너지라는 것이다.• 아인슈타인은 또 다음과 같이 우주를 형성하는 장의 역할을 강조했다. "이 새로운 종류의 물리학에는 장과 물질 모두를 위한 자리는 없다. 왜냐하면 장만이 유일한 실재이기 때문이다."••

아인슈타인이 질량-에너지 등가식($E=mc^2$)을 발표하여 물질과 에너지가 본래부터 서로 얽혀서 관계를 주고받고 있음을 보여준 지 1세기가 지난 지금도 많은 사람들은 물질에 뿌리박은 현실의 환영에 단단히 매달려 있다. 우리 주변에서 일어나고 있는 제정신 아닌 일들은 우리가 아인슈타인의 세계에서 살면서도 뉴턴식의 존재방식으로 살려고 애쓴 결과다.

흥미롭게도, 양자물리학자들이 정의하는바, 물질을 형성하는 보이지 않는 에너지장은 형이상학을 설하는 이들이 '영(spirit)'이라 부르는 보이지 않는 장과 동일한 속성을 지니고 있다.

• Adam Crane, Richard Soutar, *Mindfitness Training: The Process of Enhancing Profound Attention Using Neurofeedback*, 1st edition, (Lincoln, NE: AuthorHouse, 2000), 354.
•• Mili Apek, *The Philosophical Impact of Contemporary Physics*, (New York, NY: Van Nostrand, 1961), 319.

예수와 아인슈타인이 모두 맞다면?

과학이 아인슈타인을 100년 동안이나 무시해왔다는 사실이 이상하다면 사회가 예수를 2천 년 동안이나 무시해왔다는 사실은 그보다 훨씬 더 이상한 일이다.

예수와 아인슈타인의 가르침을 함께 생각해보면 우리는 황금률을 위한 하나의 과학적 근거를 마련할 수 있다. 즉, "네 이웃을 내 몸처럼 사랑하라"는 예수의 가르침은 이웃이 곧 자기 자신인 아인슈타인의 세계에서는 완벽하게 이해된다. 상대성 이론이 시사하는 근본적인 의미는 우리는 모두가 서로 연결되어 있다는 것이기 때문이다.

과학이 발달한 나라라면 양자물리학을 이용해서 어렵지 않게 원자력 발전소와 원자탄을 만들어낼 수 있지만, 일상세계에 대한 이해의 문제로 돌아오면 아직도 많은 사람들이 이 보이지 않는 영역에 대해 무지하다. 예컨대 정치와 외교의 세계에서 각국 정부들은 여전히 국가, 정부, 부서, 영토 등등으로 이름 붙여진, 서로 분리된 채 상호작용하는 조각조각의 부분물들로 이루어진 뉴턴의 세계에서 영위하고 있다.

그들은 우리 모두가 공유하고 있는 자연자원과 에너지장의 협동적인 속성에 초점을 맞추지는 않고 분리와 대립, 국경과 장애물, 아군과 적군의 대립만 심화시키는, 싸움을 전제로 하는 경쟁적 정치체제만 강조하고 있는 것이다. 뉴턴의 작용-반작용의 역학은 처벌을 강조하는 사법체제에도 고스란히 적용된다. '눈에는 눈, 이에는 이'라는 식의 사고방식은 온 세계를 눈이 멀게 만드는 너무나 뉴턴적인 원칙이다.

인류의 역사가 이어지는 한 마땅히 그 천재성을 칭송받아야 할 뉴턴에게 우리가 무슨 개인적 감정을 품고 있는 것은 아니다. 뉴턴의 과학은 인간문명으로 하여금 그 외부환경에 대한 약간의 지배력을 가질 수 있는 기술적 토대를 제공해주었다. 그리고 인류의 물리적 생활환경이 향상된 것은 많은 부분 종교의 도그마에서 빠져나와 자신의 영역을 확보한 뉴턴 과학의 공헌으로 돌려져야만 한다. 하지만 이제 사회는 보이지 않는 세계로부터 떨어져 나온 물질과학이 일으켜놓은 공포와 혼란을 수습해야만 하게 되었다.

오로지 물질만이 중요하다고 고집할 때 어떤 일이 일어날지를 알려면 서구사회와, 그것이 낳아놓은 괴물인 세계화의 실상을 들여다보라. 인류는 마치 프랑켄슈타인과도 같이 순전히 물질주의적이고 기계적인, 생명 없는 실체인 기업을 만들어 세상에 내놓았다. 우리는 이 생명 없는 것에다 생명을 부여했을 뿐만 아니라 인간에 대한 법적 우위권까지도 부여해놓았다. 산업화된 이 세계에서 이제 기업의 욕망과 요구는 대중의 요구와 필요보다도 더 큰 힘을 발휘한다.

현대의 기업에게는 오로지 한 가지의 목적 — 돈을 버는 것 — 만이 주어져 있다. 물론 점점 더 많은 기업들이 깨어 있는 의식과 양심을 지닌 경영자에 의해 운영되고 있다. 이것은 기업이 인간을 위해 봉사하는 그런 미래의 세계를 위한 훌륭한 씨앗이다. 그러나 그것은 인간이 기업을 위해서 봉사하는 오늘날의 세계로부터는 한참 거리가 멀다. 황금의 법칙(Rule of Gold)•이 어떻게 황금률(Golden Rule)••을 지배하게 되었는지에 대한 심도 깊은 논의는 9장 〈교차점의 부조현상〉에서 다루어질 것이다.

• 물질지상주의적인 논리나 규율, 곧 물질의 지배를 뜻함. 역주.
•• 상대방이 나에게 해주었으면 하는 것을 상대방에게 베풀라는 동서고금의 보편적 도덕률. "남에게 대접받고자 하는 대로 너희도 남에게 대접하라"는 예수의 산상수훈을 로마 황제가 금으로 써 붙였다는 데서 황금률이란 말이 유래한 것으로 알려짐. 역주.

오늘날 세계를 위협하고 있는 뉴턴식의 물질 편집증에는 물질을 축적하고자 하는 욕망이 개입되어 있다. 역사상 이처럼 물질적 소유욕(possession)에 빙의(possessed)되고 소비주의(consumerism)에 소모된(consumed) 사회는 없었다.

2차 세계대전 이래로 서구사회에, 특히나 미국에 태어난 사람들은 대중매체가 자신들의 삶에 미치고 있는 힘을 거의 알아차리지 못할 정도로 텔레비전에 의해 세뇌되고 휘둘려왔다. 하우디 두디Howdy Doody●가 아이들을 사주하여 엄마에게 원더 빵(Wonder Bread)을 사달라고 조르게 만들었던 초창기로부터 출발하여 베이비 채널이 아직 기저귀를 차고 있는 갓난아이들을 상품의 지명도를 좌우하는 막강한 소비자가 되게끔 만드는 오늘날에 이르러, 인간의 품격은 소비자와 고객의 지위로 형편없이 추락하고 말았다.

지구자원을 상품으로만 생각하는 기업 행위의 생명 위협적인 결말을 염려하여, 갈수록 많은 개인과 단체들이 경제활동에 인간적인 가치를 도입시키려고 애쓰고 있다. 인간의 진화와 온전한 정신을 촉진하려는 사람들은, 대다수의 사람들이 사실은 돈보다 생명을 더 중시한다는 사실에도 불구하고, 뻔히 질 싸움을 벌이는 수세에 몰린 주변세력으로 간주된다. 그러나 새로운 인류의 선발대는 실로 막강한 적을 — 아마도 세상에서 가장 막강하고도 거의 보이지 않는 힘을 — 상대하고 있다. 그들은 우리의 삶의 방식을 형성하는 근본신념인 문명의 바탕 패러다임에 도전장을 던지고 있는 것이다.

종래의 뉴턴식 물질주의와 환원주의, 그리고 결정론적 패러다임은 우

● 50년대 미국의 유아 대상 인기 TV 프로그램. 역주.

리네 학교에서도 기본 틀로 작용했다. 학원의 생산품인 학생들은 계측된 학업성취도에 따라 등급이 매겨졌다. 누가 더 나은가를 알려면 계측보다 더 좋은 방법이 어디 있겠는가? 그리고 생산성이 있다고 판단되는 자에게 보상을 주는 것보다 더 나은 물질주의의 보상 분배방식이 또 어디 있겠는가? 물론 '무엇을 생산하느냐?', 그리고 '무엇을 목적으로?' 하는 등의 질문은 답은 고사하고 제기되는 일조차 없지만 말이다.

물질주의 과학의 대변자인 의학은 많은 생명을 살려냈다. 그러나 주로 뉴턴식인 치료방식은 항상 비싸고, 종종 비효율적이며, 가끔씩은 생명을 위협하기까지 하는 것으로 드러나고 있다. 전통의학은 물질주의 철학에 장단 맞춰서 신체의 물리적 성질만 들여다보면서 신체의 화학작용을 조종하려고 애쓴다. 신체의 에너지장을 다루는 것이 훨씬 더 효과적이고 효율적임이 증명되었는데도 말이다.

물론 현대과학이 기적을 일으켰다는 사실은 부정할 수 없다. 특히 외상 치료분야에서, 신체를 기계로 보는 뉴턴식 접근법을 사용해서 말이다. 의학의 마법에는 신체부위를 떼어냈다가 다시 갖다 붙이고, 장기를 이식하고, 심지어는 예비부속품까지 만들어내는 능력도 포함된다. 그러나 그 모든 기술적 지식에도 불구하고 우리는 여전히 하등생물인 박테리아와 바이러스의 위협 앞에서 맥을 못 추면서 두려움에 떨며 살아간다.

주류 의료계 밖에서 초상적인 치유나 자발적 치유를 경험한 사람들은 전통의학이 거기에는 전혀 관심을 보이지 않는다는 사실에 종종 놀란다. 의사가 그 치유현상에 대해 받아들일 만한 물질적 차원의 설명을 찾지 못할 때에는 특히 그렇다. 그런 상황에서 의사는 종종 환자가 사실은 애초부터 병이 없었다고 말한다. 엑스레이와 스캔 자료가 보여주는 사실에도 불구하고, 그것은 단순히 오진이었다는 것이다. 너무나 많은 경우, 의사들은 기적적인 치유를 무시할 뿐만 아니라 이렇게 말하면서 귀를 막는다. "당신이 무얼 했든 간에 난 그런 얘긴 듣고 싶지 않아요."

다행히도 전일적 치료법에 대한 일반의 수용이 물질주의 의학의 도그마를 물리치는 데 많은 공헌을 하고 있다. 사람들이 대체의료 시술가들을 찾게 만드는 동기로는 주변의 성공적인 치유사례만한 것이 없다. 뉴턴식 사고방식이 들씌워놓은 제약에서 벗어나려면 갈 길이 멀지만, 다음에서 보듯이, 연구해야 할 중요한 분야(field)는 장場(field) 자체다.

답은 장에 있다

그러니… 오로지 물질만이 중요하다는 말세의 첫 번째 신화적 오해는 틀렸다.

진리를 향한 용감한 탐구를 통해서, 과학은 스스로 자신이 애지중지해온 도그마가 틀렸음을 입증했다. 하지만 물질이 우리가 생각했던 것만큼 중요하지 않다면 대체 무엇이 중요하단 말인가? 아인슈타인의 말을 빌리자면, "오직 장만이 유일한 현실이다."

하지만 물질이 그토록 비물질적이라면 그것이 그토록 현실적으로 느껴지는 이유는 무엇이란 말인가? 그리고 그 벽돌로 이뤄진 벽이 정말 환영이라면, 왜 거기에 내 손을 관통시킬 수가 없는가? 물리학자들이 발견했듯이, 손이 멈추는 것은 물질의 밀도 때문이 아니라 에너지의 밀도 때문이다.

아원자 차원에서는 에너지의 소용돌이가 끊임없이 회전하고 진동한다. 에너지의 소용돌이라는 말이 모호하다고 여겨진다면 바람의 에너지가 일으키는 소용돌이인 토네이도의 축소형인 미세한 토네이도를 마음속에 그려보라. 토네이도를 관찰할 때 우리가 실제로 보는 것은 집을 파괴하고 자동차를 날려 보내는 막강한 힘의 장에 의해 입자와 잔해들 — 먼지, 기왓장, 나뭇가지, 옆집의 고양이 등 — 이 소용돌이치며 휩쓸리는 모습이다. 당신은 토네이도 속을 자동차로 뚫고 지나가지 못하는 것과 같은 이유로 단단한 벽에 손을 관통시킬 수 없는 것이다. 이렇듯, 보이지 않는 에너지도 명백하게 감지할 수 있다.

그리고 '빈' 공간이 실제로 비어 있는 줄로 속지 말라. 눈에 보이지 않는 허공은 우리가 상상하는 것보다 훨씬 더 많은 에너지로 꽉 차 있다. 아리스토텔레스가 '플레눔Plenum'(꽉 찬 허공이라는 뜻)이라 부른 것, 그리고 물리학자들이 '영점장(zero point field)'이라 부르는 그것은 '빛의 양자 대양'이다. 미국의 물리학자 리처드 파인만에 의하면 비어 있는 것처럼 보이는 사방 한 자의 허공 속에는 지구상의 모든 바닷물을 증발시킬 수 있을 만큼의 에너지가 존재한다고 한다.[*] 그러니 역설적이게도, 아무것(물질)도 아닌 것(nothing)이 그 어떤 것(thing)보다도 더 막강한 것이다! 어쩌면 영점 에너지는 미래의 에너지가 될지도 모른다. 그렇다면 우리에게 미래가 있다는 것이 실로 매우 고무적인 일이 되리라.

물리적 현실에 관한 또 하나의 당혹스럽기 짝이 없는 역설은, 그것이 실은 존재하지 않는다는 사실이다. 《필드The Field》[**]의 저자인 저널리스트 린 맥타가트Lynne McTaggart에 의하면 이 영점장은 '사물들 사이의 공간 속에 있는 미세한 진동의 대양, 순수한 잠재력과 무한가능성의 상태'

---

[*] Lynne McTaggart, *The Field: The Quest for the Secret Force of the Universe*, (New York: Harper Perennial, 2002) 23-24.
[**] 《필드》, 무우수 刊, 2004.

이다. 맥타가트는 이렇게 썼다. "입자는 우리가 관찰이나 계측이라는 형태로 건드리기 전까지는 가능한 모든 상태로서 존재한다. 우리가 관찰하거나 계측하는 순간, 입자는 마침내 실제적인 무엇으로 응결한다." 달리 말하자면 현실은 '존재 요구'에 따라 존재하는 것이다.•

이토록 광대하고도 마음을 아리송하게 만드는 무엇에 대해서는 물리학자들조차도 일치된 견해에 도달하지 못하고 있지만, 아직은 비주류인 지성들에 의하면 만물은 모든 곳에 언제나 있는데, 우리의 마음이 이 우주의 수프로부터 사물을 뽑아내어 특정한 시간과 공간 속으로 가져와서 우리가 현실이라고 여기는 그것을 창조해내는 것이라고 한다. 우주적 수프의 장 속에서 놀던 과학자들은 아주 먼 거리에도 순간적으로 신호를 보낼 수 있었고 심지어는 이미 일어난 사건에 변화를 주는 방법을 발견하기도 했다! 이에 대해서는 뒤에서 다루기로 하자.

우선은 영국의 생물학자인 루퍼트 셸드레이크Rupert Sheldrake가 쓴 책과 비디오인 〈주인이 집에 오고 있는 것을 알아차리는 개〉에 나오는 간단한 실험을 생각해보자. 이것은 많은 사람들이 익히 관찰하고 있는 바에 근거한 것이다. 〈정신연구협회보〉(Journal for the Society of Psychical Research)의 한 기사는 설문에 응한 개 주인들의 45퍼센트는 자기 집 개가 주인이 집에 오고 있는 것을 미리 알아차린다고 주장했다.••

호주의 한 TV 방송 프로그램을 위해 녹화된 셸드레이크의 실험에서는 시간이 측정되고 있는 두 대의 비디오카메라가 외출해 있는 개 주인 팸 스마트와 집에 있는 개 제이티를 동시에 찍고 있었다. 팸과 그녀의 개

• 같은 책 xvi-xvii.
•• David Brown, Rupert Sheldrake, "Perceptive Pets: A Survey in North-West California," *Journal for the Society of Psychical Research* 62 (July 1998): 396-406.

가 모르는 임의의 시간에, 팸은 집으로 돌아오라는 무선전화 지시를 받았다. 바로 그때, 제이티는 주인을 기다리러 문간으로 달려갔다. 비디오로 녹화된 100회 이상의 실험에서도 이와 비슷한 결과가 확인되었다.●

그런데 이 사실이 왜 중요하단 말인가? 우리는 대부분 애완동물과 그 주인 사이에는 특별한 심령적 연결이 존재한다는 것을 안다. 사랑하는 사람이 사고를 당했을 때 많은 사람이 그것을 알아차리는 경험을 하는 것도 마찬가지 경우다. 이것의 의미는 셸드레이크가 우리가 이미 알고 있는 사실을 증명한 데에 있는 것이 아니라 이 실험이 과학계의 관심을 거의 불러일으키지 못했다는 사실에 있다. 상상해보라. 개들이 빛보다도 더 빠른 속도로 즉석에서 메시지를 수신하고 있는데 과학자들은 도무지 그 이치를 궁금해하지도 않는다?

문제는, 물질주의 과학은 이 현상을 설명할 수도 없을 뿐만 아니라 하려고 하지도 않는다는 것이다. 지구가 태양을 중심으로 형성된 태양계 주위를 돈다는 코페르니쿠스의 결론이 시사하는 의미를 교회가 외면했던 것처럼, 정통과학은 물질만이 중요하다는 그들의 신념에 정면으로 위배된다는, 바로 그 한 가지 이유 때문에 개들이 순간통신을 한다는 입증된 사실을 깔아뭉갤 수밖에 없는 것이다. 우리에게 텔레파시 통신을 제공해줄 수 있는 설명되지 않는, 눈에 보이지 않는 장이 작용하고 있지만 과학은 단지 눈에 보이지 않는 것을 믿지 않기 때문에 그것을 볼 수가 없는 것이다.

셸드레이크는 형태장(morphic field)이 존재한다고 주장하고, 그것을 '자

● Rupert Sheldrake, *Dogs That Know When Their Owners Are Coming Home And Other Unexplained Powers of Animals*, (New York: Harper Perennial, 2002), 23-24.

연에 내재된 기억'이라고 한다. 거기서는 심령적이라고 할 수 있는 통신이 생각의 속도로 일어난다.* 그는 형태장이라는 개념이 그 이치가 증명되지 않은, 순전히 이론적인 설명일 뿐임을 누구보다도 먼저 시인할 사람이다. 하지만 다행스럽게도 과학적인 설명의 부족이 그로 하여금 장에 대한 실험을 계속 밀고 나가도록 재촉했던 것이다.

셸드레이크의 실험의 중요한 의미는, 그러한 현상이 실재한다는 것과 그런 힘을 미치는 보이지 않는 장이 실제로 존재한다는 것을 보여주었다는 데 있다. 그리고 그것이 시사하는 바는 단순히 마음속으로 휘파람을 불어서 개를 부를 수 있다는 것보다 훨씬 더 의미심장하다. 곧 살펴보겠지만, 용의주도하게 실시된 이중맹검실험에 의하면 기도와 치유의 의도는 에이즈 환자나 수술 후 회복 중인 환자들에게 측정가능한 긍정적 결과를 가져온다는 것이 증명되었다. 이와 유사하게, 연구에 의하면 한 도시 인구의 1퍼센트의 제곱근에 해당하는 숫자의 사람들이 초월명상에 들어 있을 때 그 도시의 범죄율이 급격히 떨어진다는 사실도 관찰되었다.**

설명할 수 없다는 이유만으로 장이 미치는 힘을 무시한다는 것은 분명히 어리석은 일이다. 다행히도 점점 더 많은 과학자들이 여기에 호기심을 가지기 시작하고 있다. 물리학자들이 이미 그곳을 기웃거리고 있다. 어떤 의미에서 이것은 그들이 이 장을 묘사할 때 흔히 쓰던 '보이지 않는 동력'이란 말을 통해 이미 예견된 일이다. 흥미롭게도, 그것이야말로 장을 형성시키는 자에 대한 전통적 정의 — 신, 창조자, 영, 그 밖에 우주의

---

* Lynne McTaggart, *The Field: The Quest for the Secret Force of the Universe*, (New York: Harper Perennial, 2002) 54-63.
** Gregg Braden, *The Divine Matrix: Bridging Time, Space, Miracles, and Belief*, (Carlsbad, CA: Hay House, 2007), 116-117.

통합력을 묘사하는 데 쓰이는 어떤 단어든 간에 — 와 동일하다. 우주적인 웃음거리는, 과학과 종교가 늘 본질적으로 같은 것을 놓고 서로 왈가왈부하고 있다는 사실이다.

그렇다면 장을 이해하는 것이 왜 그리 중요하단 말인가? 그리고 그 이해가 우리에게 무슨 도움이 되는가? 그 답은 세 가지 차원에 걸쳐 있다. 첫째, 우리는 과학과 종교 간에 이어져온 쓸데없는 논쟁을 완전히 종식시킬 수 있다. 하늘 높은 곳에 계신다는 신神(off-planet God)의 존재 여부를 놓고 다투는 대신 우리는 지상의 선善(on-planet good)을 위해 함께 일할 수 있는 것이다. 둘째, 보이지 않는 장의 힘을 인정함으로써 — '이해'하지는 못하더라도 — 우리는 전적으로 새로운 탐구의 장을 열어젖혀 과학으로 하여금 지금껏 무시해왔던 것을 탐사해보도록 촉구할 수 있다. 마지막으로, 우리는 인류가 꿈의 통일장(a unified field of dreams)에서 살고 있으며, 그 장은 싸움의 장이 아니라 한바탕 놀이의 마당이라는 사실을 깨닫고 기뻐할 수 있는 것이다.

6

신화적 오해 2:
적자생존

"그대의 뜻이 오로지 1등을 차지하는 것이라면,
나머지 모든 사람과 만물은 2등 대접을 받아야겠군."

— 스와미 비안다난다

"서로 먹고 먹히는 세상이야." "바깥세상은 정글이야." "나 자신만 잘 챙기면 돼." 우리는 이런 말을 너무나 익히 들어와서, 그것을 우리가 현실이라 부르는 그것 속에다 이미 확실히 각인시켜놓고 있다.

하지만 생명이란 원래가 경쟁적이라는 다윈의 생각이 말짱 헛다리를 짚은 것이라면 어떡하겠는가? 협동과 나눔이야말로 우리가 진화해가는 유일한 이유라면 어떡하겠는가? 우리의 생존이 오로지 우리가 서로 얼마나 잘 소통하고 정보를 얼마나 빨리 공유하고 처리하느냐에 달려 있다고 한다면 어떡하겠는가? 그리고 단순한 생존 이상의 것을 추구할 수 있는, 이보다 훨씬 더 나은 환경의 세상이 존재한다면 어떡하겠는가? 우리가 행복하게 번성해갈 수 있는 어떤 상태가 존재한다면 어떻게 하겠는가?

다윈과 다윈주의, 어느 것이 먼저인가?

그 또한 시대의 산물이었지만, 찰스 다윈은 과학적 물질주의 패러다임을 확립하는 데에 가장 중요한 역할 중 하나를 맡았다. 특히나 그것은 인간의 건강과 인류의 진화에 적용되기에 말이다. 진화에 관한 사상은 거의 1세기에 걸쳐 무르익어온 것이어서, 심지어 다윈의 할아버지인 에라스무스 다윈 Erasmus Darwin 도 이 주제를 연구하고 논문을 썼다.

사실 진화에 관한 최초의 과학 논문인 〈동물철학〉(Philosophie Zoologique) 은 다윈이 태어난 해인 1809년에 프랑스의 생물학자 장 밥티스트 드 라마르크 John Baptiste de Lamarck가 발표한 것이다.• 그리고 정글의 법칙이라든가 적자생존과 같은, 우리가 다윈주의 용어로 간주하는 말들도 찰스 다윈이 태어나기 이전에 이미 많이 회자되던 말이었다.

찰스 다윈의 작품의 서곡은 토머스 로버트 맬서스 Thomas Robert Malthus 가 연주했다. 맬서스는 경제사상가였는데 그의 신념과 글들이 다윈의 이론에 이론적 토대를 제공한 것이다. 그는 또한 장 자크 루소와 철학자이자 경제학자인 데이비드 흄 David Hume 을 친구로 꼽는 계몽시대의 한 선구자의 아들이었다. 하지만 젊은 맬서스는 자신의 멘토들보다도 세상을 더 심각하고 암울하게 바라봤다. 아마도 아버지에 대한 반항으로서, 맬서스는 둘째가라면 서러울 정도로 세상에 대해 비관적인 태도를 취했다. 그는 물잔의 반이 비어 있다는 것뿐만 아니라, 곧 4분의 3이 빌 것이고 이어서 8분의 7이 비고 또 계속 끝없이 비어질 것임을 증명하려고 나섰다.

• J. B. de Lamarck, *Philosopie Zoologique, ou exposition des considerations relatives a l' histoire naturelle des animaux,* (Paris, France: J.B. Bailliere, Libraire, 1809).

맬서스는 당시에 유행했던 논리와 직선투영법을 동원하여 식물이 산술급수적으로 번식한다고 결론짓고 그렇게 글을 썼다.

$$1 \rightarrow 2 \rightarrow 3 \rightarrow 4 \rightarrow 5 \rightarrow ...$$

이에 반해 그는, 동물은 기하급수적으로 번식해간다고 주장했다.

$$2 \rightarrow 4 \rightarrow 8 \rightarrow 16 \rightarrow 32 \rightarrow ...$$

맬서스의 논리는 이렇게 전개됐다. — 자신의 땅을 경작하는 농부는 노력과 운에 의해 해마다 사료를 두 말 가량씩 증산할 수 있다. 하지만 그의 가축들은 대가 내려갈수록 더 많은 새끼들을 낳아서 농부가 그들을 먹일 사료를 생산해낼 능력을 급속히 줄어들게 한다. 그래서 동물 — 거기엔 물론 인간도 포함되지만 — 은 먹이의 공급을 초과하는 시점까지 번식을 해갈 것이다. 그러한 현실에서는 산다는 것 자체가 실로 생존을 위한 끊임없는 투쟁이 될 것이다. 거기서는 가장 강하고 무자비한 자만이 살아남는다.

맬서스는 1798년에 〈인구의 법칙에 관한 논문〉이라는 제목의 글에서 현실에 대한 자신의 시각을 이렇게 정리했다. — "인구의 증가율은 지구가 인간을 먹여 살릴 양식을 생산해내는 능력보다 훨씬 더 커서 인간은 어떤 형태로든 조기사망을 맞이해야만 하게 되어 있다. 인간의 악덕은 그러한 인구감소를 촉진시키는 효율적이고 훌륭한 촉매. 그것은 파멸의 대군을 몰고 오는 선봉장으로서 종종 그 무시무시한 일을 제 손으로 끝장낸다. 이 전쟁이 싹쓸이에 실패하더라도 흑사병과 같은 전염병이 노도처럼 몰려와서 수천수만의 목숨을 쓸어가준다. 이것으로도 시원치 않으면 피할 수 없는 거대한 기근이 그 뒤를 이어서 그 막강한 타력으로써 머릿수를 세상의 식량과 균형이 맞도록 줄여준다."•

아무튼 비관주의의 좋은 점은 최소한, 그보다 더 나빠질 수는 없다는 것이다. 그러나 맬서스는 일이 나빠지는 것을 걱정한 것이 아니라 나아질까봐 걱정했다. 나라들이 전쟁을 일으키지 않으면 어떻게 되지? 가난이 퇴치되고 병이 나아버리면 어떻게 되지? 그러면 맬서스에 의하면 우리는 정말 난감한 곤경에 처할 것이었다! 사람들의 목숨을 살려내면 낼수록 우리는 더 빨리 식량부족에 빠질 것이다. 19세기의 맬서스 이론 신봉자들은 이 불가피한 일을 막기 위해서 가난한 자들이 자식을 낳지 못하게 한다든가, 습지에 빈민굴을 조성하여 질병이 가난한 자들을 무리에서 솎아내게 하는 등을 포함한 온갖 종류의 사회적 책략을 수립했다.

그러나 맬서스의 음울한 책략에는 한 가지 작은 문제점이 있었으니, 그것은 그들이 틀렸다는 점이었다! 세상을 순전히 물질주의적이고 단선적單線的인 관점에서만 바라본 맬서스는 생명의 그물망 속에 내재한 복합적인 역동성과, 균형과 조화를 지향해가는 대자연의 본성을 보지 못했던 것이다. 게다가 동물의 개체수는 단순히 해마다 두 배로 불어나지 않는다. 그리고 이 증가율이란 것은 전반적인 환경조건에 뿌리를 두고 있는 하나의 총체적 변수다. '정체 분석(static projection)'••이라 불리고 있는 맬

• Thomas R. Malthus, *An Essay on the principle of Population*, (Whitefish, MT: Kessinger, 2004) 44-45.
•• static projection, 혹은 static analysis: 한 시스템의 당장의 변화량을 그에 대한 시스템의 장기적 반응을 고려하지 않고 계산하는 분석방식으로, 실제와는 동떨어진 부정확한 분석을 초래한다. 반대는 동적 분석(dynamic analysis). 역주.

서스식의 단선적이고 산술적인 결론은 오직 뉴턴의 단선적이고 기계적인 우주에서만 타당성을 지닐 수 있을 것이다.

다행히도, 우리가 살고 있는 우주는 확률에 뿌리를 둔 양자적 현실이어서 카오스에 크게 영향받고 있다. 수학과 물리학의 세계에서 카오스란, 겉으로는 혼돈되어 보이지만 사실은 매우 질서정연하고 결정론적인 그런 시스템으로 정의된다. 카오스 우주에서는 정체 분석이 쓸모가 없어진다. 왜냐하면 정체 분석은 살아 있는 시스템의 역동적이고 예측할 수 없는 과정을 계산에 넣지 못하기 때문이다. 진화가 생존을 위한 피비린내 나는 잔인한 싸움에 의해 추동된다는 맬서스의 생각은 사실 과학적인 가치가 전혀 없다.

다윈의 진화

19세기의 4분의 3에 걸친 생애를 산 다윈은 여러 다른 관점들이 불편하게 공존하던 시대에 태어났다. 한 세대 전에 미국과 프랑스에 혁명을 불러일으켰던 '계몽시대'라는 밝은 빛줄기는, 막 득세하기 시작한 맬서스 주의의 암흑으로 약간 어두워지긴 했어도 여전히 빛을 발하고 있었다. 프랑스의 복고왕조는 최근에 교회를 다시 소생시켜 그 막강한 패러다임의 권좌를 되찾고자 하는 욕망을 불태우고 있었다. 그리고 그 배후에서는 물질주의 과학이 꾸준히 발전해가고 있었다. 그것은 영국의 화학자 존 달턴John Dalton이 1805년에 발표한 원자이론이 새로이 태동한 화학의 이치를 정의하는 원리를 뉴턴의 물리학으로부터 가져옴으로써 뉴턴의 물리학을 튼튼히 뿌리내리게 한 데에 힘입은 것이다.

찰스 다윈은 사고가 자유분방한 상류층 유니테리언교도 집안에서 태어났지만 그의 아버지는 관습을 존중하여 어린 찰스를 성공회(영국 국교) 교회에서 세례받게 했다. 다윈은 어릴 때부터 어머니와 함께 유니테리언 교회에 다녔다. 그는 후에 에든버러 대학교에 입학하여 과학을 열심히 공부하고 라마르크의 급진적인 진화론 강의를 들었다.

그러나 결국 의대생은 찰스의 길이 아니었다. — 초라한 성적 때문에 그는 학위도 못 받은 채 대학교를 떠나야 했던 것이다. 찰스가 낙오자(운 좋으면 지진아)가 될까봐 염려한 아버지는 그를 성공회 목사가 되도록 케임브리지 대학교에 입학하라고 부추겼다. 당시 영국의 중상류층 낙오자에게는 목사가 되는 것이 최후의 선택이었다.

다윈은 신학공부를 마치고 졸업하자마자 아버지의 반대를 무릅쓰고 로버트 피츠로이Robert FitzRoy 선장의 동반자로서 비이글호HMS Beagle의 2년에 걸친 항해에 지원했다. 그 시대의 영국 해군에서는 피츠로이 선장과 같은 귀족은 선원들과 같은 천민들과 어울리는 것이 금지되어 있었다. 그래서 피츠로이는 자신의 항해를 견딜 만하게 해줄 방법으로서 다윈에게 자연의 경이를 탐사하는 그 항해의 동반자 자리를 제안한 것이다.

야생탐사의 책임자이자 탐사선의 공식 박물학자인 비이글호의 의사는 항해 중에 젊은 찰스와 갈등을 빚었다. 의사는 남아메리카에서 배를 내려버림으로써 그 갈등을 해결했다. 얼떨결에 비이글호의 공식 박물학자 자리를 차지하게 된 찰스는 갈라파고스 섬을 향해 항해해 갔으니, 그것이 시대의 패러다임을 바꿔놓을 역사적인 항해가 될 줄이야. 2년간의 계획으로 출발했던 항해는 5년 동안 계속됐고, 그동안에 다윈은 자연에 대한 연구에 빠져들어갔다.

항해에 나서기 전에 다윈은 1830년에 출판된 《지질학의 원리》(Principle

of Geology)라는 책을 손에 넣게 되었는데, 그것은 아마도 뉴턴의 《자연철학의 수학적 원리》(Philosophiae Naturalis Principia Mathematica) 이래로 가장 중요한 과학서였다. 저자인 찰스 라일Charles Lyell은 당시에 여러모로 가장 뛰어나고 영향력 있는 과학자였다. 그의 《지질학의 원리》는 1830년에서 1833년까지 총 3권으로 출판되어 지질학이라는 학문을 정립시켰고, 그럼으로써 성경의 창세기에 대한 교회의 해석을 뒤흔들어놓았다.

그때까지 사람들은 하늘과 땅과 사람은 창세기에 묘사된 대로 신이 놀라운 묘기를 선보였던 그 여섯 날의 산물이라는 신성불가침의 믿음을 품고 있었다. 교회는 이 문제에 대해 너무나 확신에 찬 입장이어서, 심지어 신이 지구를 만들어낸 정확한 날짜까지도 종교적인 사실로서 제시할 정도였다. 당신이 가이아에게 생일축하 카드를 보낼 생각이라면, 그것은 기원전 4004년 10월 23일 일요일이었다. 성공회 주교 제임스 어셔James Ussher는 성경의 족보를 아담이 태어난 날까지 거슬러 올라가며 계산하여 이 날짜를 얻어냈다.•

그 시대 대부분의 사람들은 이 창조의 날짜를 눈감은 채 받아들였지만, 라일이 이끄는 지질학자들은 지구행성이 지질학 용어로 말하자면 지각의 충적과 이동을 가져온 오랜 세월의 점진적이고도 역동적인 지각변동을 통해 진화해온 것으로 추정했다. 라일은 대륙과 대양과 산맥의 물리적 배치상태는 바람과 비와 홍수와 지진과 화산폭발과 같은 자연의 힘에 의한 느리고도 꾸준한 변화의 산물이라고 결론지었다.

라일의 책에는 라마르크에게 헌정된 네 개의 장도 포함되어 있었는데

• Doug Linder, "Bishop James Ussher Sets the Date for Creation," *University of Missouri-Kansas City School of Law*, 2004.

이 장들은 생명이 수백만 년에 걸친 오래고 느린 진화과정을 통해 발생했다고 주장했다. 그러는 와중에 어떤 생물은 멸종되어서, 그것이 화석에 나타난 것들을 설명해준다는 것이었다. 라일에게 생물권의 진화는 행성의 물리적인 진화와 완벽하게 맞아떨어지는 상보물相補物이었다. 라일의 책은 사람들로 하여금 존재의 기원, 혹은 창세기, 혹은 우주에 관한 완전히 새로운 관점에 눈뜨게 해주었다.

다윈은 5년에 걸친 항해기간 동안에 라일의 책에 빠져들어 어느 면에선 라일의 열렬한 팬이 되어서, 이 명성 높은 과학의 권위자와 정기적으로 서신을 교환했다. 라일과 라마르크가 제공해준 새로운 통찰은 다윈으로 하여금 지구의 역사와 함께 지속되고 있는 생명도 지질현상과 마찬가지로 자연의 힘에 의한 것이라는 최종결론에 귀착하도록 도왔다.*

다윈은 1845년에 자신의 《연구일지》(Journal of Researches) 2판을 출판했을 때 자신의 진화론 형성에 라일이 얼마나 의미심장한 기여를 했는지를 밝히고 감사를 표했다. 다윈은 다음과 같은 설명과 함께 이 책을 라일에게 헌정했다. — "이 기록과 저자의 다른 연구일지들이 어떤 과학적 가치를 지녔든 간에 그 중요한 부분은 저 명성 높고 경탄스러운 《지질학의 원리》의 공부로부터 비롯된 것이다."**

다윈은 1836년 10월 2일에 런던의 집으로 돌아왔다. 그는 라일을 만나자마자 자신에게 진화론 연구를 계속해나가도록 북돋아준 그와 평생지기가 되었다. 그들의 토론의 한 결과물로서, 다윈은 《종의 변천》(Transmutation of Species)에 관한 최초의 노트를 쓰기 시작했다. 이 제목은 1809년에

● E. Bailey, *Charles Lyell*, (Garden City, NY: Doubleday, 1963), 86.
●● 같은 책 117쪽.

라마르크가 자신의 《동물철학》(Philosophie Zoologique)에서 진화를 뜻하는 말로서 처음으로 했던 말이기도 하다.•

그러니 라마르크가 생물학적 진화론의 과학적 기초를 마련해주고 라일이 그것과 지구의 물리적 진화의 상관관계를 그려주었다면, 다윈은 진화의 과정을 추진하고 동기를 부여한 힘, 혹은 메커니즘에 대한 통찰을 제공하는 데에 주력했던 것이다. 그는 특히 새로운 종이 출현하게 되는 이유에 관심을 두었다. 그에 대한 답을 찾지 못하자 다윈의 이론은 여러 해 동안 기운을 못 차리고 시들해졌지만 그러다가 다윈은 아이러니컬하게도 맬서스의 연구에서 자신의 생각을 발전시켜갈 영감을 얻어냈다.••

다윈은 자서전에서 이렇게 썼다. "1838년 10월, 즉 내가 체계적인 탐구에 착수한 지 15개월 후에 나는 우연히 맬서스의 《인구론》을 읽게 되었다. 동식물의 습관에 대한 오랜 관찰로부터 곳곳에서 벌어지고 있는 생존투쟁의 의미를 이해할 준비가 되어 있는 나에게, 이러한 환경에서는 적응에 유리한 종은 살아남을 것이고 불리한 종은 멸망하리라는 생각이 번쩍 들었다."•••

달리 말해서 다윈은, 맬서스는 사회의 약한 일원들을 제거하는 한 수단으로서의 선택작용에 주목했지만 자신은 강한 개체가 살아남는다는 데에 주목함으로써 선택작용을 자신만의 시각으로 바라보았다고 말하고 있는 것이다. 이것은 정치적으로 기민한 선택이었다. 다윈은 상류층과 하류

• de Lamarck, *Philosophie Zoologique, ou exposition des considerations relatives a l' histoire naturelle des animaux.*
•• Leonard Dalton Abbott, ed., *Masterworks of Economics — Digests of 10 Great Classics,* (Garden City, NY: Doubleday, 1946), 195.
••• Charles Darwin, *The Autobiography of Charles Darwin,* (NY: Barns & Noble, 2005), 196.

층으로 갈린 문화를 가지고 있던 빅토리아 시대의 영국신사였기 때문이다. 선택작용을 비천한 하류층의 영향력에 의한 것으로 치부하는 대신에 다윈은 진화과정을 이끄는 것이 '적자'가 될 수 있는 상류층의 좋은 혈통과 유전인자라는 점을 강조한 것이다. 그리하여 다윈은 자신의 글에서 맬서스가 이름한, 사회의 부적응 요소가 제거되는 과정 속의 '자연의 도태작용(Nature's process of selection)'을 고쳐서 '자연선택(natural selection)'라는 말을 만들어냈다.

다윈의 야비한 획책

1840년대 초에 다윈은 자신의 이론을 발전시켜가기 시작했다. 그러나 그는 자신의 결론을 누구와도, 심지어는 찰스 라일과도 나누지 않았다. 1844년에 다윈은 유명한 식물학자인 조셉 달턴 경Sir Joseph Dalton에게 편지를 썼다. "마침내 서광이 비치기 시작하여, 저는 (처음의 생각과는 전혀 반대로) 종이 불변하는 것이 아님을 거의 확신합니다.(마치 살해혐의를 자인하는 것 같군요.)"● 다윈이 말한 살해란 신을 죽이는 것을 말한 것이다. 만일 종들이 제각기 진화적 변천과정을 통해 현재에 이르렀다는 이론이 옳다면 그것은 성경에서 신과 인간의 관계를 정의하는 부분인 창세기의 타당성에 치명타를 가하는 것이기 때문이다. 다윈이 종이 돌연변이를 일으킬 수 있음을 "거의 확신한다"고 썼다는 사실도 흥미롭다. 그 자신조차

● Charles Darwin, "Letter 729-Darwin, C.R. to Hooker, J.," *Darwin Correspondence Project*, 11 Jan. 1844.

아직은 진화를 '믿지' 않고 있었음이 분명한 것이다.

그 해 말에 스코틀랜드의 저널리스트인 로버트 챔버스Robert Chambers 는 익명으로 《자연의 창조역사의 자취》(Vestiges of the Natural History of Creation) 라는 책을 출판했다. 그것은 진화론이 창조론을 이기고 나서게 한 유명한 책이다. 이 책은 빅토리아 시대의 사회에 물의를 일으키고 공격을 받았지 만 진화라는 개념을 사람들에게 널리 알려주어서, 다윈이 실패를 겪지 않 고 자신의 책을 출판할 수 있도록 얼음을 깨주는 역할을 했다.

하지만 다윈은 10년이 넘도록 계속 시간을 끌다가 한 동료의 저술에 자극을 받고 나서야 행동에 나섰다. 1858년 6월에, 찰스 다윈은 장차 그 의 어떤 행위를 부추기게 될 소포를 하나 받았다. 그것은 보르네오에서 일하던 영국인 박물학자 알프레드 러셀 월리스Alfred Russel Wallace가 보낸 것이었다. 월리스는 다윈만큼, 아니, 그보다 나은 박물학자였지만 불행히 도 독학한 노동자 계급의 평민이었다. 월리스는 생계를 위해 동물을 잡아 표본을 만들어 박물관이나 동물원, 또는 부유한 수집가들에게 팔았는데, 그러는 와중에 훌륭한 박물학자가 되어버린 것이다.

월리스는 다윈에게 〈원래의 형태로부터 정처 없이 멀어져가려고 하는 품종의 성향에 대하여〉(On the Tendency of Varieties to Depart Indefinitely from the Original Type)라는 제목의 필사본 논문을 보내면서 그것을 검토해보고 괜찮 다 싶으면 그것을 찰스 라일에게 전해달라고 부탁했다.[*] 이 원고는 월리 스의 진화론이었다. 그것은 간략하고도 우아하고 학문적으로 매우 잘 쓴 논문이어서, 월리스를 지금은 다윈이 독점하고 있는 '진화론의 창시자'

---

[*] Arnold Brackman, *The Strange Case of Charles Darwin and Alfred Russel Wallace*, (NY: Time Books; 1st edition, 1980), 22.

지위에 얼마든지 올려줄 수 있을 그런 글이었다. 진화론 창시의 특권이 평민의 손에 떨어지기를 원치 않았던 다윈은 라일에게 이 심오하고 중요한 발견의 자칭 선취권을 지킬 수 있도록 도와달라고 간청했다. 1858년 6월 26일 자 편지에서 다윈은 이렇게 썼다. "제가 오랫동안 앞서서 지켜온 입지를 이렇게 잃어버려야 한다면 견디기가 힘들 것 같습니다…."[•] 심란해진 다윈의 선배 라일이 그를 돕기 위해 나섰다. 그는 둘의 친구인 조셉 후커 경Sir Joseph Hooker을 개입시켜 '과학사상 최대의 모의사건 중 하나'로 알려질 '교묘한 획책'을 꾸몄다.[••]

라일과 후커는 다윈과 월리스가 서로 알고 지냈던 사람임을 주장하는 편지를 하나 만들어냈다. 그 편지는 이렇게 말했다. "이 두 신사들은 동일한, 매우 천재적인 이론을 착상해냈는데 그것은 서로가 그 사실을 모르는 상태에서 독립적으로 일어난 일이다. … 이 둘은 모두 이 중요한 탐구의 계보에서 원조 사상가로서의 자격을 당당히 주장할 수 있을 것이다."[•••] 분명한 진실은, 월리스는 완성된 이론을 이미 '써서' 가지고 있었고, 다윈은 오랫동안 품어왔지만 아직 부화하지 못한 '생각만을' 가지고 있었다는 사실이다! 그러나 라일은 자신의 지위를 이용, 이 날조작업을 진두지휘하여 문서를 뜯어고치고 표절하여 귀족인 다윈이 선취권을 차지하게 하고 평민인 월리스는 부차적인, 후배 기여자라는 미심쩍은 영광에 머물게 했다.

진화론 — 공식적으로는 다윈-월리스 이론 — 은 다윈이 소포를 받은

[•] Bailey, *Charles Lyell*, (Garden City, NY: Doubleday, 1963), 61.

[••] Arnold Brackman, *The Strange Case of Charles Darwin and Alfred Russel Wallace*, (NY: Time Books; 1st edition, 1980), 64.

[•••] 같은 글.

지 한 달 후인 1858년 7월 1일, 런던의 린니언 학회Linnean Society에서 정식으로 발표되었다.

표면적으로 본다면 이 정도의 파렴치 행위는 인간의 역사에서는 아주 사소한 것으로 보일 수도 있지만, 이 사건은 오늘날까지도 우리에게 영향을 미치고 있는 골 깊은 반향을 일으켜놓았다. 윌리스와 다윈 중 누가 진화론의 주도권을 인정받았느냐의 차이는 물잔의 반이 찼느냐 비었느냐의 차이와 같은 것이다.

윌리스는 평민의 관점에서 진화란 약자의 제거에 의해 진행되는 것이라고 생각했지만 다윈은 동일한 데이터를 적자의 타고난 생존의지에 의해 진화가 일어남을 의미하는 것으로 해석했다. 그 차이는 뭘까? 윌리스의 세계에서는, 우리는 약자가 되지 않기 위해서 자신을 개선시켜갈 것이다. 그러나 다윈의 세계에서는 최고의 위치를 차지하기 위해서 서로 싸워야 한다. 달리 말해서, 윌리스가 우세했더라면 경쟁보다는 협동에 더 초점이 맞춰졌을 것이다.

교묘한 획책이 감행된 지 1년이 지나자 알프레드 러셀 윌리스의 존재는 《자연선택에 의한 종의 기원》(The Origin of Species by Means of Natural Selection)*의 출판으로 세계적인 명성을 얻게 된 다윈의 뒷전으로 희미하게 사라져버렸다. 이 베스트셀러의 내용은 진화와 자연선택이라는 개념을 일반에 널리 알리면서 오직 적자만이 생존한다는 냉혹한 생각을 세상에 심어놓았다.

---

* natural selection의 옮김말은 '자연도태'와 '자연선택'이 구별 없이 혼용되고 있으나 이 책의 논조에 따르자면 맬서스나 윌리스의 해석은 '자연도태'로, 다윈의 해석은 '자연선택'으로 옮기는 것이 적절하겠음. 역주.

이 책이 무엇보다도 세상의 주목을 끌게 만든 것은 다윈의 사상을 한 눈에 파악하게 해주는 부제였다. 이 책의 전체 제목은《자연선택에 의한 종의 기원, 곧 생존투쟁에 유리한 종의 보존》(The Origin of Species by Means of Natural Selection, or The Preservation of Favoured Races in the Struggle for Life)이다. 그런데 여기서, 다윈은 시대의 산물이라는 사실을 강조해둬야겠다. 그는 라일의 지질학 연구가 의미하는 것을 바탕으로 하여 자신의 이론을 수립할 만큼 급진적이었지만 다른 한편으로는 지금은 그릇된 것으로 판명난 맬서스의 결론을 의문 없이 받아들였다. 생물학적 성공이 환경에 대한 적응에서 오는 것임은 분명하지만 맬서스의 관점에서는 그 적응이란 주로 희귀한 자원을 중심으로 한 다툼에서 일어난다는 것이었다.

철학자 허버트 스펜서Herbert Spencer — 우연찮게도 그는 또한 적자생존이라는 말을 만들어낸 것으로 알려졌지만 — 가 사용하기 시작한 다윈주의 사회진화론(Social Darwinism)이라는 개념은 다윈의 이론이 담고 있는 가혹성을 부각시킨다. 그의 이론은 인종을 순수하게 만들어서 인류를 개량하라고 부추긴다. 그것은 물론 부적당한 열성 유전자를 걸러내는 것을 뜻한다. 그것을 적용한 극단적인 예가 다윈의 이론을 국가적 과학이자 사명으로 삼았던 나치 독일이다.

다윈은 말년에 학계가 받아들인 다윈주의로부터 멀어졌다. 그는 생존과 투쟁을 강조하는 대신 사랑, 이타심, 그리고 인간의 친절의 유전적 뿌리로 주의를 돌려 거기에 초점을 맞추었다. 게다가 다윈은 환경이 진화의 추진력이라는 라마르크의 생각을 인정하기 시작했다. 유감스럽게도 다윈의 제자들은 그의 새로운 생각을 다윈주의가 대변하게 된 모든 의미를 무너뜨리는 반란과도 같은 것으로 간주했다. 다윈주의자들은 진화론에 대한 자신들의 해설판만을 붙들고서 그의 말년의 사상은 치매의 산물로 몰아붙여버렸다.

발표된 지 10년도 되기 전에, 세계의 대다수의 과학자들은 다윈의 이론을 사실상 진리로 받아들여버렸다. 그리고 그것은 인류 문명의 진화에 대부분의 사람들이 생각하는 것보다 훨씬 더 강력한 영향을 끼쳤다. 그것은, 다윈이 문명의 바탕 패러다임을 변화시키는 데 필요한 나머지 퍼즐 조각을 제공해주었기 때문이다. 《종의 기원》 이전에는 일신론이 서양문명의 문화적 신념을 형성하고 있었다. 왜냐하면 그것이야말로 세 가지 의문에 만족할 만한 답을 제공해줄 수 있는, 진리의 유일한 근원이었기 때문이다.

1. 우리는 어떻게 여기까지 오게 되었는가?
2. 우리는 왜 이곳에 있는가?
3. 이왕 왔으니, 어떻게 사는 것이 가장 좋을까?

과학이 기적적인 발전을 거듭하면서 끊임없이 교회의 권위의 기반을 침식해오기는 했지만 '우리는 어떻게 여기까지 오게 되었는가?' 하는 의문에 '우리는 진화해왔다'는 대답을 제공하기 전까지는 과학도 일신론을 문명의 '공식 진리 공급자'의 자리로부터 끌어내리지 못했다.

우리가 적자생존의 유전자를 물려받게 된 사연

《종의 기원》이 출판되던 당시의 일반대중은 동식물 키우는 일을 많이 해봐서 후손의 구조적, 행태적 특질에 영향을 주는 유전적 변이현상에 꽤 친숙해 있었다. 그래서 아무리 학문에는 문외한이라 하더라도 이 지구상의 생명이 원시시대의 조상으로부터 수백만 년에 걸친 긴 변이의 계보를 거치면서 진화해왔다는 다윈의 관점을 받아들이는 것은 그리 어렵지 않았다. 그리하여 진화론은 과학계와 일반대중에게 설득력 있게 다가가서 금방 받아들여졌다. 이 같은 수용은 과학을 그 성가시고 해묵은 의문에 대중이 인정하는 만족스러운 답을 제공할 수 있는 지위로 격상시켜주었다. 그 대답은 일신론이 제시한 창조설보다도 훨씬 더 많은 사람들에게서 공감을 불러일으켰다.

신을 부정하는 이 진화론자들의 이단설에 대항하여 교회가 공세를 퍼붓기 시작한 것은 놀라운 일이 아니었다. 예상되었던 종교와 과학의 대립은 《종의 기원》이 출판된 지 7개월밖에 지나지 않았을 때 막바지에 이르렀다.

그 막판의 대결은 1860년 6월에 옥스퍼드 대학교에서 대영과학발전협회가 주최한 회의 중에 벌어졌다. 그 회의는 이 새로운 진화론에 근거한 두 개의 학술논문이 대중 앞에 공개된다는 사실 때문에 특별한 의미를 띠었다. 창조론을 대변하는 사무엘 윌버포스Samuel Wilberforce 주교와 다윈의 친구이자 그의 이론에 가장 밝은 토마스 헉슬리Thomas Huxley 사이에 예정대로 토론이 벌어졌다.

영화, 라디오, 텔레비전 등이 없었던 시대에 이 논쟁은 단순한 정보보다 훨씬 더 강력하게 대중의 주의를 집중시켰다. 논쟁은 오락이었다. 그것은 출연자들이 신랄한 풍자와 극적인 반전 속에서 면도날처럼 날카로운 재치로써 서로를 난도질하여 형이상학적인 죽음으로까지 몰고 가는, 대중에게는 한 판의 흥미진진한 드라마였다. 최고의 논쟁가였던 윌버포스 주교는 상황을 유리하게 몰고 가는 재주 때문에 '비눗덩어리 샘'이라고 불렀다. 달리 말해서, 샘은 교활했다.

윌버포스는 진화론을 이길 작정으로 온 것이 아니었다. 그는 사람들의 마음속에서 진화론의 악령을 쫓아내려 온 것이다. 그가 드러낸 의도는 진화론자들에게 모욕을 주고 대중의 마음속에 창조에 대한 교회의 신념을 다시 심어놓는 것이었다. 실제 논쟁의 내용은 기록되지 않았지만, 분명히 윌버포스는 헉슬리가 어떻게 대답하든 간에 바보처럼 보이게 만들 교묘한 질문으로 논쟁을 몰아갔다. 족보와 모계혈통을 중시했던 빅토리아 시대의 관습을 빌미 삼아 그가 던진 한 질문은 이랬다. "헉슬리 씨, 한 가지만 물어봅시다. 다윈은 자신이 원숭이의 후손이라고 하는데, 그건 그의 조부 쪽 혈통이랍니까, 아니면 조모 쪽 혈통이랍니까?"

'다윈의 불독'으로 알려졌던 헉슬리는 비눗덩어리 샘의 수사에 말려들게 될까봐 논쟁에 참석하기조차 망설였다. 그러나 그는 지금까지도 회자되는 이 유명한 답변으로써 윌버포스의 급소를 강타했다. "존경하는 주교님, 대답을 해드리지요. 당신에겐 원숭이가 지능도 낮은 데다 꾸부정하게 걸어다니다가 사람이 지나가면 씩 웃으며 깩깩거리는 바보 같은 동물처럼 보일지 모르지요. 하지만 저는 편견과 그릇된 생각의 시중을 들기 위해서 높고 세련되고 의심할 수 없는 자신의 천부적 능력을 창녀처럼 팔아먹는 인간보다는 차라리 원숭이를 조상으로 삼겠습니다."[•]

헉슬리의 마법 탄환은 윌버포스를 넘어뜨렸을 뿐만 아니라 교회에도 치명타를 가했다. 일순에 논쟁은 — 그리고 일신론 패러다임도 — 끝장이 나버렸다. 거의 2천 년 동안 인간의 삶을 좌지우지하던 교회는 지식의 횃

[•] Francis Hitching, *The Neck of the Giraffe — Darwin, Evolution, and the New Biology*, (NY: Meridian, 1982), 172.

불을 빼앗겨버렸고, 그와 함께 서양문명의 바탕 패러다임의 지배권도 넘겨줘야 했다. 미래는 이제 과학적 물질주의의 손안에 들어왔다.

약육강식의 세계…? 아니다!

17세기 이전의 과학은 생명을 하나의 조화로운 과정으로 바라보았다. 그것은 정령신앙과 그 후계자인 이신사상이 남겨놓은 마지막 흔적과도 같은 신념이다. 그러나 다윈을 전후로 한 한 세기에 이르면서 자연에 대한 문화적 시각은 '젖을 주는 어머니'로부터 '폭력이 난무하는 정글'로 변해버렸다.

자연에 대한 이미지의 이 같은 변화는 왜곡된 과학의 편향된 관찰로부터 나온 그릇된 결론에서 비롯된 것이었다. 우리는 육식동물과 그 먹이 간의 관계와 영역, 먹이, 짝 등을 놓고 싸우는 모습을 보고 자연이 폭력적이라고 생각했다. 그러나 영역과 먹이와 짝을 가운데 놓고 벌어지는 그런 형태의 폭력이 죽음까지 불러오는 일은 거의 없다. 영역싸움에서 지배자가 한 번 정해지고 인정되면 싸움에서 진 동물은 살아 있는 채 그저 얌전히 뒷전으로 물러날 뿐이다. 그러니 세상은 먹느냐 먹히느냐 하는 그런 세상이 결코 아닌 것이다. 물론 늑대가 토끼를 잡아먹고 늑대들이 서로를 향해 으르렁대기는 하지만, 늑대가 늑대를 먹지는 않는다.

인간도 어쩔 수 없이 이 생명의 그물망에 속해 있지만 우리는 다행히도 먹이사슬의 맨 꼭대기 자리를 차지하고 있다. 우리는 더 이상 자연의 천적이 없고, 그래서 냉소적인 철학자들이 종종 말하듯이, 우리는 서로를 먹잇감으로 삼는다. 생명의 그물망 속에서는 자연스러운 행위인 사슴을 사냥하는 폭력과, 자연의 도덕률을 한참 벗어난 행위인 사슴 사냥꾼을 사냥하는 폭력 사이에는 천양지차가 있다. 우리가 근본적인 삶의 방식으로서 폭력에 물들어 있다고 말하는 것은 실로 자연을 그릇 해석한 것이다.

우연히든 계획적으로든 폭력의 사용은 힘이 곧 정의가 되는 사회체제의 형태로 다윈 시대 훨씬 이전부터 존재해왔다. 하지만 다윈의 이론은 비인간적 행위에 대한 과학적인 합리화 논리를 인류에게 제공한 셈인데, 거기에는 개인의 폭력뿐만 아니라 집단적 폭력 — 판을 어지럽히는 하류층의 싹을 제거하는 데 도움이 된다면 특히나 — 의 사용도 포함된다.

다윈주의는 또 수단과 목적의 합리화와 관련된 종교적 윤리관념을 무너뜨림으로써 교회에 또 하나의 반칙타를 먹였다. 적응하는 자만 살아남는다는 다윈의 방식에서 적응이란 한 종이 후대에서도 그 숫자가 유지되거나 늘어나게 할 수 있는 능력을 말한다. 그러므로 건강을 유지함으로써 적응하거나 적응한 후손을 갖는 것이야말로 하나의 목적이 된다. 우리 인간이 그 목적을 자비심으로써 성취하느냐, 기관총으로 성취하느냐 하는 것은 전혀 문제의 대상이 아닌 것이다.

결국, 다윈의 이론은 '적응에 유리한 인종'으로 하여금 더욱더 유리한 행동을 하게끔 부추겼다. 그보다 더 나쁜 것은, 다윈주의는 각 나라로 하여금 전체의 희생 위에 '적응에 유리한 인종'의 뒤를 밀어주는 행위를 묵시적으로 합리화해주었다. 그리하여 다윈의 이론은 서양문명을 일신론 경전의 법으로부터 과학적 물질주의의 정글의 법칙으로 인도해갔다. 거기에는 규칙도, 도덕률도 없다. 오직 다윈주의의 승자(Darwinners), 아니면 다윈주의의 패자(Darlosers)밖에 없다.

다윈의 연구결과를 실제로 읽고 이해한 사람은 거의 없지만 '적자생존(survival of the fittest)'이란 말은 잘 알려져 있다. 대부분 잘못 이해하고 있긴 하지만 말이다. 그것은 과학적인 개념이 아니라 하나의 동어반복이다. 동어반복이란 그것이 무엇인지를 말함으로써 그것이 무엇인지를 정의하는 하나의 수사적인 방법일 뿐이다. 예컨대, 사전은 생물학적으로 '적응'이라는 말을 생존할 수 있는 능력으로 정의한다. 그러니 다윈주의자들이 '적자생존'이라는 만트라를 욀 때, 그들은 사실상 '생존할 수 있는 자의 생존'이라고 읊조리고 있는 것이다. 글쎄, 좋다. 하지만 그것이 가젤을 추격하는 사자의 이미지를 담고 인간의 마음에 주입되면 그것은 좀더 생명을 위협하는, 아드레날린을 솟구치게 하는 의미를 띠게 된다.

하지만 정글을 들여다보면 거기에는 정글의 법칙을 구경할 수도 없다! 사자가 가젤을 쫓을 때 사자는 '적자' 같은 개념에 신경 쓰거나 가장 큰 뿔을 가진 놈을 잡아서 위용을 세워보려거나 하지 않는다. 사실은 오히려 가장 적응하지 못하는 놈을 좇는다. 왜냐하면 사자는 배가 고프고, 먹이를 확실히 확보하고 싶기 때문이다. 사실을 더 정확히 말하자면 적응하지 못하면 생존하지 못한다는 것이 정글의 법칙인 것이다. 말뜻 자체도 그렇지만, 생존하려면 '가장 잘 적응할(fittest)' 필요도 없다. 필요한 것은 다만 '그저 적응(fit)'하는 것이다. 시각을 바꿔서, 날마다 사자에게 잡아먹히지 '않는' 가젤의 수는 얼마나 많은지를 생각해보라.

캠핑을 하다가 곰과 마주친 두 친구의 이야기는 가장 약한 자가 되지 않기에 관련된 진화적 교훈을 유머러스하게 전해주고 있다. 한 친구가 신발을 찾아 신고 있는 것을 보고 다른 친구가 말했다. "신발은 왜 찾아? 그래 봤자 곰보다 빨리 달릴 순 없다구." 그러자 친구가 대꾸했다. "곰보다 빨리 달릴 필요야 없지. 난 너보다만 빨리 달리면 돼."

가장 잘 어울리는 자가 번성한다 [*]

인류 진화의 경로가 좀더 균형 잡힌, 생명에 대한 전일적 인식을 향해 커브를 그리고 있는 동안, 우리는 양자과학의 새로운 법칙이 진화론에도 적용됨을 깨닫고 있다.

연구결과들은 이제 진화가 환경이라는 맥락과 별개로가 아니라 그 안에서 일어난다는 사실을 강조해주고 있다. 진화의 과정이란 스스로 끊임없이 자신의 균형을 되찾아가는 하나의 환경으로서 관찰된다. 예컨대, 생물 #1이 X를 먹고 Y를 배설한다고 하자. #1의 개체수가 늘어나면 그 먹이인 X는 필연적으로 줄어들고, 동시에 그것의 찌꺼기인 Y는 늘어난다. X가 줄어들고 Y가 쌓임으로써 환경이 균형을 조금씩 벗어나는 동안에 이 상황은 또한 Y를 먹고 Z를 배설하는 새로운 생물 #2가 진화할 기회를 제공한다. #2의 개체수가 늘어나면 그것이 Y의 수치를 균형상태로 돌려주지만 그것은 환경 속에 Z의 양이 늘어나게 하는 대가를 요구한다. 물론 그것은 Z를 먹는 생물 #3이 진화할 수 있도록 기회를 제공하지만. 이것은 이런 식으로 계속 이어진다. 이것은 지나치게 단순화된 예이긴 해도 정교한 시스템 이론가들이 입증하고 있다시피 실제로 이런 일이 일어난다.

---

[*] thrival of the fittingest: 적자생존(survival of the fittest)을 패러디하기 위해 thrive(번성하다)를 사전에 없는 명사형 thrival으로 만든 것임. 역주.

영국의 과학자 티모시 렌턴Timothy Lenton은 1998년 유명한 〈네이처 Nature〉 지에 기고한 기사에서, 과학자이자 환경 전문가이자 미래학자인 제임스 러블록James Lovelock의 가이아 가설을 뒷받침해주는 중요한 이론을 내놓았다. 러블록은 지구 자체가 하나의 살아 있는 존재로서, 생태계의 진화과정을 이용하여 자신의 매우 복잡한 대사기능을 조절한다고 주장했다. 렌턴은 38억 년 전에 지구상에 생명이 출현한 이래로 태양이 25 퍼센트나 더 뜨거워졌는데도 지구는 그토록 엄청난 온도 차이를 완충시키면서 기후를 조절해올 수 있었음을 보여주었다. 렌턴은 전체 계에게 이로운 진화적 형질은 강화되는 경향이 있는 반면 환경을 바람직하지 않게 변동시키거나 불안정하게 만드는 형질은 억제되는 경향이 있다고 주장한다.

렌턴은 이렇게 결론지었다. "한 유기체가 가이아에 반하는 방식으로 행동하게 만드는 형질을 획득하면 그것은 진화에 불리하게 작용하여 퍼뜨려지지 못할 것이다."• 그리고 렌턴은 우리의 현 상황의 본질로 다가가서, 지구와 더 조화롭게 사는 쪽으로 진화해갈 길을 찾지 못한다면 우리 인간은 발붙일 곳을 잃게 될지도 모른다고 말하고 있다.

우리가 깨닫지 못하고 있는 것은, 진화의 진정한 법칙은 '가장 잘 어울리는 자가 번성한다'는 것이다. 환경과 가장 잘 어울리는 생명체들은 지구의 조화에 이바지함으로써 번성한다. 그리고 그렇지 못한 생명체들은… 글쎄다.

• T.M. Lenton, "Gaia and natural selection," *Nature* no. 394(1998): 439–447.

답은 내부에 있다

그러나 어쩌면 생명의 진정한 본성을 보여주는 가장 설득력 있는 본보기, 맬서스의 희귀성의 문제를 벗어나서 다음의 진화단계로 나아갈 길을 보여주는 강력한 본보기는 이 행성 위의 다세포 생물의 기원과 발달경위일 것이다.

수십조 개의 단세포 생물들이 어떻게, 왜 서로 힘을 합쳐서 우리가, 곧 인간이 된 것일까?

이 의문에 답하기 위해서는 이 지구상에 생명이 출현한 이래로 장장 38억 년 동안 존재한 유일한 생명체는 박테리아, 조류, 효모, 원생동물과 같은 단세포 생물뿐이었음을 기억해야만 한다.

7억 년쯤 전에 세포들은 서로 연합을 시작하여 원시적인 다세포생물을 이루었다. 이 새롭게 연합된 공동체는 정보를 공유함으로써 주변 환경에 대한 인식력과 자신을 구성하는 세포들의 생명력을 향상시킬 수 있었다. 간단히 말해서 진화의 척도인 환경에 대한 인식력은 생명체가 역동적인 세계 속에서 효과적이고 효율적으로 살아남을 수 있는 가능성을 높여주었다. 두 세포가 합치면 마치 하나의 세포처럼 경제적으로 살아갈 수 있어서, 혼자 사는 것보다는 힘을 합치는 편이 나은 것이다.

원래 진화의 초기 단계에서는 다세포생물체 속의 모든 세포들이 각자 동일한 기능을 수행했다. 그러나 한 생물을 이루는 세포의 수가 너무 많아지자 그것들이 모두 똑같은 일을 하는 것이 더 이상 유리하지 않게 되는 시점이 왔다.

예컨대 우리가 아직도 수렵채집 시대에 살고 있어서 아침마다 뉴욕의 8백만 시민들이 먹잇감을 구하기 위해 웨스트체스터 카운티로 나간다고 상상해보라. 그보다는 생존을 위한 여러 가지 책임을 부족원들이 서로 분담하는 편이 훨씬 더 효율적일 것이다. 그러면 사냥꾼들은 바깥으로 나가서 먹잇감을 찾고 다른 이들은 집에 남아서 요리나 아이들을 돌보는 일이나 연장을 손질하는 일이나 TV를 보는 등등의 일을 하게 될 것이다.

다세포생물의 진화에서 일어난 일이 바로 이것이다. 구성원의 수가 수천, 수백만, 수십억을 헤아릴 정도로 늘어나게 되자 공동체 속의 각 세포들은 저마다 전체 유기체의 생존을 부양하기 위한 다양하고 고유한 임무를 떠맡았다. 구성세포들이 이렇게 서로 일을 분담하는 것을 생물학자들은 '분화(differentiation)' 작용이라 부른다.

분화된 세포사회는 그 구조를 더욱 진화시켜가다가 마침내는 다양한 새로운 종을 만들어내었다. 이것은 처음의 38억 년 동안 번성했던 단세포 생물들로서는 상상하지도 못했던 진화양상이다. 그러니까 다세포 사회의 형성은 어떤 의미에서는 지구의 진화역사에서 하나의 양자적 도약이었던 셈이다. 그래서 우리는 현재와 같은 지각을 갖추기에 이른 인간이야말로 최적화된 생물로서 단연 진화의 정점이라고 착각하기가 쉽다. 그러나 사실은, 인간은 다음의 진화단계인 '다인간'으로 구성된 초생물, 곧 '인류'로 진화해가는 과정의 출발점에 있다.

우리네 개인주의 문화에서는 적자생존이라는 개념이 가장 잘 적응하는 개인이 살아남는다는 뜻으로 해석되었다. 하지만 유감스러운 진실은, 가이아는 가장 잘 적응하는 자에게는 눈곱만큼의 관심도 두지 않는다는 것이다. 왜냐하면 가이아는 전체 인구가 지구의 대사작용, 곧 환경에 미치는 영향에 더 관심을 기울이기 때문이다. 우리가 얼마나 많은 간디와 마더 테레사와 레오나르도 다빈치를 낳느냐와는 상관없이, 지금 우리 전체 종은 그 적응성이 아니라 '어울림성'을 기준으로 평가되고 있는 것이다. 어쩌면 우리는 우리의 단세포 선조들이 그랬던 것과 마찬가지로 이제 단세포적인 개체성을 벗어나서 일사불란한 다세포로 이루어진 하나의 총체로 진화해가야만 하는 것인지도 모른다. 그 상태에서는 개인의 관심사와 지구의 관심사가 같아질 것이다.

이기적 유전자로부터 헌신적 유전자로

현재의 인간사회는 경쟁(competition)이라는 개념을 생존의 수단으로 뿌리 깊이 받아들이고 있다. 그 말 자체가 그리스어로 '함께 싸우다'라는 뜻이어서 의미가 한참 왜곡되고 오해된 것인데도 말이다. 그리스인들에게는 경쟁이란 개념이 자신의 능력을 향상시키기 위해 서로의 힘과 능력을 이용하는 것을 의미했지, 상대방을 무슨 수로든 짓밟아서 이기려고 애쓰는 것을 뜻하지 않았다.

자기능력의 한계를 뛰어넘는 것은 분명히 추구할 가치가 있는 야망이지만, 승자보다 훨씬 더 많은 수의 패자를 만들어내는 모든 경연과 게임을 한 번 살펴보라. 도시지역의 문제 학생들에게 사교춤을 통해 자기존중심을 가르치는 과정을 담은 〈열광의 무도〉(Mad Hot Ballroom)라는, 뛰어난 영감이 돋보인 다큐멘터리 영화는 유감스럽게도 경쟁을 그릇 해석함으로써 부정적인 관점을 내놓았다. 사교춤 경연을 위해 함께 노력하는 데서 오는 즐거움과 성장과 배움의 기회를 가졌음에도 불구하고 최후의 우승자를 제외한 모든 아이들은 우승하지 못했다는 이유 때문에 울음바다가 되어버렸다. 보라, 이 무슨 어처구니없는 일인가?

한 때 〈포브스Forbes〉 지나 〈월 스트릿 저널The Wall Street Journal〉이 '미

래의 회사'라고 칭송했지만 결국은 속속들이 썩은 모습을 드러내고 말았던 엔론Enron•은 다윈의 사상을 회사의 신조로 삼고 있었다. CEO인 제프리 스킬링Jeffrey Skilling은 영국의 과학 저술가 리처드 도킨스Richard Dawkins가 쓴《이기적 유전자》(The Selfish Gene)를 성경처럼 모시면서 사람들에게 권했고, 골수 다윈주의자답게 기업의 효율성을 높인다는 명목으로 엔론에서 정기적으로 직원들을 추려냈다. 그는 한 부서에 가서 직원들에게 다음 분기에 성과가 최하 10퍼센트에 드는 사람들을 해고하겠다고 말하고는 정말 그렇게 하곤 했다. 여과과정의 압박감은 가장 친한 친구조차 심판의 날에는 최악의 적이 되게 만드는 무자비한 난투극을 빚어냈다.

진화적 적응여부에 대한 심판으로 왜곡된 '경쟁' 개념이 이 회사의 사업운영 전반에 걸쳐 가차 없이 적용되었다. 〈엔론: 방안에서 가장 똑똑한 녀석들〉(Enron: The Smartest Guys in the Room)이라는 영화를 볼 기회가 있다면 당신은 주식거래자들이 '할망구들의 노후연금을 짜내는' 방법을 시시덕거리며 이야기하고 자신들의 주가를 높여주는 화재 참사에 환호하고 나라의 경제가 붕괴되는데도 자신들이 수확하게 될 불로소득에 축배를 올리는 모습을 볼 수 있을 것이다.••

하지만 그 웃음은 어느 날 갑자기 멈춘다. 왜냐하면 엔론의 임원들이 회사를 말아먹고 직원들의 월급과 연금과 주식배당금을 가지고 튐으로써 새끼를 잡아먹었기 때문이다. 엔론의 주가붕괴와 그로 인한 충격파가 다원주의 업계에 미친 파장은, 투자자들의 초미의 관심이 몰리는 다음 4분기의 이익률을 포함하여 단기적인 개인의 이익이 얼마나 무의미한 것인

• 2001년 회계부정으로 파산한 미국 회사. 역주.
•• James Greenberg, "Enron: The smartest Guys in the Room," *The Hollywood Reporter*, April 20, 2005.

지를 경고해주는 중요한 신호였다. 그럼에도 불구하고 이기적 유전자의 배후인 바로 그 그릇된 사고방식은 아직도 끈질기게 남아서 우리로 하여금 자신이 타고난 진정한 소질을 인식하지 못하게 가로막고 있다.

우리는 한 배에 타고 있다

양자물리학과 장에 대한 실험이 제공하는 가장 중요한 메시지는 모든 것이 연결되어 있다는 사실일 것이다. 우리의 우주는 단선적이고 위계적인 구조로 되어 있는 것이 아니다. 그것은 프랙탈fractal로 연결되어 있다.

프랙탈이란 무엇을 뜻할까? 뒤에서 알게 되겠지만, 프랙탈 기하학은 자연의 패턴을 묘사하는 수학의 한 분야이다. 나뭇잎-잎줄기-가지-나무-숲을, 혹은 해안선을 다양한 거리에서 관찰해보면 복잡성의 여러 단계에서 자신을 닮은 구조(제닮음 구조, self-similar pattern)가 반복되는 것을 발견하게 된다.

자신을 닮은 프랙탈 패턴은 자연계의 모든 구조적 단계에 걸쳐서 반복적으로 나타난다. 그래서 우리의 세포, 우리 자신, 그리고 우리의 문명은 모두가 생존을 위해서 산소와 물과 음식을 필요로 하는 것이다. 이것이 왜 중요하단 말인가? 왜냐하면 이 중 어느 하나에게 좋은 것은 모두에게 좋고, 거꾸로, 어느 하나에게 해로운 것은 모두에게도 해롭기 때문이다. 이것은 너무나 상식적인 말처럼 느껴질지 모르지만, 유감스럽게도 신화적 오해의 주술이 만연해 있을 때는 그 상식을 찾아보기가 너무나 힘들어진다. 불행 중 다행인 것은, 우리 자신을 생명의 그물망으로부터 스스로 떼어낸 결과가 그 비참한 경고음으로써 우리를 깨워주기 시작하고 있다는 것이다.

지구적인 기후변화와 생물종의 멸종 등 급박한 문제들이, 종이 살아남지 못하면 개인도 — 돈으로든 근육으로든 아무리 힘이 세도, 아무리 높고 두꺼운 방벽 뒤에 숨어 있더라도 — 살아남지 못한다는 사실을 일러주고 있다. 박식가인 아서 쾨슬러Arthur Koestler는 다른 어떤 것의 '부분인' 동시에 스스로 '부분들을 가지고 있는' 상태를 묘사하는 홀론holon이란 말을 만들어냈다.* 인간은 홀론이다. 우리는 세포, 조직, 장기 등의 부분들로 이루어져 있다. 동시에 우리는 그보다 큰 어떤 것의 부분들이다. 우리는 사회와 국가와 인류에 속해 있다. 심지어 우리는 자신을 어머니이신 지구의 한 세포로 여기기도 한다. 생존(survival)의 열쇠는 전체 계의 번성(thrival)이다. — 건강한 세포, 건강한 인간, 건강한 지구 말이다. 달리 말해서, 지구가 없으면 우리는 갈 데가 없다.

그러니 생물학적 명령이라 불리는 것에는 동등하게 중요한 두 가지의 관심사가 개입되어 있는 듯하다. — 개체 생물의 생존과 종의 생존 말이다. 종의 생존은 일반적으로 생식본능으로 표현된다. 그러나 환경의 변화로 인해 종 자체가 위협받게 되면 생식은 고려대상이 되지 않는 정도가 아니라 의미를 잃어버린다. 우리는 이제 우리가 저지르고 있는 짓을 계속할 경우 인간의 생존을 부지할 수 없는 지경을 초래했다.

이것은 인류에 대한 새로운 생물학적 명령은 우리가 다음 사실을 깨달을 것을 요구하고 있음을 의미한다. 즉, 우리는 모두 한 배에 타고 있으며, 적자생존(survival of the fittest)은 '어울리는 자의 번성(thrival of the fittingest)'

* Fritjof Capra, *The Turning Point: Science, Society and the Rising Culture*, (NY: Bantam Books, 1982), 43.

에 자리를 내주고 물러가야만 한다는 것이다. 그것은 우리가 인간의 행동을 전체 계가 번성하게끔 하는 방향으로 조정해야만 한다는 것을 뜻한다. 상충하는 파괴적 목적에 에너지를 소모하면서 무의식적으로 영위해온 70억의 인간 세포들은 이제 그 생물학적 기능을 더 이상 발휘하지 못할 정도로 문제가 복잡한 지경에 이른 것 같다.

더 복잡하고 효율적인 생물로 출현하기 위해서 환경에 대한 인식을 활용했던 단세포 생물과 같이, 인간사회도 사회적, 경제적 관계의 새로운 패러다임을 채택해야만 한다. 역설적이게도, 이 새로운 차원의 협동적 인식은 개인의 최대한의 표현과 전체의 최대한의 이익을 의미한다. 오로지 '반대극'들의 불가능해 '보이는' 화해와 조화만이 영적 스승들이 우리의 운명이라고 일러주고 있는 그런 인간의 출현을 이루어낼 수 있다.

<u>7</u>

신화적 오해 3:
유전자 속에 다 들어 있다

"나쁜 소식은, 우주에는 열쇠가 없다는 것이다.
그런데 좋은 소식은, 우주는 열려 있다는 것이다."

— 스와미 비얀다난다

우리는 생명의 열쇠를 발견했다
— 하지만 그것이 비밀의 상자를 열어주진 않는다

400년 전에 프랜시스 베이컨이 말했듯이, 현대과학의 사명은 자연을 지배하고 통제하는 것이다. 과학자들은 인류가 물질세계에 대한 이해를 통해 자연환경을 지배하는 힘을 얻으리라고 확신했다. 그러니 물질주의 신념체계가 물질세계 자체, 특히 유전자 속에서 인간 생명의 열쇠를 찾으려고 한 것은 당연한 일이다.

그 열쇠를 찾아 나선 유전학은 우리의 탈것인 몸을 제어하는 물리적 분자의 구조와 작용을 밝혀낸다는 근시안적인 임무를 떠맡았다. 생물학적 유전의 메커니즘만 알아낸다면 과학은 자연을 지배할 수 있는 길로 일로매진할 수 있을 것이었다. 그리고 그러한 지식은 유전공학을 발전시켜서 과학으로 하여금 인간의 생명을 포함하여 생명 자체를 지배할 수 있는 힘을 손에 쥐게 할 것이었다.

그러나 오로지 물질만이 중요하다는 도그마를 굳히려고 했을 때 일어났던 것과 똑같이 우스꽝스러운 일이 생명의 열쇠를 찾으려 나선 길에 일어났으니, 우주의 장난꾸러기는 또 하나의 우주적 농담으로 우리를 일격에 눕혀버렸다. 생명의 열쇠를 손에 넣었다고 생각하고 비밀의 상자를 열려고 한 순간, 그 열쇠가 들질 않았던 것이다.

유전자는 열쇠인가?

다윈이 유전형질을 근거로 한 진화론을 주창했을 당시에도, 형질이 부모로부터 후손에게로 전달된다는 가정은 동물을 길러본 사람들에게는 완벽하게 이치에 맞는 이야기였다. — 부전자전이란 말도 있지 않은가. 물질의 우위를 강조한 당시의 뉴턴식 관점은 생명의 비밀을 담은 암호 역시 신체 자체의 분자 속에 담겨 있을 것으로 확신했다.

다윈은 당시에 동원할 수 있었던 정보에 근거하여, 다양한 물리적 형질과 행태적 특질이 프로그램된 미립자와 같은 배아胚芽가 신체 전반에 분포한다고 가정했다. 발생 시에 형질을 부여하는 이 배아가 어떤 식으로든 생식세포 — 난자와 정자 — 와 합체하고, 그것이 그 형질을 다음 세대로 전해지게 한다는 것이었다.

뉴턴식의 물질주의 논리는 생식세포의 분자 속에 그 생식세포로부터 태어나는 유기체의 형질을 지배하는 물리적 결정인자가 담겨 있을 것임을 암시했다. 이 같은 생각에 자연선택이라는 다윈의 기본사상 — 즉 종의 생존율을 높여주는 형질이 잘 살아남는다는 생각 — 을 결합시키자 다윈의 후배 유전학자들에게는 당면과제가 떨어졌다. 곧, 유전형질을 담고 있는 물리적 인자를 찾아내어 그것이 세포 수준에서 어떻게 작용하는지를 알아내고, 그 정보를 이용해서 '설계자인 인간'을 설계해내는 것이다.

유전학자들이 형질 유전에 관한 다윈의 생각을 입증해내는 데는 거의 100년간의 헌신적인 연구가 필요했다. 1882년에 독일의 세포학자인 발터 플레밍Walther Flemming이 유전의 물질적 인자를 찾아내는 이 노력에 최초의 진척을 이뤄냈다. 그는 현미경을 사용하여 최초로 세포의 분열과정을 관찰했다. 그는 연구에서 세포핵에서 발견되는 실처럼 생긴 물체가 생식에 중요한 역할을 한다고 강조했다. 6년 후인 1888년에는 독일의 해부학자인 하인리히 발데이어Heinrich Waldeyer가 유전형질을 부여하는 이 실에 염색체*라는 이름을 붙여주었다.

19세기로 넘어온 직후에 미국의 유전학자이자 발생학자인 토마스 헌트 모건Thomas Hunt Morgan은 유전적 돌연변이로 알려진 드문 현상을 관찰하고 묘사한 최초의 과학자가 되었다. 그는 자신의 빨간 눈 초파리 배양기에서 흰 눈 초파리를 발견했는데 이들은 비슷한 후손을 낳을 수 있었다. 이것과 다른 돌연변이 과실파리를 관찰한 결과 모건은 유전형질을 결정하는 유전자는 염색체 위에 정확한 순서에 따라 배열되어 있다는 결론을 내렸다.

이것을 화학적 분석을 통해 더 깊이 파고 들어가자, 염색체는 단백질과 디옥시리보 핵산(DNA)으로 이루어져 있음이 밝혀졌다. 그러나 유전의

---

* 세포를 현미경으로 뚜렷이 관찰하기 위해 염기성 색소를 가했을 때 염색이 가장 잘 되는 부분이 이것이어서 염색체라고 불리게 됨. 역주.

열쇠가 과연 단백질과 DNA인가 하는 의문은 1944년에 록펠러 연구소의 학자인 오스왈드 에이버리Oswald Avery, 콜린 맥레오드Colin McLeod, 그리고 맥린 맥카티Maclyn McCarty가 DNA는 유전형질 암호를 담고 있는 분자임을 실험으로 입증하고 나서야 풀렸다.•

그들의 실험은 단순하고도 우아했다. 그들은 박테리아 종 #1에게서 염색체를 적출해서 단백질과 DNA를 분리했다. 그리고 박테리아 종 #2의 배양균에다 분리해낸 염색체의 단백질이나 DNA를 집어넣었다. 그 결과는, 종 #1의 DNA를 종 #2의 배양균에게 집어넣었을 때 그 종은 종 #1만이 고유하게 가지고 있던 형질을 나타내기 시작했다. 이 연구는 DNA가 유전을 결정하는 분자임을 최초로 밝혀내기는 했지만, DNA가 어떻게 이런 묘기를 부리는지에 대해서는 아무런 통찰도 제공하지 못했다.

흥미롭게도, 미세한 차원에서 벌어지는 이 생명의 일대 비밀을 밝혀내는 작업의 최전선에 있었던 것은 생물학자가 아니었다. DNA 메커니즘의 본질에 대한 통찰은 과학계의 진정한 기계학자인 물리학자에게서 나왔다. 1944년, 《생명이란 무엇인가》(What is Life)라는 자신의 책에서 노벨물리학상 수상자인 에르빈 슈뢰딩거Erwin Schrodinger는 이론적으로 결정분자의 분자결합 형태 속에 유전정보가 암호화될 수 있다는 생각을 개진했다.••

슈뢰딩거는 생물학자들이 생명 발생의 인자를 찾아 어디를 들여다보아야 할지를 용의주도한 이론으로써 예언해주었던 것이다. 슈뢰딩거의

• O.T. Avery, C.M. MacLeod, M. McCarty, "Studies on the Chemical Nature of the Substance Inducing Transformation of Pneumococcal Types: Induction of Transformation by a Deoxyribonucleic Acid Fraction Isolated from Pneumococcus Type III," *The Journal of Experimental Medicine* no. 79 (1944): 137–156.

•• Erwin Schrodinger, *What is Life?*, (Cambridge, UK: Cambridge University Press, 1945), 76–85.

기계역학적 통찰에 영감을 얻은 분자생물학자 제임스 왓슨James D. Watson과 물리학자 프랜시스 크릭Francis Crick은 생물학 역사상 가장 중요한 발견 중의 하나로 이어질 공동연구 작업을 개시했다.

유전자 결정론: 난공불락의 도그마

1953년, 왓슨과 크릭은 영국의 명성 높은 과학지 〈네이처Nature〉에 '핵산의 분자구조'라는 제목의 논문을 발표함으로써 인류 역사의 진로를 바꿔놓았다. 그들은 엑스레이 결정 촬영을 통해 DNA 분자가 뉴클레오티드 염기라 불리는 네 가지 형태의 분자 블록, 곧 아데닌, 티민, 구아닌, 시토신(A, T, G, C로 약칭함)이 결합한 긴 실가닥임을 발견했다. 그들은 또, 한 쌍의 DNA 가닥이 이중나선 구조로 결합해 있다는 사실도 발견했다. 그들이 발견한 가장 중요한 사실은, DNA 분자 가닥 상의 A, T, G, C 염기 배열순서가 신체의 단백질 분자를 합성하는 데 사용되는 암호로 작용한다는 것이었다.

그러니까 유전자란 특정 단백질을 만드는 데 쓰이는 뉴클레오티드 염기서열을 담고 있는 기다란 DNA 암호인 것이다. 단백질 분자는 세포의 물질적 기초를 이루는 벽돌이며, 그래서 유기체의 물리적, 행태적 형질을 결정한다.

프랜시스 크릭은 DNA 암호 메커니즘의 성질을 바탕으로 분자생물학

• F.H.C. Crick, "On Portein Synthesis," *Symposia of the Society for Experimental Biology: The Biological Replication of Macromolecules* 12, (Cambridge, UK: Cambridge University Press, 1958), 138-162.

의 '중심 도그마(Central Dogma)'로 알려진 개념을 제시했다.● 'DNA 지상주의(the primacy of DNA)'라 불리기도 하는 이 중심 도그마는 생물학적 시스템(생명체) 내부의 정보 흐름을 규정하는 것이었다. DNA의 ATGC 염기서열은 단백질의 구조를 암호화한 정보 — 곧 '유전자' — 이다. 세포는 리보핵산(RNA)이라 불리는 또 다른 종류의 핵산의 형태로 이 유전자의 제록스 복사본과 같은 것을 만들어낸다.

RNA 복사본은 암호를 단백질 분자로 조립하는 데 물리적으로 사용되는 실제적인 분자이다. 결국 DNA 속의 정보는 RNA로 옮겨지고, 그 RNA 속의 정보가 단백질 분자로 번역되는 것이다. 크릭의 중심 도그마는 대부분의 생물학적 시스템 내부의 정보 흐름을 일방통행으로, 곧 DNA로부터 RNA로, RNA로부터 단백질로 흐르는 것으로 그려놓았다.

형질을 띤 단백질 구조를 만들어내는 원본 패턴은 DNA 속에 암호화되어 있으므로, 이 분자는 우리의 생물학적 성질을 결정하는 근본적인 결정인자로 여겨졌다. 그러므로 중심 도그마는 문자 그대로 DNA가 우리의 삶의 조건을 좌우하는 근본원인이라는 말이 된다. 왓슨과 크릭에 의하면 생명의 비밀은 마침내 특정 DNA 유전자를 켜고 *끄는*, 세포핵 속에 꼬리를 물고 배열된 일련의 분자들로 환원된 것이다. 이러한 결론은 생명이 물질인 유전자로부터 비롯되어 나온다는 생물학적 환원주의의 전형을 보여주었다.

중심 도그마는 향후 50년간의 유전학 연구 방향에 심대한 영향을 끼친, 현대과학의 가장 중요한 교의 중의 하나가 되었다. 뉴턴의 물리적 세계에 대한 믿음은 생물학자들로 하여금 생명과 그 메커니즘을 태엽시계 속에서 맞물려 돌아가는 톱니바퀴와도 같은 물질적 상호작용의 소산으로 확신하게끔 만들었다. 그리하여 과학은 왓슨과 크릭이 태어나기도 전에 물질분자의 조합이 생명을 지배한다는 결론을 이미 내려놓았던 것이다. 남아 있는 유일한 의문은 '그것이 과연 어느 분자인가?' 하는 것이었다. 왓슨과 크릭이 DNA 연구결과를 발표하자, 결론은 슬램덩크 슛과도 같이 명명백백해졌다. — DNA 분자가 생명을 지배한다는 것이다.

과학자들은 중심 도그마의 결론을 의심 없이 사실로 받아들였다. 왜냐하면 그들은 이미 그런 결과를 예상하고 있었기 때문이다. 놀랍게도 생물학자들은 크릭의 가설이 그 타당성을 평가받은 적이 한 번도 없음에도 불구하고 즉각적으로 그것을 받아들였다. 그런데 크릭이 자신의 DNA-RNA-단백질 분자 정보경로 가설을 스스로 '도그마'라 불렀다는 사실은 주목할 필요가 있는 흥미로운 점이다. 정의에 의하면, 도그마란 말은 '과학적 사실이 아니라 종교적 논리에 근거한 믿음'을 뜻한다.

확증되지 않은 도그마를 받아들이고 그것을 생물의학•의 토대로 삼음으로써 과학적 물질주의는 공식적으로, 그리고 아이러니컬하게도, 종교의 영역으로 미끄러져 들어갔다! 현대과학이 과학인가 종교인가 하는 의문은 DNA가 과연 생명을 지배하는가 아닌가 하는 의문 속에 함축되어 있다. 세계의 모든 호텔방에 있는 기드온의 성경책을 유전학 책으로 바꾸기 전에 DNA 지상주의의 문제를 살펴보자. 그것은 과연 진실일까?

크릭의 중심 도그마가 말하는 핵심은 유전정보가 일방향으로 — DNA → RNA → 단백질 — 흐를 뿐, 반대 방향으로는 절대로 흐르지 않는다는 것이다. 크릭의 말에 의하면 그것은, 단백질은 DNA 암호의 구조와 작용에 영향을 미치지 못한다는 것을 뜻한다. 여기에 문제가 있다. — 생명을 경험하는 신체는 단백질로 만들어져 있다. 단백질이 생명의 경험

• biomedicine: 생물학을 위시한 자연과학의 원리를 임상에 응용하는 의학분야. 역주.

에 관련된 정보를 DNA로 보낼 수 없으므로 환경의 정보는 유전적 운명을 바꾸지 못한다. 곧 유전정보는 환경으로부터 격리되어 있다는 말이다.

중심 도그마가 정의한 정보 흐름은 유전자 결정론을 구체화시켜 이 지구상 모든 사람들의 삶에 영향을 주었다.

유전자 결정론은 유전자가 우리의 신체적, 행태적, 감정적인 모든 형질을 지배한다는 믿음이다. 우리가 집안에 내려오는 형질을 찾거나 과학이 특정한 형질을 지배하는 유전자를 찾아내려고 애쓰는 이유도 그것이다. 간단히 말해서, 그것은 우리의 운명이 유전자 속에 고정되어 있다는 믿음이다. 그리하여 우리는 유전자를 바꿀 수 없고, 그래서 그들이 말하듯이, 우리는 실로 유전자의 제물인 것이다.

그러나 시간이 감에 따라 새로운 발견들이 이 믿음의 확실성을 흔들어놓았다.

1960년대 말에 위스콘신 대학교의 유전학자 하워드 테민Howard Temin 은 종양 바이러스가 숙주세포의 유전자 암호 지배권을 탈취하는 메커니즘을 연구하고 있었다. 그가 연구한 바이러스는 유전자 분자를 RNA밖에 가지고 있지 않았다. 결국 테민은 RNA의 정보가 거꾸로 흘러서 숙주세포의 DNA 암호를 바꿔놓을 수 있다는 연구결과를 발표했다. 그는 이단자로 몰려 배척당했다. 이 '이단'이라는 딱지에 담긴 종교적 의미에 비추어본다면 그것은 도그마에 도전하는 죄를 범한 그에게 아주 마땅한 형용사였다.•

당시에는 아무도 테민의 발견이 시사하는 심오한 의미를 이해할 준비

• Howard M. Temin, "Homology between RNA from Rous Sarcoma Virus and DNA from Rous Sarcoma Virus-infected Cells," *Proceedings of the National Academy of Sciences* 52, (1964): 323-329.

가 되어 있지 않았다. 하지만 그 이후로 우리는 AIDS를 일으키는 것으로 알려져 있는 HIV 바이러스도 이와 동일한 '이단적인' RNA 유전 메커니즘을 사용한다는 사실을 알아내게 되었다. 그리하여 결국 테민은 1975년에 역전사효소, 곧 RNA의 정보를 DNA 암호로 옮겨주는 효소를 발견한 공로로 노벨 생리학상을 공동수상했다.

테민의 연구는 유전정보가 양방향으로 흐른다는 — DNA는 RNA로 정보를 보내고 RNA는 DNA로 정보를 보낸다는 — 사실을 증명함으로써 크릭의 중심 도그마의 척추를 분질러놓았다. 테민의 연구가 의미하는 것은, 지금까지의 가정처럼 유전적 변이는 우연한 돌연변이에 의해서만 일어나는 것이 아니라 역방향의 과정을 통해 환경의 영향이나 의도적 설계에 의해서도 일어날 수 있다는 것이다.

1990년에 이르러서는 중심 도그마와 유전자 결정론의 또 다른 교의가 무너졌다. 듀크 대학교의 생물학자 프레데릭 니지호우트H. Frederik Nijhout는 유전자가 '스스로 발현하지' 않으며, '스스로 자신을 켜거나 끌' 수 없다는 연구결과를 보고했다.[*] 니지호우트의 보고서는 유전자란 단지 청사진일 뿐이라서, 청사진이 '켜짐/꺼짐' 성질을 갖는다는 것은 터무니없는 생각이라는 점을 강조했다. 설계사무실에서 청사진을 들여다보면서 '이 청사진은 켜져 있는가, 꺼져 있는가?' 하고 묻는다고 상상해보라. 제대로 된 질문은 이것이다. — '이 DNA 청사진은 읽히고 있는가, 읽히지 않고 있는가?'

그것은 유전자가 스스로 자신을 읽지 못하기 때문이다. 유전자는 자

---

[*] H.F. Nijhout, "Metaphors and the Role of Genes in Development," *Bioessays* 12, no.9 (1990): 441-446.

신의 형질을 스스로 활성화시킬 수 없다, 즉 스스로 발현되거나 스스로 활성화되지 않는다는 말이다. 그렇다면 다음 의문은 이것이다. ― '유전자를 읽는 것은 무엇인가?' 니지호우트의 대답에 의하면, "유전적 산물이 필요해지면 유전자 자체에서 형질이 발현되는 것이 아니라, 환경으로부터의 신호가 그 유전자의 형질을 활성화시킨다." 간단히 말해서, 환경의 신호가 유전자의 작용을 지배하는 것이다.

이미 보았듯이, 생물의학은 후성유전학적 제어(epigenetic control)라는 새로운 과학에 의해 철학적 변혁을 겪고 있다. 'epi'라는 접두사는 '위'를 뜻한다. 그러니 이 새로운 과학은 문자 그대로 유전자 위로부터의 제어를 뜻한다. 달리 말하자면, 후성유전학은 유전자의 활동과 세포 형질의 발현이 궁극적으로 'DNA라는 내부물질에 의해서'가 아니라 '외부영향력의 장으로부터 오는 정보에 의해' 조절되는 이치를 설명한다.•

중심 도그마가 주장하듯이 유전자가 자신의 활동을 스스로 제어하는 것이 아니며, 유전정보가 일방향으로만 흐르는 것이 아니라는 불편한 진실은 20년 전에 확인되었다. 그러나 이런 명백하고 확실한 정황에도 불구하고 과학의 기초교과서와 대중매체, 그리고 특히 제약산업은 중심 도그마로부터 멀어져가는 움직임에 계속 저항하고 있다. 그럼으로써 그들은 유전자가 생명을 지배한다는 일반인들의 통념을 영속화시키고 있는 것이다. 사실 도그마에 종교적인 헌신으로써 계속 먹이를 주면, 죽었던 도그마를 되살려놓을 수도 있다.

유전자 결정론이라는 도그마가 근거 없는 설임을 과학이 밝혀놓았음

• 접두사 'epi'의 뜻이 이럼에도 불구하고 '후성後成유전학'이라고 번역된 것은 유전적 결정요소가 DNA의 선천적先天的인 구조에 의해서가 아니라 'DNA 바깥의 후천적 영향력에 의해 형성된다'는 의미를 함축하고 있는 듯하다. 역주.

에도 불구하고 주류 매체들은 계속 유전자가 생명을 지배한다는 관념에만 조명을 맞추고 있다. 뉴스 기사는 날마다 이런저런 형질을 지배하는 유전자가 새롭게 발견되었다고 떠든다. 마음이 불안한 대중은 최신의 유전자 칩 테크놀로지가 개인 유전자 판독을 통해 일러주는 자신의 운명을 알아보기 위해 줄을 선다. 유전자 결정론은 현시대를 지배하고 있는 바탕 패러다임과 너무나 찰떡궁합이어서, 반박의 여지가 없는 과학적 증거조차 그것을 몰아내지 못하고 있는 것이다.

이기적 유전자

과학적인 근거가 부실한 리처드 도킨스Richard Dawkins의 책《이기적 유전자》(The Selfish Gene)가 대중의 호응을 받고 있는 것은 죽은 도그마가 아직도 누리고 있는 인기의 좋은 본보기다. 유전자가 자신(유전자)을 모시고 다니면서 재생산해내도록 우리 인간을 만들어냈다는 도킨스의 이론은 논리라는 이름하에 비논리적인 결론으로 몰아가는 터무니없는 공상과학 패러디일 뿐만 아니라, 생명체를 단지 유전자의 심부름을 하게끔 설계된 생화학적 도구로 전락시킴으로써 가장 극단적인 환원주의조차 무색해지게 만들었다.

하기야, 그의 말대로 유전자는 대대로 살아남지만 우리 인간은 한 생애밖에 살아 있지 못한다. 유전자가 운전자이고, 우리는 500만 마일을 달리거나 120년을 쓴 이후에는 새 모델로 교체되는 자동차일 뿐이다. 도킨스의 가정은, 닭은 더 많은 알이 태어나게 하기 위한 '알의 하수인'일 뿐이라는 억지나 마찬가지다.

하지만 유전자가 왜 이기적이란 말인가? 도킨스는 이렇게 주장한다. — 왜냐하면 유전자는 우리와 마찬가지로 생존욕을 가지고 있어서 그것의 숙주인 생명체의 생존욕, 혹은 종의 생존욕조차도 무시하고 자신의 생존만을 도모하기 때문이라는 것이다. 도킨스는, 대를 걸쳐서 일어나는 진화적 적응은 생명체의 생존을 위해서 의도된 것이 아니라 유전자 자신의 번식능력을 향상시키기 위한 것이라고 말한다. 그리고 그러한 적응이 그 생명체의 생존을 도울지 방해할지에 대해서는 이기적인 유전자가 상관할 이유가 없다는 것이다.

그리고 중심 도그마가 모든 것이 유전자로부터 발현한다고 규정하고 있으므로 도킨스의 말대로 '우리는 이기적으로 타고났다'고 생각하는 것도 그럴 만하다. — 논리는 전혀 그럴듯하지 못하지만 말이다.• 그는 또 자연은 속이고 거짓말하고 기만하고 이용해먹는 개체를 선호한다고 믿는다. 그러므로 아이들이 비도덕적으로, 아니, 도덕관념 없이 행동하게 만드는 유전자는 유전자 풀pool 속에서도 유리한 자리를 차지한다. 이타주의는 애초에 먹혀들지 않는 것이, 그것은 자연선택을 훼방하기 때문이라고 그는 주장한다. 아이를 입양하는 것도 마찬가지다. 그가 믿기로는, 그것은 '우리의 이기적 유전자의 본능과 관심사에 위배된다.'

다행스럽게도, 도킨스의 극단적이고 물질주의적인 이런 관점에는 사람들이 거의 동의하지 않았다. 그럼에도 엔론의 경우에서 목격했듯이 그의 관점은 무자비하기 짝이 없는 사회적, 상업적, 산업적, 정치적 다원주의에 '과학적' 연료와 '합리적' 정당성을 제공해주었다. 자칭 무신론자인 도킨스는 자비로운 신도, 자애로운 인간도 믿지 않는다. 인간과 같은

• 같은 책 2~3쪽.

신을 믿지 않는 대부분의 인본주의자들과는 달리, 그는 순전히 결정론적이고 물질주의적이고 철저히 이기적이지 않은 것은 모두 내친다.

도킨스의 말처럼 생존이 곧 성공이라면, 전이되어 퍼져나가는 암은 고도로 성공적인 존재다. 물론 숙주가 죽기 전까지만 말이다. 하지만 우리가 DNA를 운명의 지배자로 믿는다면, 그때쯤이면 암을 일으킨 이기적 유전자는 이미 숙주의 후손들의 유전계보 속에 숨어들어서 성공적으로 생존을 확보해놓고 있을 것이다. 그 유전자의 미래의 복제물이 후손의 체내에서 같은 짓을 계속 재현해낼 태세를 갖추어 유전자 결정론을 암처럼 퍼뜨릴 수 있도록 말이다.

지구 환경의 관점에서 바라보면 인간의 행위야말로 바로 암과 유사해 보인다. 복제하고 재생산하여 결국은 전체 환경에 해를 입히는 암 말이다. 이제 우주여행 기술을 개발한 우리는 죽어가는 이 가엾은 지구를 버리고 다른 행성을 찾아가서 그 시스템을 또다시 감염시킴으로써 살아남을 준비를 하고 있다.

인간 게놈

한편, 유전자를 발생의 기원으로 보는 물질주의적 관점은 인간 게놈 연구사업이라는, 생물학사상 가장 야심찬 (그리고 가장 큰 실망을 안겨준) 과학 연구계획 중의 하나를 착수시켰다.

휴먼 게놈 프로젝트(HGP)는 1990년 미국 보건복지부 산하기관인 미국립보건원(NIH)이 주관한 사업으로, 제임스 왓슨의 주도하에 착수되었다. 표면상으로는, 최소한 대중의 마음속에서는, 휴먼 게놈 프로젝트는 세 가지 주요 목적을 가진 이타적인 사업이었다. 즉, 인간의 긍정적, 부정적인 모든 형질의 유전적 근원을 찾아내어, 생명기술 산업계와 민간 부문이 공유할 수 있는 연구 데이터베이스 및 데이터 분석 도구를 만들어내고, 그것을 의료에 응용할 수 있는 새로운 방법의 개발을 범세계적으로 앞당긴다는 것이다.[*]

그들의 생각은 이랬다. 인체의 10만 가지 이상의 단백질, 그리고 그 각각의 단백질을 만들어내는 데 필요한 유전자 청사진을 위해서는 최소한 그만큼 많은 유전자가 있어야만 한다. 그렇지 않은가? 인간의 모든 유전자의 일람표를 만들어놓으면 그 데이터를 가지고 인간의 유토피아를 건설할 수 있으리라는 것이 HGP의 배후 주도자들의 믿음이었다.

하지만 너무나 인도주의적인 목적에 리처드 도킨스가 실망하지 않도록, 이 사업은 꿍쳐둔 동기도 가지고 있었다. 유전학자들은 인간 게놈을 구성하는 10만 개의 유전자를 다 밝혀내면 큰돈을 벌 수 있다고 벤처 자본가들을 설득했다. 각 유전자의 뉴클레오티드 염기서열을 밝혀내어 특허를 내고 제약회사들이 약을 개발하는 데 사용하도록 그 정보를 팔면 그 투자수익은 엄청나리라는 것이었다.

하지만 자연은 또다시 그 노련한 재기로써 경제적 이득을 위해 자신의 비밀을 캐려고 하는 자들을 골탕먹였다.

휴먼 게놈 프로젝트의 투자자들은 유전자가 생명체의 형질을 지배한다는 그릇된 가정을 근거로, 복잡한 생물일수록 더 많은 수의 유전자를 지니고 있으리라고 기대했다. 그래서 이 프로젝트에 앞서서 과학자들은

• Svante Paabo, "Genomics and Society: The Human Genome and Our View of Ourselves," *Science* 291, no. 5507 (16 Feb. 2001): 1219-1220.

유전자 연구에 전통적으로 동원되었던 단순한 생물들의 유전자 서열부터 먼저 밝혀냈다.

그들은 자연계의 가장 원시적 생물인 박테리아가 대개 3천 내지 5천 개의 유전자를 지니고 있음을 발견했다. 그다음에 1,271개의 세포를 가진 선형동물로서 육안에 간신히 보이는 생물인 C. 엘리간즈caenorhabditis elegans는 약 2만 3천 개의 유전자를 지니고 있는 것을 발견했다. 여기까지는 좋았다.

복잡성의 사다리를 올라가서 그들은 좀더 진화한 과실파리를 연구했는데, 놀랍게도 그것은 1만 8천 개의 유전자밖에 지니고 있지 않은 것을 발견했다. 이 결론은 도무지 납득이 되지 않았다. 훨씬 더 복잡한 생물인 과실파리가 어떻게 단순한 선형동물보다도 유전자를 적게 갖고 있을 수가 있단 말인가? 그래도 그들은 거기서 기가 꺾이지 않고 씩씩하게 휴먼 게놈 프로젝트에 착수했다.

그러나 인간 게놈 분석표가 완성됐을 때, 그 결과는 너무나 실망스러워서 우렁차야 할 팡파르 소리는 가냘픈 피리소리처럼 풀이 죽어버렸다. 50조 개의 세포를 가진 고도로 복잡한 생물인 인간이 약 2만 3천 개, 즉 하등생물인 선형동물의 유전자 수와 거의 같은 수의 유전자밖에 지니고 있지 않았던 것이다.•

그럼에도 불구하고 2003년에 발표된 연구결과는 인류의 가장 위대한 성취 중 하나로 포고되었다. 그러나 실제로는, 예상했던 10만 개 이상의 유전자를 발견하는 데 실패한 이 일이 결국 이 사업과 함께 생겨났던 셀

• E. Pennisi, "Gene Counters Struggle to Get the Right Answer," *Science* no. 301 (2003): 1040-1041.

레라 제노믹스Celera Genomics 사와 휴먼 게놈 사이언스Human Genome Science 사 등등 생명공학 기업들의 규모를 크게 감축시키고 그 CEO들을 물러나게 만들었다.

게놈과 줄기세포 연구의 선구자이면서 이 프로젝트의 옹호자이자 주요 설계자였던 폴 실버맨Paul Silverman 박사는 이 놀라운 결과에 대해, 과학은 유전자 결정론이라는 개념을 재검토할 필요가 있다고 결론짓는 것으로 응답했다. 반가운 일 아닌가! 실버맨은 이렇게 썼다. "세포의 신호 교환은, 세포핵의 DNA 형질 도입을 촉발하는 세포 외부로부터의 자극에 크게 의존한다."[*] 한 마디로 옮기자면 이것이다. ― 문제는 환경이야, 멍청아.[**]

인간 게놈 프로젝트가 10만 개의 유전자를 발견해내는 데에 실패하고, 유전자가 스스로 발현하는 것이 아님이 밝혀졌음에도 불구하고 대중은 유전자 결정론을 계속 믿고 있다. 유전자는 청사진과 같은 것이라는 비유가 당연한 것으로 받아들여지고 있지만 좀더 절실한 이 질문은 아무도 던지지 않고 있다. ― '누가 건축주인가?' 아니면 그만큼이나 중요한 질문으로, '최초의 이기적 유전자는 어디서 나왔는가?' 그리고 '그것이 이기적으로 행동하도록 프로그램한 것은 누구, 혹은 무엇인가?' 하는 것 말이다.

---

[*] Silverman, *Rethinking Genetic Determinism: With only 30,000 genes, what is it that makes humans human?*, 32-33.

[**] B.H. Lipton, *The Biology of Belief: Unleashing the Power of Consciousness*, Matter and Miracles (2005) 49; K. Powell, "Stem cell niches: It's the ecology, stupid!," *Nature* no. 435 (2005): 268-270. / 이 말은 1992년 선거전에서 자신의 외교적 업적을 내세워 재선에 도전한 조지 부시를 이기게 한 빌 클린턴 진영의 구호("문제는 경제야, 멍청아")를 패러디한 것임. 역주.

개코원숭이와 피그미침팬지

다른 모든 신화적 오해와 마찬가지로, 전통적 관념은 인간이 DNA에 지배받고 있다는 생각뿐만 아니라 이기심과 폭력과 공격성이 인간의 기억장치 속에 프로그램으로 저장되어 있다는 생각까지도 흡수했다. 이러한 결론은 인간으로 하여금, 문명을 좀먹는 폭력은 게놈 속에 유전 암호로 새겨져 있어서 어쩔 수 없는 것이라고 확신하게끔 만들었다. 사실 인간이란 한갓 털 없는 원숭이일 뿐이다. 안 그런가?

사실은, 그렇지 않다. 두 가지의 흥미로운 연구결과가 인간의 본성에 대한 이런 전통적 고정관념에 의문을 제기한다. 1983년에 미국의 영장류 동물학자인 로버트 사폴스키 Robert Sapolsky 는 케냐의 마사이 마라 보호구역에서 5년 동안 개코원숭이를 연구하던 중에 곤경을 맞았다. 결핵이 퍼져서 이 비비 무리 중 절반의 수컷이 죽어버린 것이다. 이 병이 퍼지게 한 원흉은 오염된 쓰레기 더미였다. 죽은 것은 공격적이고 힘이 세서 먹이를 독차지했던 수컷들이었다. •

사폴스키는 그 그룹을 포기하고 암수의 비율이 맞는 다른 무리를 대상으로 택해 연구를 계속했다. 10년 후에 그가 처음의 연구지역으로 돌아가 보았을 때, 그는 전에 살아남았던 다른 수컷들이 다 사라지고 거기에 전혀 다른 새로운 문화가 형성되어 있는 것을 보고 놀랐다. 덩치가 더 큰 원숭이들은 주도권을 차지하기 위해서 작은 원숭이들을 괴롭히지 않고 오직 덩치가 같은 놈들만을 상대했고, 이전과 달리 수컷이 암컷을 공

• Robert Sapolsky, "Emergence of a Peaceful Culture in Wild Baboons," *Plos Biology*, April 13, 2004.

격하는 일도 적어진 것이다.

10년 전에 처음 연구를 시작했을 때 그는 이 원숭이들이 경쟁이나 공격에 임했을 때 분비되는 글루코코르티코이드라는, '싸우기 아니면 튀기' 호르몬의 분비수치가 높다는 사실을 발견했었다. 그러나 사폴스키가 이 새로운 무리의 약한 수컷들을 조사해보니 이들은 생리적 스트레스 징후가 훨씬 적고 글루코코르티코이드 수치도 매우 떨어져 있었다.•

이 새로운 평화로운 분위기는 어떻게 형성된 것일까? 사폴스키는 이렇게 추정했다. 옛날의 힘센 수컷들이 모두 죽고 나자 남은 무리 중 나이든 원숭이는 모두가 암컷이었다. 그러자 이 암컷들은 덜 공격적이고 스트레스 반응이 적은 어린 수컷들을 택함으로써 수컷들을 문화적으로 길들였다는 것이다. 사폴스키는 이 무리를 공격하는 수컷이나 무리에 끼어들어와 살게 된 수컷들이 이 섬세한 문화적 균형을 혼란시키는지 어떤지를 주의 깊게 지켜보았다. 그러나 당시까지 이 새로운 문화는 그대로 지속되어 남아 있었다.

이 원숭이들이 그 어떤 '이기적' 유전자를 물려받았든 간에, 환경의 변화는 이들의 문화에 변화를 일으키고, 그것이 지속되게 했다. 그것은 아마도 그것이 무리의 생활에 실질적인 도움을 주었기 때문일 것이다.

이보다도 더 흥미로운 것은 '피그미침팬지'로 알려진 보노보의 사례인데, 이들은 인간과 가장 가까운 영장류 중의 하나로 여겨진다. 다른 종류의 침팬지들은 보통 대장 수컷이 약한 수컷들을 괴롭히고 암컷을 때리면서 군집생활을 하는 데 비해 이 보노보들은 싸우지 않고 사랑하면서 사는 사회의 살아 있는 멋진 본보기를 보여준다. 불화를 일으킬 만한 상황

• 같은 글.

이 발생하면 보노보들은 성행위를 함으로써 긴장을 풀고, 안전감과 우애를 강화시킨다. 수컷과 암컷 간의 성행위가 가장 일반적이지만 여러 가지 비정상적인 형태의 성행위도 일어난다. 다른 침팬지의 수컷은 말 그대로 싸운 후에야 상대방에게 잘 보이고 입맞춤을 하지만 보노보들은 대뜸 입부터 맞춤으로써 싸움이 아예 일어나지 않게 한다. 흥미롭게도 보노보들은 다른 침팬지들보다 훨씬 더 자주 섹스를 하면서도 출산률은 안정상태를 유지한다.

침팬지 수컷끼리의 연대와 보노보 암컷끼리의 연대는 또 하나의 흥미로운 대비를 보여준다. 어느 종이든 어른이 된 암컷이 새로운 무리에 들어와 살게 되는 경우가 있다. 새로운 암컷 보노보는 들어오자마자 한두 마리의 나이 많은 암컷을 찾아가 서로 생식기를 비빈다. 이것은 무리 속의 암컷들 사이에 지속적인 연대를 형성시켜서 수컷들이 괴롭히지 못하도록 단합하기 위한 행위다. 이와는 대조적으로 보통의 침팬지 무리에서는 이런 연대가 주로 수컷들 사이에서 일어나서, 이들은 떼를 지어 수컷보다 체구가 작은 암컷들을 괴롭힌다. 보노보는 암컷과 수컷의 체구가 엇비슷해서, 그것도 그들 사이의 평등한 관계를 돕는 한 요인이 된다.

하지만 보노보를 연구하는 이들은 이 에덴동산과 같은 침팬지 문화가 지켜질 수 있게 해주는 것은 환경요인이라고 믿는다. 네덜란드의 심리학자이자 영장류 동물학자로서 《보노보: 잊혀진 유인원》(Bonobo: The Forgotten Ape)의 저자인 프랑 드 발Frans de Waal은 보노보들이 숲이라는 보호 울타리를 결코 떠난 적이 없다는 점을 지적한다.[•] 다른 침팬지들과 마찬가지로 보노보는 잡식성이어서 작은 동물을 잡아먹는다. 그러니 다른 침팬지

• Frans B. M. de Waal, "Bonobo Sex and Society," *Scientific America* (Mar. 1995): 82-88.

들과는 달리 그들은 또 다른 연구자 고트프리드 호만Gottfried Hohmann이
'보노보 영양식'이라 부르는 식물의 축복을 받고 있다. 그들의 서식지에
는 고단백 허브인 하우마니아haumania liebbrechtsiana가 배고픈 보노보들을
대대로 먹여 살릴 정도로 풍부히 자라고 있어서 맬서스의 이론을 무색하
게 만들었던 것이다.•

대부분의 침팬지는 먹이를 확보하기 위해 무진 애를 써야 한다. 왜냐
하면 침팬지들이 사는 대부분의 숲의 식물들은 자기보호를 위해서 탄닌
이나 그 밖의 독성을 품고 있기 때문이다. 보노보들은 풍부한 먹이 덕분에
먹이를 구하기 위해서 많은 시간을 소비하거나 서로 싸울 필요가 없었다.

그렇다면 인간은 보노보로부터 무엇을 배울 수가 있을까? 불화가 일
어날 듯한 상황에서 성행위를 한다는 발상도 흥미롭기는 하지만 — 그건
하키 시합은 말할 것도 없지만 법정의 풍경도 바꿔놓을 것이다! — 진짜
교훈은 이것이다. — 자원이 풍부할 때는 싸움의 필요가 적어진다. 그리
고 싸움이 줄어들면 자원도 더욱 풍부해진다.

이것은 두드려서 쟁기로 바꿀 수 있는 무기를 생산하는 데 해마다 1
조 달러 이상을 쏟아 붓는 그런 세상을 위해서는 특히나 의미심장한 통찰
이다. 뒤에서 살펴보겠지만, 자원의 쓰임새를 방어로부터 성장으로 돌릴
수만 있다면 그 결과는 신체적 건강과 사회적 번영의 엄청난 확산으로 이
어진다.

우리가 스스로에게 물어야 할 다른 질문들은 이것이다. — 평화로운
보노보들이 풍요와 조화를 누리며 살 수 있고 폭력적인 개코원숭이들도

• Matt Kaplan, "Why Bonobos Make Love, Not War," *New Scientist* 192, no. 2580 (2 Dec.
2006): 40-43.

싸우기보다는 평화를 즐길 수 있음을 깨달을 수 있다면, 지각 있을 뿐 아니라 그들보다 훨씬 더 풍부한 자원을 가지고 있는 우리 인간은 어떤 일을 해낼 수 있을까? 우리는 마냥 무력감에 빠진 채 자신의 책임을 부인하고 개인과 세계가 당면하고 있는 문제를 이기적 유전자의 탓으로만 돌리고 있을 것인가, 아니면 우리의 지성을 지성적으로 활용해볼 텐가?

혹시나 우리의 영장류 사촌들이 우리를 앞질러 진화해버린다면 그것이야말로 창조론자에게나 진화론자에게나 정말 슬픈 이야기가 아니겠는가!

문제는 카르마가 아니라 운전자다

의학계의 뉴스 기사나 연구들은 매주 한두 가지씩의 질병을 유전자 결함과 연결짓곤 한다. '암 유전자', '치매 유전자', '파킨슨병 유전자'라는 식의 관념들이 유전자 결정론이 우리의 운명을 지배하고 있다는 완강하고도 만연한 믿음을 더욱 강화시킨다. 그러나 좀더 깊이 살펴보면 우리는 상대적으로 작은 비율의 질병만이 실제로 유전적 이상으로 간주될 수 있다는 것을 발견한다. 암 연구자들이 유전자 차원의 요술 탄환을 찾고 있는 와중에도 미국립암연구소는 최소한 60퍼센트의 암이 환경적 원인으로부터 비롯된 것임을 규명해냈다.•

그보다 좀더 깊이 파고 들어가 보면, 환경요인과 질병 간에 밀접한 상

• American Cancer Society, *Cancer Prevention & Early Detection Facts & Figures 2005*, (Atlanta: American Cancer Society, 2005), 1.

관관계가 있다고 하더라도 그러한 환경요인에 노출된 사람 중 비교적 소수만이 실제로 병에 걸린다. 몇 해 전에 행해진 연구는 장기적으로 석면에 노출된 사람들 중에서도 천 명 중 한 명만이 치명적 암의 하나인 중피종中皮腫에 걸린다는 것을 밝혀냈다. 이것은 전체 인구비례에 비해서는 경계해야 할 만큼 높은 발병률이긴 하지만, 여기서 제기되지 않은 의문은 이것이다. — 석면에 노출되었지만 발병하지 않은 나머지 99.9퍼센트의 사람들은 어떻게 된 일인가? 뭔가가 있다면 그들은 무엇을 했거나 하지 않았기에 건강을 유지했는가? 병의 발현에는 어떤 다른 요인이 개입되는가?

현대의학은 질병과 치유의 만져지지 않고 비가시적인 측면의 성질에 대해서는 이상할 정도로 무관심하다. 300년에 걸친 프로그램의 주입과 현대의학에 끼친 중심 도그마의 영향력 덕분에, 우리는 자신을 생화학적 로봇과 같은 도구로 바라보게 되었다. 뭔가 이상한 증세가 나타나면 우리는 동네 병원의 기술자를 찾아가서 '아~' 하고 혀를 내밀고 목구멍을 보여준다.

프리초프 카프라Fritjof Capra가 그의 저서 《전환점》(The Turning Point)•에서 지적하듯이, 기계론적인 의술은 대개 의사판 3R — 수선(repair), 교체(replace), 아니면 제거(remove)하기 — 로 이뤄진다. 사실이지, 현대의 생화학적 의학의 역사는 바로 이러한 기계론적 바탕 위에서 이룩되었다. 데카르트가 신체는 기계라고 선언한 이래, 심지어 동물은 생체해부 시에도 고통을 겪지 않는다고 주장하면서 그들의 비명을 '바퀴가 삐걱거리는 소리'에 비유한 이래로, 우리는 의학이란 전체보다는 그 부품에 관한 것이라고 말하는 패러다임의 지배를 받아왔다.

• 《새로운 과학과 문명의 전환》, 범양사 (원서 146쪽).

고대 중국의 의술은 심장을 영혼의 자리로 여기고 아유르베다 전통은 신체장기를 하늘과 땅의 중재자로 보는 반면에, 현대의학은 '심장은 양수기'라고 한 저 유명한 르네상스 시대의 의사 윌리엄 하비^{William Harvey}의 케케묵은 정의에 아직도 만족하고 있다. "인간은 기계 외에 아무것도 아니다"라고 말한 영국의 생화학자 조셉 니담^{Joseph Needham}과 "생물은 화학적 기계다"라고 말했던 독일 태생의 생리학자이자 생물학자 자크 룁^{Jacques Loeb}과 같은 과학사상가들은 신체를 물리적 기계로 보는 인식을 한층 더 강화시켜주었다.[•]

후성유전학은 세포의 행동을 세포핵 속의 DNA가 아니라 환경이 결정한다는 사실을 알고 있다. 환경으로부터 오는 정보는 세포의 피부이자 두뇌 역할을 하는 세포막의 반응을 통해 생물학적 반응으로 번역된다.^{••} 흥미롭게도, 세포막은 좀더 정확하게 말하자면 '게이트와 채널을 가진 결정 반도체'다. 이것은 컴퓨터 칩에 사용되는 용어여서, 컴퓨터와 세포는 둘 다 프로그램을 주입할 수 있다는 사실을 상기시켜준다. 그리고 — 기대하시라! — 프로그래머는 언제나 기계의 외부에 존재한다.

그렇다면 누구, 혹은 무엇이 생물학적 프로그래머인가? 유전자의 배후에 있는 터줏대감은 누구, 혹은 무엇인가? 어쩌면 문제는 카르마(업보, 운명)에 있는 것이 아니라 운전자에게 있는 것인지도 모른다.

당신이 수동 기어가 달린 중고차를 판다고 생각해보자. 수동 기어에 익숙하지 않은 어떤 사람이 그것을 샀다. 당신은 그가 그 차를 버벅거리며 몰고 가는 모습을 지켜본다. 일주일 후에 그 친구가 전화를 걸어 말한

• 같은 책 원서 108쪽, 115쪽.
•• Lipton, *The Biology of Belief: Unleashing the Power of Consciousness, Matter and Miracles*, (Santa Rosa, CA: Elite Books, 2005), 75-89.

다. "이봐요, 당신이 나한테 판 차는 클러치가 고장났어요!" 당신은 그 차를 의사, 곧 자동차 수리공에게 데려가 보라고 말한다. 수리공은 말한다. "맞아요, 클러치가 고장났군요. 클러치를 교환하는 수술을 해야겠어요." 클러치 이식수술은 성공적이다. 자동차의 새 주인은 이전과 마찬가지로 버벅거리며 차를 몰고 떠난다. 그러나 보라, 그는 몇 주일도 안 돼서 돌아와서 새로운 클러치가 신통치 않다고 불만을 터뜨린다!

그러자 수리공이 말한다. "흠, 당신의 자동차는 CCD에 걸린 것 같아요. 만성 클러치 장애(Chronic Clutch Dysfunction) 말입니다." 그는 차 주인에게 두 달마다 한 번씩 클러치를 새것으로 교환하라는 처방을 준다. 수리공은 이렇게 운전자의 책임은 뒷전에 두고 문제를 자동차의 성질상의 장애로 치부해버린다!

자, 이것이 정확히 대증요법이 인간의 질병을 인식하는 방식이라는 사실을 생각해보라. 질병이란 신체에 내재한 육체적 결함, 그것도 십중팔구는 유전적 변이에 의한 것이라는 것이다. 이 진단은 신체의 운전자인 마음의 책임은 무시해버린다.

미국 각 주의 자동차 사고 전담 관청에는 사고보고서가 산더미처럼 쌓인다. 담당자가 그 원인이 기계적 결함 때문인지 운전자의 과실 때문인지를 판정하려고 할 때 95퍼센트의 경우 어느 쪽을 우선적으로 조사하리라고 생각하는가? 그야 물론 운전자 과실이다.

비유를 좀더 확대해서, 당신은 '자신의 카르마를 운전하는' 모든 사람들에게 운전교육을 실시하는 것이 유용하리라고 생각하지 않는가? 정말 건전한 보건체제라면 피할 수 있는 참사의 뒷정리보다는 운전자 교육에 더 많은 노력을 쏟을 것이다.

그렇다면 이것은 지구의 자발적 치유를 위해서 무엇을 말해주고 있는가? 간단히 말해서 이것이다. 우리 인간은 스스로 믿어버리고 있는 것보다 훨씬 더 큰 책임 — 응답할 수 있는 능력(response-ability) — 을 가지고 있다. 장(field)의 프로그래머, 곧 유전자 배후의 터줏대감은 다름 아닌 우리의 마음 — 우리의 생각과 믿음인 것이다.

마음의 보이지 않는 힘이 어디까지 미치는지를 보여주는 이 놀랍고 믿기지 않는 이야기를 들어보라. 1952년에 영국의 젊은 마취 전문의사인 앨버트 메이슨Albert Mason 박사는 외과의사인 무어 Moore 박사와 함께 15살짜리 소년을 치료하고 있었다. 소년은 온몸이 사마귀로 뒤덮여서 사람의 피부라기보다는 마치 코끼리 같았다. 무어 박사는 가슴의 깨끗한 피부를 다른 부위로 이식하려고 했다. 메이슨 자신이나 다른 의사들이 최면으로 환자의 사마귀를 성공적으로 제거한 일이 있었으므로 메이슨은 무어에게 말했다. "최면요법을 해보시지 그래요?" 외과의사는 냉소적으로 대꾸했다. "당신이 해보슈." 그래서 결국 메이슨이 나섰다.•

메이슨의 첫 최면치료는 팔 부위에 집중했다. 소년이 최면상태에 들었을 때 메이슨은 팔의 피부가 연분홍빛의 건강한 피부로 회복되리라고 암시했다. 소년이 일주일 후에 왔을 때 메이슨은 그 팔이 건강해진 것을 보고 기뻐했다. 메이슨이 소년을 무어에게 보여주자 이 외과의사는 소년의 팔을 보고 놀라서 눈이 휘둥그레졌다.

그제야 무어는 메이슨에게 소년의 병이 사마귀가 아니라 불치의 치명적 유전병인 선천성 홍색비늘피부병이라고 말해주었다. 단지 마음의 힘만으로 증세를 역전시킴으로써 메이슨과 소년은 당시까지 불가능으로 여겨졌던 일을 해낸 것이다. 메이슨은 최면치료를 계속하여 놀라운 결과를

• 같은 책 123-124.

이뤄냈고, 이상한 피부 때문에 아이들에게 늘 놀림받던 소년은 건강한 피부로 학교로 돌아가서 정상적인 생활을 했다.

메이슨은 세계적으로 가장 널리 읽히는 의학지인 영국의학저널(British Medical Journal)에다 자신의 사례를 발표했다.* 그의 성공담은 널리 퍼져나가서 그때까지 불치의 중병이었던 이 희귀한 피부병을 앓는 환자들이 메이슨을 찾아 몰려왔다. 하지만 사실 최면은 만병통치가 아니었다. 메이슨은 다른 많은 환자들을 치료해봤지만 한 번도 소년의 경우와 같은 뚜렷한 결과를 가져오지는 못했다.

메이슨은 이 실패의 원인을 치료에 대한 자신의 믿음 탓으로 돌렸다. 첫 번째 환자를 치료한 후에 메이슨은 자신이 의료계에서는 모두가 선천적인 불치병으로 알고 있는 병을 치료하고 있다는 사실을 확실히 알게 되었다. 메이슨은 낙관적인 척하려고 애를 써봤지만 좀 심한 사마귀를 치료한다고 생각했던 젊은 의사의 겁 없었던 태도를 재현해낼 수는 없었다. 디스커버리 건강 채널에서 그가 고백했듯이, 나중의 환자들에 대해서는 그는 '연기를 하고' 있었던 것이다.**

신체의 상태에 영향을 미치는 믿음 ─ 혹은 불신 ─ 의 놀라운 힘을 생각해보면 이렇게 묻지 않을 수가 없다. '마음속 신념의 세계는 치유의 미개척지일까?' 달리 표현해서, '우리는 비싼 약과 거대한 병원시설과 의료보험 없이 믿음의 힘만으로도 치유를 일으킬 수 있을까?'

곧 알게 되겠지만 보이지 않는 장에 변화를 미치는 이 잠재력은 인류 문화 속에 내재해 있고, 심지어는 ─ 믿을 수 있겠는가? ─ 우리의 유전

---

* A. A. Mason, "A Case of Congenital Ichthyosiform Erythrodermia of Brocq Treated by Hypnosis," *British Medical Journal* 30, (1952): 442-443.
** Discovery Channel Production, "Placebo: Mind Over Medicine?"

자 안에 담겨 있을지도 모른다!

이 힘에 다가가지 못하도록 우리를 막고 있는 것은 우리를 다른 변화의 잠재력으로부터 가로막고 있는 그것과 동일한 것이다. — 치유의 힘이 우리의 외부에 존재한다는 그릇된 믿음 말이다. 우리의 무력함으로부터 이득을 챙기는 이들이 이 믿음을 자꾸만 강화시키고 있다. 그들이 누구겠는가? 힌트를 주겠다. — 제약산업은 연간 6천억 달러 규모의 거대한 시장이다.

이제 우리는 물질세계에 분명히 영향을 미치는 장(field)이 실제로 존재함을 알고, 우리 행성 지구의 자발적 치유를 위해서는 우리의 목적이 생존으로부터 번성으로 바뀌어야 함을 깨달았으니, 이 변화를 가져올 힘과 책임이 우리에게 있음을 또한 깨닫는다.

우리는 구원자를 만났다. 그런데, 그는 다름 아닌 우리 자신이다!

8

신화적 오해 4:
진화는 임의적으로 일어난다

"나는 우리가 진화해가게끔 창조되었다고 믿는다.
그렇지 않다면 예수는 이렇게 말했을 것이다.
'내가 돌아올 때까지 아무것도 하지 말고 그대로 있거라!'"

— 스와미 비안다난다

장 밥티스트 드 라마르크의 영욕榮辱

당신은 장 밥티스트 드 라마르크의 이름을 고등학교 교과서에서 배웠으리라. 기린이 키 큰 나무에 달린 잎과 과일을 따먹으려고 애쓰다가 긴 목을 가지게 되었다는 설에 영원히 따라다니는 이름 말이다. 원시기관들이 의식을 지니고 있어서 자신의 진화에 스스로 영향을 미칠 수 있다는 발상은 바보 같은 웃기는 생각이었다. 그 라마르크를 바보로 만들어 성경에 도전한 그의 이단적인 주장에 망신을 주는 것이야말로 프랑스와 교회가 자랑하던 가장 위대한 과학자인 박물학자이자 동물학자 바롱 죠르쥬 퀴비에Baron Georges Cuvier의 정확한 의도였다. 1829년에 그는 라마르크의 연구업적을 말살하려는 특별한 의도로서, 그의 이론에 대한 모략적이고 잔인한 사후死後평가 계획을 꾸며냈다.

장 밥티스트 드 라마르크는 1744년에 프랑스에서 태어났다. 예수회 신학교에서 학업을 마친 그는 7년 동안 프랑스군에 복무했다. 그는 전염병에 걸려서 군대를 떠나게 되었는데 의학을 공부하려고 하던 중에 마침 파리의 한 은행의 서기 일자리를 얻게 되었다. 거기서 라마르크는 뛰어난 철학가 장 자크 루소를 만나게 된다. 루소는 그에게 식물학에 대한 일생의 관심을 일깨워주었고, 필시 계몽시대의 사상도 물들여주었을 것이다.

프랑스의 식물상에 관한 세 권의 책을 쓰는 일에 10년 동안 여가시간의 정성을 쏟아 부은 끝에, 라마르크는 국립 과학학술원인 아카데미 프랑세즈L'Academie Francaise의 회원으로 뽑혔다. 그는 거의 평민 — 돈 없는, 따라서 볼품없는 귀족계급 시민 — 과도 같았음에도 불구하고 곧이어 루이 16세 치하의 왕실 식물학자로 임명되었다. 나폴레옹 보나파르트가 정권을 잡은 1799년에 끝난 프랑스 혁명의 물결 속에서, 라마르크는 폐위된 왕의 궁전 정원인 왕의 정원(Jardin de Roi)을 식물의 정원(Jardin des Plantes)이라는 새로운 이름의 공공 식물원으로 바꾸는 임무를 맡게 되었다.

프랑스 혁명은 자연이 왕이 되고 프랑스는 공화국이 된, '세월의 작은 창문'을 유럽에 선사했다. 교회의 도그마로부터 해방된 세상에서 완벽을 향해 가는 자연의 동력과 진화에 관한 라마르크의 사상은 사람들의 주목을 끌었다. 그는 이렇게 썼다. "자연은 동물의 모든 종들을 차례로 만들어내고, 가장 불완전하고 단순한 것으로부터 시작하여 가장 완벽한 것에서 자신의 작품을 마무리하기 위해 그 구조를 점차적으로 복잡화시켰다."•

• Ben Waggoner, "Jean-Baptiste Lamarck (1744-1829)," *University of California Museum of Paleontology*, Feb. 25, 1996.

라마르크로서는 불행하게도, 진화적 발전이 자연현상의 일부라는 그의 생각은 사회적으로는 위험한 발상이었다. 자연이 발전해간다면 당연히 하층민들도 발전해갈 테니까 말이다. 그래서 프랑스 혁명이 실패하고 루이 18세가 왕정을 회복했을 때, 라마르크는 자신이 교회와 지배계급의 귀여움을 받지 못하게 된 사실을 깨달았다. 그들은 갑자기 굴러들어온 라마르크의 사상 따위에는 아랑곳하지 않았다. 이 이론적, 정치적 불협화음은 그의 학문적 라이벌이었던 퀴비에Cuvier로 하여금 라마르크의 진화론을 고의적으로 왜곡하고 그릇 인용하게끔 만든 한 가지 빌미가 되었다.

다른 이유는 개성과 에고의 충돌에서 찾을 수 있다. 예전에 나폴레옹이 상류계급을 내쫓았을 때, 귀족이었던 퀴비에는 지위가 낮았던 라마르크를 오히려 밑에서 받들어야 하는 위치로 전락했었다. 하지만 라마르크는 자신의 힘을 이용해 퀴비에가 파리에서 자리를 잡도록 도와주었다. 그것은 퀴비에로서는 아무래도 삼키기가 힘든 호의였다.

나폴레옹이 쫓겨나자 체면이 구겨졌던 퀴비에도 드디어 프랑스 학술원장의 자리로 복권되었고, 거기서 그는 자신이 자주 벌인 죽은 학술원 회원들의 송덕사업을 통해 평판 메이커로 부상하게 되었다. 동료회원들의 공로를 기린 다른 많은 송덕문頌德文들은 공정하고 호의적이었지만, 라마르크가 죽자 퀴비에는 때를 만났다는 듯이 그와 그의 새로운 진화론뿐만 아니라 그의 동료들까지도 싸잡아 한꺼번에 파멸시키려고 나섰다. 퀴비에의 송덕문은 노골적인 언사와 하층계급을 향한 악의로 가득 차 있어서 학술원은 그 글의 발표를 허락하지 않았다. 그러나 라마르크가 죽은 지 3년 후이자 퀴비에가 죽은 지 6개월 후인 1832년에, 편집된 퀴비에의 송덕문이 공개되었다.• 하지만 그런 '과학적이지 못한' 정황에도 불구하고 라마르크와 그의 이론에 대한 퀴비에의 평가는 지금까지도 라마르크를 어릿광대처럼 묘사하는 것을 정당화하기에 안성맞춤인 문헌자료로 즐겨 인용되고 있다.

라마르크가 살아 있어서 자신을 변호할 수 있었다면 그는 생명체가 역동적인 환경의 변화에 적응해야만 생존할 수 있는 생물권에서, 진화란 생물들 사이의 협동적 상호작용을 바탕으로 일어나는 현상이라는 점을 강조했을 것이다. 이것은 생물과 환경 사이의 완벽한 관계를 관찰해보면 명백해진다. ─ 털북숭이인 북극곰이 무더운 열대지방에 살지는 않는다. 섬세하고 민감한 난초가 극지방에서 자라지도 않는다. 실로 라마르크는, 진화란 생물이 변화무쌍한 세계에서 생존을 지켜가기 위해 필요한, '환경이 촉구하는 적응'을 이루고 거쳐온 결과임을 주장한 것이다.

흥미롭게도, 라마르크의 연구에 대한 그릇된 인식은 뀌비에가 '필요'로도, '욕망'으로도 해석될 수 있는 프랑스어인 브주앵besoin을 고의적으로 왜곡 해석한 데서부터 기인한다. 라마르크는 자연에서 진화적 변이는 생존하고자 하는 생물의 브주앵 ─ 생물학적 필요, 혹은 명령(biological need or imperative) ─ 에 의해서 일어난다고 주장했다. 그러나 뀌비에는 라마르크가 브주앵을 '욕망'의 뜻으로 사용했다고 썼다. '동물들은 진화하기를 원하기 때문에 진화한다'는 것이다.[**]

뀌비에는 라마르크가 새들은 날기를 원했기 때문에 날개와 깃털을 가지게 되었고 물에서 사는 새들은 헤엄을 치고 싶어했기 때문에 물갈퀴를

• Freeman G. Henry, "Rue Cuvier, rue Geoffroy-Saint-Hilaire, rue Lamarck: Politics and Science in the Streets of Paris," *Nineteenth Century French Studies* 35, no. 3&4 (2007).
•• H. Graham Cannon, *Lamarck and Modern Genetics*, (Westport, CT: Greenwood Press, 1975), 10-11.

가지게 되었고 섭금류涉禽類는 몸이 물에 젖지 않기를 원했기 때문에 긴 다리를 가지게 된 것으로 믿었다고 주장했다. '브주앵'이란 말을 이처럼 잘못 사용한 것이 해변의 물고기가 '나도 다리가 있었으면 좋겠어' 하고 생각하고 있는 풍자만화가 심심찮게 등장하게까지 만들었다.

뀌비에의 명예훼손행위 때문에 라마르크의 진화론은 비웃음을 샀다. 제정신인 과학자라면 물고기가 진화에 대한 생각을 품고 있다는 식의 이론은 받아들일 수 없는 것이었다. 뀌비에는 생물학과 진화론의 뛰어난 창시자였던 라마르크의 명예에 먹칠을 했을 뿐 아니라 그의 모략적인 송덕문은 현대에까지 와서도 라마르크의 진화론과 그 추종자들을 공격하는 생물학자들에 의해 애용되고 있다.

아이러니컬하게도, 라마르크가 죽은 지 175년도 더 지난 지금에 와서야 과학은 진화에 의도가 담겨 있다는 생각이 라마르크가 상상했던 것보다도 훨씬 더 진실에 가까울지도 모른다는 것을 깨닫고 있다. 그 시절로부터 현재에 이르는 사이, 여러 시대의 다른 과학자들도 저마다 라마르크와 그의 생각을 더욱 이면의 배경까지 밀고 나갈 수 있었다.

뀌비에의 악질적인 송덕문이 발표된 지 30년 후에, 찰스 다윈이 《종의 기원》을 통해 유전형질의 변화는 임의적인 우연에 의해 일어난다고 주장하는 자신의 진화론을 발표했다. 당연히 다윈의 진화론도 뜨거운 공방을 불러일으켰다. 이번에 문제를 제기한 것은 창조론자들이 아니라 동료 진화론자들이었다.

진화는 임의적으로 일어난다는 다윈의 이론을 열렬히 옹호한 독일의 생물학자 아우구스트 바이스만August Weismann은 생명체가 적응에 의해 진화한다는 라마르크의 이론을 근거 없는 것으로 더욱 몰아붙이는 일에 매진했다. 바이스만은 꼬리를 자른 쥐를 교배시키면서, 만일 라마르크의

적응 이론이 옳다면 이 쥐들의 후손은 꼬리가 없어야만 할 거라고 강변했다.[*]

첫 번째 후손은 꼬리가 있었다. 그래서 바이스만은 그 쥐들의 꼬리를 다시 자르고 21대까지 같은 실험을 반복했다. 5년에 걸쳐 실험을 하는 동안 꼬리 없는 쥐는 한 마리도 태어나지 않았다. 도베르만(테리어 개의 일종)을 교배시켜 본 사람이라면 아무리 여러 세대 동안 꼬리나 귀를 잘라도 그것이 후손에게 전달되지는 않는다는 사실을 안다. 간단히 말해서 자연은 결코 "좋아, 네가 이겼어. 이제부턴 꼬리를 만들지 않을게" 하지는 않는다.

바이스만의 결론은 몇 가지 이유로 과학적 타당성이 없다. 첫째, 라마르크는 진화적 변이에는 '엄청난 세월 — 아마도 수천 년 — 이 소요될 수 있다'고 주장했다. 바이스만의 5년 동안의 실험은 라마르크의 이론을 증명하거나 반증하기에는 턱없이 짧은 시간이다. 둘째로, 라마르크는 모든 변화가 진화에 반영된다고 주장한 적이 없다. 오히려 생명체는 꼬리와 같이 생존에 도움이 되는 형질은 지켜간다고 했다.

바이스만은 실험에 사용한 쥐가 꼬리를 필요로 한다고 생각하지도 않았지만, '쥐들이' 꼬리가 생존에 필요하다고 생각하는지를 물어보지도 않았다! 그럼에도 불구하고 바이스만의 실험은 다윈의 이론을 강화시켜서 결국은 라마르크를 헐뜯는 데 이용되었다. 그리하여 라마르크는 역사 속의 놀림감이 되었다가 사람들의 기억에서 멀어져가는 신세가 되고 말았다.

---

[*] Isaac Asimov, *Biographical Encyclopedia of Science and Technology*, (Garden City, NY: Doubleday, 1964), 328.

바이스만의 연구 결과로 생물학자들은 유전적 변이와 유전경로에 영향을 미치는 요소에서 환경을 제외시키기 시작했다. 그러나 후성유전학과 적응변이(adaptive mutation)에 관한 최근의 발전된 연구에 의하면 이제는 목적론적이고 목표지향적인 라마르크의 진화론이 여태껏 생각해왔던 것보다 더 타당성이 있음이 입증되고 있다. 물론 아직도 다윈과 신다윈주의자들이 주장했던 것처럼 진화는 유전자를 고쳐 쓰기 위해 임의적인 과정을 활용한다는 것을 밝혀내는 연구들이 있다. 그러나 곧 알게 되겠지만, 그 임의성은 일정한 맥락 속에서 일어난다. 지구상의 모든 생명체는 환경 속에서 균형을 유지해가려는 복잡하고 — 그리고 일부 사람들이 말하기로는 — '의도적인' 과정의 일부인 것이다.

임의적 변이? 주사위놀이는 없다!

라마르크나 다윈이나, 그들이 살았던 시대에는 진화와 유전형질에 관한 이론을 입증할 수가 없었다. 왜냐하면 당시에는 요구되는 수준의 과학기술이 존재하지 않았기 때문이다. 그러나 훗날의 과학자들이 발견했고 우리도 곧 알게 될 테지만, 진화과정은 라마르크의 설과 다윈의 설을 양쪽 다 보여주고 있다.

실험유전학은 라마르크가 자신의 이론을 제시한 지 100년 후인 1910년에 공식적으로 발족됐다. 앞장에서 설명했듯이 토마스 헌트 모건이 붉은 눈 초파리에서 돌연변이로 나타난 흰 눈 초파리가 흰 눈의 후손을 만들어낼 수 있다는 것을 발견한 것도 이때였다.

모건은 돌연변이에 관한 연구를 통해서 형질을 지배하는 유전자란 염색체 내부에 흩어져 존재하는 물리적인 어떤 것이라는 설을 정립시켰다. 방사능이나 독성물질과 같은 환경의 영향이 유전적 돌연변이를 일으킬 수도 있지만 모건은 환경에 의한 손상은 그러한 사건의 결과를 지배하거나 영향을 주지 않는 것 같다고 결론지었다. 훗날 좀더 정교한 방법으로 행해진 연구들은 유전적 변화란 — 다윈이 예견했던 대로 — 예측불가능한 것이라고 믿게 만들었다.

1943년에는 살바도르 루리아Salvador Luria와 막스 델브뤽Max Delbruck이 형질변이(mutation)•는 순전히 임의적으로 일어나는 사건임을 최종적으로 입증한 것처럼 보였다.•• 그들은 유전적으로 동일한 박테리아군을 시작으로, 영양이 풍부한 배양액 속에서 다수의 군체를 여러 대에 걸쳐 배양했다. 그다음에 그들은 동일한 수의 이 박테리아를 다수의 배양접시에다 접종했다. 그리고 이 동일한 배양균에, 박테리아를 감염시켜 죽이는 박테리오파지 용액을 가했다. 이것은 박테리아를 거의 확실하게 죽음으로 몰고 갔지만 바이러스에 저항력을 가진 박테리아는 더러 살아남아서 군체를 형성했다.

생존을 도와준 이 형질변이가 순전히 임의적으로 일어난 것인지, 아니면 위협적인 환경조건에 대한 세포의 의도적 반응의 결과인지를 알아보기 위해서 루리아와 델브뤽은 모든 배양접시에서 살아남아 있는 박테리아 군체의 분포를 조사해보았다. 그들은 이 형질변이가 새로운 환경조

• mutation 흔히 '돌연변이'로 번역되지만 이 말에는 모든 형질변이는 돌연히 발생하는 임의적인 사건이라고 보는 과학적 물질주의의 관점이 이미 내포되어 있으므로 이 책의 문맥 속에서는 그런 관점을 뜻하는 경우 외에는 모두 형질변이, 혹은 단순히 변이로 옮김. 역주.

•• S. E. Luria, M. Delbruck, "Mutations of Bacteria from Virus Sensitivity to Virus Resistance," *Genetics* 28, no. 6 (1943): 491-511.

건에 대한 박테리아의 적응반응에 의해 생긴 것이라면 각각의 배양접시에는 비슷하고 일정한 숫자의 생존 군체가 발견되리라고 추정했다. 반면에 그 변이가 우연의 결과라면 생존 군체의 수는 배양접시마다 제각각일 것이었다. 결과는 생존 군체의 수가 배양접시마다 사뭇 다르게 나타났다. 이것은 형질변이가 환경의 자극과는 전혀 무관하게 임의적으로 일어났음을 시사한다. 생존한 박테리아는 순전히 요행으로 적당한 형질을 획득하게 된 것이다. 이 실험 이후 45년 동안 루리아와 델브뤽의 발견을 확증해 준 유사한 실험결과들은 과학계로 하여금 '모든' 형질변이는 적응과는 무관한 임의의 사건이라는 가정을 받아들이게 했다.

이러한 관찰을 바탕으로 과학은 깨뜨릴 수 없어 보이는 하나의 교의를 받아들였다. 즉, 형질변이는 순전히 임의적이고 예측불가능한 사건으로서, 생명체의 현재나 미래의 필요와는 아무런 상관도 없다는 것이다. 진화는 오로지 돌연변이에 의해 전개되는 것으로 보였으므로 과학계는 임의로 전개되는 진화는 아무런 목적도 가지고 있지 않다고 결론지었다. 이 생각은 우주를 순전히 물질적인 것으로 보는 과학적 물질주의의 신념에 맞아떨어져서, 이젠 관심의 초점을 의도적 창조로부터 '유전적 주사위 던지기'로 돌릴 수 있게 해주었다. 인간은 그저 임의적인 유전자 현상에 의해 우연히 이 생태계에 나타나 '지나쳐가는 관광객'들 중의 하나일 뿐인 것이다.

그러나 1988년에 세계적으로 저명한 유전학자인 존 케언즈John Cairns가 과학계의 정설로 자리잡은 임의적 진화론에 도전장을 내밀었다. 박테리아에 대한 케언즈의 새로운 연구는 〈돌연변이체의 기원〉(The origin of mutants)이라는 익살맞은 제목으로 명망 높은 영국의 과학지인 〈네이처 Nature〉에 발표되었다.●

그는 결함 있는 락타제(락토스, 즉 젖당을 소화시키는 데 필요한 효소)를 만들어내는 불량유전자를 가진 박테리아를 골라서 그것을 락토스만 담겨 있는 배양접시에다 접종했다. 이 박테리아들은 락토스를 소화시키지 못해서 자라지도 못하고 번식할 수도 없으므로 이 실험에서는 군체가 발견될 가능성이 없었다. 그런데 놀랍게도 많은 수의 배양접시에서 박테리아 군체가 형성되었다.

처음에 사용했던 박테리아의 표본을 조사해본 케언즈는 처음 접종한 박테리아에는 변이된 형질이 존재하지 않았다는 사실을 확인했다. 그래서 그는 변이된 락타제 유전자는 새로운 환경에 노출되기 전이 아니라 그후에 나타난 것이라고 결론지었다. 박테리아를 거의 즉석에서 죽이는 바이러스를 사용했던 루리아와 델브뤽의 실험과는 달리, 케언즈의 실험에서는 박테리아가 서서히 굶어 죽었다. 다시 말해서 케언즈는 스트레스에 처한 박테리아에게 생존을 위한 형질변이를 일으키는 내부 메커니즘의 활성화가 일어나기에 충분한 시간을 가질 수 있도록 해준 것이다.

케언즈의 연구에서는, 환경으로부터 오는 위협에 대한 직접적인 반응의 하나로서 생존에 유리한 형질변이가 일어난 듯했다. 흥미롭게도, 좀더 면밀히 조사해본 결과 오직 락타제 대사와 관련된 유전자만이 변했음이 밝혀졌다. 게다가 살아남은 박테리아들은 가능한 다섯 가지 형질변이 메커니즘 중에서도 정확히 동일한 한 가지 형태의 변이만을 보였다. 결과는 분명히, 형질변이는 순전히 임의적으로 일어나며 진화에는 목적이 없다는 가설을 지지해주지 않았다!

• John Cairns, J. Overbaugh, S. Miller, "The Origin of Mutants," *Nature*, no. 335 (1988): 142-145. / '종의 기원'을 패러디한 제목임. 역주

케언즈는 이 새로이 발견된 메커니즘을 유발변이(directed mutation)라 불렀다. 그러나 환경의 자극이 생명체에 피드백되어 유전자 정보가 고쳐 쓰이는 사건을 유발한다는 생각 자체가 중심 도그마로서는 금기여서, 기성 과학계의 반응은 신속하고 적대적이었다. 〈네이처〉 지와 미국의 〈사이언스〉 지는 모두 케언즈의 발견을 격렬하게 반박하는 사설을 실었다. 〈사이언스〉 지의 사설은 굵고 커다란 글씨체로 '진화생물학의 이단설'이라는 제목을 달고 나왔다. 이것은 흰 사제복을 입은 과학적 물질주의의 사제들이 케언즈를 언제라도 화형시킬 태세임을 분명히 보여주고 있었다. 그 누구도 도그마를 건드려서는 안 되는 것이다!•

그 후 10년 동안에 다른 연구자들도 케언즈의 실험결과를 재현해냈고, 그것은 그의 연구에 신뢰성을 더해주었어야 했다. 하지만 과학계는 여전히 그것을 충격적이고 받아들일 수 없는 생각으로 간주했다. 그 결과, 선구적인 진화학자들은 단어를 순화해서 유발변이를 적응변이(adaptive mutation), 그다음엔 그것을 이로운 변이(beneficial mutation)로까지 끌어내렸다. 게다가 과학계는 케언즈에게, 그 이름이야 유발이든, 적응이든, 이로운 것이든 뭐든 간에, 애초에 그러한 형질변이가 일어날 수 있게 하는 메커니즘을 설명해보라고 요구했다.

전통과학은 형질변이가, 생식과정 중에 일어난 사고事故가 복제된 결과로서만 일어난다고 생각했다. 유전자 암호를 이루고 있는 수십억 개의 핵산 염기는 두 개의 딸세포가 완전한 게놈을 물려받으려면 '정확히' 복제되어야 한다. 하지만 복제과정에는 오류가 일어날 수 있는 기회가 무수히 많다.

• R. Lewin, "A Heresy in Evolutionary Biology," *Science*, no. 241 (1988): 1431.

어떤 의미에서 DNA를 복제한다는 것은 인쇄술이 발명되기 이전 시절에 성경을 손으로 베껴 쓰던 것과도 같다. 수백만 단어 중에서 어떤 단어의 철자를 잘못 쓰기가 얼마나 쉬울지를 상상해보라. 어떤 단어가 누락됨으로써 문장의 의미가 바뀌어버릴 가능성이 얼마나 많을지를 상상해보라.

베껴 쓰는 과정에서 일어난 단순한 오류가 전체 문맥의 뜻을 완전히 바꿔놓을 수도 있는 것이다. 수도사가 두루마리 경전을 읽다가 깜짝 놀라면서 이렇게 외쳤다는 농담은 누구나 들은 적이 있을 것이다. "이런 제길! 독신으로 살라(celibate)는 게 아니라 잔치를 벌이라(celebrate)는 말이었잖아!"

다행히도 자연은 그런 가능성까지도 미리 고려해서 영리하게도 유전자 속에다 잘못 읽힌 DNA 서열을 고치는 교정 메커니즘을 내장해놓았다. 복제 도중에 일어난 어떤 오류가 우연히 이 교정 메커니즘의 손가락 사이를 빠져나가는 일이 일어나면 그것은 청사진의 변경을 야기하고, 그것은 마땅히 임의적인 돌연변이로 간주된다. 다윈의 이론은 진화란 궁극적으로 DNA 암호의 이처럼 우연한 변화로부터 파생된 것임을 강조한다.

그러나 케언즈의 실험에서는 최초의 박테리아는 락토스를 소화시킬 수가 없었으므로 정상적인 생식과정에 필요한 재료와 대사 에너지가 공급되지 않았다. 그래서 이 박테리아들은 일반적인 DNA 복제오류에 의한 임의적인 돌연변이를 통해서는 살아남을 수가 없었다. 그리하여 케언즈의 굶주린 박테리아 세포들은 과학이 알고 있는 것과는 전혀 다른 메커니즘을 통해 자신의 유전자를 변이시켰다. 박테리아가 의식을 지녔다고 믿기는 힘들 테지만, 라마르크에 의하면 변화하는 환경에 신속히 적응할 수 있게 하는 모종의 선천적인 지성이 존재하는 듯하다.

이제 우리는 스트레스에 싸여서 세포분열을 못 하고 있던 박테리아가 오류를 잘 내는 고유의 DNA 복제효소를 의도적으로 가동시켜서 특정 장애와 관련된 변이된 복제유전자를 만들어낼 수 있다는 것을 안다. 변이된 유전자를 만들어내는 이 과정을 통해서 생명체는 환경의 스트레스 요인을 극복할 수 있는 좀더 기능 좋은 유전자를 만들어내려고 하는 것이다. 이 형질변이 메커니즘을, 일부러 오류를 일으키는 엉터리 복사기 같은 것이라고 생각해보라.

세포는 이 DNA 합성효소를 사용하여 임의로 변이된 다수의 복제유전자를 만들어내어 형질변이의 발생률을 높임으로써 생존을 도모할 수 있는 것이다. 일부러 임의적인 돌연변이를 일으키는 체세포 초변이^{超變異}•라 불리는 이 메커니즘은 이 과정의 다원적 측면을 보여준다.

스트레스를 받은 박테리아는 결국 다양하게 변이된 암호를 가진 복제유전자를 양산해낸다. 이 중의 어떤 유전자가 박테리아의 스트레스를 효과적으로 해결하는 단백질을 만들어낼 수 있게 되면 그 박테리아는 자신의 염색체에서 기능이 부실했던 처음의 유전자를 잘라내고 새로 나온 유전자로 대체한다. 이것은 이 과정의 라마르크적 측면이다. 환경과 세포 사이의 유익한 상호작용을 통해 최선의 새 유전자가 선발되는 단계인 것이다.

케언즈의 연구와 후속연구들은 생명체가, '환경에 적응할' 뿐만 아니라 후대의 적응력을 높여주기 위해서, 의도적으로 자신의 '유전자를 바꾼다'는 사실을 밝혀줬다. 달리 말하자면, 과학은 진화란 맹목적으로 던져지는 다윈의 주사위에 의한 단순한 우연이 아니라 생명체와 환경이 어

• somatic hypermutation: 체세포 유전자의 형질변이가 빠르고 빈번하게 일어나는 현상.

울려 추는 라마르크식의 협동적 춤사위임을 깨달아가고 있다. 그것은 생명체가 스트레스를 주는 환경에 끊임없이 적응해갈 수 있는 역동적 과정인 것이다.

과학기술자들은 이미 이 초변이 메커니즘을 이용해서 누출된 기름을 먹어치우거나 원광에서 특정한 광물질을 추출해내는 박테리아를 만들어내고 있다. 다른 한편에서는 의학도 세균이 가장 강력한 항생제에도 내성을 갖출 수 있게 만드는 바로 이 유전 메커니즘 앞에서 한참 어리둥절해 있다가 이제는 전세를 역전시키고 있다.

그러니, '진화는 의도적으로 일어나는가, 우연히 일어나는가?'라는 의문에 대한 답은 양쪽 다 우렁찬 '예스!'다. 이제 우리가 깨닫고 있듯이, 의도와 우연과 같은 반대극들은 동시에 작용하는 것 같다. 지나치게 의인화하고 싶진 않지만 — 박테리아는 자신이 인간에 비유되는 것을 정말 싫어한다 — 박테리아는 살아남고자 하는 의도를 가지고 있는 것 같다.

사실, 모든 생명체가 이런 타고난 본능을 보여주고 있으며, 생물학자들은 이것을 '생존의지'라 부른다. 이 생존 메커니즘이 세포의 차원에서, 행운의 숫자를 맞출 때까지 임의적인 변이의 봇물을 터놓게 하는 것이다. 연구자들이 이 케언즈의 실험을 무수히 반복해봤지만 변이에 성공한 유전자의 DNA 염기서열에서는 그 어떤 특정한 패턴도 발견되지 않았다. 그런 측면에서 보자면 이 과정은 임의적이다.

하지만 그럼에도 그것은 임의적이 아니다. 초변이 현상과 인간의 브레인스토밍brainstorming 사이에 나타나는 흥미로운 유사성을 살펴보자. 새로운 상품의 이름을 짓기 위해 애쓰는 한 그룹의 사람들을 상상해보라. 브레인스토밍의 규칙에 의하면, 아이디어가 떠오르는 대로 누구나 자유롭게 말하면 그것을 고치거나 판단하지 않고 그대로 칠판에 적는다. 브레인스토밍 과정은 누군가가 모두가 공감하는 이름을 제시하게 될 때까지 무수한 오답을 예상하고 허용한다. 정답이 나오기까지 다섯 개, 열 개, 아니, 몇백 개의 오답을 받아 적어야 할지는 아무도 모르지만 마침내는 '바로 그거야!'가 터져 나올 것으로 기대 ― 혹은 의도 ― 된다. 또한, 동일한 과제를 부여받은 무수한 브레인스토밍 그룹들은 저마다 다른 임의적인 경로를 밟아서 결국은 가능한 최선의 답에 도달할 것이다.

그러니 맞다. 진화는 임의적인 과정이다. 그러나 그 임의성은 어떤 의도된 목표를 품고 있는 듯하다. 그걸 어떻게 아느냐고? 왜냐하면 박테리아의 경우, 적절한 적응변이가 발견되고 나면 그 과정이 멈추기 때문이다. 그것은 이 명언과도 같다. ― 우리는 왜 언제나 찾아다니던 마지막 장소에서 잃었던 물건을 발견하는 걸까? 그것은 왜냐하면 물건을 찾고 나면 더 이상 찾아다니기를 멈추기 때문이다.

'타자 치는 원숭이' 예찬

생명의 기원이 순전히 임의적이라는 주장은 원인으로서의 장場이라는 개념을 무시해버리는 순전히 물질적인 차원의 세계에서만 통할 수 있다. 종이 위에 아무렇게나 뿌려진 쇳가루와, 보이지 않는 자기장에 의해 가지런히 정렬된 무늬를 보이는 쇳가루의 차이를 상기해보라. 이와 유사하게, 단세포 생물들을 나무나 개나 인간과 같은 일사불란하고 세련된 생명체의 형태로 모양을 갖추게 만드는 어떤 장이 존재할 수 있을까? 누가, 혹은 무엇이 그 세포들에게 그렇게 되려면 이렇게 저렇게 해야 한다고 일러준 것일까?

우리가 이미 배웠듯이 물리학은, 사실은 비물질적인 장이야말로 물질을 지배하는 유일한 것임을 인정한다. 물론 그 물질에는 세포와 사람도 포함된다. 그렇다면 그 장을 지배하는 것은 무엇, 혹은 누구일까? 양자물리학의 역대 거장들이 말했듯이, 어쩌면 우리는 우주도, 데카르트의 말처럼, 생각하기 때문에 존재한다는 사실을 곧 깨닫게 될지도 모른다. 아마도 우리는 생각이야말로 우리의 현실을 만들어내는, 유전형질 이상으로 실질적인 힘이라는 사실을 깨닫게 되리라.

하지만 스스로 창조론자가 아니라고 생각하는 사람들의 입장에서 보자면, 생명과 생물권의 기원에 관한 의문은 순전히 우연에 의해 인간이 현재의 형태를 갖추게 된 그런 임의적인 우주의 역학에 입각해서 고려되어야만 한다. 그러나 불행히도, 목적 없는 신에 대한 교조적 숭배는 모든 것을 통제하고 지배하는 신에 대한 교조적 믿음과 마찬가지로 인간의 힘을 앗아간다. 어느 쪽이든 간에 자신의 권능을 순전히 외부에 있는 존재에게 넘겨줘버리는 꼴이니까 말이다.

의미도 목적도 없이 우연에 의해 생겨난 우주에서는 물론 이기적인 유전자가 번성할 것이다. 왜냐고? 첫째, 우주의 조화롭고 사랑에 찬 존재가 가지고 있는 그런 도덕적 권위가 존재하지 않을 것이기 때문이다. 둘째, 그 어떤 것에도 '목적'이 존재하지 않는다면 자신을 넘버원으로 창조하여 다른 모든 사람과 사물들을 넘버투로 취급하는 것이 얼마든지 정당화될 수 있기 때문이다.

우주가 하나의 비인격적인 기계이고 우리는 우연에 의해 조립된 존재라는 '궁극의 깨달음'에 동의한다면 자원을 낭비하면서 경쟁하고, 입 다물고 복종하라는 그 기계의 명령에 인간이 그처럼 고분고분 복종하는 것도 전혀 놀라운 일이 아닐 것이다. 생명에는 아무런 의미도 없다고 자신의 잠재의식에게 소리침으로써, 우리는 기계의 의식이 우리의 인간적 성장욕구를 일종의 순진한 이상론으로 몰아붙이도록 가만히 내버려둔다. 포스트모더니즘이 두 세대를 거쳐 가는 동안 무관심과 냉소주의가 유행했다. 이러한 태도는 더 나아지고자 하는 우리의 욕구를 억눌렀고, 이 행성의 공#진화 과정 속에서 우리가 맡을 수 있는 긍정적 역할을 깨우치지 못하도록 훼방하고 우리의 번성에 이로운 패턴이 무엇인지를 알아차리지 못하도록 눈을 가렸다.

임의성이 결정론을 만날 때

이제 우리는 우리가 애지중지해왔던 많은 바탕신념들이 그릇된 것일 뿐만 아니라 너무나 파괴적인 것임을 깨달아가고 있다. 생명과 진화라는 현상이 순전히 임의적인 돌연변이나 우연에 의한 것이라는 신다윈주의의 맥빠지고 부정확한 가정은 특히나 파괴적인 신념이 아닐 수 없다. 케언즈의 박테리아와 같은 생물이 스트레스를 주는 환경에서 살아남기 위해 적응변이 메커니즘을 가동할 수 있다는 사실은, 진화에는 의도가 담겨 있을 수 있음을 시사한다. 즉, 생명체는 자신의 유전자 암호를 고쳐 쓰는 것을 포함하여 가능한 모든 방법으로 환경에 적응해가리라는 것이다. 그러므로 라마르크가 내다본 것처럼, 진화현상이란 생명체가 환경 속의 역동적인 변화에 적극적으로 반응하고 적응해가는 능력과 밀접한 관계를 가지고 있다.

그러니 우리는 이렇게 물어봐야 한다. ― '우리는 진화의 미래상을 통찰할 수 있을까?' 절멸의 위험이 감지되는 암울한 문명의 미래를 눈앞에 둔 이때 우리가 거쳐온 진화의 역사를 살펴보면, 거기서 우리는 벌써부터 생존본능으로써 단단히 무장하고 있는 우리의 태도에 대한 경고를 발견할지도 모른다.

그러나 무기를 집어들 것인지 말 것인지는 우리가 우주를 모양 짓는 배후의 질서를 믿느냐, 아니면 혜성의 충돌이나 전대미문의 강력한 허리케인이나 공기감염 전염병의 엄습과 같이 제멋대로 작용하는 환경의 역학을 믿느냐에 달려 있다.

우리는 그 답은 양쪽 사이의 균형이라고 생각한다.

정의에 의하면 임의적인 우주는 우연이나 사고事故에 의해 진화할 것이고, 따라서 그 운명은 전혀 예측할 수가 없을 것이다. 우리의 존재를 결정하는 으뜸 요소는 우연이라는 것이 신다윈주의 진화론의 핵심이다. 그러나 임의적인 것처럼 보인다고 해서 모든 것이 임의적인 것은 아니다. — 그것은 카오스 상태일 수 있다. 임의계(random system)와 카오스계(chaotic system)는 겉보기에는 서로 비슷하다. 너무나 비슷해서 우리는 임의성이란 말과 카오스란 말을 동의어처럼 쓰고 있다. 사실은 반의어인데 말이다. 임의계는 우연에 의해 작용한다. 반면에 카오스계는 임의적인 것처럼 보이지만 사실은 배후의 어떤 조직성을 바탕으로 하고 있다.

임의성과 카오스의 차이는 다음 시나리오에서 뚜렷이 구별된다. — 하루 중 가장 붐비는 시간에 뉴욕의 그랜드 센트럴 기차역 대합실을 내려다보고 있다고 상상해보라. 많은 사람들이 제각기 종종걸음으로 우왕좌왕 서두르고 있는 것처럼 보이지만 극소수를 제외하고는 모두가 일정한 목적지를 가지고 있다. 만약 우리가 우주의 지성에 연결되어 그 각각의 사람들의 마음을 읽을 수 있다면 그들의 멈춤과 움직임과 방향전환의 배후에는 일정한 목적이 있음을 이해하게 될 것이다. 인파의 흐름은 겉보기에는 임의적으로 보이지만 사실은 카오스 상태인 것이다. 왜냐하면 사람들의 움직임은 저마다 내부의 일정한 계획을 따르고 있기 때문이다.

하지만 그 혼잡한 시간의 인파 속에서 어떤 사람이 갑자기 "불이야!" 하고 외친다면 어떤 일이 일어날지를 상상해보라. 카오스 상태는 즉시 임의적인 아수라장으로 변해서 사람들은 어디로 가야 할지를 모르는 채 이리저리 뛰어다닐 것이다.

'임의성'과 '카오스'란 말은 '질서'라는 말과 함께 어떤 계의 조직의 복잡성을 기술하는 데 쓰일 수 있다. 아래 그림처럼, 임의성과 질서는 각각 조직구조의 스펙트럼상에서 양극단을 뜻하고 카오스는 그 중간점을 뜻한다.

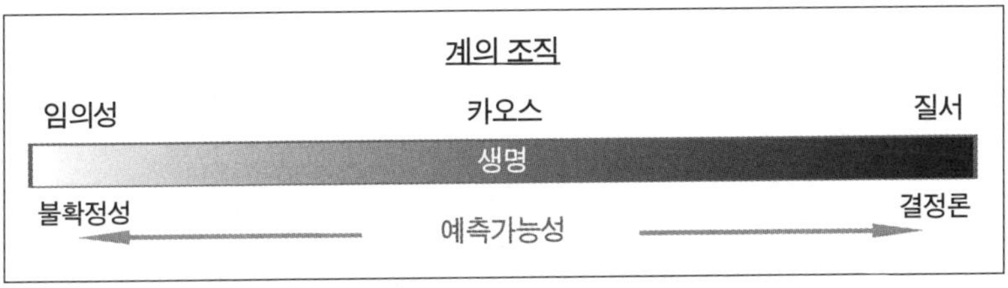

계의 조직

임의성	카오스	질서
	생명	
불확정성	예측가능성	결정론

이 생명의 연속체에서 임의성과 질서는 양극단에 있고 카오스는 중간에 있다. 예측가능성의 스펙트럼상에서 불확정성은 임의성과 연관되고, 결정론은 질서와 연관된다.

임의계는 불확정성으로 가득 차 있어서 생명의 활동을 뒷받침해주지 못한다. 왜냐하면 거기에는 통합적으로 제어되는 생리작용이 요구하는 조직성이 없기 때문이다.

반대쪽 극단에서도 마찬가지다. 생명은 단단한 결정과도 같은 계에서는 발생할 수가 없다. 왜냐하면 거기에는 살아 있는 생명체가 요구하는 역동성이 없기 때문이다. 〈금발소녀와 세 마리 곰〉 이야기*에서와 같이, 생명은 딱 알맞은 계를 필요로 한다. 그리고 역동적이고 제어 가능한 카오스의 풍부한 예측가능성 속에서 그것을 찾아낸다.

계의 운명을 예측하는 능력은 그 조직의 성질을 이해하는 데서 나온다. 고도로 질서정연한 계를 형성시키는 배후 패턴을 알아내면 우리는 그 계의 과거와 미래의 조건을 정확히 예측할 수 있다. 그러나 임의계는 그 천성적으로 변덕스러운 양태가 정확한 예측을 — 불가능하지는 않더라도 — 어렵게 만든다. 한 계의 조직성과, 그 운명에 대한 예측가능성은 그것을 움직이는 메커니즘 — 물리 — 에 따라 달라진다. 뉴턴 물리학을 기반으로 하는 계는 결정론과 질서가 그 특징이고 양자역학을 기반으로 하는 계는 그 방정식에 불확정성이 끼어든다.

이 두 가지 계와는 대조적으로, 카오스계는 질서와 무질서 양쪽의 성질을 다 띠고 있다. 따라서 카오스계는 뉴턴 물리학과 양자 물리학으로 형성된다. 5장 〈오로지 물질만이 중요하다〉에서 강조했듯이, 과학의 지식에 양자역학이 더해졌을 때, 뉴턴 물리학은 부정된 것이 아니라 그 안에 포용되었다. 카오스계에는 뉴턴 물리학과 양자 물리학 중 어느 한 쪽이 아니라 둘 다 영향을 미친다.

지금쯤은 당신도 아마 과학이 제시하는 새로운 인식과 관련하여 반복되고 있는 주제를 알아차리고 있으리라. 앞서 언급했던, 의도와 우연, 다윈의 이론과 라마르크의 이론, 물질과 영, 그리고 거기에 더하여 뉴턴 물리학과 양자 물리학과 같은 이원적인 관점들이 우리 세계의 전일적 이해

---

* 금발소녀가 아빠, 엄마, 아기곰 세 가족이 사는 빈집에 와서 세 그릇의 죽, 세 의자, 세 침대 중에서 자신에게 가장 맞는 것을 먹고 써보다가 곰이 들어오자 놀라서 도망간다는 단순한 스토리의 동화. 역주.

를 위해 통합되고 있는 것이다. 살아 있는 계의 운명은 결정론과 불확정성이라는 양쪽 성질의 영향을 동시에 받고 있다.

게임은 정해져 있다 — 피에르 시몽 라플라스

뉴턴 역학의 법칙에 지배받는 물리적 우주의 사물에는 충돌하는 당구공에 작용하는 역학과 동일한 역학이 작용한다. 그러한 우주에서는 당구의 달인이나 수학자라면 당구공이 충돌 후에 어떻게 움직일지를 예측, 아니, 예언할 수 있다.

우주의 기본입자가 '나노 당구공'처럼 행동한다는 것을 안 프랑스의 수학자 피에르 시몽 라플라스는 과학적 결정론*이라는 개념을 만들어냈다. 라플라스의 주장을 요약하자면, 한 시점에서 우주의 모든 입자 — 당구공 — 의 위치와 속도를 알고 있다면 우리는 과거나 미래 어느 시점이든 입자의 움직임을 모두 계산해낼 수 있다는 것이었다. 이전의 사건에 관한 충분한 데이터와 적절한 수학을 동원하면 우리는 역학계의 모델을 만들어내어 미래의 결과를 정확히 예측해낼 수 있을 것이다. 과학적 결정론의 원리는 인간의 모든 사건과 행동과 결정을 포함하여 사건들의 모든 상태는 그 이전 사건들의 불가피한 인과적 산물임을 시사한다.

하지만 옥에 티가 하나 있다. 다윈의 이론에 따르면 진화는 환경과 무관하게 일어나는 임의적인 돌연변이의 바탕 위에서 전개되어왔다. 이것

---

* Pierre Simon Laplace, *Theorie Analytique des Probabilites*, 1st edition, (Paris, France: Mme. Ve Courcier, 1812).

은 라플라스의 예측가능한 우주 모델과는 모순되는 것처럼 보일 것이다. 다윈의 이론은 환경이 돌연변이의 결과에 영향을 미치지 않는다는 점을 특별히 강조한다. 우연에 의한 진화란 우주의 조커 카드joker card와 같은 것일 것이다. 마치 당구대 위에 내려앉았다가 공에 깔리는 나방처럼 말이다. 나방은 안 그랬으면 정해져 있었을 게임의 양상을 바꿔놓는다.

그러나 앞서 말했듯이, 생명체가 환경에 적응하거나 조화하기 위해 능동적으로 진화해가는 적응변이에 관한 케언즈의 통찰은 진화를 임의적인 것으로 생각하는 과학적 물질주의에 도전장을 내민다. 적응변이에 관한 최근의 연구결과에 의하면, 동일한 유전형질의 박테리아를 비슷한 정도의 스트레스 환경을 가진 배양접시들에 접종하면 이들은 주어진 환경조건의 지배를 받아 매번 동일하게 전개되는 진화경로를 따른다는 사실이 밝혀졌다.• 이 주목할 만한 발견은 미래를 예측할 수 있다는 라플라스의 생각을 뒷받침해준다. ― 스트레스 환경의 초기상태에 관한 충분한 데이터만 있다면 우리는 각 배양접시 속에서 전개되는 박테리아의 진화경로를 높은 정확도로 예측할 수 있을 것이다.

제한된 방식 내에서이긴 하지만 의학은 이미 수백 년 동안 진화경로를 조종해왔다. 의사가 환자에게 백신을 주사할 때마다 그들은 면역계의 특정 유전자의 진화를 조종하고 있는 것이다. 백신에다 특정한 바이러스나 박테리아 항원을 넣음으로써 그들은 인체 면역계가 특별히 그 항원에 달라붙어 그것을 막아내고 파괴할 정확한 항체 단백질을 만들어내도록 유도할 수 있다.

• Tim Appenzeller, "Evolution: Test Tube Evolution Catches Time in a Bottle," *Science* 284, no. 5423 (25 June 1999): 2108.

여기서, 백신을 접종받기 전에는 유도된 항체 단백질 구조를 암호로 가지고 있는 유전자가 존재하지 않았다는 사실에 주목할 필요가 있다. 그것은 앞서 설명한 것과 동일한 체세포 초변이라는 적응과정을 통해서 형성된 것이다. 과학자들은 항체 유전자의 변이를 특정적으로 주문하고, 그 결과로 면역계의 진화를 조종하게 되는 것이다. 마찬가지로 산업계의 미생물학자들은 유출된 기름이나 기타 독성 오염물질을 먹어치우는 변이 미생물을 만들어내기 위해서 박테리아를 특정한 환경에 집어넣음으로써 진화경로를 조종한다.

카오스 이론의 초창기 개척자인 MIT 교수 에드워드 로렌츠Edward Lorenz는 우주는 결정론적이라는 가정으로부터 연구를 시작하여 1960년에, 비교적 단순한 뉴턴 물리학의 방정식 몇 가지를 사용하여 독창적인 날씨 맞추기 장난감을 고안해냈다. 그가 자신의 방정식을 소수점 이하 일곱 자리까지 계산하는 컴퓨터 프로그램을 짰을 때, 인쇄된 결과는 일관적이고 예측가능한 하나의 모델을 드러내주었다.

하지만 로렌츠의 가장 의미심장한 발견은 시간에 쫓긴 그가 데이터 처리속도를 높이기 위해서 데이터를 소수점 이하 네 자리에서 반올림했을 때 일어났다. 이번에는 그가 기대했던 것과는 전혀 다른 결과가 인쇄되어 나왔던 것이다. 데이터를 천 분의 일도 안 될 만큼 조금 바꿨는데도 그로 인한 결과는 엄청나게 달라졌다. 그는, 처음에는 극미한 차이밖에 없어 보이던 것이 결과에서는 세상의 모든 변화를 가져올 수 있는, 그런 어떤 현상을 목격했다.

반올림된 값을 사용하다가 '민감성'이라는 개념을 우연히 만나게 된 것이다. 그것은 복잡하고 역동적인 계의 고유한 행태와 관련된 가장 중요한 통찰 중 하나였다. 초기민감성이라는 이 개념은 초기상태의 극미한 차이도 임의적인 변화처럼 보이는 중대한 결과를 가져올 수 있음을 분명히 보여준다. 따라서 우리가 임의적인 사건이라고 여겨온 많은 것들이 사실은 상당히 예측가능한 것임이 밝혀진 것이다. — 충분한 민감도로써 초기 데이터를 얻어낼 수만 있다면 말이다.[*]

로렌츠의 개념은 '나비효과'로 널리 알려졌다. — '오늘 북경의 나비가 한 날갯짓이 한 달 후에 뉴욕에 일어날 태풍에 영향을 미칠 수 있다.' 그런 일을 상상하기는 힘들지만, 로렌츠의 발견은 실제로 날씨 패턴, 대양의 조류, 생태계의 진화 등을 포함한 역동적인 계는 임의적으로 변하는 것 같이 보임에도 불구하고 사실은 결정론적이며, 그러므로 예측할 수 있음을 말해준다.[**]

신은 주사위 놀이를 한다

당신이 결정적 우주론 편에다 집문서를 걸고 싶다면 그전에 양자물리학자 베르너 하이젠베르크의 작은 통찰을 들어보고 그 확신을 좀 누그러뜨려야 할 것이다. 라플라스가 주장한 종래의 관점은, 한 시점에서 어떤 입자의 위치와 속도만 안다면 그 입자의 미래의 움직임을 정확히 예언할 수 있다는 것이었다.[***] 그러나 이 관점은 하이젠베르크의 '불확정성 원

---

[*] E. N. Lorenz, "Three Approaches to Atmospheric Predictability," *Bulletin of the American Meteriological Society* 50, no. 5 (1969): 345-351.

[**] E. N. Lorenz, "Deterministic Nonperiodic Flow," *Journal of Atmospheric Sciences*, no. 20 (1963): 130?141.

[***] T. Dantzig, J. Mazur, *Number: The Language of Science*, (New York, NY: Plume, 2007), 141.

리'가 입자의 속도와 위치 '모두를' 정확하게 안다는 것은 불가능하다는 사실을 밝혀냄으로써 수정되어야 했다. 왜냐하면 관찰자는 하나의 변수를 측정하는 과정에서 다른 변수를 왜곡시키기 때문이었다.

불확정성 원리는 뉴턴의 결정론이 시사하는 확실성과는 모순을 보였다. 양자역학은 뉴턴의 결정론을 부정하지는 않지만 확률이라는 성질로써 그것을 누그러뜨린다. 미래를 결코 정확하게 예언할 수는 없지만 충분한 정보만 있다면 올바로 추측할 '확률'이 지극히 높아지는 것이다.

인간은 수천 년 동안 해가 동쪽에서 떠서 서쪽에서 지는 것을 목격해 왔다. 우리는 지금부터 1년 후의 어느 월요일 아침에도 해는 동쪽에서 떠서 서쪽에서 지리라고 예측할 수 있다. 그럴 승산은 너무나 커서 아무도 감히 그 예언에 반대해서 내기를 걸지는 않을 것이다. 그러나 일어나기 힘든 일이기는 해도, 그전에 혜성이 지구에 부딪혀서 지구를 거꾸로 돌아가게 만들 수도 있는 일이다. 그러니까 미래는 확률에 근거하는 것이지 확실성에 근거하는 것이 아니라는 말이다. 아인슈타인은 양자역학의 불확정성 원리에 심기가 매우 불편해진 나머지 이렇게 믿기를 택했다. "신은 우주를 가지고 주사위 놀음을 하지 않는다."

다윈의 이론은 장구한 세월에 걸쳐 한 종이 다른 종으로 진화하는 무한히 점진적인 변형을 거쳐서 진화가 일어난다고 주장한다. 이에 반해서 고생물학자 굴드Stephen Jay Gould와 엘드리지Niles Eldridge는 실제로 진화는 오랜 기간의 안정된 상태에 파국적인 격변의 시기가 주기적으로 겹치는 동안에 일어난다는 것을 입증했다. 각 파국의 결과로 어떤 종은 멸종하고, 새로운 종이 폭발적인 개체수 증가를 보인다. 새로운 종의 급격한 발생과 진화는 다윈의 메커니즘으로 설명할 수 있는 것보다 빠른 속도로 일어난다. 달리 말해서, 진화는 점진적인 변천이 아니라 갑작스런 도약에 의해서 일어난다는 것이다.

어디서 들어본 이야기 같은가? 원자 주위 전자궤도의 한 에너지 준위에서 다음 준위로 전자가 도약할 때 경험하는 양자도약 말이다. 이것이 1세기 전에 양자물리학을 탄생시킨 막스 플랑크의 핵심적인 발견이다. 생명의 진화 또한 그 복잡성이 특정 수준에 이르면 그 일부분의 성질로부터는 예측할 수 없었던 전혀 다른 형태의 생명을 출현시킨다는 점에서 양자현상과 동일한 성질을 드러낸다.

가만히 생각해보면, 정자와 난자가 인간이 될 수 있다고 상상한다는 것은 상상력의 엄청난 확대다. 하지만 그것은 너무나 보편적으로 받아들여진 사실이기 때문에 이상할 게 아무것도 없는 것처럼 보일 뿐인 것이다. 아마도 우리가 할 수 있는 다음 단계의 상상은, 지금 사람들이 행동하고 교류하는 방식으로부터는 거의 예측할 수 없는, 인류가 살아남아 새로운 복잡성 수준에서 협동적으로 번성해갈 수 있게끔 해줄 그런 새로운 인류 문화의 출현일 것이다.

곤충이나 새나 물고기의 무리 행동에 관한 연구가 이 같은 새로운 현상의 출현을 촉진하는 자연의 힘을 통찰할 수 있게 해주었다. 이 동물들로 하여금 일사불란하게 보조를 맞추어서 순간적으로 행동패턴을 바꿀 수 있게끔 하는 것은 대체 무엇일까?

물고기의 행동에 관한 흥미로운 연구에서 영국의 학자 이아인 코진 Iain Couzin과 그의 연구팀은 수학적 모델을 사용해서 물고기들이 무리 속에서 다른 물고기들과의 거리를 바탕으로 자신의 상대적 위치와 방향을 바꾼다는 사실을 발견해냈다.• 정렬구역(alignment zone)이라 불리는 이 영역을 무시할 수 있는 거리라면, 다시 말해서 서로에게 영향을 미칠 만큼 가까이 붙어 있지 않을 때는 물고기들은 다른 고기들에게 거의 신경을 쓰지 않고 제멋대로 헤엄쳐 돌아다닌다. 그러나 물고기의 수가 어떤 임계치에 도달하거나 환경의 변수가 바뀜으로써 어쩔 수 없이 서로 거리가 가까워지면, 그들은 행동패턴을 바꾼다. 어떤 임계치의 거리만큼 서로 가까워지면 물고기는 도넛 형태의 동그란 무리를 이루면서 서로의 뒤꽁무니를 따라가기 시작하는 것이다. 그러다가 그들 사이의 거리가 그다음의 임계치에 이르면 행동패턴은 다시 바뀌어 이번에는 서로 나란히 무리를 지어서 헤엄친다. 그렇다면 물고기들의 행동패턴이 이처럼 비약적으로 바뀌게 하는 것은 무엇일까?

그 답을 찾던 코진과 그의 연구팀이 연구의 대상을 개미떼로 바꿨을 때, 그들은 집단의 행동역학에 관련된 힌트를 발견하기 시작했다. 무리의 행동에 관한 이전의 연구결과들은, 무리 속에선 모종의 합의된 결정이 일어나고 있음을 시사해주고 있었다. 예컨대 51퍼센트의 무리가 일정한 방향을 바라보면 무리 전체가 그 방향으로 진행하곤 했던 것이다.

하지만 코진은 거기서 리더, 곧 무리의 방향을 정하는 듯한 개체들을 좀더 세밀하게 구별해낼 수 있다는 것을 발견했다. 그는 그들을 '전문가'로 불렀는데, 그들은 먹이가 어디에 있는지, 혹은 어디가 위험한지를 더 예민하게 감지하는 것 같았다. 전체 무리는 작은 비율의 전문가 그룹에게 전체의 행동을 지휘하도록 위임하고 있었다. 예컨대, 30마리의 개미는 네다섯 마리, 즉 16 내지 20퍼센트의 전문가를 필요로 했다. 한편 200마리의 개미도 단지 다섯 마리의 전문가가 이끌 수 있었는데, 이것은 전체의 2.5퍼센트밖에 되지 않는다.[**]

• Iain Couzin, Erica Klarreich, "The Mind of the Swarm," *Science News Online* 170, no. 22, November 25, 2006, 347–49.
•• 같은 글.

전문가 개미들이 다른 개미들과 신체적으로 다른 형질을 가지고 있는 것 같지는 않았다. 하지만 그들은 장場과 더 잘 동조되어 있는 것처럼 보였고, 다른 개미들도 그것을 알고 있는 것 같았다. 그러니까 코진이 만약 영적인 사람이었다면 아마 그 개미들을 '주술사 개미'라든지, '사제 개미'라든지, 아니면 '예언가 개미'라고 불렀을지도 모를 일이다. 그들은 전체의 필요에 초점을 맞추어 행동하는 것처럼 보이니까 말이다.

이와 마찬가지로 인간 무리의 진화도 그 밀도와 '전문가'의 수에 달려 있는 것 같다. 인구 수가 특정 밀도에 도달하여 서로가 더욱 밀착해서 살지 않을 수 없게 되면 소수의 창조적 문화전문가들의 영향력이 우리를 이끌어, 급작스럽게 패턴과 방향을 바꾸게 하여 더욱 깨어서 의식하고 생명을 긍정하는 그런 '인류'로 진화해가게 할 것이다. 라마르크도 마음속에 그랬을지 모르겠지만, 이 지도자들은 우리가 자신으로부터 자신을 구하도록 도와주리라.

그럼 우리는 무엇을 아는가, 그리고 그것이 왜 중요한가?

이제 말세의 네 가지 신화적 오해를 다 까발리고 제거한 우리는 무엇을 알고 있는가? 과학적 물질주의가 우리로 하여금 물질의 영역에만 주의를 집중하게끔 만들려고 애쓰고 있지만, 입자를 지배하는 것은 보이지 않는 장임을 우리는 알고 있다. 보이지 않는 장을 포용하도록 관점을 확장시키기만 하면 우리는 과학과 종교 양쪽 모두가 생명을 형성시키는 요소로서 보이지 않게 움직이는, 동일한 힘을 불러내고 있었음을 깨닫는다. 우리는 온전한 우주관이라면 보이는 물질과 보이지 않는 장을 모두 인정하고 포용해야만 한다는 것을 안다. 그러지 않으면 현실의 반을 버리는 것이 되니까.

우리는 또 이 우주의 만물이 서로 연결되어 있음을 안다. 상대방이 대가를 치르게 함으로써 내가 무엇을 얻기로 한다면 분명히 우리는 최적의 효율로써 일하지 못하고 있는 것이다. 그리고 적자생존의 법칙은 우리 종의 어떤 개체를 크게 성공할 수 있게 만들어주지만, 전체가 대가를 치르게 함으로써 한 개체가 살아남는 방식은 전체의 생존을 위협한다. 게다가 아는가? 거기에는 그 개체도 포함된다는 것을.

이제 우리는 유전자가 우리의 운명이라는 생각에 빠짐으로써 우리가 변화시킬 수 있는 현실의 많은 부분에 대한 우리의 능력을 스스로 빼앗아 버렸음을 안다. 그것이 우리로 하여금 자신의 힘을 흰 가운을 입은 새로운 사제들에게 넘겨주게 한 것이다. 좋은 소식은, 우리는 우리의 천부적인 힘을 깨닫고 사용하는 법을 터득함으로써, 더 힘있게 효율적으로 살아갈 수 있는 세상을 창조해낼 수 있다는 것이다.

우리는 오랜 세월 동안 우리 조상들을 미혹시켜온 진화라는 것이 임의적인 현상이 아니라 카오스계에 내재된 예측 가능한 패턴을 따른다는 사실을 안다. 이 패턴을 인식함으로써 우리는 우리의 지성으로써 그것을 활용하여 자연과 함께 우리의 세계를 공동창조한다. 우리는 심지어 우리를 더 깊은 지식과 경험 — 생명의 지속에 강조점을 둔 — 을 향해 앞으로 나아가게끔 충동질하는 '진화적 명령(evolutionary imperative)'이 존재한다고까지 말할 수 있다.

그러나 자신의 예측능력에 대한 과신에 빠지기 전에 우리는, 양자적 성질을 지닌 이 장난꾸러기 우주가 다음 사실을 힘주어 말해주고 있다는 점을 상기할 정도의 지혜는 지니고 있다. 즉, 예측이란 더 정확히 말하자면 확률이며, 달리는 꿈꿀 수 없는 새로운 형태나 형질의 출현을 양자도약 현상이 가능케 해준다는 사실을 말이다. 스트레스 환경으로부터 살아남는 길을 재빨리 찾아낸 케언즈 실험의 박테리아와 마찬가지로, 우리 인류는 환경의 도전을 맞아 생존을 보장해줄 실질적인 해결책을 찾아낼 때까지 신념과 행동을 어떻게 변화시킬 수 있을지를 브레인스토밍함으로써 적응변이에 매진해야만 한다.

실로 다행스럽게도, 우리에게는 전 세계에 퍼져 있는 인터넷이라는 거의 순간적인 속도의 통신망이 있다. 이것은 한 곳에서 일어나는 사회적 변이(societal mutation)가 언제든지 지구 전체에 빠르게 퍼뜨려질 수 있음을 뜻한다. 그 공유되는 인식 속에 내재된 힘은 인류 역사상 미증유의 것이다. 지식이 곧 힘이라는 사실에 비춰본다면 인류는 이제 우리의 행성과 우리 자신을 예측 가능한 방식으로 치유하고 살찌워가기에 충분한 힘을 얻은 것이다.

우리의 공유된 인식을 온전히 표현함에 있어서 한 가지 중요한 점은, 먼저 인류가 현재 어디에 서 있는지를 올바로 깨닫는 것이다. 무릇 회복 프로그램의 맨 첫 단계는 현실을 있는 그대로 인식하는 것 아닌가. 그래서 지하철 주변지도에도 항상 '현재 위치'가 표시되어 있는 것이다. 그럼 우리의 문명은 지금 어디에 서 있을까? — 글쎄, 그리 좋은 곳은 아니다. 그 큰 이유는 이 사회가 쓸모없는 신념들, 즉 네 가지 신화적 오해를 지지함으로써 제도화해놓은 정신이상 상태 때문이다.

오로지 물질만이 중요하다.

적자생존

유전자 속에 다 들어 있다.

진화는 임의적으로 일어난다.

한때는 이 신념들이 모두 그럴듯하게 들렸지만 새로운 과학은 이 모두가 사실이 아님을 밝히고 있다. 우리의 무의식 속에 각인된 이 실패한 패러다임이 생존을 위협하는 현재의 문제를 부지하고 있는 것이다. 이 제약투성이의 오해로부터 우리 자신을 구해내면 우리는 전혀 새로운 가능성과 기회의 세계로 발을 딛게 될 것이다. 사고의 근본적인 변화가 상상을 초월하는 찬란한 미래를 맞이할 문을 열어젖혀줄 것이다.

9

교차점의 부조不調현상

"진실이 너희를 불편케 하리라." [•]

— 스와미 비안다난다

　　우리가 말세의 네 가지 신화적 오해와 결별을 고했음에도 불구하고… 어떻게 됐을까? 그것들은 아직도 남아서 우리를 엉뚱한 궤도에 올려놓고 '터무니없는 속도(fool speed)' [••]로 밀어붙이고 있다. 새로운 과학이 이 신화들의 뿌리를 뽑아놓았지만, 이들은 과학적 물질주의 패러다임을 지지하고 전파하도록 고안된 제도와 장치들을 뒤에 남겨두었다. 시간과 함께 이 제도들은 고유의 생명을 획득했고, 다른 생물들과 마찬가지로 생존하고 번식하라는 생물학적 명령에 따라 움직인다. 이 장에서 우리는 교차점에서 일어날 열차충돌을 피하기 위해 우리의 문화에 부조를 일으키고 있는 제도적 요소들을 찾아낼 것이다.

[•] 진리가 너희를 자유케 하리라(The Truth shall set you free)의 set을 upset으로 바꿔 패러디한 말. 역주.

[••] 전속력(full speed)의 full을 fool(바보)로 바꿔 패러디한 말. 역주.

미국의 퇴화

과학적 물질주의의 스토리는 영적 영역과 물질적 영역 사이의 균형을 유지했던 철학적 계몽시대에 잉태된 나라인 미국의 역사 속에 역설적으로 반영되어 있다. 살펴봤듯이, 미국 건국의 아버지들은 매우 영적이었고 서양세계와 북아메리카 원주민 문화 양쪽의 영원한 지혜(perennial wisdom)•를 흡수했다. 그들이 정의와 독립을 위해 고안한 제도적 장치들은 매우 실질적이었다. ─ 최소한 2백 년 이상은 지속될 정도로 말이다.

미국의 건국을 선언하는 계몽적인 문헌들에는 매우 심오한 생명사상이 담겨 있었다. 문명세계라는 곳에 사는 거의 모든 인간들이 독재와 군사지배의 변덕에 휘둘리며 살고 있던 시대에 갑자기 나타난 이 신생국의 건설자들은, 모든 인간은 생명과 자유와 행복을 추구할 권리가 있다는 실로 급진적인 사상을 선포했던 것이다. 지난 2세기 동안 힘이 곧 정의라고 믿는 정부의 지배에 시달린 사람들은 빛과 인도와 격려를 찾아 독립선언서로 눈을 돌렸다.

하지만 2백여 년의 세월이 흐르는 동안에 미국은 그 자유의 횃불로부터 그저 권력에 굶주린, 나머지 세계가 그 힘을 위협시하는 또 하나의 제국으로 전락해버렸다. 우리 정부가 선전하는 것처럼 다른 나라들은 우리의 자유를 부러워하고 있는가? 아니면 이 나라의 소위 자유언론이 더 이상 미국의 그늘을 비춰주려 하지 않거나 못할 정도까지 그 존귀한 자유는 퇴색해버렸는가?

태동기의 미국은, 적어도 백인들에게만은, 당시의 세계가 제시할 수

_____

• 존재의 본질에 관한 동서고금의 보편적 지혜. 역주.

있는 최선의 것 ― 전에 없는 권리와 자유 ― 의 총체였다. 그러나 '행복의 추구'가 '물질의 추구'로 변질되어가는 동안, 그 모든 약속들은 타협의 대상이 되어버렸다. 대체 무엇이 잘못된 것일까? 어떻게 해서 이런 일이 일어난 것일까?

신의 변신

앞서 보았듯이, 새로운 바탕 패러다임은 저마다 공감할 만한 진실과 실질적 혜택의 물결을 몰고 온다. 일신론은 우상과 미신의 시대에 질서와 영적 중심의 느낌을 가져다주었다. 과학적 물질주의는 경직된 믿음을 강요하는 종교의 위계적 틀에 억눌려 있던 세계에 상쾌한 공기를 공급해주었다. 하지만 그렇게 '신이 변신할' 때마다, 얻어지는 것의 이면에서는 무엇인가가 상실되곤 했다. 산업사회가 농업사회를 대체하자 보편적인 윤리기준을 제공해주던 공동체의 유대는 해체되어버렸다.

기억하라. 단순히 지식일 뿐인 과학은 가치중립적이어서 거기에는 도덕도 비도덕도 존재하지 않는다는 것을. 그리하여 과학적 물질주의가 우리를 성경의 계명의 구속으로부터 풀어놓았을 때, 그것은 도덕적 진공상태를 초래했다. 그리고 인간은 본능적으로 도덕적 진공상태를 싫어하기 때문에 무엇인가가 그 빈자리를 채워주어야만 했다. 그런데 불행히도 다원주의의 여파에 밀려온 인간정글의 법칙 ― 도덕률이 없는 법칙 ― 이때마침 그 일신론의 도덕적 권위를 대체해버리게 되었다.

엄청난 세속적 권력을 지닌 이 새로운 신은 서서히, 그리고 가차 없이 권세를 뻗쳐서 물질주의와 돈과 기계의 세속적 삼위일체를 이뤄냈다. 우리는 물질을 숭배할 뿐만 아니라 그것을 우리의 구원자로 받아들였다. 사실은 그 반대라고 말하는 현실의 간곡한 충고에도 불구하고, 구태의연한 지식은 돈이 우리를 행복하게 해주고 무기가 우리를 안전하게 해주며 약이 우리를 건강하게 해주고 더 많은 정보가 우리를 지혜롭게 해주리라는 믿음을 끊임없이 강화시킨다.

다행스런 소식은, 현실의 이러한 문제는 고칠 수 없는 인간의 속성으로 인해 빚어진 결과가 아니라 프로그램화된 신념으로 승격된 생각이 지닌 비인격적 속성에서 기인한 것이라는 사실이다.

문제를 일으키는 도그마의 프로그램을 해체하는 첫 단계는, 진실이라고 여겨지는 패러다임과 그 '진실'을 뒷받침해주기 위해 만들어진 구조물들 사이의 관계를 파악하는 것이다. '장場이야말로 입자를 지배하는 유일한 것'이라는 아인슈타인의 언명에 경의를 표하면서, 입자는 생각과 신념을 사물로 화하게 하여 '진실'을 실체화해주는 구조물인 반면에 장은 주로 보이지 않는 신념들로 이루어져 있다는 점을 유념해보라.

둘째 단계는 패러다임이 만들어낸 이런 구조물들의 영향력이 얼마나 막강한가를 깨닫는 것이다. 이런 제도화된 구조물들은 그 사회 문화의 기본으로 수용되는 행동관행을 형성시킨다. 그리고 그것은 그 신념을 북돋우고 퍼뜨리는 기업과 정부와 학교와 단체들을 통해 세상에 힘을 미친다. 달리 말해서, 우리는 사회의 정신적, 물리적인 주요 조직과 구조물에 대해 이야기하고 있는 것이다.

셋째 단계는 현대사회 속의 이러한 제도적 구조를 적발해내는 것이다. 우리가 2장에서 살펴보고 폭로한 신화적 오해들은 저마다 자신의 고유한 제도적 구조를 탄생시켰다.

- 오로지 물질만이 중요하다는 신념은
  성전에 환전상이 들끓게 했다.

- 적자생존의 신념은
  최악의 지배자에게 권력을 부여했다.

- 유전자에 다 들어 있다는 신념은
  병든 보건제도를 만들어냈다.

- 진화가 임의적으로 일어난다는 믿음은
  사람들이 천부의 힘을 발휘하지 못하도록 정신을 흩트려놓을
  대중미혹의 무기를 만들어냈다.

이 각각의 제도장치들을 살펴보면, 이것들도 모두가 다소간에 영과 물질 사이의 기능적 평형점으로부터 출발했지만 그 진실이 평형점으로부터 멀어져가면서 기능이 퇴화하게 되었음을 발견하게 된다. 그리하여 그 각각의 것들은 당시에는 가치를 지녔지만 시간이 지나면서 가치를 잃고, 다음으로 가치를 대접받는 사고체계나 신념에 자리를 내주게 되었다.

이 각각의 제도장치의 발달과정을 살펴봄으로써 우리는 영원한 의문에 대한 답과 관련하여서도 일어나고 있는 진화의 본질을 더 잘 간파할 수 있을 것이다.

1. 우리는 어떻게 여기까지 오게 되었는가?
2. 우리는 왜 이곳에 있는가?

3. 이왕 왔으니, 어떻게 사는 것이 가장 좋을까?

성전의 환전상들

신약성경과 역사가 조세푸스Josephus의 연대기에 의하면 예수 당시에 유대사회의 지배계급이었던 바리새인들은 기도하기 위해서는 돈을 내야 하는 제도를 만들어냈다고 한다. 유월절 예배에 참가하려면 반 셰켈(옛 유대의 통화단위)의 입장료를 내야 했다. 환전상들은 이 돈을 받고, 또 인간이 신의 비위를 맞출 때 쓰는 궁극의 제물인 양과 비둘기를 팔기 위해 성전 밖에 배치되었다.

성경에서 예수가 분노하는 유일한 사건으로 기록된 그 상황에서, 그는 채찍을 휘두르며 환전상들의 가판대를 뒤엎어 그들의 동전이 산산이 흩어지게 했다고 한다. 한때는 — 공짜로 — 생명과 자유와 행복의 추구에 이바지했던 거의 모든 성전들 앞에 지금은 환전상 대신 매표소가 들어선 모습을 본다면 예수는 과연 뭐라고 할까? 예컨대, 세계의 모든 식량식물의 종자를 독점 소유하리라는 원대한 포부를 내건 회사의 중역회의실에서, 예수는 얼마나 큰 채찍을 휘두를까? 인류의 공동자산을 유린하는 그런 짓 앞에서도 눈 하나 깜박하지 않는, 스스로 기독교인임을 고백하는 83퍼센트의 미국인들을 그는 얼마나 준엄하게 꾸짖을까?

몬산토클로스* 오신 날

유대인들의 이야기에 의하면 '후안무치'의 정의定義는, 부모를 죽이고 법정에 잡혀 와서는 자신이 가엾은 고아가 되었으니 제발 선처해달라고 비는 것이다. 그런데 그 후안무치에게도 아들이 하나 있었다던가?

치명적 제초제인 '에이전트 오렌지Agent Orange'를 생산하여 한때 이름을 날렸고, 오늘날은 세계에서 가장 큰 초국적 농화학 회사가 된 몬산토Monsanto는 유전자조작된 종자인 '라운드업 레디 카놀라Round Up Ready Canola'를 생산한다.** 이 유전자조작된 식물의 꽃가루가 유기농 농장이나 기타 재래종 카놀라 종자를 사용하는 이웃 농장으로 넘어가면 거기서 수분되면서 조작된 유전자를 전달하여 결국 그것을 라운드 업 레디의 복제 식물이 되게 만든다. 이런 일이 일어나면 몬산토는 돈을 내지 않고 자신들의 조작된 유전자를 사용한 혐의로 이웃 농장을 고소한다.

674개 이상의 바이오기술 특허 — 따지고 보면 독점 생명체 — 를 보유하고 있는 몬산토는 매우 괴이한 종류의 사업을 벌이고 있다. 농부들이 그들의 유전자조작된 종자를 구입하려면 그것의 씨를 받아서 다시 심지 않겠다는 합의서에 서명을 해야 한다. 달리 말해서 농부들은 해마다 몬산토로부터 종자를 구입해야만 하는 것이다. 이 계약이 지켜지게 하기 위해 몬산토는 자신들의 종자가 은밀히, 혹은 우연히, 혹은 달리 어떻게든 심어지지 않게끔 감시하는 스파이들을 풀어놓았다. 조사보고자인 도널드 L. 바틀렛과 제임스 B. 스틸에 의하면 몬산토는 수천 건의 조사를 실시하

---

* 산타클로스의 패러디. 역주.
** Donald L. Bartlett, James Steele, "Monsanto's Harvest of Fear," *Vanity Fair*, May 2008

여 수백 건의 소송을 벌였다고 한다. 대부분의 농가는 이 회사의 법적인 힘에 위협을 느껴서 자신을 변호해보지도 못하고 돈을 물어낸다.[•]

어디를 가든 농가들이 자체 보존하는 종자는 오늘날 사용되는 전체 종자의 80~90퍼센트를 차지하고 있는, 지역토산품종이다. 하지만 몬산토는 다른 꿍꿍이를 가지고 있다. 《기만의 종자》(Seeds of Deception)의 저자 제프리 스미스Jeffrey M. Smith에 의하면, 몬산토의 포부는 모든 종자가 100퍼센트 '유전자조작된 특허 종자'가 되는 그런 세상을 만드는 것이다.[••] 그들의 사업계획에는 농부들을 협박하는 일도 포함되어 있다. 또 다른 전략은 재래종 종자회사들을 사들이는 것이다. 2005년에 몬산토는 2주일 만에 상추, 토마토 등 미국 채소 종자 시장의 40퍼센트를 점유해온 세미니스Seminis 사와 미국에서 세 번째로 큰 목화씨 회사인 이머전트 제네틱스Emergent Genetics를 사들여버렸다.[•••]

전 세계의 소비자와 농부들이 몬산토가 큰 사고를 치기 전에 망하기를 바라고 있지만, 이 회사는 높은 자리에 앉은 영향력 있는 친구들이 많은 것 같다. 대법원 판사인 클라렌스 토머스Clarence Thomas는 1970년대에 몬산토의 변호인이었다. 2001년에 그는 유전자조작 종자와 관련하여 몬산토 등 유전자조작 종자를 만들어내는 회사들에게 유리한 판결문을 썼다.[••••]

이 탐욕적인 탐식가들이 지구촌 구석구석에서 어떤 '따먹기 작전' —

• Percy Schmeiser, "Monsanto vs Schmeiser," http://www.percyschmeiser.com
•• Jeffrey M. Smith, *Seeds of Deception: Exposing Industry and Government Lies About the Safety of the Genetically Engineered Foods You're Eating*, (Fairfield, IA: Yes! Books, 2003), 1.
••• Bartlett, Steele, "Monsanto's Harvest of Fear," *Vanity Fair*, May 2008.
•••• 같은 글.

"저건 내 꺼야! 저것도 내 꺼야! 저것도 내 꺼야!" — 을 펼쳐왔는지에 관한 끔찍한 이야기들로 이 책의 한 장을 가득 채울 수도 있을 것이다. 돈이 지닌 막강한 힘을 부정할 수는 없지만, 그것은 '돈 가진 자는 위용을 부릴 자격이 있다'고 생각하는, 주로 무의식적인 우리의 동의에 힘입어서 그렇게 된 것이다. 몬산토나 그 부류의 회사들에게 해줄 마지막 말로서, 아메리카 원주민 운동가인 위노나 라듀크Winona LaDuke의 말을 들어보자. 그는 오지브와족 장로들에게 유전자조작이 무엇인지를 설명해주었다. 그러자 그들은 이렇게 대꾸했다. "누가 그들에게 그런 짓을 할 권리를 주었는가?"

과연 누구일까? 계속 읽어보시라.

은행의 큰 강도질

우리의 사회가 어떻게 하여 금권뿐만 아니라 투기경제의 힘에 지배력을 넘겨주었는지를 이해하기 위해서, 과학적 물질주의와 함께 돈이 권력에 휘말리게 된 경위를 살펴보자.

돈은 '거래'라는 것이 일어난 그때로부터 우리와 함께했다. 금이나 기타 귀금속이 세상에서 실질적인 가치를 지닌 상품을 대신할 동전으로 만들어졌다. "저 닭 대신 내 염소의 20분의 1을 주겠소"라고 할 필요가 없게 해주는 돈은 거래에 아주 편리한 도구였다.

지니고 다니기가 힘들 정도로 많은 동전을 모으자 상인들은 그 동전을 대장장이에게 맡겨두기 시작했다. 그러면 대장장이들은 일종의 약속어음이나 차용증서로서 종이돈을 발행했다. 예컨대 미국의 지폐에는 '이 지폐는 모든 공적, 사적인 빚에 대한 법적 변제물이다' 하는 공인된 인식이 담겨 있다.

그러던 어느 날 대장장이는 즐거운 사실을 발견했다. 즉, 상인들이 자신이 맡긴 것을 찾으러 오는 것은 언제나 전체 중 작은 일부인 몇 명뿐이라는 것이었다. 그리하여 부분적이나마 준비은행의 관행이 탄생했다. 그것은 실제로 보유한 금의 가치의 열 배 액수만큼의 지폐를 외부에 대출해주는 관행이다. 이 관행이 바로 오늘날 은행제도의 본질이다.

교회법의 지배하에서는 돈을 빌려주고 이자를 취하는 것이 금지되어 있었다. 그러나 종교개혁과 헨리 8세 국왕이 영국에서 관련법을 완화한 이후인 1500년대에는 물질의 영역으로 진입해가는 문명을 금권이 모시고 따라갔다.

그다음 세기 동안 노는 돈을 빌려주는 정책과 그에 잇따른 통화긴축은 영국에 경제위기를 만들어냈다. 빌릴 수 있는 돈이 많을 때는 사람들은 돈을 마음대로 쉽게 빌려 썼다. 그런데 어느 시점에서 은행은 "이젠 그만" 하며 대출을 줄이고 빌려준 돈을 거두어들였다. 경제가 팽창하던 호경기에 돈을 빌렸던 사람들은 불경기가 되자 그것을 갚을 수가 없게 된 것을 깨달았다. 그러자 은행가들은 그 불행한 빚진 영혼들을 담보물로부터 해방시켜주었다. 무슨 말인고 하니, 그들의 집이나 다른 재산들을 헐값에 차압하여 큰 이익을 남기고 팔아먹은 것이다.

은행가들에게는 또 하나의 은총이었던 전쟁은 1600년대에 대영제국의 왕실을 세계에서 가장 큰 채무자로 전락시켰다. 그러자 은행가들이 황실을 위해 멋진 해결책을 제시했다. 그것은 영국은행을 설립하는 것이었다. 그것은 이름과는 달리 영국 정부에 속하는 것이 아니라 은행가들이 사적으로 소유하는 회사였다.

영국은행은 완벽한 피라미드 구조였다. 그것은 최초의 투자자들이 나중의 투자자들이 투자한 돈으로부터 단기간에 배당을 받는다는 사실로써 존재하지 않는 기업의 성공에 대한 믿음을 강화시키는, 일종의 사기였다. 은행가들은 영국정부에게 초기자금 백만 파운드를 예치하게 했다. 그런 후에 그들은 그 열 배만큼의 ─ 천만 파운드 ─ 돈을 연고 있는 사람들에게 빌려주었고, 그들은 다시 이 난데없는 돈을 이 새로운 은행의 주식을 사는 데에 썼다. 은행은 그 돈을 다시 영국정부에 빌려주기로 했던 것이다. 국민이 낸 세금을 이자로 확보하고 말이다!•

그러는 동안에 건너편 신세계에서는 경기가 번창하고 있었다. 귀금속이 말대로 귀했기 때문에 식민지의 개척자들은 자신들만의 화폐를 찍어내지 않을 수가 없었다. 그들은 그것을 '식민지 지폐'라 불렀다. 이 지폐는 본질적으로 법정 불환不換지폐, 즉 오로지 그 돈이 가치가 있다는 공인된 합의에 의해 보증되는 화폐였다. 이 화폐는 빚의 개념에 근거한 것이 아니라 이자 없이 상품이나 서비스의 가치를 정확히 대변해주었으므로 모두가 그 혜택을 누렸다. 그런데 공교로운 시점에 벤저민 프랭클린이 허풍을 떠는 바람에 이 화폐제도는 짓밟혀버렸고, 그것이 독립운동을 재촉했다.

영국을 방문했을 때 그는 사람들로부터 식민지의 번영을 어떻게 설명하겠느냐는 질문을 받았다. 그는 식민지 지폐의 발행에 그 원인을 돌리면서 이렇게 덧붙였다. "우리는 돈의 구매력을 돌볼 뿐, 지불에는 관심이 없다." 그 말이 조지 3세 국왕과 영국은행의 귀에 곧장 가 박혔다.••

• A. Andreades, *History of the Bank of England*, (London, UK: P.S. King & Son, 1909), 157, 177, 184.

•• Benjamin Franklin, Liberty-Tree.ca, http://quotes.liberty-tree.ca/quote/benjamin_frank lin_quote_8fb0

1764년에 영국 국회는 식민지가 어떤 형태로도 고유의 지폐를 발행할 수 없도록 금하는 화폐법령을 통과시켰다. 나날의 사업에 사용할 화폐가 없어지자 식민지의 경제는 심각한 침체에 빠졌다. 1766년에 프랭클린은 런던으로 가서 이 법령을 철회시킬 방법을 강구해봤지만 소용이 없었다. 아메리카가 고유의 화폐를 발행할 주권을 빼앗긴 것은 독립전쟁을 일으킨 주원인이 되었고, 국부들로 하여금 '국립은행'을 만들지 않기로 완강히 고집하게끔 만들었다.●

그 같은 선의에도 불구하고, 미국역사의 초기 120년 동안 은행과 정부는 화폐발행권을 누가 가지느냐 하는 문제를 놓고 격전을 벌였다. 인류의 진화경로가 물질주의의 길로 빠져 들어가자 결국 은행의 힘이 승리를 거뒀다.

진화론자 토머스 헉슬리가 창조론자인 사무엘 윌버포스 주교와의 논쟁에서 이겨 과학적 물질주의를 시민들의 '공식 진리 공급자'로 부상시킨 지 단 13년 후인 1873년에 미국이 금본위제로 넘어갔다는 사실을 주목하시라. 과학에서도 경제에서도 패러다임의 전환은 공식적이었다. ― 황금률이 황금의 지배를 받게 된 것이다.

한편, 물질의 영역으로 진입하는 문명의 행로는 다른 무대들에도 중요한 영향을 미쳤다. 1886년에 미국 대법원은 기업에다 사람과 동등한 권리를 부여하는 것처럼 보이는 판결을 내렸다. 사실 기업이란 하나의 괴이하고도 변칙적인 존재다. 그것은 영원히 존재할 수 있도록 허용하는 출생증명서 ― 법인설립 문서 ― 를 가진, 생명 없는 존재다. 그것은 사회

● Stephen Zarlenga, *The Lost Science of Money*, (Chicago, IL: The American Monetary Insti-tute, 2002), 372-375.

속에서 기능하지만 인간의 도덕적 강제력에 구애받지 않는다.

더더욱 기이한 것은, 사실 대법원이 그러한 내용을 판결한 적은 결코 없다는 사실이다. 그 가짜 판결은, 사실은 밴크로프트 데이비스J. C. Bancro ft Davis의, 악의적이지는 않더라도 기발한 일탈행위였다. 데이비스는 변호 사이자 외교관이자 전직 철도회사 사장으로서, 1886년에 벌어진 산타클 라라 카운티와 남태평양 철도회사 간의 소송기간 동안 법원 서기자격으로 일하고 있었다.[•]

법원 서기의 역할 중 하나는 대법원 판결의 판결요지를 작성하는 것이었다. 판결요지란 사건에 대한 판결을 내리는 데 적용된 법적 근거를 요약한 것이다. 판결요지는 판결에 대한 법원 서기의 해석일 뿐, 법원이 표방하는 공식견해는 아니다. 변호사들은 사건의 내용과 법원의 판결을 얼른 파악할 수 있는 하나의 안내자료로서 사례집에 나오는 판결요지를 참고한다.

산타클라라 카운티와 남태평양 철도회사의 사건 이전까지는 권리장전과 헌법 14조는 조합, 교회, 단체화되지 않은 사업, 동업, 그리고 정부 등과 함께, 기업은 '특전(privileges)'을 가지는 반면 사람은 '권리(rights)'를 가진다고 규정하고 있었다. 데이비스는 자신의 판결요지를 이렇게 씀으로써 왜곡된 진술을 했다. ─ "피고측 회사들은 미합중국 헌법 14조 1장 조항의 취지 내에서는 사람(persons)이다. 이 조항은 주정부가 그 사법관할권 안에 있는 모든 사람이 동등하게 법의 보호를 받을 권리를 부정하지 못하도록 금하고 있다." 달리 말해서, 데이비스가 꾸민 판결요지는 기업

• Hartmann, *Screwed: The Undeclared War Against the Middle Class – And What We Can Do About It*, 100-102.

에게 특전의 범주로부터 승격된, 인간과 동등한 권리를 부여한 것이다.•

그런데 어처구니없는 것은, 기업의 권리에 관한 문제는 이 사건의 핵심주제도 아니었다는 점이다. 재판장 모리슨 웨이트Morrison Waite는 대법원이 "판결에서 헌법 문제와 마주치기를 기피했다"고 보고했다. 그러나 기업이 인격을 가진다는 데이비스의 날조가 헌법 14조의 취지를 왜곡했다는 사실에는 아무도 주목하지 않았다. 그 이후로 데이비스의 엉터리 판결요지는 다른 판결사례에도 인용되기 시작했고, 그러는 와중에 그것은 버젓한 판결 선례처럼 취급받게 되었다.••

이 판결요지는 돈 기계가 생명을 획득하는 과정에 일대 도약의 기회를 제공했다. 사실 22대 대통령이었던 그로버 클리블랜드는 1888년에 이렇게 경고했다. "우리가 자본축적의 업적을 우러러보고 있는 동안에… 시민들은… 강철의 발꿈치 아래에 짓밟혀 죽어가고 있다. 기업들이… 어느새 국민의 주인이 되어가고 있다."•••

그로부터 4반세기 후에 은행가들은 미국의 통화를 장악하기 위한 싸움에서 결정적인 승리를 거뒀다. 1913년, 대부분의 국회의원들이 휴가를 즐기고 있는 크리스마스 기간에 우드로우 윌슨Woodrow Wilson 대통령은 사기업이 부채로서 공적인 화폐를 발행할 수 있음을 규정하는 법령인 연방준비 법령(Fedral Reserve Act)에 서명했다. 영국은행이 영국 정부의 은행이 아니었던 것과 마찬가지로, 또 '연방 특급(Federal Express)'••••이 연방정부의 소유가 아닌 것과 마찬가지로, '연방 준비은행'은 더 이상 연방의

• 같은 책 101쪽. •• 같은 책. ••• 같은 책 102쪽.
•••• 미국의 국제 우편/화물 특송회사의 이름. 나중에 속도를 지향하는 이미지를 위해 FedEx로 바꿨다. 역주.

것이 아니었다.

아마도 윌슨은 같은 해에 출판된 그의 책 《새로운 자유》(The New Freedom)에 묘사한 것과 같은 미국의 경제상태에 자극받아서 그렇게 했을 것이다. ─ "우리는 문명세계에서도 가장 원칙 없고 가장 완전히 통제되고 지배받는 정부가 되어버렸다. 이제는 더 이상 자유분방한 의견이 지배하는 정부도, 신념과 다수의 투표에 의거한 정부도 아니라 지배적인 소수 그룹의 의견과 협박에 놀아나는 정부다."[●] 윌슨은 연방 준비 법령에 서명하는 것이 미국의 경제를 안정시키리라고 믿은 것이 분명하지만, 은행가들에게 국가의 재정적 건강을 책임지게 한 것이 16년 후의 대공황을 막지는 못했다.

거의 1세기 동안 화폐는 부채로서 발행되었다. 그리고 우리의 적자가 그것을 증명한다. 2008년 초 현재 미국의 국가 부채는 9조 5천억 달러로, 미국인 남녀와 아이들까지 합쳐서 일인 당 31,000달러가 넘는다. 그리고 그것은 날마다 무려 18억 5천만 달러씩 늘어나고 있다. 한편 가정과 사업체와 재정단체와 정부를 포함하여 미국 전체의 부채는 이제 53조 달러가 넘는다.[●●]

● Woodrow Wilson, *The New Freedom: A Call for the Emancipation of the Generous Energies of a People*, (New York: Doubleday, Page & Company, 1918), 201.

●● Michael Hodges, "America's Total Debt Report," *Grandfather Economic Reports*, March 2008, http://www.opednews.com/populum/linkframe. php?linkid=70454

행복 추구권 — 먼 나라 이야기

'행성 지구 행복지수'는 행복뿐만 아니라 생태에 미치는 영향과 삶의 전반적인 질과 관련해서 행복을 얻는 데 소요되는 비용까지도 측정하는 하나의 연구다. 그 계산법은 간단하다.

$$삶의 \ 만족도 \times 평균수명 \div 생태에 \ 미치는 \ 영향 = 행복지수$$

달리 말해서, 지구 행복지수는 세계 각국이 이 행성의 유한한 자원을 얼마나 효율적으로 사용하여 시민들의 행복과 복지로 변환시키는지를 측정한다. 미국은 178개국 중에서 150번째로, 몇 나라만 예로 들자면 에티오피아, 나이지리아, 파키스탄 같은 나라보다도 뒤처져 있다.[*]

미국은 왜 그토록 순위가 낮은 걸까? 발이 크기 때문이다. 우리가 지나가는 자리의 생태적 족적足跡, 곧 생태에 미치는 영향력은 세계에서 가장 크다. 미국인은 행복지수 순위가 3위인 코스타리카인 한 사람이 만족한 삶과 평균수명을 누리기 위해 필요로 하는 자원의 4.5배를 소모한다! 이 얼마나 비효율적인가!

그럼에도 우리의 경제체제는 자신의 실을 계속 잣고 있다. 같은 짓을 자꾸만 계속하면 — 녹초가 될 때까지 쇼핑을 하면 — 뭔가 다른 결과가

---

[*] The New Economics Foundation, "Happy Planet Index," *The New Economics Foundation*, http://www.happyplanetindex.org/index.htm

생기리라는 것이다.

적자생존이라는 이미 반증된 신화에 대한 줄기찬 믿음은 경제적 자살로 향하는 이 고속도로를 더욱 넓혀가고 있다. 오로지 물질만이 우리를 구원해줄 수 있다는 집단적 확신 속에서 우리는 인류 역사상 가장 광기 어린, 가장 값비싸고 해로운 군대라는 기계에다 신뢰를 걸었다. 그리고 그로써 우리는 사악한 힘에 권능을 부여했다.

최악의 지배자

'신이 바뀌자' 성경의 계명을 대신하여 적자생존이라는 정글의 법칙이 우리의 도덕률이 되었다. 이 일이 금방 일어난 것은 아니지만, 그렇다고 해서 사람들이 성경의 계명을 따라 살기나 했냐면 그렇지도 않았다. '살인하지 말라'는 계명은 '아주 대규모가 아니면 살인하지 말라'는 계명으로 바뀐 지 오래였다. 그리하여 20세기가 지나가는 동안에 2억 6천만 명의 인간이 전쟁 속에서 죽어갔다.•

여기에는 죽지는 않았지만 불구가 되거나 가족과 집을 잃거나 깊은 정신적 상처를 입고 고생하는 사람들의 숫자는 포함되지도 않았다. 또한 이런 갈등과 싸움으로 인해 지금 이 지구에 살아 있는 사람들에게 의식적으로든 무의식적으로든 전해진 상처와 두려움을 생각해보라.

20세기의 전쟁, 곧 처음에 치른 두 번의 뜨거운 전쟁과, 이어진 매우

• Matthew White, "Source List and Detailed Death Tolls for the Twentieth Century Hemoclysm"

값비싼 냉전을 위해 인간이 치른 대가는 부분적으로는 힘이 곧 정의라는 오랜 믿음, 곧 우리의 최악의 지배자를 공식적인 제도로 만들어 모신 결과다.

폭력은 너무나 오랜 세월 동안 권세를 누려 와서, 우리는 그것을 당연한 것으로 여긴다. 서양의 역사를 살펴보면 나중에 살펴볼 몇몇 예외를 제외하고는 폭력과 권세가 안팎을 지배하고 영속화되어왔음을 알 수 있다. 이제 폭력은 인간 본성의 한 측면으로 영원히 선포되어 있다.

인간의 본성?

인간의 본성이 악하다는 신화는, 인류학자들이 선사시대 문화를 연구하다가 오히려 그 반대인 사실을 발견했을 때 그 큰 오류가 드러났다. 거시역사학자인 라이언 아이슬러Riane Eisler는 자신의 역작인 《잔과 칼》(The Chalice and the Blade)에서 고고학자 마리야 짐부타스Marija Gimbutas가 선사시대 사회의 유적지를 발굴한 결과 수천 점의 유물 중에서 무기는 한 점도 없었다고 보고한 놀라운 사실을 인용한다.•

그뿐 아니라 영국의 고고학자 제임스 멜라아트James Mellaart는 지금의 터키인 카탈 후유크의 신석기 시대 유적지를 발굴한 결과 초기의 농경사회는 평등했다는 사실을 발견했다. 멜라아트는 그들의 집의 크기나 그 안에 들어 있는 내용물, 무덤 속의 부장품 등에서 사회적 신분이나 계급 같은 위계적인 차이를 거의 발견할 수가 없었다.••

• Riane Eisler, *The Chalice and the Blade: Our History, Our Future*, (New York, NY: Harper Collins, 1987, 1995), 17-18.
•• 같은 책

아이슬러가 분명히 지적하듯이, 이 사회들은 모계사회가 아니라 평등사회였다. 그녀의 책의 제목 《잔과 칼》은 생명을 낳고 양육하는 여성의 힘을 상징하는 그릇인 잔과 남성의 지배력을 상징하는 칼의 차이를 대비하고 있다.

현대의 인습적 지혜는 잔과 칼의 일대일 대결에서 영리한 자라면 칼에다 돈을 걸어야 한다고 믿게 할 것이다. 분명히 어느 시점에서는 칼을 가진 투사가 잔을 돌리며 자급자족하는 문화를 쳐부수리라고 말이다. 그러나 우리가 깨닫고 있듯이, 이 행성의 생존과 번성은 우리가 영양을 주는 잔의 패러다임을 다시 일깨우고 소생시켜 제자리로 돌아오게 하느냐 마느냐에 달려 있는지도 모른다.

불행히도 문명이 물질주의에 빠져드는 바람에 그 잔은 말라버렸다. 우리 사회의 최근의 두 바탕 패러다임인 일신론과 과학적 물질주의는 칼의 부상과 잔의 상실을 부추겼다. 이 둘은 모두 음보다는 양을, 수동적인 것보다는 적극적인 것을, 여성보다는 남성을 숭상했다. 이 불균형의 대가는 너무나 커서, 이제 그것은 우리 종의 존재 자체를 위협하고 있다.

미국 건국의 국부들에게로 잠시 되돌아가 보자. 벤저민 프랭클린과 그의 동료들이 이로쿠오즈 연방의 정치구조를 채택했을 때 그들은 자신들의 부족이라면 결코 받아들이지 않을 원주민 문화의 한 가지 요소를 빼버렸다. 우리가 아는 한은 누구도 벳시Betsy나 마사Martha나 돌리Dolly에게 할머니 의회에서 봉사하기를 부탁한 적이 없다.* 우리 건국의 국부들은 계몽된 분들이었지만, 그리고 그들은 독립선언서에서 '자연의 법칙과 자연

• 벳시는 미국 독립운동사에서 여성으로서 유일하게 언급된, 성조기를 기운 여성이고 마사와 돌리는 일반적인 여성의 이름임. 역주.

의 신'에 대한 이해와 존중을 선언함으로써 여성성에 대한 존중심을 표했지만 실제로 여성들에게 전쟁을 승인하거나 추장을 탄핵할 도덕적 권위를 넘겨준다는 생각은 상상할 수가 없었던 것이다. 물론 이것은 거의 5천 년에 걸쳐 여성의 힘을 박탈하고 비하해온 유럽의 문화에 젖어온 결과다.

람보가 된 어린 양

하지만 여성의 힘이 결여된 문화가 어떻게 될지를 생각해보라. 7장에서 이야기했던 보노보 침팬지가 기억나는가? 수컷들이 무리지어서 작은 수컷과 암컷들을 괴롭히고 다니는 여타의 침팬지 사회와는 달리 보노보의 암컷들은 서로 간에 친밀한 연대를 유지함으로써 그 과정에서 남을 괴롭히는 문화를 완전히 추방해버린다. 그것은 암컷들이 수컷을 지배해서가 아니라 그들의 단결력으로써 수컷들의 힘과 평형을 이루기 때문이다.

《국가의 진정한 부》(The Real Wealth of Nations)에서 라이언 아이슬러는 미국의 사회운동가로서 초기 여성운동의 선도자였던 엘리자베스 캐디 스탠턴Elizabeth Cady Stanton의 다음과 같은 경구를 인용했다. "세계는 아직 진정으로 덕망 있는 나라를 보지 못했다. 왜냐하면 여성을 비하함으로써 생명의 샘물이 그 원천부터 독으로 오염됐기 때문이다."•

야비함이 용인될 뿐만 아니라 권장되기까지 하여 '온유한' 사람이 발디딜 곳을 못 찾는 오늘날의 미국사회에서는 그 독이 보이고 느껴진다. 가엾은 예수님, 만일 지금 그가 돌아온다면 그는 자신을 알아보지 못할

• Riane Eisler, *The Real Wealth of Nations: Creating a Caring Economics*, (San Francisco, CA: Berrett-Koehler, 2007), 73.

것이다. 지난 2세기 동안에 종교세력은 예수의 이미지를 하나님의 어린 양(Lamb-o)●에서 람보Rambo로 우스꽝스럽게 바꿔놓는 데 성공했다. 성경의 묘사에 의하면 예수는 실제로 남성과 여성적 속성이 균형을 이룬 하나의 본보기다. 예수는 환전상들의 가판을 뒤엎을 정도로 힘 있었고, 십자가형을 견뎌낼 정도로 흔들리지 않았으며, 그런 한편으로는 사랑을 설하고 평화를 축복했다. 이에 반해 '신(God)과 총(Guns)과 뻔뻔함(Guts)'을 택한 기독교인들은 물려받은 가르침을 지키는 일보다 온유한 사람들을 영적으로 괴롭히는 데에 더 많은 에너지를 소비한다.

금권과 권력의 만남

이웃을 사랑해야 한다는 윤리적 짐을 던 물질주의 세계관의 여세는 가장 사악한 동맹 — 금권과 권력의 동맹 — 을 이끌어냈다.

남북전쟁 이후로부터 20세기에 들어서기까지만 해도 근로자들이 파업을 하지 않고 말을 잘 듣게끔 만들기 위해 기업들이 사설군대를 고용하는 경우가 드물지 않았다. 핑커톤Pinkerton 경호회사도 철도회사가 자신들의 철도망과 재산을 보호하기 위해서 고용한 사설군대로부터 시작했다.●● 나중에는 다른 회사들도 그들을 파업 훼방꾼으로 활용했다.●●● 자동차왕 헨리 포드도 노동조합을 결성하려는 온유한 근로자들이 지나치게 대

● the Lamb of God: 하나님의 어린 양, 곧 예수를 뜻함. 역주.

●● The Library of Congress, "The Pinkertons," Today in History: August 25; Charles Siringo, source for, "Telling Secrets Out of School: Siringo on the Pinkertons," *History Matters, City University of New York, George Mason University.*

●●● Jeremy Brecher, *Strike!: Revised and Updated Edition*, (Cambridge, MA: South End Press, 1997), 22, 47-48, 71-75, 77.

담해지지 않게끔 '베넷의 아이들(Bennett's Boys)'이란 이름의 사설군대를 거느리고 있었다. 이 이름은 포드 회사의 중역 해리 베넷의 이름을 딴 것인데, 그는 전직 복서이자 이름난 살인청부업자였다.[*]

건국의 국부들은 상비군이라는 발상에조차 눈살을 찌푸렸지만 조지 워싱턴이 제국주의를 경계한 지 1세기 후에 이미 미국의 군사력은 해외에서 자신의 야망을 실현할 기회를 노리는 기업들에 고용되어 있었다.

사망 당시 미국 역사상 가장 많은 훈장을 보유했던 미국의 영웅 스메들리 버틀러Smedley Butler 장군은 전쟁에서 자신이 했던 역할에 대해 후회스러운 느낌을 술회했다. 미국 재향군인회에서 1931년에 행한 연설과 나중에 출판된 책《전쟁은 공갈 사기극이다》(War is a Racket)에서 버틀러는 이렇게 말했다. "공갈 사기란 아주 많은 사람들의 손실과 희생을 바탕으로 극소수의 이익을 위해 행해지는 행위다. 전쟁은 아마도 가장 오래되고 가장 손쉽고 짭짤한, 그리고 물론 가장 사악한 사기다. 그것은 국제적 규모의 유일한 사기극이다… 그 이익은 달러로 계산되고 손실은 목숨으로 계산된다."[**]

모든 전쟁을 종식시키기 위한 전쟁?

버틀러 장군이 연설을 한 지 얼마 되지 않아서 세계는 '모든 전쟁을 종식시킬 전쟁'에 휩쓸렸다. 역사가들은 이 분쟁을 나치즘의 악에 대항하는 싸움으로 보도록 가르치지만, 불편한 진실은 그것이 무엇보다도 미 제

• Automobile in American Life and Society, "Harry Bennett," University of Michigan, Benson Ford Research Center.

•• Smedley D. Butler, *War Is a Racket*, (Los Angeles, CA: Feral House, 1935, 2003), 21.

국주의의 태평양 세력을 보호하기 위한 것이었음을 말해준다.

바로 그 제국주의 미국도 애초에는 나치 권력의 부흥에 일조했었다. 독일의 전쟁 기계는 미국 산업이 그 연료를 공급했고, 부분적으로는 미국 대통령 조지 H. W. 부시의 아버지이자 조지 W. 부시의 할아버지인 프레스콧 부시 Prescott Bush 와 에이브럴 해리맨 Averell Harriman 을 위시한 미국의 은행가들이 돈을 대주었다.[•]

2차 세계대전이 끝나자 미국은 세계를 주도하는 수퍼 파워로 부상했다. 유럽이나 극동의 나라들과는 달리 미국 본토는 아무런 폭격도 공격도 받지 않아서 기간시설의 손실이 없었다. 그러나 그러한 평온은 1949년 7월 14일에 소련이 최초의 원폭 실험을 행함으로써 오래가지 못하고 깨졌다. 그 사건에 대한 미국의 반응이 냉전시대를 열면서 미국을 오늘날의 상황 — 십조 달러의 빚으로 완전무장을 하고도 그 어느 때보다도 불안한 — 으로 데려온 카르마의 길로 인도했다.

그 원폭 실험과, 거기에다 미국이 2차 세계대전 중에 히로시마와 나가사키에서 실제로 22만 명의 일본인을 죽인 두 개의 원자폭탄을 사용했다는 사실은 국제사회에 전에 없는 긴장을 일으켜놓았다. 군인들이 곤봉이나 창이나 총검을 들고 서로 싸우는 것과 한 나라의 분별없는 지도자나 무모한 장군이 단추를 눌러 지구 전체를 핵폭발의 아비규환에 빠트리는 것은 완전히 차원이 다른 이야기다. 아니면 아인슈타인이 단순명쾌하게 말했듯이, "3차 대전에서는 어떤 무기가 사용될지 모르겠지만, 4차 대전에서는 돌과 막대를 가지고 싸워야 하게 될 것이다."

• Kevin Phillips, *American Dynasty: Aristocracy, Fortune and the Politics of Deceit in the House of Bush*, (New York, NY: Penguin Books, 2004), 38-39, 190-195.

2차 대전의 대통령이었던 해리 트루먼Harry S. Truman이 어떤 결정에 직면해야 했는지를 살펴보자. 전쟁이 끝난 지 얼마 안 되었을 때, 비행기 제조업자들은 주정부의 친구들에게 전후경제 속에서 자신들의 재정적 앞날을 걱정하는 내용의 편지를 써보냈다. 그러자 주정부 관리들은 트루먼에게 군수산업에 돈을 대주는 것이 또 다른 대공황을 피할 수 있게 해줄 것이라고 설득했다.* 그 설득은 별로 어렵지 않았다. 노엄 촘스키Noam Chomsky의 말에 의하면, "그것은 큰 논쟁거리가 아니었다. 왜냐하면 그것은 시작하기도 전에 이미 결론이 나 있었기 때문이다. 하지만 최소한 문제는 제기되었다. ― 정부가 군수산업에다 돈을 써야 하는가, 아니면 사회에다 돈을 써야 하는가에 대해서 말이다."**

한편 국방정책에 관해서는, 트루먼은 딘 에이크슨Dean Acheson의 핵심 자문가인 두 명의 비서관으로부터 상충되는 조언을 듣고 있었다. 그 한 사람인 조지 케넌George Kennan은 소련에 임명된 반공주의 외교관이라는 명성을 듣고 있었지만, 그는 소련을 미국에 군사적 위협이 되는 상대로 보지 않았다. 케넌은 스탈린Joseph Stalin 치하의 소련은 전후 재건을 위해 애쓰고 있었지 팽창주의적인 목표가 없다고 결론지었고, 그러한 사실은 CIA의 정보분석 결과도 확인해주고 있었다.***

다른 자문가인 폴 닛츠Paul Nitze는 월 스트리트의 투자은행가였는데 그는 미국의 경제적 정치적 안전의 열쇠는 군수산업 국가를 일으키는 데

---

* Frank Kofsky, *Harry S. Truman and the War Scare of 1948*, (New York: St. Martin's Press, 1995).

** Noam Chomsky, *Understanding Power: The Indispensable Chomsky*, (New York: The New Press, 2002), 74.

*** Central Intelligence Agency, "CIA's Analysis of the Soviet Union, 1947-1991".

에 있다고 믿었다. 1949년 10월 11일, 소련이 원폭 실험을 감행한 지 석 달도 채 안 되었을 때, 케넌은 미국이 소련과 상호불가침 조약을 맺도록 추진해야 한다는 견해를 제시했다. 그런데 바로 같은 날, 닛츠는 자신의 견해를 제시했다. 그는 "무기생산을 위해서, 시민들의 생활수준을 끌어 올리는 것이 아니라 오히려 낮춰야 한다"고 말했다.•

1950년대 초에 트루만은 폴 닛츠에게 냉전체제 경제의 청사진을 구체적으로 그려보도록 지시했다. 그 자료의 제목은 〈NSC-68: 국가보안을 위한 미국의 목표와 프로그램〉이었다. 그리고 그다음이 우리의 역사다. ─ 훗날 닛츠가 '1950년대의 시대정신에 걸맞은 것'이었다고 자찬한 자료에 의해 만들어진 선례가 대를 이어 지속되게 한 슬픈 역사 말이다.••

대학교수 조엘 안드레아Joel Adreas가 쓴 〈전쟁중독〉이라는 딱 알맞은 제목의 폭로기사에 따르면, 미국은 1948년부터 15조 달러를 군수산업에 다 쏟아 부었다. 그것은 미국의 모든 공장과 기계와 도로와 교량과 물과 오수처리 시설과 공항과 철도와 발전소와 건물과 쇼핑센터와 학교와 병원과 호텔과 집들을 다 합친 것보다 더 많은 액수의 돈이다.•••

15조 달러가 얼마나 큰 숫자인지를 알고 싶다면 보라. ─ $15,000,000,000,000. 이것이면 엄청난 총알을 살 수 있다!

세상이 뭔가 삐딱하게 돌아가는 듯이 보이는 것도 이상할 것이 없다.

• David Callahan, *Dangerous Capabilities: Paul Nitze and the Cold War*, (New York, NY: Harper-Collins, 1990), 66-67.
•• 같은 책 106-107쪽.
••• Joel Andreas, *Addicted to War: Why the U.S. Can't Kick Militarism*, (Oakland, CA: AK Press, 2004), 44.

탐식화

미국의 힘을 무너뜨리려는 세력은 물론 존재한다. 그러나 그 힘으로부터 이익을 챙기는 자들은 냉전논리 뒤에다 자신들의 음흉하고 약탈적인 속셈을 감추고 있었다. 환전상의 힘에다 기업의 힘을 결속시키고, 세계 역사상 가장 센 무적의 군사력으로 그것을 뒷받침하면 전대미문의 '따먹기' 작전으로 세계의 자원을 탐식할 수 있는, 양심으로부터 자유로운 무자비하고 강력한 기계를 보유하게 되는 것이다.

국제경제를 옹호하는 이들은 세계화(globalization)가 자유교역이라는 혜택을 가져다주리라고 악의없이 찬양하지만, 그것은 '탐식화(gobble-ization)'라 부르는 편이 더 정확할 것이다. 왜냐하면 영국은행과 연방 준비은행이 써먹었던 것과 똑같은 수법 — 빌리기는 쉬우나 갚기는 어렵게 만들기 — 이 전세계의 은행가들에게 짭짤한 이익을 가져다주었기 때문이다.

오늘날 가장 큰 국제적 은행은 세계은행(World Bank)과 국제 통화기금(IMF)으로서, 2차 세계대전의 결과 45개 연맹국들이 나라 간의 통화와 재정질서를 조정하려는 시도로 1944년과 1945년에 탄생시킨 것이다.

구체적으로 말하자면, 세계은행은 개발도상국과 분쟁, 자연재해, 인권위기 등으로부터 회복 중인 국가로 간주되는 나라들에 재정적, 기술적 지원을 제공한다. IMF는 세계의 재정 시스템, 환율, 국제수지 상태 등을 감독한다.

지구상의 거의 모든 국가들이 이 강력한 기구의 회원국으로 참여하고 있지만 비평가들은 이 은행들의 주된 목적은 전 세계에서 미국의 사업적 이익을 챙기는 것이고 그들의 정책과 하는 일은 사실상 개도국들을 영구적인 채무국 상태에 머물게 함으로써 범지구적인 빈곤에 기여하고 있다고 주장한다.

정치운동가인 존 퍼킨스John Perkins는 자신의 저서 《경제 암살꾼의 고백》(Confessions of an Economic Hit Man)에서, 국제은행들이 제3세계 국가들에서 은행과 연줄 있는 기업들로 하여금 가난한 사람들을 등쳐서 수십억 달러를 끌어모으는 사기극을 벌이게 함으로써 채권을 챙기는 일에서 자신이 맡았던 역할을 털어놓는다. 어떻게? 의도적으로 개도국이 갚을 수 있는 것보다 더 많은 돈을 빌려주고 나서, 그들이 채무이행을 못할 때 핵심 경제자원을 차지하는 수법으로써 말이다. 어디서 들어본 것 같은가? 그렇다. 그것은 바로 중세의 대장장이들이 이용했던 통화긴축 수법이다.

그런데 돈과 권력이 동맹하는 곳에는 그보다도 더 음험한 구석이 숨겨져 있다. 퍼킨스는 이렇게 설명했다. "만약 어떤 '문제의 관리'가 그들의 '기회'에 끼어들어 훼방을 놓으면 다른 종류의 암살꾼이 그에게 '상황을 알아듣게 설명해준다.'" 퍼킨스가 '자칼'이라 부르는, CIA도 묵인하는 청부살인업자가 말이다.•

미국이 이런 일에 끼는 것에 대해서 조지 워싱턴이나 토머스 제퍼슨이나 벤저민 프랭클린이라면 어떻게 생각할까? 그들은 자유로운 선남선녀들이 어떻게 자신의 생명과 자유와 행복을 추구할 귀한 권리를 자칼들에게 넘겨줄 수 있는지 의아해할까?

글쎄, 그 일은 미국 역사의 매우 취약한 시기에 일어났다. 공산주의에 대한 두려움, 그리고 공습대피훈련과 핵전쟁의 공포에 쫓기면서 2차 세계대전의 공포를 벗어나온 미국인들은 상호묵인협정에 동의하게끔 길들

• Amy Goodman, "Confessions of an Economic Hit Man: How the U.S. Uses Globalization to Cheat Poor Countries Out of Trillions," *Democracy Now!*, November 9, 2004, http://www.democracynow.org/2004/11/9/confessions_of_an_economic_hit_man

여겨 있었다. 병사가 이성애를 좋아하는지 동성애를 좋아하는지에 대해서는 '묻지도 않고 말하지도 않는다'는 미군 정책의 원조元祖 모델로서, 대중은 자신들의 안전을 위해 어떤 일이 행해지고 있는지를 '묻지 않기로' 했고, 정부는 그들에게 그것을 '말해주지 않기로' 합의했던 것이다.

우리가 어떤 식으로든, 마르크스를 추종하는 전체주의 국가들이 미국에 위협이 될 만한 세력이 아니었다고 주장하려는 것은 결코 아니다. 가장 보수적으로 계산해도 스탈린 치하에서 2천만 명이 정치적인 이유로 죽었고, 모택동 치하에서는 그보다 두 배 더 많은 중국인들이 죽었다. 그러나 그 마르크스주의자들의 위협 뒤에는 그 가공된 두려움을 비열하게 이용해먹는, 모든 전쟁에서 이익을 챙기는 자들이 도사리고 있었다.

그럼 좋은 소식은 뭐란 말인가? 좋은 소식은, 어떤 개인이나 사회도 먼저 질병과 병폐의 존재를 발견하고 인식하지 않고서는 병(disease)이나 혼란으로부터 평안(ease)과 질서를 회복할 수가 없다는 사실이다. 영적 가르침을 펴는 저자인 엑크하르트 톨레Eckhart Tolle가 《새로운 지구》(A New Earth)에서 말하듯이, "인류의 가장 위대한 성취는 그 예술과 과학과 기술에 있는 것이 아니라 자신의 장애, 자신의 정신이상을 깨닫는 데에 있다."•

축하한다! 당신은 이제 치유를 향해 최초의 작지만 필요한 한 걸음을 내디딘 것이다. 즉, 뭔가가 잘못되었음을 깨달았다. 다음에는 치유가 이미 일어나기 시작하고 있는, 아주 위중한 병세를 살펴볼 것이다.

• 《NOW: 행성의 미래를 생각하는 사람들에게》, 조화로운 삶, 2008.

병든 보건제도

의료계보다 과학적 물질주의의 힘이 더 크게 기승을 부리는 곳도 없다. 그러니 보건제도 자체가 중병에 걸려 있다는 것은 놀랄 일이 아니다.

당신이나 당신의 주변사람들은 현대의학의 큰 혜택을 받은 일이 틀림없이 있을 것이다. 수술과 약과 의학기술이 개입하지 않았으면 지금 이 땅 위에 살아남아 건강하게 삶을 즐길 수가 없었을 사람들을 당신도 여러 명 알고 있으리라. 우리의 세포가 깨우쳐주었듯이, 테크놀로지는 좋은 것이다. 하지만 우리가 각각의 신화적 오해에서 살펴봤듯이, 시스템에 균형을 가져다줄 때는 이로웠던 신념도, 나중에는 오히려 해로워져서 동일한 시스템을 혼란에 빠뜨려놓을 수 있다. 현대의학에 기적적인 힘을 부여해주었던 바로 그 과학적 물질주의도 현대의학의 가장 큰 결함을 더욱 키우는 데 앞장섰다. 물질적 이득을 제일의 관심사로 삼는 제약기업들이 의학의 길을 치유로부터 이윤창출이라는 샛길로 빠져들게 만든 것이다.

지난 30년은 의학 저널리스트인 잭키 로우Jacky Law가 말한 소위 '블록버스터 의술'을 세상에 등장시킨 시대였다. 그것은 효과 좋고 값비싼 약과 시술법으로서, 지난 25년 동안에 미국의 의료비용을 문자 그대로 두 배로 뛰어오르게 만들었다. 2004년에 미국은 보건에만 GDP(국내 총생산)의 16퍼센트인 1.9조 달러를 소비했다.* 그런데 우리가 그 많은 돈으로 사는 것이 무엇인지 아는가? 웃지 마시기 바란다. 우스운 일이 아니기 때문이다. 아무튼 미국 제1의 — 내지는 제3의 — 사망원인은 암도 아

---

* Zlatika Hoke, "U.S. Health Care: World's Most Expensive," *Voice of America*, 28 Feb. 2006.

니고 심장병도 아니라 약물복용 그 자체다.

뭐라고?

미국 의학협회보에 실린 보기 드물게 자성적인 한 기사는, 보수적으로 계산해서, 2000년에 미국의 세 번째 사망원인이 의원병醫原病임을 시인했다. 아이러니컬하게도 의원병이란 '치료로 인하여 발생하는 병'이다.•

미국 영양연구소(Nutrition Institute of America)가 의료행위에 관한 독립조사를 시행한 결과, '미국 내 의원병에 의한 총 사망자' — 내외과 의사의 부주의나 시술 및 진단과정에서 발생한 사망자 — 수는 한 해 평균 783,936명임이 밝혀졌다. 이 통계는 세 사람의 의사와 두 사람의 박사가 함께 쓴 〈의료에 의한 사망〉(Death by Medicine)이라는 적절한 제목의 보고서에 제시되어 있다.•• 한 해 거의 78만 4천에 달하는 의원병에 의한 사망자 수에 비하여 두 번째로 높은 사망원인인 심장병에 의한 사망은 70만 미만이었고, 세 번째로 높은 사망원인은 암으로서, 55만 명이었다. 이 숫자는 의료체제 자체가 마땅히 국민보건의 공적으로 지목받아 마땅함을 폭로한다.

하지만 의료행위가 사망의 첫 번째 원인이냐 세 번째 원인이냐 하는 것은 중요한 문제가 아니다. 사망원인 목록에서 보건체제가 언급된다는 것 자체가 도무지 말이 안 되는 것이다. 게다가 더욱 놀라운 일은 보건체제가 환자들의 이 같은 사망을 의료비용 상승요인 정도로 치부하고 있다는 사실이다.

그렇다면 우리의 보건체제가 어찌하여 이토록 깊은 병이 들었으며, 무엇이 이 막을 수 없어 보이는 재정적 출혈을 일으키고 있는 것일까? 그

• Barbara Starfield, "Is US Health Really the Best in the World?," *Journal of American Medical Association* 284, no. 4 (July 26, 2000): 483-485.

•• Gary Null, et al, "Death by Medicine," *Life Extension Magazine*, August 1, 2006.

답을 찾아 가장 먼저 들여다보아야 할 곳은 오로지 물질만이 중요하다는 끈질긴 신화적 오해, 그리고 '뉴턴주의 의학'이라고 불러야 할 그것이다.

뉴턴주의 의학

뉴턴주의 의학은 뉴턴으로부터가 아니라 르네 데카르트로부터 비롯됐다. 데카르트는 몸과 마음을 확연히 구분지음으로써 결국 인간을 두 토막으로 나눠놓았다. — 그 한 토막은 눈에 보이지 않지만 말이다. 17세기 초 데카르트의 시대에는 만질 수 없는 마음과 영혼과 영은, 합의된 바에 따르자면, 교회의 영역이었다. 그리고 교회는 의료를 물리적이고 기계적이고 측정 가능한 물질 영역의 책임으로 미뤘다. 지난 4세기 동안 의학은 물질이 스스로 자신의 운명을 지배한다는 막강한 뉴턴주의 신념을 견지했다.

이러한 세계관에 의하면 과학이 병의 원인을 물질 자체에서 찾으려고 하는 것이 하나도 이상할 것이 없다. 다윈이 자신의 진화론을 기정사실화하고 있던 것과 비슷한 시기에 프랑스의 미생물학자 루이 파스퇴르Louis Pasteur는 질병에 세균을 결부시켰다. 병원균 이론은 모든 혼란에는 물리적 원인이 있다는 모델과 잘 맞아떨어졌을 뿐만 아니라, 지배하지 않으면 지배당한다는 관념과도 잘 맞아떨어졌다. 우리는 인체라는 사원이 공격의 기회를 호시탐탐 노리는 치명적인 병균과 기생충들에 둘러싸여 있다는 식의 정보로 끊임없이 세뇌되고 있다. 그들이 이기든가 우리가 이기든가, 둘 중 하나인 것이다!

새로운 바탕 패러다임이 부상하는 과정이 늘 그렇듯이, 과학적 물질주의는 병균에 시달리던 세상에 일대 돌파구를 제공했다. 물질에 기반한 현대의학의 부상 과정은 특히나 그랬다. 현대의학은 온갖 전염병이 박멸되고 페니실린과 인슐린 같은 기적의 약품들이 개발되는 장관을 목격해왔다. 그러한 의학 발전의 결과로 지난 세기 동안에 미국인의 평균수명은 30년이나 연장되었다.

그런데 이러한 발전이 대부분 의학이 빚어낸 기적으로만 치부되어왔지만 그것은 사실이 아닐지도 모른다. 공중보건과 사회의학 연구가인 토머스 맥쿤Thomas McKeown은 향상된 영양과 위생상태, 그리고 기타 생활조건이 19세기와 20세기의 사망률 감소에 기여한 주요 요인이라고 결론지었다.*

놀랄 것도 없이, 물질에 기반한 뉴턴주의 의학은 왓슨과 크릭이 생명의 열쇠는 DNA에 암호화되어 있다고 주장했던 바로 그 시기인 1940년대 말에서 1950년대 초에 그 탁월성의 극치를 구가했다. 늘어나는 미국 중산층이 '의사가 제일 잘 안다'는 신념에 세뇌되어가는 동안에 자연분만, 모유수유와 같은 전통적 건강법은 말도 안 되는 원시적인 방법으로 치부되었다.

뉴턴주의 의학의 관점에서는 질병의 치료란 무슨 무슨 '의학박사'들만이 이해할 수 있는 어떤 물질적인 것들이 가져다주는 결과로 보였다. 대증요법이 비용과 효과 면에서 큰 매력을 보여주지 못하기 시작한 이후에조차 그 영향력은 여전히 강력하게 남아 있다. 왜 그럴까? 곧 알게 되겠지만, 제약산업이야말로 세상에서 가장 수익이 짭짤한 분야이기 때문이다.

---

* Fritjof Capra, *The Turning Point: Science, Society, and the Rising Culture*, (New York: Bantam Books, 1983) 137-38.

짭짤함을 위한 비용

날마다 경쟁적 열의로 똘똘 뭉친 수백만의 의사, 간호사, 의료기술자, 그리고 원무과 직원들이 일터로 간다. 또 무수한 사람들이 연구소에서 사소한 통증으로부터 치명적인 질병에 이르기까지 모든 병에 대한 치료법, 혹은 최소한 더 나은 요법을 찾아 연구에 몰두한다. 이들 중 자신의 일에 태만하거나 누구에게 해를 끼치려는 의도를 가진 사람은 거의 없다. 그럼에도 불구하고 살펴봤듯이, 세상에서 가장 값비싼 체제인 의료체제는 결코 가장 강력하지도, 효율적이지도 않다.

1인당 의료비 지출이 세계에서 가장 높은데도 불구하고 미국은 보건서비스의 실질적 품질이 산업화된 국가들 중에서 맨 밑바닥을 맴돌고 있다. 수치는 놀랍다. ― 1인당 의료비 지출은 1960년에 114달러였다가 1980년에 2,738달러, 2002년에는 5,267달러이다.* 물론 이 모든 수치는 생활비 상승을 반영하고 있다. 그 변화를 비율로 보여주자면, 의료비로 쓰인 국내총생산의 비율은 1960년의 5퍼센트에서 2002년의 14.6퍼센트로 거의 세 배 뛰어올랐다.** 2008년 현재, 4천7백만 미국인은 의료보험에 들어 있지 않다. 이것은 보건체제가 노는 곳이 한쪽에 치우쳐 있어서 이들에게는 혜택이 미치지 않는다는 뜻이다.***

이런 일이 어떻게 일어났을까? 우리의 보건체제를 병들게 만든 주요

---

* Jacky Law, *Big Pharma: Exposing the Global Healthcare Agenda*, (New York, NY: Carroll & Graf, 2006), 15.
** 같은 책.
*** Catharine Paddock, "47 Million Without Health Insurance, Census Reports," *Medical News Today*, 29 Aug. 2007.

인, 그토록 많은 사람들의 선의를 수포로 만드는 치명적인 문제는, 보건이 수익사업으로 전락했다는 사실이다. 그것도 가장 짭짤한 수익사업으로 말이다. 돈이 가장 중요하고 이윤이 모든 것을 지배함을 암묵적으로 인정하는 시스템 속에서는, 결국 이윤이 법을 만들어내고 만다.

그 예로서, 몇 해 전에 미국 내에서 팔리는 약값과 다른 나라에서 팔리는 약값의 차이가 폭로되었을 때, 미국인들은 매우 분노했다. 그러한 차이가 생기게 된 이유를 깨달았을 때 그들은 더더욱 분노했다. 제약회사들은 시장이 감당할 만한 값을 부르기 때문에 다른 데서는 더 싸게 판 것이다. 그러니까 여기서는 감당되는 값을 다른 곳들은 감당하지 못하는 것이다. 상관없다. 그저 우리가 돈을 더 많이 쓸 수 있을 정도로 풍요를 누리며 살고 있다는 허세로써 시장을 길들이면 된다.

노인의료보장 환자들의 그럴듯한 승리를 생각해보라. 그들의 치료비는 연방정부가 내준다. 2003년에 발효된 의료보장 현대화 법령은 65세 이상의 노인들에게 무료로 치료를 받게 해준다. 좋은 일이다, 그렇지 않은가? 그렇다, 납세자가 고지서를 받고 우리 모두가 피리 부는 사람에게 10년 안에 거금 4천억 달러를 모아줘야 한다는 사실을 깨닫기 전까지만 말이다.

그것이 겨우 4천억 달러밖에 안 된다고 생각한다면 그 자세한 사정을 좀더 들여다봐야 한다. 의회가 법안을 통과시킨 지 한 달 후에, 그리고 조지 부시 대통령이 청원서에 서명하여 법으로 만들기 전에 부시 행정부는 추가로 1,340억 달러를 의회가 승인한 10년간의 비용에 덧붙였다.[*] 재정적으로 보수적인 공화당에게 보고된 낮은 예산안은 받아들일 만했지만

• Law, *Big Pharma: Exposing the Global Healthcare Agenda*, 169-175.

더 인상된 5,340억 달러는 애초에 알려졌더라면 법안이 기각되게 했을 것이다. 왜냐하면 이 법안은 다수당인 공화당 지도자 톰 딜레이와 대변인 데니스 해스터트가 온갖 술책을 부린 끝에 의사당 돔 위로 동이 터오를 때에야 간신히 다섯 표차로 통과되었기 때문이다.[•]

아직 안경을 벗지 말라. 자세한 사정은 그보다 더 복잡하다. 법령이 시행된 지 1년쯤 지난 후에, 의료보장 현대화 법령의 백악관 예산은 무료로 책정됐던 약의 비용을 감안해서 터무니없는 1조 2천억 달러로 다시 뛰어올랐다.[••] 이것이 어쩐지 제3세계 국가에 댐dam — 아니, 엿(damn)이었던가? — 건설사업을 팔아먹는 경제 암살꾼의 술수와 흡사하게 느껴진다면… 글쎄, 아마 그게 맞을 것이다. 미국의 납세자들이 또 한 알의 쓴 세금알약을 삼키고 있는 동안에 샘 아저씨Uncle Sam(US 정부)는 거대 제약산업(Big Pharma)에 거액수표를 끊어주고 있는 것이다.

제약산업이 세계에서 가장 수익이 짭짤한 산업이라는 건 우연한 일이 아니다. 〈뉴잉글랜드 의학회보〉 최초의 여성 편집장을 역임한 의학박사 마샤 앙겔Marcia Angell은 자신의 저서 《제약회사에 관한 진실》(The Truth about Drug Companies)에서, 2001년 포츈 500 명단에 오른 제약회사들의 세금공제 후 평균이익률은 같은 명단의 다른 기업들의 평균이익률이 3.3퍼센트인데 비해 무려 18.5퍼센트에 이르렀다고 보고한다. 13.5퍼센트의 이익률을 보인 민간은행 부문이 거대제약회사에 필적한 유일한 부문이었다.[•••]

[•] Melissa Ganz, "The Medicare Prescription Drug, Improvement, & Modernization Act of 2003: Are We Playing the Lottery with Healthcare Reform?," 10/1/2004, *Duke Law & Technology Review*.

[••] 같은 글.

[•••] Marcia Angell, *The Truth about Drug Companies: How They Deceive Us and What to Do about It by*, (NY: Random House, 2005), 11.

그보다 더 놀라운 것은, 2002년에는 포춘 500 명단에 오른 열 개 제약회사가 벌어들인 359억 달러의 이익이 나머지 490개 회사들이 벌어들인 이익을 전부 합한 것보다 더 많았다는 사실이다![*]

약장수의 세뇌공작

빅 파마Big Pharma와 그 대주주들에게 가장 힘드는 일은, 신약을 개발하고 시험하고 시장에 내다 파는 일이다. 그보다는 기성약의 새로운 용도를 발견해내어 더 많이 팔리게 하거나, 기존의 약을 화학적으로 약간 손질해서 그것을 최신 개발품인 것처럼 포장해서 파는 것이 훨씬 더 이익이다. 따라서 제약회사들은 최소한의 예산을 투자해서 기성약의 용도를 확대시켜줄 새로운 방법을 찾아내는 일에 엄청난 창조성을 발휘하기 시작했다.

스타틴statin 계열의 약을 예로 들어보자. 이것은 혈중 콜레스테롤 수치를 조절하는 데 쓰이는 약물군이다. 지난 10년 내지 20년 동안에 대중에게는 콜레스테롤 수치를 재보고 그것이 FDA 권장치보다 높으면 조치를 취해야 한다는 압박이 점점 더 강하게 가해졌다. 높은 콜레스테롤 수치는 심장혈관질환의 강력한 위험인자여서 결국은 심장마비나 뇌졸중 같은 원치 않는 치명적인 사고를 일으킬 수 있다.

스타틴은 리피터, 크레스터, 조코 등의 상표명으로 처음 발표됐을 때는 주로 심장질환이 있는 사람에게 처방되었다. 시간이 지나면서 대중광고와 의료전문가들에 대한 집중적 판매공략은 스타틴이 모든 사람에게

---

[*] Law, *Big Pharma: Exposing the Global Healthcare Agenda*, 14.

필요한 약이라고 믿게끔 만들었다. 그 결과, 스타틴은 한 해 200억 달러 규모의 세계적 시장을 형성했다. 엄청난 돈을 벌어다준 약이지만, 생명을 구해준다는 스타틴의 명성은 과연 합당한 것일까?

가장 수준 높은 의학저널인 〈랜싯The Lancet〉의 한 사설은 여덟 가지의 심장질환 예방 실험 결과를 제시했다. 그것은 스타틴 치료가 전반적으로 사망위험을 줄이는 데에 효과가 없음을 폭로해주었다. 이 연구는 스타틴 치료가 심장혈관 사고의 위험성을 아주 조금밖에 줄여주지 못한다는 것을 발견했다. 데이터는 사고를 딱 한 번 예방하기 위해서는 67명의 사람이 5년 동안 이 약을 먹어야 한다는 것을 보여줬다. 이 조사의 가장 놀라운 발견 중 하나는, 여성의 경우에는 어떤 연령대에서도 스타틴이 가시적인 효과를 보여주지 못했다는 점이다.•

스타틴은 효과가 약할 뿐만 아니라 상당히 위험하다. 예컨대, 스타틴 약인 조코Zocor에 딸린 경고문은 19페이지나 된다. 그리고 물론 그것은 깨알 같은 글씨로 인쇄되어 있다! 정보는 너무나 장황해서 대부분의 환자는커녕, 그것을 처방하는 의사조차 읽을 생각을 하지 않는다.

스타틴이 대부분의 사람들에게 대체로 효과가 없고 위험성이 있다는 사실을 의료당국은 일부러 무시하고 있는 것일까? 정치와 돈이 개입된 것일까? 2004년에 미국립보건원이 모집한 전문위원단으로 구성된 국민 콜레스테롤 계몽 프로그램(NCEP)은, 이전까지는 괜찮은 것으로 받아들여졌던 콜레스테롤 경계수치를 낮춰 잡을 것을 권장했다.

이어서 2006년에 〈내과연보〉(Annals of Internal Medicine)에 발표된 NCEP

• J Abramson, JM Wright, "Are lipid-lowering guidelines evidence-based?," *The Lancet*, no. 369 (2007): 168-169.

의 권장치에 대한 과학적 평가결과는 이랬다. — "우리는 현행의 콜레스테롤 치료 목표치를 지지할 만한 뚜렷한 임상증거를 발견하지 못했다." 이 보고서는 또 콜레스테롤 권장치를 지키기 위한 스타틴 복용량 조절 권장기준은 과학적으로 이롭거나 안전한 것으로 입증되지 않았다고 밝혔다.●

놀랍게도 연구는 악성 콜레스테롤(LDL)을 줄이는 데는 균형 잡힌 식사만으로도 스타틴만큼의 효과를 낼 수 있음을 보여주었다. 심장혈관질환 전문의인 딘 오니쉬Dean Ornish 박사는 식사조절과 운동, 스트레스 감소, 그리고 사회활동이 악성 콜레스테롤을 거의 40퍼센트나 낮춰줄 수 있음을 보여주었다.●● 건강한 생활습관을 지키면 동맥 속의 혈소판을 수축시킬 수도 있다. 이것은 스타틴도 해낼 수 없는 묘기다.

그렇다면 스타틴의 새로운 권장지침은 왜 채택되었을까? 그 권장지침이 작성되고 채택된 후에, NCEP 위원단 아홉 명 중 여덟 명이 스타틴을 제조하는 회사와 재정적으로 관계를 맺고 있다는 사실이 밝혀졌다. 콜레스테롤 권장치가 낮아질 때마다 생겨나는 새로운 스타틴 처방이 만족을 모르는 제약회사들에게 수십억 달러를 더 챙길 수 있게 해준다는 사실을 생각해보라. NCEP 보고서의 발표자는 이 확연한 이해의 충돌을 간과하는 것은 '감시소홀'이라고 했다.

맞다!

방 안에 있는 이 코끼리를 내버려두고, 미국 소아과학회는 또 최근에

● R. A. Hayward, et al, "Intensive Lifestyle Changes for Reversal of Coronary Heart Disease," *Journal of American Medical Association* 280 (1998): 2001-2007.

●● Dean Ornish, et al. "Intensive Lifestyle Changes for Reversal of Coronary Heart Disease," *Journal of American Medical Association* 280 (1998): 2001-2007.

소아를 위한 새로운 콜레스테롤 권장치를 설정했다.* 혈중 악성 콜레스테롤치가 높은 8세 이상의 아이들은 성인이 되었을 때 심장혈관질환이 발생할 가능성을 예방하기 위해서 스타틴을 장기복용해야 할 후보자라는 것이다. 스타틴이 심장질환을 예방해준다는 주장을 뒷받침할 과학적 증거도 없이 아이들에게 의문시되는 약물에 중독되게 한다는 것은 윤리적 비난을 받을 일이다. 아 참, 아니지! ─ 제약업도 다른 기업들과 마찬가지로 도덕적 구속을 받지 않는다는 사실을 깜박했다.

마찬가지 수법으로, 혈압약을 더 많이 팔아서 이익을 높여야겠다고 마음먹는다면 제약산업은 간단히 의료계를 부추겨 고혈압의 정의를 수정하게 한다. 여러 해 동안, 140/90 이상의 혈압이 고혈압으로 간주되어 왔다. 그러나 혈압이 120/80에서 140/90 사이인 환자를 구분하기 위해 전단계 고혈압(pre-hypertension)이라는 새로운 이름의 상태가 만들어졌다. 보라! 똑같은 옛날 약으로 치료할 수 있는 새로운 상태가 세상에 탄생했다. 제약회사는 새로운 환자들이 득실거리는 새로운 시장을 개척한 것이다.**

그리고 기존의 병에 쓰이는 약의 시장이 포화상태가 되면 빅 파마는 새로운 병을 만들어내는 술수도 동원한다. 그들의 최근의 신개발 무기는, 정상적인 일상생활의 몇 가지 공통적인 요소들을 그룹지어서 거기에다 증후군이라는 이름을 붙이고, 거기에다 장애라는 공식적인 딱지를 붙이는 것이다.

수시로 화를 내는 간헐적 폭발성 장애(Intermittent Explosive Disorder; IED),

• Stephen R. Daniels, Frank R. Greer and the Committee on Nutrition, "Lipid Screening and Cardiovascular Health," *Childhood Pediatrics*, no. 122 (Jul. 2008): 198-208.

•• Law, *Big Pharma: Exposing the Global Healthcare Agenda*, 48.

월경주기 직전에 여성의 생리상태나 행동에 영향을 미치는 150가지 증후군에 관련된 장애인 생리전 증후군(Premenstrual Syndrome; PMS), 다리를 움직이게 하는 억제할 수 없는 충동인 하지불안 증후군(Restless Leg Syndrome), 그리고 새로운 상황에서 불편해지는 사회적 불안장애(Social Anxiety Disorder) 등이 새로운 병들의 현행 목록이다. 글쎄, 우리도 모두가 그러지 않았던가?

성큼 다가온 이런 '장애'들에 당신이 겁을 먹고 있다면 제약회사들이 곧 당신을 끌어들일 것이다. 당신에게 딱 맞는 처방이 있으니까 말이다. 약 광고는 "의사에게 물어보시오"라고 명령하고 있지만, 당신의 불안은 병 주고 약 주는 TV 광고의 효과일 가능성이 다분하다는 사실을 부디 깨닫기 바란다.

아무튼 이건 별로 어려운 장사가 아니다. 미국의 대중은 잠깐 지나가는 것이든 주의를 갈구하는 만성적인 문제든 간에 모든 병이 요술 알약만 삼키면 날아가 버린다고 믿도록 훌륭히 세뇌되어 있으니까 말이다.

자가보건 운동

이미 과부하인 보건체제에 계속 추가되는 비용에 더하여, 새롭게 정의되는 모든 질병은 생존경쟁 속에서 자신이 힘없고 취약하다고 여기는 우리의 세뇌된 인식을 더욱 강화시켜놓는다. 그러나 다행스럽게도, 사람들은 주입된 나약성의 신화로부터 깨어나기 시작하고 있다. 높아지는 의원병의 위험 때문이든 치솟는 의료비 때문이든 간에, 갈수록 많은 사람들이 자신의 건강문제에 대한 주체적인 결정권을 되찾고 있다.

1980년대 초반에 매릴린 퍼거슨Marilyn Ferguson은 문제작인《물병자리

시대의 공모》(The Aquarian Conspiracy)에서 제도권 사회 속으로 새로운 과학을 소개하고 있는 분야들을 탐사했다. 퍼거슨은 '보이지 않는 에너지가 물질을 지배하는 아인슈타인의 우주가 시사하는 바를 우리가 온전히 이해한다면 어떻게 될까?' 혹은 '이 깨달음을 교육, 경제, 정치, 사업, 보건 등의 분야에 적용한다면 어떻게 될까?' 하는 등의 의문을 파고들었다.•

퍼거슨은 더욱 협동적인 사회의 출현과 인류의 새로운 목표로 인해 다가올 급진적인 변화 — 진화적 의식각성 — 를 예언했다. 그녀의 메시지는 '믿는 것은 실현된다' — 믿는 것이 곧 보는 것이다 — 는 오랜 영적 금언을 뒷받침해주었다.

1980년에 이 책이 나왔을 때 퍼거슨은 제도권 사회가 이 변화를 포용하리라고 낙관했다. 그러나 대부분은 거기에 저항하고 자신들의 물질주의적인 목표만을 고수했다. 하지만 이 전일적인 발상이 뿌리를 내린 유일한 분야가 있었으니, 그것은 우리 자신의 건강이었다.

왜냐고? 개인의 건강은 개인적인 것이고, 의료체제 내부의 역기능이 우리의 몸이나 우리가 사랑하는 이들의 몸의 아픈 곳을 건드렸기 때문이리라. 의료체제가 포기하거나 버린 많은 사람들 — 보험이 없거나 구제불능으로 진단된 사람들 — 이 대안을 찾았고, 그 과정에서 자신의 건강을 스스로 미리 챙기는 관리자가 되었다.

그 결과는 미국 인구의 절반 이상이 대체요법을 찾게 된 현실이다. 이유는 간단하다. 많은 경우 대체요법은 효과가 있고 덜 비싸고 대증요법보다 훨씬 더 안전하기 때문이다.

• Marilyn Ferguson, *The Aquarian Conspiracy: Personal and Social Transformation in the 1980's*, (Los Angeles, CA: J. P. Tarcher, 1980), 23-43.

이런 깨달음은 기대만큼 빨리 일어나지는 않는다. 돈과 물질의 힘이 우리 마음의 보이지 않는 영역에 이미 '진을 치고 있는' 최후의 상황에 맞서 싸우려면 동원할 수 있는 모든 각성된 의식을 동원해야만 할 것이기 때문이다.

대중미혹의 무기

내면공간: 최후의 전선

소련이 붕괴하기 전에, 미국 여행을 온 한 그룹의 소련 문인들은 정말 놀라운 사실을 발견했다. 그것은 화려한 마천루나 미끈한 자동차나 슈퍼마켓에 진열된 온갖 다양한 종류의 빨랫비누가 아니었다. 그들이 신문이나 TV를 보고 나서 너무나 놀랐던 것은, 중요한 문제에 대한 거의 모든 의견들이 똑같다는 사실이었다. 한 소련인은 이렇게 말했다. "우리나라는 이런 결과를 얻기 위해서 독재국가가 되었다. 사람들을 감옥에 보내고 그들의 손톱을 뽑았다. 여기엔 그런 것이 없다. 그런데 어떻게 이렇게 될 수가 있는가? 그 비결이 뭔가?"•

비결은 지배자의 정체를 폭로시킬 흔적을 남기지 않으면서 대중교란과 대중기만의 무기를 활용하는 것이다. 지구 지배를 위한 최후의 전선은 우주공간이 아니라 내면의 공간, 곧 마음이다.

• David Edwards, *Burning All Illusions: A Guide to Personal and Political Freedom*, (Boston, MA: South End Press, 1996), 207.

이미 살펴보았듯이, 권력은 야만적인 무력으로부터 경제력으로, 그다음엔 그 두 가지 힘의 결탁으로 진화해왔다. 새로운 정보시대의 권력의 주인은 당신 의식의 가장 깊은 곳으로 파고드는 방법을 찾아냈다. 그들이 거기까지 들어왔는지를 당신이 눈치채지도 못하는 사이에, 당신의 삶을 조종하기 위해서 말이다.

그런 일이 어떻게 벌어졌는지에 대한 이해를 위해서 정보화 시대 조작의 달인인 에드워드 버네이즈Edward Bernays의 삶과 역사를 살펴보자.

세뇌기계

'홍보'에 대해선 당신도 잘 알 것이다. 당신이나 당신의 회사가 광고회사를 고용했을 수도 있고, 아니면 당신이 광고회사에서 일을 하거나, 어쩌면 광고회사를 소유하고 있거나 경영하고 있을 수도 있다. 그렇다면 당신은 에드워드 버네이즈라는 이름을 아는가? 아마도 모를 것이다. 하지만 버네이즈는 '광고의 아버지'로 알려져 있고, 근래에 가장 영향력 있는 사람들 중의 하나임이 분명하다.

왜냐고? 그는 집안 아저씨뻘인 지그문트 프로이트의 연구와 이반 파블로프 ― 침 흘리는 개로 유명한 ― 의 연구에 의거하여 잠재의식의 프로그래밍을 이해하고 그것을 대중전달 기술과 과학에 적용한 최초의 인물이기 때문이다. 우연찮게도 버네이즈의 작업은 1차 세계대전으로부터 냉전시대에 이르기까지 20세기에 널리 영향을 미치면서, 이 임의적이고도 무심한 우주에서는 오로지 물질만이 중요하다는 신념을 확실히 반영해주었다.

1차 세계대전 시기에 청년이었던 버네이즈가 처음에 한 일은 조지 크릴George Creel이 지휘하는 공보위원회(Committee on Public Information; CPI)의 일이었다. 버네이즈는 이 위원회가 새롭게 출현한 대중매체를 이용하여 벌이는 전쟁선전이 대중을 설득해내는 힘에 깊은 인상을 받았다. 1차 세계대전의 선전가들은 '세상을 민주주의에게 안전한 곳으로 만들자'라는 공식 슬로건 외에도, 위협적인 모습의 독일군 그림 밑에 '자유동맹으로 훈Hun(독일군을 가리키는 경멸적인 말)을 몰아내자'라는 표어가 붙은 유명한 포스터를 우리에게 선보였다.°

미국 대중에게 1차 세계대전을 선전한 포스터

어떤 전쟁에서든 매우 중요한 작업 중 하나는, 적군을 죽이는 것은 담뱃불을 밟아서 끄는 것만큼이나 아무렇지도 않은 일이라고 여겨질 정도로 상대방을 비인간화하는 것이다.

공보위원회는 적대국들이 이전의 전쟁에서 잔학행위를 저질렀다는 허위사실을 만들어내어 유포했다. 오늘날 흑색 정치선전을 하는 사람들도 잘 알고 있듯이, 그들은 흑색선전이 매우 강력한 효과를 발휘한다는 사실을 알고 있었다. 왜냐하면 그것은 사람들 마음속의 분노를 부추겨내고, 그 분노가 손쉬운 목표인물에게 집중되게 하기 때문이다. 미국이 '빨갱이'들을 대상으로 냉전을 하고, 비열하고 못된 '훈Huns(독일군)', '잽Japs(일본인)', '슬롭Slopes(아시아인)', '국Gook(아랍인)'들과 전쟁을 벌인 것도 그 때문이다.

전쟁이 끝나자 버네이즈는 평화시대의 문제로 주의를 돌렸다. 그는 자신의 책 《선전공작》(Propaganda)에서 이렇게 썼다. "소수의 지식층으로 하여금, 삶의 모든 국면에서 대중의 마음을 조종할 수 있다는 사실에 눈뜨게 한 것은 물론 선전공작이 전시에 보여준 강력한 효과였다."** 버네이즈는 스스로 진보주의자라고 자처했겠지만, 그럼에도 그는 대중을 '인도해야 할 양떼'로 여기고 '대중을 은밀히 통제하는' 자신의 임무에 대해 스스럼없이 써갈겼다.***

당신은 최근에 여성이 담배 피우는 모습을 본 일이 있는가? 그 또한 에드워드 버네이즈의 천재성 덕분이다. 1920년대에는 여성이 흡연을 한다는 것은 큰 문젯거리로 간주됐다. 급변하는 시대의 잠재시장을 감지한

• Edward L. Bernays, *Propaganda: with an Introduction by Mark Crispin Miller*, (Brooklyn, NY: Ig Publishing, 2004), 9-15.
•• 같은 책 54쪽.　••• 같은 책 71쪽.

럭키 스트라이크 담배회사가 일을 벌이기 위해서 버네이즈를 고용했다. 자기선전의 명수인 버네이즈는 그 결과를 금세기 최대의 광고 이벤트였다고 말한다.

1929년 뉴욕의 부활절 퍼레이드에서 버네이즈는 매력적인 새내기 여자 연예인들을 고용하여 여성참정론자로 분장시키고는 담배를 피우면서 행진하게 하였다. 그럼으로써 담배를 피우는 반항적인 행위를 자유를 옹호하는, 쿨해 보이는 현대적 이미지와 결부시킨 것이다. 신문과 영화뉴스는 이 미끼를 냉큼 집어삼켰고, 그것은 여성의 흡연을 수용하게 하는 일대 전환점으로 작용했다. 하지만 흡연이 해롭다는 사실이 알려지자 버네이즈는 다시 미국 홍보협회(Public Relation Society of America)가 담배회사를 위해서 일하지 않겠다는 서약을 하게끔 만들려는 로비활동을 펼쳤다. 비록 성공은 못했지만 말이다.[•]

그러나 버네이즈가 잘못을 뉘우치려 들지 않았던 일 한 가지는, 한 세대 지나서 그가 벌였던 유나이티드 프룻 회사를 위한 선전공작이었다. 그는 1951년에 이 회사의 과테말라 문제 해결을 돕는 일에 고용되었다. 그 문제란 민주주의였다. 새로이 선출된 야코보 아르벤츠Jacobo Arbenz 대통령은 국유지를 시민들에게 돌려주기 위해 토지개혁을 하기로 공약했었다. 과테말라 최대의 지주였던 유나이티드 프룻은 그 어떤 형태의 토지개혁에도 반대했고, 자신들을 위해 미국정부에 로비를 하도록 버네이즈를 고용한 것이다.[••]

그는 자신의 신념을 확신하고 과테말라의 새 정부를 '공산주의 협박

● 같은 책 25쪽.
●● Larry Tye, *The Father of Spin: Edward L. Bernays and the Birth of Public Relations*, (New York, NY: Henry Holt and Company, 1998), 156-170.

자'로 매도했다. 그러나 사실 아르벤츠 대통령은 공산주의자가 아니었다. 그는 취임연설에서 과테말라를 '현대 자본주의 국가'로 만들겠다고 공약한 개혁가였다.* 그럼에도 불구하고 버네이즈는 기자들을 모아 과테말라를 방문하게 하는 유나이티드 프룻의 후원여행을 주선했다. 그리고 기자들은 거기서 버네이즈가 자신의 회사를 위해 연극으로 꾸며낸 공산주의 폭동을 목격하고, 그것을 보도했다.** 기자들과 국민을 회유하는 버네이즈의 공작은 당시 미국을 휩쓸고 있었던 매카시즘*** 선풍을 타고 훨씬 수월하게 먹혀들었다.

이 공작의 결과가 궁금한가? 1954년, PBSUCCESS 작전이라 불린 CIA의 은밀한 작전에 의해 아르벤츠는 실각하고, 이후 28년이나 지속될 공포의 군사정권이 들어섰다. 토지개혁은 철회되고 유나이티드 프룻과 기타 기업들은 그들의 길을 갔다. 버네이즈의 선동이 촉발시킨 무자비한 군사작전과 폭동과 제압과정에서 수천 명의 과테말라인들이 죽고 백만 명의 사람들이 난민 신세가 되었다.****

버네이즈의 기발하고 명석한 머리를 찬양하는 것은 너무나 쉬운 일이다. 그는 비도덕적이지도, 악랄하지도 않았다. 그는 다만 과학적인 방법으로 영구적인 영향을 미칠 프로그램을 사람들의 머릿속에 심어놓았다. 문제는, 오로지 물질만이 중요하다고 한다면 물질주의적인 목적을 위해

• Jerboa Kolinowski, "Edward L. Bernays," *Everything2*, July 3, 2002.
•• Ron Chernow, "First among Flacks, Edward L. Bernays created many a public relations image, starting with his own," *New York Times* Aug. 16, 1998.
••• 1950~54 미국 공화당 상원의원이었던 매카시가 치안분과위원장으로서 반미활동 특별조사위원회를 무대로 일으킨 공산주의자 적발 및 추방 선풍으로, 한때 공산세력의 팽창에 위협을 느낀 미국민으로부터 광범위한 지지를 받았음. 역주.
•••• Kolinowski, "Edward L. Bernays," *Everything2*, July 3, 2002.

과학이 악용될 수 있다는 것이다. 펜타곤이 아프가니스탄 폭격에 대한 여론의 지지를 얻기 위해 홍보회사인 렌던 그룹Rendon Group에 4개월 계약으로 39만 7천 달러를 지불한 것에 대해 에드워드 버네이즈는 뭐라고 할지가 궁금할 따름이다.[•]

그 결과 새로운 정글의 법칙, 그 초도덕적인 계명이 석판에 새겨졌다. ― 거짓말하고, 속이고, 도둑질하라. 그리고 너 자신의 행복 추구에 필요하다면 무슨 짓이든 다 하라.

무엇으로부터 주의를 회유당하고 있는가?

우리를 조종하는 자들은 알고 있다. 우리가 두려움에 뿌리를 둔 그들의 가르침을 받아들이고 실천하게끔 만들려면 우리가 자신과 자신의 타고난 본성으로 주의를 돌리지 못하게 해야만 한다는 것을 말이다.

'일등하는 법'이라든가 '상어와 헤엄치기' 같은 식의 온갖 대중서가 범람하지만, 대부분의 사람들은 자기가 일등하기 위해서 당장 다른 모든 사람을 2류로 취급하려 들지는 않는다. 다른 사람들을 마구잡이로 대하는 데도 학습이 필요한 것이다. 그리고 세뇌자들은 이것을 알고 있다. 그래서 우리는 은밀히, 그리고 때로는 그리 은밀하지도 않게, 양심의 가책을 느낀다는 것은 나약함의 징조라는 식의 신념에 세뇌되어왔다.

필자의 한 친구는 보수가 좋은 일자리를 제안받았다. 그러나 그 회사가 그릇된 선전내용을 제작 유포하는 회사라는 것을 알고는 그 일자리를 물리쳤다. 그의 친구들은 그를 바보라고 나무랐다. "자네가 안 하더라도

• Norman Solomon, *War Made Easy: How Presidents and Pundits Keep Spinning Us to Death*, (New Jersey: John Wiley & Sons, 2005), 177.

결국은 누군가가 그 돈을 받고 하게 될 텐데 자넨 왜 못하겠다는 거야?"

양심은 젖혀두고 현실적인 이익을 좇아 의식적으로 판단을 내리는 사람들의 이 같은 공공연한 질책은, 무의미한 정보의 안개와 냉소적인 통계수치의 소용돌이 속에서 좀더 온전하고 사랑에 찬 세상을 갈망하는 내면의 목소리를 잠재우는 법을 많은 사람들이 이미 학습했음을 말해준다. 내면의 목소리는 상상 속의 분리를 가로질러 서로를 향해 짖어대는 두 마리의 도그마dogma 소리에 지나지 않는 조종공작 속에 묻혀버렸다.

이 분리라는 허구는 우리가 서로 연결을 맺지 못하도록 주의를 돌려놓기 위해 그들이 우리의 의식 속에다 심어놓은 것일까? 진보주의자와 보수주의자, 근본주의자와 무신론자, 히피와 레드넥*이 얼굴을 맞대고 앉아 서로를 존중하면서 이야기하고 경청하도록 내버려둔다는 것은 권력을 쥔 자들에게는 위협적인 일일 것이다. 영원히 만날 수 없는 것처럼만 보이던 사람들이 서로에게서 인간적인 공감대를 발견하고는 그 새로운 깨달음에 놀라게 될지도 모를 테니까!

서로 연결하고자 하는 욕구나 우리의 진정한 본성 외에도, 우리가 주목하지 못하도록 회유당하고 있는, 아마도 가장 중요한 것이 또 있다. 그것은 더 이상 먹혀들지 않는 사상과 신념을 다시 프로그램할 수 있는 능력을 포함한, 우리 자신의 능력이다. 자신의 이익을 위해 우리를 세뇌한 자들에게 비난의 화살을 돌리는 것이 당장은 편한 일일지도 모르지만, 자신이 신화적 오해에 오도되어왔다는 사실을 일단 깨달았다면 책임을 져야 할 것은 결국 누구인가? 그것은 우리 자신이다. 온갖 소음과 그릇된 정보, 그리고 분리를 조장하는 꼭두각시극은 모두 우리가 막후의 존재에

---

* 남부의 가난한 백인 노동자층. 역주.

게로 주의를 돌리지 못하게 하기 위한 장치들이다. 하지만 아는가? 우리는 바로 그 막후의 존재다!

우리는 발달기를 거쳐오는 동안 무의식 속에 문화권의 패러다임을 주입받았다. 그러나 이제 우리는 잠재의식의 프로그램이 지닌 힘을 의식적으로 깨닫고 있고, 삶을 더 풍요롭게 해줄 다른 프로그램을 선택할 자유를 지니고 있다. 돈이 곧 권력이고 물질만이 중요하다는 학습된 신념을 개인과 집단의 차원에서 모두 벗어버리면, 우리는 이 지긋지긋한 BS●, 곧 신념체계(Belief System)를 종식시킬 수 있는 힘을 스스로 자신에게 부여하게 된다.

그러한 결과로 하나의 새로운 패러다임이 떠오르고 있다. 그것은 우리 자신의 내부로부터 깨어 있는 의식과 주의와 능동적인 참여를 요구하는 패러다임이다. 그리고 그것은 우리의 집단적 깨달음을 기다리고 있다.

이 장에서 우리는 우리가 어디에 서 있으며, 어디로 가고 있으며, 같은 궤도를 계속 달리면 어떤 지경에 다다르게 될지를 깨닫게 되었다. 희망컨대 이 책에서 우리가 제시하는 새로운 통찰이 문화의 전환점이 되어주기를. 온전한 양심으로는 더 이상 영이 제거된 물질의 병든 패러다임을 받들고 있을 수가 없기에 말이다. 그렇다고 또 그 옛날 토착민들의 순전히 정령신앙적인 패러다임으로 돌아갈 수도 없는 일이다. 또 그렇다고 건국의 국부들과 그들이 만든 독립선언문과 헌법의 그 순수한 시대로 돌아갈 수도 없다.

앞으로 나아가는 것밖에는 달리 갈 데가 없다. 그리고 앞으로 나아간다는 것은 제정신으로 돌아가겠노라는 우리의 각오를 요구한다.

● bullshit(귀 기울일 가치 없는 쓰레기 같은 말)을 가리키는 은어.

10

제정신으로 돌아오기

"더 이상 미쳐 있지 못하겠다면 할 일은 하나뿐이다.
제정신병원에 입원하라."

— 스와미 비안다난다

제정신병원에 오신 걸 환영합니다

모든 회복 프로그램이 그렇듯이, 온전한 정신으로 돌아가는 길은 문제를 인식하는 데서부터 시작된다. 우리는 이제 부인된 병폐의 음침한 땅을 지나는 용감한 여행을 마쳤다. 우리는 물질제일, 적자생존, 유전자 조작, 임의적인 진화라는 그릇되고 낡아빠지고 의문받지 않은 신념들을 추적하여 그 부조리함을 밝혀냈다. 그리고 무엇이 먹히지 않는지를 보았다.

우리의 삶을 소리 없이 지배하고 구속해온 보이지 않는 신념의 매트릭스 밖으로 빠져나옴으로써, 우리는 자신의 가장 끔찍한 두려움과 무의식적 습관이라는 찌그러진 모습으로 이 세상을 지어냈음을 깨달았다. 이제 끔찍한 진실을 보았으니 이 책의 나머지 부분은 다른 진실, 이 세계의 공동창조자인 우리에게 주어진 놀라운 기회에 초점을 맞출 것이다.

제정신, 곧 정신의 온전함(sanity)이라는 개념을 살펴봄으로써 우리 여행의 후반부를 열어보자.

우선, 정신이 '온전'하다는 것과 '정상'이라는 것은 반드시 같은 상태가 아니다. 온전한 정신은 손그림자 놀이처럼 평면적으로 묘사할 수 있는 어떤 성질이 아니다. 심리학자이자 인본주의 철학자인 에리히 프롬Erich Fromm이 일러주듯이, 단지 수백만의 사람들이 같은 목소리를 낸다고 해서 그것이 악을 덕으로 만들어주지는 않는다.* sanity란 말의 어원은 라틴어 sanus로, '건강하다(healthy)'는 뜻이다. 같은 어원을 가짐으로써 sanity와 healthy의 뜻은 서로 긴밀하게 연관된다. 우리를 건강하게 해주는 것은 또한 정신을 온전하게 해준다. 그 반대도 마찬가지다.

온전한 정신의 건강한 성질은 한 개인의 판단이나 사고가 건전함, 곧 마음의 건전함으로 표현된다. 끊임없이 온전하지 못한 판단과 사고를 하는 사람은 기능적으로 제정신이 아닌 것으로 정의된다.

집단의 문화에서 판단과 사고는 바탕 패러다임의 '진실'을 따른다. 따라서 한 문화의 패러다임의 신념이 진실이 아니거나 결함이 있다면 그러한 그릇된 신념하에서 살아온 사람들은 집단적으로 불건전한 판단과 사고를 표출할 것이다. 그런 경우, 인구 전체가 제정신이 아니라고 말할 수 있다.

예컨대 당신이 유전적으로 유방암이나 전립선암에 걸릴 운명으로 태어났다는 낡은 신념을 가지고 있다고 해보자. 오늘날 후성유전학과 정신신경면역학의 새로운 지식에 비추어본다면 당신이 그러한 결론을 내리는 데 동원된 사고방식은 불건전한 것으로 간주될 것이다. 하지만 다행히도

---

* Erich Fromm, *The Sane Society*, (New York, NY:Henry Holt and Company, 1955), 15.

당신의 상태는 단지 일시적인 정신이상이다. 왜냐하면 환경이나 개인의 인식과 생활방식이 유전자와 면역계의 작용에 영향을 미치는 메커니즘을 알고 나면 당신도 자신의 건강상태를 능동적으로 관리하고 변화시킬 수 있게 될 것이기 때문이다.

이 예가 보여주듯이, 문화 속의 신화적 오해는 개인을 무력화시킬 수 있고, 우리의 생존을 위협하는 현재와 같은 집단적 정신이상을 초래할 수 있다. 그러나 말했듯이 문명의 정신이상은 단지 조건화에 의해 나타나는 일시적인 상태다. 많은 사람이 말세의 네 가지 신화적 오해를 바로잡아주는 첨단과학의 설명을 이해할 수 있게 된다면, 그들도 개인과 집단의 생존에 더 유익하고 조화로운 판단과 사고를 할 수 있을 것이다.

입자는 다른 입자들로부터 분리되어 있다는 뉴턴식의 분리 개념에 대한 우리의 무의식적 믿음에도 불구하고 양자물리학은 우주의 만물은 우리가 상상하기 힘든 방식으로 상호연결되어 있음을 밝혀주고 있다. 물질과 시간처럼 우리가 구체적이고 실질적인 것이라고 여기는 것들도 사실은 우리의 지각을 통해 경험될 때만 현실인 것처럼 보이는, 일련의 상관관계에 지나지 않는다.

곧 보게 될 테지만 자연과 우주의 패턴은 복잡성의 다양한 수준에서 반복적으로 모습을 드러낸다. 이것은 우리의 건강이 살갗에서 — 아니, 좀더 형이상학적인 부류의 사람들을 위해서는 오라aura의 가장자리에서 — 끝나는 것이 아님을 뜻한다. 우리 몸에 50조 개의 세포가 있듯이, 우리는 각자가 인류라는 신체의 세포들이다. 위에서 그러하듯이 아래서도 그러하다. 건강한 세포, 건강한 장기, 건강한 생물, 건강한 조직, 건강한 생태계. — 이것이 최초의 온전한 정신이 가져다주는 결과다.

온전한 정신은 나머지 세계의 존재를 손쉽게 부정해버리는 외딴 골짜기에는 존재할 수 없다. 정말 온전한 정신이라면 오늘날 세계의 정신이상을 직면하고 포용해야만 한다. 그리고 그를 통해 잠시 정신이상이 되어버린 세계에 조화를 이룩할 새로운 인식과 길을 제공해야만 한다.

모든 곳에서 온전한 정신이 싹터 나오도록 우리가 다독거려준다면 그것은 이미 세상의 모양을 바꿔가기 시작하고 있는 통합된 형태장에 우리의 힘을 더 보태주는 일이 된다. 제정신이 돌아온 세상에 작용할 새로운 원리는 이런 것일 것이다. — 생명이란 기쁨에 찬 삶을 창조하도록 자신을 프로그램할 수 있는 강력한 개인들이 함께하는 여행이다.

연결이라는 주제를 한 발짝 더 밀고 들어가자면, 정신의 온전함이란 한쪽, 아니면 다른 쪽 극에서 피난처를 찾는 것이 아니라 그 반대극들을 여하히 통합하느냐에 관한 문제다. 자신에 대한 지혜를 반쪽만 가지고 산다고 생각해보라! 우리의 제도권 사회가 반쪽인 것처럼 보이는 것도 이상할 게 없다. 온전한 정신이란 온전한 지혜를 뜻하고, 그것은 맞싸우고 있는 이원성 속에 파묻혀 있는 전일성을 드러내는 것을 뜻한다. 예컨대, 우리는 '종교'란 말의 깊은 의미를 들여다봐야만 비로소 이해할 수 있는 길인 그 옛날의 진정한 종교로 돌아가야만 할지도 모른다.

영국의 정치 저술가 데이비드 에드워즈David Edwards는 자신의 책《모든 환영을 불태우기》(Burning All Illusions)에서, '종교'라는 말은 '한데 묶는다'는 뜻의 라틴어 religare에서 파생된 말임을 지적한다. 근육을 뼈에 연결시키는 조직인 인대(ligament)라는 말에도 'ligare'의 결합시키는 성질이 표현되어 있다. 이 묶는다는 것은 전통적으로는 의무 — 어떤 이들은 또 유대라고 하겠지만 — 라는 개념과 결부되지만 에드워즈는 그보다 좀더 온전한 해석을 택한다. 그에게 'religare'란 개인을 사회, 세상, 그리고 우주와 다시 연결시키는 것을 의미하는 것이다. 종교의 이 근본적 의미는 개인이 믿는 신이나 신학이나 교리와는 아무런 상관도 없다. 무엇보다도 그것은 통일된 연결성, 성직자의 중재가 반드시 요구되지 않는 그런 연결을 의미하는 말이다.[•]

유감스럽게도 종교의 이 깊은 의미는 교리의 무덤에 파묻혀버렸다. 인류를 세계와 우주와 연결시키기 위해 남아 있던 모든 영적, 철학적 '인대'는 과학적 물질주의가 일신론의 자리를 빼앗았을 때 이미 끊겨버렸다.

세속적인 길과 일신론적인 길 양쪽에서 사랑의 지혜를 얻어내기는커녕, 우리는 아기 예수를 목욕물과 함께 내버려버렸다. 우리는 물질세계에 우리의 믿음을 투자하고, 권력이 사랑만큼 좋은, 아니, 그보다 더 나은 대체물이 될 수 있으리라고 믿도록 자신을 버려뒀다.

그러나 이제 인류는 물질숭배가 용인할 수 없는 실수임을 깨달았다. 우리는 돈이라는 신은 행복을 가져다주지도 못하며 고통을 종식시켜주지도 못한다는 것을 깨달아가고 있다.

그러니 정신의 온전함이란 우리를 무력한 존재로 만드는, 아니, 무엇이든 무력하게 만드는 종교와 결별하는 것을 뜻한다. 온전한 정신이란 어린아이와 같은 맹목적인 순종과 열혈청년과 같은 맹목적 반항을 모두 지나쳐 성장해가는 것을 뜻한다. 온전한 정신이란, 우리 신의 아이들이 이제는 유치한 장남감들을 버리고 마침내 장성한 자녀가 되는 것을 뜻한다.

• David Edwards, *Burning All Illusions: A Guide to Personal and Political Freedom*, (Boston, MA: South End Press, 1996), 62.

신의 장성한 자녀

　세계대전의 경험을 통해 환상을 벗어난 사람들은 전통적인 종교관념에 진지하게 의문을 제기하게 되었다. 유대인들과, 그 밖에 서양의 모든 종교전통에 속한 사람들은 이렇게 생각하고 있는 자신을 발견했다. '신이 이런 일을 내버려둘 수 있다면 신이 다 무슨 소용이란 말인가?' 실존주의자들은 한술 더 떠서 단호하게 선언했다. "신은 죽었다."

　미국 남부와 농촌지역에는 옛날의 종교가 아직도 번성했지만 주류문화는 더 세속화되었다. 50년대가 60년대에게 배턴을 넘기자 흥미로운 변화가 나타나기 시작했다. 더 많은 주부들이 집에서 나와 노동에 합류했다. 텔레비전이 만능 베이비시터는 물론, 가정생활의 중심이 되었다. 저녁식탁에서 도란도란 나누던 가정요리는 TV 감상용 인스턴트식에 밀려났다. 교회나 유대교 회당은 하늘로부터 내려오는 영적 깨달음 대신 물질주의와 출세주의에 물든 대다수의 신도들에게 한갓 사교클럽 이상의 아무것도 아니게 되어버렸다

　60년대 말과 70년대 초에 최초의 반동의 물결이 해안을 덮쳤다. 히피가 되어서 가출했던 젊은이들은 몇 해가 지나자 인도의 구루에게서 받은 이상한 산스크리트어 이름과 만트라와 염주를 걸치고 돌아온 것이다.

　또 어떤 이들은 열광적으로 전도하는 예수쟁이로 다시 태어나서 구원자이신 그리스도의 가르침에 대한 이상주의적 열정으로 전통종교를 믿는 부모들을 당혹하게 만들었다. 새로운 기독교인이든 새로운 이방인이든 그 방향과는 무관하게, 이 젊은이들은 구세대의 물질주의적 가치관을 거부하고 영적 진공을 찾아내어 그곳을 채우고자 했다.

　미국의 주류사회에서는 이런 사조가 다른 양상으로 전개됐다. 랍비 마

이클 러너Rabbi Michael Lerner는 일하는 보통사람들 수천 명을 인터뷰하고 나서, 돈이 지배하는 문화와 '지배하느냐, 지배당하느냐' 하는 생각이 만연한 직장에서 대중은 세속적인 사회도, 진보적인 정치도 해결해줄 수 없는 영적 좌절을 겪고 있다고 결론지었다. 러너는 자신의 저서 《신의 왼손》(The Left Hand of God)에서 70년대에 들어 사람들은 고삐 풀린 물질주의와 공동체 상실, 유대감 결핍으로 인한 압박감을 느끼기 시작했다고 말한다.●

이 좌절한 사람들은 피난처를 찾아 영적 공동체로 모여들었고, 그 눈치 빠른 지도자들은 세속적 세계에 결핍된 두 가지, 곧 진정한 공동체와 구체적인 영적 체험을 제공했다.

정치전선에서는 진보주의자들이 레이건파 민주당원(Reagan Democrats)●● 현상을 이해하려고 애쓰고 있었다. 그들은 자신의 경제적 이익보다 가치관에다 표를 던진, 좌절한 개인들이었다. 한편 윤리적 다수(Moral Majority), 미국 기독인연합(Christian Coalition of America)과 같은 보수 단체들이 자라나서 영적 진공상태를 메웠다. 이들은 영적 진공상태의 진정한 원인이 물질주의 자체임을 알아차리지 못하고 세속적 인본주의에 물든 문화에 책임을 물었다.

러너가 지적하듯이 진보주의자들은 세계의 심장을 휩쓴 가슴앓이의 심각성도, 의미도 이해하지 못했다. 그 결과 진보주의의 처방은 그 유권자들의 가장 깊은 요구가 주로 심리적, 영적인 성질의 것이었음에도 불구하고 사회경제적인 문제에만 집중되었다.

● Michael Lerner, *The Left Hand of God: Taking Back Our Country from the Religious Right*, (New York, NY: HarperCollins, 2006), 15-36, 41-75.
●● 1980년과 84년에 공화당 후보인 레이건에게 표를 던진 화이트칼라 민주당 지지자들. 안보문제나 이민정책 등에서는 보수적인 태도를 취하는 온건한 진보주의자를 일컫는다. 역주.

동시에, 기독교 보수주의의 부상은 종교를 세속적 영역으로부터 더욱 멀리 분리시켜놓았다. 보수주의의 물결은 시장가치와 반가운 대비를 보여주기는 했으나 그 또한 결국 그것이야말로 온 우주이고 진리라는 숙명론적인 단정에 갇혀버렸다.

세상의 나쁜 소식은 가혹한 체제에 시달리는 사람들에게 또 한 주일을 견딜 수 있는 영적 영양분을 보충해주는 예배장소들에게는 희소식이었다. 하지만 이 영적 '영양보충'은 부정적인 면을 가지고 있었다. 뉴턴식의 전통의학이 환자의 진짜 문제는 건드리지 않고 증상만을 다루듯이, 수백만의 예배자들은 사악한 세상으로부터 — 그것에 대해서는 아무것도 할 필요 없이 — 도피할 피난처만을 발견한 것이다.

한편, 1980년대와 90년대는 뉴에이지와 신사고(new thought) 영성의 탄생을 목격했다. 이들은 개인의 성장에 초점을 맞추고 사회적 정의나 경제적 균형 등의 세속적인 문제는 대체로 멀리했다. 개인적 성장 운동은 말 그대로 개인적인 것이었다. 개인을 우선시하는 사회에서 관심의 초점은 자신만의 현실을 창조하는 것이었다. 정치? 그게 무슨 상관이란 말인가? 그러나 조급한 노력으로 의식을 상승시켜 고단한 삶을 초월하고자 했던 사람들도 결국은 '그곳'을 '이곳'으로 가져와야만 한다는 사실을 깨닫기 시작했다. 우리가 집단적으로 창조해놓은 현실을 피할 수 있는 길은 없는 것 같다!

이제 제정신을 되찾기로 한 이상, 우리는 우리 세계의 책임감 있는 공동창조자로서의 역할을 받아들여야만 한다. 종교의 가르침을 이용하여 스스로 자신을 무력한 존재로 전락시키는 그 멍청한 역할놀이를 멈춰야 한다. 철학자인 동시에 비교종교학 학생인 앨런 왓츠Alan Watts는 이렇게 말했다. "일반종교들이 저지르는 공통적인 오류는 상징을 실재로 오인하는 것이다. 길을 가리키는 손가락을 보고 그 방향을 따라가지는 않고 손가락을 보는 것만으로 위안을 삼는 것이다."●

그 손가락은 우리에게 인류 진화의 다음 단계를 가리켜 보여주고 있다. 우리는 늙은 도그마들에게 새로운 재주를 가르칠 수 있을까? 여기 제정신인, 네 가지 고려해볼 만한 대안이 있다.

대안 1. 원죄(Original Sin)**로부터 원시너지**(Original Synergy)**로** : 3부에서 더 깊이 있게 논의하겠지만, 우주의 사랑에는 조건이 없다. 모든 사람과 사물에 똑같이 비치는 햇볕처럼 말이다. 그러나 서구세계의 많은 사람들은 계명을 고분고분 따르는지 마는지를 살펴서 사랑을 주었다 빼앗았다 하는 조건부적인 신을 숭배한다. 극단적으로, 어떤 종파에서는 자기 안에 있는 지옥을 쫓아내기 위해서 자신을 매질하는 방법까지 쓴다. 이런 것이 '위험한 종교'다.

주류 기독교의 사고장(thought field)에는 원죄라는 개념이 끈질기게 존재한다. 그것은 모든 인간은 태어날 때부터 죄인이고, 죄는 나쁜 것이라는 가르침이다.

흥미롭게도, sin(죄)이라는 말은 원래 표적을 빗나갔다는 뜻의 궁술용어였다. 그것이, 기대에 미치지 못했다, 즉 자신의 가능성을 실현하는 데 실패했다는 뜻으로 발전했다. 그런 뜻에서라면 우린 인간은 실로 죄인이다. 왜냐하면 우리는 대부분 표적을 맞히지 못하여 자신의 잠재적 가능성을 실현하지 못하고 있기 때문이다. 삶의 가르침을 배울 때는 특히나 말이다. 어쩌면 자신들에게 주어진 배양액을 소화하기 위해서 신속하게 형

● Alan Watts, *The Wisdom of Insecurity*, (New York, NT: Pantheon Books, 1951), 23.

질변이를 하고 있는 박테리아들도 죄인이라고 할 수 있을 것이다. 그들은 표적을 계속 놓치다가 결국은 형질변이에서 문제의 답을 발견했다.

단선적인 세계관으로 보면 천국은 이 행성 위의 삶으로부터는 까마득히 먼, 한갓 '목적지'일 뿐이다. 그러나 양자적 세계관 — 시간이 존재하지 않으며 유일한 시간은 '지금'뿐인 — 으로 본다면 머나먼 미래에 있는 천국은 아무런 의미가 없다. 마찬가지로, 지금 우리가 할 수 있는 일은 오로지 '있음'뿐이고, 그것 자체가 바로 천국이다. 달리 말해서 천국은 '실천(practice)'이지 어떤 '장소'가 아니다. 앞으로 구도자들이 붙이고 다닐 구호는 이렇게 되어야 할 것이다. '완벽하지 않음, 그저 있음을 실천 중임.'

그러니 제정신으로 돌아가기 위해서는, 조건부로만 사랑하는 우주의 두목의 비위를 맞추려고 애쓸 것이 아니라 이 땅 위에서 천국을 실천하는 일로 종교의 초점을 돌려야만 한다.

대안 2. 처벌 모델로부터 학습 모델로 : '죄'가 표적을 빗맞히는 것을 의미한다면 그것은 연습을 하면 표적을 더 잘 맞힐 수 있다는 말이다. 이 것은 우리 사회가 처벌에 초점을 맞추고 있는 것이 온전한 짓인지를 의심해보게 만든다.

처벌은 자연스러운 일이 아니다. 자연의 어디에서도 그런 것을 찾아볼 수가 없다. 위장이 바이러스가 일으킨 말썽으로부터 회복하고 있을 때 식도가 이렇게 말한다고 상상해보라. "바이러스, 이 나쁜 놈아! 게으른 놈 같으니라구. 네가 토한 것을 도로 보내주마. 더 이상 먹이는 없어!"

실수에 대한 처벌은 자연스러운 일이 아니지만 실수의 결과는 자연히 일어난다. 구제불능의 정신병자가 아닌 95퍼센트의 사람들에게는 처벌보다는 학습에 주의를 집중하게 하는 것이 더 실질적이다. 우리는 자신을 처벌하기를, 혹은 무의식적으로 처벌을 요구하기를 그만둬야 한다.

카르마의 법칙과 업보의 수용은 처벌과 자기처벌을 넘어선, 진화의 한 단계다. 달리 표현해보자. 형질변이와 죽음, 이 양자택일의 기로에 서 있는 박테리아가 형질변이에 실패할 때마다 자신을 채찍질하면 어떻게 될까? 그것이 목표를 더 빨리 이루도록 도와줄까? 아니다, 우리는 그렇게 생각하지 않는다.

죄를 배움으로 바꿔놓으면 자신과 타인에 대한 연민이 일어난다. 그것은 주의를 배움의 결과로 향하게 하여, 책임을 떠맡고 더 나은 목표를 향해 가게 한다.

개체 인간뿐만 아니라, 인류문화의 진화과정은 박테리아가 채택하는 시행착오 과정과 흡사하다. 우리가 그것을 절묘한 돌파로 받아들이든지, 황당한 실수로 받아들이든지 간에 그 각각의 단계는 진화의 길에서 일어나는 하나의 변이과정이다. 토머스 에디슨이 무수한 시행착오를 겪은 후에야 전구를 발명할 수 있었음을 상기해보라. 실수로부터 뭔가를 배우고 그 지혜를 적용하여 적절한 조치를 취한다면 우리는 희생자로부터 의식적인 참여자로 변신하는 것이다.

대안 3. 희생자로부터 자유롭고 자발적인 참여자로 : 아인슈타인의 동료인 프린스턴 대학교의 물리학자 존 휠러John Wheeler는 이 세상에서 인간의 역할이 무엇인가 하는 문제를 가지고 씨름을 하다가 이런 결론을 내렸다. "우리는 우리 인간이 두꺼운 유리창 뒤에서 우주로부터 안전하게 보호받으면서 저 바깥에 있는 우주를 관찰하고 있다는 낡아빠진 생각을 가지고 있다. 그러나 이제 우리는 전자처럼 미세한 대상을 관찰하려고 해도 그 유리창을 깨야만 한다는 것을 양자우주로부터 배우고 있다. … 그러니 이젠 책에서 '관찰자'라는 케케묵은 단어는 지워버리고 '참여자'라는 새 단어를 써넣어야만 한다."•

양자물리학은 우리가 자신의 인식을 통해 현실을 창조해내고 있음을 역설해주고 있다는 것이 휠러의 말이다.

휠러의 생각을 그 논리적 결론으로 확장시켜보면 그 어떤 특정한 미래도 확정된 것이 아님이 드러난다. 미래의 시나리오 중, 어떤 것은 '개연성'이 있고 그 밖의 것들은 단지 가능성으로서 존재할 뿐이다. 우리가 집단적 생각으로써 지어내는 복잡하게 얽힌 장이 가능한 모든 결과에 영향을 미친다. 신학자들이 자유의지라 부르는 것은 사실 공동창조자로서의 우리의 힘을 가리킨다.

우리의 우주는 높은 차원으로부터 현실이 예정되고 설계되는 하향식 우주가 아니라 상향식 우주로서, 거기서는 집단의 사념이 모이고 뭉쳐서 어떤 일관성을 띰으로써 하나의 현실, 혹은 다른 어떤 현실을 만들어낸다. 그 적절한 예로서, '아마겟돈'으로 알려져 있는 끔찍한 상황은 불가피한 일이 아니라 하나의 선택이다. 충분히 많은 숫자의 사람들이 아마겟돈이 일어나리라고 믿는다면 아마도 그들은 직접적으로든 간접적으로든 그런 일이 일어나게 할 방법을 찾게 될 것이다. 하지만 충분한 숫자의 사람들이 그 반대의 현실을 택한다고 해도 같은 일이 일어날 것이다.

그렇다면 신은 이 세상에 영향을 미칠 수가 있을까? 신학자 데이비드 레이 그리핀David Ray Griffin은 실제로 신의 영향력이 존재한다고 주장했다. 그런데 그것은 우리 각자의 가슴에서 나온다는 것이다. 사랑을 표현하고자 하는 우리 각자의 자유의지를 통해 — 단순한 황금률의 실천을 통해 — 사랑에 찬 신이 땅 위에 현현하는 것이다. 우리는 이 사랑에 찬 신이

• Fritjof Capra, *The Tao of Physics: An Exploration of the Parallels between Modern Physics and Eastern Mysticism*, (Boston, MA: Shambala, 1975), 141. /《현대물리학과 동양사상》, 범양사.

어떻게 생겼는지, 그, 혹은 그녀, 혹은 그것이 저 밖의 어디에 존재하는지를 알 필요조차 없다.

끔찍한 집단학살과 그것이 부추겨낸 집단적 자비의 무수한 사례도 모두가 인간의 선택과 관련된 표현이다. 우리가 '메시아'라 부르는 것도 저 높은 곳에서 맺어준 약속이 아니라 일종의 DIY(do it yourself) 프로젝트인지도 모른다. 메시아는 우리가 함께 선택하는 그것으로 내려온다. 신학자 그리핀이 말하듯이, "신은 강요하지 않고 설득한다."•

대안 4. 분리로부터 연결로 : 불교도들은 자애롭게 세상에 참여하는 것을 '자비'로 묘사하는데, 이 말은 서양인들의 마음속에서 종종 잘못 이해된다. 우리는 자비를 어디선가 굶주리고 있는 사람들을 위해 시간을 내어 연민을 보내는 것과 같은 측은지심으로 여기는 경향이 있다. 그러나 불교 전통의 자비는 양자물리학과 세포생물학 양쪽에 대한 깊은 이해를 보여준다는 점에서 그보다 훨씬 더 섬세 미묘한 것이다.

오라 글레이서Aura Glaser는 자신의 저서에서 자비심을 '깨달음의 수행법'이라 부른다. 달리 말해서, 깨달음은 세상에 대한 이해, 그리고 우리와 세상의 관계에 대한 온전한 이해를 바탕으로 나날의 삶 속에서 길러가는 무엇이라는 것이다. 가슴과 마음을 일깨우는 일을 하는 보살(bodhisattva)은 두 가지 마음을 기른다고 글레이서는 말한다. 즉, 자신에 대한 사랑과 타인에 대한 사랑이 같은 것임에 대한 이해를 기르는 것이다. 그녀는 이렇게 쓴다. "자비심이란 생명과 살아 있는 모든 것의 일체성에 대한 온전한 직관으로부터 흘러나오는, 인간의 자유의 표출이다."

• Steve Bhaerman, "Unquestioned Answers: Nonconspiracy Theorist Takes Aim at the Official 9-11 Story," *North Bay Bohemian*, June 14-20, 2006.

곧 알게 될 테지만, 이 만물의 연결성에 대한 이해, 그리고 그 연결성으로부터 우러나오는 행동이야말로 자발적 진화의 열쇠가 된다. 《디바인 매트릭스The Divine Martix》를 쓴 저술가이자 강사인 그렉 브레이든Gregg Braden은 양자물리학과 고대의 지혜를 연결시킬 방법을 찾아 티베트를 여행했다. 그는 통역자를 통해 한 절의 주지에게 이렇게 물었다. "우리를 타인과 세상과 우주로 연결시켜주고 있는 것은 무엇입니까? 우리의 몸 너머로 다니면서 우주를 하나로 묶어주는 '그것'은 무엇입니까?"•

그 게셰, 즉 스승은 간단히 대답했다. "만물을 연결하는 것은 자비다." 다음날 다른 스님이 이 말을 좀더 부연해서 설명해줬다. "자비는 인간의 경험일 뿐만 아니라 우주의 힘이기도 하다."•• 달리 말해서, 자비는 장場이자, 우리가 그 장에다 담는 의도다.

불교의 관점에서 보면, 특정한 방식으로 행동하고자 하는 모든 개인의 자유롭고 의도적인 선택은 전체 인류에게 직접적인 영향을 미친다. 우리의 행위가 시간과 공간을 통해 반향反響된 것을 카르마라고 한다. 때로 불교의 자비와 결부되곤 하는 사심 없는 상태(selflessness)는 사실은 두 자아를 동시에 모시는 신성한 이기심(divine selfishness)이다. 개인의 작은 자아(self)가 있는가 하면 집단적 존재의 더 큰 자아(Self)가 있다. 이러한 오랜 믿음은 각 개인이 인류라는 몸속의 유정有情세포로서 개인의 이익을 따르는 동시에 전체 시스템의 이익에 맞게 행동해야 한다는 우리의 진화해가는 인식과 완전히 일치한다. 글레이서가 보살을 '우주의 시민'이라 부르

• Gregg Braden, The Divine Matrix: Bridging Time, Space, Miracles, and Belief), 84-85. / 《디바인 매트릭스》, 굿모닝미디어.
•• 같은 책 87쪽.

는 것도 놀랄 일이 아닌 것이다.*

과학은 이 세상에다 전에 없었던 선물을 가져다주었다. 그렉 브레이든처럼 서구문명의 뭇 시민들이 비행기를 타고 지구 반대편에 있는 오래된 문화권들을 방문할 수 있는 것은 과학기술이 가져다준 혜택의 일례일 뿐이다. 많은 사람들이 과학기술을 꺼려 하지만 우리는 그것을 진화의 내재적이고 근본적인 요소로 여긴다. 세포들이 인체를 만들어낼 때, 현대과학이 낳은 것들보다 훨씬 더 복잡하고 세련된 많은 기술을 개발해냈다는 사실을 생각해보라.

오늘날 싹트고 있는 진정한 지혜는, 영이 없는 과학은 한계가 있다는 깨달음이다. 우리는 인류의 기술이 쌓아올린 무용武勇을 인정하고 존중해야만 한다. 하지만 그보다 더 중요한 것은, 그에 어울리는 겸손으로써 그 기술을 더 지혜롭게 사용하기 위해서는 우리 각 개인과 집단이 지닌 자비의 힘을 인식해야만 한다는 것이다. 이러한 통찰은 한 과학자가 지식의 산을 올라 꼭대기에 도달했을 때 거기에 붓다가 고요히 앉아 있는 것을 발견했다는 이 이야기가 잘 예시해준다. 그는 붓다에게 묻는다.

"여기서 무얼 하고 계시오?"

그러자 붓다가 미소를 지으며 대꾸한다.

"뭐 하느라고 이렇게 오래 걸리셨소?"

---

* Glaser, *A Call to Compassion: Bringing Buddhist Practices of the Heart into the Soul of Psychology*, 21.

겸손을 다하여 자신의 힘을 포용하라

제정신 아닌 세상에서 제정신을 차리는 열쇠는 현실과 자신의 관계를 이해하고, 그것을 유지하는 것이다. 우리가 이야기하고 있는 현실은 리얼리티 TV에 나오는 기분전환용 현실이 아니라 모든 이를 모든 것과 연결시키고 있는 진짜 현실이다. 우리는 인간으로서, 전능하지는 않더라도 누구나 힘을 지니고 있다. 그 힘의 막강함과 한계, 양쪽을 다 이해하고 그에 따라 행동하는 것이 각자의 온전한 정신으로써 좀더 제정신인 세상을 실현하는 일에 기여하는 열쇠다.

우리는 복수에 불타는 신의 원수도 아니고 임의적인 우주의 제물도 아니다. 몸 세포 하나하나가 우리의 유전정보를 모두 갖고 있듯이, 우리는 각자가 하나의 '인류'로 향해 가는 열쇠를 지니고 있다. 사랑에 찬 미래를 위한 프로그램이 여기 있다. — 그것은 우리가 깨어서 의식적으로 행동하기만을 요구한다. 우리가 한탄했던 소위 죄라는 것은 실수 외의 아무것도 아니다. 괜찮다면 형질변이라 해도 좋다. 형질변이냐 죽음이냐 하는 생사의 갈림길에 직면한 박테리아와 마찬가지로, 우리 인간은 더 이상 현재와 같은 정신이상 상태로는 자신을 부지할 수가 없다.

우리는 새로운 반응을 선택할 힘이 있다. 그러한 반응 중에서 어떤 것은 실수나 막다른 골목처럼 보일지도 모르지만 결국은 그것들 모두가 장차 모습을 드러낼 우리 자신의 미래를 향해 우리를 이끌어간다.

신의 장성한 자녀인 우리는 이제 세상의 치유는 내부로부터 온다는 것을 안다. 더욱 조화롭고 자비로워지기를 염원하면서 우리 각자가 행하는 모든 일들이, 연못 위의 동그라미 파문처럼 장場 속에 반향을 일궈낸다. 콩 심은 데 콩 나고 팥 심은 데 팥 난다.

조화롭고 자비로운 사람들은 누구를 지배할 필요를 느끼지 못한다. 그들은 모든 이에게서 경쟁보다는 협동을 부추기고자 한다. 왜 그럴까? 조화로운 세상이야말로 만인이 자신을 위해 품는 가장 큰 욕심이기 때문이다. 아마도 이것이 바로 예수가 "온유한 자가 땅을 물려받으리라"고 한 말로써 뜻했던 것이리라.

개인적, 영적 성장과 전일적 건강, 신사고新思考 등에 이미 매진해온 사람들에게는 지금이야말로 그 지식과 지혜를 세상에 널리 펼칠 때다. 홀로 자신의 행복만을 구하는 사사로운 개인의 울타리를 넘어 나아가야 할 때다. 조화로운 세상 없이 조화로운 삶을 누린다는 것은 말이 되지 않는다. 사실 지금은 개인에게 힘을 부여하는 운동이 장의 한가운데로 한 발더 도약해 나와서, 집단적 현실 속에서 그 영적 원리들을 시험해보아야 할 때다.

80년쯤 전에 서른두 살의 한 예비사업가가 자신의 목숨을 끊으려고 하고 있었다. 그는 모든 시도에 실패하고 도산했고, 차라리 자신이 없으면 아내와 가족이 ─ 그리고 세상도 ─ 더 행복해지리라고 여겨질 지경이었다. 그가 미시간 호수에 막 몸을 던지려던 찰나에, 난데없는 생각 하나가 뇌리를 스쳤다. 거기에 목숨을 던져 넣는다는 것은 뭔가 낭비처럼 여겨졌던 것이다. 기왕에 버릴 거라면 그 목숨을 과학에다 바쳐보는 것은 어떨까? 자신의 삶을 세상에다 바치고 그것을 하나의 과학실험으로서 산다면 어떻겠는가?

그 청년은 버크민스터 풀러Buckminster Fuller였다. 그는 그 깨달음 이후로 55년을 더 살았다. 그는 저명한 발명가와 철학자가 되어서 세상에 지오데식 돔●과 '우주선 지구호'라는 개념을 선사했다. 그의 삶 속에는 우리를 위한 교훈이 암시되어 있을지도 모른다. 우리의 삶은 그저 살라고 주어져 있는 것이 아니라 그것을 세상에 바쳐서 하나의 큰 실험 속에서 우리가 함께 번성해갈 수 있는지를 보게 하려는 것일지도 모른다. 촌각을 다투면서 생존의 경주를 펼친 박테리아처럼, 인류(human race)도 경주(race)를 하고 있다. 질문은 이것이다. ― "우리는 대량절멸의 문턱에 이르기 전에 임계치를 달성할 수 있을까?"

물리학자들이 옳다면, 우리가 확실히 믿을 수 있는 유일한 것은 불확정성이다. 현실은 우리가 집단적 신념을 통해 일어나게 하기로 결정하기 전에는 일어나지 않는다. 하지만 우리 자신의 사랑 가득한 의도만은 확신할 수 있다. 우리의 큰 실험이란 그 사랑 가득한 의도를 삶과 세상에 적용하는 일에 관한 것이다. 달리 말해서, 세상의 불확정성을 받아들이는 최선의 방법은 우리 가슴의 확실성으로써 그것을 받아들이는 것이다. 우리는, 그 결과는 확신할 수 없어도 우리 자신의 의도는 확신할 수 있다. 그러면 그것이 다시 결과에 영향을 미칠 것이다. 데카르트가 말하지 '않았듯이', "나는 사랑한다. 고로 존재한다."

베다에서 카발라에 이르는 고대의 영적 전통들이 밝혀주고 있듯이, 우리가 보고 있다고 생각하는 일상의 세계는 환영이다. 그리고 양자물리학이 깨닫고 있듯이, 우리가 현실이라 부르는 그것을 물질 무대 위에 투사하고 있는 장(field)이 실로 존재한다. 우리가 현실 속에서 너무나 생생하게 경험하고 있는 우리와 그것, 혹은 우리와 대자연 사이의 '분리'는 다름 아닌 우리 자신의 신념에 의해 지탱되고 있는 환영이다.

제정신으로 돌아온다는 것은 이 환영을 창조하고 있는 집단으로부터 발을 빼내는 것을 뜻한다. 제정신을 차린다는 것은 우리 외부의 누구, 혹

• geodesic dome : 삼각형 구조물을 짝지어서 돔을 형성시키는 신개념 건축공법. 역주.

은 무엇에 대한 합리화와 부인과 욕망과 그릇된 기대로써 정신이상 상태를 더욱 악화시키기를 멈추는 것을 뜻한다.

제정신으로 돌아오는 것은 하나의 선택이다. 좋은 소식은, 거기에 이르는 길이 있으며, 우리가 할 일은 의지만 내면 된다는 것이다.

이 모델은 건강하고 번성하는 인체의 조직 원리를 본보기로 하여 파수꾼을 갈아치우고 정원을 다시 가꿀 방법을 보여준다. 다시 말해서, 우리가 자신을 지키려고 경계해온 대상의 대부분이 우리를 오도하는 프로그램과 케케묵은 기억에 근거한 것들이었음을 우리는 깨닫게 된다.

희망컨대 이 책의 마지막에 가면 그 온전한 세상의 모습이 너무나 생생해져서 여기서 거기로의, 아니 사실은, 거기서 여기로의 다리가 스스로 모습을 드러낼 것이다.

3

새로운 패러다임과
지구정원의 회복

"그저 재미 삼아, 지상천국을 한 번 찾아보면 어떨까?"
— 스와미 비안다난다

좋은 소식과 나쁜 소식이 있다. 나쁜 소식 — 우리가 아는 그 문명은 곧 끝장나리라는 것이다. 이번엔 좋은 소식이다 — 우리가 아는 그 문명이 곧 끝장나리라는 것이다.

목하 우리의 존재를 위협하고 있는 이 넘을 수 없어 보이는 위기를, 문명의 종말이 다가오고 있다는 명백한 징조로 받아들일 수도 있다. 그러나 표면에서 분명히 일어나고 있는 혼란의 밑바닥에는 우리 문명이 왜 종말을 맞이하고 있는지에 대한 더 깊고 심오한 이유가 있다. 우리의 세계가 서 있는 토대를 이루는 핵심 신념들이 우리를 절멸로 몰아가고 있는 것이다. — 이것이 나쁜 소식이다.

좋은 소식은, 첨단과학이 우리의 현 패러다임의 핵심적 신념들을 급진적으로 수정해주고 있다는 것이다. 패러다임의 신념이 수정되면, 생명을 더욱 받드는 그 새로운 인식을 사람들이 흡수해가는 과정에서 불가피하게, 문명의 뿌리 깊은 변화가 촉발된다.

좀더 좋은 소식은, 우리의 문명은 일어났다가 도태된 최초의 서구문명이 아니라는 점이다. 그전에 세 가지의 문명 — 정령신앙, 다신론, 그리고 일신론 — 이 있었고, 그 문명들은 오늘날 과학적 물질주의 문화의 형성에 기여했다. 그러니 우리는 우리가 계속 진화해갈 것임을 보여주는 전례를 가지고 있는 것이다.

살아 있는 생명체가 다 그런 것처럼, 문명의 탄생도 주류 대중에게 새로운 문화적 개념들이 소개되는 기간인 발달기를 통해서 최초로 그 성격이 정해진다. 사회가 성장해가는 동안 삶을 향상시켜주는 힘을 발휘하는 신념들은 문화적으로 규범화되고 법제화된다. 그리고 이 구체화된 신념들이 그 사회의 행동패턴을 고착시킨다.

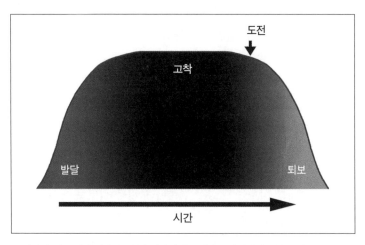

문명의 수명은 신생 발달기로부터 시작하여 고착되는 단계에서 정점을 이루고 퇴보와 함께 끝을 맺는다.

시간이 지나면 불가피하게, 사회의 고착된 신념들이 해결되지 않는 환경문제를 일으킨다. 이 단계에 이르면 주류문화의 몸에 밴 경직성이 드러나면서 생존을 위협하는 위기 앞에서도 변화를 거부하는 모습을 보인다. 격변의 시기에 노출되는 이러한 경직성은 노화한 사회의 급격한 쇠락을 초래한다.

오늘날 세계의 상황은 우리가 문명의 그릇된 패러다임과 직결된 범지구적 위기에 직면해 있음을 보여주고 있다. 우리는 죽어가는 문명과 태어나려고 애쓰고 있는 문명 사이의 전환기에 진입하고 있다. 낡은 문명의 잿더미 위에서 새로운 문명이 일어선다. — 우리는 그 불사조의 이야기가 실제로 일어나는 시대를 살고 있는 것이다.

날마다 갈수록 더 많은 사람들이 우리가 알고 있는 그 문명이 종말을 맞으리라는 사실을 깨닫고 있다. 이 결론은 그리 놀라운 일이 아니다. 압도적인 위기들이 닥쳐오고 있는 혼란한 세계는 격변이 임박했다는 믿을 만한 경고다. 미리 경고받았다고 하더라도, 우리는 과연 그 같은 대규모 사회혼란의 위기에 대처할 만한 무기를 가지고 있는가? 어쩌면 그보다 더 중요한 의문은 이것이리라. — '우리 세계의 불가피한 변화 속에서 우리는 혁명(revolution)이라는 악몽을 피해서 진화(evolution)를 통한 지구의 치유를 선택할 수 있을까?'

갈림길

우리는 이제 영적 영역과 물질적 영역 사이의 평형점을 세 번째로 통과하기 위해 달려가고 있다. 거기에 도달할 때 우리 앞에 무엇이 놓여 있을지는, 우리가 두 가지 대안 중에서 어느 쪽을 택하느냐에 달려 있을 것이다. 우리는 이원성이 맞다투고 있는 익숙한 세상에 그대로 머물러 있기를 택할 수도 있다. 거기서는 근본주의 종교인들과 환원주의 과학자들이 사람들을 계속 양극으로 몰고 갈 것이다. 이 길은 우리를 지금 가고 있는 그 방향으로 어김없이 데려다줄 것이다. ― 절멸을 향해서 말이다.

아니면, 평형점으로 다시 돌아가는 길에서 우리는 양극성을 초월한 조화를 추구함으로써 우리 사이의 격차를 해결하는 방법을 택할 수도 있다. 이전에는 당파적이었던 요소들을 기능적으로 통일된 전체로 결합시킴으로써 우리는 문을 열어젖히고 그 해묵은 이원성을 초월하여 훨씬 더 조화롭고 더 지속가능한 인류를 탄생시켜줄 진화를 경험할 수 있다.

기적처럼 보이는 이 결말의 배후에 숨어 있는 잠재적 가능성은 못 말리는 낙천주의자의 백일몽에서 나온 것이 아니다. 이처럼 근사한 미래를 장담하는 긍정적 전망은 문명의 바탕 패러다임이 제공하는 지혜로부터 자연스럽게 도출된다. 그러나 이 패러다임은 오늘날 범지구적인 혼란의 직접적 원인제공자인 결함투성이의 신화적 오해로 이루어진 현 문명의 패러다임을 말하는 것이 아니다. 우리는 새로운 과학과 오랜 영적 지혜가 통합되어 나온 새로운 바탕 패러다임을 이야기하고 있다. 새로운 문명을 지칭할 공식적인 이름은 주어진 적이 없지만, 우리는 이 새로운 바탕 패러다임을 '전일사상'이라 부를 것이다.

문명의 이전의 패러다임 ― 정령신앙, 다신론, 일신론, 과학적 물질주의 ― 과 마찬가지로, 전일사상도 문명의 공식 바탕 패러다임이 되기 전에 세 가지 영원한 의문에 대해 받아들일 만한 답을 내놔야만 한다.

1. 우리는 어떻게 여기까지 오게 되었는가?
2. 우리는 왜 이곳에 있는가?
3. 이왕 왔으니, 어떻게 사는 것이 가장 좋을까?

우리는 어떻게 여기까지 오게 되었는가? — 전일적 관점

우주론자들은 물질이 나타나기 전의 우주는 '장(field)'이라 불리는 보이지 않는 복합적인 배경 에너지로 이루어져 있었다는 데 동의한다. 150억 년 전에 일어났던 것으로 추정되는 빅뱅 이후로는 그 에너지장으로부터 물질이 응결되어 나와서 에너지장과 함께 엉켜서 존재해왔다.

양자역학의 원리는 물질을 지배하는 에너지장의 절대적 중요성을 역설한다. 즉, 우주의 물질은 장이 담고 있는 정보인 에너지 패턴에 의해 구조화된다. 양자역학의 원리는 소크라테스가 말한 '영혼', 즉 물질세계를 형성시키는 주역인 '보이지 않는 형틀'이 존재함을 뒷받침해준다.

장의 정보는 물질세계가 출현하기 이전부터 존재했기 때문에, 우리는 지구에 생명체가 '물리적으로' 나타나기 이전에 생명체의 '형틀'이 일정한 에너지 패턴으로서 장 속에 존재했다고 하는 창조론(creationism)의 개념을 쉽게 받아들일 수 있다.

수십억 년이라는 세월에 걸쳐서 서서히, 지구상의 물질은 보이지 않는 장의 정보 형틀에 들어맞는 복잡한 물리적 형태로 조립되었다. 직선적으로 펼쳐지는 '시간' 속에서 지구상에 최초로 출현한 생명체는 단순한 박테리아였다. 원시세포들은 환경의 도전에 더 잘 적응하기 위해 적응변이와 후성유전학적 변조 메커니즘을 활용하여 자신의 유전암호를 택하고 바꿀 수 있었다. 이 유전형질 변화과정은 생명체에게 끊임없이 바뀌어가는 새로운 환경에 계속 적응해갈 방법을 제공했다.

물질이 세포로 조립되고, 다시 세포가 인간과 같은 복잡한 생물로 조립되는 오랜 세월에 걸친 과정이 직선적인 진화의 과정이다. 그러니까 생명의 기원은 창조와 진화 양쪽 과정으로부터 비롯된 것으로 보인다.

전일사상의 패러다임으로 바라보면 종래의 '반대극'들은 하나의 전체 계界 속에 함께 엉켜 있는 각개의 부분들임이 드러난다. 이것은 창조와 진화라는 대치된 양극단에도 특히 잘 적용된다. 이들은 생명의 춤사위 속에 서로 엉켜 있어서, 따로 떼놓을 수가 없는 과정들이다. 전일사상은 이전부터 존재하는 형틀이라는 창조론의 개념과, 이 형틀이 세월을 거쳐 물리적으로 구체화되는 과정에 관한 진화론의 이론이, 함께 맞춰놓으면 현실의 그림을 드러내어줄 우주의 퍼즐조각들임을 안다.

11장 〈프랙탈 진화〉에서 배우게 되겠지만, 자연은 생명 공동체의 역동적인 조립과정을 모양 짓는 작업에 기하학 공식을 동원한다. 진화는 임의적인 사건이라는 다윈의 이론과는 반대로, 새로운 과학은 진화란 개체들이 적응을 통해 살아남고 공동체의 일원이 됨으로써 번성해가는 의도적인 과정임을 시사해주고 있다. 그 참여자들은 각자가 전체를 위해 기여하고 혜택을 돌려받는, 공동체의 상호의존적인 일원이다.

우리는 왜 이곳에 있는가? ― 전일적 관점

앞서 말했듯이, 제임스 러블록은 1972년에 가이아 가설을 제시했다. 그는 물리적 행성으로서의 지구와 그 위의 생물권은 하나의 생명체로 간주될 수 있는 복잡한 상호작용계를 이루고 있다는 이론을 펼쳤다. 이 가설은 생물권이 행성의 물리적 상태의 균형을 유지시키고 완충해주는 등, 지구환경을 조절하여 생명이 번성할 수 있게 하는 힘을 지니고 있다고 말한다.

어떤 환경 속에 새로이 들어온 생명체들은 먹고 숨쉬고 배설하는 등의 생물학적 생명유지활동을 통해 서식지의 초기조건을 혼란시키고 바꾸어놓는다. 그러면 자연은 환경의 균형을 회복하기 위해서 적응변이와 후성유전학적 메커니즘을 동원하여, 생태계의 조화로운 균형을 회복시키는 데 기여하는 생명활동을 하는 새로운 종이 진화하도록 돕는다.

가이아 가설은 균형과 조화를 향해 움직여가는 자연의 성질을 강조한다. 가이아의 조화를 보여주는 가장 기본적인 — 너무나 분명해서 자주 간과해버리는 — 본보기는 식물과 동물 사이에 얽혀 있는 밀접한 관계다. 식물은 광합성을 위해 이산화탄소를 필요로 하고 그 부산물인 산소를 배출한다. 반면에 동물은 산소를 호흡하고 그 부산물로서 이산화탄소를 내놓는다. 이 둘은 서로가 상대방이 없이는 살 수 없는 관계다.

생물권의 다른 모든 생명체들과 마찬가지로, 인간도 환경의 균형을 지탱하고 완충하고 유지시켜 조화되게 하는 일에 기여하기 위해 이곳에 있다. 지구의 생물들 중에서도 인간은 자신의 진화과정과 그 가능성을 의식적으로 깨달을 수 있다는 점에서 독특한 생물이다. 우리는 우리의 진화된 의식을 사용하여 환경의 조화를 돕기 위해서 여기에 있는 것이다.

우리는 환경을 섬세하게 균형을 유지하고 있는 시소와 같은 것으로 볼 수 있다. 그 한쪽에 새로운 생명체가 올라가면 시소는 균형을 잃는다. 균형을 다시 맞추기 위해서 자연은 그 생명체를 제거하거나, 아니면 다른 쪽에 올려놓을 새로운 생명체를 진화시킨다.

한 종이 환경의 균형에 미치는 영향은 그것이 시소의 끝쪽에 얼마나 가까이 있는가와 직결된다. 시소에 올라 있는 종은 그저 무게 중심의 위치만 조절함으로써도 그 균형을 쉽게 바꿀 수 있다. 인류는 본질적으로 시소의 끝부분까지 진화해왔고, 그리하여 자연의 균형에 실로 막대한 영향을 미치고 있다는 사실을 우리는 반드시 인식해야만 한다.

행성의 안위를 좌우하고 있는 우리의 책임에 대한 무지가 여러모로 생태계를 위협하고 있다. 행성 진화를 위한 인류의 역할에 대한 새로운 통찰에 따르자면, 우리는 환경에 미치고 있는 자신의 영향력을 민감하게 인식하고 있어야만 한다. 우리는 자신의 생태적 족적을 줄이는 쪽으로 인식을 전환하여, 지속가능성을 높이는 쪽으로 우리의 영향력을 보내야만 한다.

러블록이 주장하듯이, 생물권은 하나의 살아 있는 거대한, 그리고 매우 의식이 깨어 있는 생명체로서, 지구상의 모든 세포와 식물과 동물들이 함께 그것을 이루고 있다. 모든 세포는 의식 있는 존재다. 세포 공동체의 진화를 통해서 세포는 자신들의 의식의 힘을 엄청나게 증폭시킬 수 있었고, 그리하여 마침내 인간의 마음이라는 높은 지성을 창조해냈다. 진화의 역사는 공동체의 확대를 통해 의식이 발달해온 과정을 보여준다. 아마도 진화의 이러한 방향성 — 공동체의 확대를 통한 의식축적 — 이야말로 우리의 현 문명이 진화해가야 할 방향을 또렷이 가리켜주고 있는지도 모른다.

이왕 왔으니, 어떻게 사는 것이 가장 좋을까? — 전일적 관점

우리는 최선의 삶 — 우리 자신을 위해, 타인을 위해, 우리의 행성을 위해 — 을 삶으로써 삶을 최대로 활용한다. 그것을 어떻게 성취할 수 있을지를 통찰하려면, 조화롭게 일하며 사는 법을 터득한 50조 개체 세포들의 모범공동체인 우리 자신의 몸속을 들여다보기만 하면 된다. 인류는 우리의 세포가 이미 하고 있는 일 — 건강하고 조화롭고 행복한 문명을 창조하는 일 — 을 배우기 위해서 그쪽으로 주의를 돌릴 수 있다.

지구 시소의 끝에 앉아 있는 인간으로서 우리의 과제는, 깨어 있는 의식으로써 환경에 충격을 덜 주면서 생존할 수 있는 지속가능한 기술을 창조해내는 것이다. 12장에서 우리는 우리의 몸속을 여행하면서 세포사회들이 정확히 어떻게 하여 생명을 부양하는 성공적인 공동체를 창조해냈는지를 견학할 것이다. 인간의 오만은 우리가 지상 최고의 지성을 갖춘 생물이며 다른 모든 생물들은 지성이 낮다고 믿게 만든다. 실제로 많은 과학자들이 세포와 같은 원시생물은 아무런 지성도 없다고 주장할 것이다.

이것은 다음의 중요한 사실을 깨우칠 좋은 기회다. — 세포가 개발해낸 그 기술이 우리를 창조해냈다! 세포 공동체는 인체를 설계하는 과정에서 자신들의 환경을 정밀히 조정하고 통제하는 데 필요한 놀라운 기술들을 개발해냈다. 흥미롭게도, 세포들이 창조해낸 대부분의 고급 기술들은 아직도 인간의 과학과 의식이 이해할 수 있는 범위 밖에 있다. 그러니 반박하건대, 우리가 세포에게서 배워야 할 것이 오히려 더 많다.

진화과정에서 기술은 필수적인 요소다. 우리가 우리의 세포들이 밟아 왔던 것과 비슷한 진화의 경로를 따르고 있다고 본다면 우리도 생존을 확보하기 위해서는 기술을 사용하지 않을 수가 없다. 이것은 과학기술의 노하우를 모두 버리고 털 없는 원숭이가 되어 에덴동산으로 돌아가자고 주장하는 러다이트(기술혁신 반대론자)들과는 반대되는 주장이다.

사실, 우리의 진화적 운명은 에덴동산에 다시 보금자리를 잡는 것이다. 다만 이번엔 우리가 어디로 가고 있는지를 잘 알고 간다. 세포의 기술이 인체 내 세포 공동체에 성공을 가져다준 것과 마찬가지로, 우리는 인간의 기술이 이 행성의 인간 공동체에 성공을 가져다줄 것임을 깨달아야 한다.

다음의 표는 현재의 바탕 패러다임인 과학적 물질주의의 신념들을, 진화하고 있는 전일적 패러다임의 신념과 비교해서 보여준다. 보시다시피, 영원한 의문에 대한 대답은 현격하게 다르다. 그리고 그 결과는 우리가 알고 있는 그 문명이 분명한 자멸의 현 경로로부터 방향을 바꾸려는 찰나에 있다는 것이다.

영원한 의문	과학적 물질주의	전일사상
우리는 어떻게 이곳에 떨어지게 되었는가?	임의적인 유전현상에 의해	창조와 적응적 진화의 조합에 의해
우리는 왜 이곳에 있는가?	오로지 계속 번식해간다는 이유밖에 없다	에덴동산을 가꾸어 인류로 진화할 수준의 의식을 얻기 위해
이왕 왔으니, 어떻게 사는 것이 가장 좋을까?	정글의 법칙을 따라 사는 것	만물이 서로 연결되어 있음을 인식하고 자연과 조화를 이루고 사는 것

영원한 의문에 대한 과학적 물질주의 패러다임과 전일적 패러다임의 대답

문명이 전일적 패러다임으로 진화해가면 우리는 한 바퀴를 다 돌아서, 정령신앙을 믿던 우리 선조들이 가졌던 인식을 다시 얻을 수 있게 될 것이다. 우리는 우리와 지구환경이 하나임을 다시 깨달을 것이고 동시에 매 순간 우리의 물질적 존재의 형틀이 되어주고 있는, 우리가 '장', 혹은 영(spirit)이라 부르는 것의 영향력을 존중할 줄 알게 될 것이다.

사람들은 저마다 자신이 인류라는 몸의 한 세포이며 양심적이고 깨어 있는 한 사람의 관리자이자 경작자임을 자각하는 것이 번성하는 에덴동산의 건강하고 행복한 삶의 열쇠란 사실을 깨달으면서 속속 깨어나고 있다.

우주는 끝없이 전개되는 나선상의 진화적 발달도상에 놓여 있는 듯하다. 과거를 돌아보고 현재를 점검해보았으니, 이제 우리는 더욱 건강한 미래를 위한 변수를 살펴볼 준비가 되었다. 우리는 우리의 성장을 방해하고 우리를 노예로 부려온 습관적 두려움의 프로그램을 단호히 거부한다. 치유와 도약의 길은 우리에게 문명을 분열시킨 양극을 하나로 융합시킬 것을 요구하고 있음을 우리는 깨닫고 있다. 지구상의 모든 인간들은 의식적인 공동창조자로서, 자신의 '인류 출현의 운명(humanifest destiny)'을 받아들이느냐 마느냐의 문턱에 서 있다.

새로운 통찰의 경지

이미 살펴보았듯이, 구시대 패러다임의 신념들은 우리의 마음속 뿌리 깊이 심어진 신념들뿐만 아니라 사회의 모든 제도적 장치를 통해 암암리에 그 세력을 떨치고 있다. 변혁이 일어나려면 임계치를 넘는 숫자의 사람들이 이 낡은 신념에서 벗어나서 새로이 출현하는 패러다임과 조화를 이루기 위해 인식과 행동을 바쳐야 한다.

하지만 에덴동산을 다시 가꾸려면 먼저 그 파수꾼부터 갈아치워야만 한다. 우리의 인식의 문 앞에서 경비를 서고 있는 과학적 물질주의의 케케묵은 신념들은 이제 은퇴하여 푹 쉬게 해야만 하는 것이다. 우리는 새로운 과학과 고대의 영적 지혜가 통합되어 태어난 새로운 바탕 패러다임을 맞이해야 한다. 그것은 케케묵은 이원성을 통합된 전일적 우주관으로 바꿔놓을 것이다.

이 3부에서 우리는 현재의 위급 상태(state of emergency)로부터 떨어져 나와 새로운 통찰의 경지(state of emergent seeing)를 지향하는 우리의 열망을 선포한다. 여기에는 우리가 분리된 개체 세포라는 한정된 정체성으로부터 벗어나서 인류의 몸속의 상호의존적인 독특하고도 중요한 세포인 자신을 깨닫도록 도와줄 하나의 이야기가 있다.

3부에서는 11장 〈프랙탈 진화〉와 12장 〈정신과에 가봐야 할 때〉에 더하여 프랙탈에 대한 이해와 세포의 지혜를 인간의 경제와 정치와 개인의 의식과 집단적 영적 이해에 적용하는 처방적이고 통찰적인 네 개의 장이 이어진다. 각각의 장은 첨단생물학과 양자물리학이 밝혀낸 진실에 의거하여, 문명이 생명을 받드는 자발적 진화를 실현시키게 할 선택에 관한 통찰을 제시한다.

딱 한 가지 충고: 십계명은 아무래도 너무 많은 것 같다. 우리에게 필요한 것은 다음 딱 한 마디의 말일지도 모른다. ─ '우리는 모두가 한 배에 타고 있다.' 13장은 우리 모두를 연결하고 있는 보이지 않는 신비한 형성력인 장(field)을 탐사한다. 그것은 우리 모두가 실로 동일한 꿈의 장 속에서 서로 엉켜 있는 입자들임을 밝혀준다. 이 장은 전일적 패러다임 속에서의 인류의 생존은 황금률을 기본 운영체계(OS)로 받아들이느냐 마

느냐에 달려 있음을 증언한다.

건강한 사회 : 우리는 생물권의 시민일 뿐만 아니라 인류라는 몸의 세포들이다. 따라서 우리는 경제와 생태가 하나이고 같은 것임을 선언해야만 한다. 사실 economy와 ecology라는 영어 단어는 모두 그리스어 oikos로부터 파생되었다. 그것은 '집안, 집, 혹은 가족'을 뜻하는 말로서, 이것은 경제적, 환경적 건강과 직결되므로 고대 그리스 대부분의 도시국가에서 사회의 기본단위였다.

14장은 이 행성과 조화를 이루고 인간의 진정한 요구와 조화되는 새로운 경제를 약속하는 새로운 과학과 지속가능한 사조(trend)를 제시한다. 이것은 훌륭한 집(oikos)이다.

국가의 치유 : 15장은 정치적 억압과 같은 방법으로 증상을 일시적으로 덮어버리는 종래의 뉴턴식 접근법과는 대조되는, 전일적 치료법을 처방해준다. 우리는 증상을 억누르는 데 에너지 낭비하기를 멈추고 실제로 문제를 해결하는 데에 쓰이도록 에너지를 해방시키게 하는, 정의를 위한 새로운 시스템 ─ 균형 ─ 을 살펴볼 것이다. 민초의 건전한 여론에 다가감으로써 우리는 정치적 대화에서는 찾아볼 수 없었던 생기 넘치는 생명 긍정적 요소들을 조명해볼 것이다.

완전히 새로운 스토리 : 16장은 새로운 스토리를 시작할 수 있도록 구태의연한 스토리를 풀어서 마무리 짓는 데 필요한 과정에 초점을 맞춘다. 새로운 스토리는 더 높은 차원에서 문제를 해결하기 위해 고정된 입장들을 극복해 넘어가는 동안 각 입장에 최대의 혜택이 돌아가도록 반대극들을 통합시킨다.

개인적, 문화적인 양兩 차원에서 제약적이고 자기파괴적인 프로그램으로부터 자신을 해방시키고 나면 우리는 비로소 새로운 스토리를 써나

갈 자유를 얻는다. 우리가 지배와 탐욕과 두려움과 증오의 케케묵은 스토리에 종언을 고한다면 세상은 얼마나 달라질까? 우리가 범지구적인 푸닥거리를 통해 지나간 불만들을 모두 벗어던져 버리고 자신의 치유를 선언한다면 어떻게 될까? 구태의연한 스토리를 '그래서 그들은 영원히 행복하게 잘 살았단다'로 끝낸다면 어떻게 될까?

글쎄… 각자가 자기 몫의 행복을 가져오기만 하면 우리는 당장 지금부터 영원히 행복하게 살기 시작할 수 있다.

우리가 풀어놓을 수 있는 가능성은 상상을 초월한다!

11

프랙탈 진화

"진화의 수학(math)을 알면
진화의 결말(aftermath)을 알게 되리라."

— 스와미 비안다난다

미래학에는 미래가 있는가?

1부와 2부에서 우리는 진화해가는 바탕 패러다임이라는 렌즈를 통해 서구문명의 역사를 간략히 살펴보았다. 우리는 개인적 신념의 속성이 어떻게 우리의 생물학적 상태에 영향을 미치는지를, 그리고 한 문화의 패러다임의 신념이 어떻게 한 문명의 운명을 모양짓는지를 주목해 보았다. 3부에서 우리는 낡은 스토리를 뒤로 하고 진정한 뉴밀레니엄의 지도 없는 세계로 우리를 안내해줄 새로운 스토리의 요소들을 한데 엮어볼 것이다.

우리가 이곳에까지 오게 된 사연을 더듬는 과정에서, 우리는 때늦은 지혜의 렌즈를 통해 탁상에서나마 역사를 고찰해볼 기회를 가졌다. 그러나 3부는 이와는 완전히 다른, 미래에 대한 통찰의 스토리를 보여준다. 미래에 일어날 일에 대한 정보를 제시한다는 것은 역사의 분석을 제시하는 것과는 완전히 다른 일이다. 우리는 이제 예측의 영역, 혹은 정식으로 말하자면 '미래학' — 사회적 사조에 대한 고찰로부터 나오는 체계적인 미래예언 — 의 영역으로 진입하고 있다.

예측이란 즉흥적인 추측으로부터 빈틈없는 추론까지 다양한 것이 될 수 있다. 추측은 그 속성상 불충분한 정보에 근거하고, 따라서 불확실한 예측을 의미한다. 그에 비해 추론은 증거와 논거를 바탕으로 하고, 따라서 맞을 확률이 더 높은 예측을 의미한다. 하지만 추론의 정확성은 증거와 논거의 질에 좌우된다. 물론 탄탄해 보이는 추론도 그것이 근거한 신념이 옳지 않거나 왜곡되어 있으면 완전히 빗나갈 수도 있다.

포드 자동차 회사는 왜곡된 렌즈로 미래를 내다본 전형적인 본보기를 하나 보여주었다. 1958년에 포드사는 대중의 관심과 구매욕을 한방에 사로잡으려는 400만 불짜리의 야심 찬 사업을 발표했다. 매디슨 애브뉴•최고의 마케팅 리서치를 활용하여 신개념으로 고객을 유혹하는 신차 라인을 개발한 것이다. 포드 에젤Edsel은 스타일 면에서 대중의 유행감각에 맞추어 설계됐고, 수요자의 구매동기를 유발하는 과학적인 홍보전략을 따랐다.

그러나 에젤은 역사상 가장 악명 높은 재앙의 모델이 되었다. 사실 그 이름은 실패한 상품의 대명사가 되어 그 후로부터 이와 비슷한 운 나쁜 상품들은 우스개처럼 '에젤'로 불리게 되었다. 마케팅 전문가들은 에젤을 소비자들의 속성을 이해하지 못하는 미국 기업들의 무능함을 보여주는 가장 전형적인 본보기로 꼽는다. 실패요인 중에서 한 가지 흥미로운 것은 〈타임〉 지에 실린 '50大 최악의 자동차'의 논평이다. "문화비평가들은 수직상의 그릴의 모양이 마치 질구처럼 생겨서 실패작이 된 것이라고 생각한다. 그럴지도 모른다. 50년대의 미국은 분명히 여성공포증을

• 뉴욕의 광고산업 중심가. 역주.

가지고 있었으니까."

종래의 신념체계와 사고방식을 가지고 예측하는 미래학자들은 가끔씩 크게 빗나간 예언을 하곤 한다. 궁수처럼 그들은 죄(sin)를 저지른다. 예언가의 죄의 무게는 오도된 사람의 숫자로 측량할 수 있다. 그 미래학자가 문명의 운명을 이끌 책임이 있는 정치가나 경제학자, 혹은 사회학자라면 그 죄의 결말이 어떠할지를 생각해보라.

오해와 오도의 비극적인 사례로서, 국방부장관 도널드 럼스펠드Donals Rumsfeld는 세계를 향해 이라크전이 일주일 이상 끌지 않는 신속한 승리가 되리라고 호언했다. 이제 우리는 왜곡된 증거와 사고방식으로부터 빚어진 럼스펠드의 죄가 모든 전쟁 중에서도 '에젤'인 이 전쟁에 미국의 기운을 만만찮게 소모시켰고, 지금도 소모시키고 있다는 것을 안다!

훌륭한 미래학자는 데이터를 살펴서 그 속에 내재한 패턴을 찾아낼 줄 안다. 그러므로 패턴의 인식이야말로 학습과정의 주요 요소이고 미래의 계획에 필수적인 요소다.

다음은 당신이 미래학자가 될 만한 자질을 지니고 있는지를 시험해볼 기회다. 아래의 네 가지 수열과 문자열을 잘 살펴보고 빈자리에 들어갈 숫자나 문자를 예측해보라.

1) 13 - 26 - 39 - 52 - 65 - __
2) C - F - I - L - O - R - __
3) 7 - 3 - B - 16 - 2 - 9 - C - 0 - 4 - H - 1 - 1 - __
4) 3 - 1 - 4 - 1 - 5 - 9 - 2 - 6 - __

답은 어떤 뚜렷한 패턴을 찾아냈을 때만 분명해진다. 수열 1)의 패턴은 새로운 수는 이전의 수에 13을 더해서 나오는 것임을 보여준다. 문자열 2)의 패턴은 알파벳의 3배수 번째 문자의 나열이다. 1)과 2)에 대한 당신의 답이 78과 U였다면 축하한다. 당신은 미래를 내다본 것이다.

그러나 수문자열 3)에서는 미래를 예측하는 데 문제가 생긴다. 운율이나 추리할 수 있는 패턴이라고 할 만한 것이 눈에 띄지 않기 때문이다. 따라서 당신이 빈칸에 채우는 어떤 답도 당연히 순전한 추측일 뿐이다. 이것은 제멋대로 된 문제이기 때문에 철학적으로 말해서 어떤 추측이든 맞을 수도 있고 틀릴 수도 있다. 그리고 양자우주답게, 추측의 정확성은 물론 관찰자에게 달려 있다.

대부분의 독자들에게는 수열 4)도 또 하나의 임의적인 수열로 보일 것이다. 놀랍게도 답은 5이다. 어쩌면 당신은 패턴이 발견되지 않는 이 수열이 수학의 '파이' 값을 나타낸다는 것을 알아차렸을 수도 있다. 그러므로 수열 4)는 미래학자에게 중요한 사실을 강조해준다. 즉, 임의적인 것처럼 보이는 자연의 어떤 요소들은 배후에 존재하는, 하지만 아직은 인식되지 않은 모종의 패턴을 지니고 있다는 점에서 사실은 카오스와 같다.

이 단순한 연습은 미래학과 관련된 세 가지 근본적으로 중요한 점들을 보여준다. 첫째, 일정한 패턴이 인식되면 미래사건 예측의 정확성은 상대적으로 높아진다. 둘째, 사건이 임의적으로 일어나는 것으로 판명되면 모든 예측은 본질적으로 우연에 의지하는 추측이다. 셋째, 패턴이 없는 것처럼 보이는 것이 패턴이 없음을 뜻하지는 않는다. 어떤 패턴은 명백하고 어떤 패턴은 쉽게 발견되지 않고 또 어떤 것은 그저 패턴이 없다!

생존은 패턴의 인식에 달려 있다. 그 좋은 본보기로서, 자연의 기본패턴에 대한 고대 인류의 인식으로는 밤낮의 주기와 달의 주기, 그리고 4계절을 포함한 항성주기 등이 있다. 천체운행의 패턴을 관찰하고 예측하는 능력은 농업의 발달과 문명의 진화를 위해 필수적인 것이었다. 왜냐하면 이것은 봄에 씨를 뿌리고 가을에는 겨울을 대비해 음식을 저장해놓는 등, 인간에게 미래의 행동을 계획할 동기와 수단을 제공했기 때문이다.

마찬가지로 초기의 인류문화는 탄생, 성장, 그리고 죽음의 생물학적 패턴을 지구의 주기적 계절의 패턴과 연결지을 수 있었다. 이런 패턴들은 생존에 너무나 중요한 것이어서 문명들은 해와 달과 별들의 경로를 관찰하고 표시하기 위해 스톤헨지와 같은 거대건축물과 사원을 지었다.

오늘날의 달력은 이러한 나날의, 계절적인, 그리고 해마다의 패턴을 기록한 건축물의 역할을 대신하고 있다. 예컨대 달력만 있으면 사람은 세계 어디에 있든지 갈라파고스 섬 해안에 거북이 산란하러 오는 때나 캘리포니아의 카피스트라노에 제비가 돌아오는 때를 알 수 있다.

초기의 인류가 천체의 운행패턴과 인간의 행동패턴을 연결지어 바라봤을 때 그들은 지구의 주기와 인간의 심리상태 사이에서 연관성을 발견했다. 예컨대 달의 주기와 여성의 월경주기가 모두 28일인 것은 우연이 아니다.

천체와 인간의 생리상태나 행동 사이의 연결성은 고대사회로 하여금 점성술과 천체과학을 발달시키게 만들었다. 패턴을 관찰하여 인간의 행동을 예측하는 점성학은 그 가치를 인정받아서 가장 오랜 역사기록으로부터 오늘날까지도 지배자들과 지도자들은 점성가들에게 물어 나라의 미래를 점쳐왔다.

그러나 문명의 이 지식은 일신론자들의 새로운 문화적 진리의 등장과 함께, 그리고 그다음엔 과학적 물질주의에 의해 역사 속에 묻히면서 공상적인 신화로 전락해버렸다. 오늘날의 과학은 이 고대의 풍습을 그저 자연의 법칙 바깥에 있는 일종의 믿음 정도로 치부한다. 그리고 우리의 과학

적인 현대사회는 미래를 내다보는 고대의 점술을 원시인들의 종교의식儀
式 정도로 완전히 무시해버린다.

하지만 새로운 첨단과학이 밝혀주고 있듯이 어쩌면 이 지구의 관습은,
아직도 네 가지 신화적 오해의 찌그러진 렌즈로 세상을 바라보는 재래식
과학자들의 한정된 시야에만 보이지 않고 있는 것인지도 모른다. 다행히
도 우리 가운데는 아직도 지구의 언어로 말할 줄 아는 토착원주민의 후예
들이 있다. 그러나 이 지구의 청지기들의 숫자는 급격히 줄어들고 있어서,
그들의 지혜가 상실되지 않게 하려면 하루빨리 행동을 취해야만 한다.

오늘날 문명의 성격은 주로 과학적 물질주의가 패러다임의 진리로 제
시하는 것들에 의해 형성되었다. 그리고 사실 그것은 원래 다윈이 19세
기 중반에 진화론을 발표한 이후로 받아들여진 신념들이다. 그것이 본래
부터 지니고 있는 오류에도 불구하고, 과학적 진리처럼 보이는 그것들은
과학기술의 발달과 문명의 성장을 가능케 한 중요한 관념틀을 제공해주
었다. 그러나 현대세계에 기적을 가져다준 이 신념들은 또한 그 치명적
결함으로써 오늘날 인류의 생존에 위협을 가하고 있다.

현재 인류가 직면해 있는 중요한 문제는, 앞날을 내다보지 못하는 우
리의 무능력을 폭로하는 증상들이다. 문명은 마치 흔들리는 로켓처럼 한
재앙으로부터 다른 재앙을 향해 마구 달려왔다. 아무런 의도적 방향도 없
이 막강한 추진력만을 자랑하면서 말이다.

구시대의 지혜는 역사로 하여금 그릇되고 종종 불행한 경로를 걷게
만드는 요인이 된다. 이 만연한 형태의 사고방식은 패턴을 인식하고 앞날
을 내다보는 데에 활용되는 한편으로 그릇된 인식으로써 이해를 왜곡시
킬 수도 있다. 특히 에너지장이나 유전적 결정론, 진화의 본질에 대한 정
확한 인식이 요구될 때는 말이다.

그러므로 우리가 어디로 가고 있는지를 정확히 알기 위해서는 먼저 우리가 어떻게 여기에 다다르게 되었는지를 말해주는 패턴부터 이해해야만 한다. 하지만 종래의 과학에게 진화에 내재한 패턴에 관해 물어볼 때, 우리는 임의적 진화에 관한 다윈주의의 제약된 신념이 그들의 대답을 심히 왜곡시킬 것임을 알고 있어야만 한다.

종래의 과학은 우리가 어떻게 여기에 다다랐는지를 어떻게 설명하는가?

아, 그거? 임의적인 돌연변이와 유전적 사고事故가 이끌어온 수십억 년에 걸친 점진적 진화에 의해서지.

그래, 그것이 우리가 여기까지 오게 된 경위라면 진화가 우리를 어디로 데려다줄지는 예측할 수 있는가?

글쎄, … 지옥으로 가는 곡예열차?

사실이지, 진화가 임의적인 사건들에 의해 일어나는 것이라면 우리가 어디로 가고 있는지를 그 누가 예측할 수 있겠는가? 당연히 모든 예측은 순전한 추측일 뿐이다. 예컨대 가정용 컴퓨터가 처음으로 대중에게 충격파를 가했을 때, 미래학자들은 백 년쯤 지나면 인간은 하루종일 컴퓨터 앞에만 앉아 있다가 몸은 작아지고 머리만 커지리라고 예언했었다. 하지만 오늘날 전염병처럼 퍼지는 비만과 위축되어가는 지성을 바라보노라면 그 예측 또한 '에젤'이었음을 깨닫게 된다.

필요가 발명을 낳는다

범지구적 위기 앞에서 첨단의 신과학은 생명을 받드는 새로운 스토리, 세상을 바라보는 새로운 방식을 들려주고 있다. 문명의 그릇된 패러다임의 신화를 현대과학이 제시하는 수정된 인식으로 대체하고 나면 전혀 새로운 가능성의 세계가 펼쳐진다. 수정된 패러다임의 렌즈를 통해 바라보면 발견되지 않았던 패턴이 또렷이 눈앞에 나타나는 것이다.

예컨대 인류 진화의 문제를 새로운 과학의 통찰에 비추어서 생각해보자. 진화는 임의적인 돌연변이에 의해서 전개된다는 다윈의 주장에 반하여 케언즈는 분명히 의도적인 것으로 보이는 이로운 변이(beneficial mutation)를 설명해 보여주었다. 체세포 초변이 현상은 생명체가 자신의 유전자 암호를 능동적으로 바꿈으로써 환경의 역동적 변화에 적응할 수 있게 하는 진화 메커니즘을 제공해준다.

첨단 진화론자들은 최근에 생태적 종 형성이라는 19세기의 개념을 수정했다. 이 개념은 새로운 종의 진화는 생태적 압박에 의해 추진된다고 주장한다. 첨단 진화론자들은 소小기후지역(microclimate zone)과 같은 국지적 환경의 소규모 변이가 한 생물로 하여금 그 바뀐 환경에서 살아남고 번성하는 능력뿐만 아니라 자신의 생물학적 형태와 행동을 재빨리 바꾸고 적응하게끔 만든다는 점을 지적한다. 예를 들면, 물고기나 달팽이를 동일한 개체수로 나누어 두 그룹을 만들고 그것을 분리된 동일한 환경에 넣어준다. 그리고 그중 한 환경에다 그들을 잡아먹는 포식동물을 넣어놓고 양쪽 환경 속 생물의 운명을 추적해보면 환경의 변화 — 포식동물 출현 — 가 물고기나 달팽이 종의 진화경로에 얼마나 깊은 영향을 미치는지를 관찰할 수 있다. 이와 유사한 결과가 자연의 생태계에서도 관찰되었다.*

바뀐 환경 속의 물고기나 달팽이는 더 빨리 자라서 번식하고, 그에 따른 행태나 구조상의 변화는 안전한 환경에서 문제없이 사는 동료들이 보여주는 것과는 다른 행동패턴을 보이게 만들기 쉬울 것이다. 만약 한 편이 포식동물에 쫓겨서 이전에는 잘 살지 않던 장소에서 살고 먹이를 구하도록 강요받게 된다면 그 종의 두 그룹 간에는 더 큰 격차가 생길 수 있다. 그 변화가 후성유전적 메커니즘에 의해 일어나든 적응변이에 의해 일어나든 간에, 환경요인에 의해 일어난 이러한 변화가 이전에는 동일종이었던 두 그룹이 서로를 알아보지 못하고 교배하지도 않을 정도로 서로 다른 발달경로를 걷게 할 수도 있는 것이다.[**]

진화과정을 모양짓는 환경의 영향력은 최근에 미생물의 장기(長期) 유전연구를 통해 증명되었다. 진화적 발달과정에서 우연이 얼마나 큰 역할을 하는지를 알아보기 위해서 연구자들은 이런 의문을 제기했다. '생명의 역사가 동일한 출발점에서 재현될 수 있다면 그것은 달리 전개될까?' 연구자들은 유전적으로 동일한 박테리아를, 동일하게 스트레스를 주는 환경을 가진 두 개의 시험관에 넣은 후 각 시험관 속 박테리아의 진화를 24,000세대 동안 관찰했다.

연구자들은 '이 적응력 좋은 미생물의 군체는 주어진 환경영역의 지배를 받으면서 매번 동일한 경로를 따라 형성된다'는 사실을 발견했다.[***]

● Matthew R. Walsh, David N. Reznick, "Interactions between the direct and indirect effects of predators determine life history evolution in a killfish," *Proceedings of the National Academy of Science*, no. 105(2008): 594-599.

●● Steven M. Vamosi, "The presence of other fish species affects speciation in threespine sticklebacks," *Evolutionary Ecology Research*, no.5(2003): 717-730.

●●● Appenzeller, "EVOLUTION: Test Tube Evolution Catches Time in a Bottle," *Science*, vol. 284, no. 5423(25 June 1999): 2108.

어떤 실험에서는 배양균마다 다른 형태의 유전적 과정으로부터 적응이 시작되었다. 다른 연구에서는 서로 다른 배양균 사이에서도 적응과정이 놀랍도록 똑같이 되풀이되어서 심지어는 DNA 속의 염기서열 변경의 특정한 패턴까지도 동일했다.

각 시험관 속의 미생물들은 처음에 선택한 경로와는 상관없이 결국은 전반적으로 동일한 경로를 통해 동일한 환경에 적응했다. 이것은 비슷한 조건에 처한 동일개체수의 생물군은 유사한 진화경로를 밟는다는 것을 보여준다. 그러므로 이 실험과 위에서 말한 다른 실험들을 통해 첨단과학은 진화과정이 환경의 결정요인으로부터 직접적인 영향을 받으며, 결코 임의적인 것이 아님을 밝혔다.

이 실험들이 말해주는 것처럼 만일 진화의 과정이 환경조건에 의해 형성되는 것이라면, 우리도 환경조건을 충분히 알고 있다면 진화의 경로를 내다볼 수 있어야 할 것이다. 그렇다면 의문은 이것이다. ― '이 역동적인 세계 속에서 환경조건을 예측한다는 것이 가능할까?'

'역동적인 계'는 임의적으로 행동하는 것처럼 보이지만 로렌츠는 환경에 관한 데이터가 충분히 있다면 이런 계조차도 예측이 가능함을 밝혔다. 역동적인 계는 '결정론적 카오스', 아니, 간단히 말해서 '카오스'를 표현한다. 임의적인 행동을 보이는 계와는 반대로 카오스계의 운명은 예측 가능하고, 로렌츠가 경험했듯이, 그것은 초기의 영향력에 매우 민감하다.

가는 곳마다 데자뷔

민감성 외에도 역동적인 계, 곧 카오스계는 또 하나의 기본속성인 '되풀이(iteration)'의 특징을 지닌다. 되풀이란 간단히 말해서, 물리적 구조든 행동양태든 간에 패턴이 반복되는 것을 말한다. 예컨대 위성에서, 비행기에서, 배 위에서, 그리고 해안에 서서 해안선의 사진을 찍고 그 각각의 이미지의 해안선 윤곽을 살펴보면 모든 윤곽이 제닮음(self-similar) 패턴을 보여준다. 마찬가지로 나무는 그 구조상의 모든 수준에서 단지 규모만 달리하며 제닮음 패턴을 반복함으로써 만들어진다. 즉, 나무 전체의 모양은 줄기의 모양과 닮았고 줄기의 모양은 가지의 모양과 닮았다.

수학에서 되풀이란 하나의 공식을 가지고 각 계산단계에서 나온 결과치를 다음번에 되풀이되는 계산단계의 입력치로 사용하여 반복 계산하는 것을 뜻한다. 예컨대 다음의 되풀이 공식을 보라.

$$\text{선분의 길이} \div 2 = \underline{\quad}$$

예를 들어 선분의 길이가 12cm라면

$$12cm \div 2 = 6cm$$

계산된 값을 다시 선분의 길이에 대입하여 이 과정을 반복하면

$$6cm \div 2 = 3cm$$
$$3cm \div 2 = 1.5cm$$

$$1.5\text{cm} \div 2 = .75\text{cm}$$

$$.75\text{cm} \div 2 = .375\text{cm}$$

이렇게 계속해가면 각각의 결과치는 이전의 선분의 반 길이가 되어, 갈수록 짧아지는 선분을 뾰족한 연필 끝으로도 그릴 수 없게 된다. 하지만 되풀이되는 공식의 계산은 끝없이 이어질 수 있다. 더욱 작아지는 선분을 보기 위해서 현미경을 동원할 수도 있을 것이다. 게다가 컴퓨터를 사용한다면 이 공식을 무한히 되풀이 — 반복 — 하여 무한히 작아지는 선분을 만들어낼 수 있다.

이 되풀이되는 공식에서 1차원인 선을 사용하면 단순히 더 짧은 선이 만들어진다. 하지만 이 되풀이 공식을 삼각형과 같은 2차원 대상에 적용하면 아주 단순한 공식을 그저 되풀이하는 것만으로도 매우 복잡한 형태를 만들어낼 수 있다.

좀더 복잡한 2차원의 코흐 눈송이 도형은 단순한 정삼각형으로부터 시작해서 되풀이 공식을 적용함으로써 만들어진다. — 즉, 각각의 선분에다 새로운 정삼각형을 붙인다. 새로운 삼각형의 둘레 길이는 삼각형이 놓인 선분의 길이와 같다.

이 공식을 무한히 적용하면 우리는 각각의 새로운 선분 위에다 점점 더 작아지는 정삼각형을 올려놓을 수 있다.

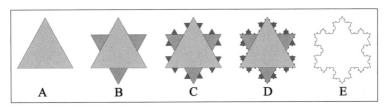

코흐의 눈송이는 정삼각형과 같은 단순한 기하도형을 여러 번 반복하면 점점 더 복잡해지는 다른 형상을 만들어낼 수 있음을 보여준다.

위의 그림에서 맨 처음의 씨앗 삼각형은 엷은 회색이다. 삼각형의 회색 농도는 세 번 되풀이되는 동안 점점 더 짙어진다.(B, C, D) 이 과정의 복잡성은 모든 삼각형이 하나의 윤곽형태 속에 통합된 그림 E에서 드러난다. 공식을 반복할 때마다 나타나는 결과와 처음의 단순한 삼각형을 비교해보면 분명해지듯이, 공식이 되풀이될 때마다 형태의 복잡성은 비약적으로 높아진다.

코흐의 눈송이는 2차원 도형을 이용해서 만들어진 되풀이 패턴을 보여주고 있지만, 3차원의 대상을 사용하여 공식을 되풀이하면 훨씬 더 복잡한 구조가 만들어진다.

구더기로부터 향유고래에 이르기까지 지구상의 모든 동물 종이 본질적으로 세포의 제닮음 되풀이 패턴으로 이루어진 다차원계라는 사실을 생각해보라. 이들이 그 속에서 진화해가고 있는 환경뿐만 아니라, 이 살아 있는 유기체의 복잡한 계도 카오스다. 하지만 수학적 모델링 덕분에 이들 또한 — 기대하시라 — 예측가능해졌다!

예측가능한 카오스라는 이 개념은 갈릴레오가 이렇게 썼을 때 분명히 마음속에 품었던 생각이다. "수학은 신이 우주를 쓸 때 사용한 언어다."

프랙탈 지도

결론적으로, 우리에게 필요한 것은 우주를 창조할 때 어떤 수학이 사용되었는지를 알아내는 것이다. 그러면 우리는 우리가 어떻게 여기에 오게 되었고, 또 어디로 가고 있는지를 알 수 있게 될 것이다. 우리는 환경과 관련된, 특히 생물권과 관련된 패턴을 알아내고자 애쓰고 있으므로 대자연이 생체 구조물을 공간 속에다 내놓을 때 사용한 수학을 찾아내야 한다.

이 일에는 기하학이 동원되어야 한다. 왜냐하면 정의에 따르면 이 분야의 수학은 특히 공간 속 구조물의 성질과 관계와 측량에 관한 것이기 때문이다. 기하학은 우주의 생성에 너무나 기본적인 것이어서, 플라톤은 갈릴레오가 깨닫기 오래전에 이렇게 결론지었다. "기하학은 창조 이전부터 존재했다."

1975년까지 일반대중은 유클리드 기하학의 원리밖에 모르고 있었다. 그것은 기원전 300년에 쓰인 《유클리드의 요소들》(The Elements of Euclid)이라는 제목의 열세 권짜리 고대 그리스 문헌에 요약되어 있다. 이것은 우리들 대부분이 학교에서 육면체나 구, 원뿔 따위의 도형을 그래프 종이 위에 그리면서 배웠던 기하학이다. 유클리드 기하학은 천체가 운행하는 모습을 머릿속에 그릴 수 있게 해주고, 큰 건물과 정원을 설계할 수 있게 하고, 우주선과 정교한 무기를 만들 수도 있게 해준다.

하지만 유클리드 기하학의 수학공식은 자연에다 곧바로 적용할 수 없다. 예컨대, 유클리드 기하학의 표준화된 완벽한 형체를 가지고 나무를 만들어낼 수가 있겠는가? 당신이 유치원 시절에 그렸던 나무를 생각해보라. 기다란 사각형 위에 얹힌 원이 그것이다. 물론 유치원 선생님은 그것이 나무를 뜻한다는 것을 알아차렸겠지만, 그것은 결코 자연 속의 진짜 나무의 모습이 아니다. 작대기를 하나 그려놓고 그것을 사람이라고 할 수 없듯이 말이다.

컴퍼스와 유클리드 기하학으로 완벽한 원을 그릴 수는 있다. 그러나 유클리드 기하학으로 완벽한, 아니, 좀 실감나는 나무를 그려낼 수는 없다. 유클리드 기하학은 딱정벌레나 산, 구름의 모양, 그밖에 우리가 자연 속에서 친숙하게 보는 그 어떤 패턴도 그려낼 수가 없다. 생명체의 구조를 묘사하기에 유클리드 기하학은 턱없이 모자란다. 그렇다면 플라톤이나 갈릴레오가 언급한 종류의 수학, 자연 속에 내재한 설계원리를 묘사하는 수학은 대체 어디서 찾아낼 수 있을까?

그 실마리는 90년 전에 가스통 쥘리아Gaston Julia라는 이름의 젊은 프랑스의 수학자가 되풀이 공식에 관한 자신의 연구논문을 발표함으로써 세상에 주어졌다. 그의 공식은 곱셈과 덧셈만 사용하는 비교적 간단한 것이었는데, 단지 무한히 반복되는 것이었다. 그 수학공식이 실제로 보여주는 이미지를 보려면 쥘리아는 그 공식을 수백만 번 계산했어야 할 것이다. 그것은 수십 년이 걸릴 작업이었다. 그래서 수학적 개념으로서의 프랙탈을 최초로 착상한 그도 그것의 실제 모습을 보지는 못했다.

쥘리아 공식의 심오한 의미는 1975년에 컴퓨터의 도움을 받아 그 계산을 수행했을 때에야 비로소 드러났다. IBM 컴퓨터 연구소에서 카오스계의 패턴을 분석하던 프랑스계 미국인 수학자인 브누아 만델브로Benoit Mandelbrot는 이 프랙탈 공식이 만들어내는 무한히 복잡하고 경이롭도록 아름다운 유기적 이미지를 보고 깜짝 놀랐다. 그는 프랙탈 이미지가 모든 축척에서 반복적으로 나타나는 제닮음 패턴을 지니고 있는 것을 최초로 목격한 사람이었다. 이미지를 아무리 확대해도 계속 동일한 구조가 나타날 뿐이었다.

프랙탈 이미지가 만들어내는 복잡한 카오스 속에는 서로 안에 서로를 품고 영원히 반복해서 나타나는 패턴이 내재해 있다. 저 유명한 러시아 인형이 프랙탈의 반복되는 이미지가 어떤 것인지를 대충 설명해준다. 각각의 작은 인형들은 그것이 들어있던 더 큰 인형과 비슷한 — 정확히 똑같지는 않은 — 모습이다. 만델브로는 '프랙탈 기하학'이라 이름붙인 이 새로운 수학에서 자신이 목격한 것을 묘사하기 위해 '제닮음(self-similar)'라는 단어를 만들어냈다.

인형 속에 인형이 겹겹이 들어 있는 러시아 인형은 반복되는 프랙탈 이미지가 어떤 것인지를 보여준다.

만델브로는 복잡한 프랙탈 이미지 속에서 곤충, 조개, 나무 등 자연계에서 흔히 보는 형상을 닮은 패턴들을 발견했다. 역사적으로 과학은 다양한 규모의 자연계의 구조 속에서 발견되는 제닮음 조직 패턴을 자주 보고 해왔다. 하지만 만델브로가 프랙탈 기하학을 소개하기 전까지 그것은 단지 신기한 우연으로만 치부되었다.

프랙탈 기하학은 전체 구조의 패턴과 그 부분 속에서 발견되는 패턴 사이의 관계를 강조한다. 앞서 이야기했던 해안선의 보기와 나무둥치, 줄기, 가지의 예를 떠올려보라. 제닮음 패턴은 자연계 전반에서, 특히 인체 구조 속에서도 발견된다. 예를 들면, 인간의 폐에서 큰 기관지의 공기통로를 따라 분지分枝되는 가지의 패턴은 작은 기관지와 그보다 더 작은 세細기관지에서 분지되는 가지의 패턴에서 반복된다. 순환계의 동맥과 정맥, 그리고 인체의 말초신경망도 반복적인 제닮음 분지패턴을 보여준다.

프랙탈 기하학이야말로 자연의 설계원리여서, 생물권은 그 구조의 모든 수준에 깃들어 있는 제닮음 패턴을 보여준다. 따라서 어떤 조직 구조의 높고 낮은 다양한 수준에서 일정한 패턴이 발견된다면 우리는 그 프랙탈을 지도를 이용하는 것과 같은 방식으로 이용할 수 있다. 프랙탈은 우리로 하여금 다른 모든 수준의 조직 구조를 미루어 짐작할 수 있는 통찰력을 갖게 해주는 것이다. 생물권에서는, 인간 진화의 프랙탈 패턴이 자연계의 다양한 수준의 생명체들이 거쳐온 진화의 제닮음 패턴을 보여주고 있다.

유명한 발생학자이자 다윈과 동시대 인물인 에른스트 헤켈Ernst Haeckel 은 1868년에, 진화현상 속에서 제닮음 프랙탈처럼 보이는 패턴을 최초로 어렴풋이 목격한 사례를 자신도 미처 깨닫지 못한 채 학계에 보고했다. 헤켈은 여러 종의 생물의 태생기 모습을 관찰한 현미경 이미지를 인간의 것과 비교한, 지금은 널리 알려진 일련의 도표를 발표했다. 그는 인간의 태아를 포함하여 모든 척추동물의 배아는 일련의 유사한 구조적 단계를 거쳐 발달한다는 사실을 발견했다. 헤켈은 발달기 초기에 생물은 사실상 진화적 조상의 모든 단계를 다시금 밟아 거쳐 간다고 주장했다.

신비주의적인 표현으로, '개체발생은 계통발생을 되풀이한다(ontogeny recapitulates phylogeny)'라고 정의된 헤켈의 이론은 말 그대로 옮기자면, '발달이란 계통 발생과정을 재현하는 것'이란 말이다. 유감스럽게도 지나치게 열성적이었던 헤켈은 자신의 생각을 전파하면서 초기단계의 배아들이 실제보다 더 닮아 보이게 하기 위해서 그림을 과장해서 그렸다.

그러나 그 같은 결점과는 상관없이, 실제로 인간의 태아는 인간의 형상을 띠기 전까지 다양한 형상의 틀을 거쳐 간다. 이 변천과정에서 인간의 태아는 척추동물 진화상 초기단계 생물의 배아를 닮은 일련의 제닮음 구조 패턴을 띤다.

발생기 태아의 형상은 물고기의 배아 모양으로부터 양서류의 배아 모양과 비슷한 형상으로 변해간다. 그리고 그것은 파충류의 배아, 다음엔 포유류의 배아 모양을 띠면서 변하다가 결국은 인간의 모양을 띠게 된다. 생물권 조상들의 배아 단계를 거치며 진화하는 인간의 태아는 프랙탈과 유사한 역동적인 제닮음 현상의 본보기를 보여주는 것이다.

진화의 암호

자연은 실제로 프랙탈 기하학의 산물일까? 프랙탈 컴퓨터 프로그램에 간단한 수학공식을 집어넣어 실제와 흡사한 풍경이나 생물의 이미지를 만들어내는 것은 하나의 증거는 되지만 그것이 자연이 실제로 프랙탈의 성질을 지니고 있음을 증명해주지는 못한다. 생물권 전반에 걸쳐 곳곳에서 제닮음 패턴이 발견되는 것도 어쩌면 단지 우연에 지나지 않는 일일지도 모른다. 그렇다면 의문은 이것이다. — '생물권의 진화가 프랙탈 기하학과 같은 방식으로 일어나야 할 실질적인 이유가 있는가?'

자연은 역동적인 계다. 그것은 과정의 되풀이와 카오스 수학과 민감성을 바탕으로 한다. 프랙탈 기하학이 그러한 카오스계를 모델화하는 특수한 수학이라는 사실은 필시 자연계가 프랙탈 구조이리라는 추측을 뒷받침해주지만, 그것이 그렇게 되어야 하는 이유까지 설명해주지는 않는다. 하지만 프랙탈 기하학과 자연의 구조 사이에서 발견되는 유사성이 왜 우연의 일치 이상의 것인지를 암시해주는, 엄밀히 수학에만 근거한 또 하나의 강력한 이유가 있다.

역사적으로, 라마르크는 진화를 '탈바꿈(transformation)'으로 묘사했다. 원시생명체로부터 출발하여 그가 '완성(perfection)'이라고 표현한 것을 향해 위로 진보해가는 직선적인 과정 말이다. 라마르크는 자신의 모델에서 진화를 위로 올라가는 계단과 같은 모습으로 그렸다. 다윈주의자들도 진화현상 속에 위를 향한 진보적인 과정이 존재한다는 것을 인정했지만 그들은 그 과정을 나무에 비유했다. 그들은 새로운 생명체를 낳는 대부분의 임의적 변이는 그것이 꼭 종의 수직상승에 기여하지는 않는다는 점에서 나무의 곁가지와 비슷하다고 본 것이다.

좀더 발전된 생각으로서, 우리는 진화의 경로가 만개한 국화꽃의 모양과 가장 흡사하다고 말하고 싶다. 종은 주어진 환경의 모든 틈새공간에 서식하고자 하는 내재적 충동으로 모든 방향을 향해 진화해간다. 생물은 빙하의 얼음 속에서, 바다 밑 화산 분화구에서, 그리고 수 킬로미터 지하의 암반과 그 중간의 모든 곳에서 살 수 있도록 진화했다.

국화꽃 모델에서 '진화는 어느 방향으로 가고 있는가?' 하고 묻는 것은 아무런 의미도 없다. 그것은 동시에 모든 방향을 향하고 있다. 진화의 경로를 추적하려면 우리는 먼저 진화적 진보를 측량하는 척도가 될 변수를 정의해야 한다. 예컨대, 바닷속 생명의 진화 경로는 육상이나 공중의 생명 진화 경로와는 다른 의미를 갖는다. 인간은 물속에서 호흡하는 생물이나 난생동물, 혹은 날아다니는 동물들의 진화경로에서는 별로 높은 위치에 있다고 할 수 없다. 그렇다면 인간은 진화학적으로 말해서 어떤 면이 뛰어난가?

진화과정의 관찰자이자 참여자인 우리는, 진화 국화의 꽃잎들 중에서 하등생물과 구별된다고 느껴지는 형질인 의식을 상징하는 한 꽃잎을 선택했다. 이것은 라마르크가 신경계의 발달을 진화의 척도로 강조했을 때 가리켰던 그 형질이다. 다윈주의자들도 마찬가지로 자신들의 진화의 나무를 신경계 발달의 위계적 상승구조로 표현했다.

1장에서 요약했고 《신념의 생물학》(The Biology of Belief)에서 자세히 이야기했듯이, 진화에 대한 전통과학의 이해는 불행히도 세포핵과 그 속의 유전자를 세포의 신경계로 본 실수 때문에 심각하게 왜곡되었다.● 그래서 현재의 과학은 생명체의 유전자를 측량하면 그 생물의 진화된 수준을 알 수 있다고 생각하는 근시안적인 선입견에 빠져 있다.

앞서 설명했듯이, 세포의 진정한 뇌는 세포막이다. 세포막 구조 속에는 스위치 역할을 하는 수용기 단백질과 효과기 단백질이 내장되어 있어서, 그것이 인식(perception)의 측량가능한 단위가 된다. 따라서 생물의 의식은 그것이 가지고 있는 인식 단백질(perception proteins)의 숫자를 셈으로

● Lipton, *The Biology of Belief: Unleashing the Power of Consciousness, Matter and Miracles*, (Santa Rosa, CA: Elite Books, 2005), 65.

써 물리적으로 계량화할 수 있다.

12장에서 우리는 물리적인 한계 때문에 인식 단백질이 세포막 속에서 한 겹의 단층막밖에 이룰 수 없는 이유를 제시한다. 이런 물리적 한계가 있다는 것은 인식 단백질의 수를 늘이려면 세포막의 면적을 넓혀야 한다는 것을 뜻한다. 달리 말해서, 생물이 의식을 키우려면, 즉 뇌의 힘을 키우려면 세포막의 힘을 키워야 한다.

간단히 말해서, 이 통찰은 한 생물의 세포막 총면적을 계산하면 진화의 정도를 수학적으로 계산해낼 수 있음을 말해준다.[*] 그렇다면 그것을 어떤 방법으로 할 수 있을까? 〈U.S. News & World Report〉의 기사 '인간 생명의 수학(Mathematics of Human Life)'의 필자인 윌리엄 올만William Allman에 의하면 "프랙탈에 대한 수학적 연구에 의하면 반복되는 분지分枝 구조의 프랙탈은 3차원 공간 속에서 최대의 표면적을 얻어낼 수 있는 최선의 방법이라는 사실이 밝혀졌다"고 한다.[**] 진화를 모델화하기 위해서는 프랙탈 기하학을 동원해야만 한다. 왜냐하면 그것이 없이는 진화가 일어날 수 없기 때문이다. 결국 자연계에 제닮음 구조가 나타나는 것은 우연이 아닌 것이다. 그것은 진화 속에 숨어 있는 수학의 그림자다.

컴퓨터가 만들어낸 놀랍도록 아름다운 프랙탈 패턴의 그림은 현대인들의 고뇌와 혼돈스러운 우리의 세계상에도 불구하고 자연에는 질서가 존재함을 상기시켜준다. 그리고 이 질서는 본래 제닮음 프랙탈 패턴으로 이루어져 있어서, 속담처럼, 하늘 아래 진정으로 새로운 것은 없는 것이다.

프랙탈 기하학의 은밀한 세계는 다윈주의 이론의 배후를 이루는 임의

● 같은 책 197쪽.
●● William Allman, "The Mathematics of Human Life," *U.S. News & World Report* 114, 1993, 84-85.

성과 무계획성과 우연성과 무목적성이 구시대의 것임을 밝혀내는 수학적 모델을 제공한다. 이 구시대의 관념을 계속 붙들고 있는 것은 코페르니쿠스 이전의 지구중심 우주관으로 돌아가는 것이며 인류의 생존에 근본적인 위협을 가하는 짓이다.

의도적인 마침표

생물권이 프랙탈의 성질을 띠고 있다는 사실은 더 이상 의문의 대상이 아니다. 우리가 당면한 더 중요한 의문은, '생명체는 이 프랙탈의 성질을 우연히 획득했는가, 아니면 의도적으로 획득했는가?' 하는 것이다. 종래의 다윈주의 이론은 진화가 돌연변이에 의해 전개되고 자연은 단지 우연에 의해 현재의 구조와 조직을 지니게 되었다고 주장한다. 그러나 체세포 초변이 메커니즘에 관한 최근의 발견은 세포가 의도적으로 유전자를 변이시켜 진화에 능동적으로 참여하는 과정을 밝혀주고 있다.

앞서 이야기했던 박테리아의 진화에 관한 케언즈와 그 밖의 학자들의 연구는, 살아 있는 시스템은 역동적으로 변하는 환경 속에서 자신의 생존을 위해 진화적 변화를 유도해내는 능력을 천부적으로 지니고 있음을 보여준다. 새로 발견된 이 유전자 변조 메커니즘은 적응변이(adaptive mutation), 유발(directed)변이, 이로운(beneficial) 변이 등으로 다양하게 불린다. 그 표현이야 어쨌든 간에 뜻은 동일하다. ─ 진화적 변이는 임의적인 것이 아니라 목적을 품고 있는 것으로 보인다는 것이다.

진화에는 자연의 프랙탈 환경이라는 형태의, 배후의 설계가 내재한다. 진화과정에는 '마침표(punctuation)'로도 알려져 있는 특이한 현상이 있다. 그것은 진화의 태평기를 뒤흔드는 환경의 격변에 의해 일어난 듯해 보이는 주기적인 대규모의 절멸이다. 이 환경의 격변 이후에도 생명은 적응변이 메커니즘 덕분에 용케 살아남아서 진화하고 또다시 번성한다. 유전자를 의도적으로 변이시키는 능력은 살아남은 생명체로 하여금 능동적으로 자신의 유전자를 바꾸어 새로운 환경패턴에 맞추어 조화롭게 생존할 수 있게 한다.

이전의 다섯 번에 걸친 대규모 절멸은 지구상의 생물상을 급변시킨 진화적 마침표였다. 이 파국적인 사건들로 인해 이전의 생명체들이 사라진 만큼이나 갑작스럽게, 놀랍도록 다양한 새로운 생명체들이 등장했다.

평형상태에 가해지는 이 마침표의 성질에 관한 통찰은 다윈주의 이론의 또 다른 근본가정 — 한 종에서 다른 종으로의 진화는 무수히 오랜 세월에 걸친 무한히 점진적인 일련의 변화를 통해 일어난다는 믿음 — 에 의문을 제기한다.

앞서 말했듯이, 고생물학자 굴드와 엘드리지는 진화가 오랜 기간의 안정상태에 주기적으로 가해지는 파국적 격변으로부터 촉발되어 일어난다는 것을 증명했다. '마침표 찍힌 평형상태(punctuated equilibrium)'라 불리는 그들의 진화이론에서 굴드와 엘드리지는, 각각의 파국에는 새로운 종의 숫자의 폭발적인 증가가 잇따르는데, 그것은 다윈주의의 메커니즘을 고집하는 것으로는 설명되지 않는 빠른 속도라고 주장한다. 달리 말해서, 진화는 점진적인 변천이 아니라 갑작스런 도약에 의해 일어난다는 것이다.•

굴드와 엘드리지의 통찰은 우리의 진화의 현시점에 너무나 정확하게

• Eldridge, S. J. Gould, "Punctuated Equilibria: an Alternative to Phyletic Gradualism," In T.M. Schopf, (ed.) Models in Palaeobiology, (San Fransisco, CA: Freeman Cooper, 1972), 82-115.

적용된다. 특히나 과학자들이 우리가 이제 지구의 여섯 번째 대규모 절멸의 시점으로 깊이 들어서 있다고들 하는 이 시점에 말이다.[•]

우리는 살아남을 수 있을까? 우리가 희망을 걸고 있는 것이 있다. — 진화 이론이 수정되고 대중이 마침표 찍힌 평형상태, 적응변이, 그리고 후성유전학이 제공하는 놀라운 통찰을 깨닫게 되면 문명 진화의 마침표는 매우 긍정적이고 생명을 찬양하는 감탄부호로 바뀌리라는 사실 말이다!

박테리아도 의도적으로 진화해갈 수 있는데, 우리가 왜 못하겠는가? 우리는 의도적으로 진화해갈 수 있을까? '대답은 예스다!' 그리고 이것이 바로 이 책이 하려는 말의 전부다.

인간으로부터 인류로

프랙탈 진화가 다음엔 우리를 어디로 데려갈 것인지를 살펴보기 전에, 시간을 거슬러 올라가서 마침표 찍힌 평형상태의 관점에서 진화의 역사를 좀더 깊이 들여다보도록 하자. 환경격변에 의해 안정상태에 마침표가 찍히고 뒤이어 진화적 도약이 펼쳐지는, 일련의 반복되는 주기로서 진화를 바라본다면 우리는 진화의 경로를 극적으로 바꿔놓은 네 개의 근본적인 마침표를 찾아낼 수 있다. 이 프랙탈 마침표 패턴을 인식하면 우리는 현재의 마침표가 불러오고 있는 위기를 해결할 방법에 대한 중요한 통찰을 얻을 수 있을 것이다.

• Christiane Galus, "La sixieme extinction des especes peut encore etre evitee," *le monde*, 14 Aug. 2008.

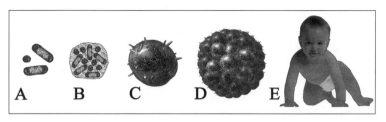

이 그림은 현재의 인간이 있게 한 진화상의 중요한 도약들을 되짚어준다. A: 독립적으로 사는 원핵原核세포생물 B: 균막 속에서 사는 원핵세포생물의 공동체 C: 균막류의 생명원(biofilm-like life source)으로부터 진화한 단일 진핵眞核세포생물 D: 진핵세포생물의 단순한 공동체인 원시 군체생물 E: 진핵세포생물의 분화된 다세포 공동체

원핵세포생물 시대 : 최초의 도약은 뜨거웠던 지구의 기원시대 첫 5억년 사이에 일어났다. 이것은 최초의 원시세포 시민들이 진화하여 지구의 대양을 점령하기 시작했던 시기다. 원핵세포생물(prokaryotes)이라 불리는 이 원시 박테리아 세포는 대체로 가장 단순하고 작은 세포들로서, 수프와 같은 세포질로 채워진 세포막 주머니라고 부를 수 있는 것으로 이루어져 있다. 대부분의 원핵세포생물은 세포질로 이루어진 연약한 몸체를 감싸주는, 약간 질긴 당糖 캡슐에 의해 물리적으로 보호받고 지탱된다. 외부의 캡슐은 원핵세포생물의 크기를 물리적으로 한정하여 세포막 면적을 넓힐 수 있는 능력을 제한한다.

언뜻 보면 원핵세포생물이 세포막 면적, 곧 의식의 양을 의미하는 세포막의 인식 단백질을 더 많이 확보할 수 없다는 제약은 진화의 끝을 의미하는 것 같다. 그러나 자연은 그 진화의 소맷자락 속에 더 원대한 계획을 감추고 있었다. 원핵세포생물의 폭발적인 개체수 증가에 의해 더욱 커진 환경의 압박에 반응하여 생물학적 명령, 곧 본능적인 생존의지가 원핵세포생물의 진화를 한 발 더 추진하는 원동력으로 작용한 것이다.

어느 시점에 이르자, 개체의 원핵세포생물들은 '자발적 진화'라고 할 만한 것을 통해 진화적 발전의 메커니즘을 한 단계 업그레이드시켰다. 개체세포의 크기와 지능을 더 키우려고 애쓰는 대신, 원핵세포생물들은 더 커진 세포막 면적, 곧 더 커진 의식을 집단적으로 공유하는 하나의 공동체로 결집한 것이다. 공동체를 형성한 원핵세포생물들은 동일한 환경을 점유한 하나의 효율적인 그룹이 되었다.

우리는 일반적으로 박테리아를 독립적인 세포로 여기지만, 이제는 박테리아 속에는 이 단세포 원핵세포생물들이 널찍이 산재하면서도 기능적으로 통합된 공동체를 이루며 살고 있고, 이들은 화학정보의 원거리 교환을 통해 인식능력을 높인다는 사실이 알려져 있다.

시간이 흐르자 다양한 종의 박테리아들이 물리적으로 함께 뭉쳐서 전체 공동체를 하나의 보호막으로 감쌈으로써, 생명을 보호해주는 제어 가능한 미소微小환경(microenvironment)을 만들어내는 능력을 획득했다. 이것은 원핵세포생물들에 의해 환경이 유지되는, 자연의 게이트 공동체gated community(외부인 출입을 통제하는 마을)였다. 보호막에 둘러싸인 이 공동체의 주민들은 다양한 박테리아 종들로 이루어진, 복합적 기능을 가진 협동적 사회였다. 이 공동체의 원핵세포생물 시민들은 각자의 분화된 기능과 DNA를 집단적으로 공유함으로써 생존율을 높였다.

'균막(biofilm)'이라 불리는 캡슐화된 공동체 속에서 사는 박테리아들은 균막 속에 보금자리를 찾는 행운을 누리지 못한 독립적인 친척들을 죽게 하는 항생물질과 기타 외부환경의 독소들로부터 안전하게 보호받을 수 있었다.• 균막의 저항력 있고 보호적인 성질은 이 세포공동체로 하여금 바다를 떠나 뭍에서 사는 최초의 생명체가 될 수 있게 만들어주었다.

사족으로, 우리의 이빨을 썩게 하는 박테리아도 사실은 그것을 닦아내려고 애쓰는 우리의 노력을 이겨내는 균막 공동체다.

진핵세포생물 시대 : 진화적 도약을 이끌어낸 두 번째 마침표는 세월이 흘러 원핵세포생물의 균막 공동체가 진핵세포생물(eukaryotes)이라 불리는 좀더 발전된 생명 형태로 진화했을 때 일어났다. 이 일을 해내기 위해 이전의 균막 미생물들은 큰 진핵세포의 세포질 속에서 특징적으로 발견되는 미토콘드리아와 핵과 같은 세포 소기관으로 변신했다. 많은 생물학자들이 균막 공동체가 기관을 발달시켜 진핵 공동체로 변신한 것을 진화 역사상 가장 의미심장한 사건 중 하나로 여긴다. 그것은 자연이 진화의 전략을 바꾸었기 때문이다. 이전에는 단일세포가 가진 의식의 양에 변화가 일어남으로써 진화가 일어났다. 그런데 새로운 전략은 한 공동체의 의식을 한데 묶어서 하나의 새로운 생명체로 탄생시킨다는 개념을 기본으로 하고 있었다.

미국의 생물학자 린 마굴리스Lynn Margulis는 자신의 책 《세포 진화과정 속의 공생관계》(Symbiosis in Cell Evolution)에서 크고 더 진화된 진핵세포생물도 처음에는 미생물의 군체로부터 생겨난 것이라는 소견을 상술했다.[**] 마굴리스는 호혜적인 관계를 바탕으로 개체들이 뭉치는 공생관계가 진화현상의 배후를 이루는 주요한 추진력이라고 주장했다.

그녀는 종과 개체들 간의 끊임없는 경쟁 속에서 적자생존의 법칙에 의해 진화과정이 전개된다고 주장하는 다윈의 진화론은 틀렸다고 말한다. 그녀의 견해에 의하면 생명체들 간의 협동과 상호작용과 상호의존이 지구상에 생명이 번성하게끔 했다는 것이다. 마굴리스의 말로는, "생명

• J. W. Costerton, Philps S. Stewart, E. P. Greenberg, "Bacterial Biofilms: A Common Cause of Persistent Infections," *Science* 284, no. 5418(21 May 1999): 1318-1322.

•• L. Margulis, *Symbiosis in Cell Evolution*, (New York, NY: W.H. Freeman, 1993).

은 투쟁으로써가 아니라 유대망을 형성함으로써 지구를 정복한 것이다."•

여기서 잠시 멈춰서, 진핵세포생물의 진화가 패러다임을 깨뜨리는 얼마나 멋진 진보인가를 생각해보라. 그리고 오늘날 우리의 세계를 위해서도, 인간의 협동과 공생관계를 바탕으로 그와 유사한 양자적 전환이 일어날 경이로운 가능성을 한 번 상상해보라.

진핵세포생물의 진화는 두 가지 주요 경로로 갈라졌다. ― 아메바, 짚신벌레와 같은 원형동물세포와 단세포 조류藻類로 대표되는 식물세포로 말이다.

동물 쪽은 물리적 지탱과 운동성을 위해 체내의 유연한 세포뼈대를 진화시켰다. 캡슐에 의해 크기가 한정되었던 원시적인 원핵세포생물과는 달리 내부의 기계적 구조를 갖춘 진핵세포생물은 풍선처럼 크기가 자라서 세포막의 면적을 넓힐 수 있었다. 내부 세포뼈대의 지탱을 받는 큰 진핵세포는 개체 원핵세포보다 수천 배 더 넓은 세포막 면적과, 따라서 훨씬 더 큰 인식능력을 가질 수 있었다.

그러나 진핵세포생물의 크기조차도 결국은 세포막의 근본적으로 유약한 성질 때문에 한계가 있기는 마찬가지였다. 진핵세포가 너무 크게 자라면 내부세포질의 무게로 인해 생기는 압력에 의해 부드러운 세포막은 파열되고, 그것은 세포의 죽음을 초래한다. 결국 진핵세포생물은 자신의 원시조상인 원핵세포생물과 마찬가지로 크기의 한계에 도달하여, 생존을 위협하지 않고는 세포막을 기반으로 의식을 확대시킬 수가 없게 되었다. 세포막 면적의 한계는 진화의 막다른 골목을 암시하는 또 다른 상황을 야

• L. Margulis, D. Sagan, *Microcosmos*, (New York, NY: Summit Books, 1986), 14.

기했다.

다세포 시대: 거의 35억 년 동안 지구상의 유일한 생물은 독자적인 원핵세포생물과 좀더 진화된 진핵세포생물이었다. 세 번째의 진화적 도약은 약 7억 년 전에 개체의 진핵세포생물들이 원핵세포생물이었던 조상들과 마찬가지로 물리적으로 모여서 공동체를 형성함으로써 의식을 공유하기 시작했을 때 일어났다.

최초의 다세포 공동체는 단순한 군체 생물이었다. 이들은 이를테면 '집세를 절약하기 위해' 떼를 지어 사는 같은 종류의 세포 그룹이었다. 각 세포들이 의식의 한 단위를 상징하므로 세포의 수가 많을수록 공동체는 더 큰 의식을 소유했다.

하지만 진핵세포 공동체의 인구밀도가 높아지자 모든 세포들이 똑같은 일을 하고 있는 것이 더 이상 효율적이지 못하게 되는 시점이 왔다. 그래서 일이 나눠지고, 공동체의 진핵세포들은 각자 근육, 뼈, 뇌 등과 같이 특화된 기능을 수행하기 시작했다.

시간이 지나자 진핵세포 공동체의 집단의식은 수조 개의 세포로 이루어진 공동체의 생존을 뒷받침해줄 수 있는, 고도로 구조화되고 이타적인 다세포생물을 진화시켜냈다.

이 세포공동체에 의해 발현된 다양한 형질과 기능은 다양한 구조를 가진 세포조직을 만들어내어서, 다세포생물들은 저마다 독특한 해부학적 구조를 갖추게 되었다. 그리하여 과학자들도 이 해부학적 특징을 이용하여 각 다세포공동체의 종을 분류한다. 우리가 나무, 해파리, 개, 고양이, 인간 등을 바라볼 때 보통은 그것을 하나의 개체로 인식하지만, 사실 그들은 복잡한 다세포공동체다.

사회적 시대: 현재의 진화단계는 이보다도 더 높은 단계의 공동체적

결합으로 특징지어진다. 이번에는 어떤 종의 개체 구성원들 — 그 각각은 진핵세포의 다세포공동체이고, 그 각각의 진핵세포는 또 원핵세포의 공동체인 — 이 생존가능성을 높이기 위해 한데 모여서 사회적 조직을 형성하기 시작한 것이다. 물고기는 떼를 지어 헤엄쳐 다니고 들소와 오리는 무리지어 살고 인간은 부족과 나라와 연방을 이루고 산다. 사회적 진화는 종의 공동체에 하나의 초생물로서의 고유한 생명을 부여했다.

우리는 자신의 관점에 서서 진화적 도약을 새로운 종을 만들어내는 것으로 바라보는 경향이 있지만, 우리가 실제로 목격하는 진화의 실상은 공동체의 복잡성과 상호연결성의 정도가 발전하는 것이다. 이러한 패턴은 인간의 다음 진화단계도 개체 내의 변화보다는 인간이 서로 어떻게 어울려서 공동체를 이루느냐 하는 데 관한 것임을 암시해준다.

인간은 수백만 년 전에 진화해 나왔다. 우리 앞에 놓인 과제는 다음의 진화 단계인 공동체를 이룬 인간(community humans), 곧 인류(humanity)다.

분명 진화의 경로는 점진적으로 진보해가는 연속적인 오름길이 아니다. 진화의 역사는 오랜 기간의 점진적인 발전에 뒤이어서, 공동체적 결합 속에 내재해 있던 패턴이 이전에는 예상할 수 없었던 성질과 형질을 출현시키는, 그런 양자적 도약을 일으키는 특징을 보인다.

우리는 세포막에 기반하여 개체화된 공동체, 곧 진핵세포생물을 만들어낸 원핵세포생물에게서 이것을 본다. 그다음엔 진핵세포가 모인 공동체가 식물이나 동물과 같은 다세포생물의 종들을 만들어냈다. 그다음엔 또 식물과 동물들이 서로 모여서 우리가 '사회적 조직'으로 정의하는 더 높은 수준의 공동체를 형성했다.

이 새로운 조감을 그림으로 표현해보자면, 점진적으로 진보해가는 네 개의 층이 있고, 그 각각의 층은 양자적 도약에 의해 이웃 층과 구별된다.

A. 원핵세포생물 → 진핵세포생물(단세포 공동체의 출현)

B. 진핵세포생물 → 다세포생물(식물, 동물, 인간의 출현)

C. 다세포생물 → 사회적 조직(인류의 출현)

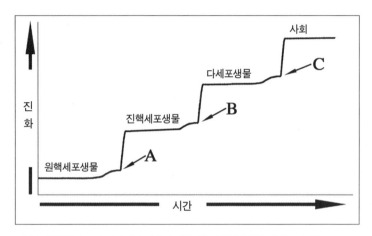

진화는 꾸준한 오르막이 아니라 안정기, 혹은 점진적 진보기를 뒤잇는 양자적 도약이다.

우리는 인간 문명이 하나의 사회로서 그 존폐의 문제와 씨름하고 있다고 믿는다. 이 그림에 나타난 진화의 패턴은 우리가 다음의 진화 단계인 진정한 인류 출현의 문턱에 당도해 있음을 보여준다.

새로운 이야기는 없다: 프랙탈 거울에 비춰 본 우리의 미래

자연의 프랙탈적인 성질에 의하여, 각 층 생물의 내부구조 패턴은 그보다 하위층이나 상위층 생물의 내부구조가 보여주는 패턴과 닮아 있다.

따라서 첫째 층의 원핵세포생물, 둘째 층의 진핵세포생물, 셋째 층의 인간, 넷째 층의 사회의 구조, 기능, 및 행태의 진화와 조직화는 제닮음 패턴을 보여준다.

세포생물학 연구에서 얻은 지식이 인간의 생태와 공동체사회 생태의 이해에도 적용될 수 있는 핵심적인 이유는 바로 이 프랙탈의 제닮음 성질 때문이다. 그보다 더 중요한 것은, 프랙탈 진화론은 인체라는 세포공동체의 세포들이 채택한 조직구조와 역학을 이해하면 인간사회를 이루는 인간세포들 사이에 유사한 조화를 일궈내는 데 필요한 패턴이 무엇인지도 통찰할 수 있음을 암시해주고 있다는 사실이다.

다세포생물 속의 세포시민들은 수백만 년의 진화경로를 통해 자신들의 생존뿐만 아니라 생물권의 다른 생물들의 생존도 도와줄 효과적인 평화전략을 펼쳐왔다. 건강한 인체의 살갗 아래에 사는 수십조 개체세포들 사이의 놀라운 조화를 생각해보라. 우리 인체의 세포들은 협동을 방해하는 모든 문제를 해결한 것이 분명하여서, 세포사회의 주정부들에 해당하는 조직과 장기들은 서로 경쟁하고 싸우지 않고 서로를 돕고 뒷받침해준다. 예컨대 간이 랑게르한스섬(췌장 속에서 인슐린을 분비하는 세포군)을 빼앗기 위해 이자를 공격하는 따위의 일은 의학책에 적혀 있지 않다!

프랙탈의 제닮음 현상처럼, 인간들이 모여서 다세포체인 인류를 이루는 현상은 세포들이 모여서 다세포생물인 인체를 이루었을 때와 흡사한 패턴을 보여준다. 인간 진화의 경로는 원시적인 무척추동물과, 그 뒤를 이은 좀더 고등한 척추동물의 두 갈래로 발달해온 동물왕국의 과거 진화경로와 평행을 이룬다.

곧 살펴보겠지만 척추동물과 무척추동물의 근본적인 차이는 '자신의 몸을 지탱하는' 방식에 있다. 마찬가지로, 초기 인류와 진화된 인류 사이의 근본적인 차이도 후자가 '자신과 자신의 사회를 지탱하는' 능력에 있다.

무척추동물 : 갑각류나 곤충과 같은 다세포 무척추동물은 내부골격이 없이 광물성 껍질이나 단단한 키틴질 피막과 같은 외부골격에 의존한다는 점에서 원핵세포생물과 비슷하다.

자신을 지탱하는 방식 면에서 볼 때 초기의 인류문명은 어머니인 대자연의 외부적 부양에 의존했다는 점에서 무척추동물과 비슷하다. 어머니가 부양해주는 한 그들은 생존할 수 있었다.

척추동물 : 지탱방식의 측면에서 보면 척추동물은 그것을 이루고 있는 진핵세포와 마찬가지로 내부의 단단한 등뼈로부터 물리적인 지탱을 받는다.

인간이 지적인 내부 메커니즘의 힘을 발휘하여 자신을 지탱할 수 있는 과학기술을 출현시킨 것은 인류문명이 척추동물 단계의 수준으로 진화한 것이라고 할 수 있다. 문명이 내부적으로 자신을 지탱하는 척추동물의 수준으로 진화하자 인간은 더 이상 자연의 은혜에 자신을 의탁할 필요가 없게 되었다. — 아니, 그런 것처럼 보였다.

이와 비슷하게, 척추동물은 인간의 기원에 이르기까지 물고기로부터 양서류, 파충류, 조류, 그리고 포유류 등으로 한층 더 복잡하게 진화했다. 따라서 우리는 이 프랙탈 우주에서 인간의 사회도 물고기, 양서류, 파충류, 조류, 그리고 포유류의 성질을 나타내는 제닮음 발달단계들을 거쳐서 진화해가리라고 가정할 수 있다.

물고기 : 물고기의 기본적인 성질은 물이라는 환경에 의존한다는 것이다.

마찬가지로 인간사회의 초기단계는 물 근처에서 떨어질 수 없었다는 점에서 물고기와도 같다. 이 '수경水耕' 사회는 바다와 강, 호수의 물과 그

부근지역에서 먹을거리를 얻어냄으로써 번성했다. 그들의 고속도로는 뱃길이었고 그들의 문명은 해안에서 해안으로 배를 통해 전파되었다.

양서류 : 양서류는 물속에서 태어나지만 물을 지니고 가는 메커니즘을 획득함으로써 뭍으로 모험을 떠날 수 있게 되었다.

마찬가지로 인류문명은 양서류의 단계에 진입하여 호수나 강으로부터 물을 실어나르거나 대수층帶水層으로부터 물을 길어올리는 방법을 고안해내어 내륙으로 진출했다. 그리고 이 문명은 농경기술의 발명을 통해 육지기반의 새로운 환경에서 자신을 지탱하고 번성할 수 있게 하는 기술을 가지게 되었다.

파충류 : 육지에서는 좀 굼뜨고 취약한 양서류로부터 파충류가 출현했다. 이들은 양서류 조상의 수중생활 기술 대신 육지 기반으로 설계된 우수한 생리기능을 택했다. 파충류는 적응을 통해서 순전히 육지 환경에 알맞은 매우 강하고 민첩하고 단단한 몸을 만들어냈다. 도마뱀의 사나운 눈과 혀, 그리고 기계적인 걸음걸이는 마치 기계와도 같은 성질을 보여준다.

산업혁명이 인류를 초기 농경사회로부터 변신할 것을 재촉했을 때 인류문명의 진화양상은 제닮음 경로를 밟고 있었다. 농경시대가 양서류의 시대와 같았다고 한다면 더 복잡하고 기계화된 산업시대는 그 성질이 파충류 시대와 같은 것이다.

공룡 : 자연이 5인치짜리 도마뱀의 청사진을 확대시켜 50피트짜리 공룡을 만들어냈을 때 마침내 독특한 종류의 매우 성공적인 파충류가 진화되어 나왔다. 도마뱀은 비교적 작은 생물인 데 비해 공룡은 거대한 살육기계였다. 흥미롭게도, 공룡을 뜻하는 그리스어 dinosaur는 '괴물 같은 무서운 도마뱀'이란 뜻이다.

하지만 공룡의 덩치는 엄청나게 컸지만 뇌는 커지지 않았다. 가령 5

인치짜리 도마뱀이 다리를 특정한 식으로 움직이는 데에 열 개의 근육세포가 필요하다고 한다면 50피트짜리 거대한 공룡이 같은 동작을 하는 데는 만 개의 근육세포가 필요할 것이다. 하지만 그런 동작을 일으키기 위해 각 동물의 뇌가 필요로 하는 것은 단지 한 개의 신경뿐이다.

핵심은 이것이다. — 공룡의 몸집은 커졌지만 그들의 뇌는 아주 작은 상태로 남아 있었던 것이다. 도마뱀은 오늘날까지도 살아 있는데 공룡은 멸종되어버렸다는 사실은 공룡의 작은 뇌는 놀라운 반사운동 능력을 보여주기도 했지만 환경 격변기에 거대한 몸의 생존을 지탱하기에는 역부족이었음을 시사해주고 있다.

이 같은 상황을 시간적으로 앞으로 당겨와 본다면, 산업화의 성공은 인류의 산업을 작은 구멍가게 형태로부터 국제적 거대기업의 형태로 진화시킬 수 있게 했다. 공룡과 마찬가지로, 기업들은 공룡의 작은 두뇌와도 같은 의사결정자들의 명령을 수행하는 거대한 행정관료 집단을 가지고 있다.

주목하라. 인간의 공룡기업이 보여주고 있는 패턴은 공룡의 멸종을 초래했던 것과 동일한 치명적 결점의 되풀이다.

공룡이 그랬던 것처럼 재래식 기업들의 소위 두뇌라는 것은 반사행동의 조절이나 조직의 성장을 위해서는 효과적이었다. — 환경이 안정적으로 남아 있어준다면 말이다. 그러나 거대기업들은 격변하는 환경에서 거대한 몸집을 조절하고 적응시켜 살아남을 수 있게 하는 신경학적 능력은 지니지 못했다.

그 한 예로, 미국 자동차 산업을 경영하는 두뇌들은 세계가 기름부족 위기를 눈앞에 두고 있음을 느끼고 있는 소비자들에게 기름 먹는 기계인 SUV를 사라고 계속 밀어붙이고 있다. 한때 인기주였던 제너럴 모터스의 주식이 쓰레기 취급을 받고 있는 작금의 현실은 그들이 멸종의 위기를 맞고 있음을 보여주는 징표다.

우리는 다만 최후의 공룡들이 다른 동료들이 미친 듯이 날뛰다가 멸종의 늪으로 빠져드는 것을 보고 달려들어 마구 포식했을지도 모른다고 상상할 수 있을 따름이다. 마찬가지로 우리는 오늘날의 괴물들도 타인의 희생 위에 자신의 배를 불리고 있는 것을 목격한다. 2008년 10월에 재정적 공룡인 미국 은행이 미국 납세자들의 돈 7억 달러를 단숨에 가볍게 해치워버린 것이 그 예다.

오늘날 인간의 공룡기업과 실제로 그 옛날에 멸종한 공룡 사이의 또다른 흥미로운 닮은 점은 현대문명이 석유로부터 연료공급을 받는다는 사실인데, 석유는 종종 공룡의 피로 비유되고 있다. 현대산업이 공룡의 피를 마지막 한 방울까지 빨아먹고 있는 가운데 공룡기업들은 멸종의 위기를 눈앞에 두고 있고, 조심하지 않는다면 문명 파멸의 위기까지도 목전에 다가와 있다.

다행히도 생물학적 진화의 프랙탈적 유사성 속에서 우리는 희망도 발견할 수 있다.

공룡이 세상을 지배하러 내려온 최초의 파충류였다면 그 막후에서는 두 갈래의 다른 진화경로인 조류와 포유류가 출현하고 있었던 것이다.

조류 : 조류는 육지를 기반으로 삼은 공룡으로부터 직접 진화해 나왔다.

아직은 자라고 있는 도마뱀 기업 규모의 발명가와 사업가들이 인류의 조류 단계의 길을 개척했을 때, 인류역사 속에서도 이 진화의 제닮음 패턴이 모습을 드러냈다. 이 진화경로 최초의 핵심적 사건이 1903년 라이트 형제가 북부 캘리포니아의 키티호크 해변에서 실험한 비행이었던 것이다.

포유류 : 공룡의 계보로부터 조류가 진화해 나옴과 동시에 작은 파충류로부터 새로운 종이 갈라져 나왔다. 포유류라 불리는 이 새로운 털북숭이 종은 신경학적으로 발달된 새로운 계층의 생물의 기원이 되었다. 젖을 먹여 새끼를 기르는 그들의 방식을 가리키는 이름을 가진 '포유류'는 성장과 발달과 번성을 북돋아주는 양육자의 특질을 지니고 있다.

6천5백만 년 전까지만 해도 작은 파충류와 유약한 포유류는 잔인한 괴물 도마뱀의 밥이었다. 그러다가 지구적인 환경의 격변에 의해 공룡이 멸종하고 짧은 기간 동안 조류가 세상을 지배했다. 그러나 그 거대한 살육기계가 사라진 자리에서, 좀더 발달된 포유류가 진화의 기회를 포착하여 생물권의 우두머리로 등장했다.

새의 눈으로 조감한 지구

조류의 출현이 그랬던 것과 마찬가지로 항공시대의 도래는 인류문명의 발전방향을 급격히 바꿔놓았다.

항공시대 이전까지는 지구의 거대한 크기와 대륙 사이를 가로막고 있는 바다는 세계인의 통합을 상상할 수 없게 만드는 엄청난 장애물로만 여겨졌다. 그러나 라이트 형제가 실험비행에 성공한 지 10여 년 후, 1차 세계대전이 끝나던 1918년 무렵에는 비행기가 높은 산맥과 사막과 대양을 가로질러 날아다닐 수 있게 되었다. 기술의 진보는 계속되었고 오늘날의 제트기는 사업여행을 위해서든 개인의 여행을 위해서든, 전쟁을 위해서든 평화를 위해서든 대륙과 나라들 사이의 지리적 거리는 더 이상 변수가 되지 못하게 만들어놓았다.

인류의 조류 단계는 1960년대에 우주항공기술이 어머니 지구의 새로운 조감도를 문명에 선사했을 때 그 극치를 이뤘다.

1968년 10월, 아폴로 7호 우주선 승무원들이 최초의 지구사진을 전송했고, 그것은 1969년 1월 〈타임〉지의 표지에 실렸다. 1969년 12월에 찍힌 '지출地出(earthrise) — 아폴로8호'라는 제목의 또 다른 사진은 달의 지평선 위로 떠오르는 지구의 극적인 모습을 보여주었다.

그러나 비상을 추구하는 인류의 기술은 1969년 7월 닐 암스트롱Neil Armstrong과 에드윈 버즈 앨드린Edwin Buzz Aldrin과 마이클 콜린스Michael Collins가 아폴로 11호 우주선을 달 위에 착륙시켰을 때 한층 더 높은 고지에 도달했다. 암스트롱이 달 표면에서 하얗게 빛나는 큰 우주복 속에서 "인간에게는 작은 한 걸음이지만 인류에게는 하나의 크나큰 도약이다"라고 말했을 때, 그는 인간 진화의 노정에서 하나의 심오하고도 예언적인 선언을 한 것이다.

이 일들은 지구의 모든 시민들로 하여금 최초로 우리의 아름다운 행성의 유한성과 우주공간 속에 외따로 떨어져 있는 고립성을 피부로 느끼게 해준 사건들이었다.

새와 비행기 조종사와 우주비행사들이 지표면 위를 날 때, 그들은 물에서 살거나 뭍에서 살았던 조상들보다 훨씬 더 넓은 시야를 얻을 수 있었다. 우주비행사들이 깜깜한 우주공간에 걸려 있는 푸른빛 보석과도 같은 지구의 모습을 땅 위의 사람들에게 보내왔을 때, 그들은 그 새로운 시야를 나머지 인류와 나눠 가졌던 것이다.

그리고 그 시야로부터 바라본 광경은 문명에 너무나 강력한 영향을 미쳐서, 그것은 인간 진화 경로의 수정을 가져왔다. 그 사진들은 히피 사상을 탄생시켰고, 버크민스터 풀러 같은 사상가의 입을 통해 "우리는 모두가 작고 연약한 우주선 지구호를 타고 은하계를 여행하는 한 부족(one people)"임을 고백하게 했다.•

무수한 별들의 한 틈새에 놓인 우리의 둥지를 보여주는 그 사진들은 인류의 자아의식을 드높여놓아서, 책임감 있는 사람들로 하여금 환경을 돌보고 우리의 먹을거리와 몸을 건강하게 지키고 사랑과 조화로운 분위기 속에서 우리의 자녀와 가족과 사회를 키워감으로써 우리의 생존을 도모해야 한다는 포유류 고유의 본능을 일깨우게 했다.

우주로부터 온 최초의 사진에 영감을 받아서 사상가 존 맥콘넬John McConnell은 1969년에 지구기旗(Earth Flag)를 창제했다. 1970년, 미국 정부는 지구의 날을 제정하고 미국환경보호청을 설립했다. 그리고 1970년대에는 나라의 공기와 물과 땅을 보호하기 위한 다섯 가지 주요 법조항을 발효시켰다.

간단히 말해서, 우주인들이 보여준 시야에 응답하여 파충류 단계의 많은 인간들이 갑작스런 진화적 도약을 경험하여 자신의 생존이 개체자아뿐만 아니라 행성 전체와 다른 모든 생물종을 어떻게 부양하느냐에 달려 있음을 자각하게 된 것이다. 이 깨어난 사람들이 우리의 다음 진화단계인 포유류 단계 인류 출현의 씨앗이 된다.

이런 점에서 현재의 문명은 수백만 년 전 동물 진화의 역사에 일어났던, 공룡과 조류와 원시포유류가 불편한 공존을 이어온 시기와 유사한 제닮음 패턴의 프랙탈 반복상을 보여준다. 이 같은 생각은 스티븐 스필버그 감독의 영화 〈쥬라기 공원〉의 장면을 연상시킨다. 인간들이 괴물공룡을

• Buckminster Fuller, *Operating Manual for Spaceship Earth*, (Illinois: Souther Illinois Univer -sity Press, Reprint of 1969 edition, 1976).

피해 걸음아 날 살려라 하고 도망다니는 꼴은 뭐든지 다 집어삼키는 '엔론노사우루스Enron-osaurus'와 같은 괴물기업이 날뛰며 온순한 시민들의 생존을 위협하는 상황과 다를 바가 없다. 그러나 선사시대 지구의 어느 날, 모종의 사건이 일어나서 세상을 지배하던 공룡을 멸종시키고 '온유한 자', 포유류에게 땅을 물려받을 기회를 열어주었다.

마찬가지로 현재 인류가 직면하고 있는 생태적, 경제적 위기와 인구 증가는 공룡 같은 기업들의 멸종과 자연친화적이고 인간적인 양육자들의 출현을 예고하는 전조인 것이다.

우리의 프랙탈 패턴에 비추어 미래를 바라보면, 아무래도 현재 지구가 앓고 있는 스트레스는 문명을 살찌우는 포유류가 지구를 지배하는 생명으로 등장하게 하는, 지구의 다음 차례의 진화적 도약을 불러올 것 같아 보인다.

우리 살갗 아래의 프랙탈

척추동물 진화 패턴의 프랙탈적 제닮음 구조가 인간 진화의 운명을 통찰할 수 있게 해주기는 하지만, 우리가 생존을 확보하기 위해 어떤 항로를 택해야 할지에 대해서는 가르쳐주지 못한다.

그러한 패턴을 찾기 위해서는 다른 관점으로부터 프랙탈 이미지를 살펴봐야만 한다. — 이미지의 역동적인 전개상을 살피기보다는 프랙탈 이미지 자체 안에 내재된 구조적 패턴에 초점을 맞춰야 하는 것이다.

우리의 살갗 아래에는 지구 전체 인구보다도 700배나 많은 숫자의 세포들의 공동체가 있다. 인간이 인체세포의 건강한 공동체가 보여주는 생활양식을 본받는다면 아마 우리 사회와 우리 행성은 닥쳐올 여섯 번째의 멸종위기를 맞이하지 않아도 될 것이다. 따라서 우리의 다음 단계는 프랙탈 기하학의 렌즈로써 우리 살갗 아래의 우주를 탐구해보는 것이다. 우리의 눈을 새롭게 열어줄 이 여행은 인간과 세포공동체 사이의 놀라운 유사성을 밝혀줄 것이며 일체가 된 세상에서 건강하고 행복한 삶을 사는 데 필요한 풍부한 통찰지를 제공해줄 것이다.

12

정신과에 가봐야 할 때

"우리 몸의 세포가 우리보다 더 똑똑할지도 몰라."

— 스와미 비안다난다

프랙탈 기하학은 반복되는 단순한 제닮음 패턴을 조합하여 무한히 복잡한 구조를 만들어낸다. 프랙탈 이미지를 아무리 자세히 확대해서 살펴봐도 그 복잡한 모습은 끝없이 세밀하게 펼쳐진다. 하나의 세포와 하나의 인체는 제닮음 프랙탈 이미지로서, 이들은 생존을 위한 추구에서 서로 닮은 기능과 요구를 공유하고 있다. 그러므로 인체 내 세포의 삶과 문명 속의 인간의 삶은 상사相似한 현실로서, 본질적으로 제닮은꼴이다.

세포와 인간은 비슷한 생물학적 환경 속에 놓여 있으므로 자연히 이런 의문이 제기된다. '70억밖에 안 되는 인구도 서로를 말살시킬 지경에 이르러 있는데 50조 개나 되는 세포들은 어쩌면 그렇게 조화롭고 평화롭게 살아갈 수가 있는 것일까?' 이 질문에 대한 답은 자연의 프랙탈 구조를 들여다보면 찾아낼 수 있다.

프랙탈의 관점에서 보면, 다세포 공동체의 진화와 관련된 조직원리는 인류의 생존을 좌우하는 원리와 본질적으로 제닮은꼴이라고 하지 않을 수 없다. 그렇다면 세포공동체가 어떻게 그런 성공을 이룰 수 있었는지를 알아내기 위해서 우리 자신을 세포의 크기로 축소시켜서 인체 내부를 탐사해봄직도 하지 않겠는가. 세포에게 적용되는 일이라면 인간에게도 적용될 테니 말이다. 그리고 인간에게 적용되는 일이라면 인류에게도 적용될 것이다.

역공학(Reverse Engineering)이란 다른 제조자의 생산품의 세부적인 구조와 성분을 세밀히 조사하여 그것을 복제생산해내는 데에 동원되는 방법이다. 인체를 성공적으로 만들어내기 위해 50조 개의 세포가 사용하는 역학과 원리를 역공학으로써 밝혀낸다면 우리는 인간문명의 생존전략 구상에 바로 적용할 수 있는 요긴한 통찰을 얻어낼 수 있다.

생존에 필요한 것

여기까지 여행해오는 동안 우리는 인체가 하나의 단순한 개체가 아니라 수십조 개의 세포들이 모인 공동체임을 강조했다. 세포는 개체적인 생명의 단위다. 그리고 우리의 몸은 세포의 공동체적 표현물이다. 우리는 세포로 이루어져 있으므로 세포의 생존을 돌봐주어야만 신체의 생명도 유지될 수 있다.

그러므로 간단한 논리로 말하자면 우리의 몸과 세포는 동일한 요구를 가진다. ― 산소, 물, 영양분, 생명작용을 위협하는 주변요소들을 차단해주는 제어된 환경, 그리고 에너지와 자원을 뺏어가는 바이러스와 같은 다른 생명체에 대한 방어 등 말이다. 또 인간과 세포는 모두 일을 해야 한다. 즉, 생존하기 위해서 에너지를 소비해야만 한다. 사람들은 가족을 부양하기 위해서 일하러 간다. 그리고 세포들은 몸의 건강을 위해서 협동해서 일한다.

왜냐고? 생명의 순환을 영속시키기 위해 최초의 박테리아로부터 인간에 이르기까지 모든 생명체를 움직이는 힘이 무엇이겠는가? 이 신비한 힘은 생물학적 명령, 곧 크든 작든 모든 생명체로 하여금 생존할 것을 무의식으로부터 부추기는 내재된 메커니즘이다.

한 종이 생존하라는 생래적인 내부의 명령을 완수하는 능력은 다음의 기본요소들에 달려 있다. — 에너지, 성장, 방어, 자원, 효율, 그리고 인식 능력이 그것이다.

생명체의 생존가능성을 평가하는 생존지표공식을 만들어보자면 그 공식은 이렇게 될 것이다.

$$생존 = (총에너지 - 성장 \cdot 방어에 드는 에너지)$$
$$\times (동원가능한 자원) \times (효율) \times (인식능력)$$

총에너지 : 총에너지는 생명체의 생명활동을 가동시키기 위해 동원할 수 있는 에너지의 총량을 말한다. 에너지는 신체의 행동과 움직임을 일으킨다. 사실, 시체란 에너지가 없는 신체를 말한다.

성장 메커니즘 : 성장에 드는 에너지는 신체의 건강과 안녕을 유지하고 성장을 돕고 에너지를 확보하기 위해 생체가 소비하는 에너지를 말한다. 이 성장 메커니즘들은 서로 힘을 합하여 생명체가 음식을 찾아서 먹고 소화하고 영양분을 흡수하고 노폐물을 배설하는 기능을 뒷받침해준다. 생명체가 영양분을 낡은 세포를 재생하거나 대체하는 데 필요한 복잡한 분자로 변환시키는 데에 에너지를 사용할 때, 성장이 일어난다.

방어 메커니즘 : 방어 메커니즘은 생존을 위해 필수불가결하다. 인체

에서 이 메커니즘에는 외부위협에 대한 아드레날린 분비계의 '싸우기 아니면 튀기' 반응과 내부 병원균에 대한 면역계의 반응 등이 포함된다.

환경의 위협은 생명체로 하여금 비축된 에너지로부터 상당량의 에너지를 빼내어 생명보호 자체에 재배치하게끔 강요한다. 생명체가 두려움과 스트레스를 크게 느낄수록 더 많은 에너지를 생명보호로 돌린다. 성장과 방어의 행위는 생명체가 비축하고 있는 에너지로부터 지원을 받으므로, 방어는 성장을 위축시키거나 저지한다.

위의 생존지표공식에서 성장과 방어 작용이 생명 시스템으로부터 에너지를 빼가는 것은 이 때문이다. 간단히 말해서, 한 생명체의 생존은 그것이 자신을 방어하기 위해 소비해야 하는 에너지의 양에 달려 있다. 생명체가 문자 그대로 '무서워서 죽을' 수도 있는 것은 이 때문이다!

자원: 생명체는 환경자원으로부터 에너지를 획득한다. 사실 생존이란 생명체가 그러한 자원을 획득하고 처리하기 위해 소비하는 내부에너지의 양보다 많거나 같은 외부에너지를 확보할 수 있느냐 없느냐에 달려 있다.

외부의 근원으로부터 자원을 획득하고 처리하는 행위를 일이라고 부른다.

생명체의 주요 자원은 공기, 물, 그리고 영양분으로서, 이들은 환경의 장으로부터 오는 화학에너지와 비물질적인 에너지로부터 온다.

인간이 진화되어 나오기 전까지 생명체들은 생존을 위해 재생가능한 자원에 의존했다. 이런 체제에서는 환경자원이 끊임없이 보충되어서, 지구상의 무수한 종들이 오랜 세월 동안 생존해올 수 있었다. 개체 생명이 죽더라도 그 물질적 잔해는 다른 개체들이 사용할 수 있는 에너지로 재순환되었다.

그러나 인간은 지구의 재생불가능한 자원을 착취하여 생존하는 기술

기반 문명으로 진화해감으로써 생물권의 균형과 조화를 흩트려놓았다. 작금의 석유위기는 재생불가능한 자원에 의존하는 방식이 우리의 존재를 어떻게 위협하는지를 보여주는 수많은 사례 중 단 한 가지의 보기일 뿐이다. 계속 줄어들고 있는 외부환경자원에 사회의 생존이 달려 있는 이런 상황은 우리의 내부에너지를 약화시키고 인류의 미래를 어둡게 만들었다. 이것은 논리적으로 영리한 짓이 못 된다.

효율: 성취된 일과 그 일에 투입된 에너지의 양을 비교하는 척도인 효율은 생존을 위해 필수적이다. 생명체가 자신의 에너지 자원을 활용하는 효율이야말로 생존가능성을 결정하는 주요인이다.

생명체는 그 구조와 기능의 오랜 진화를 통해 자신의 기능적 효율성을 다듬어왔다. 그리고 에너지를 더 효율적으로 사용함으로써 그 저축된 에너지를 더욱 진화해가는 데에 투자할 수 있었다.

인식능력: 인식능력은 생명체가 환경의 정보를 인식하고 해석하고 반응하는 능력을 나타낸다. 지성의 밑바탕인 인식능력은 단순한 반사 반응으로부터 의식적인 행동, 그리고 자아의식이 제공하는 고도의 지성에 이르기까지 범위가 다양하다.

기본적인 세포 단위의 의식은 앞서 설명했듯이 세포막의 인식 스위치 기능을 하는 수용기 단백질과 효과기 단백질이다. 인식 단백질은 세포막에서 한 겹의 층밖에 형성할 수 없기 때문에 생명체의 인식능력이 높아진다는 것은 세포막의 표면적 증가와 직결된다.

특히 생명체의 집단의식은 그 생명체가 환경을 인식하는 과정에 투입하는 세포막의 면적과 상관된다.

$$생존 = (총에너지 - 성장 \cdot 방어에 드는 에너지)$$
$$\times (동원가능한 자원) \times (효율) \times (인식능력)$$

현재의 지구적 위기상황에 비추어보면 인간의 생존기술은 좋게 말해서 의문스럽다. 앞서 이야기했듯이, 생명을 지탱하기 위해서는 에너지가 필요하고, 에너지의 손실은 쇠약과 병과 죽음의 형태로 나타난다. 인간과는 대조적으로, 다른 모든 생명체들은 에너지 보존과 효율 면에서 그 성능이 입증된 본보기들이다. 생명 에너지를 적절히 저장하고 관리하지 못한 생명체들은 멸종해버렸기 때문이다.

생태계의 다른 생명체들과는 비교할 수 없을 정도로 엄청나게 소모적인 인간들도 이들과 동일한 결말을 마주하고 있다. 유감스럽게도, 인간의 생태계 파괴는 수백만 년 동안 환경과 조화를 이루며 살아온 더 효율적이고 지적인 생명체들의 대량멸종을 초래할 수도 있다.

생존지표는 우리가 잠들어 있고 비효율적이며, 무리하고 보장되지 않는 성장과 방어에 너무나 많은 에너지를 퍼붓고 있다는 사실을 상기시켜준다. 우리가 집의 안전을 위해서든 나라의 안보를 위해서든 물 쓰듯 퍼붓고 있는 엄청난 비용을 생각해보라.

생존지표를 좌우하는 요소들을 조금만 살펴보면, 우리는 생존을 위해서 방어에 드는 에너지를 줄이고 재생가능한 자원을 써서 효율성을 훨씬 더 높이고, 잠에서 깨어나 정신을 차려야만 한다는 것이 분명해진다.

경기를 부양하기 위한 대규모 구제조치와 대출금이라는 반창고만 여기저기 붙여서 현재의 지구경제체제를 고쳐보겠다고 대드는 경제계의 지도자들은, 침몰하고 있는 타이타닉호의 갑판에서 의자를 정리하는 스튜어드와도 같은 짓을 하고 있는 것이다.

어쩌면 아인슈타인이 말했듯이 문제를 새로운 사고방식으로써 해결해야만 할 때가 왔는지도 모른다. 사활이 걸린 답을 찾고 있는 우리는 어쩌면 '우리가 찾고 있는 답은 내면에 있다'고 한 고대의 현자들에게서 배워야 할지도 모른다. 아인슈타인도 이 지혜의 말에 응수하여 이렇게 썼다. "자연을 깊이깊이 들여다보라. 그러면 모든 것을 좀더 잘 이해할 수 있을 것이다."•

그래서 우리는 생물학의 깊은 내부작용을 파헤쳐 들여다보면서, 생존지표에 열거된 요소들에 주목해볼 것이다. 우리는 성공적인 진핵세포나 인체와 같은 다세포생물들이 구현한 사회적, 경제적 패턴에 대한 깨달음이 더 건강하고 더 성공적인 인류의 탄생을 촉진시키는 거푸집을 만들어내도록 도와준다는 사실이 밝혀지기를 기대한다.

소인국의 위대한 가르침

공동체를 이루고 살면 기능적 효율성과 인식능력이 향상되어서 생존 가능성이 높아진다. 예컨대, 하나의 단세포가 x라는 인식능력을 지니고 있다면 30개의 세포는 최소한 30x의 집단 인식능력을 지닐 것이다. 이것은 공동체 내의 집단적 정보는 독립해서 자유롭게 사는 단세포 사촌에 비해서 여러 배 더 큰 인식능력을 각 세포 주민들에게 제공해준다는 것을 의미한다.

• Albert Einstein, quote, to Margot Einstein, after his sister Maja's death, 1951, from Hanna Loewy in A&E Television Einstein biography, VPI International, 1991.

외톨이 원시 원핵세포로 하여금 최초의 공동체, 곧 균막이라 불리는 사회조직을 형성하게끔 부추긴 것은 인식능력을 높이고자 하는 욕구였다. 균막 미생물은 훗날 아메바, 조류藻類 세포와 같은 개체 진핵세포로 진화했다. 이들은 하나의 세포막 속에 둘러싸인 진화된 버전의 원핵세포 공동체를 보여주었다.

약 7억 년 전에 자연은 인식능력을 높이기 위한 오래된 전략을 되풀이했다. — 단세포인 진핵세포를 모아서 다세포 공동체를 이루었던 것이다. 전체의 상호이익을 위해 인식능력과 노동력을 공유하려고 말이다. 이 긴밀한 진핵세포의 군체 내에서, 개체세포들은 기본적으로 동일한 일을 하면서 자신들의 생산력을 합쳤다.

군체 내의 개체수가 일정 한계를 넘어서자, 모든 세포가 같은 일을 한다는 것은 더 이상 효율적이지 않았다. 공동체의 세포들은 자기들끼리 일을 나눠서 하기 시작했다. 다양한 세포들에게 특정한 임무를 맡기는 분화라 불리는 과정을 통해서 말이다.

이와 동일한 발달 패턴이 가족이 씨족을 이루어 함께 살며 여행하던 시절의 초기 인류문명에서도 나타났다. 이 분화되지 않은 작은 집단 내에서 모든 구성원들은 주로 먹이를 확보하는 일인 동일한 생업에 종사했다.

씨족이 더 큰 부족으로 커지자 모든 구성원이 같은 일을 하는 것이 더 이상 효율적이지 않게 되었다. 그래서 각 개인들은 공동체 내에서 서로 다른 일정 임무를 떠맡았다. 어떤 이는 사냥을 하고 어떤 이는 채집을 하고 어떤 이는 어린아이와 노인들을 돌봤다. 그리고 부족의 규모가 커지자 사람들 사이에 노동량이 더욱 세분되어 나눠졌다. 이로써 전문노동자들 사이에 위계구조가 생겨났다.

세포공동체 내의 분화된 세포들은 장인들과도 유사하다. 장인들이 길드를 조직한 것과 같은 방식으로 분화된 세포들은 조직과 장기를 형성했고, 그 조직과 장기의 산물과 일은 공동체의 생존을 위해 쓰였다. 예컨대 분화된 심장세포는 수축의 달인이다. 그리고 심장세포들이 조직한 길드가 심장을 형성한다. 심장세포는 전문적인 심장혈관작업을 해주는 대가로 고도로 전문화된 다른 세포들의 길드로부터 서비스를 받는다. 예컨대 소화계로부터 영양을 공급받고 호흡계로부터 산소를 공급받고 면역계로부터 보호를 받고 배설기관을 통해 폐기물처리 서비스를 받고 신경계로부터 세상의 소식을 제공받는다.

최초의 심장, 최초의 간, 그리고 최초의 신장은 지구상 최초의 사업(business)을 의미했다. 심장은 에너지 기업이고 그 구성원인 심장세포들은 그 직원이다. 마찬가지로 면역계는 환경보호청과도 같아서 백혈구 세포는 환경보호청의 직원들인 셈이다. 신장은 놀라운 재순환 프로그램을 가진 폐기물관리청이다.

여기, 우리가 이 초기의 기업들로부터 배울 수 있는 중요한 교훈이 있다. 이 시스템들의 사업적 성공은 다른 조직이나 장기들과의 경쟁에 의존한 것이 아니라는 점이다. 오히려 성공은 각 장기들이 다른 시스템들과 얼마나 잘 협동하여 일을 해내는가에 달려 있다.

원시 군체생물 내의 미분화 진핵세포의 개수는 30여 개에서 수백 개에 이른다. 공동체를 설계하고 관리하는 기술은 진핵세포로 하여금 이 조촐한 뿌리로부터 출발하여 수십조를 헤아리는 세포로 이루어진 놀랍도록 성공적인 다세포생물들을 만들어낼 수 있게 했다.

거대한 다세포문명 내의 각 개체세포들은 인간사회의 각 개인들과 동일한 생리적 기능과 욕구와 요구를 지니고 있다. 세포는 소인과도 같아서, 각 세포들은 공동체의 경험을 공유하는 한편으로 각자의 삶을 영위하고 있다. — 이것은 한갓 비유가 아니다.

세포들이 보여주는 놀라운 조화는 성공적인 진핵세포 공동체를 현 상태의 인간사회와는 완전히 구별되게 만드는 정말 주목할 만한 성질이다. 인체를 형성하는 세포사회는 '여럿으로부터 하나를(e pluribus unum)'이라는 미국의 국시를 웅변해주는 진정한 본보기다. 각각의 세포는 하나의 개인이지만 그들은 모두가 서로를 위해 행동하며 서로를 돕는다.

일체성은 획일성을 뜻하지 않는다. 간세포는 물리적으로나 기능적으로나 근육세포와는 닮지 않았다. 근육세포 또한 신경세포와는 닮지 않았다. 세포들은 기능적으로 하나의 전체를 이루는 한편으로 경계에 의해 세분화되어 각 조직과 장기로 구분되는 공동체를 이룬다. 각각의 공동체는 하나의 임무, 기능, 사명을 맡아서 수행하고, 그것은 몸의 생존에 이바지한다.

지구상의 각 나라와 문화들은 인류라는 거대한 초생명체의 조직이나 장기에 해당한다. 각 장기들이 신체의 경제에 기여하는 것과 마찬가지 방식으로 각 국가들은 전체 인류의 경제에 기여한다.

하나의 장기를 구성하는 세포들은 그 장기의 경계 바로 너머에 사는 이웃 세포들과는 다른 규칙하에서 살고, 그들과 달라 보일 수 있다. 그들이 하는 가치 있는 일들은 그들 사이의 유사성보다는 차이로부터 나온다!

오늘날 지구상의 모든 나라들은 서로를 경쟁상대로 여기고, 다른 나라를 완전히 사라져버리게 만드는 데에 많은 나라들이 혈안이 되어 있다. 만일 우리의 몸속에서 그와 같은 행위가 일어난다면 그것은 당신의 체내 시스템이 특정 장기를 제거하려는 목적으로 편을 갈라 서로 싸우는 꼴과도 같다. 당신의 장기 중에서 어느 것이 제거되기를 택하겠는가? 그것이 당신을, 번성은 고사하고 살아남기나 하게 해주겠는가?

장기를 나라에 비유한다는 것이 논리의 비약이라고 여겨진다면 이 프랙탈 이미지를 생각해보라. 각각의 진핵세포를 감싸고 있는 피부인 세포막 안에는 영역의 경계를 윤곽짓는 단백질의 경계선이 심어져 있다. 이 각각의 세포막 경계선 안에는 특정한 기능을 수행하는 일정수의 단백질이 들어 있다. 구획지어진 세포막 영역들은 기능적으로 볼 때 특화된 나노장기와도 같다. 이 단백질 영역들을 저마다 다른 색깔로 염색한다면 구형의 세포막 속에 단백질 무리들이 배치된 꼴은 흥미롭게도 세계지도 위에 배치된 각 나라들의 영역과 흡사할 것이다.

세포가 우리보다 더 똑똑할까?

초점을 미조정하여 세포의 내밀한 삶을 더욱 깊이 들여다보면, 성공적인 공동체의 성질에 관해 훨씬 더 큰 통찰을 얻을 수 있다.

우리를 이 세상에서 나날이 영위할 수 있게 해주기 위해서 세포들이 이룩한 놀라운 업적들을 생각해보라. 그리고 그것을 '다른 아이들과 잘 어울려 공부하고 놀아요' 수준의 인간들이 보여주는 그저 그런 성과와 비교해보라. 이렇게 스스로를 평가해본다면 우리는 사실 자신의 과대평가된 지능을 몇 눈금 낮춰서, 세포들이 우리보다 더 똑똑하다는 사실을 인정해야만 할 것이다.

우리의 세포시민들이 나날이 수행하고 있는 과업을 잘 관찰해본다면 우리의 집단에고는 충격을 먹을 것이다. 왜냐하면 기술개발을 포함해서 우리 인간이 하고 있는 거의 모든 일을 세포가 이미 먼저 했고, 오늘날까지도 훨씬 더 잘 해오고 있기 때문이다.

예를 들자면 세포들은,

- 일의 중요도에 따라 세포들에게 임금을 지불하고 초과이익은 공동체 금고에 저축해두는 금융체제를 보유하고 있다.

- 기술을 개발하고 강철 케이블, 합판, 콘크리트, 전기회로, 고속 컴퓨터통신망 등에 해당하는 생화학물질을 만들어내는 연구개발체제를 보유하고 있다.

- 인간이 상상할 수 있는 어떤 기술보다도 진보된 공기와 물의 정화기능을 제공하는 환경정화체계를 보유하고 있다. 냉난방체계도 마찬가지다.

- 낱낱의 세포로 즉각 메시지를 보낼 수 있는, 인터넷처럼 고도로 복잡하고 지극히 빠른 통신체계를 갖추고 있다.

- 파괴적인 세포를 억류하여 갱생시키고, 심지어는 케보키언 방식*으로 자살을 도와주는 사법체제를 보유하고 있다.

- 모든 세포들이 건강을 유지하기 위해 필요한 모든 것을 제공받게해주는 완벽한 보건체제를 보유하고 있다.

● Jack Kevorkianr(1928-2011): 미국의 병리학자이자 안락사 옹호운동가. 죽는 것은 범죄가 아니라며 130여 불치병 환자들의 안락사를 돕다가 2급 살인죄로 8년간 구금되기도 했음. 역주.

- 마치 대통령경호대처럼 세포와 신체를 경호하는 면역체계를 갖추고 있다.

기술: 세포들은 오래전에 산업시대를 지났다

인간의 기술혁신이 세상에 알려질 때마다 생물학자들은 그것을 신체의 시스템이 보여주는 메커니즘에 비유하곤 했다. 증기기관이 발명되었을 때 선구적인 생리학자들은 그 압력 발생장치를 신체의 기계적 작용에 비유했다. 물리학자들이 최초로 전기를 이해하고 이용하게 되었을 때, 당시의 생물학자들은 그 전력망을 신체의 신경계에 비유했다. 좀더 최근에 와서, 신경과학자들은 슈퍼컴퓨터를 뇌에 비유한다. 그리고 컴퓨터과학자들은 세포의 정보처리기술에 너무나 매료된 나머지 컴퓨터 칩 위에서 신경세포의 기능을 구현시킴으로써 자신들의 기술을 세포의 기술수준으로 올려놓으려고 애쓰고 있다.

일개 세포가 아닌 신체 수준의 기술이 보여주는 경이는 또 이것과 비교되지 않는다는 점을 깨닫는 것이 중요하다. 인간이 공장에서 생산된 재료를 이용하여 집과 건물을 짓는 것과 마찬가지로 세포도 똑같은 일을 한다. 여기 몇 가지 보기가 있다.

인체 부피의 절반가량은 콜라겐이라 불리는 세포간질間質로 이루어져 있다. 콜라겐은 세포가 그 주변부에 분비하는 실 형상의 단백질이다. 거미가 몸 안에서 실을 자아내어 거미줄을 치는 것과 흡사한 방식으로 세포는 자기 주변으로 이 세포간질의 구조물을 만들어낸다. 모든 장기와 혈관과 신경과 근육과 뼈는 이 콜라겐 단백질섬유로 짜인 세포 간 지지물에 의해 지탱된다. 사실 인체에서 모든 세포를 제거한다고 해도 콜라겐으로 이루어진 세포간질은 마치 섬유질의 부드러운 조각상처럼 몸의 형태를 고스란히 유지하고 있을 것이다.

콜라겐 단백질은 공학의 극치다. 이 유기물 섬유는 아기의 엉덩이처럼 부드러운 비단결을 자아낼 수도 있다. 하지만 직조방식만 바꿔놓으면 동일한 콜라겐 조직이 방탄섬유와 같은 강도를 지닐 수도 있다. 힘줄이나 인대처럼 밧줄 조직으로 자아진 콜라겐 필라멘트가 같은 크기의 강철 필라멘트보다 훨씬 더 유연하고 강하면서도 훨씬 더 가볍다는 사실은 인체의 기술수준이 어느 정도인지를 실감하게 한다.

뼈를 형성시키는 인체의 건축가 세포인 조골造骨세포가 분비하는 콜라겐은 마천루를 지탱하는 거대한 강철골조와도 같다. 조골세포는 콜라겐 골조를 만들어내는 과정에서 마치 건물의 대리석 외벽처럼 칼슘결정이 저절로 형성되게 만드는 단백질로 골조에다 마무리장식을 가한다. 이것은 가벼우면서도 지극히 강한 경화 콜라겐 조직이 되어 뼈를 형성한다.

이런 과정에서 인체가 보여주는 능력을 깨달으려면 여섯 척 키의 인체를 올려다보고 있는 세포의 모습을 상상해보라. 이것은 사람이 10,000층짜리 대리석 건물을 올려다보고 있는 것과도 같다.

연골세포는 신체의 콘크리트에 해당하는 연골조직을 만들어내는 세포다. 연골세포는 콜라겐 세포간질로 된 형틀에다 연골조직을 부어넣어서 코나 귓바퀴 같은 독립구조의 조각물을 만들어낸다. 연골조직은 콘크리트처럼 부서지기 쉽다. 코를 정통으로 가격하면 그것은 말 그대로 박살이 난다.

인체가 척추뼈 사이의 완충제로 사용하는 연골 추간판은 부서지기 쉬운 점이 문제가 된다. 체중을 지탱하기 위해 움직이는 척추의 끊임없는 압력을 받으면 보통의 연골조직이라면 금방 찌부러져 버릴 것이다. 그래서 진핵세포의 석공들은 이 연골조직을 강철 같은 콜라겐 섬유로 강화하는 법을 고안해냈다. 그리하여 유기질의 철근 콘크리트라고 할 수 있는 섬유 연골조직을 만들어낸 것이다. 추간판을 형성하는 이 내압성 합성재료의 중요성은 대개 추간판이 삐져나오는 사고가 일어난 후에만 인식된다.

피부에 둘러싸인 인체환경 속에서 사는 세포들은 물속에서 숨쉬고 사는 수중생물과도 흡사하다. 림프계와 순환계를 포함한 정교한 배관 및 여과장치는 신체의 생명수를 끊임없이 정화하여 재순환시킨다. 간, 신장, 허파, 림프절, 이자 등의 세포의 기술은 지구상에서 가장 고도로 진보되고 효율성 높은 여과장치를 제공한다. 이 장기들은 인간 설계자들이 만들어내는 것들보다 훨씬 더 효율적으로 노폐물을 해독하고 제거하고, 생명 유지에 필수적인 요소들을 보충공급하고, 외부에서 침입해 들어오는 생물들을 막아낸다.

인체가 먼저 개발해내고 나중에 인간이 장기이식 수술을 위해 개발해낸 고도로 세련된 공학기술들 중에는 수압밸브와 동력밸브, 삼투압 펌프, 역류교환 시스템, 유니버설 조인트와 링크 장치에 활용되는 기계식 지레 장치, 자동조절 피드백, 피드포워드 정보루프 등이 있다.

인체의 세포가 먼저 개척한 새로운 기술 중에서 좀더 친숙한 것으로는 컬러텔레비전이 있다. 인간이 만든 TV 수상기에서 천연색을 구현해내는 적록청 삼원색 시스템과 동일한 것을 인간의 눈은 이미 갖추고 있었다.

컴퓨터 과학의 일천한 역사에서 공학은 트랜지스터, 축전기, 배터리로부터 시작하여 고속병렬 정보처리망, 3차원 입체영상, 그리고 컴퓨터 그래픽 등을 개발해냈다. 이런 기술들이 놀라운 진보이긴 하지만, 진핵세포는 수백만 년 전에 이미 이러한 시스템을 갖추고 있었다는 사실을 우리는 깨달아야 한다.

아마도 인체의 세포시민 집단이 보여주는 가장 놀라운 묘기는 역사상 설계되고 만들어진 것 중에서도 가장 강력한 컴퓨터 시스템인 인간의 뇌일 것이다. 인간 생체의 기능을 외부세계에서 구현하려는 끊임없는 노력의 일환으로, 인간 두뇌의 능력에 버금가는 정보처리 시스템을 만들어내는 것은 모든 컴퓨터 엔지니어들의 궁극의 목표다.

실제로 생체모방학(biomimicry)이라는 새로운 개척분야의 과학자들은 지구상의 생명을 지켜줄 새로운 기술을 개발하기 위해서, 까마득히 오래된 생물학적 기술들을 역공학으로 연구하고 있다.

세포경제: 한 톨의 세포도 버리지 않는다

신체기능을 제공하는 단백질 분자의 움직임은 그 움직임을 일으켜줄 에너지를 필요로 한다. 우리는 신체가 시스템을 적절한 작동온도로 유지하기 위해서 발생시키고 보존하는 열을 통해서 신체의 에너지 소비를 느낀다.

체내의 세포들은 아데노신 트리포스페이트(ATP) 분자, 즉 한 개의 아데노신 분자와 거기에 붙어 있는 세 개의 인산화합물 그룹을 교환함으로써 에너지 수요를 해결한다. ATP는 분자 차원의 충전식 배터리인 셈이다. 세포들은 세포기능에 필요한 에너지를 ATP 분자로부터 받아서 쓰는 것이다.

ATP 분자는 세 개의 인산염 중 하나가 잘려나갈 때 한 단위의 에너지를 내놓는다. ATP 분자가 에너지를 방출하면 아데노신 디포소페이트

(ADP), 곧 한 개의 아데노신 분자와 두 개의 인산염이 된다. 세포들은 일을 통해 ADP 분자에 인산염을 다시 붙여줌으로써 에너지가 충전된 ATP 분자로 되돌려놓을 수 있다. 즉, 세포는 일을 해서 ATP를 만들 수도 있고, 일하기 위해서 ATP를 사용할 수도 있는 것이다.

ATP 분자는 신체세포들 사이에서 마치 현금처럼 교환된다. 흥미롭게도 생물학 교과서는 종종 ATP를 '생물계의 동전'이라고 부른다. 이것은 인간사회에서 에너지는 돈과 같다는 사실을 보여준다. 돈이 많을수록 삶을 지탱하고 창조해갈 에너지를 많이 갖게 되는 것이다.

경제학자라면 이렇게 말할지 모르겠지만, 우리가 'ATP를 본받는다면' 건전한 경제를 영위하는 데 도움이 될 통찰을 얻을 수 있다. 세포들은 ATP로 봉급을 받는 대가로 시스템을 위해 일하고 각자의 생산력을 공동출자한다. 세포들은 세포질 속에다 ATP 동전을 저장함으로써 남는 에너지를 비축할 수 있다. ATP 봉급은 세포가 신체를 위해 이바지하는 기여도에 상응한다. 공동체에 더 중요한 일을 하는 세포는 더 많은 ATP를 받고, 특별한 기능을 위해서는 수행원 세포를 제공받을 수도 있다. 봉급 수준은 저마다 달라도 세포들은 모두 음식, 주거지, 보건, 안전 등 생활에 필요한 기본요소는 똑같이 제공받는다.

세포의 이윤에 해당하는 잉여 에너지는 몸의 은행이라 할 수 있는 지방세포에 저장된다. 저장된 에너지는 그 성질이 저금과 똑같다. 하지만 그 저금은 개인계좌에 들어가지 않는다. 모든 저장 에너지는 전체 공동체의 용도에 다 쓰일 수 있다. 저장된 에너지는 체내의 기간시설을 건설하고 개선하고 수리할 필요가 생기면 신체정부 — 이 장의 뒷부분에서 설명할 것이다 — 의 명령에 따라 시스템의 어느 곳에나 보내진다. 이 공평무사한 체제를 통해 세포들은 공동체를 위해 저마다의 노력을 기꺼이 내놓고 다음 달 봉급이 어디서 나올지에 대해서는 전혀 걱정을 하지 않는다.

ATP/ADP 교환에 관한 한 신체는 닫힌계다. 즉, 외부에 에너지를 빌려줄 데가 있다거나 신체가 에너지를 빌릴 수 있는 무슨 수단 같은 것이 있다거나 한 것이 아니다. ATP 화폐를 찍어내는 연방준비은행 같은 것이 없기 때문에 시스템에 에너지 자금이 필요하게 되면 그것은 공동체가 보유한 기존의 자원으로부터 나와야 한다. 이것은 세포가 빚을 지거나 신용카드로 긋고 — 이자를 내든 안 내든 — 나중에 갚을 수가 없다는 뜻이다. 보수적인 재정가라면 신체의 에너지 자금이 언제나 수지를 맞추고 있다는 사실에 매우 흡족해하리라.

건전한 중앙의 목소리: 세포 정보원

인체를 구성하는 모든 세포는 독립적이고 지능을 갖춘 유정有情의 존재로서, 적당한 환경이 주어지면 자급자족하며 홀로 살아갈 수 있다. 하지만 다세포생물은 단순히 하나의 살갗 아래에 모여 사는 자급자족하는 진핵세포들의 집단이 아니다. 그들은 기능적으로 하나의 공동체 사회를 이룬다.

공동체는 본질적으로 같은 관심사와 태도와 목표를 공유하는 개체들의 조직이다. 여기서 중요한 단어는 '공유'다. 공동체의 한 일원으로서, 세포는 사적인 이익을 뒤로 미루고 전체를 위해서 일하기로 한다. 그 대가로서, 협동적인 공동체로부터 나오는 향상된 인식능력과 에너지 효율에 의해 세포의 '생존력'이 높아지는 것이다.

생명의 생존여부는 환경정보를 정확히 평가하고 반응할 줄 아는 능력에 달려 있다. 생물권 진화의 첫 단계에서 흩어져 살던 원시 원핵세포는 주변 환경 속으로 신호를 보냄으로써 먼 거리를 가로질러 정보를 나눴다. 그러면 다른 원핵세포는 그 신호를 받아 반응했다.

촘촘히 배열된 진핵세포들이 세포막 연접을 통해 서로 물리적으로 연결되는 다음 진화단계에서는 정보교환방식이 향상되었다. 세포의 연접은 여러 대의 개인용 컴퓨터를 연결하여 네트워크를 형성하는 데 쓰이는 컴퓨터 케이블과 기능적으로 유사하다. 다세포생물 내부의 세포 개체수가 증가하자 외부환경으로부터 신호를 직접 받지 못하는 체내부體內部에도 불가피하게 많은 세포들이 분포되어야 하게 되었다. 이것은 체내세포들이 외곽의 세포들로부터 정보를 전달받아야 할 필요가 생기게 했다.

그리하여 환경조건을 감지하고 그 정보를 내부로 중계할 수 있도록, 분화를 통해 새로운 종류의 진핵세포인 신경세포가 피부에 형성되었다. 이것은 또 공동체 안의 세포들 사이를 연결하는 정보망인 신경계의 발달을 촉진했다. 세포들은 어느 곳에 있든지 상관없이 내부장기로부터 피부로, 피부로부터 내부장기로 쌍방소통을 할 수 있어야 했다.

외부환경과 체내세포 사이의 이 정보 흐름은 신경계의 조절기능을 신체의 행정부(government)에 상당하는 것으로 만든다.

신체를 다스리는(governing) 신경계는 다른 신체세포들에게 일을 어떻게 하는지를 가르쳐주는 것이 아니다. 심장세포가 박동을 하고 소화계의 세포가 음식을 처리하는 것은 그 세포들에 내장되어 있는 지능 때문이다. 각 장기의 내부에는 신경절이라 불리는 신경세포군이 분포되어 있다. 신경절은 '장기臟器 연방의 국사國事'를 처리하는 중앙정부 역할을 하는 뇌와는 달리 각 장기에 관련된 정보를 처리하는, 주정부와 비슷한 것이다.

예컨대 입에서부터 항문까지 소화계 전체를 몸으로부터 떼어내 놓고

식도에 음식을 집어넣어도 각 장기의 신경절들은 중앙신경계로부터의 입력정보 없이도 그 음식을 제대로 소화해서 배설시킬 것이다.

신경절들은 장기 시스템 내부에서 기능을 조절하는 일 외에도 뇌와 정보를 교환하고, 뇌는 신체의 다른 계들로부터 온 데이터를 통합하고 조정한다. 중앙 정보처리 시스템인 뇌는 장기와 장기 시스템들이 자신의 기능은 알아서 스스로 처리할 것으로 믿기 때문에 그 기능이 제대로 수행되지 못하고 있다는 신호를 받게 되기 전까지는 계속 이 규약대로 작동한다.

이런 식으로 관리책임을 분담하는 것은 미합중국 헌법의 원래 의도와도 유사하다. 거기에는 연방정부의 권한으로 명시되지 않은 것은 모두 주정부의 권한으로 남는다고 되어 있다.

신경계는 환경의 자극에 대한 신체의 반응을 인식하고 조직화할 뿐만 아니라 과거의 경험으로부터 정보를 얻어내고 기억한다. 공동체가 되어 함께 일하는 데서 얻어진 효율성은 신체로 하여금 학습된 인식내용을 처리하고 기억하는 일을 전담하는 놀라울 정도로 많은 수의 신경세포들을 지원하는 일에 상당한 에너지를 투입할 수 있게 해주었다. 뇌 속의 수십억 세포들의 연락망이 제공하는 향상된 정보처리 능력은 인간으로 하여금 막대기를 비벼 불을 일으키는 법을 배우게 하고, 급기야는 그 불을 이용하여 달로 로켓을 쏘아 올리는 법을 터득하게 했다.

여기서 신경계가 권위주의적인 하향식 지배의 도구가 아니라 상호작용하는 통신시스템이라는 점을 강조해두자. 이것은 매우 중요하다. 한 나라의 정부가 국민을 위해 법규와 법률을 제정할 수 있는 것과 마찬가지로, 뇌는 특정 신체기능을 조종, 통제할 수 있다. 뉴스 방송망과 마찬가지 방식으로, 뇌는 신체의 50조 세포시민 개개인에게 그날그날의 인식내용을 방송한다.

하지만 여기서도, 좋은 정부와 건강한 신체는 정보의 쌍방교환을 통해 운영된다. 시민들은 입법자들에게 전화하고 편지를 보내고, 투표를 하거나 혹은 거리에서 시위를 벌임으로써 자신들의 의견을 표할 수 있다. 마찬가지로 세포시민들은 체내 정보의 자극에 대해 우리가 '감정'과 '증상' — 일부는 온건하고 일부는 과격한 — 으로 인식하는 고유한 형태의 의견을 중앙 신경계에 전하는 것으로써 반응한다.

만일 뇌가 지혜롭고 든든한 통치자라면 세포사회의 피드백에 대해서 각각의 세포시민에게 건강하고 행복한 삶을 제공하는 통솔력으로서 응답할 것이다. 하지만 우리의 세계에서도 흔히 목격하듯이, 뇌가 정보를 공급받지 못하고 외부와 두절되어 응답능력을 잃어버리면 세포사회는 스트레스를 받아 무너지고 병들어서 죽음에까지 이를 수 있다. 이것은 시민사회로 치자면 무정부상태와 파괴와 전쟁에 해당하는 상황이다.

성장, 방어, 그리고 생명의 균형

지난 150년 동안 서구문명은 생명의 신비에 대한 지혜와 진리의 공급원으로서 물질과학을 채택해왔다. 우주의 지혜를 큰 산과 같은 것으로 비유해보자. 우리는 지식을 얻기 위해서 그 산을 측량하고, 충분한 지식만 가지면 우주의 지배자가 될 수 있으리라는 생각에 그 꼭대기에 도달하려는 욕망의 불을 활활 태운다. 그리고 모든 것을 아는 그 지배자의 이미지는 지혜의 산꼭대기에 가부좌를 틀고 앉아 있는 위대한 스승의 모습을 상상하게 만든다.

과학자란 이 지식의 산꼭대기를 향해 용맹전진하는 직업적 구도자들이다. 그 탐색은 그들을 우주의 미지의 영역으로 데리고 간다. 하나의 과학발견이 생길 때마다 인류는 산을 측량하기에 좀더 유리한 지점으로 발을 내딛는다. 등반길은 과학발견이 일어날 때마다 한 계단씩 닦인다. 그 길에서 과학은 가끔씩 갈림 지점을 만난다. 오른쪽으로 가야 할까, 왼쪽으로 가야 할까? 이런 고민거리를 만날 때 과학이 택하는 방향은 획득된 사실들을 당시에 이해한 대로 해석하는 과학자들의 여론에 의해 결정된다.

때로 과학자들은 막다른 골목처럼 보이는 곳을 향해 치닫기도 한다. 그런 일이 일어날 때 그들 앞에는 두 가지의 선택이 놓인다. 즉, 결국은 과학이 장애물을 우회하는 길을 발견하리라는 희망을 품고 묵묵히 걸어가든가, 아니면 갈림길로 돌아가서 다른 길을 살펴보든가 말이다. 불행히도 과학은, 특히 인류는, 한 갈래의 길에만 매달릴수록 그 길과 관련된 신념들을 놓아버리기가 어려워진다. 선택한 그 길이 인류를 망각의 구렁텅이로 이끌고 가더라도 말이다.

문명의 흥망성쇠를 분석한 열두 권짜리 연작 《역사의 연구》(A Study of History)를 쓴 영국의 사학자 아놀드 토인비Arnold Toynbee는 주류문화권은 환경의 위협을 눈앞에 두고도 고정관념과 경직된 습관에 매달린다고 지적했다. 그는 그 위협적인 문제는 결국 '창조적 소수(creative minority)'에 의해 해결된다고 했다. 요즘은 '문화창조자(cultural creatives)'로 일컬어지는 이 왕성한 변화의 촉매들은, 낡고 시대에 뒤쳐진 철학적 명제들을 생명을 받드는 새로운 문화적 신념으로 바꿔놓는다.•

구글을 검색해보면 현재도 수십만의 문화창조자들이 지구 곳곳에서

• Arnold J. Toynbee, David C. Somervell, *A Study of History*, (New York: Oxford Press, 1946, 1974), 575-577.

일하면서 인류를 변화시키기 위한 공동체적 노력에 적극적으로 가담하고 있음을 알 수 있다. 이 문화창조자들이야말로 자발적 진화를 가져올 정보를 전하는 사람들이 될 가능성이 매우 높다.

인류나 다른 생명체들의 생존가능성을 평가할 때 문화창조자들이 반드시 고려해야 할 기본요소들은 앞에서 제시한 생존지표 속에 잘 설명되어 있다. 이 공식의 기본요소들에 비추어 현 인류문명의 생명력을 가늠해 보면 우리는 여러 전선에서 패하고 있음이 드러난다.

$$생존 = (총에너지 - 성장 \cdot 방어에 드는 에너지)$$
$$\times (동원가능한 자원) \times (효율) \times (인식능력)$$

'지구자원'이라는 요소를 놓고 보면, 재생가능한 자원의 결핍이 우리의 생활방식을 위협하고 있어서 문명은 혹독한 미래를 눈앞에 두고 있다. 지구를 쓰레기장으로 만듦으로써 초래한 위협을 인식하기 시작하고부터는 생존방법을 모색하는 책, 비디오, 웹사이트, 그리고 각종 운동들이 일어나서 생명을 지탱할 수 있는 녹색 대안들을 제시하고 있다. 날마다 깨어나고 있는 문화창조자들은 재생가능한 에너지원, 재활용 상품의 개발과 유기농으로의 귀농운동에 기여하고 있다.

'효율'이라는 요소를 놓고 본다면, 인류문명은 지구상의 모든 생명체들 중에서도 가장 점수가 낮다. 미국과, 정도는 덜하지만 여타 서구화된 문화권은 존재를 위해 필요한 것에 비해 엄청나게 큰 족적을 남기면서 생물권을 짓밟고 있다. 화석연료로 추진되는 문명의 비효율성과 그로 인한 지구오염으로 발생하는 비용은 상상을 초월한다. 지구의 대양과 호수와 강을 닥치는 대로 더럽혀놓고는 깨끗하다는 생수 한 병을 사기 위해 터무니없는 값을 지불하는 어리석음은 인류의 비효율성을 웅변해주는 '에 젤'이다. 다행스러운 소식은 문화창조자들이 바야흐로 활동을 개시하여 인류가 효율성 입문시험을 통과할 수 있도록 벼락수업을 시킬 새로운 사상과 아이디어들을 내놓고 있다는 것이다.

'방어'라는 요소는 생존 방정식의 '자원'과 '효율' 항에 직접적인 영향을 미친다. 우리가 서로 싸우기 위해 150억 달러 상당의 에너지와 환경자원을 군산복합체에다 쏟아부었다는 사실은 생물권에서 일어난 가장 터무니없는 비효율성의 본보기다. 자기파멸 행위에 사람과 돈과 자원을 더이상 낭비한다면 인류는 살아남지 못할 것이다. 무기를 호미로 되돌려놓는 자기치유 과정은 바로 이 인식으로부터 비롯된다.

'인식능력'이라는 요소는 생존에 중요할 뿐만 아니라 진화의 배후를 이루는 추진력이다. 인류역사를 통틀어 문명은 고비에 봉착할 때마다 자신을 매질하여 바로잡아 가는 집단의식의 인도를 받는 고된 경로를 밟아왔다. 첨단과학이 우주와 우주의 운행법칙에 관한 우리의 인식을 급진적으로 수정해놓았다는 사실은 인류가 중대한 궤도수정을 눈앞에 두고 있음을 시사한다.

문명의 가장 중요한 기술적 진보 중 하나인 인터넷은 바야흐로 인류진화에 막중한 역할을 떠맡을 준비를 하고 있다. 이 정보망은 여기에 접속된 모든 인간 세포들로 하여금 생명기능을 향상시키는 새로운 인식을 즉석에서 수신하여 온 사회에 퍼뜨릴 수 있게 해준다. 이런 면에서 인터넷은 지구상의 모든 인간들을 서로 연결시켜 집단의 인식을 하나로 묶어주는, 인류의 말초신경계와 같은 역할을 한다.

'에너지'는 우리의 생존을 좌우하는 마지막의, 그러나 결코 무시할 수 없는 요소다. 생존지표가 강조해 보여주듯이, 에너지는 곧 생명이다.

그러므로 이 에너지의 현명한 사용은 생명체의 운명을 결정하는 기본요 건이다. 에너지라는 요소는 생명체가 소비하는 에너지량과 생명작용이 만들어내는 에너지량의 차이와 관계된다. 뺄셈만 할 줄 안다면 얻은 것보 다 더 많이 쓰는 결과가 어떤지는 확연히 알 수 있다.

총은 먹을 수 없다

성장과 방어는 생명체의 생존을 위해 필요한 에너지 소비활동이다. 인류역사를 통해, 성장을 위해 쓰이는 에너지량과 방어를 위해 쓰이는 에 너지량 사이의 불균형은 느리지만 꾸준히 늘어났다.

생리학자들은 신체에서 이와 같은 에너지 분배 불균형이 일어난다면 그것이 질병과 사망의 중요한 원인이 된다는 것을 알고 있다. 이 불균형 한 프랙탈 패턴은 문명 차원에서 되풀이되면서 문명의 생명력에도 부정 적인 영향을 미치고 있다.

생명체의 생명지탱 기능은 번식을 포함하여 성장을 돕는 기능과 방어 책을 제공하는 기능으로 구분할 수 있다. 배양접시에서 개체세포들을 관 찰해보면 성장 행태와 방어 행태 사이에서 생리적 알력이 일어나는 것을 볼 수 있다.

세포 앞에 영양분이 놓이면 세포는 영양분을 향해 움직여가서 그것을 먹고 소화할 준비를 한다. 그러나 독물이 놓여 있으면 세포는 움츠리고 그 위협적인 자극물로부터 멀리 옮겨간다. 자신을 열고 대상에게 다가가는 성장 행태는 자신을 닫고 뒤로 물러서는 방어 행태와는 정반대다. 그러니, 열고 닫는 것이나 다가가고 물러서는 것은 양립할 수 없는 행위인 것이다.

마찬가지로 세포는 성장과 방어 상태 양쪽을 동시에 가질 수 없다.[•]

지구상에 최초로 나타난 생물은 위험한 천적이 없는 상태에서 한껏 번성했다. 그러니 진화의 첫 번째 생리작용은 성장을 돕도록 설계된 것이다. 나중에 다른 생물을 먹고 사는 종이 출현하자 효율적인 방어 행태를 발달시킬 필요가 생겼다. 이것은 주로 위급상황에 대처하도록 설계되었다.

이상적으로 말하자면, 에너지는 성장과 번식을 위해 소비되고 방어를 위해서는 가능한 한 적게 소비되어야 한다. 에너지 배분에 이러한 차별을 두는 것은 성장을 위해 쓰이는 에너지는 시스템을 위해 더 많은 에너지를 얻어오지만 방어를 위해 사용되는 에너지는 투자이윤을 내지 못한다는 단순한 사실 때문이다.

그래서 자연은 자기방어 메커니즘을, 전혀 사용하지 않거나 기껏해야 가끔 천적의 손아귀에서 벗어날 수 있도록 순간적으로 사용하라는 뜻으로 설계해놓은 것이다. 인체의 방어 메커니즘은 분명히 하루종일, 매일같이 가동하도록 만들어진 것이 아니다. 하지만 오늘날은 너무나도 많은 인간들이 그것을 그렇게 쉴 틈 없이 가동시키고 있다.

그러므로 한 생명체의 자기방어 요구가 균형점을 벗어나 지속적인 위협과 공포에 시달릴 때, 방어를 위한 추가적 에너지 요구는 건강을 지탱하기 위해 저축된 에너지를 곧바로 잠식한다.

기능적 역할을 기준으로 하자면 인체를 구성하는 세포는 두 종류로 구분된다. 즉, 내장에 속하는 세포와 체강에 속하는 세포가 그것이다. 내장은 소화계, 호흡계, 순환계, 신경계, 생식계 등과 같이 신체의 성장과

• Lipton, *The Biology of Belief: Unleashing the Power of Consciousness, Matter, and Miracles*, (Santa Rosa, CA: Elite Books, 2005), 146.

유지에 관여하는 기본적인 장기들이다. 사지와 체벽으로 대표되는 체강은 방어와 지탱과 운동성을 제공한다.

신체가 성장해가고 있을 때 신체는 에너지를 주로 내장으로 보내고 체강은 부차적인 역할만 한다. 반대로 외부의 위협에 직면하면 신체는 체강으로 더 많은 혈액을 보내어 '싸우기 아니면 튀기' 반응을 가동시키고, 내장기관은 뒷자리에 물러나 있게 한다.

신체의 중앙지능이 외부환경으로부터 위협신호를 포착하면 그것은 시상하부-뇌하수체-부신(HPA) 축軸이라 불리는 특화된 시스템을 가동한다. HPA 축이 내놓는 조절신호는 주로 아드레날린, 코르티솔과 같은 스트레스 호르몬을 포함하고 있다. 이 화학신호들은 내장의 혈관을 수축시켜 혈류를 체강으로 먼저 돌린다. 그러면 늘어난 혈류는 외부위협으로부터 몸을 방어하는 데 사용되는 근육과 뼈에 영양 형태의 에너지를 공급해준다. 이렇게 HPA축이 활성화되면 내장으로 가는 혈류를 줄여서 성장을 위해 공급되는 에너지를 효과적으로 감소시킬 수 있는 것이다.[*]

심각한 상황을 당하면, 생명체는 가동할 수 있는 에너지가 다 고갈되어 포식자에게 잡아먹히기 전까지는 싸우든지, 아니면 튀든지 할 것이다. 가장 이상적인 시나리오라면 제물이 될 뻔했던 생명체는 위험을 벗어나서 HPA 축의 방어기능을 정지시킬 수 있게 될 것이다. 그러면 스트레스 호르몬의 분비가 멈추어 다시 내장 혈관으로 풍부한 혈액이 공급되고 신체의 성장 메커니즘에 영양이 공급되게 한다. 소비되었던 에너지도 보충된다.

이와 동일한 생리작용이 한 국가의 중앙정부가 적의 침입 신호를 알

---

[*] 같은 책 148-153쪽.

릴 때 인간 세포들에게서도 일어난다. 위험이 임박하면 HPA 축의 활성화는 시민 개개인에게 끼치는 것과 똑같은 효과를 한 국가에도 끼친다. 그와 같은 상황에서 국가는 에너지 저장고를 성장으로부터 방어로 돌려댄다.

이것은 2001년 9월 11일 이후 미국의 상황에서 놀랍도록 뚜렷이 나타났다. 추가적인 공격에 대한 공포가 미국의 성장작용을 철저히 억제시키는 바람에 경제는 엔진을 완전히 멈춰버렸다. 성장-방어의 역학을 몰랐던 조지 부시 대통령은 한 국가에 내재된 생물학적 지성을 무시하고 공영방송에 나가서 "미국은 비즈니스를 할 수 있다"고 선언함으로써 성장을 부추겨 보려고 했다.

마찬가지로 국방부는 '싸우기 아니면 튀기' 반응을 가동시키는 아드레날린과 코르티솔을 공급하는 신체의 부신 방어체계에 상응하는 국가기능을 담당한다. 위협을 느끼면 국가는 비축된 에너지를 군사용으로 우선적으로 돌린다.

물론 이것은 성장지향적인 보건복지부, 신체의 면역계와도 같은 환경청 등의 부서로부터 예산을 빼내와야만 함을 의미한다. 이들 부서로부터 예산을 빼내면 불가피하게 국가 기간시설의 확장과 유지는 뒷전에 놓이게 된다. 그리고 생명체와 마찬가지로 장기적인 방어체제에 자원을 고갈시킨 국가는 분열되고 무너지기 쉽다.

성장과 방어 반응을 인위적으로 통제하는 것이 한 나라에 어떤 영향을 미치는지를 보여주는 여실한 예는 1950년대와 60년대에 미국 정부가 국민들에게 겁을 주어 구소련이 생존을 위협하는 눈앞의 적이라고 믿게 만들었던 일이다. 그 당시 전국 방방곡곡의 국민들은 걸핏하면 사이렌 소리와 함께 지하 방공호로 대피하는 민방위 훈련을 치러야 했다. 공습경보가 울리기 직전까지 사회는 전반적으로 즐겁고 생산적인 성장과정에 종사하다가도 공습경보가 울리면 사람들은 성장을 위한 일을 멈추고 대피소에 몸을 숨겨야 했다.

공습해제경보가 울리고 나면 사람들은 다시 일터로 돌아가고 사회는 성장활동을 재개했다. 하지만 만약 그것이 실제상황이어서 해제경보가 울리지 않았다면 어떨지를 상상해보라. 이런 시나리오에서는 사람들은 대피상태에 머물러 있지 않을 수 없을 것이다. 그들은 그런 식으로 얼마나 살아남을 수 있을까? 물과 음식과 다른 생필품이 남아 있을 때까지만이다. 그 후엔 그들도 죽을 것이다.

방공호에서 보내는 시간이 생업활동이나 기타 건설적인 인간생활로부터 멀어지는 시간이라는 것은 쉽게 알 수 있다. 그러나 성장과정을 멈추게 하는 것은 상황을 눈에 띄지 않는 사이에 악화시킨다. 왜냐하면 방어상태의 노동자들은 자신의 생명 부지에 필요한 자원을 재보급받지 못하기 때문이다.

인간사회의 이 보기에서도 우리는 또다시, 방어와 성장은 상호 배타적이어서 동시에 양립할 수 없는 행태임을 깨닫게 된다. 영양분과 독물에 대해 세포가 보이는 반응을 관찰했을 때와 마찬가지로 말이다. 한 예로서, 미국정부가 현재에 이르기까지 오랫동안 끌어온 '테러와의 전쟁'은 비축자원을 모두 고갈시켜 자신의 생존력을 심히 잠식했다. 정부가 조장한 두려움의 바탕 위에서 미국은 버터 대신 총을 택했고, 그 결과 어느 쪽을 위한 자원도 더 이상 남아 있지 않다.

우리는 국방부의 역할을 부신 호르몬계에 비유했다. 하지만 이 부서의 이름과 그 전쟁수행 기능은 신체의 부신 호르몬계가 하는 역할과 정확히 상응하지는 않는다는 사실도 유념하자. 부신 호르몬계는 방어 반응에 이용되지만 한편으로는 아이를 구하러 불타는 건물로 뛰어들거나 홍수로 차오르는 물속에서 사람을 건져내는 것 같은 외부적인 구조 반응을 할 때 주된 작용을 하는 호르몬계이기도 하다. 국방부도 가끔은 재해 구조작전이나 식량, 의약과 같은 구호품 수송 등의 생명구호 노력에 참여하기는 하지만, 부신 호르몬계와는 대조적으로 군사조직은 전쟁에 더 많이 몰두한다.

어쩌면 우리는 국방부의 이름을 부신 호르몬계의 역할을 더 정확히 반영해주는 '기동부(Department of Mobility)'로 바꿔야 할지 모르겠다. 그러면 이 이름 때문에라도 우리는 아드레날린으로써 전쟁의 필요성을 끊임없이 부추기는 우리 사회의 집단신념을 굳이 표출하지 않고도 '군사력을 지닌' 조직의 기능을 유지할 수 있을 테니까.

남자는 단백질로부터, 여자는 지방질로부터

생명과 문화의 프랙탈 패턴을 깊이 파고들다 보면 가부장적 권위주의 정부가 지배하는 문명은 자기방어에 몰두하는 반면에 모계문명은 성장과 번식에 치중하는 것도 우연이 아니었음을 깨닫게 된다.

지난 수천 년 동안 인간은 우주를 대극對極의 개념을 통해 인식하는 경향을 보여왔다. — 선악, 옳고 그름, 흑백, 남녀, 영성과 물질성 등은 서로 다투는 이원성의 몇 가지 예에 지나지 않는다. 그런데 화학의 기본성질을 실질적으로 반영해주는 깊고도 변하지 않는 이원성이 하나 있다.

주기율표상의 원소로부터 만들어진 두 종류의 분자군은 서로 근본적으로 다른 물리화학적 성질을 보인다. 극성極性분자와 비극성분자로 불리는 이들의 차이는 물과 기름의 차이로 가장 잘 설명할 수 있다.

물 분자는 극성분자로서 양전기와 음전기를 띤 부위를 지니고 있다. 그런 면에서 물 분자는 N극과 S극을 지니고 있는 자석과도 비슷하다. 반대 전하끼리는 서로 끌어당겨서 단단히 결합하기 때문에 극성분자는 물리적으로 크고 단단한 복합체 구조를 형성할 수 있다.

기름 분자의 원자들을 한데 묶어주는 화학결합은 매우 강한 에너지로 충전되어 있기는 하지만, 지방 분자에는 음과 양의 전하가 분자 전체에 고루 분포되어 있어서 음전기나 양전기를 띤 부위가 따로 없으므로 기름 분자는 비극성분자다.

비극성 지방 분자 속의 원자들을 한데 묶어주는 화학결합은 같은 무게의 단백질과 탄수화물의 극성분자 속의 화학결합보다 여섯 배 내지 열 배나 더 많은 에너지를 지니고 있다. 이것은 자연이 생물학적 에너지를 저장하는 데에 비극성 지방 분자를 이용하고 있다는 것을 말해준다. 그러니까 신체가 지방질을 비축하는 이유도 바로 여기에 있는 것이다. 비극성 분자는 끌어당기거나 밀쳐내는 힘을 가진 부위가 없으므로 액체사회를 형성할 수 있다. 그러나 한편 비극성분자의 바로 그 성질은 지방질이 단단한 구조를 형성하지 못하게 한다.

그릇에다 비극성분자를 채운다는 것은 마치 원자 크기의 탁구공을 가득 채우는 것과도 같다. 그들은 서로를 붙들지 않으므로 각각의 공은 자유롭게 움직이면서 액체상의 결합을 형성한다. 반대로 극성분자로 채운 그릇은 나노 단위 크기의 자석을 가득 담은 것과도 같아서 그것들은 저절로 결합하여 빽빽하고 단단한 덩어리가 된다. 극성분자들은 정렬하여 반대극성끼리 짝을 맞춘다.

같은 그릇에다 탁구공과 막대자석을 섞어서 담아놓으면 서로 꽉 달라

붙어 있는 자석들은 느슨하게 모여 있는 탁구공들과는 떨어져 따로 모인다. 이렇게 상상해보면 물의 극성분자가 기름의 비극성분자와 물리적으로 분리되고 물은 방울져서 떨어지는 반면에 기름은 얇은 막을 형성하면서 떨어지는 이유를 알 수 있다.

흥미롭게도, 남성과 여성의 성향 차이도 극성분자와 비극성분자 사이의 차이에서 나타난다. 비극성분자는 여성과 비슷한 성질을 보인다. — 그들은 서로 모이면 조화로운 공동체의 흐름을 형성한다. 반대로 남성들은 극성분자와 비슷하다. — 그들은 한데 모아놓으면, 극성분자들이 스스로 모여서 극화되어 강약의 위계구조를 형성하듯이, 권력투쟁을 일으킨다.

시간이 지나자 극성분자와 비극성분자가 상호작용하면서 네 가지 기본적인 종류의 고분자를 만들어냈다. 고분자는 매우 많은 수의 원자들로 이루어진 복합체다. 세포를 형성하는 기본 벽돌은 단백질, 지방, 당분, 핵산 등을 포함한 고분자다.

단백질은 극성분자이고 지방질은 비극성분자다. 그리고 흥미롭게도, 복제에 관여하는 핵산인 DNA와 RNA는 극성분자인 아민 그룹과 비극성분자인 지방으로부터 만들어진 당분의 화합물이다.

생명의 기원은 극성분자와 비극성분자 화학의 협동적 상호작용에 전적으로 의존했다. 왜냐하면 이들이 함께 원초적인 생물학적 세포소기관인 세포막을 만들어냈기 때문이다. 세포막의 기본 벽돌은 극성분자인 인산염 그룹과 비극성분자인 지방질이 결합한 분자인 인지질이다. 인지질은 동시에 극성과 비극성의 성질을 모두 나타내서, 그 능력으로 양쪽 영역 사이를 물리적으로 연결해줄 수 있다.

세포막의 여성적인 지방질은 물이 침투할 수 없는 지질 경계막을 제공함으로써 통제 가능한 내부 환경을 만들어냈다. 그것은 원초적인 자궁으로서, 정의에 따라 그것은 시작과 발달의 장소를 의미한다. 그러나 생명은 이 자궁 안에서 일어나는 남성적인 단백질 극성분자들의 협동작용을 통해서만 발생할 수 있다. 단백질 분자는 세포막을 물리적으로 지탱시키고, 그보다 더 중요하게는 움직임, 곧 생리현상과 생명을 만들어내는 작용을 일으킨다.

최초의 세포 자궁에서 만들어진 세포질소기관들은 그것이 세포의 내장기능을 돕는지, 체강기능을 돕는지에 따라 두 가지 기능적 범주로 나눌 수 있다. 내장 기능을 하는 세포질소기관은 성장과 유지에 관여하는 세포막소기관들이다. 세포의 체강 기능을 하는 요소들은 주로 구조성과 운동성을 제공해주는 단백질 극성분자의 섬유질 세포간질로 대표된다.

V = 내장 영역: 성장과 번식을 담당하는 세포막소기관
S = 체강 영역: 지탱, 방어, 움직임을 담당하는 단백질 섬유

내장과 체강의 기능은 상호보완적이다. 성장 상태에서는 세포막의 여성적인 내장소기관들이 주된 역할을 하고, 남성적인 세포간질은 세포를 구조적으로 지탱해주는 역할을 맡는다. 그러나 세포가 위험에 처하게 되면 이 역할은 바뀐다. 자기방어 상태에서는 남성적인 단백질이 내장기관으로부터 에너지 지원을 받으면서 방어기능을 발휘한다.

인체의 구조와 기능은 세포의 구조와 기능을 닮은 프랙탈 패턴을 보여준다. 우리의 성장과 번식 기관은 내장과 뱃속에 담겨 있고 우리의 사지와 체벽은 체강을 형성한다.

인간의 남성 신체는 근육의 특징을 형성하는 주요 고분자인 단백질 극성분자로 이루어진다. 근육조직은 방어와 지탱력을 제공하는 남성의 주된 역할을 반영하는 물리적 특징이다. 이에 반해 인간의 여성 신체의 모양은 지방질 비극성분자에 의해 결정된다. 여성의 모습을 남성의 모습과 구별되게 하는, 에너지를 비축한 지방질 말이다.

인류라는 초생명체의 진화도 남성과 여성의 이원성을 드러내 보인다. 물리적, 물질적 영역과 과학기술에 치중하는 서구문명은 구조성과 방어와 극성을 강조하는 남성적인 특질을 반영한다. 동양문명은 영성, 에너지, 성장, 그리고 조화와 같은 여성적 특질 위에 건설되었다. 남성과 여성의 협동으로부터 이끌어낼 수 있는 잠재력은 '동서의 만남'이라는 귀에 익은 말 속에 내포되어 있다.

《잔과 칼》(The Chalice and the Blade)에서 라이언 아이슬러는 자신의 흥미로운 연구를 통해 유럽 문명도 초기에는 그 성격이 여성적이었다는 사실을 강조한다. 그들은 인류평등주의자였고 여신을 숭배했으며 농경에 주력했다. 아이슬러의 논문에 따르면 이러한 문화는 5천 년 전에 중앙 러시아 스텝 지대의 방랑 유목민인 쿠르가족의 침입을 받으면서 조직적으로 파괴되었다. 기동력 있는 이 부족은 진보된 기술을 가진 폭력적인 전사들로서, 유럽의 평등하고 평화로운 농경문화를 짓밟고 파괴했다. 쿠르가족의 침입으로 유럽 문명은 통제와 방어와 기술에 사로잡힌 권위주의적 남성들의 위계조직이 지배하고 전쟁하는 남신을 숭배하는, 현재와 같은 남성적 기질을 받아들이게 되었다.•

문명의 생존은 테스토스테론(남성 호르몬)이 부추기는 가부장적 권위주의의 근 5천 년에 걸친 지배 아래 위협받아왔다. 이처럼 일방적으로 왜곡된 지배체제는 생명을 낳는 여성의 성장 지향적 역할을 깔아뭉개고 자기방어적인 남성의 성질만 강조되는 매우 불균형한 세계를 초래했다.

이 세상에 생명과 활력을 회복시키기 위해서, 이제 우리는 신성한 여성성이 보완해주는 미덕들을 받아들여 우리 안에 재통합시켜야만 한다. 그것이 동서양의 재회로 해석되든 남미 신화의 콘도르와 독수리처럼 남북 반구의 통합으로 해석되든 간에, 남녀의 장場에 균형을 회복시키는 일이야말로 이 땅에 건강과 사랑과 조화를 되찾아오기 위해 우리가 해야 할 첫 번째 일이다.

우리의 국가체제가 인체의 성공을 어떻게 본받을 수 있을지에 관하여 이어질 다음 이야기에서 깨닫게 되겠지만, 우리의 진화를 위해 중요한 열쇠는 우리가 현재 상극相剋으로 여기고 있는 것들 사이의 화해에 있다. 이전까지 서로 다투던 이원성을 통합함으로써만 우리는 미래를 밝게 만들어줄 일체성을 획득할 수 있다.

다음 장에서 우리는 이러한 통합이 일어날 그 마당에서 한 판 놀아볼 것이다.

• Riane Eisler, *The Chalice and the Blade: Our History, Our Future,* (New York, NY: Haper Collins, 1987, 1995), 43.

13

딱 한 가지 충고

"우리는 모두가 '일체인 그것'(Oneness)과 하나가 되어 있어서, 빠져나갈 수가 없다.
우주가 우리를 포위하고 있으니, 항복하는 수밖에!"

— 스와미 비안다난다

손발이 척척 맞는 환상적인 문명을 이루고 사는 세포들의 미시세계를
실컷 들여다봤으니, 이제는 우리의 살갗 밖에 펼쳐진 외부환경으로 눈을
돌려볼 때다. 후성유전학은 생명의 스토리가 우리 몸의 표피에서 끝나는
것이 아님을 밝혀준다. — 그곳은 시작점일 뿐이다. 왜냐하면 생명체의
운명은 그 주변환경으로부터 수집된 정보에 직접적인 영향을 받기 때문
이다.

생명체의 생물학적 행태와 유전자 활동은 생명체가 인식한 주변환경
을 보완하는 쪽으로 형성된다. 인체에서, 세포를 제어하는 외부환경의 자
극은 뇌에 의해 인식되고 처리되고, 마음의 셈법에 의해 해석된다. 그러
면 그 마음의 작용은 후성유전학적 메커니즘을 통해 신체세포의 건강과
운명을 좌우하는 생리적 작용으로 번역된다.

아인슈타인이 강조했듯이, "장은 입자의 유일한 지배자다." 인간에
비유하자면 장은 마음이고 입자는 몸이다. 뇌는 하나의 물리적 기관인 반
면에 마음은 그것을 작용시키는 비물리적인 정보의 장이다. 뇌와 같은 물

리적 신체의 성질은 뉴턴의 고전물리학의 법칙을 따르지만, 마음의 에너지장의 작용은 양자물리학의 법칙을 따른다. 아래에 설명된 것과 같이, 마음은 우리 삶의 성격을 결정짓는 주요인자다. 그리고, 영성가들이 오랫동안 믿어왔고 물리학자들이 발견한 바와 같이, 우리가 현실이라 부르는 것의 대부분은 우리의 상상의 산물로 보는 편이 더 정확하다.

현실은 얼마나 현실적일까?

관찰자의 마음이 실험결과에 영향을 미친다는 사실은 양자역학이 밝힌 가장 심오한 통찰들 중의 하나다. 이 새로운 물리학은 우리가 단지 우리 우주의 수동적인 관찰자가 아니라 우주의 전개에 적극적으로 참여하는 참여자라고 말한다. 거의 대부분의 사람들이 우리가 보고 있는 물리적 세계가 '현실'이라고 생각하지만 양자물리학자들은 우리가 보고 있는 이 세계가 현실이 아니라는 사실을 증명했다. 천체물리학자인 아서 에딩턴 경Sir Arthur Eddington과 제임스 진즈 경Sir James Jeans은 1925년에 물리학자들이 양자역학의 법칙을 채택하자마자 이것을 인정했다.

이 알쏭달쏭한 통찰에 대해 진즈 경은 이렇게 썼다. "지식의 물결은 비기계적인 현실을 향해 흘러가고 있다. 우주는 하나의 거대한 기계라기보다 하나의 거대한 생각처럼 보이기 시작하고 있다. 마음은 더 이상 물질의 세계에 우연히 굴러든 난입자亂入者처럼 보이지 않는다. … 우리는 오히려 마음을 물질세계의 창조자이자 지배자로 맞이해야만 할 것이다."•

• R. C. Henry, "The mental Universe," *Nature*, no. 436(2005): 29.

흥미롭게도, 아인슈타인도 같은 결론에 도달했다. 하지만 그는 개인적으로 그것을 진실로 받아들일 수가 없었다. 그래서 그는 자신의 양자역학에 내재된 이 불편한 암시를 반증하기 위한 연구로 남은 생을 보냈다. 결국은 실패했지만 말이다.

양자역학은 우리의 마음이 처리한 정보가 우리가 사는 세계의 모습에 영향을 미친다는 것을 완벽하게 증명했다. 그것이 인간의 존재의미와 관련해서 시사하는 그 모든 의미에도 불구하고 이 심오한 인식이 왜 우리의 일상세계에서는 적용되지 않고 있을까? 에딩턴 경이 설명했듯이, "사실에만 입각하는 물리학자들로서는 만물의 토대가 정신적인 성질을 띠고 있다는 생각을 받아들이기가 어렵다."• 물리학자들은 이 진실을 그냥 외면해버렸다. 왜냐하면 그것은 삶에 대한 그들의 일상적 인식에 비해 너무나 낯선 것이었기 때문이다.

종래의 물리학 강의는 파동과 입자의 상호작용을 지배하는 양자역학의 법칙은 아원자 차원에서만 적용된다고 가르쳤다. 양자물리학을 아원자 세계에만 한정함으로써, 양자역학은 우리의 개인적 삶과 세상사에는 적용되지 않는다는 생각이 보편적인 가정이 되어버렸다. 그리하여 오늘날의 물리학자들은 우주의 순전히 정신적인 본질을 대중에게 알리는 일에 완전히 실패했다.

그러나 다행히도 존스 홉킨스 대학교의 물리학자 리차드 콘 헨리 Richard Conn Henry와 같은 이 분야의 선구자들이 물질세계를 상위구조로 보는 인식이 오해임을 거론하고 있다. 헨리는 우주의 본질을 단순하고 우아하게 정의했다. ― "우주는 비물질적이다. 우주는 정신적이고 영적이다.

• 같은 글.

살고, 즐기라." •

우리의 마음은 우리가 경험하는 세계를 적극적으로 공동창조해낸다. 따라서 우리는 우리의 믿음을 바꿈으로써 세상에 변화를 일궈낼 수 있다. 이 심오한 통찰은 과학법칙에 든든히 뿌리박고 있지만 그래도 의문은 남는다. ─ '그게 실제로도 그럴까? 양자역학의 법칙이 인간과 사회에도 적용된다는 것을 실제로 보여주는 연구나 관찰결과가 있을까? 마음의 에너지장이 정말 이 세계의 물리적 성질에 영향을 미칠까?'

이론물리학자인 아밋 고스와미Amit Goswami는 이 의문에 대한 답을 찾아 인간의 행동이 양자역학적 작용의 영향을 받는지를 보여줄 실험을 고안해냈다. 고스와미는 양자법칙 중에서 '비국소성(nonlocality)'을 가지고 연구해보기로 했다. 그것은 광자나 전자와 같은 아원자 입자가 보여주는 기본적인 성질이다. 비국소성 원리에 의하면 입자들이 서로 상호작용을 하면 이 입자들의 물리적 성질은 서로 밀접하게 연결된다. 즉 서로 '하나로 엮인다(entangle)'. 이렇게 하나로 엮인 입자쌍 중에서 한 입자의 성질이 변하면, 예컨대 시계방향으로 돌던 입자가 반시계방향으로 돌면 다른 입자도 그에 상응하는 회전방향 전환으로써 즉각 반응하는 것이다. 두 입자가 서로 엄청나게 먼 거리에 떨어져 있더라도 말이다. 아인슈타인은 이 비국소성을 '원격 공포 액션(spooky action at distance)'이라고 불렀다.

고스와미의 실험은 인간 마음의 작용도 양자와 같이 비국소적인 성질을 나타내는지를 알아낼 수 있도록 고안되었다. 특히 그는 인간의 뇌가 하나로 엮인 입자들처럼 행동해서 한 피실험자의 마음의 작용에 일어난 변화가 하나로 엮인 파트너의 마음에 상응하는 변화를 가져올지를 의문

• 같은 글.

으로 삼았다. 고스와미는 한 쌍의 피실험자를 명상상태에서 상호작용하게 하여 직접적인 소통채널을 유지하게 했다. 즉, 멀리서도 상대방의 존재감을 느끼도록 한 것이다.

그는 피실험자들을 서로 50피트 떨어져 있는, 전자기장이 완전히 차폐된 방 안에 앉혀놓고 뇌파활동 감시장치를 연결했다. 그리고 그는 그중 한 피실험자의 눈에 섬광을 비췄다. 그로써 감각적 자극에 대한 뇌의 반응을 보여주는 특별한 전기신호 패턴인 '유발전위誘發電位'를 유도한 것이다.

명상상태에서 두 피실험자가 연결되었을 때, 한 사람에게 유도전위를 일으키면 '엮인' 상대방의 뇌에서도 동일한 유도전위가 즉시 일어났다. 상대방에게는 섬광자극을 가하지도 않았는데 말이다. 이 실험은 한 사람의 뇌활동이 멀리 떨어져 있는 '엮인' 파트너의 뇌활동에 영향을 미칠 수 있음을 보여준다. 한 뇌로부터 다른 뇌로 전위가 비국소적으로 전달되는 이 현상은 뇌 또한 거시적 차원에서 작용하는 양자적 성질을 지니고 있음을 보여준다.[*]

다수의 연구결과가, 미약해 보이는 사람들의 마음도 장(field)에다 계측 가능한 영향력을 의식적으로 미칠 수 있고, 그것은 다시 우리의 세계에 영향을 미칠 수 있음을 밝혀주고 있다. 이 장에서 우리는 인간의 행위와 사건이 일어나는 무대인 실제세계의 배후에도 보이지 않는 가운데 작용하는 장이 실제로 존재하며, 우리의 생각과 감정과 행위가 그 장의 형태를 결정하는 중요한 요소임을 보여주는 증거들을 더 살펴볼 것이다. 그리고 우리의 가슴 벅찬 생각으로써 이 세상에 평화와 조화를 가져올 수 있

[*] G. Grinberg, Zylberbaum, M. Delaflor, L. Attie, A. Goswami, "The Einstein Podolsky Rosen paradox in the brain: the transferred potential," *Physics Essays*, no. 7 (1994): 422-428.

는 방법에 관한 정보도 알려줄 것이다.

우리는 우리 종의 성공을 도와줄 행위지침 — 말하자면 인간의 운영체계(OS) — 을 제시하는 것으로 이 장을 마무리할 것이다. 그런 지침들 중의 하나는 영적 스승들이 시대를 걸쳐 전해왔고 오늘날의 첨단과학도 거기에 증거로써 화답하고 있는 그런 정보에 근거하고 있다.

장 실험

역사에 의하면 1903년에 라이트 형제는 공기보다 무거운 비행기를 공중에 띄웠다. 그러나 미국의 보통 사람들이 인간이 하늘을 날 수 있다는 사실을 마침내 깨달았던 것은 그로부터 7년 후, 루스벨트 대통령이 비행기를 탄 실제 사진이 공개되었을 때였다. 사진이 공개되기 전까지, 만약 거리에서 사람들을 붙잡고 "인간은 언제 하늘을 날 수 있을까요?" 하고 물어봤다면 그들은 "돼지가 하늘을 난다면요!" 하고 콧방귀를 뀌었을 것이다. 마찬가지로 우리의 삶에 영향을 미치고 있는 보이지 않는 에너지장의 존재를 반박의 여지 없이 증명하고 있는 신과학도 오늘날의 보통 사람들에게는 아직도 친숙한 것이 아니다.

현대과학이 확립된 이래로 학자들은 관찰할 수 있고 계측할 수 있는 우주의 영역을 이해하는 과제에 매진해왔다. 보이지 않는 것 — 그리고 계측되지 않는 것 — 은 정의에 의해서 애초부터 과학의 영역 밖에 있었다. 신비가나 종교가들이 물리학자들이 '장(field)'이라 이름한 것에 대한 믿음을 늘 표해왔지만, 과학이 이 장과 그 영향력의 존재를 정확히 계측할 수 있는 장비를 개발한 것은 지난 세기에 와서였다.

전통 뉴턴물리학의 경계 너머를 용감히 탐사한 생물의학자들은 이제 물리적 우주의 종래의 법칙을 무색하게 만드는 듯한 광활한 미지의 '놀이터(playing field)'를 발견해내고 있다. 이 놀이터가 '기도처(praying field)'이기도 하다는 사실은 우리의 경험과 지식이 우리를 과학과 영성이 만나 협동적인 진화의 추진력을 이루는 그런 세계로 이끌어가고 있음을 말해준다.

자석 주위로 쇳가루가 정렬하는 모습을 보고 보이지 않는 장의 존재를 깨닫는 것과 마찬가지로 분명하게, 이제 우리는 CAT, MRI, PET 스캔 장치, 초음파촬영 등의 진보된 의학기술을 사용하여 보이지 않는 에너지장이 존재하여 생명에 영향을 미치고 있음을 실제로 목격할 수 있다.

암이나 기타 질병의 진행상황을 보여주는 단층촬영 사진은 물리적인 조직이나 내장기관을 직접 찍은 것이 아니라는 사실을 깨닫는 것이 중요하다. 직접 찍는다면 사진은 피부밖에는 보여줄 수 없다. 단층촬영 사진은 그게 아니라 보이지 않는 방사에너지장을 가시화한 것으로서, 보이지 않는 장이란 곧 신체의 물리적 현실에 상응하는 에너지 차원의 현실인 것이다.

대부분의 단층촬영기술은 체내의 에너지장의 성질을 읽어내게끔 설계된다. 하지만 몇몇 새로운 기술은 우리의 몸이 외부환경으로 방사하는 에너지장도 읽어낼 수 있다. 박동하는 심장의 강력한 전자기장을 수 미터 밖에서 감지해내는 장치도 만들어졌다. 우리의 심장이 전파하는, 장에 영향을 미치는 전자기 메시지가 그 장 안에 있는 다른 사람의 심장을 '하나로 엮어들이는' 모습도 관찰되었다.

비슷한 예로, 새로운 단층촬영장치인 자기뇌조영(MEG) 장치는 실제로 신체로부터 일정 거리 떨어진 탐침으로써 뇌의 신경 에너지 패턴을 읽어낸다. MEG 기술은, 소리굽쇠가 음파의 장을 통해 소리를 전파하는 것과 같은 방식으로, 뇌의 활동상태도 주변공간으로 전파된다는 사실을 물리적 증거로써 보여준다.

시간도 옛날의 그 시간이 아니다

백 년 전에 인간이 하늘을 날 수 없다고 확신했던 것처럼, 오늘날 대부분의 사람들도 시간은 한쪽 방향으로만 움직이는 절대적인 것이라고 믿도록 세뇌되어 있다. 글쎄, 그럴까. 그렇지 않을지도 모른다.

놀랄지 모르지만, 《얽힌 마음》(Entangled Minds)의 저자인 학자 딘 라딘 Dean Radin, 《더 필드》(The Field)와 《의도실험》(The Intention Experiment)의 저자인 저널리스트 린 맥타가트Lynn Mctaggart는 우리가 가끔씩 미래의 사건에 미리 반응한다는 증거를 제시한다.

피실험자에게 감정반응을 포착하는 생체측정 장비를 연결시켜놓고 슬라이드 영상을 보여주는 실험을 했다. 대부분의 영상은 평화롭고 즐거운 내용이었다. 그러나 그중 임의적으로 분산배치된 3퍼센트 정도의 영상은 섹스나 폭력장면을 담은 충격적인 내용이었다. 피실험자들은 이 충격적인 영상이 실제로 스크린에 비춰지기 몇 초 '전에' 감정적인 반응을 보였다. 시간은 한쪽 방향으로만 순차적으로 펼쳐진다는 현재의 시간관념에 비추어본다면 어떻게 이런 일이 일어날 수가 있겠는가?

라딘 박사의 놀라운 연구를 하나 더 보자. 컴퓨터 프로그램으로 불규칙한 수열을 계속 만들어내는 난수亂數 생성기를 가지고 실험했다. 컴퓨터에서 나오는 숫자를 그래프로 표시하면 그것은 드문 경우를 제외하고는 임의적인 패턴을 보인다. 예외의 경우란, 가끔씩 숫자들이 더 이상 불규칙하지 않고 기대하지 않았던 일정 패턴을 띠는 경우다.

이 이야기의 놀라운 부분은, 불규칙성이 사라지는 일이 대개는 많은 사람들의 주의를 동시에 사로잡는 세계적인 사건이 일어났을 때 발생했다는 점이다. 보아하니, 사람들이 그 사건에 대해서 어떻게 생각하고 무슨 감정을 느끼는지는 상관이 없는 듯하고 단지 그들의 주의가 어떤 동일한 사건에 동시에 집중되는 것이 중요하게 작용하는 것으로 보인다. 이런 일은 해마다 슈퍼볼 시합이 벌어질 때 잘 일어났지만 세상의 이목을 집중시킨 세 가지 사건 중에도 일어났다. — O. J. 심슨 사건의 재판 때, 다이애나 공주의 장례식 때, 그리고 9/11사태 때가 그것이다.•

독일 태생의 물리학자이자 '심령능력' 연구자인 헬무트 쉬미트Helmut Schmidt는 관찰자와 관찰되는 현상 사이의 관계를 오랫동안 주목해왔다. 관찰자가 의도를 통해서 임의적인 사건에 영향을 미칠 수 있다는 사실을 관찰한 쉬미트는 즐거운 호기심을 자극하는 의문을 제기했다. — 그것은, 관찰자가 이미 일어난 사건의 결과에 영향을 미칠 수 있을까 하는 것이었다.

쉬미트는 난수생성기를 오디오장치에 연결시켜서 헤드폰의 왼쪽 스피커 아니면 오른쪽 스피커에서 임의로 '딸깍' 소리가 계속 나게 하여 그것을 녹음했다. 그는 자신을 포함해서 누구도 그 결과를 살펴보지 못하게 하면서 그것을 몇 개 복사했다. 그리고 다음날에 한 지원자에게 녹음테이프 중 하나를 주고는 거기에 마음의 영향력을 미쳐서 한쪽보다 다른 쪽에서 딸깍 소리가 더 많이 들리게 만들어보라고 했다.

• 같은 책 195-202쪽.

그리고 쉬미트는 지원자가 영향력을 보낸 테이프의 딸깍 소리의 좌우 분포를 영향을 받지 않은 대조군 테이프의 그것과 비교해보았다. 놀랍게도 대조군의 테이프는 순전히 임의적인 결과를 보여준 반면에 피실험자는 하루 전에 녹음된 테이프의 딸깍 소리 분포를 바꾸어놓았다!

흥미롭게도, 이 시간여행 실험은 녹음된 딸깍 소리에 지원자가 영향력을 보내기 전에는 아무도 그 내용을 살펴보지 않았던 경우에만 그런 결과를 가져왔다. 만일 실험이 행해지기 전에 누군가가 원래의 내용을 살펴봐 버리면 그것은 나중에 영향을 받지 않았다.

이 실험이 시사하는 의미는 사람을 어리둥절하게 만들어 패러다임을 뒤흔들어놓는다. 때로 신유가神癒家들은 병이 나기 전의 상태로 환자를 돌려놓음으로써 병을 치유시키기도 한다. 이것은 무슨 괴담처럼 들릴 수도 있지만 양자역학의 법칙은 이런 일도 실제로 일어날 수 있음을 암시한다. 다른 건 몰라도 라딘과 쉬미트의 경험은 시간이 순차적으로 전개된다고 생각하는 우리의 일상적인 통념을 진지하게 재고해보게 만든다. 이제 이 관념은 좀 흔들리고 있는 듯하다. 그렇다면 시간 너머에 존재하는 것은 무엇일까? 바로 장이다.

놀이터와 기도처

이런 연구들은 우리의 시간관념에 도전장을 던질 뿐만 아니라 거리와 공간에 대한 우리의 관념에도 의문을 제기한다. 흥미롭게도, 일부 가장 뜬금없는 괴담 같은 실험결과들이 국방과 같은 가장 실질적인 문제의 해결에 기여해왔다. 물리학자 러셀 타그Russell Targ는 자신의 저서 《마음의 기적》(Miracles of Mind)에서 스탠퍼드 연구소가 CIA의 지원을 받아서 행한 원격탐사 실험에 참여했던 이야기를 한다.

원격탐사는 지구 반대편에 있는 적군의 시설을 염탐하기 위해서 미군이 개발한 특수한 형태의 원격투시법이다. 그들은 원격탐사에 능숙한 사람들에게 경도와 위도 좌표를 주었다. '달인'으로 불린 그들은 깊은 명상상태와 같은 상태에 몰입한다. 그리고 그들은 변성된 의식상태에서 한 번도 가본 적이 없는 그 장소의 풍경과 건물들을 묘사하는 것이다.

타그에 의하면, 그중에서도 특히 능력이 뛰어난 원격탐사가는 전직 캘리포니아 버뱅크의 경찰국장이었던 팻 프라이스Pat Price였다. CIA가 지원한 한 실험에서, 프라이스는 시베리아에 있는 구소련의 핵무기 연구소로 판명된 곳의 위도와 경도 정보만을 받았다. 그는 그 좌표정보 외에는 아무런 정보도 없이 그 시설물을 믿기지 않을 정도로 정확하게 묘사할 수 있었다. 나중에 대조해본 위성사진은 그의 그림과 놀랍게 일치했다.•

이것과, 이와 유사한 원격투시 실험들은 장(field)이란 시간뿐만 아니라 공간도 초월하는 것임을 보여준다. 이것이 시사하는 것은 심오하다. 원격 염탐만이 아니라 원격 치유도 가능한 것이다.

유전자 결정론을 주장하려는 것은 아니지만, 러셀 타그의 딸인 엘리자베스 타그Elisabeth Targ도 삶의 신비에 과학을 기꺼이 적용해보고자 하는 아버지의 정신을 물려받았다. 엘리자베스는 정신신경면역학(psychoneuroimmunology)이라는 새로운 과학에 호기심을 가진 잘 훈련된 의사이자 과학자이자 정신치료가였다. 정신신경면역학이란 개인의 심리상태가 면역

• Russell Targ, Jane Katra, *Miracles of Mind: Exploring Nonlocal Consciousness and Spiritual Healing*, (Novato, CA: New World Library, 1998), 40-44.

계에 어떤 영향을 미치는지를 연구하는 학문이다.

이지과학연구소(Institute of Noetic Science)●는 1995년에 엘리자베스를 고용하여 원격기도가 치유에 미치는 효과에 대한 실험을 수행하게 했다. 과학을 종교로 신봉하는 집안에서 자란 그녀는 어떤 형태든 기도에 대해서는 그 가치를 근본적으로 의심하는 사람이었다. 그렇긴 해도 그녀는 아버지의 연구로부터 마음이 실제로 장에 영향을 미치는 신비한 경로가 존재한다는 것을 목격한 바가 있었다.

엘리자베스의 의도는 긍정적이든 부정적이든 어떤 '생각'이 실제로 사건에 영향을 미치는지를 판명해줄 완벽한 실험방법을 고안해내는 것이었다. 의문에 답하기 위해 타그와 그녀의 공동연구자 프레드 시처Fred Sicher는 기도가 에이즈의 진행경과에 영향을 미칠 수 있는지를 연구하기로 했다. 이 실험의 대상자로서 카그와 시처는 진행 정도가 같은 동종 에이즈 환자들을 선발했다.

그들은 기독교인으로부터 원주민 주술가에 이르기까지 40명의 다양한 종교적, 영적 치유가들을 고용하여 치유가 외에는 어느 환자가 치유의 기도를 받는지를 모르는 가운데 이중맹검 실험을 했다. 모든 치유가들에게는 한 가지 공통점이 있었다. ─ 그들은 모두 의학계에서 절망적이라고 말하는 사례를 성공적으로 치유한 경력을 가지고 있었다.

20명의 환자들은 두 그룹으로 나뉘었다. 각 그룹은 정확히 동일한 기본적인 병원 치료를 받았다. 다만 한 그룹은 치유기도의 대상이었다. 치유가들은 환자를 결코 만나지 않았고 단지 그들의 이름과 사진과 T세포

● 전직 미 우주비행사인 에드거 미첼이 첨단과학을 통해 인간의 정신세계에 내재된 잠재력을 개발하여 개인과 사회의 변화를 도모하려는 목적으로 설립한 연구소. 역주.

의 개수만을 알 수 있었다. 40명의 치유가들은 각자 10주 동안 1주일에 엿새, 하루 한 시간씩 환자의 '건강과 행복을 비는 의도를 품도록' 했다. 40명의 치유가들이 열 명의 환자들에게 기도를 하니, 각 환자들은 10주 동안 네 명의 치유가로부터 기도를 받는 셈이었다.

결과는 너무나 놀라워서 타그는 거의 믿을 수가 없었다. 6개월이 지나자 기도를 받지 않는 그룹의 환자 중 네 명이 죽었다. 그에 비해 치유기도를 받은 그룹의 환자는 열 명 모두 살아 있었을 뿐만 아니라 그들 모두가 기분이 더 나아졌다고 보고했다. 그리고 이 주관적인 평가는 객관적인 의학적 분석에 의해 뒷받침되었다. 타그와 시처는 결과에 영향을 미칠 가능성이 있는 50가지의 독립적인 요인들에 대해서 이 실험을 반복해보았다. 여기서도 역시 치유기도를 받은 환자들이 계측된 모든 변수에서 훨씬 더 건강한 점수를 기록했다.*

타그와 시처의 실험은 치유기도의 효과에 관한 다른 여러 비슷한 연구결과들을 부연해서 확인해준다. 모든 연구에서 원격치유가의 종교나 기도방식은 효과에 아무런 차이를 가져오지 않는 것으로 나타났다. 치유가는 단지 치유의 의도를 보내기만 하면 되었던 것이다. 가장 성공적인 사례들은 어떤 높은 힘이 자신을 통해서 작용한다고 말하며 겸손한 태도를 취한 치유가들로부터 나왔다.

---

* McTagart. *The Field: The Quest for the Secret Force of the Universe*, 181-196.

기도의 과학

이쯤이면 한 가지는 분명해진다. 장이 어떻게 작용하는지는 몰라도, 장이 존재한다는 사실은 알 수 있다는 것이다. 그리고 장을 마치 시계처럼 분해해서 바늘이 어떻게 움직이는지를 들여다볼 수는 없지만, 그것이 우리의 현실에 영향을 미치도록 이용할 수는 있다. 사실, 뉴턴이 만유인력의 이치를 설명해준 지 수백 년이 지난 지금 우리 자신이 그것을 설명할 줄은 몰라도, 물건들이 공중을 날아다니지 않도록 붙들어두는 데에 날마다 중력을 이용하고 있지 않은가.

엘리자베스 타그가 발표한 것 외에도 기도의 힘을 조사한 과학보고들이 많이 있다. 《치유의 말씀》(Healing Words)과 《기도는 좋은 약이다》(Prayer is Good Medicine)의 저자인 의학박사 래리 돗시 Larry Dossy는 기도가 치유에 계측가능한 효과를 미친다는 증거를 제공하는 60가지 이상의 과학연구 결과를 제시했다. 이러한 연구결과들은 어떤 종교, 어떤 형태든 간에 기도에 사랑과 연민이 담겨 있지 않으면 효과가 거의, 혹은 전혀 없다는 사실을 이구동성으로 밝히고 있다. 돗시는 치유가의 최선의 태도는 '선한 마음을 품으라'는 불교의 가르침에 표현되어 있다고 결론짓는다. 돗시에 의하면 이것은 '숨긴 의도 없이 깊은 애정을 쏟는 것'을 의미한다.•

돗시는 기도란 우리가 '하는' 것이 아니라 우리 '자신이 곧' 기도라고 말한다. 그렉 브레이든 Gregg Braden도 이와 비슷한 결론을 내렸다. 브레이든은 히말라야 산속에서 한 주지스님에게 스님들이 하루 14 내지 16시간을 염불만 하고 있는 이유를 물어보았다. 그는 실제로 이렇게 물었다.

• Braden, *The Divine Matrix: Bridging Time, Space, Miracles, and Belief*, 84.

"당신들이 기도하는 것처럼 보일 때, 당신들은 구체적으로 뭘 하고 있는 겁니까?" 그러자 스님이 대답했다. "당신은 우리가 기도하는 것을 본 적이 없습니다. 왜냐하면 기도는 보이지 않는 것이니까요. 당신이 본 것은 우리가 몸속에 그 느낌을 일궈내기 위해서 하는 일이었습니다. '느낌이야말로 기도입니다!'"•

비슷한 예로, 브레이든은 또 기우제를 지내고 있는 아메리카 원주민 주술사에게 비를 비는 기도를 올릴 때 무엇을 어떻게 하느냐고 물어보았다. 주술사는 그의 말을 바로잡아주었다. "난 비가 내리라고 기도하지 않아요. 난 비를 기도하지요." 달리 말해서 주술사는 비가 내리는 느낌, 바로 그것이 된 것이다. 그는 빗방울이 몸에 떨어질 때 느끼는 느낌을 느꼈고, 맨발로 젖은 땅을 밟는 느낌을 느꼈다. 그는 비 냄새를 맡으며 비 내리는 옥수수밭을 걷는 자신을 상상했다. 브레이든은 기도의 본질에 관한 심도 깊은 연구를 통해, 우리는 감정과 느낌이라는 언어를 통해, 기도의 의도가 이미 실현된 것처럼 그것을 경험함으로써 장과 대화한다고 결론지었다.••

원하는 기도의 결과가 현실화되기 이전에 그것을 정신적, 정서적으로 경험하는 것은 양자역학의 세계에서는 말이 된다. 물리학자들은 마음이 현실의 창조에 주된 영향력을 미친다는 사실을 인정한다. 그러니 뭔가를 얻기 위해 기도하는 사람의 상태를 생각해보라. 그는 결핍이나 요구가 담긴 정신적 장을 만들어내고 있는 것이다. 장은 물질세계의 형성에 영향을 미치므로 결핍이 강조된 장은 거기에 상응하여 결핍을 구현한 현실이 창

• Gregg Braden, *Secrets of the Lost Mode of Prayer: The Hidden Power of Beauty, Blessing, Wisdom and Hurt*, 13-18.
•• 같은 책 167-169쪽.

조되게 할 것이다. 반대로 그 사람의 마음이 자신의 소원이 이미 실현된 정신적, 정서적 경험을 만들어내고 있다면 마음의 장은 기도를 그에 상응하는 물리적 현실로 바꿔줄 것이다.

돗시와 브레이든은 특히 한 가지 사실에 동의하는데, 그것은 기도에 있어서 집착하지 않는 태도의 중요성이다. 겉보기에 모순적인 이 열쇠는, 깊은 관심을 두되 결과에 집착하지 않는 것이다.《잃어버린 기도법의 비밀》(Secrets of the Lost Mode of Prayer)에서 브레이든은 기도의 본질에 관해 기존의 성경은 "구하라, 그러면 얻으리라"고 말하지만 아람어 원전의 번역은 "속셈 없이 구하라, 그리고 응답에 둘러싸이라 — 네 소망하는 바, 네가 기뻐 뛸 그것에 둘러싸이라"고 말한다고 차이를 지적했다.

원전 성경의 기도에 관한 가르침은 그 첫 단계로서 "속셈 없이 구하라"고 한다. 이것은 돗시가 불교도의 기도에 관해서 말했던 '… 숨긴 의도 없이'와 같은 맥락이다. 간단히 말해서 이것은 결과나, 그 결과가 어떻게 나타나야 한다는 데 대해서는 집착하지 않는 것을 뜻한다. 성공적인 기도의 비결은 역설적이다. — "뭔가를 갖기 위해서는 그것을 소망하되 동시에 그것을 얻는 데 집착하지 말아야 한다."•

브레이든은 집착하지 말아야 할 필요성에 대해 그 배후의 깊은 의미를 말해준다. 그러니까, 대부분의 기도는 개인의 에고에서 나오는 소원이라서 그런 개인적인 욕망이 실현되었을 때 그것이 전체의 선을 위해서나 다른 이들의 삶에 어떤 결과를 가져올지에 대해서는 거의가 인식하지 못하고 있다는 것이다. 성경식으로 "네 뜻이 이루어지리라"라는 말로 표현되는 장(field)의 지성은 그 광활한 소맷자락 안에 그보다 훨씬 더 큰 계획

• Dossey, M.D., *Prayer is Good Medicine*, 55.

을 품고 있다.

성경이 가르치는 기도의 두 번째 비결은 "응답에 둘러싸이라"이다.•
이것은 단순히, 소망하는 의도가 마치 이미 이루어진 것처럼 그것을 느낌
으로, 몸으로 경험하는 것을 뜻한다. 불교 승려들과 미국 원주민 주술사
가 하고 있는 것이 바로 이것이다. 자신이 소망하는 그것이 이미 존재하
는 경험을 마음속에서 만들어내는 것이 그들의 기도인 것이다. 현대 물리
학자들은 기도와 실현에 대해 이와 동일한 통찰을 제공한다. 비록 그들은
그것을 '물질에 영향을 미치는 장'으로 여기기를 선호하지만 말이다.

감정을 느끼는 것은 기도의 실현에 중요한 생리적 역할을 한다. 감정
은 의식을 경험적, 물리적 영역에 연결시켜준다. 감정은 기분의 화학작용
과 생각 사이의 다리 역할을 하기 때문이다. 이제 우리는 실로 문제의 한
가운데, 심장에 접근했다. 심장은 우리의 감정적 정보를 증폭시켜 우주로
전파하는 마음의 발전소이기에.

심장에서 피어나는 조화調和

과학적 물질주의의 세계에서는 심장이란 한갓 근육 덩어리일 뿐이다.
아주 중요한 근육이긴 하지만, 그 이상도 그 이하도 아니다. 하지만 중국
의학에서는 심장을 지혜의 중추로 여기고, 고대 베다 전통에서 심장은 천
국과 땅 사이의 매개자다.

• Gregg Braden, *Secrets of the Lost Mode of Prayer: The Hidden Power of Beauty,
Blessing, Wisdom and Hurt*, 168.

고대 인도의 아유르베다 사상은 우리의 몸에는 일곱 개의 차크라가 있다고 말한다. 차크라는 신체가 생명에너지를 받아들이거나 전달하는 중추점으로 여겨지는, 힘의 중심이다. 강력한 심장 차크라는 위로 세 개의 차크라와 아래로 세 개의 차크라 사이의 한가운데에 놓여있다. 위에 있는 정수리, 미간, 그리고 목 차크라는 의식과 소통의 에너지 중추다. 아래에 있는 태양신경총, 천골, 회음부 차크라는 육체적 영역과 신체감정을 상징한다. 아래 차크라들과 위 차크라들 사이에 관문이 있다면 그것은 분명 심장 차크라일 것이다.

여기서도 역시 현대과학은 고대의 지혜를 확인해주고 있다. 이번엔 주변에 영향력을 미치는 심장의 역할에 관해서 말이다. 스트레스 연구가인 독 실더 Doc Childre는 1992년에 하트매스 연구소(Institute of HeartMath)를 설립했다. 이것은 심장이 우리 종의 자발적 진화에 열쇠 역할을 할 강력한 지혜를 지니고 있다는 생각을 파헤쳐보려는 목적으로 설립된 연구소다.

실더와 하트매스 연구소의 연구원들은 다양한 단층촬영기술을 동원하여 심장이 생명에 영향력을 미친다는 고대인들의 생각이 옳았음을 보여주는 데이터를 축적했다. 그들의 책 《하트매스의 답》(The HeartMath Solution)에서 실더와 공저자인 하워드 마틴 Howard Martin은 "심장지성(heart intelligence)은 마음과 몸의 감정이 균형을 이루어 조화될 때 경험되는, 의식의 지적 흐름이다"고 결론지었다.[•]

우리의 심장은 실로 '자기만의 마음'을 지니고 있다. 1970년대에 펠즈 연구소 Fels Research Institute의 생리학자 존과 베아트리체 레이시 John and Beatrice Lacey 부부는 심장이 독립적인 고유의 신경계를 보유하고 있음을

• Doc Childre, Howard Martin, *The HeartMath Solution* (New York, NY: HarperCollins, 1999), 6.

발견했다. 그들은 그것을 '심장의 뇌'라고 불렀다. 심장 속에서는 최소한 4만 개의 뉴런이 편도체, 시상視床, 대뇌피질 등 의식에 관계된 뇌중추와 소통하는 일에 종사하고 있다. 이것을 처음 발견했을 때 과학자들은 이 심장 뉴런들이 단지 뇌로부터 보내진 신호를 처리하는 데 사용되는 것인 줄로만 생각했다.•

레이시 부부의 연구는 이와는 전혀 다른 시나리오를 밝혀냈다. 그들의 연구는 심장이 뇌의 메시지에 수동적으로 복종하는 것이 아니라 실제로 신경신호를 해석하여 현재의 감정적 상태에 근거하여 반응을 일으킨다. 레이시 부부는 심장이 고유의 독특한 논리를 사용하며 심장박동은 단지 기계적인 생명리듬이 아니라 하나의 지적인 언어라고 결론지었다.••
심전도 패턴을 분석한 결과, 심장은 서양과학자들이 상상한 것보다 훨씬 더 깊숙이 인식과 반응에 관여한다는 사실이 드러났다.

하트매스 연구진들은 종교와 시와 우리의 직관이 인간의식의 태초부터 쭉 우리에게 말해온 내용을 확인해주었다. 심장은 감정을 만들어내는 생리적 반응과 의식 사이의 접점인 것이다. 뿐만 아니라 그들은 사랑의 영향력은 그 자체가 생화학적으로 측정가능한 현실임을 발견했다.

실더와 마틴의 연구는 그들이 '조화된 심장지성(coherent heart intelligence)'이라 부르는 것에 접근하는 특별한 기법을 탄생시켰다. 피실험자들이 주의를 심장에 맞추어 사랑, 감사, 배려와 같은 심장의 중심적인 느낌들을 활성화시키면 이 감정들은 즉시 그들의 심장박동 리듬을 더욱 조화로운 패턴으로 바꿔놓는다. 심장박동이 조화로워지면 신경과 생화학적 사

• 같은 책 10-11쪽. •• 같은 책 11쪽.

건들의 연쇄반응이 야기되고, 그것은 신체의 거의 모든 장기에 영향을 미친다.

연구에 의하면 조화된 심장박동은 교감신경계의 활동 — '싸우기 아니면 튀기' 반응 메커니즘 — 을 억제하는 한편 부교감신경계의 성장촉진 활동을 증진시킴으로써 지능을 더 높여준다. 심장박동의 조화에 의해 일어나는 이완반응은 스트레스 호르몬인 코르티솔의 생산을 감소시키고 그 화학적 선구물질로 하여금 항노화 호르몬인 DHEA를 만들어내게끔 유도한다. 그러니 사랑과 연민, 관심, 감사 등의 느낌을 기르면 그것이 우리의 생리작용에 영향을 미쳐서 더욱 건강하고 행복하게 장수하는 삶을 가져다주는 것이다.•

과학은 실제로 사랑이 병을 치유되게 하는 경로를 밝혀냈다! 심장에 주의를 집중하면 심장과 뇌가 더 잘 조율된다. 그러면 그것은 신경계를 안정되게 하여 스트레스 반응을 멈추게 만든다. 심장박동이 조화로우면 몸은 생명력을 성장과 유지를 위해 비축한다.

장場에 미치는 심장의 영향력은 뇌의 전자기장보다 5천 배나 더 강력한 전자기활동으로부터 나온다. 현재의 기술은 심장의 에너지장을 3미터 떨어진 곳에서도 감지할 수 있다. 사랑과 같은 느낌을 느끼면 계측가능한 심장心場 조화상태(heart field coherence)가 형성된다. 그에 비해 부정적인 감정은 심장心場에 부조화와 불규칙성을 일으킨다.

심장心臟은 우리의 감정을 주변세계에 전파하고, 거꾸로 다른 사람들이 전파하는 감정에 의해 영향을 받기도 한다. 한 개인이 육체적인 접촉을 통해서든 그저 관심을 가짐으로써든 다른 사람과 연결되면 서로 소통

• 같은 책 16쪽.

하는 두 심장과 뇌의 전기활동은 서로 엮여서 영향을 주고받기 시작한다. 이러한 연구결과는 지구 치유의 조화로운 장을 활성화시키는 데에 필요한 심오한 통찰을 제공해준다. 즉, 사랑이 일궈내는 치유의 장은 전염성을 지니고 있어서 사람들 사이에 신속히 번져갈 수 있다는 것이다.

이러한 관찰결과는 대중의 감정적 조화나 부조화가 전체 장에 깊은 영향을 미칠 수 있음을 암시한다. 최근에 하트매스 연구소는 이러한 가설을 시험해보기 위해 세계적인 실험을 시작했다. 이 실험은 세계 곳곳에서 대규모의 사람들을 한 가지 일에 참여하게 한다. 이 '지구의 조화를 위한 발의(Global Coherence Initiative)'는 '지구의식을 어수선하고 불안한 상태로부터 조화롭고 협동적인 지속적 평화의 상태로 바꿔놓기 위해, 가슴에서 우러나오는 관심과 의도'로 정의되는 것을 의식적으로 일궈내기를 실천하는 수백만 명의 사람들의 일치된 영향력을 실측하고 평가할 수 있도록 고안된, 과학적 실험이다.*

우리는 의도로써 지구의 장을 변화시킬 수 있을까? 기대해보시라.

새로운 시대를 위하여

많은 사람들의 일치된 집중이 물리적 세계에 미치는 영향을 측정해보기 위한 연구로서는 하트매스의 '지구의 조화를 위한 발의'가 최초가 아니다. 마하리쉬 마헤쉬 요기가 미국에 소개한 명상법인 초월명상(TM) 수행자들은 1970년대 초에 미국의 24개 도시에서 실험을 벌였다. 마하리

---

* www.glcoherence.org

쉬는 인구의 1퍼센트의 제곱근에 해당하는 숫자의 사람들이 이 명상을 수행하면 그 일대의 범죄율이 줄어들 것이라고 주장했다.•

이것은 '산 위에 사는 바보(Fool on the Hill)'••라는 비틀즈의 노래에 취한 자의 터무니없는 주장처럼 보였지만 마하리쉬 효과는 사실임이 밝혀졌다. 흥미롭게도, 실험이 진행되는 동안 범죄율만 눈에 띄게 감소한 것이 아니라 응급환자 발생수의 감소와 같은 다른 조화상태의 지표도 나타났다.

충실한 기록이 남아 있는 1993년의 연구에서는 TM 수행자들이 한참 더운 시기인 6월과 7월에 워싱턴 시에 모였다. 최고기온에 육박하는 여름날씨 — 범죄율이 증가하는 — 에도 불구하고 이 실험기간 동안에는 범죄율이 떨어지기 시작하여 감소세가 계속 유지됐다. 실험이 끝나고 수행자들이 돌아가자, 너무나 흥미롭게도 범죄율은 즉시 다시 늘어나기 시작했다! FBI 표준 범죄통계가 입증해주고 있는 이 지역의 범죄율 감소사례는 알려진 그 어떤 변수의 분석으로도 설명되지 않았다. 통계학적으로 이러한 결과가 우연의 산물이었다고 말할 수 있는 확률은 5억분의 1도 안된다.•••

이러한 결과는 TM이나, 기타 장場의 조화상태에 영향을 미치기 위해 고안된 방법을 통해서만 얻을 수 있는 것일까?

조화를 일궈내려는 두 가지의 다른 계획, 즉 린 맥타가트의 '의도 실

• Braden, *Secrets of the Lost Mode of Prayer: The Hidden Power of Beauty, Blessing, Wisdom and Hurt*, 115-16.
•• 산 위에 사는 현자를 세상 사람들이 바보로 여기며 그에게 관심을 기울이지 않는다는 내용의 가사. 역주.
••• "Science, Spirituality and Peace," www.commonPassion.org

험(Intention Experiment)'•과 '우리의 소원(Common Passion)'••이 이 질문에 대한 답을 구하고 있다.

'우리의 소원' 실험의 지휘자인 조 지오브Joe Giove는 이렇게 썼다. "다양한 종교와 수행전통과 토착원주민 그룹 출신의 사람들이 범지구적으로 협동하여, 조화로운 세상을 위해 평화를 일궈내기 위해 일하는 모습을 상상해보라. 그들은 지역에서, 국제적 장소에서 모여서 이전의 사회학적 연구결과를 배우고 적용하여 사회를 조화롭게 만드는 것으로 입증된 협동적 노력의 방법을 개발하고 공개하여 서로 나눈다."•••

지오브는 개인들이 하나의 큰 뜻 아래 인간의 사랑을 한데 모을 수 있는 기회를 제공해줄 야심 차고도 의미 깊은 사업을 주창한 것이다. 새로운 사조가 출현할 때 흔히 그렇듯이, 그 징조는 곳곳에서 발견되기 시작한다.

아르주나 아다Arjuna Ardagh는 최근의 저서에서 인도인들은 '딕샤 deeksha'라 부르고 그는 '일체성의 축복(Oneness Blessing)'이라 부르는 것에 대해 이렇게 보고했다. 아다에 의하면 이 축복은 한 개인으로부터 다른 개인으로 전달될 수 있는 일종의 조화상태다. 그는 인도에서 일체성 대학교(Oneness University)를 창립한 스리 바가반Sri Bhagavan과 그의 아내 스리 암마Sri Amma가 전하는 일체성의 축복이 이 대학교 인근의 마을들에 마하리쉬 효과와도 놀랍도록 유사한 엄청난 변혁을 가져왔다고 보고한다.

스리 바가반이 처음에 바라다이아팔렘이라는 작은 마을 근처로 자신

• www.intentionexperiment.com
•• http://www.commonpassion.org
••• 같은 사이트.

의 활동본부를 옮겨왔을 당시에 그곳은 그 지방의 전형적인 빈촌이었다. 대부분의 가구는 상하수도 시설도 전기도 없는 방 하나짜리 흙집에서 살고 있었지만, 빈곤뿐만 아니라 그곳은 알코올중독, 폭력, 배우자 학대 등과 같은 사회적 문제까지 만연해 있었다. 바가반은 이 마을 주민들에게 그들도 자신의 행복을 스스로 일굴 수 있도록 일체성의 축복을 가르쳐주겠다고 제안했다.

처음에는 인근마을에서 30~40명의 사람들이 초대에 응해 이 방법을 배웠다. 하지만 조화상태는 전염성을 가지고 있다. 곧이어 더 많은 사람들이 참가하기 시작했고 5년이 지나지 않아 6천 명의 주민들이 일체성 축복의 수업을 받았다. 마을을 방문하여 주민들을 인터뷰한 아다의 말에 따르면, 알코올 소비는 5년 전보다 무려 80퍼센트가 줄어들었고 길에서 술에 취해 주정을 부리는 사람은 찾아보기가 힘들게 되었다. 무수한 마을 개선 사업이 추진되고, 일하고자 하는 사람은 누구나 일자리를 얻을 수 있게 되었다.[*]

사랑과 기도와 조화가 지닌 치유의 힘에 관한 무수한 보고들과 마찬가지로, 아다가 전하는 사례는 엄밀한 과학연구가 아니라 개인의 관찰에 근거한 일화적인 내용이다. 이 같은 현상을 직접 경험한 이들에게는 그것을 학문적으로 엄밀히 연구한다는 것은 지나치고 불필요한 일로 느껴질 것이다. 하지만 과학이 나서서 보이는 것과 안 보이는 것 사이의 희미한 경계, 특히 사랑과 같이 측정할 수 없는 어떤 것의 경계를 탐사해본다면 그것은 매우 깊은 변혁을 가져올 일이 될 것이다.

• Arjuna Adagh, *Awakening into Oneness: The Power of Blessing in the Evolution of Consciousness*, (Boulder, CO: Sounds True, 2007), 135-148

사랑이 뭐길래?

주목할 만한 두 가지의 다른 실험들이 감정과 같은 '비과학적인' 것이 물질에, 그것도 원격으로, 계측 가능한 물리적 영향을 미칠 수 있다는 증거를 제시하고 있다!

초상적 치유 분야의 실험을 행한 캐나다의 생물학자 버나드 그래드Bernard Grad의 흥미로운 연구부터 살펴보도록 하자. 그래드는 식물에 주목했다. 그는 심령치유가가 비커의 물에다 에너지를 보내면 그 물에 담가서 싹을 틔운 씨앗은 보통 물에 담갔던 대조군 씨앗보다 눈에 띄게 빨리, 크게 자란다는 사실을 발견했다. 또 다른 연구에서 그는 심한 우울증 환자를 포함해서 정신병 환자들에게 물이 담긴 비커를 들고 있게 했다가 그물에 씨앗을 담가 싹을 틔웠다. 정신병 환자들, 특히 우울증 환자가 들고 있었던 비커의 물은 식물의 성장을 확연히 억제시켰다.[*] 한 걸음 더 나아가서 분광기로 물의 적외선 흡수율을 측정함으로써 물 분자의 구조를 살펴보았더니 신유가들이 실제로 물 분자의 구조에 물리적인 변화를 일으켰음이 밝혀졌다.[**] 즉, 신유가의 손에 들렸던 물은 분자구조가 조화로운 형태를 이뤘고 우울증에 걸린 사람의 손에 들렸을 때는 분자구조가 찌그러진 것이다. 그래드는 이 연구를 더욱 확대시켜서 신유가들이 실험실 쥐의 종양이 자라는 속도를 늦출 수도 있음을 밝혀냈다.

의사이자 신유가인 레오나드 라스코우Leonard Laskow의 연구는 생각과 감정이 세포 차원의 현실에 변화를 일으킬 수 있다는 더 많은 증거를 제

---

[*] McTagart. *The Field: The Quest for the Secret Force of the Universe*, 184-185.
[**] Targ, Katra, *Miracles of Mind: Exploring non-local consciousness and Spiritual Healing*, 110.

시했다. 자신이 이 새로운 패러다임의 첨단에 서 있음을 깨닫게 된 사람들 중에서 많은 이들이 그렇듯이, 라스코우도 처음에는 전통의학을 배웠었다. 그러던 그에게 운명의 전환점이 찾아왔다. 어떤 심오한 신유의 경험이 그의 필생의 연구방향을 전혀 엉뚱한 곳으로 접어들게 만든 것이다. 1971년에 라스코우는 북 캘리포니아에서 한창 명성을 떨치던 성공적인 산부인과/외과 의사였다. 하루는 어깨의 통증 때문에 엑스레이를 찍어본 결과 흔히 뼈 암의 징조로 알려진 병변이 발견됐다.

라스코우는 이 경우에 치료법은 절단뿐이라는 것을 잘 알고 있었다. 다른 친구들은 모두 2차 세계대전에 징집되어 간 동안에 메이저리그에서 활약한 외팔이 외야수도 있긴 했지만, 한 손으로 수술을 한다는 것은 지극히 힘든 일이었다. 검사결과를 기다리는 동안 그는 마음을 정리하여, 한 팔만으로도 건강상담사로 일할 수는 있다고 상황을 받아들였다.

몇 주 후에 그 병변은 단순히 양성 낭종일 뿐이었다는 검사결과가 밝혀졌다. 하지만 그 사이에 라스코우는 이미 자신의 운명을 깊이 숙고하면서 변화를 받아들여야 할 불가피한 때가 왔다고 판단했다. 그래서 그는 스트레스가 심한 의사 일을 그만두고 치유의 정신적, 정서적 측면에 관한 연구에 몰두했다.

얼마 후에 라스코우는 명상 중에 이런 메시지를 받았다. "네가 할 일은 사랑으로써 치유하는 것이다." 이 메시지는 그를 놀라게 했고, 그는 더욱 겸허해졌다. 그는 애초에 의학을 하기로 했던 자신의 결심은 치유가가 되고자 하는 열망으로부터 나온 것이며 전통의학은 현재 수용되어 있는 한 가지 방식일 뿐임을 깨달았다. 명상은 그에게 치유의 새로운 관점을 일깨워주었다. "나는 진화의 한 시점에 이르러서는 모든 인간이 사랑으로써 치유하는 법을 터득해야만 한다고 믿는다."•

몇 년 후에 라스코우는 한 수행 프로그램에 참석하게 되었는데 그의 룸메이트는 전이암**에 걸린 젊은 청년이었다. 이 청년이 밤중에 통증 때문에 깨어서 호흡곤란을 호소했을 때 라스코우는 그를 돕고 싶었지만 무엇을 해야 할지 몰랐다. 그는 이렇게 보고했다. "나는 순전히 직관에만 의지해서 내 손을 그의 가슴 양쪽에 올려놓고, 내 머리 한가운데로부터 밝은 광구가 내려와 가슴을 지나고 팔을 지나 손으로 빠져나가는 것을 심상화했다."•••

청년은 평온을 되찾고 통증이 사라졌다고 말했다. 그리고 잠을 잘 잤다. 그 후 11년이 지나고 나서 어떤 회합에 참석했을 때 라스코우는 바로 이 청년이 무대에서 노래를 하고 있는 것을 발견했다. 청년은 라스코우에게, 그 수행 모임에서 그를 만난 지 6주일 후에 기적과 같은 자발적 치유가 일어나서 건강을 회복했다는 이야기를 털어놓았다. 라스코우의 노력이 치유의 결실을 맺은 것일까, 아니면 그것은 그저 6주 후에 일어날 일의 전조일 뿐이었을까? 아무튼 분명한 것은 거기에 모종의 상관관계가 있었다는 것이고, 그것이 라스코우로 하여금 사랑으로써 치유하는 일련의 흥미로운 실험에 몰두하게 만들었다.

라스코우는 환자를 치유한 놀라운 일화들을 보고했지만, 가장 과학적인 실험은 배양접시 속의 암세포에 대한 실험이었다. 배양세포는 실험실에서 생화학적으로 감시할 수 있기 때문에 그는 이 방법을 택한 것이다. 라스코우는 암세포가 담긴 세 개의 배양접시를 손에 들고 있으면서 의식

• Leonard Laskow, *Healing with Love: A Breakthrough Mind/Body Program for Healing Yourself and Others*, (Mill Valey, CA: Wholeness Press, 1992), 20.
•• 처음 발생한 부위로부터 이웃 부위가 아닌 신체의 다른 부위로 퍼져나간 암. 역주.
••• 같은 책 20-21쪽.

을 집중하여 치유의 의식상태를 유지했다. 실험대조군으로서 다른 방에서는 치유가가 아닌 사람이 동일한 암세포가 접종된 세 개의 배양접시를 손에 들고 있었다. 그러는 동안 치유가가 아닌 사람은 책을 읽게 했다. 그가 의도적으로 배양세포에 영향을 미치지 못하도록 의식을 분산시키기 위해서였다.

라스코우는 세포 배양접시를 들고 있는 동안에 몇 가지의 감정이 실린 의도를 실험해보았다. 그것은 모두 자연의 조화로운 힘을 작용시키기 위한 것이었다. 그중에서 암세포의 성장을 39퍼센트까지 감소시키는 가장 강력한 효과를 나타낸 것은 이것이었다. "정상세포의 질서정연하고 조화로운 상태로 돌아가라." 라스코우가 그 의도에 심상까지 더하자 치유효과는 두 배로 늘어났다.•

그런데 사랑이 그것과 무슨 관계가 있단 말인가? 라스코우가 자신의 저서 《사랑으로 치유하기》(Healing wih Love)에서 보고하듯이, 그의 의도는 암세포를 파괴하려는 것이 아니라 그것이 우주의 창조물의 일부로서 존재하도록 허용하려는 것이었다. 그가 설명하기로, 사랑이란 "분리가 없고 하나인 전체를 지향하는 힘이다. 사랑은 다양한 형태를 취할 수 있지만 그 핵심적인 본질은 연결성이다."•• 라스코우는 사랑의 반대는 미움이 아니라 분리라고 믿는다. 치유의 에너지를 접하고 사용하는 데는 다양한 방식이 있지만 라스코우의 방법은 그 상태로부터 떨어져나가는 것이 아니라 그것과 연결되는 것이다.

질병과 같은 꺼림칙한 상황을 겪게 될 때 우리의 첫 번째 충동은 그것을 떼버리려는 것이다. 우리는 질병을 우리가 공동창조한 것으로 보지 않

• 같은 책 303-307쪽.　•• 같은 책 2쪽.

고 외부로부터 우리를 공격해오는 침입자로 간주하는 경향이 있다. 그러나 그 이유는 이해하지 못하더라도 그 상태가 발생한 데에는 바로 자기 자신이 기여하고 있음을 진정으로 인정하고 나면 비로소 우리는 자신의 운명을 스스로 이끌어가는 책임성 있는 참여자가 된다.

마음이 우리의 생리 상태를 만들어낸다는 것을 깨달으면 우리는 마음을 바꿈으로써 더 건강한 생리 상태를 만들어낼 수 있음을 알게 된다. 우리 몸 세포의 지능과 기능에 대해 이런 사실들을 알게 됐으니, 우리는 먼저 우리 몸속의 시민들에게 겸손하게 사과를 하고 그들이 우리를 참고 견뎌준 것에 감사하는 일부터 시작할 수 있을 것이다! 몸의 세포들을 의식적으로 사랑하는 이 일을 실천할 때, 우리는 자신이 삶의 희생자가 아니라 삶을 공동창조해내는 참여자임을 확인하는 것이다.

뭔가가 잘못 만들어지거나(misformed) 일그러질(deformed) 때 질병과 부조화상태가 일어난다. 그러므로 치유란 문제가 생긴 형태(form)를 탈바꿈(transform)시키는 것과 관계된 일이다. 라스코우가 제시하는 탈바꿈을 통한 네 단계의 단순한 치유과정은 다음과 같다.•

- **1단계**: 이미 형상(form)으로 현실화되어 있는 것에 대해 이해하라.(inform yourself) 책임을 떠맡는 첫 단계는 진실을 말하는 것이다.

- **2단계**: 질병의 상태에서 떨어져 나오려고 하는 대신 그것을 사랑함으로써 그 상태에 순응하라.(conform) 그 형태(form)와 공명하면 우리는 그것에 대해 더 큰 영향력을 얻는다.

• 같은 책 4-10쪽.

- **3단계**: 그것을 놓아줌으로써 그 상태를 해체시키라.(unform) 라스코우는 이렇게 말한다. "미립자로 이루어진 물질을 파동의 형태로, 파동 형태를 다시 물질 형태로 바꾸어놓는 것은 관찰자의 의도다."

- **4단계**: 해방된 에너지를 우리의 목적과 의도에 맞게 바꾸라.(reform) 이것은 우리의 의도를 집착 없이 우주로 내보내는 '놓아 보내기'의 단계다.

질병의 상태를 놓아줄 때조차 거기에는 분리가 아니라 연결이 있다. 라스코우는 이렇게 썼다. "당신이 거부하거나 바꿔놓고자 하는 당신의 일부분을 받아들이고 사랑할 때, 당신은 그 배후에 있는 긍정적인 생명력을 발견할 기회를 만들어내는 것이다."● 우리가 익히 들어온 성경의 '속죄(atonement)'라는 말은 '하나됨(at-one-ment)'으로 재해석할 수 있다. 그 상태에서 우리는 자신을, 평소라면 거부했을 어떤 상태와 하나가 되게 하는 것이다.

만물이 서로 연결되어 있는 양자차원의 우주에서 만물을 하나로 이어주고 있는 끈은 다름 아닌 사랑인 것이다. 라스코우는 이렇게 말했다. "사랑은 서로 공명하는 에너지가 만들어내는 우주의 결무늬다."●● 이런 의미에서 본다면 공명하는 여러 개의 소리굽쇠들은 서로 사랑을 나누고 있는 것이다. 여러 명의 사람들이 분명한 연결감과 기쁨, 심지어는 황홀경의 장 속에서 서로 울림을 나눌 수 있는 것처럼 말이다. 그는 말한다.

● 같은 책 77쪽.　●● 같은 책 65쪽.

"사랑은 우주의 화음이다."

레오나드 라스코우의 연구는 혁명적인 흥미로운 의문을 제기한다. 우리가 만일 암세포를 '죽도록 사랑할', 아니 최소한 해롭지 않아지도록 사랑할 수 있다면, 테러리스트들과 같은 사회적 병원체 역시 사랑하여 해롭지 않은 사람들로 만들어놓을 수 있을까? 이런 개인, 집단, 심지어는 국가들을 우리 자신의 치유를 위해 나타나는 증상으로 받아들이는 것이 양자역학적인 새로운 정치의 열쇠가 될 수 있을까?

딱 한 가지 충고

과학은 우리 한 사람 한 사람이 모두 인류라는 초생물 속의 상호의존적인 세포들임을 깨닫는 시점부터 인간의 진화과정이 다음 단계로 진입하게 될 것임을 시사하고 있다. 구도자가 깨달음의 산을 올라가면 그 꼭대기에는 틀림없이 지혜의 말씀을 품은 붓다가 참을성 있게 기다리고 있을 것이다. 마찬가지로, 종교의 가장 심오한 사상들을 농축하여 그 핵심을 뽑아낸다면 거기에는 붓다의 말씀만큼이나 가치 있는 한 가지 충고가 기다리고 있을 것이다. 세계의 모든 영적 가르침들이 주는 가장 보편적인 충고는, 어떤 황금률을 실천하라는 것이다.

이 황금률이 세계의 주요 종교사상 속에 어떻게 녹아 있는지를 살펴보자.●

● "The Universality of the Golden Rule in the World Religions," www.teaching values.com

- **불교** : 너에게 해가 될 일을 남에게 하지 말라.(우다나품 5장 1절)

- **기독교** : 너희가 남에게 대접받고자 하는 대로 너희도 남을 대접하라. 이것이 율법과 예언의 본뜻이니라.(마태복음 7장 12절)

- **유교** : 네가 싫어하는 짓을 남에게 하지 말라. 그러면 네 가족에게나 나라에게나 원한이 없을 것이다.(논어 12장 2절)

- **힌두교** : 이것이 가장 중요한 의무다. — 남이 그대에게 하기를 원치 않는 일을 남에게 하지 말라.(마하바라타 5장 1517절)

- **이슬람교** : 자신을 위해 원하는 것을 형제를 위해 원하게 되기 전에는 누구도 신자가 아니다.(순나-마호멧 언행록)

- **유대교** : 네가 싫어하는 짓을 이웃에게 하지 말라. 이것이 율법의 전부이고 나머지는 주석일 뿐이다.(탈무드, 안식일 3id)

- **도교** : 네 이웃의 이익을 네 이익으로, 네 이웃의 손해를 네 손해로 여기라.(태상감응편太上感應篇)

- **조로아스터교** : 자신에게 좋지 않은 것을 남에게 하지 않는 것, 그것만이 미덕이니라.(Dadisten-I-dinik, 94장 5절)

이 영적 규율들은 우리에게 뭔가를 말해주고 싶어하는 것이 아닐까?

신의 어린아이들과 신의 장성한 자녀들 사이의 가장 의미 깊은 차이는 아마도 신의 어린아이들은 법을 정해주는 자를 숭배하고, 장성한 자녀들은 법대로 살려고 애쓴다는 점일 것이다.

여기서도 마찬가지로, 황금률은 단지 하나의 충고일 뿐이지만 그것은 경험에 근거해 있다. 컬럼비아 대학교의 불교학 교수인 로버트 서만Robert Thurman은 이렇게 강조했다. "불교는 종교가 아니라 수행법이다."• 이 수행법을 실질적인 것으로 만들어주는 것은 그것이 실제로 효과가 있다는 사실이라고 서만 교수는 말한다.

서만은, 붓다는 인간의 운명이 신에 의해 결정되는 것이 아니라 카르마라고 하는 인과의 법칙에 의해 결정되는 것이라고 믿었기 때문에 불교는 합리주의에 근거한다고 했다. 그는 이렇게 말했다. "카르마 사상에는 어떤 행위가 존재의 수준을 더 높여주는 행위인가를 구별하는 기준이 있다."••

만물의 연결성을 이해하면 행위는 반드시 결과를 가져옴을 깨닫게 된다. 불교의 카르마 개념은 이웃을 사랑하라는 예수의 가르침과 유대교의 틱쿤 올람tikkun olam, 즉 '세상의 치유'라는 개념과 상통한다.

이 하나의 황금률을 권고하는 운영체계(OS)가 위대한 종교의 스승들을 통해 기나긴 세월을 지나 오늘날까지 전해져 내려왔음에도 불구하고, 사람의 능력을 박탈하는 세뇌작업과 조종과 두려움 앞에서 인간은 이 운영체계가 실행되는 것을 막기 위해서 할 수 있는 모든 짓을 다 해왔다. 그러나 종의 생존이 경각에 달려 있는 이제는 더 이상 현실의 의식적 공동

• Glaser, *A Call to Compassion: Bringing Buddhist Practices of the Heart into the Soul of Psychology*, xi.
•• 같은 책.

창조자인 우리의 능력과 책임을 받아들이지 않으려고 종교와 과학의 지루한 논쟁 속으로 도망갈 수가 없음을 분명히 깨달아야만 한다.

우리 중에서 지배자 병에 걸린 시민들은 나머지 시민들에게 자신들의 비인간적인 본성을 인간의 유일한 본성으로 믿게끔 만들었다. 그러나 우리는 이제 우리를 세뇌해온 프로그램의 실체를 알았고 인간 행동의 선택 폭은 너무나 넓다는 것을 알았으니, 인간의 본성이 무엇인지도 스스로 선택할 수 있음을 깨달아야만 한다.

미국 원주민 할아버지가 손자에게 들려줬다는 유명한 이야기가 있다. 할아버지는 이렇게 말했다. "내 마음속엔 두 마리의 늑대가 산단다. 한 마리는 사랑과 평화를 좋아하는 늑대고 다른 늑대는 화를 잘 내고 잘 싸우지." 그러자 손자가 물었다. "그럼 어느 쪽이 이기나요?" 할아버지가 대답했다. "내가 밥을 주는 쪽이 이긴단다."

어떤 의미에서는 우리가 이 책에서 이야기해온 온갖 복잡다단한 철학과 인류역사도 이 하나의 단순한 선택으로 귀결된다. 우리는 자신을 꼬드기고 속여서 마법의 지팡이를 든 외부의 메시아를 기다리게 만들 수도 있고, 아니면 이 세상의 악에 찬 혼돈 앞에 모든 것을 체념하고 물러나 앉아 있을 수도 있다.

아니면 그보다 나은 방법으로, 보살을 본받고자 하는 불교 사상으로부터 힌트를 받아들일 수도 있다. 보살이란 당장 열반에 들 수 있으나 고통받는 중생들을 구하고자 하는 자비심으로 그것을 뒤로 미루고 있는 존재들이다. 로버트 서만이 '봉사하는 메시아'라 부른 이 영적 수행자들은 '살아 있는 모든 존재들'의 온전한 행복과 자유와 안녕을 위해 봉사한다. 보살들은 천국을 목적지가 아니라 하나의 실천법으로서 받아들인 것이다.

티베트 불교에는 '받고 준다'는 뜻의 '통렌tonglen'이라는 이름의 수행 법이 있는데, 이것은 세상의 나쁜 것을 다 흡수하고 소화시켜 사랑과 평화를 좋아하는 늑대를 먹이는 먹이로 사용할 수 있게 해주는 수행법이다. 수행자는 세상의 독기와 타인들의 고통을 모두 안으로 받아들이고, 자신의 평화와 사랑과 행복을 세상으로 내보낸다.

물론 이 권고는 불교를 하나의 종교로서 전파하려는 속셈과는 전혀 무관하다. 달라이라마도 이것은 종교가 아니라 하나의 수행법이라고 강조한다. 영적인 행법은 자신의 정통성과 권위를 주장하기 위한 것이 아니다. 그것은 세상에서 가장 개인적이고 내밀한 작업이 되어야만 한다.

그러니, 이웃을 사랑하는 이러한 행법을 그저 악에 이끌리는 우리의 성향만큼이나 천부적으로 우리 안에 내재되어 있는 메시아용 DIY 공구 세트 정도로 여기라. 우리에게 필요한 것은 단지, 현실의 희생자가 되기를 택하는 안이한 불편으로부터 발을 빼내어 현실의 공동창조자가 되는 좀더 능동적이고 생산적인 불편으로 한 걸음씩 발을 내딛는 일에 도전하는 일이다.

이 책의 남은 장들에서 우리는, 이 딱 한 가지 충고를 우리의 새로운 운영체계로 채택한다면 영원히 하나로 엮여 있는 이 물리적 세계를 어떻게 살아가야 할 것인가 하는 실질적인 문제를 살펴볼 것이다. 경제가 어떻게 신체세포의 지혜를 본받을 수 있을지, 자연의 효율성을 흉내 낼 수 있을지, 그리고 우리가 모두 그 속에 함께 살고 있는 양자적 우주의 궁극적 진리를 우리의 정치적, 사회적 관계 속에다 어떻게 반영시킬 수 있을지를 말이다. 그리고 수천 년에 걸쳐 대물림되어 내려온 지배와 착취와 두려움과 조종과 불의와 세뇌된 무지의 해로운 신념들을 없애기 위해 어떻게 하면 지혜와 자비의 우주적 장에 접속할 수 있을지에 관해서도 통찰을 제공할 것이다.

마지막으로 우리는 낡은 스토리를 뒤로 하고 우리 자신과 후손들과 이 세상을 위해 새로운 스토리를 스스로 써가게 될 미래를 — 이로쿠오즈의 선조들이 내다보았던 밑바닥으로부터의 자유에 힘을 얻은 인류의 가장 건강하고 일치된 중심의 목소리를 반영하는 범세계적인 영적 권위를 목격하게 될 그때를 — 살짝 내다볼 것이다.

당신은 딱 한 가지의 가르침을 받아들일 준비가 됐는가? — 우리는 모두가 일체인 그것과 하나라는 사실 말이다. 그렇다면 준비를 단단히 하라. 바야흐로 천국이 송두리째 무너져 내려앉을 테니까.

14

건강한 사회

"자연의 경제에서는 황금률이 황금의 법칙을 지배한다."
— 스와미 비안다난다

이 책의 초고에서 이 장은 다가올 재정파탄과 범지구적인 경제몰락의 가능성을 경고하고 있었다. 원고가 완성되기 전인 2008년 가을에는 이 어두운 가능성이 현실로 폭발하여 무제한 대출과 희석된 달러 가치를 기반으로 한 신용카드 경제가 가파른 내리막길을 굴러떨어지기 시작하고 있었다.

경제위기는 생존에 대한 위협으로 느껴질 테지만, 우리는 그것이 인류를 더 높은 진화단계로 새로 태어나도록 촉진하기 위해 필요한 출산의 진통임을 알게 될 것이다. 우리 모두가 한 배를 타고 있다는 사실을 바탕으로 영위하는 높은 단계의 진화된 인류 말이다.

이 장은 물질만이 중요하고 적자만이 생존한다는 말도 안 되는 케케묵은 패러다임에 근거한 현재의 경제구조와는 판이한, 정말 자연을 닮은 경제가 펼쳐놓는 멋들어진 세상을 둘러볼 것이다.

하지만 우리의 위기를 기회로 바꿔놓기 위해서는 경제에 관한, 의문이 제기되지 않았던 해묵은 오해(myth-perception)부터 바로잡아야만 한다.

'경제'라는 말을 들을 때마다 고등학교나 대학교에서 아무리 해도 제대로 이해되지 않았던 알쏭달쏭한 과목의 기억을 떠올리는 사람들에게는 이 단어의 뜻이 아직도 오리무중일 것이다. 나머지 사람들에게는 아마도 그 골치 아픈 경제가 괴짜 신부 귀도 사르두치 Guido Sarducci *의 간단한 정의로 압축될 것이다. - '싸게 사서 비싸게 파는 것.'

아리스토텔레스는 경제학을 집안 살림을 꾸려가는 일에 관한 학문으로 정의했다. 개인이나 가족의 생존을 유지하는 데 필요한 역학관계를 연구하는 것 말이다. 그 각 세대들이 집단의 생존과 번영을 도모하기 위해 하나로 뭉쳤을 때, 가족경제의 원리는 마을 전체의 복지에 확대 적용되었다. 경제적으로 성공한 마을들은 도시로 성장했고, 나아가서 더 포괄적인 주와 국가로 진화해갔다. 하지만 이들도 본질적으로는 동일한 경제원리를 채용했다. 이 국가로부터 하나뿐인 지구의 유한한 자원을 함께 나눠써야만 하는 지구인류라는 새로운 생명체로 진화해가기 위해서는 경제에 관한 우리의 이해를 수정하고 확대시켜야만 한다.

역사적으로 경제학은 인간사회의 일원들 간에 재산을 주고받는 역학관계의 연구에 치중해왔다. 그러나 프랙탈 구조의 우주에서는 동일한 경제원리가 세대든 국가든 사업이든, 혹은 인체를 구성하는 세포사회든 간에 살아 있는 모든 시스템에 적용된다.

● 미국의 코미디언 돈 노벨로Don Novello의 코미디에 등장하는 캐릭터. 역주.

자연의 경제: 우리 몸의 세포라면 어떻게 할까?

지난 3천 년 동안 인류문명은 그 경제체제가 성장과 죽음과 갱생의 반복적 패턴을 전개함에 따라 주기적인 흥망성쇠를 겪어왔다. 현재의 지구적 경제위기는 또 다른 주기의 끝, 또 다른 죽음의 종지부를 찍고 있다. 그리고 문명이 다음 단계의 갱생의 터전이 되어줄 지속가능하고 안정된 경제를 어떻게 일궈낼 수 있을지를 아직도 깨닫지 못하고 있다는 사실은 고통스럽게도 분명하다.

다행히, 고대의 지혜와 현대과학은 우리의 경제적 고난에 대한 해법으로서 같은 방향을 제시해 보여주고 있다. 과거로부터는 옛 속담의 통찰이 우리에게 깨우침의 준다. — "답은 네 안에 있다." 역설적이지만, 프랙탈 기하학이라는 새로운 과학도 이와 동일한 가르침을 주고 있다. 프랙탈 기하학은 인체라는 매우 성공적인 50조 세포사회의 기본요소가 인간의 경제도 성공으로 이끌어줄 수 있다고 말한다.

세포경제의 효율성은 인체가 수백만 년을 생존해왔다는 사실로써 세월의 검증을 이미 통과했다. 게다가 신체의 경제는 인간이 폭넓은 환경변화에 적응할 수 있게 할 만큼 유연하고도 내구력이 있음을 입증했다. 따라서, 신체 세포사회 내의 경제교환 방식을 이해하면 그것은 인간의 성공적인 경제경영 모델을 설계하는 데에도 도움이 될 것이다.

가장 기본적인 수준에서 말하자면 세포의 경제학은 간단히 말해서, 살아 있는 시스템이 일하고 생산하기 위해서 에너지를 어떻게 배분해서 쓰는지에 대한 연구다. 교환의 단위는 달러로부터 도넛에 이르기까지 다양할지라도 모든 경제는 일의 교환을 바탕으로 하고, 그 일이란 물론 에너지와 같은 것이다.

12장에서 배웠듯이, 신체는 자신을 유지하고 기능을 가동시키는 데 필요한 먹이를 획득하고 처리하기 위해 일할 때 에너지를 사용한다. 세포는 그 먹이로부터 에너지를 추출해내고 그것을 세포들의 동전이라고 할 수 있는 안정된 ATP 분자의 형태로 저장한다. ATP 동전은 공동체의 세포들 사이에서 소화, 호흡, 신경신호 처리, 운동, 번식, 배설 등과 같은 기능에 사용되는 에너지 비용을 지불하기 위한 봉급으로서 교환된다.

신체의 필요 이상으로 생산된 에너지는 정의에 따라 부富가 된다. 신체는 잉여 에너지를 고에너지의 지방 분자로 바꾸어 그것을 저축해놓는다. 그러니까 몸의 지방질은 신체의 재형저축 계좌와도 같은 것이다. 신체는 ATP 화폐가 계속 유통되어 세포사회의 기능과 성장과 생존을 뒷받침해줄 수 있도록 지방 분자를 이 은행계좌에 넣었다가 뺐다가 한다.

건강한 경제는 개인들의 공동체가 소비하는 에너지보다 더 많은 에너지를 만들어낼 때만 유지될 수 있다. 예컨대 농부가 마을의 경제에 기여하려면 무엇보다도 자기네 가족을 먹일 것보다 더 많은 식량을 생산해야만 한다. 여분의 식량을 생산해내면 농부는 잉여가치를 만들어낸 것이고, 그것은 정의에 따라 부富를 의미하게 된다. 농부의 부가 유통되면 그것이 다른 다양한 기술을 가진 마을사람들 사이에서 에너지가 생산되고 소비되고 거래될 수 있도록 촉진해준다.

우리네 문화가 물질의 영역에만 눈이 팔려 있다는 점을 감안한다면 우리가 부를 물질적 소유, 특히 소유한 돈의 액수로써 측정한다는 것은 전혀 놀라운 일이 아니다. 2,500년 전에 아리스토텔레스는 돈을 부와 동일시하는 말릴 수 없는 폐단에 대해 이렇게 썼다. "동전을 많이 가진 사람도 당장 먹을 양식이 모자라는 때가 많다." 달리 말하면, 아리스토텔레스는 단지 더 많은 돈을 가지려고 돈을 좇는 탐욕스러운 사람들이 부의

'도구'를 부 자체와 혼동한다는 것을 알고 있었던 것이다.

그렇다면 부란 과연 무엇일까? 부(wealth)라는 말은 '복지(well-being)'을 뜻하는 영어의 고어인 weal로부터 나온 말이다. 그 원래의 뜻에 따르자면 부란 문자 그대로 안위, 건강, 행복, 혹은 만족을 뜻한다. 독립선언문에다 "각 개인들은 창조주로부터 생존과 자유와 행복추구의 천부적 권리를 부여받았다"고 썼을 때, 미국 건국의 국부들은 부의 진정한 의미를 분명히 알고 있었던 것이다.

성공적인 세포 경제를 몰락하고 있는 세계재정경제와 대비해보면 경제의 네 가지 기본원리를 발견할 수 있는데, 여기서 인간의 정책에는 세포들이 실천하고 있는 것과는 사뭇 다른 점들이 발견된다. 이 차이는 인간이 부를 어떻게 인식하고, 그것을 복지, 생태환경, 효율, 통화안정 등과 어떻게 연결시키고 있는가에서 드러난다.

원리1: 복지가 곧 붊다

아리스토텔레스는 인간의 경제학에 관한 글에서, 도시는 기본적인 생존을 위해서 생겨났지만 잘 살기(living well) 위해서 존재한다고 썼다. 이것은 인체에 있어서도 마찬가지다. 피부, 뼈, 혈액 등등을 이루고 있는 세포 사회는 개체 세포들의 기본적인 생존을 위해서 생겨났지만 그것은 몸 전체의 복지를 위해서 존재한다.

성공적인 세포의 경제와 무너지고 있는 인간의 경제 사이의 근본적인 차이는 복지의 의미에 대한 상반되는 인식에서 온다. 세포들이 모여서 공동생활의 형태를 취했을 때, 그 경제는 개체의 부에 중점을 둔 것이 아니라 집단의 복지, 즉 전체가 공유하는 부에 중점을 두었다.

미국 건국의 국부들도 개인의 자유를 높이 사기는 했지만 그들은 개인들이 번성하려면 건강한 공화국(commonwealth) — 국민이 권력을 가진 정부형태 — 이 필수적임을 이해하고 있었다. 그러나 유감스럽게도 과학적 물질주의와 다윈주의가 지배한 150년이 지나자 공화국이라는 개념은 포기되고 '개인의 부(uncommonwealth)'•를 좇아 경쟁하는 개인들이 그 자리를 차지해버렸다.

건강한 경제의 부는 풍족도로써 측정된다. 풍족이란 사회가 그 생존에 필요한 것들을 남을 만큼 생산해낼 수 있는 능력이다. 자연의 경제에서, 세포사회는 각 세포시민의 기본요구가 만족된 이후에만 부를 가질 수 있다. 다시 말해서 세포사회에서는 한 신체 부위의 세포들이 부족을 겪고 있는데 다른 부위의 세포들은 에너지를 비축하고 있는 그런 일은 일어나지 않는 것이다.

인간의 경제학은 세포경제학의 이 기본원리에 관한 한 완전히 표적을 빗나가고 — 죄를 짓고 — 있다. 자연적이지 못한 인간의 경제정책은 삶을 끝없는 생존투쟁으로 바라보는 다윈주의의 그릇된 인식에 물들어 있다. 이 공격적인 관념은 개인 간의 경쟁이 바로 진화의 원동력이라고 우긴다. 이것이 우리의 신념으로 프로그램화되고 나면 이 그릇된 인식은 전체 사회를 희생시키면서 개인의 이기심을 눈감아주고 부추긴다. 적자생존의 법칙이 몰고 가는 경제는 인도의 기업가 락쉬미 미탈Lakshmi Mittal과 멕시코의 거물 통신 기업가 카를로스 슬림 헬루Carlos Slim Helu과 같은 개인들을 숭배한다. 이들은 세계인구의 80퍼센트가 하루에 10달러 이하의

• commonwealth의 문자적인 뜻(공익, 공동의 부)을 패러디하여 만든 반대개념의 말. 역주.

돈으로 살아남기 위해 허덕이고 있을 때 각각 500억 달러의 개인재산을 쌓아놓고 있다.[•]

인간의 경제가 안고 있는 현 상황은 시민의 건강과 사회복지를 사회의 가장 우선적인 투자대상으로 삼는 성공적인 세포경제의 원리와는 완전히 상반된다. 세포의 논리는 너무나 단순하다. — 건강하고 행복한 '공동체의' 일원들은 모두를 위해 더 많은 부와 번영을 일궈내게 되어 있다. 왜냐하면 '공동체에서는' 개체의 생존을 위한 소비를 줄일 수 있기 때문이다. 사회의 복지를 최우선 순위로 삼지 않은 결과는 인류의 생존을 심각하게 위협한다.

전쟁, 보건위기, 비정상적으로 높은 수감된 시민의 비율 등은 이 문명에 복지가 결핍되어 있음을 보여준다. 노동력 손실로 인한 생산력 저하에다 전쟁기계를 만들어내고 병자를 돌보고 감금된 사람들을 통제하는 데에 소비되는 엄청난 비용은 미국의 국부를 심각하게 고갈시켰다.

경제적 번영을 복지와 동일시하고 개인의 자산을 사회의 자산과 동일시하는 문화적 세뇌 프로그램에 의해 우리 경제의 몰락은 더욱 가속되고 있다. 이렇게 조건화된 행동방식은 부지불식간에 우리를 더 많은 물질을 얻고자 발버둥치게끔 몰아간다. 그것이 만족스러운 삶과 행복을 보장해주기나 하는 것처럼 말이다.

영국의 잡지 〈뉴 사이언티스트 New Scientist〉가 2003년에 발표한 65개국 국민들을 대상으로 한 세계 가치관 조사의 놀라운 결과는 이 세뇌 프로그램의 타당성을 뿌리부터 흔들어놓았다. 이 데이터는 경제적으로 낙

• Chen, Shaohua, Martin, Ravallion, "The Developing World is Poorer Than We Thought, But No Less Successful in the Fight against Poverty," *World Bank Policy Research Working Paper Series, Social Science Research Network*, Aug. 1, 2008.

후한 푸에르토리코와 멕시코가 세상에서 가장 행복한 사람들이 사는, 세계에서 가장 행복한 나라임을 보여주었다. 그에 비해 경제번영을 구가하는 미국인들은 당혹스럽게도 총 순위에서 열여섯 번째였다! 경제적 번영은 행복과 반드시 직결되지 않는 것이 분명하다.*

조사에서 가장 행복한 나라들이 모두 공통적으로 가지고 있는 한 가지 요인은 공화국이라는 말이 의미하는 것의 진정한 상징인 '강한 공동체적 정서'였다. 그뿐 아니라 조사는 일신의 안전과 건강에 대한 기본적인 요구가 만족되고 나면 개인의 삶의 만족과 행복은 인간관계 ─ 동반자, 가족, 친구, 사회, 그리고 자기 자신과의 관계 ─ 의 질에 가장 크게 영향받는다는 것을 보여주었다.

소비지향적인 서양인들에게 이 조사결과는 나쁜 소식이었다. 왜냐하면 그것은 소비주의가 행복의 추구를 돕기는커녕 오히려 행복을 몰아내고 있는지도 모른다는 사실이 폭로됐기 때문이다. 경제적 번영을 지향하는 문화는 사람들로 하여금 행복해지기 위해 필요하다고 생각하는 물건들을 사들일 돈을 벌기 위해 그 어느 때보다도 더 오랜 시간을 일하게 만든다. 그러는 과정에서 그들은 돈을 좇느라 너무나 바빠져서 정작 실제로 행복을 일궈주는 인간관계에 관심을 기울일 시간은 빼앗겨버린다.

• Meg Howe, Graeme Young, "According to Survey Statistics Happiness of Wealthy People is No Greater!," *Small Farm Permaculture and Sustainable Living*, Jan. 5, 2009.

원리 2: 생태와 경제는 같은 것이다

지난 1,200년 동안 서구문명은 인간이란 자신이 살고 있는 환경과 분리된 별개의 존재라는 믿음에 물들어 있었다. 이전의 일신론 패러다임이 제공한 '진리'에 의하면 그것은, 인간은 신이 모든 동식물을 창조한 이후에 '따로' 인간을 창조함으로써 비로소 이 땅에 오게 되었기 때문이다.

과학적 물질주의가 문명의 바탕 패러다임을 물색하고 있을 때, 다윈주의는 이와는 전혀 다르지만 본질적으로는 동일한 결론의 기원설을 제공했다. 즉 우리는 있을 법하지 않은 돌연변이의 계보를 따라 순전히 우연 외에는 다른 이유 없이 이 땅에 오게 된 것이다.

일신사상의 창조론과 과학의 진화론이 선전하는 왜곡된 기원설은 인간과 — 인간이 그 한가운데서 살고 있는 — 환경이 서로 별개의 것이라고 강변한다. 일신론이 인간은 생물권을 지배할 권리를 부여받았다고 가르치는 한편에서 과학적 물질주의는 과학의 임무란 자연을 통제하고 지배하는 것이라고 주장함으로써 우리를 환경으로부터 더욱 분리되도록 부채질한다.

이 같은 오해로부터 빚어진 인간과 환경 사이의 괴리는 우리의 경제 운영방식에도 치명적인 결함을 초래했다. 특히 우리는 환경이 부의 으뜸가는 근원이라는 사실을 깨닫지 못했다. 우리의 경제적 부는 생물권의 모든 생명의 성장을 위해 불을 지펴주는 태양의 에너지로부터 생겨난 것이다. 그 밖의 부도 지구의 유한한 자원으로부터 생겨난 것으로, 그것은 인간의 경제활동으로 간주되는 것으로부터 뒷받침되지 않는, 인간의 경제시장 밖의 경로를 통해서 생겨난다.

경제학자로 변신한 전직 과학자인 프레데릭 소디 Frederick Soddy의 말에 의하면 "엽록소야말로 원조 자본주의자였다."● 엽록소 분자들은 광합성을 담당한다. 광합성은 태양의 에너지를 이용해서 물과 이산화탄소를 당분 분자로 바꿔놓는 과정이다. 식물세포들은 태양 에너지가 만들어낸 당분 분자들을 수확하여 그것을 신진대사를 위한 벽돌로, 그리고 생명을 지탱해주는 에너지로 사용한다.

자그마한 싹으로부터 코끼리 키만큼 자라는 옥수숫대의 성장도 식물의 엽록소가 생산해내는 영양소라는 부의 축적에 의해 일어나는 것이다. 우리를 포함해서 이 땅 위의 거의 대부분의 생명은 광합성 작용이 만들어내는 당분 분자에 의존한다.

경제학자 칼 윌켄Carl H. Wilken과 찰스 월터즈Charles Walters는 우리의 경제체제로 유입되는 모든 부가 자연이 공급하는 원재료의 형태로 들어온다는 것을 보여주었다. 윌켄은 이렇게 선언했다. "모든 새로운 부는 땅으로부터 온다."●● 나무의 열매든 덤불의 딸기든 밭의 곡식이든 가축이든 야생의 짐승이든 땅의 광물이든, 유형의 가치를 지닌 모든 것은 땅으로부터 나온다. 오늘날의 사이버 경제체제에서조차 땅에서 나는 생산물 없이는 생명도 멸망할 것이다.

찰스 월터즈는 자신의 책《용서받지 못한 자》(Unforgiven)에서 자연이 부를 어떻게 생산해내는지를 보여주는 강력한 보기를 제시한다. 적당한 햇빛과 강우량만 있으면 옥수수는 몇 달 만에 몇 개의 옥수수 열매를 맺는데, 그 각각의 옥수수는 동일한 생산력을 지닌 옥수수 낱알을 수백 개씩 품고 있다. 달리 무슨 방법으로 이토록 짧은 기간에 부를 천 배나 증식

● Charles Walters, *Unforgiven: The American Economic System Sold for Debt and War*, (Austin, TX: Acres, U.S.A., 1971, 2003), 37.
●● 같은 책 ix.

할 수 있겠는가? 자연환경은 그야말로 부가 쏟아져 나오는 화수분이다.*

숫자가 계속 줄어들고 있는 소규모 농장들을 위한 잡지인 〈에이커 Acres〉를 발행하는 월터즈는 자신의 생애기간 동안에 가족농장이 거의 사라져버리고 있는 현장을 목격해왔다. 그 자리에는 자연의 리듬을 벗어나서 단일경작을 하는 공장식 농장들이 갈수록 많이 들어서서 자연과 거리가 먼 음식과 독성 폐기물을 양산해내고 있다. 그리고 그런 한편에서 과학기술 문명은 가이아의 자원을 제멋대로 착취하여 흥청망청하는 인간의 화폐경제를 떠받치고 있다.

하지만 우리는 지구의 섬세 연약한 생명의 망에 대해 무지한 나머지 환경자원을 약탈하여 자연을 심각하게 훼손하고 황폐화시키고, 거기서 그치지 않고 그 환경을 또 폐기물 쓰레기로 온통 오염시키고 있으면서도 자신의 잘못을 자각하지 못하고 있다.

다른 모든 생물체에게도 마찬가지지만, 생태권의 풍요로운 자원은 생태권의 건강상태를 직접적으로 보여주는 반영물이다. 마구잡이로 훼손되고 있는 열대우림, 곪고 있는 노천광산, 멸종에 이르도록 남획되고 있는 생물종들, 독성 대기오염물질, 독성 약물로 오염된 하수, 방사성 폐기물 그리고 그 밖의 온갖 인공재해들은 환경의 건강을 위협하고 스스로 건강과 풍요를 회복할 힘을 잃게 했다. 자연을 통제하고 지배하려는 우리의 그릇된 노력은 생태권의 자연스러운 균형을 깨트리고 환경위기를 심화시켜서 목하 우리의 생존을 위협하고 있다.

이제 우리가 진입해 들어서고 있는 전일적인 패러다임에서는 더 이상 우리가 경제라 부르고 있는 머니게임을 그 게임이 지구에 초래하고 있는

• 같은 책 31쪽.

결과로부터 떼놓을 수가 없다. 특히나 그 결과가 자연환경을 파괴하고 위협할 때는 말이다.

자연은 인간사회에 생명을 부양하는 다양한 혜택을 제공한다. 경제학자라면 그것을 '상품과 서비스'라고 이름하겠지만 말이다. 그 기본적인 상품으로는 생존을 위한 양식, 주거를 위한 건축재료가 있다. 서비스로는 몇 가지만 꼽아도 수질정화, 저장과 배달, 폐기물 정화, 대기의 산소와 이산화탄소 비율 조절, 기후를 발생시키는 힘의 조절 등이 있다. 환경이 제공하는 상품과 서비스는 뭉뚱그려서 '생태계 서비스'로 불린다. 그리고 당신이 믿든 말든 간에, 인류의 복지는 자연의 '생태계 서비스'의 흐름이 끊기느냐 마느냐에 전적으로 달려 있다.

환경의 상품과 서비스를 생산하는 데 드는 비용은 어머니 지구가 부담한다. 만일 생태계 서비스의 비용을 우리가 부담해야만 한다면 그 상품 가격은 엄청나게 더 비싸질 것이다. 하지만 환경의 상품과 서비스 비용은 지구의 가격산정체계에서 한 요소로 고려되지 않으므로 경제정책 입안과정에서도 재생가능한 생태계 서비스의 비용이 감안되는 일은 거의 없다.

하지만 우리가 좋아하든 말든 상관없이 범지구적인 위기는 이제 우리로 하여금 경제정책 입안과정에서 자연이 해주는 서비스에 대해 합당한 평가를 하지 않을 수 없게 만들고 있다. 인류는 이제 생태계 서비스의 역할을 무시하는 것은 결국 인간 생명 자체의 존속가능성을 위협하는 일임을 깨닫기 시작하고 있다.

〈네이처Nature〉 지는 1997년에 미국 전역 대학교의 생물학자, 기후학자, 경제학자, 생태학자들의 연구를 종합한 대규모 연구결과를 발표했다. 이 연구는 여태껏 아무도 해본 적 없는 일을 시도했다. ─ 자연이 우리의 경제를 위해 해주는 일에다 실제로 가격을 붙여본 것이다. 열일곱 가지의 기본적인 생태계 서비스에 대한 조사 결과 이들은 우리의 복지를 위해서 환경이 해주는 일을 현재의 통화가치로 환산하면, 적게 잡아도 연간 무려 33조 달러에 이르는 것으로 추산했다. 이 천문학적인 숫자는 세계경제 전체 국민총생산량의 두 배에 달한다. 이 엄청난 숫자를 산출해내기 위해 연구진은 대양을 위시하여, 숲, 습지, 사막, 그리고 도시환경에 이르기까지 열 가지의 생태계가 해주는 일들의 비용을 계산해야 했다. 이 가치는 우리가 생활의 기본사양으로 포함되어 있는 것처럼 당연하게 받아들이고 있는 자연의 서비스들을 대상으로 산출한 것이다. 공기를 정화하고 물을 배분해서 공급해주고 먹을거리를 생산하고 자연 속의 여가활동거리를 제공하기 위해 생태계가 우리에게 해주는 일들 말이다.[*]

생명을 부양하는 생태계의 서비스 없이는 지구의 모든 경제가 무너질 것이므로 환경이 경제에서 지니는 실질적인 가치는 무한하다. 유명한 신용카드사의 광고문구를 흉내 내자면, '생물권의 생명부양 시스템은 33조 달러, 존재에 대한 자연의 기여는 무한대' 다. 문명은 지속가능한 경제를 이룩하기 위해서 정령신앙을 가졌던 조상들의 발자취를 따라 어머니 지구의 정원을 잘 가꾸어 모시라는 명을 받고 있는 것이다. 우리는 생존을 위해서라도 환경의 중차대한 기여를 감안한 경제정책, 그리고 물론 자연과 인간문명 양쪽의 건강과 복지를 증진하는 재정정책을 채택해야만 한다.

• Robert Costanza, et al, "The value of the world's ecosystem services and natural capital," *Nature* 387, (15 May 1997): 253-260.

원리 3: 효율이 번성의 열쇠다

세포로부터 세포가 만들어내는 인간과 기타 생명체들에 이르기까지, 살아 있는 모든 시스템은 살아남아 번성하려면 자신의 에너지 경제를 잘 운영해야만 한다. 사르두치 신부의 말을 흉내 내자면, 생명체의 부는 에너지를 '많이 생산해내고 적게 쓰는' 능력에 좌우된다.

12장의 생존지표에서 강조했듯이, 인간을 포함한 모든 생명체의 성공은 에너지 자원을 얼마나 효율적으로 이용하느냐에 좌우된다. 환경자원이 무한정하다는 믿음에 세뇌된 사람들에게는 효율성이라는 개념이 아무런 의미가 없다. '지천으로 깔려 있다'는 것이 그들의 주장이다. 작금의 물질주의 패러다임이 떠받드는 황금의 법칙이 지배하는 경제는 대체할 수 없는 환경자원을 남획해서 낭비하는 것을 아무렇지도 않게 여기고, 오히려 바로 그것을 경제적 성공으로 정의한다. 이 같은 자기중심적 근시안은 이 경제체제를 배후에서 지탱해주고 있는 자연으로부터 우리를 떼어놓았다.

우리는 살아 있는 지구, 가이아의 일부이기 때문에 땅으로부터 뽑아내어 생물권으로 방출하는 모든 것에 대해 책임을 가지고 있다. 수천 년 동안 이 책임은 제대로 인식되지 않았다. 왜냐하면 우리 이 왜소한 종은 이 크나큰 세계에 무슨 영향을 미칠 만큼 많은 것을 뽑아내어 배출할 능력조차 없었기 때문이다.

그런데 이제는 사정이 달라졌다. 세계야생재단(World Wildlife Fund)과 범지구 족적망(Global Footprint Network)의 2006년 보고서에 따르면 인간은 '전례 없는 속도로' 자연을 갉아먹고 있다. 현재의 추세가 계속되어 2050년에 이른다면 우리는 생존을 위해 지구 두 개분의 자연자원을 필요로 할 것이다. 세계야생재단의 총재 제임스 리프James Leape는 이렇게 덧붙였다. "세계인이 모두 미국인들처럼 산다면 우리는 다섯 개의 지구를 필요로 하게 될 것이다."•

이 반자연적 성장의 필연적인 한계는 그 생명체가 먹을 수 있는 먹이를 다 먹어치웠음을 깨달을 때 부딪히게 된다. 이러한 상황을 과학용어로는 '멸종'이라 부른다.

인간은 지구상에서 가장 소비적인 생명체다. 환경과 좀더 조화로운 관계를 유지하기 위해 온전한 정신으로 노력하지는 않고 이윤추구에만 급급한 기업들은 자신들의 단기적 이익을 위해 비효율적인 행위를 조장한다. 예컨대 자연의 석유를 약탈하는 한편으로 자동차 회사들에게 기름을 더 많이 먹는 레저용 차량 — 생명을 위해선 나쁘고 이윤을 위해선 좋은 — 생산을 강요하는 석유기업들의 해적질을 생각해보라.

이와 반대로 우리는 효율을 향상시키는 기술을 개발해냄으로써 자신의 빚을 줄이거나 심지어는 청산할 수도 있다. 컴퓨터와 인터넷, 무선전화기와 자동응답기 등 우리의 일상생활만 돌이켜보아도, 과학기술이 환경에 대한 의존을 줄이면서도 일터의 효율성을 얼마나 향상시켜놓았는지를 알 수 있다.

공동체가 생겨나게 하는 배후의 근본적인 동력은 복지의 추구, 즉 국부들이 '행복의 추구'라 불렀던 추구력이다. 이에 반하여 자신의 이익만을 좇는 기업들은 나머지 세계의 희생 위에 자신들만의 행복을 확보하려는 속셈으로, 삶의 만족이란 오로지 물질적 부를 소유하고 축적하는 데

• "Living Planet Report 2006 outlines Scenarios for humanity's future," Global Footprint Network, www.footprintnetwork.org

있다는 신념으로 대중을 세뇌시켰다. 행복해지기 위해 우리에게 필요한 것은 페라리 자동차와 롤렉스 시계와 18캐럿짜리 다이아몬드가 박힌 황금 병따개뿐이라는 것이다. 그러나 이 중 어떤 것도 그 자체로서는 행복을 보장해주기는커녕, 상징하지도 못한다. 게다가 그런 것들을 사는 데 돈을 다 써버린다면 부자가 되기도 이미 글렀다.

선전광고가 열심으로 권하듯이, '당신의 사랑을 그녀에게 보여주려면 다이아몬드 반지보다 나은 것이 어디 있겠는가?' 하지만 우리는 사랑의 편지나 시를 써 보내는 것이 다이아몬드 반지보다 더 감동적이고 생명을 위하는 일임을 언젠가는 깨닫게 될 것이다. 기능적인 면에서만 보자면 다이아몬드는 단지 유리를 자르거나 옛날 레코드판을 재생하는 데나 유용할 뿐이다.

아마도 우리가 추구하는 것의 실체는 물건(goods)이 아니라 그런 물건들이 가져다주리라고 생각하는 좋은 일(goodness)일 것이다. 이것을 깨닫는다면 가장 효율적인 경제란 최소한의 에너지로 가장 큰 복지와 행복을 가져다주는 것임을 알게 될 것이다.

원리 4: 화폐는 실질적 가치를 지녀야 한다

지구상에 생명이 진화된 이래로 생명체들은 생명을 부양하는 에너지를 더 많이 생산해내는 행동을 촉진시키는 데에 주력함으로써 존재를 지탱해야 했다. 공동체가 분업을 할 수 있을 만큼 커지자 개체들이 공동체 내의 다른 개체들이 에너지를 투자하여 만들어낸 상품과 서비스를 얻을 수 있게 하는 교환 시스템을 개발할 필요가 생겼다.

필요는 발명의 어머니다. 그리고 이 경우, 발명된 것은 돈이었다. 돈, 곧 화폐란 상품과 서비스의 대가를 지불하거나 빚을 갚기 위한 모든 형태의 도구다. 화폐는 세 가지 기능으로써 정의된다. — 그것은 가치교환의 매개물이며 가치계산의 단위이며 가치의 저장고다.

살아 있는 생명체의 세포들 사이에서 교환되는, 에너지를 저장하고 있는 화폐인 ATP 분자를 보기로 해서 이 정의를 살펴보자. 우리는 ATP 분자야말로 지구 최초의 화폐이며, 그것은 돈의 성질을 구성하는 세 가지 기능을 모두 갖추고 있음을 알게 될 것이다.

기능 1, 가치교환의 매개물 : ATP는 공간과 시간을 모두 가로질러 옮길 수 있는 가치교환의 매개물이다. 현찰과 ATP는 모두 교환가능하며 물물거래 방식이 지닌 비효율성을 피해갈 수 있게 해준다. 오로지 상품만으로 물물교환을 하려면 얼마나 어려울지를 생각해보라. — '오늘의 특가상품: 오일교환과 엔진튜닝을 단돈 닭 세 마리와 송어 반 마리에!' 혹은, '소화효소 여덟 개에 지방분자 세 개를 드립니다.'

기능 2, 가치계산의 단위 : 각 ATP 분자는 일정량의 가용 에너지다. 따라서 ATP는 가치계산의 단위이다. 왜냐하면 그것은 상품과 서비스와 기타 거래물의 시장가치를 표시할 수 있는 숫자로 된 표준 측정단위를 제공하기 때문이다. 가치계산의 단위는 교환과정을 단순화해준다. — '오일교환: ATP 15개, 엔진튜닝: ATP 35개. 오늘의 특가상품(10% 할인): 두 가지를 ATP 45개에!' — 이것은 송어 반 마리만큼 값을 깎아주는 것보다 쉽다.

기능 3, 가치의 저장고 : ATP는 가치의 저장고이기도 하다. 즉 그것은 저장하고 비축했다가 꺼낼 수 있으며, 꺼낼 경우 가용성可用性이 보장된다. 백만 년 전에 ATP 분자에 저장되었던 에너지의 가치는 처음에 만들어졌을 때나 지금이나 정확히 동일하다. 그에 비해 달러, 프랑, 유로, 엔화 등의 가치는 거의 매 순간 오르락내리락한다.

ATP는 실물화폐다. 실물화폐란 실물의 가치를 근거로 하는 화폐다. 이에 비해 인간문명의 주요 화폐는 대용화폐다. 대용화폐는 그 자체가 실물로 이루어져 있지는 않지만 그 가치를 뒷받침하는 실물과 고정적이고 직접적인 관계를 맺고 있는 화폐다. 대용화폐의 예는 미국의 달러다. 이것은 한때 은銀 증서로 알려졌었다. 왜냐하면 그것은 비록 종이로 만들어졌지만 1달러어치의 은을 대신했기 때문이다.

오늘날의 미국 달러는 다른 대부분의 화폐와 마찬가지로 명목화폐다. 그것은 종이나 동전으로 된 화폐로서 그 가치는 정부의 권한에 의해서 정해진다. 명목화폐의 실용성은 그 본래의 가치나, 그것을 금이나 은, 혹은 기타 귀금속과 바꿀 수 있다는 보장으로부터 생기는 것이 아니라 그것을 지불의 수단으로 받아들여야 한다는 법적 명령으로부터 생기는 것이다.

대부분의 나라에서 명목화폐는 더 이상 금이나 은으로 가치가 뒷받침되지 않고 자체의 가치를 지니지 않은, 경제적 교환의 단순한 매개물이 되었다. 이 말이 의심스럽다면 돈을 먹어보라. 섬유질은 많겠지만 영양분은 거의 없을 것이다. 더욱 놀라운 사실은, 100달러짜리 지폐가 1달러짜리 지폐보다 더 영양가가 높지 않다는 것이다!

토머스 제퍼슨은 대용화폐의 가치에 대한 우려를 다음과 같이 표했었다. "종이는 빈곤이다, … 그것은 돈 자체가 아니라 돈의 유령일 뿐이다."● 제퍼슨은 국가가 대용화폐를 사용하면 좋지 않은 운명에 처하게 될

● Thomas Jefferson, "Thomas Jefferson on Politics and Government: Money and Banking," *The University of Virginia Archives*.

것임을 알았다. 왜냐하면 화폐를 발행하는 사람들이 그것의 가치와 유효성을 독점적으로 통제하게 될 것이기 때문이다.

여기서, 우리가 9장에서 언급했던 식민지의 화폐는 실제로 지폐였고, 그럼에도 자체로서 가치를 지니지 않은 이 명목화폐가 식민지의 번영에 중요한 열쇠였음을 기억할 필요가 있다. 어떻게 그럴 수가 있었을까? 그것은 금이나 은으로써 가치를 보증받지는 않았지만 귀금속보다도 궁극적으로 더 가치 있는 무엇을 지니고 있었다. 그것은 아메리카 식민지가 기꺼이 창출해내고자 준비하고 있는 자연의 산물과 생산적인 서비스의 알짜배기 가치를 지니고 있었던 것이다. 이 자연적인 번영에 비해 우리가 오늘날 처해 있는 경제상황은 어떻게 다른지를 이해하려면 우리는 돈의 뒷조사를 해보아야 한다.

돈의 뒷조사

그러면 돈 — 달러든 파운드든 프랑이든 유로든 — 은 어디서 나오는 걸까? 그야 각각 연방준비은행, 영국 국립은행, 스위스 국립은행, 유럽 중앙은행으로부터 나온다. 화폐를 발행하는 이 기관들의 이름은 멋지게 들려서 이들이 공화국의 복지를 돌보는 사명을 띤 정부기관인 것 같은 인상을 준다. 그러나 그렇지 않다. 이 은행들은 모두 그 운 좋은 주주들을 위해 이익을 창출한다는 기업목표를 가진 사기업들이다!

은행이 돈이 생겨나게 만드는 방법을 이해하기 위해서, 은행에 돈을 빌리러 갈 때 일어나는 일을 생각해보자. 당신은 아마 당신이 빌리는 돈은 다른 사람이 이자를 벌기 위해서 은행에 저축해놓은 돈일 줄로 알 것이다. 하지만 아니올시다. 화폐를 발행하는 은행은 부분지급준비금제도에 의해 운영된다. 이것은 이들이 고객이 저축한 액수보다 아홉 배 되는 양의 돈을 찍어낼 수 있다는 뜻이다. 그들은 문자 그대로 90퍼센트의 돈을 허공에서 난데없이 만들어내는 것이다!

이 사설 은행들은 이윤을 창출한다는 기업목표를 어떻게 성취할까? 그들은 이자를 붙여서 돈을 빌려준다. ― 이자가 10퍼센트라면 이윤이 10퍼센트다.

자, 당신이 1,000달러를 빌려서 은행에 1,100달러를 갚아야 한다고 하자. 당신은 100달러를 어디서 버는가? 그야 당신의 상품이나 서비스를 다른 사람들에게 팔아서일 것이다. 그렇다. 그럼 그 사람들은 당신에게 지불할 돈을 어디서 구하는가? 그렇다, 그들도 같은 은행에서 돈을 빌린다. 물론 이들도 이자를 문다.

한 나라의 인구가 백만 명이라고 하고, 화폐교환 경제체제를 만들기 위해 국민들이 모두 은행에서 1,000달러씩 빌린다고 해보자. 그러면 은행은 모두 합해서 10억 달러의 화폐를 나라에 빌려주는 것이다. 그러면 국가는 은행에 10억 달러의 원금과 1억 달러의 이자를 빚진다. 그렇다면 국가는 은행에 지불할 1억 달러의 화폐를 어디서 구할까? 구하지 못한다. 구할 수가 없는 것이다.

왜냐하면 국가는 돈을 빌리고 갚을 수 있을 뿐, 만들어낼 수가 없기 때문이다. 오직 은행만이 돈을 만들어낼 수 있다.

오로지 사설은행만이 하는 이 화폐발행은 원금과 이자를 다 갚을 수 있는 화폐가 결코 유통되지 않는, 부채 기반의 경제를 초래한다. 처음에 빌린 돈을 갚는 것은 그 돈을 만들기 위한 끊임없는 경제성장 ― 곧 새로운 대출의 필요성 ― 을 통해서만 가능하다. 달리 말해서, 대출은 오로지 더 많은 대출을 초래할 뿐이다.

불가피하게, 변재불능 사태가 일어나 은행으로 하여금 대출을 중단하게 만드는 상황이 초래된다. 대출에 대한 담보로 사용된 채무자의 재산은 압류되어 은행의 주주들에게 배분된다. 은행이 빌려준 돈은 담보물의 가액에 결코 못 미치므로 주주들은 좋아라고 대출중단 조치를 받아들인다.

머니게임의 이 오랜 패턴을 추적해보면 고대 바빌론으로까지 거슬러 올라갈 수 있다. 예수가 성전에서 환전상들을 쫓아내기 수백 년 이전에 바알의 사제들은 저마다 돈주머니를 가지고 있었다. 해마다 봄이 오면 그들은 농부들에게 농사자금을 빌려주었다. 수확기가 되면 사제들은 빌려준 돈이 돌아오기를 기다렸다. 하지만 사제들은 돈의 공급도 통제하고 있었으므로 물론 그들은 모든 농부들이 빌린 돈을 갚을 만큼 충분한 액수의 돈이 돌아다니지 못하게끔 조치했다.* 이 때문에 농부들은 돈을 더 빌려야 하게 되고, 다음 추수 때는 빚이 더 늘어나 있게 되는 것이다. 이런 식의 게임이 여러 해 반복되다 보면 결국 농부들은 꼼짝없이 아무런 생산적인 일도 하지 않는 사제들의 노예가 되어버린다. 바빌론 문명은 그 사회의 생산적인 구성원들을 노예로 전락시키면서 결국 함께 몰락해버렸다.

선지적 경제학자인 리처드 코틀라즈Richard Kotlarz는 이와 동일한 착취방식, 곧 '돈을 빌려주어 돌아다니게 하다가 갚을 수 없도록 돈줄을 죄는' 방식이 페르시아, 그리스, 로마 등의 고대사회에서 널리 퍼져서 같은 결과를 빚어냈음을 깨달았다.** 이 관행은 훗날 식민주의와 제국주의 시대에 다시 유행했다. 그것은 오늘날에 와서는 세계은행, 국제통화기금 등

---

* Richard Kotlarz, personal interview with Steve Bhaerman, 2008. 3. 14.
** 같은 인터뷰.

국제 금융기관들의 통화정책에서 발견된다. 국제화 시대를 맞아 이들의 경제 암살꾼들은 자유를 얻으려면 경제개발 자금을 빌리라고 저개발국들을 꼬드겨서 결국은 빚의 노예가 되게 만든다. 이러한 착취경제의 결말은 언제나 황금알을 낳아주는 거위를 죽여버리는 것이다.

한때는 생산적이었지만 지금은 빚더미에 싸인 회사와 공장들과 일자리를 잃고 떠나는 노동자들을 등지고 황금 낙하산을 타고 탈출하는 오늘날의 기업주들의 모습 속에도 이와 똑같은 슬픈 시나리오가 감춰져 있다. 진짜배기 부 — 동원가능한 자원과 부지런한 일꾼들의 생산잠재력 — 는 구비하고 있는데도 교환수단일 뿐인 화폐가 시스템에서 빠져 나가버린 것이다. 재료를 구입하고 일꾼들 월급을 줄 돈이 모자라는 것이다.

토마스 제퍼슨이나 제임스 매디슨과 같은 선각자들이 미국 국립은행 설립에 반대하여 싸웠던 것도 놀랄 일이 아니다. 그들은 착취경제 시스템 아래에 정치적 자유란 있을 수 없다는 것을 알고 있었던 것이다. 자연의 부의 가치를 바탕으로 한, 부채 없는 통화체제를 만들어낼 능력이 없으면 결국은 사회 전체가 고대 바빌론의 농부들과 같이 영원히 부채를 짊어지고 사는 신세가 되고 만다.

제퍼슨은 매우 선지적인 안목으로 이렇게 썼다. "미국민이 은행이 화폐발행권을 갖도록 허용한다면 처음에는 인플레이션으로, 다음엔 디플레이션으로 살을 찌운 은행과 기업들이 국민의 재산을 다 빼앗아서 그들의 후손들을 선조들이 개척한 땅에서 집 없는 노숙자로 살게 만들 것이다. 화폐발행권을 은행으로부터 빼앗아 원래의 주인인 의회와 국민들에게 돌려줘야만 한다. 나는 진실로, 은행이 화폐발행권을 가지게 하는 것이 눈앞의 적보다도 더 자유를 위협하는 위협물이라고 믿는다."•

현재의 경제위기가 폭로해주고 있듯이, 통화량이 반드시 그 사회의 부를 반영해주지는 않는다. 예컨대 1933년의 공황기에 미국의 농업생산량은 주식시장이 무너지기 전인 1929년의 그것과 대략 비슷했다는 사실을 생각해보라. 그럼에도 1933년의 농업 총생산의 화폐가치는 4년 전의 가치에 비해 반밖에 안 되었다! 경제학자 칼 월켄이 지적하듯이, 1933년의 생산물들은 4년 전의 생산물들과 칼로리 양이 같다. 우리의 화폐가 진정 가치의 저장고였다면 농산물의 가치가 반으로 줄어들지는 않았을 것이다.**

화폐 가치의 유동적인 성질이 우리의 자연적인 경제를 뿌리깊이 갉아먹고 완전히 반자연적인 경제가 번성하게 했다. 《새로운 경제를 위한 어젠다》(Agenda for New Economy)의 저자인 데이빗 코튼David Korten은 우리의 현 경제체제를 "아무런 가치도 창출해내지 않는 플레이어들이 돈 가진 자들을 위해 돈으로써 돈을 만들어내는 머니게임"이라고 가차 없이 묘사했다.***

코튼은 케빈 필립Kevin Phillip의 저서 《악화》(Bad Money)를 인용하면서 1950년 세계적으로 가장 세력을 떨쳤던 미국의 경제와 오늘날의 경제를 비교한다. 1950년에 제조업은 미국 국내총생산의 29.3퍼센트에 이르렀다. 그런데 2005년에 이르러서는 제조업의 비율은 단지 12퍼센트밖에 안 되고, 자본시장에 자본을 투자하는 소위 금융서비스업이 국민총생산의 20퍼센트 이상을 차지했다.****

● Thomas Jefferson, quote, *The The Quotation Page*.
●● Walters, *Unforgiven: The American Economic System Sold for Debt and War*, 239.
●●● David C. Korten, *Agenda for a New Economy: from Phantom Wealth to Real Wealth*, (San Francisco, CA: Berret-Koehler, 2009), 26.
●●●● 같은 책 49-50쪽.

20년 전에는 경제라는 전경 속에서 하나의 덤불더미 정도에 지나지 않았던 금융서비스의 한 보기인 헤지펀드(투자신탁업)는 이제 자산 가치 1조 8천억 달러 규모로 커져 있다. 기본적으로 더 많은 돈을 빌리기 위해서 돈을 빌리는 일인 이 모험투자의 액수는 2006년에 총 14조 달러였다.[*]

레버리지 leverage(차입자본)는 돈을 빌리는 것을 뜻하는 새로운 말인데, 지금은 파산하여 없어진 회사인 리만 브라더즈는 35대 1의 레버리지를 도입했다. 이것은 회사의 주식 소유지분 1달러당 35달러의 돈을 빌렸다는 말이다! 리만의 파산은 보증 없는 채권자들에게 2천억 달러의 손해를 안겨줬다.[**]

자본시장에서 월스트리트(주식시장)의 단기이익은 메인스트리트(노동시장)의 장기손해로 귀결된다. 코턴은 대략 30년 동안에 "메인스트리트 경제의 생산성 증가로 인한 이익은 월스트리트 투자자들의 이자, 배당금, 금융서비스 수수료 등으로 다 넘어가버렸다"고 보고했다.[***]

달러의 실질가치가 수직으로 추락하고 있는 경제를 무마해보려는 시도로 미국의 소비자들은 소비재 살 돈을 꾸기 시작했다. 못할 것 없잖은가, 카드만 있으면 햄버거도 사 먹을 수 있다. 칼로리와 함께 빚도 늘어나지만 말이다. 금융기관들은 모두가 돈 빌려주기에 혈안이어서 2007년에는 개인들의 주택담보융자와 신용카드 빚의 총액이 13조 8천억 달러에 이르렀다. 이것은 대략 그 해의 국민총생산과 맞먹는다! 또 한 번 대출중단 사태가 일어날 때다!

---

[*] 같은 책 50쪽.　[**] 같은 책 51쪽.　[***] 같은 책 53쪽.

궁핍과 탐욕 너머:
진정한 부에 근거한 진짜 화폐

오늘날 우리가 처해 있는 이 경악스러운 상황은 이 불행한 사태의 책임자가 누구인지를 물어보지 않을 수 없게 만든다. 은행가와 자본가, 기업과 정치가들을 탓할 것인가? 물론 기업이라 불리는 돈기계들도 얼마간의 책임이 있다. 왜냐하면 기업들은 환경비용을 떼먹고 자기네들의 이윤만 달랑 챙겨갔기 때문이다. 하지만 몇몇 악당들만 찾아내고 그친다면 우리는 진정한 교훈을 놓치는 것이다. 궁극적으로는 인간 모두가 이 상황에 책임을 져야 한다. 왜냐하면 우리는 스스로 매사에서 번번이 그들의 뜻에 동의를 해왔기 때문이다.

가난한 자들은 복권당첨의 꿈을 꾸고 중류층은 즉석의 만족을 위해 신용카드를 긋고 다니고 부자들은 필요 이상의 재물을 하늘 높이 쌓아가는 현대사회에서 이것은 부정할 수 없는 사실이다.

적자생존이라는 세뇌된 신념 덕분에 많이 가지지 못하는 것에 대한 두려움 — 'scare-city'• — 이 너무나 팽배하여 그와 다른 삶의 방식은 상상하기조차 어렵다. 물질주의 과학과 다윈주의자들이 궁핍과 탐욕이야말로 인간의 본성임을 보여주는 역사적 증거를 쌓아올리는 동안 결핍이라는 프로그램이 빚의 이자처럼 불어났다.

인간의 문명은 3천 년 동안 돈의 꽁무니를 좇아왔다. 기분전환도 할

• 부족, 결핍이란 뜻의 scarcity를 나누면 scare(겁주다)와 city(도시)가 된다. 사람들로 하여금 결핍에 대한 두려움에 밀려서 어쩔 수 없이 자본주의 경제체제의 노예로 살게끔 세뇌하는 현대 도시문명을 꼬집는 말. 역주.

겸, 돈이 인간의 삶을 좇아다니게 해보면 어떨까?

궁핍과 탐욕 대신 우리는 무엇을 가지고 싶은가? 다행히도 다수의 '상상할 줄 아는 세포' 경제학자들이 우리로 하여금 돈의 매트릭스를 벗어나 뭔가 새로운 것을 설계할 수 있게끔 도와주려 나섰다.

예컨대 미국 통화연구소의 스티븐 잘렝가Stephen Zarlenga는 보수주의자와 자유주의자와 미국 건국의 국부들이 모두 공감할 통화개혁을 위한 토론을 제안했다.*

1. 연방준비은행에 의한 사적인 조폐행위를 종식시키고 그것을 국가의 전체 부의 가치를 반영하는, 빚 없는 돈으로 대체하라.

2. 부분지급준비금제도를 종식시키고, 은행이 실제로 소유하고 있는 돈을 빌려줌으로써만 돈을 벌 수 있게 하라.

3. 빚으로서가 아니라 국가의 조성금으로서의 새로운 돈을 시스템에 추가투입하여 기간시설을 재건함으로써 실질적 가치를 창출해내는 일자리를 만들어내라.

잘렝가의 계획은 급진적인 것으로 들릴 수 있고, 실제로도 그렇다. 하지만 우리가 처해 있는 상황은 심각하고, 모든 문제가 백일하에 노출되어 있다. 우리도 이제 정신을 차리고 더 이상 쓸모없는 패러다임과 프로그램

* Stephen Zarlenga, "The 1930s Chicago Plan and the American Monetary Act," *AMI Reform Conference*, October 2005.

을 내려놓고 있는 마당이니, 돈의 정의와 역할에 관한 우리의 낡은 믿음도 함께 내려놓을 수 있을 것이다.

큰 변혁을 논하자면, 리처드 코틀라즈는 우리도 희년禧年을 다시 제정할 것을 제안한다. 구약성경에서는 50년마다 돌아오는 희년에는 사람들이 모든 빚을 탕감받고 노예는 해방된다. 이것은 부의 격차로 인해 사회의 짜임새가 헝클어지는 것을 막기 위한 것이었다.

희년은 이 시대가 절실히 요구하는 환희의 축제를 만들어낼 것이다. 빚이라는 짐이 없다고 생각해보라. 세상이 창조성과 진정성과 생명력 넘치는, 그 자체로서 충족한 일들로 얼마나 넘쳐나겠는가. 이 지구정원이 정말 다시 가꾸어질 수 있도록, 자원을 해방시키는 일도 상상해볼 수 있다.

더 건강한 공화국을 건설하기 위해서 우리는 장기적인 통화개혁과 함께 세 가지의 단기정책을 채택할 수 있다. 대체화폐를 만들어 사용하고, 지역의 자급자족도를 높이고, 행복도를 바탕 삼는 경제를 진작시키는 것 말이다.

대체화폐: 자체의 가치가 없고 빚을 전제로 하는 대용화폐야말로 현재의 세계경제위기를 초래한 주범이다. 아인슈타인의 말*을 흉내내자면, 우리는 경제문제를 동일한 화폐로써는 해결할 수 없다. 지속가능한 경제구조를 건설하려면 좀더 실질적인 화폐가 진화해 나와야 한다. 이 목표를 위해, 창조적인 경제학자들이 현재의 세계적 통화 난국을 타개할 새로운 교환단위에 관한 혁명적인 생각들을 가지고 나오고 있다.

유로 화폐의 고안을 도왔던 벨기에의 경제학자 베르나르트 리타에르

---

* "문제는 그것이 일어난 것과 동일한 차원에서는 해결할 수 없다."

Bernard Lietaer는 자신의 저서 《인간적인 부: 탐욕과 결핍 너머의 돈》(Access to Human Wealth: Money beyond Greed and Scarcity)에서 우리의 경제문제에 대한 단기적 해결책으로서 음화陰貨(yin currency)라는 개념을 제시했다. 음화는 달러, 엔, 프랑, 유로 등으로 대표되는 주화폐인 양화陽貨를 보완하는 보완화폐로 고안되었다.*

리타에르는 실질적으로 이로운 화폐를 이루는 요소가 무엇인가 하는 것은 공동체 내의 합의에 의해 정의된다는 점을 강조한다. 그러니까 우리는 양화 체제를 보완하는 우리만의 화폐를 마음대로 만들 수 있다는 말이다. 사실 우리는 미처 깨닫기도 전이 이미 음화를 늘 사용하고 있다. 리타에르는 항공 마일리지가 합의된 보완화폐의 한 예라고 말한다. 실제로 비행기를 타지 않고도 항공 마일리지를 얻을 수 있지 않은가.

음화는 돈은 없어도 시간은 많은 사회에서 필요한 서비스를 제공하고자 하는 이들로부터 서비스를 받을 수 있게 해주는 일종의 화폐다. 현재 전 세계에서 거의 4,000개에 육박하는 사회들이 음화를 사용하고 있다. 가장 흔하기로는, 돈 없는 사람들이 비용을 대신 지불하는 지불수단으로서 말이다.

음화의 구체적인 예로는 일본의 '후레아이 깁푸'가 있다. 이것은 의역하면 '도우미 티켓'이라는 뜻인데 일본은 값비싼 요양원에 의존하는 대신 건강보험으로 해결되지 않는 노년 부양을 위해 지불할 수 있는 후레아이 깁푸 화폐를 만들어냈다.**

그것은 이렇게 쓰인다. 당신네 동네에 사는 한 노인이 혼자서는 장을

---

* Ravi Dykema, "An Interview with Bernard Lietaer: Money, Community and Social Change," *Nexus*, July-August, 2003.
** 같은 글.

보러 다닐 수가 없다고 하자. 당신이 그를 대신해서 장을 보고 그가 음식 만드는 것을 도와주고, 또 일본문화에서 중요한 일인 목욕을 도와준다고 하자. 그 대신 당신은 당신의 후레아이 깁푸 저축계좌에 점수를 얻는다. 그러면 당신은 그것을 당신이 늙었을 때 사용할 수도 있고, 아니면 다른 도시에 사는 노모의 계좌로 이체해줄 수도 있다. 그러면 노모는 자기를 돌봐주는 사람에게 그것으로 비용을 지불할 수 있는 것이다.

조사 결과 일본의 노인들은 후레아이 깁푸를 통해 제공되는 서비스를 엔화를 지불하고 받는 서비스보다 훨씬 더 좋아하는 것으로 드러났다. 왜냐하면 그것은 공동체 사회의 정감이 듬뿍 담긴 봉사이기 때문이다.

흥미롭게도, 커뮤니티community(공동체)라는 말은 라틴어인 cummune re에서 나왔다. munere는 '주다'라는 뜻이고 cum은 '서로'라는 뜻이다. 커뮤니티와 후레아이 깁푸는 '서로 준다'는 같은 뜻을 가지고 있다.•

매우 성공적인 유기적 화폐의 또 다른 예는 호주인인 제임스 타리스 James Taris가 개발한 지역교환거래 시스템(LETS; Local Exchange Trading System)이다. 다른 음화들과 거의 마찬가지로 LETS는 공동체 내에서 도우미 서비스나 기술이나 재능을 서로 교환함으로써 삶의 질을 높이고자 하는 사람들을 위한 교환센터 역할을 제공한다. 예컨대 이것은 자동차 수리공이나 유모가, 달러 경제에서는 비용을 지불할 수 없었던 마사지를 받거나 요리사가 만든 저녁식사를 즐길 수 있게 해준다. 이 글을 쓰는 현재도 39개국에서 1,500개 이상의 LETS와 공동체화폐 그룹들이 활동하고 있다. 이 숫자는 당신이 이 책을 읽고 있을 때는 틀림없이 더 늘어나 있을 것이다!••

• 같은 글.
•• James Taris, *Global Quest for Local LETS*, (E-book, 2002).

지역 내 자급자족: 지역상품 구매하기 운동은 자연친화적인 경제로 가는 또 하나의 동향이다. 물론 이것은 외제불매운동이 아니다. 이것은 비용효율과 관련된 두 가지 원리의 인식을 상징한다. 첫째, 지역에서 생산된 상품은 운송비용이 들지 않으므로 당연히 경제적으로나 에너지 효율 측면으로나 더 효율적이다. 둘째로, 지역이 보유한 산업은 지역의 부를 문자 그대로 불려주는 한편 그 지역의 특성과 삶의 질을 높여준다.

최근의 두 연구가 이것을 보여준다. 첫 번째 연구는 샌프란시스코 지역의 도서, 스포츠상품, 장난감과 선물, 그리고 외식 등 네 가지 산업에 관련된 것이다. 연구결과는 대형체인점에서 구매하던 것 중에서 10퍼센트만 지역의 상점에서 구매해도 거의 1억 9천2백만 달러의 지역경제 성장, 7천2백만 달러의 노동자 수입 증가, 그리고 천2백만 달러의 소매규모 증가가 일어남을 보여주었다.[*] 텍사스 주의 오스틴에서 행한 두 번째 연구는 각 가구가 휴일에 소비하는 돈 중 100달러만을 체인점으로부터 지역상점으로 돌려서 소비해도 그것은 지역경제에 천만 달러 상당의 긍정적 영향을 미친다는 것을 보여주었다.[**]

이러한 재정적 이익이 어떻게 일어나는 것일까? 대형마트나 체인점들은 수익을 지역 밖으로 가져가버린다. 반대로 지역의 산업은 돈을 근방에서 유통되게 한다. 그들은 지역의 노동력을 고용하고 지역의 상인들로부터 재료와 서비스를 구입하고 지역의 자선사업을 돕고 이윤을 지역의 상점들에서 소비한다.

---

[*] Civic Economics, "The San Francisco Retail Diversity Study," *Civic Economics*, May, 2007, 1-28.

[**] Civic Economics, *Economic Impact Analysis: A Case Study, Local Merchants vs. ChainRetailers*, (Austin, TX: Civic Economics, 2002), 1-16.

캘리포니아 주 소노마 카운티에 있는 지역경제 부흥을 위한 단체인 '지역으로(Go Local)'가 행한 연구에 의하면, 전국 체인망 사업과는 대조적으로 지역산업으로부터 물건을 구매하면 그 수입금이 그 지역사회 안에서 세 배나 더 오랫동안 유통된다고 한다.[•]

65억 인구가 먹을 수 있는 양식을 확보한다는 어려운 사명에 도전하기 위해, '지역으로' 운동은 단순하고 자연친화적인 해결책을 제시하는 '지역에서 성장하기(grow local)' 지부를 진화시켰다. 그 목표는 모든 사회가 양식과 에너지를 자급자족함으로써 홀로 설 수 있게 되는 것이다. 태양과 토양이야말로 모든 부의 근원이므로 건강하고 풍요로운 나라란 모든 지역사회가 이 풍요의 근원에 뿌리를 내리는 것으로부터 출발해야 하는 것이다.

미국의 가장 도시화되고 빈민굴이 된 지역에서조차 식량을 재배할 수 있고, 그것은 짭짤한 사업의 기회를 제공하기도 한다. 도시의 주민들에게 공터, 옥상, 학교운동장의 한 귀퉁이, 공원 등의 공간을 열어주기만 하면 그들도 먹을거리를 기르고 가공하여 팔고, 경제권의 식품 체인에다 납품할 기회도 얻을 수 있다.

행복 일구기 : 정원이라는 개념을 좀더 확대시켜보자면, 어떤 의미에서는 모든 이웃과 공동체, 도시, 주, 국가들이 식량뿐만 아니라 그 밖의 형태의 재생가능한 부 — 행복처럼 만져지지 않는 것을 포함하여 — 를 길러낼 수 있는 하나의 텃밭이다. 우리는 어쩌면 불교왕국 부탄의 본보기를 따라야 할지도 모른다. 1970년대에 부탄의 국왕 직메 싱예 왕축 Jigme

---

• "The San Francisco Retail Diversity Study," Studies in Economics, Sonoma County Global Coop, April 2007.

Singye Wangchuck은 진정한 부의 척도는 국민총행복(GNH: Gross National Happiness)이라고 선언했다.

하지만 행복이란 게 정확히 뭐란 말인가? 부탄 사람들에게 그것은 관점을 바꾸는 것이다. 〈개발〉(Development) 지誌의 한 기사에 의하면, "국가는 물질적 발전을 위해서 국민의 행복에 중요한 요소들을 희생시키지 말아야 한다"는 것이 그 배후의 메시지다. 간단히 말해서, '국민총행복'은 돈의 흐름만이 아니라 보건의 질, 가족과의 자유로운 시간, 국가자원의 보존, 그리고 그 밖의 경제외적 요소들을 모두 고려한다.•

삶의 궁극적 목적은 내면의 행복이라고 말하는 불교의 가르침을 좇아, 부탄 사회는 소비재 상품의 지나친 소비를 줄임으로써 중간마진을 노리는 대형유통업이 발을 붙이지 못하게 하고, 만인에게 최선인 행복을 일구어가기로 했다. 부탄의 본보기는 흥미로운 의문을 제기한다. — 각 나라가, 각 지역이, 각 공동체가 저마다 고유한 방법으로 세상에 행복을 극대화시키는 사명을 수행한다면 어떻게 될까? 정말 어떻게 될까?

우리는 사랑, 행복, 상상력, 깨어 있음과 같이 만져지지 않지만 개인의 행복을 좌우하는 요소들이 지닌 경제적 영향력을 무시할 수 없다. 진화해가는 새로운 경제체제 속에서는 이것이야말로 버크민스터 풀러 같으면 다이맥시언 이코노미dymaxion economy라 부를 그런 경제를 이룩할 수 있게 해주는 증폭기다.••

앞서 말했듯이, 복지의 지표들 — 사랑, 행복, 평화, 그리고 평정심 —

• Kencho Wandi, "Bhutan — where happiness outranks wealth," *Developments*.
•• **dymaxion**: 1930년대에 버크민스터가 제작한 최대효율의 3륜 자동차 이름. dynamic, maximum, ion의 합성어다. '다이맥시언 경제'는 최소한의 물자와 에너지로부터 최대의 결과를 이끌어내는 경제를 뜻한다. 역주.

은 전염된다. 예컨대 한 사람이 가슴 가득 사랑을 안고 방 안으로 들어오면 수백, 혹은 수천 명의 사람들이 그 느낌을 흡수하여 그것을 가슴에 품은 채 방을 나가게 될 것이다. 처음의 사람이 품었던 사랑은 줄어들기는커녕 더 커져 있을 것이다. 만약 오병이어 五餅二魚의 기적이 일어나게 할 공식이 있다면 이것이 바로 그것이다!

새롭게 출현하는 전일적 패러다임의 다른 모든 측면들도 그러하듯이, 이 경제적 난국의 해결책은 우리가 범지구적 차원에서 집단적인 합의하에 어떤 결단을 내릴 것을 요구할 것이다. 하지만 그런 집단적인 결단을 어떻게 내릴 수가 있단 말인가? 또 그것은 얼마나 신뢰할 수 있을까? 그런 결단은 인간을 한갓 세뇌된 투표기계로 만들어놓는, 조지 오웰의 소설에 나오는 신세계의 조직 같은 것을 통해서나 내려질 수 있는 것일까? 아니면 최대의 자유와 최대의 연결성을 동시에 구현하는, 집단의식 속의 고도로 지능적인 무엇을 통해 내려질 수 있을까?

이 의문에 대해 현대과학과 미국 건국의 국부들이 제시하는 놀라운 답이 다음 장에서 다뤄질 것이다.

15

국가의 치유

"상상해보라. 사람들이 좋은 것 둘 중에서
하나를 고르기 위해 투표하러 가는 모습을…"

— 스와미 비안다난다

돈과 경제에 관한 우리의 터줏대감 같은 신념이 재검토와 수정을 기
다리고 있듯이, 우리가 인류라는 새로운 생명체로 태어나려면 정치에 관
한 검증되지 않은 무의식 속의 신념들도 마찬가지로 완전히 바뀌어야만
한다.

정치의 변혁이 얼마나 근본적으로 이루어져야 하는가를 이해하려면
사전을 잠시 살펴보는 것만으로도 충분하다. 정치란 흔히 '싸워서 정권
을 잡는 것', 그리고 '지배 권력을 놓고 특정 이해집단끼리 대개는 교활
하고 부정직한 방법으로 겨루는 것'으로 정의된다. 이원성이 대치하고 서
로 다른 이해관계가 경쟁하고 모든 세포가 자신만을 위해 다투는 그런 세
계에서는 정치가 이기적인 목적을 향한 경쟁과 지배와 부도덕한 짓거리
를 의미하는 것도 무리가 아니다.

자기만을 위하는 그런 정치의 결말은 파괴적이다. 환경과학자인 도넬
라 메도우즈Donella Meadows는 〈산업체제는 국민에게서 최선을 끌어내기
위한 것이 아니다〉라는 제목의 기사에서 이렇게 썼다. "멀쩡한 사람들이

날마다 숲을 벌채하고 바다의 물고기를 싹쓸이하고, 농산물에 독극물을 뿌리고, 정치인들에게 뇌물을 바치고, 정부에 부당한 대금을 청구하고, 노동자와 고객과 이웃들의 건강을 위협하고, 가격을 후려치고, 기본생활비도 안 되는 일당으로 일을 시키고, 이웃을 해고한다. 그들은 '난 안 그러고 싶지만 경쟁사가 그러니까'라고 말한다. 그리고 그 말은 맞다."•

이러한 태도는 이제는 우리도 알다시피, 뉴턴과 다윈의 사상에 의해 형성된 '자신을 위해 헌신하는' 정치의 모범이다.

하지만 사전을 좀더 깊이 들여다보면 새로운 전일적 패러다임과 어울리는, 좀 덜 알려진 뜻을 발견한다. 즉, 정치란 '한 사회 안에 사는 사람들 간의 관계의 총복합체'다. 이 정의를 따르자면 우리의 50조 개 세포들은 전형적인 모범 공동체임을 알 수 있다. 그리고 그 안에서 조화로운 정치환경을 일궈낸 세포들의 지혜는 함께 조직하고 관계하고 행동하는 건강한 국가체제의 창출에 새로운 룰로서 적용될 수 있다.

우리가 11장과 12장에서 배웠듯이, 세포의 정치는 다음과 같은 특징을 가지고 있다.

- 전체 집단의 이익을 위해 200여 종류의 신체 세포들이 다양한 기능을 수행하게 하는 일체성과 다양성의 조화

- 낱낱의 세포들의 요구에 맞도록 신체의 생리작용을 조정하는 중앙 지능 시스템

• Jim Rough, *Society's Breakthrough: Releasing Essential Wisdom and Virtue in All the People*, (Port Townsend, WA: Jim Rough, 2002), 55-56.

- 에너지 자원을 소비하는 두 시스템, 곧 이로운 성장 시스템과 가끔씩 필요한 방어 시스템 사이의 건강한 균형

  신체가 구현해 보여주는 일체성과 다양성, 중앙의 지능, 그리고 성장과 방어 사이의 균형이라는 이 원칙들은 국가체제에도 적용되어 정치의 새롭고 전일적인 정의를 제시해줄 수 있다. ― 정치란 전체 인류와, 그 안의 '모든' 개인들의 건강을 증진시키기 위해 함께 조직하고 어울려 행동하는 방식인 것이다.

  그리고, 기능장애를 앓고 있는 인간의 정치조직 형태가 초래한 위기를 세포정치가 구현해낸 사회복지와 대비시켜보면 정치가 진화해야만 할 필요성이 분명해진다.

  그렇다면 우리는 정치적으로 어떻게 진화해가야 할까? 이 의문을 살펴보기 위해서는 먼저 뉴턴-다윈주의에 물든 오늘날 정치의 퇴락하고 암울한 결말을 들여다보아야 한다. 그런 다음 우리는 다시금 더 나은 길의 본보기를 마련했던 미국 국부들의 지혜를 살펴볼 것이다.

뉴턴-다윈식의 정치

  뉴턴-다윈의 철학에 물든 현대의학은 신체를 반대 방향의 동일한 힘이 작용과 반작용을 일으키면서 서로 밀고 당기는 물리적 기계 이상의 것으로 보지 않는다. 몸에서 우리가 불편하게 느끼는 증상을 발견하면 의사는 그저 그것을 제압할 반대의 힘을 약물로써 가동시킨다. 대개의 경우 그 반대의 힘은 의도하지 않았던 다른 힘도 풀어놓아서 '부작용'이라 불

리는 부정적인 결과를 초래하지만 말이다.

뉴턴-다윈주의 정치의 메커니즘도 이와 흡사한 방식으로 작용한다. 경제적으로 박탈당한 농민들이 소요를 일으키거나 테러리스트들이 혼란을 일으키는 식으로 '불편한 증상'이 일어나면 그에 대한 반응은 반대의 힘을 적용하는 것이다. 그리고 그것이 먹히지 않으면 더 강하게 밀어붙인다.

전투에서는 흔히 이 반대의 힘이, '부수적 손실'이라고 기만적으로 치부되는 부정적인 결과, 곧 양민 사상자와 아군을 향한 오인사격 등의 부작용을 일으킨다.

어처구니없는 결과를 불러들이면서 끝없이 더 강한 반대의 힘을 동원하는 이 과정이 보장하는 것은 동반파멸이다. 이 원초적으로 터무니없고 무모하기 짝이 없는 행태를 가장 코믹하게, 그러나 재미있게 볼 수만은 없게 그려놓은 것이 스탠 로렐Stan Laurel과 올리버 하디Oliver Hardy가 출연했던 영화의 한 장면이다. 여기서 운 나쁜 두 주인공은 자동차를 운전하고 가다가 다른 차와 접촉사고를 낸다. 올리버 하디는 늘 하듯이 넥타이를 넘기면서 스탠에게 말한다. "내가 처리하고 올게." 올리버는 차에서 내려 상대방 운전자에게 대든다. 손가락질로부터 시작된 행동이 연쇄반응을 일으킨 끝에, 상대방 운전자는 올리버의 차의 백미러를 꺾어버린다. 그러자 올리버는 상대방 차의 헤드라이트를 빼버린다. 상대방은 다시 올리버 차의 범퍼를 떼버린다. 이렇게 서로의 행동 하나하나가 반사행동을 낳아서 결국 두 사람은 상대방의 자동차를 하나씩 하나씩 완전히 망가뜨리고 만다.

이 시나리오는 목하 장편 실화극으로 펼쳐지고 있다. 중동 지역이 총출연하는 이라크산 공포영화 말이다. 이것은 좀더 진하다는 점만 빼고는 역사상 모든 전쟁의 스토리와 동일하다. 그것은 여느 전쟁과 마찬가지로 끔찍하지만, 날로 강해지는 가공할 파괴력은 더 많은 시민들을 죽고 다치게 만드는 부작용을 일으키고 있다.

《간편 전쟁》(War Made Easy)의 저자인 노만 솔로몬Norman Solomon의 말에 따르면, 1차 세계대전에서는 민간인 사상자가 15퍼센트였고 2차 세계대전에서는 65퍼센트, 그리고 이제 이라크전에서는 민간인 사상자가 90퍼센트 이상이라고 한다.* 만약 이런 추세가 계속된다면 민간인이 신변 안전을 보장받을 유일한 길은 군인이 되는 것일 것이다.

재래식의 정치정책은 뉴턴 - 다윈 우주 — 그리고 로렐과 하디의 코미디 — 의 기계적인 특징을 빠짐없이 구비하고 있어서, 작용과 반작용의 악순환 반응을 부추겨 사회를 혼란에 빠뜨린다. 우리의 환원주의적인 시야는 사회불안을 일으키는 온갖 사건들을 서로 무관한 별개의 사건으로, 끝없는 생존경쟁의 당연한 결과로만 바라보는 경향이 있다. 그러나 우리 각자가 상호 연결된 일체(Oneness)의 한 부분인, 그런 전일적 우주에서는 이것은 한 마디로 사실이 아니다.

미국 정부의 소위 '테러와의 전쟁'이라는 파괴적 정책이 인체 내에서라면 어떻게 전개될지를 한 번 살펴보자. — "간에 테러리스트 세포가 출현했다고? 간을 포격하라! 너무 깊이 숨어 있다고? 그럼 핵무기로 공격해서 테러리스트들을 방사능에 피폭되게 하라! 간에게 테러리스트 세포를 숨겨주면 어떻게 되는지를 따끔하게 가르쳐줘라. 오, 담낭과 이자도 간과 같은 편이란 말이지, 악의 축의 일부로군. 그들에게도 핵공격을 퍼

---

* Solomon, *War Made Easy: How Presidents and Pundits Keep Spinning Us to Death*, 281.

부어라!" 최후의 테러리스트가 죽을 때까지 이렇게 간다. 이 전략의 매우 유감스러운 부작용은, 그 과정에서 무고한 시민 세포의 90퍼센트가 죽어 신체가 근본적으로 파괴되리라는 것이다. 어떤가, '부수적인' 손실이?

뉴턴-다윈의 우주는 독립적인 개개의 물리적 요소들 사이의 메커니즘을 강조한다. 이에 비해 양자역학의 우주는 만물이 상호연결되어 있으며 분리는 착각임을 보여준다.

뉴턴-다윈의 우주에서는 암은 정상 신체세포들 사이에 끼어들어 책임 없이 살고 있는 비정상세포 집단으로 간주된다. 암과 싸우기 위해 의사는 핵방사선을 동원하고 주변의 정상세포에 화학요법의 독물을 퍼뜨리는 다분히 군사적인 작전을 펼친다. 그리고 군사작전에서와 마찬가지로 재래식 의학 패러다임은 이 적대적인 — 무책임한 과격분자 세포들에게 방사능 공격을 퍼붓는 — 행위의 불가피한 부작용으로서 건강하고 무고한 무수한 세포들이 '부수적 손실'로 처리되리라는 사실에 눈을 감아버린다.

서양의학은 신체를 기계와 동일시하여 그 기계를 지배하고 통제하는 데에 관심을 둔다. 그러나 동양의학은 이와 전혀 다른 접근방식을 가지고 있다. 아유르베다와 한방의학은 인체를 양자적인 전일체로 바라본다. 암을 죽이려는 의도로 공격하는 대신 동양의학은 먼저 신체에 자연의 균형과 조화를 되찾아주려고 노력한다. 개인의 체내환경이 건강한 상태에 있으면 그 생물학적 환경은 한 마디로 병을 일으키는 혼란상태를 허용하지 않는다.

미국이 세계무역센터의 공격에 대해 세포들의 방식을 택하여 사회의 병적 요인을 분리해내는 동시에 국제관계 속에서 더 건강하고 조화로운 상태를 일궈냈더라면 인류는 그 진화도상에서 크게 한 걸음을 더 내디딜 수 있었을 것이다.

전일론을 믿는 정치가라면 전일적 치유가들의 가르침을 따라 먼저 증상 — 테러공격 — 이 불가피하게 불거지게 만든 불균형의 몇 가지 원인을 돌보았을 것이다. 그들은 불만이 비통과 원한에 찬 분노로 폭발하기 이전에 그것을 돌봄으로써 조화를 회복시켰을 것이다.

시민사회에서든 세포사회에서든, '증상'은 '원인'이 아니라 '결과'임을 깨닫는 것이 중요하다. 이것을 구별하지 못하는 것이 현대정치와 현대의학의 생래적인 우둔함이다. 이들은 모두 원인은 무시한 채 결과만을 제거하거나 감추거나 위장하기에 급급하다. 원인을 이해하지 못한 채 결과에 반응하는 태도야말로 뉴턴-다윈식의 끝없는 작용-반작용 반응을 불가피하게 악순환시키는 맨 첫 번째 단추다.

테러리스트들의 폭력은 훨씬 더 깊은 곳에 있는 사회문제가 불거진 표피적 증상일 뿐이다. 이라크 공포영화의 경우, 서구문명의 중동문화에 대한 개입과 조종이 엄청난 사회적 불균형을 유발했다. '저 자들'이 '우리 기름' 위의 사막에서 살고 있다는 식의, 서양의 제국주의적 태도는 아랍인들 사이에 깊은 모욕감을 심어놓았고 침략자들에 대한 경멸감을 키워놓았다. 테러리스트를 뿌리 뽑겠다는 무지한 시도는 오히려 더 많은 테러리스트와 더 많은 테러 공격을 초래했으니, 뭔가 해법을 찾고자 한다면 이 상황이야말로 정치 지도자들이 다뤄야만 할 문제다.

현재의 두 문제지역인 이란과 이라크와 관련해서 미국정부는 자신을 방어하기에 좋은 정치적 치매를 겪고 있는 듯하다. CIA가 이 두 나라의 정치와 지도자 문제에 개입하여 조종하려고 했던 책임을 편리하게 잊어버린 증상 말이다. CIA는 1963년 사담 후세인을 이라크 정보부장 자리에 앉히면서 그의 바아스당이 세력을 잡게 함으로써 이라크의 정권교체를 주도했다.[*] 말 그대로 여우를 닭장 안에 넣어준 — 그가 더 이상 쓸모가 없어질 때까지 — 꼴이다. 그러고 나서는 조지 부시 대통령과 그 참모들을 부추겨 그를 잡기 위해 불법침략을 획책해낸 것이다.

마찬가지로 CIA는 1953년에 민주적으로 당선되어 인기가 높았던 이란의 수상 모하메드 무사드를 축출하고 자신들의 꼭두각시인 모함마드 파즈롤라 자헤디 장군을 수상 자리에 심어놓고 모함마드 레자 팔레비를 이란의 샤아로 복위시켰다.[**]

친서방파였던 샤아는 그에게 질린 민중이 그를 축출한 1979년까지 권좌에 남아 있었다. 조국의 통치권을 되찾은 이란 국민들의 용기에 찬탄을 보낸다! 하지만 힘과 그에 대한 대항력의 상호작용에 기반한 뉴턴-다윈의 정치세계에서는 새로운 지도자 아야톨라 사이드 루홀라 무사비 호메이니 또한 만만찮게 성가신 폭군임이 드러난 것도 놀라울 일이 아니다.

이란과 이라크, 그 밖의 중동 국가들을 불안에 빠뜨려놓은 것으로는 성에 안 차서, 서구의 정치적 이기심은 중미와 남미, 동남아와 아프리카의 사회체제도 똑같이 혼란시켜놓았다. 뉴턴-다윈식의 밀고 당기는 정치적 상극관계의 한 세기는 이처럼 전 세계에 긴장과 대치상태를 초래하여 문명은 이제 일촉즉발의 고비에 서 있다.

다행히도 동트고 있는 새로운 인식에 의하면 우리에게는 이러한 정치적 긴장상태를 떨쳐버리고 그 힘을 자발적 진화로 돌릴 기회가 있다. 우리가 건전한 질서와 균형 잡힌 국가를 일으킬 수 있도록 도와줄 중요한 열쇠가 미국 건국 문서에 담겨 있는 것이다.

• Richard Sanders, "Regime Change: How the CIA put Saddam's Party in Power," Coalition to Oppose the Arms Trade Quarterly, Press for Conversion!, 2002. 10. 24.

•• Malcolm Byrne, "The Secret History of the Iran Coup, 1953," National Security Archive Electronic Briefing Book 28.

미국의 진화가와 '더욱 새로운'* 세계질서

진화가(evolutionary)**였던 미국 건국의 국부들은 목하 첨단과학이 깨닫고 확증해주기 시작하고 있는 정령신앙의 세계관 — 개인, 집단, 그리고 장(field) 사이의 이로운 상관관계 — 을 직관적으로 이해하고 있었다. 현대사회의 일원으로서, 우리가 만일 뉴턴-다윈식 정치의 해로운 행태를 접고 아메리카 원주민들의 신념을 새로운 방식으로 받아들인다면 우리는 따로 놀던 열세 개의 식민지를 만인의 공동선을 일구고 지키도록 설계된 헌정국가憲政國家로 변신시킨 남녀들이 출범시켰던 진화의 노정을 계속 이어갈 수 있을 것이다.

존 로크와 장 자크 루소의 계몽주의 철학, 연금술 전통의 영적 지혜, 그리고 아메리카 원주민들과의 교류에 영향받은 이신론자 국부들은 자연과 조화롭게 살기를 추구했다.

그들은 또한 폭정을 반자연적인 불균형으로 보았으므로 건강하고 번영하는 사회와 개인의 자유를 동시에 보장하는 긍정적인 정치구조를 추구했다. 그들은 미국 건국 문헌에, 그들의 목표를 성취하는 데 필요하다고 믿은 네 가지 덕목인 자유, 정의, 진실, 평등을 구체적으로 강조해놓았다.

- **자유**: 이신론을 믿었던 건국의 국부들은 자유란 성장과 진화를 추구하는 생명의 자유의지라고 생각했다. 하지만 그들은 또한 생존을

- newer world order: (음모론에 의하면) 세계화와 세계정부를 통해 세계를 지배하려 하는 비밀 엘리트 조직의 구상인 '신 세계질서(new world order)'를 패러디한 말. 역주.
- revolutionary(독립혁명가)를 패러디한 말. 역주.

유지하기 위해서는 자유가 정의와 균형을 이뤄야 함을 깨달았다.

- **정의**: 정의는 자유에 균형을 맞춰준다. 왜냐하면 정의는 권력의 독점적인 지배를 억제하고 각 개인을 자유롭고 평등하고 공정한 대접을 받을 자격 있는 존재로 인식하기 때문이다. 이것은 전체의 자유를 공정하게 보장한다. 한 마디로, 정의는 법으로 성문화되는 황금률이다.

- **진실**: 진실은 신체 내, 또한 한 국가 안에서 정의를 보존하고 부양한다. 면역세포가 내부신호를 올바로 읽어서 가짜 위협과 진짜 위험을 제대로 구분할 줄 알아야만 하듯이, 우리 인간들도 지구의 상황을 정확히 판단하여 생명을 위협하는 것이 아니라 생명을 돌보는 선택을 내릴 수 있도록, 명료하고 왜곡되지 않은 정보를 필요로 한다.

- **평등**: 평등이란 임계치 이상의 깨달은 개인들로부터 촉발되어 나타나는 영구적인 변화에 동반하는, 개체와 전체 사이의 균형이다.

우리의 선조들은 공동체 내 의논과 회의를 위한 장소인 마을공터의 가치를 알고 있었다. 여기서는 한 사람의 목소리가 다른 누구의 목소리보다 크지도 작지도 않으며, 그가 가진 부나 지위가 그의 가치를 판단하는 데 동원되지 않았다. 이러한 모임에 참여하고 관찰함으로써 국부들은, 시민들이 서로를 존중하고 평등하게 대하는 그런 국가를 만들어야만 건강한 개인들이 자발적으로 함께 일하여 나라를 널리 이롭게 할 수 있으리라는 사실을 깨우쳤다.

'e pluribus unum(여럿으로부터 하나를)'이라는 미국의 국시는, 그 '하나'가 위계적인 권력구조 속에서 제왕의 상명하달에 의해 이룩되는 것이 아니라 건강하고 협동적이고 자주적인 개인들의 일치된 노력으로부터 생겨나는 것임을 상기시켜준다. 국가는 강압적인 조직이 아니라 자발적인 조직이다.

민주주의의 중심 목소리: 비범한 중지

앞서 논했듯이 미국 건국의 아버지들은 정령신앙의 우주관도 이해했지만, 한층 더 조화된 질서를 불러오는 자유로운 개인들의 능력도 믿었다. 오늘날은 일반에서도 갈수록 더 많은 사람들이, 개인의 자유가 커질수록 중지衆智도 깊어진다는 사실을 깨달아가고 있다.

저널리스트로부터 소프트웨어 디자이너, 기업의 중역과 경영상담가와 치료가와 토착원주민 신앙계승자에 이르기까지 다양한 전문인들이 이것을 연구하고 적용하여 세상을 변화시키고 있는 현장의 사례들이 있다.

미국의 저널리스트인 제임스 슈로빅키James Surowiecki 는 《민중의 지혜》(The Wisdom of Crowd)라는 자신의 저서에서 영국의 인류학자 프랜시스 갤턴Francis Galton의 이야기로 서두를 연다. 갤턴은 우생학의 창시자인데, 우생학은 유전적 결함이나 바람직하지 못한 유전형질을 연구하는 과학이다. 갤턴은 인간의 능력을 측정하는 데 평생을 바친 과학자인데, 그는 인간은 한마디로 자격미달이라고 결론지었다. 그는 "남녀를 불문하고 많은 사람들의 어리석음과 무지의 정도는 너무나 극심해서 도저히 신뢰할 수가 없음"을 발견했다.*

1906년, 84살이 된 갤턴은 그의 고향인 영국 플리머스 근처에서 열린 농업박람회에 구경을 나갔다. 그는 거기서 사람들이 소를 도축하여 장만 했을 때 무게가 얼마나 될지를 알아맞히는 내기시합을 하는 것을 구경하 게 되었다. 내기를 거는 사람들 중에는 축산농민이나 정육점 주인도 있었 지만 대부분은 육가공에 대해서는 아는 것이 없는 보통 사람들이었다. 갤 턴은 이들이야말로 선거에 투표하는 사람들의 전형적인 축소판이라고 냉 소적으로 묘사했다.

그는 거기서 한 가지 조사를 해보기로 했다. 그는 이것이 자율적 능력 이 너무나 부족해 보이는 평균인들의 무능함을 입증해주리라고 확신하고 있었다. 시합이 끝난 후 갤턴은 판독이 가능한 787개의 답안지를 모았다. 그리고 추정치를 모두 더한 다음 평균을 내보았다. 그것은 전체 참가자들 이 추측한 무게의 평균값이었다. 갤턴은 그 결과에 깜짝 놀랐다. 추정치 의 평균은 1,197파운드였는데, 가공육의 실제 무게인 1,198파운드와는 1 파운드의 오차밖에 나지 않았던 것이다!

내기에 1등을 한 사람의 추정치조차 실제 무게에 그렇게 근접하지는 못했다. 평균적인 사람들의 집단 추정치에는 전문가들조차 따라잡을 수 없는 뭔가가 있었던 것이다. 슈로빅키는 이 현상을 이렇게 해석한다. 즉, 각 개인은 한정된 지식을 가지고 있지만 "올바른 방법으로 축적된 '집 단' 지능은 종종 뛰어난 능력을 드러낸다."**

어떤 통계치는 좌표상에서 그래프화하면 종 모양의 곡선을 나타내듯

---

* James Surowiecky, *The Wisdom of Crowds*, (New York, NY: Doubleday, 2004), xi-xii.
** 같은 책 xiv.

이, 충분히 많은 수의 개인들의 판단과 관점을 종합하면 이들의 평균추정치는 주어진 문제에 대한 정답이나 최선의 해결책에 근접할 것이다.

중지의 또 다른 본보기는 1986년에 우주왕복선 챌린저호가 공중에서 폭발하는 비극적인 사고의 여파가 채 가시지 않았을 때 발견됐다.

발사광경은 텔레비전으로 중계되고 있었으므로 많은 사람들이 그것을 보았고, 그 재앙의 소식은 즉시 퍼져 나갔다. 사고소식이 다우존스의 뉴스망에 오르자 투자자들은 즉시 챌린저호와 그 엔진의 제작에 관여했던 네 회사 — 록히드, 마틴 마리에타, 록웰, 모턴 티오콜 — 의 투자금을 회수하기 시작했다. 하지만 그날의 마감시간에 이르러서는 주가가 12퍼센트 떨어진 모턴 티오콜만 제외하고는 모든 회사의 주가가 반등하기 시작했다.•

시장의 이런 반응은 어느 회사의 부품에 이상이 있었는지에 대해서는 아는 사람이 아무도 없었음에도 불구하고 투자자들은 모턴 티오콜이 사고에 책임이 있다는 것을 직감했음을 보여준다. 6개월 후에 사고조사팀은 부스터 로켓의 밀폐용 오링O-ring에 있었던 결함이 사고의 원인이었음을 밝혀냈다. 그 오링은 모턴 티오콜이 제작한 것이었다. 이 대중 투자자들은 도대체 어떻게 전문가들이 그 사실을 밝혀내기 수개월 이전에 이미 그 결과를 직감할 수 있었던 걸까?

슈로빅키의 연구는 그로 하여금 세 가지 요소가 대중이 도달하는 중지의 정확성에 영향을 미친다고 결론짓게 했다. 그것은 다양성, 독립성, 그리고 탈중앙화였다.

• 같은 책 7-11쪽.

다양성 : 뉴턴-다윈식의 사고에서는 민족말살과 같은 정치적 잔혹행위가 이롭다고 여겨진다. 왜냐하면 그것이 '우리의 사고방식'에 맞지 않거나 달라 보이는 사람들 — '타인들' — 의 나라를 제거해주기 때문이다. 그룹에서 한 개인을 배척하는 일에도 이와 동일한 그릇된 인식이 적용된다. 이에 비해 새로운 전일적 관점은 다양성의 이로움을 인식한다.

의사결정이나 문제해결 상황에서는 다양한 그룹의 관점이 전문가들로만 구성된 획일적인 그룹보다 더 높은 정확성을 제공한다. 왜냐하면 특정한 문제에 대해서만 지식과 지능을 지닌 사람들은 사고성향이 다 비슷비슷하지만, 다양한 관점을 가진 사람들의 그룹은 더 폭넓은 지혜를 보여주기 때문이다.

슈로빅키는 이렇게 결론지었다. "관련지식은 적지만 다른 기술을 가진 사람들을 몇 명 가담시키면 실제로 그 그룹은 성과가 높아진다."• 달리 말하자면, 삶의 경험이 다양한 개인들로 이루어진 큰 그룹은 의사결정 전문가로 인정받는 사람들보다도 더 정확하게 일을 예측하고, 더 똑똑한 결정을 내린다는 말이다.

독립성 : 중지의 정확성에 영향을 미치는 두 번째 요소는 독립성이다. 그룹에게 의논을 하게 하면 그들은 어떤 기준에 성급하게 합의하여 결론을 내버리는 경향이 있다. 하지만 대개의 경우, 표준적인 대답으로 보이는 것에 합의하는 것이 반드시 그 결론이 맞거나 적절하거나 이롭다는 것을 의미하지는 않는다. 그룹 내에서 한 개인이나 몇몇 개인들이 더 높은 위치를 점하고 있는 상황에서는 그룹 멤버들이 지도자를 따라가는 경향이 있다. 그리고 그룹 내에서 어떤 의견에 많은 사람이 동의할수록 소수

• 같은 책 28쪽.

관점을 가진 사람들의 의견이 고려되기는 어려워진다.

반대로, 소의 무게를 추측하는 사람들의 독립적인 사고과정을 생각해 보라. 그들은 딴 속셈이 있는 전문가들의 자문이나 다른 사람들과의 의논 같은 것 없이 각자 자신의 답을 종이쪽지에 은밀히 적어서 제출했다. 그 결과는 독립적인 사고를 통해 생겨난, 사실상 투표와 같은 과정을 통해 집단적으로 표현된 대중의 지혜였던 것이다.

탈중앙화: 종래의 사고방식은 해결책의 소유와 통제를 좋은 것으로 여긴다. 이것은 사업이나 직장에서의 높은 지위와 칭송, 가족과 사회로부터의 인정을 갈구하는 개인에게는 맞는 말이다. 예컨대 기업은 종종 이 목적을 위해 일단의 전담 전문가들을 격리된 장소에 가둬놓고 외부의 관점을 차단한 채 어떤 문제를 해결하게 한다. 그리고 개인들은 비밀을 고수한다. 그것이 자신을 우세한 위치에 서게 해준다고 믿기 때문이다.

이에 비해 탈중앙화는 집단적인 문제해결방식이 개인과 공동체의 건강과 부를 위해 실제로 더 나은 방식임을 보여준다.

'인식공유(shared awareness)'라는 개념 속에서는 이 세 가지 요소 — 다양성, 독립성, 탈중앙화 — 모두를 발견할 수 있다. 이것은 웹페이지의 내용과 구조를 모든 사람이 서로 협동하여 편집할 수 있게 해주는, 엄청나게 효율적이고 강력한 위키wiki 인터넷 소프트웨어에 영감을 제공해준 개념이다. 이것은 의식을 빠르게 일깨워주며 만인의 학습곡선을 가파르게 가속시켜준다. 위키 웹사이트 중 가장 유명한 것은 위키피디아wikipedia로서, 이것은 끊임없이 확장되어가고 있는 살아 있는 백과사전이다.•

• wiki:: 사용자들이 협동적으로 내용을 편집하고 구성해갈 수 있는 기능을 갖춘 웹사이트의 총칭. 최초의 위키 웹 개발자인 워드 커닝햄은 호놀룰루 국제공항의 셔틀버스 이름(위키위키 셔틀)에서 힌트를 얻어 자신의 웹을 위키위키웹이라고 이름붙였다고 한다. 하와이말 wiki는 빠르다는 뜻. 역주.

캐나다의 기업인인 돈 탭스콧Don Tapscott과 자문가 안토니 윌리엄스 Anthony D. Williams는 공저서인 《위키노믹스: 협동이 일궈내는 변화》(Wikinomi cs: How Collaboration Changes Everything)에서 위키를 "자발적으로 뭉쳐서 공동 의 산물을 만들어내는, 평등주의자들의 자기조직적(self-organizing) 공동체"• 로 묘사한다. 컴퓨터와 인터넷망 덕분에 이제 사람들은 그 어떤 문제라도 온 세계의 전문가들과 독립적인 개인들 앞에 손쉽게 제시할 수 있고 답을 얻을 수 있게 되었다.

탭스콧과 윌리엄은 터론토에 소재한 작은 금광회사인 골드콥Goldcorp 사의 놀라운 이야기를 들려준다. 이 회사는 관례를 깨고 회사의 자산정보 를 공개하면서 '매장량 6백만 온스의 다음 금광'을 찾을 수 있도록 도와 주는 사람에게 575,000달러의 상금을 주겠다고 선언했다. 이 '정보공개 전략'은 사람들의 인식을 엄청나게 환기시켜서 골드콥사를 1억 달러 자 산가치의 회사로부터 일약 90억 달러 자산가치를 지닌 회사로 변신시켜 놓았다.••

슈로빅키는 1991년에 핀랜드의 소프트웨어 디자이너인 라이너스 토 발즈Linus Torvalds가 개발한 고성능 공개 소프트웨어인 리눅스Linux의 또 다른 위키식 성공사례를 이야기한다. 토발즈는 자신이 개발한 시스템의 소유권을 쥐고 있기보다는 그 코드를 세상에 공개하여, 관심을 가진 모든 컴퓨터 과학자들로부터 개선을 위한 피드백을 구했다. 그는 거의 즉각적 으로 전 세계의 프로그래머들로부터 다양한 제안을 받았다. 각자의 관심

• Don Tapscott, Anthony D. Williams, *Wikinomics: How Collaboration Changes Every -thing,* (New York, NY: Penguin Books, 2006), 67.
•• 같은 책 7-10쪽.

분야에서 일하는 개인들이 제공한 중지 덕분에 리눅스는 끝없이 배우고 성장하는, 갈수록 강력해지는 시스템이 되었다.[•]

위키가 제공하는 공개된 지혜는, '만인을 위한 선'을 몰아낸 '이익우선'식 비밀주의에 의해 지금까지 악화되어온 사회의 가장 골치 아픈 문제들을 해결할 수 있는 단서를 제공해준다. '지구적으로 사고하고 지역적으로 행동하기'로 말하자면, 한 곳에서 생각해낸 아이디어를 다른 여러 곳에서 실행해보고, 그 성공하고 실패한 결과를 모든 이들이 볼 수 있도록 공개하는 것보다 더 멋진 방식이 어디 있겠는가? 사실 삶 자체가 공개된 소스인 것을 말이다.

공개 소스 시스템(open source system)은 집단적 차원에서 우리의 정치적 지혜에 어떤 영향을 줄 수 있을까? 공共지능 연구소(Co-Intelligence Institute)의 창립자이자 《민주주의의 도》(Tao of Democracy)의 저자인 톰 애틀리Tom Atlee는 슈로빅키의 발견을 확장시켜, 대중이 그중에서 가장 지혜로운 일원보다도 더 지혜로운 경우가 많다는 사실을 확증했다. 애틀리는 그룹으로부터 지혜를 이끌어내는 것을 도와줄 특별한 기법을 개발하고 발전시킬 수 있다고 주장했다. 물론 이런 기법들은 공개를 환영하고 어떤 개인이나 사상에 의한 독점적 지배구조를 배격한다.

애틀리는 경영자문가인 매릴린 로든Marilyn Loden이 자신의 저서 《여성의 리더쉽》(Feminine Leadership)에서 보고한 실험결과를 인용했다. 소수의 회사 간부 그룹에게 야생의 상황을 시뮬레이션한 문제를 주고 해결해보라고 했더니, 여성으로만 이루어진 팀들이 남성로만 이루어진 팀들보다 더 나은 해결책을 도출해냈다. 그것은 여성이 남성보다 개인적으로 더 똑

• Surowiecky, *The Wisdom of Crowds*, 140-145.

똑해서가 아니라 여성들은 천성적으로 협동적이어서 집단적으로 더 현명해질 수 있었기 때문이다. 그에 비해 남성 그룹들은 전체의 지혜에 다가가려고 하지 않고 자신의 해결책만을 고집하는 개인들 때문에 혼란을 겪었다.[*]

그런데 정치적 상황이나 집단의 의사결정과 관련하여, '지혜'란 정확히 무엇을 말하는 걸까? 애틀리는 그것을 '눈앞의 겉모습 너머를 보고 만물의 생명과 발전을 긍정하는 큰 시야에 입각하여 행동하는 것'이라고 정의했다.[**] 시야가 지혜를 제공한다. 그래서 공동체가 개체들보다 더 지혜로워질 수 있는 것이다. 애틀리는 이렇게 설명한다. "한 공동체가 얼마나 지혜로울 수 있는가는 각 관점들이 얼마나 협동적, 창조적으로 잘 어우러져서 그 다양성을 통해 가장 지혜롭고 포괄적이고 강력한 진실이 드러나게 하느냐에 달려 있다."[***]

애틀리는 지혜에 접근하는 수단을 '공지능(co-intelligence)'이라 하고, 그것을 '만인의 다양한 재능을 만인의 이익을 위해 통합하기'라고 정의했다.[****] 우리의 신체, 장기, 세포들은 분명히 공지능을 지니고 있다. 그것이 그들로 하여금 환경과 함께 공#진화해갈 수 있게 하는 것이다. 마찬가지로 그것이 보통 사람들에게 적용된다면, 바라건대 공지능은 우리로 하여금 비범한 지혜에 도달하여 그를 통해 초월적인 해법을 찾아 진화해갈 수 있게 해줄 것이다.

---

[*] Tom Atlee, *Tao of Democracy: Using Co-Intelligence to Create a World That Works for All*, (Eugene, OR: World Works Press, 2003), 55.

[**] 같은 책 5쪽.　[**] 같은 책 107쪽.　[***] 같은 책 1쪽.

초월적 해법: 진화의 실천

정치의 주된 기능이란 갈등과 분쟁에서 우위를 차지할 정책을 개발해 내는 것이다. 갈등은 인간의 삶과 사회적 상호관계의 자연스러운 일부로서, 폭력과 혼동되어서는 안 된다. 폭력은 갈등을 처리하는 가장 비뚤어진 방법이다. 갈등은 두 가지 이상의 의견이나 관심사나 원리가 서로 사이좋게 양립하지 못하는 데서 발생한다. 갈등에는 대개 상반되는 목표가 개입되므로 뭔가 ― 목표나 목표에 대한 기대치 ― 가 변화할 때 갈등이 해소될 수 있다.

타협에 관한 고전적인 책《긍정에 이르기》(Getting to Yes)에서 저자 로저 피셔Roger Fisher와 윌리엄 유리William Ury는 갈등의 돌파는 자신의 입장을 누그러뜨리고 상대방에 대한 관심을 진심으로 표출할 때 일어난다고 했다. 서로 의견이 엇갈리는 양쪽이 각자의 관심사를 분명히 밝히고 나면 그들은 갈등을 공동의 문제로서 다시 바라볼 수 있다. 그리하여 서로가 상대방을 그 문제를 함께 해결해갈 작업의 동료로서 바라볼 수 있게 되는 것이다.•

이러한 과정이 제대로 일어나려면 모든 참여자가 상대방을 존중하면서 주의 깊게 귀 기울이는 태도가 필요하다. 의논에서 한 편이 감정적인 말을 하거나 반대의견을 제기하면 그것은 "그럼 당신의 관심사는 뭐죠?" 하고 물어볼 기회인 것이다. 그 대답이 이성적인 것일 수도 있고 아닐 수도 있지만 어느 쪽이든 간에 그것은 중요한 돌파를 위한 열쇠가 될 통찰

• 같은 책 85쪽. 애틀리의 책이 언급된 원래의 책은 Roger Fisher and William Ury, *Getting to Yes: Negotiating Agreements without Giving In*, (Boston: Houghton Mifflin Co. 1981)

로 인식되고 경청되어야 한다.

그것이 갈등을 해결하기 위한 것이든 갈등에서 우위를 차지할 정책을 짜내기 위한 것이든 간에 이러한 과정은 종종 애초에는 상상하지 못했던 새로운 해결책을 이끌어낸다. 문제가 발생한 차원보다 높은 의식차원에서 해결책을 추구하면 더 높은 지혜에 쉽게 가닿을 수 있는 것이다.

톰 애틀리는 이웃집 개가 자기네 양을 물어 죽인 것을 발견한 인디애나주의 한 농부 이야기를 해준다. 이런 문제를 해결하는 흔한 방식은 서로 으르렁거리며 위협하고 법정에 고소하고 가시철망으로 울타리를 두르는 것이다. 심한 경우에는 산탄총까지 동원된다. 하지만 이 농부에게는 더 좋은 생각이 있었다. 그는 이웃집 아이들에게 애완용으로 새끼 양을 선물했다. 이 틀 밖의 해법은 양쪽 모두 승자가 되는 구도를 만들어냈다. 아이들의 귀여운 애완동물을 위해 이웃집 주인은 스스로 개를 묶어놓기로 한 것이다. 그리고 두 집 가족은 절친한 이웃이 되었다.•

일찍이 갈등해결과 평화를 위한 작업에 나선 선구자인 노르웨이의 요한 갤퉁Johan Galtung은 그가 '제5의 길'이라 명명한 것을 찾아냈다. 갤퉁은 모든 갈등에는 다섯 가지의 해결방식이 있다고 말한다.

1. 내가 이기고 너는 졌다.
2. 네가 이기고 나는 졌다.
3. 문제를 완전히 외면해버리는 부정적인 방식의 '초월'
4. 양쪽 다 조금씩 손해 보기로 하는 타협
5. 문제를 뛰어넘는 해결책을 이끌어내는 초월

• 같은 책 9쪽.

종래의 정치는 문제를 타협을 통해 해결하려고 한다. 그것은 기껏해야 모든 당사자를 똑같이 불만스러운 상태로 남겨놓는다. 이에 비해 5점짜리 초월적 해결책은 모든 당사자들에게 긍정적인 기분을 선사한다. 5점짜리 해결책을 이끌어내는 첫 번째 단계는 두 반대편을 중간에서 만나게 하려는 대신 최선의 해법을 향해 두 힘을 결합시켜 함께 가게끔 만드는 것이다.

갤퉁의 5점짜리 해결책이 지닌 힘은 페루와 에쿠아도르가 겪어온 55년 묵은 국경분쟁을 그가 중재하여 타협을 이끌어낸 본보기에서 잘 드러난다. 국경분쟁으로 인한 대치를 해결한 새로운 방법은 무엇이었을까? 국경을 없애는 것이었다! 이제 이 분쟁지역은 두 나라를 위해, 두 나라에 의해 다스려지는 이중국적 지역으로 번영을 구가하고 있고, 두 나라에 의해 공동 운영되는 공원도 가지고 있다.[*]

이것이 최선의 전일적 정치다. 여기에는 자발적인 진화의 실천이 요구된다. 그것은 '이것 아니면 저것'식의 이원적인 갈등을 넘어 '이것도 저것도' 포용하는 새로운 해결책을 찾는 노력이다.

애틀리는 협동적이고 통합적인 경험이 지닌 힘을 예찬한다. 그는 우리의 사회가 "개인들의 관점이 서로 일치할 때만 단순합이 되고 그렇지 못할 때는 상쇄돼버리는 원자론적인 눈으로 시민사회를 바라보는 접근법을 고수하다가 이제 막다른 골목에 부딪혀 있다"고 말한다.[**]

• Alice Gravin, "Conflict Transformation in the Middle East: Dr. Johan Galtung on Confederation in Iraq and a Middle East Community for Israel/Palestine," *Peace Power* 2, no. 1, Winter 2006.
•• Tom Atlee, *Tao of Democracy: Using Co-Intelligence to Create a World That Works for All*, 182.

'우리 국민'의 목소리

현재의 양당체제 정치방식은 중지를 일궈내기 위해서가 아니라 여론을 조작하기 위해 고안된 것이다. 그 결과로 민중은 늘 두 가지의 시원찮은 대안 중에서 하나를 선택해야만 하게 되었다.

그렇다면 우리를 가로막고 있는 것은 무엇인가? 과연 대중의 마음속에 중지가 숨어 있다면 최근 들어 유난히, 우리의 집단적 정치판단이 조작에 잘 넘어가고 허당만 짚는 것은 무엇 때문일까?

한 가지 대답은 사기업화된 대중매체에 있다. 이들은 민주주의의 중심목소리가 아니라 뉴턴-다윈식 현 정치구조의 우파 대변인일 뿐이다.

가짜들의 가장무도회인 사기업들이 진실의 대변자로 행세하고, 대중을 지배하고 착취하기 위한 고의적 정보왜곡이 판을 치는 현 세태 속에서는 미국 건국의 국부들이 언론과 표현의 자유를 선포했던 이유가 기껏 조지 칼린George Carlin이 꼽은 '일곱 가지 상말'•을 TV에서도 할 수 있게 하기 위해서나, 메일함에서 음란물을 받아볼 수 있게 되기 위해서가 아니었음을 망각해버리기 쉽다. 이 자유의 진정한 목적은 주권시민이 일상의 문제에 효과적으로 대처할 수 있도록 모든 정보와 시야와 관점을 보유할 수 있게끔 하기 위한 것이었다. 우리가 5점짜리 중지를 더 잘 모을 수 있도록 말이다.

또 다른 대답은 진실은 존재하지 않는다고 주장하는 일부 '냉소적 현

• 미국의 코미디언 조지 칼린이 70년대에 TV에서 써서는 안 되는 상스러운 단어 일곱 가지를 꼽은 것을 말함. 지금도 여전히 공중파 매체에서는 이 단어들을 금기시하고 있지만 조지 칼린의 언급은 대중에게 '표현의 자유'에 대한 인식을 상기시켜주는 역할을 했다. 역주.

실주의자'들의 믿음이다. 이 사상의 옹호자들은 '삶이란 만인의 만인과의 투쟁'임을 강조한다. 이것은 다윈의 적자생존 이론으로부터 직수입된 믿음으로서, 진실이냐 아니냐 하는 문제를 소극적이고 전면적으로 회피해버리는, 갤퉁이 말하는 부정적 초월의 본보기다.

하지만 주류 보도매체의 뉴스에 세뇌된 사람들조차도 마음 한구석에서는 자신이 거짓에 속고 있다는 불편한 느낌을 감지하고 있다. 그리하여 이 냉소주의의 저류底流('세상에 믿을 건 없다')가 또 다른 차원에서 우리로 하여금 스스로 자신을 무력화시키게 만든다. 진실 같아 보이는 게 아무것도 없는데 진실과 거짓을 구별하거나 정직을 지키려고 애쓸 이유가 어디 있겠는가? 철학자 올더스 헉슬리Aldous Huxley는 이런 사상의 부정적인 결과를 날카롭게 통찰했다. "냉소적 현실주의는 지적인 사람들에게, 참을 수 없는 상황에서 아무것도 하지 않을 아주 멋진 핑계를 제공한다."•

그러니 스스로 우리 자신을 무력화하게 만드는 발달기의 세뇌 프로그램과, 그 세뇌로부터 이득을 얻는 정치가와 기업과 언론매체의 소유자들에 의해 현재의 정치적 난장판이 유지되고 있는 것이다.

'우리 국민(We the people)'••들의 냉담과 무관심은 질책받아 마땅하지만 사실 오늘날의 평균적인 성인들은 50년 전의 성인들보다 훨씬 더 바쁘다. 그 시대의 사람들이 지금쯤이면 사람들이 일주일에 사흘밖에 일하지 않는 낙원에서 살고 있으리라고 상상했던 것을 생각해보면 이 얼마나

• Aldous Huxley, *Time Must Have a Stop*, (Illinois: Dalkey Archive Press, 1998), 45.
•• 미국 헌법의 서두에서 따온 말. (우리 합중국의 국민은 — We the people of the United States — 더 완벽한 연방을 형성하기 위하여 정의를 확립하고 나라 안의 평안을 도모하고 공동방어체제를 확립하고 국민복지를 증진하고 우리와 우리 후손들에게 자유의 축복을 물려주기 위해 미합중국 헌법을 제정한다…) 역주.

어처구니없는 일인가? 오늘날 미국의 평균적인 가구는 하루종일 일하는 두 명의 밥벌이꾼을 필요로 한다. — 그것도 겨우 목적을 달성하는 수준이다. 시민생활? 그런 거 할 시간이 어딨는가? 그리하여 마을로부터 지구촌으로 변천해가는 과정에서, '우리 국민'들의 우렁찬 목소리는 '우리의 아주 아주 특별한 국민'들이 소유한 거대한 매체의 목소리에 파묻혀버렸다.

체제가 문제다

미국 건국의 국부들이 품었던 혁명적인 미래상을 한 단계 더 진화시키자면, 우리는 이제 마음을 잠에서 일깨워서 새로운 의식의 빛에, 지혜로운 중심의 목소리와 우리 안에 내재된 중지를 캐내라는 부름에, 눈을 떠야 한다.

《사회의 도약》(Society's Breakthrough: Releasing Essential Wisdom and Virtue in All the People)의 저자이자 경영자문가인 짐 러프Jim Rough가 이러한 깨어남의 열쇠를 제시한다. 러프는 '역동적 촉진법(Dynamic Facilitation)'이라고 스스로 명명한 기법을 사용하여 고착된 상황을 중지로 바꿔놓는다. 싸움을 위해 고안된 현재의 정치구조를 어떻게 초월할 수 있는지를 보여주기 위해, 그는 청중에게 논쟁거리 하나를 고르게 하고는 자신이 그것을 30분 이내에 해결되도록 촉진하겠노라고 장담했다. 청중은 가장 열띤 논쟁거리인 낙태 문제를 골랐다.

처음엔 참여자들은 늘 그렇듯이 생명을 옹호하는 편과 선택권을 옹호하는 편으로 갈려서 양자택일을 요구하는 논쟁을 펼쳤다. 양자택일의 입장이 모두 개진되고 칠판에 기록되어 모두가 볼 수 있게 되자 러프는 달리 제안할 만한 가능성은 없느냐고 물었다. 사람들이 틀 밖의 낯선 영역에서 머리를 갸우뚱거리는 동안 잠시 침묵이 흘렀다.

러프는 그렇게 그들로 하여금 낙태라는 표면적 증상 너머로 눈을 돌려 논쟁의 원인을 찾아보게 했다. 30분이 지나자 서로 첨예하게 대립하는 목소리를 냈음에도 불구하고 사람들은 진정한 문제를 노출시키는 획기적인 질문을 한목소리로 제기할 수 있었다. — '어떻게 하면 모든 아이들이 그들을 원하고 사랑하는 가족에게 잉태되어 태어나는 그런 사회를 만들 수 있을까?' 러프는 말했다. "이런 식의 합의, 모두가 생각하고 있는 그것을 도출해내는 것은 '언제나 가능한' 일이다."•

하지만 러프의 방식이 지닌 힘과, 그것이 미국이나 여타 지역의 정치를 어떻게 변화시킬 수 있을지를 진정으로 이해하기 위해서, 먼저 그의 그룹 토론에서 언제나 모두가 동의했던 보편적인 결론에서부터 출발해보자. 그것은 '체제가 문제'라는 것이었다.

이것은 개인의 책임을 면하려는 속셈에서 나온 것이 아니라 '우리 국민'의 일치된 목소리가 없는 한 가슴도 영혼도 없는 영속적인 체제가 판을 치리라는 사실을 일깨워주는 결론이다.

미국이 이 지경에까지 이르게 된 경위를 이해하기 위해 미국 국부들의 혁명적 사상으로 돌아가보자. 그들은 정부가 국민을 모셔야 한다고 믿었지만 그들이 세운 새로운 정부는 실제로 국민에게 힘을 부여하기엔 역부족이었다. 그들은 민주주의가 아니라 실제로는 공화국을 세운 것이다.

• Rough, *Society's Breakthrough! Releasing Essential Wisdom and Virtue in All the People*, 11-12.

이 두 용어 사이의 미묘하지만 근본적인 차이는 그 어원을 따라가 보면 밝혀진다. 민주주의(democracy)라는 말은 그리스어 민중(people)을 뜻하는 demo와 권력(power)을 뜻하는 kratia에서 나왔다. 그리고 공화국(republic)은 라틴어로 사물(thing)을 뜻하는 res와 '민중의(of the people)'를 뜻하는 publica에서 나왔다. 차이는, 민주주의는 민중의 힘에 의해 다스려지는 것인 반면에 공화국은 민중이 어떤 것에 자신들을 다스릴 힘을 부여하는 것이라는 데 있다.

'참여민주주의'(혹은 직접민주주의)는 민중이 직접 다스리는 정부여서, 전쟁을 시작하고 끝내거나, 세금을 올리고 내리는 것과 같은 의사결정은 국민투표를 요구한다. 이와 미묘하게 대비되는 공화국은 '간접민주주의'여서 의사결정은 국민이 선출한 대표들에 의해서 내려진다. 이로써 미국의 국부들은 다수 — '우리 국민' — 를 소수의 지배자들로부터 보호할 뿐만 아니라 폭도로 변할 수 있는 다수로부터 소수를 보호해주는 용의주도한 균형장치를 만들어냈다.

거기까지는 다 좋다. 하지만 오늘날의 문제는, 뉴턴-다윈식 사고방식을 향해 진화해온 이 체제가 더 이상은 그 선출된 대표들로 하여금 책임감을 느끼게끔 만들지 못한다는 데 있다. 그리하여 그들은 더 이상 자신들을 대표자로 선출한 국민을 위해서 정치하고 표를 행사할 의무를 느끼지 못하고, 그저 안일하게 거대기업이나 자기 자신들과 같은 특정 이해집단의 이익을 도모하기 위해 표를 던진다.

수십 년 동안 수정되고 해석되어온 끝에, 미국 헌법이 더 이상 미국을 민주주의 국가로도, 공화국으로도 정의하지 않는 이유는 바로 이 때문이다. 이제 미국 헌법은 '우리 국민'이 우리의 대표들을 통해 나라를 다스리도록 보장하는 대신 우리의 대표들이 우리를 다스리고 공동의 선을 해치는 결정을 내리도록 내버려두고 있다.

다행인 것은, 인터넷이라는 범지구적 소통망 덕분에 좀더 유용한 생각을 가진 개인들이 전면에 나서서 서로 힘을 뭉치고 있다는 사실이다.

미래의 정치는 어떤 모습일까?

이 장의 서두에서 우리는 '그렇다면 우리는 정치적으로 어떻게 진화해가야 할까?' 하는 의문을 제기했었다. 거기에 답하기 위해서 우리는 뉴턴-다윈식의 정치와 미국의 국부들이 확립했던 유익한 정치형식을 비교해보았다. 그리고 우리는 또 국부들의 의도와, 그 의도가 어디까지 계승되었는지를 비교해보았다.

여기 그 의문에 답을 주고 미래의 정치가 어떤 모습을 띨지를 이해할 수 있게 해줄 또 다른 비교가 있다.

짐 러프는 역사를 통틀어 문명은 삼각형, 사각형, 그리고 원이라는 기하학적 형상으로써 묘사할 수 있는 통치형태를 채택해왔다고 주장한다.•

삼각형: 첫 번째 형태의 통치방식은 족장이나 왕이나 황제가 다스리는 상명하달식 통치다. 러프는 이러한 통치형태를 의존을 상징하는 삼각형으로 묘사했다.

지도력의 형태로서 삼각형은 유아적이진 않더라도 초보적이다. 아이들이 생계와 질서와 훈육을 부모에게 의존하듯이, 정보가 없는 민중은 부모와 같은 역할을 해주도록 지명된 지도자에게 의존한다.

• 같은 책 19-38쪽.

역사상 영국의 왕과 여왕들이 그들의 백성과 세계의 식민지들에게 행했던 통치방식이 이것이다.

사각형: 두 번째 형태의 통치방식은 위계구조로부터 상명하달식으로 내려오는 임의적인 지배가 아니라 민중이 만들어낸 일련의 합의된 규율에 의한 것이다. 러프는 이런 형태의 통치를 사각형으로 묘사한다. 사각형은 미국 헌법과 같은 법을 신성하게 보존하는 형이상학적인 궤를 상징한다. 이 통치방식은 자유로운 국민의 뜻에 의존하고, 그러므로 그것은 독립을 상징한다.

청년들이 부모의 권위로부터 벗어나 자신만의 덕목과 힘을 시험해보듯이, 우리의 국부들은 식민지의 동지들에게 독립적인 개인이 되는 데 필요한 수단과 힘을 제공했고, 그것이 결국 미국의 독립을 가져왔다.

조지 왕의 전제군주 정치에 비하면 미국의 국부들은 엄청난 발전을 이룩한 셈이지만 그들의 공화국은 그래도 하나의 사물에 지나지 않았다. 물론 그것은 독립적인 주권시민들에 의해 세워지고 헌법과 정의로운 법으로 명문화되었지만 그래도 그것은 도덕적 주체성을 천성적으로 지니지 못한, 하나의 기계에 지나지 않았다. 그것은 다른 기계들과 마찬가지로 운전석에 앉은 이가 지시하는 목적을 위해 부려질 수 있었다. 지난 2세기 동안 '우리 국민'은 그 운전석으로부터 멀찍이 쫓겨나서, 이제는 트렁크 속은 아니더라도 뒷좌석에 묶여 앉은 인질 신세로 전락해버렸다. 국민이 만든 그 물건이 스스로 정치적 생존투쟁에서 가장 적자라고 자부하는 자들의 이기적 목적을 위해 놀아나고 있는 것이다.

이보다도 더 심란하게 만드는 것은, 정부라 불리는 기계가 이제는 자신을 영속화시키기 위해 자신을 지배하고 있다는 사실이다. 이런 상황은 스탠리 큐브릭Stanley Kubrick 감독의 영화 〈2001년 스페이스 오디세이〉(2001:

A Space Odyssey)에서 우주선에 장착된 인공지능 컴퓨터 할HAL이 우주선을 장악하여 자신의 기계적인 이해利害와 목적을 위해 승무원들을 감금하는 상황과 소름 끼치도록 흡사하다. 우리의 네모상자 같은 창조물, 곧 자기 자신에게 봉사하는, 자신을 영속시키는 믿을 수 없는 정부란 것이 미국민의 권리를 박탈한 채 감금해놓고 있는 것이다. 상황은 거의 구제불능인 것 같다. 왜냐하면 미국민의 95퍼센트의 천성적 도덕관은 인구의 겨우 5퍼센트밖에 안 되는 사람들의 사회병적 가치관에 짓밟혀버렸기 때문이다. 200년 전에 국부들이 이 정부의 청사진을 그렸을 때 그들이 염려했던 것은 악당들의 지배였다. 하지만 중심 목소리가 사라진 덕분에 우리를 새로이 위협하고 있는 것은 한 사람의 악한의 지배다.

원: 다행스러운 것은, 제3의 형태 — 원 — 의 통치방식이 존재한다는 사실이다. 그리고 이것이야말로 우리 종이 '인류 출현의 운명(humanife st destiny)'을 실현하도록 도와줄 수 있다. 원 위의 모든 점들은 중심으로부터의 거리가 같고, 원의 모양을 유지하는 데에 똑같이 중요한 역할을 하고 있다. 상호의존(co-dependence)이란 말과는 달리, 교차의존(interdependence)은 자기이익自己利益과 상호이익相互利益이 하나이고 같은 것임을 아는, 다양하고 능력 있고 동등한 개인들의 공동체를 의미한다.

제임스 슈로빅키와 짐 러프도 독립(independence)을 음미할 만한 가치를 지닌 좋은 것으로 바라보지만, 우리는 그것이 우리의 진화도정에 밟고 지나가야 할 징검다리에 지나지 않는다는 사실도 인식해야 한다. 우리는 삼각형의 정치적 아동기로부터 사각형의 정치적 청년기로, 그리고 이제 원형의 정치적 장년기로 진화해가고 있는 것이다.

지구의 토착원주민들은 더 높은 지혜의 장으로 다가가게 하는 접점으로서 원이 지닌 이 힘을 최초로 깨달았다. 오논다가 이로쿠오즈Onondaga

Iroquois의 거북이족 신앙계승자인 오렌 라이언즈Oren Lyons는 이런 식으로 모두가 둥그렇게 둘러앉아서 벌이는 부족회의를 이렇게 묘사했다. "우리는 만나서 명백한 진실 외에는 아무것도 남지 않을 때까지 계속 대화를 나눴다."•

아메리카 원주민 작가인 마니통콰Manitonquat('주술치료 이야기'라는 뜻)은 상습적인 범죄자의 삶을 돌려놓기 위해 이와 동일한 원형 회의를 이용한다. 마니통콰은 뉴잉글랜드 감옥에서 매우 성공적인 프로그램을 운영하고 있다. 그는 이렇게 썼다. "우리 부족은 원이 창조의 기본형태라는 것을 오래전에 깨달았다. 원 안에서는 모두가 동등하다. 위도 아래도 없고 먼저와 나중도 없고 좋고 나쁜 것도 없다."••

마니통콰은 이 과정의 황금열쇠는 존중이라고 했다. 그는 말했다. "대부분의 죄수들은 삶에서 자신을 존중하고 경청해주는 사람을 만나본 적이 한 번도 없다. 어떤 식으로든 그들에게 존중심을 보여주는 이를 만난 사람은 극소수였다."

상대방을 존중하는 태도를 지키게 하기 위해서 마니통콰은 '이야기 막대'를 사용한다. 이야기를 하고자 하는 사람은 그 막대기를 손에 쥔다. 그러면 그는 자유롭게 자신의 이야기를 할 수 있는 권리를 얻고, 둥그렇게 둘러앉은 나머지 사람들은 그 막대기를 보고 그의 말을 경청해야 함을 상기한다. 그는 사람들에게 이렇게 말한다. "이 우주에서 당신과 똑같은 사람은 아무도 없었고 앞으로도 없을 겁니다. 그러니 당신의 특별한 선물

• Tom Atlee, *Tao of Democracy: Using Co-Intelligence to Create a World That Works for All*, v.
•• 같은 책 24-28쪽.

은 당신만이 가지고 있고, 그것을 누구에게든 줄 수 있는 사람은 오직 당신뿐입니다. … 나머지 사람들은 그저 당신의 이야기를 들으면서 그 선물을 받으면 됩니다."[●]

마니통콰의 프로그램을 이수한 죄수들은 단지 5 내지 10퍼센트만이 다시 감옥으로 돌아온다. 다른 곳에서는 상습범의 평균 재범률이 65 내지 85퍼센트인데 말이다. 고도로 효과적인 이 재활 프로그램의 비용은 놀라울 정도로 싸다. 마니통콰은 자원봉사자로서 일곱 개 주에서 120명 내지 150명의 수감자들을 위해 일하는데, 단지 한 달 교통비로 100달러만을 받는다.

이 프로그램을 이수한 많은 죄수들은 마니통콰의 표현에 따르면 "피라미드형의 지배구조를 원형의 평등과 존중으로 바꿔놓고자 하는 열망을 품고" 집과 이웃으로 돌아간다.[●●]

원 안의 사각형 : 다음 진화단계의 통치방식은 원 안의 사각형으로 상징될 수 있을 것이다. 이 청사진 아래서는 사각형 속에서 정부 패러다임은 여전히 선거를 치르고 법을 만들어 집행한다. 하지만 우리의 헌법과 독립을 담고 있는 궤는 '우리 국민'이라는 교차의존적인 원 안에 존재한다.

정부라는 사각형을 중지와 공지능이라는 원으로 둘러싸기 위해서, 톰 애틀리와 짐 러프 등의 사람들은 시민 지혜 평의회, 혹은 시민 심의회를 주창한다. 임의로 선출된 사람들로 구성된 이 그룹은 논란이 되고 있는 문제나 정책에 마음을 쏟아 모아 중지를 찾아내고, 그것을 모두에게 공개한다.

이 의회는 두 가지 면에서 전일적이다. 첫째, 이들은 폭넓은 정보와

● 같은 책 25쪽. ●● 같은 책 28쪽.

관점으로부터 자료를 얻고 틀 밖의 생각까지도 포용한다. 둘째, 이들은 특정 이해집단이 아니라 전체의 행복을 위한 해결책을 추구한다. 두 편이 맞붙어 싸우는 이분법적인 정치의 전형인 경직된 태도와는 달리, 시민 심의회는 역동적이고 참신한 해결책을 제시한다.

그 한 본보기가 될 만한 일이 1997년에 보스턴의 다양한 인구분포를 반영한 열다섯 명의 시민이 모여서 시의 통신정책을 의논했을 때 일어났다. 심의회의 회원은 첨단기술사업 경영자, 노숙자 등 사회적, 경제적으로 다양한 층의 사람들로 구성되었다. 심의회는 문제에 익숙해질 때까지 2주일의 시간을 보낸 다음 이틀 동안 전문가들의 증언을 경청했다.

심의를 마친 후에, 이들은 인상적인 합의문을 사람들 앞에 내놓았다. 이들 중 아무도 전문가가 아니었음에도 불구하고 — 아니, 어쩌면 전문가가 아니었기 때문에 — 그들은 전문가들의 증언을 토대로 실천가능한 정책을 만들어낼 수 있었다. 이 심의회를 이끌었던 딕 스콜브Dick Scolve는, 회의의 끝에 가서는 이 평균적인 시민들이 그들이 선출한 대표들보다도 통신 문제에 대해 더 잘 알게 되었다고 보고했다.•

짐 러프는, 역동적 촉진법의 원리를 도입한 지혜 평의회는 "만인을 위해 유효한 새로운 대안을 찾아낼 수 있도록 분별없이 가슴으로 느끼는, 기운이 인도하는 창조적 사고과정을 제공해줄 수 있다. 사람들은 타협점을 찾기 위해 타협을 하거나 어지러운 갑론을박에 빠지지 않고 모두가 호응할 수 있는 돌파구를 찾아내도록 노력한다"고 말한다.••

이런 심의회는 그 도덕적 권위로써 대중에게 새로운 해결책을 권장할

• 같은 책 128-129쪽. •• 같은 책 233쪽.

수는 있지만 법 제정권과 같은 강제적인 힘은 가지고 있지 않다. 그럼에도 톰 애틀리의 보고에 의하면 캐나다 정부와 덴마크 의회는 이 심의회의 결론을 참고해서 새로운 정책과 새로운 법 제정안을 만들었다고 한다.•

사회나 정부의 어떤 차원에서 활용되든 간에, 이 같은 심의회와 그 발전적인 원리는 그 사회에 치유된 건강한 국가의 미래상을 제시해준다. 그리고 우리는 그 미래상을 통해서, '우리 국민'의 일치된 중심 목소리의 원 안에 법치法治의 사각형이 들어 있는 그런 새로운 통치형태가 실현되기를 소망한다.

그렇다면 다음 의문은 이것이다. ― 어떻게 하면 이곳으로부터 거기에 도달할 수 있을까? 어떻게 하면 오랜 세월 불신으로 갈라져 있는 당파들을 한 자리에 불러 모을 수 있을까? 분리와 불신과 증오와 보복의 습관으로부터 우리 자신을 어떻게 들어올릴 수 있을까? 그리고 국가체제의 새로운 조직원리는 무엇일까?

국토안보와 가슴의 평안

이 책의 마지막 장과 특히 이 장에서 우리는 세포공동체를 통해 국가체제를 비추어보았다. 그런데 3부에서 아직 언급하지 않은 신체부위가 있다. 그리고 이제는 문제의 핵심(heart of the matter)에 이르기 위한 논의가 필요한 때가 왔다. ― 아니, 더 정확하게 말하자면 심장의 문제(matter of the

---

• 같은 책 130-143, 156-157쪽.

heart)를 논의할 때가 말이다.*

우리는 한 국가가 그 가슴과 영혼과의 연결을 잃으면 길을 잃고 헤매게 되는 이치를 이해했다. 각 개인을 인류라는 신체 안에서 동등한 가치를 지닌 하나하나의 세포로 바라보는 새로운 정치질서를 탄생시키려면, 우리는 두려움에서 비롯된 국토안보(homeland security)**의 개념으로부터 사랑에서 비롯되는 가슴의 평안(heartland security)으로 주의의 초점을 돌려야만 한다.

치료가이자 《지구의 가슴 일깨우기: 권력애로부터 사랑의 힘으로 넘어가기 위한 인류의 통과의례》(Waking the Global Heart: Humanity's Rite of Passage from the Love of Power to the Power of Love)라는 아주 적절한 제목의 책을 쓴 아노디아 쥬디스Anodea Judith는 '미래로의 통과의례'는 지구의 가슴의 각성을 통해서라고 말한다. 만일 미래의 세대가 살아남아 인류의 이야기를 전한다면 '그것은 오직 인류의 최선이 살아남아 깊고 깊은 사랑과 손을 잡고 불가능해 보이는 것을 이뤄냈기 때문'일 것이다.***

쥬디스가 말하는 인류의 최선이란 어떤 정의로운 엘리트 그룹이 아니라 우리 각자가 내면에 품고 있는 잠재적 가능성을 가리킨다. 어쩌면 사랑 — 암세포의 성장지연을 일으킬 수 있는 보이지 않는 힘 — 이야말로 인류가 생존의 차원을 넘어 번성해갈 수 있게 하는 은밀하고 평화로운 힘일지도 모른다. 만일 그렇다면 그것은 우리 잠재력의 도구상자 안에서도

● 이후로는 heart를 문맥에 따라 심장, 혹은 가슴으로 옮김. 책의 이 부분에서는 heart가 신체부위인 심장과 사랑의 중추인 가슴을 동시에 의미한다. 역주.
●● 2001년 발생한 9/11사태 이후 미국민들 사이에 팽배한 불안감은 2002년 11월, 미행정부의 각 부처에 분산되어 있던 대테러기능을 통합한 '국토안보부'가 신설되게 했다. 역주.
●●● Anodea Judith, *Waking the Global Heart: Humanity's Rite of Passage from the Love of Power to the Power of Love*, (Santa Rosa, CA: Elite Books, 2006), 18.

가장 활용되지 않은 도구이고 계발해야 할 때가 가장 무르익은 도구다. 하트매스의 연구자들이 발견했듯이, 조화된 심장들은 서로 동조한다. 그러므로 우리가 심장을 동조시켜서 일심동체가 되어 그 사랑의 에너지를 일치된 치유의 힘으로 바꿔놓는 것은 가능한 일이다.

토착원주민 문화나 중세의 마을에는 그 한가운데에 마을광장이 있었다. 처음에는 맹수들이 접근하지 못하게 하기 위해 거기에 불을 피웠다. 그러다가 시간이 지남에 따라 그 불은 마을을 굽어살피는 영의 존재를 상징하게 되었다. 그러나 신성한 불을 돌보는 일을 종교에 맡겨버린 서양문화에서는 사람들이 이 같은 영적 유대감을 공유하지 못하게 되었다. 대중이 집단적 유대감을 경험하는 것은 인간이 달 위를 걷는 것 같은 놀라운 일이나 2001년 9월 11일의 뉴욕과 같은 비극적인 사건이 일어날 때뿐이었다.

모든 마을과 도시와 국가들이 대부분의 사람들이 공유하고 있는 가치를 확인해주는 세속적이면서도 영적인 유대망을 보유하고 있다면 어떨까?

그러한 유대망이 2003년 네바다주의 르노에서 조용히 진화되어 나오고 있었다. 의식적 공동체 네트워크(Conscious Community Network)라 불리는 이 조직은 도시와 주변지역 삶의 사회적, 경제적, 영적 질을 높이기 위해 그 지역의 다양한 요소들을 한데 가져다놓는다. CCN은 조용한 가운데 — 그러나 많은 팬들과 함께 — '사랑, 정직, 용기, 봉사, 존중 등 보편의 영적 가치'를 바탕으로 하여 그 위에 자신들의 일을 펼친다.

CCN 조직과 그 지도자들은 주정부와 지역정부로 하여금 '자립의 날'을 제정하게 만들었다. 이것은 일종의 각성운동으로서, 사람들에게 지역의 산물과 서비스를 구매하도록 홍보하고 권장한다. 그들은 지역 생산자와 소비자들 간에 지역 먹거리 시스템 네트워크(Local Food System Network)를 조직하고, 유기농산물을 원하는 다양한 종교단체들로 구성된 연합체를 만들었다.

CCN은 또 우리가 모두 하나의 공동운명체라는 사실에 대한 이해와 기본적인 전통가치관을 결합시켜 종래의 상자형 미국정치보다는 원을 더 닮은 '제3의 힘'이라 불리는 정치단체를 구성했다. CCN의 활동은 초당파적이어서, 정치적 관점을 불문하고 진실의 가치를 인정하고 그것을 종합하여 종래의 이원론적 정치의 틀 밖에서 포괄적이고 실질적인 통합을 이뤄내기를 추구한다.

CCN은 풀뿌리 자원봉사자들의 노력에 의존한다. 이들은 정부나 그 밖의 기존제도와 기관들의 도움에 의지하지 않고 현장의 사람들과 직접 부딪히면서 일한다. 매우 유기적이고, 강제적이지 않은 자가발전적 사업방식은 민간단체의 운영방식이 진화해갈 훌륭한 본보기를 보여준다.

사업가이자 이 조직의 선구적 창립자인 리처드 플라이어Richard Flyer는 이 새로운 인식의 연결망을 '다양한 신념과 배경을 지닌 사람들 사이에 다리를 놓아 마음을 열게 하려는 소망을 담은, 벽 없는 의도적 공동체'라고 묘사했다.* 플라이어는 자신과 자신의 단체를 '사회에 기쁨을 일궈내고 생명을 받들고 건강을 증진시키는 요소들을 한데 엮어 아름다운 천을 짜내는 직조공'으로 여긴다.

플라이어의 공동체 운영방식은 눈에 띄지 않는 관계망을 형성시켜주는 기반장치를 제공함으로써 개인과 사회와 지구의 건강을 돕는다. 플라이어는 "우리는 낡은 사회 속에서 새로운 사회가 자라나도록, 인류의 수

• Richard Flyer, personal interviews by Steve Bhaeman, January 3, 2008 and Feb. 5 2009.

준을 들어올리고자 하는 열망으로 '가슴이 통하는 사람들'끼리 점과 점을 이어줌으로써 '창조적 지성'을 풀어놓는다"고 말한다.

르노를 비롯하여, 지혜의 심의회, 월드 카페**등 타인에게 적극적으로 귀를 기울이는 그룹들을 배출해내는 많은 공동체의 사람들은 두 가지의 심오한 진실을 발견하고 있다. 첫째는 가슴을 통한 연결망은 머릿속의 분열적인 신념보다 훨씬 더 강력하다는 것, 둘째는 분리의 사각형보다 포용의 원이 훨씬 더 이롭다는 것이다.

인류의 가슴은 서로를 존중하는 대화가 제공해주는 안전하고 생산적인 환경을 요구하고 있다. 이것이야말로 건강하고 온전한 정치구조가 세워질 수 있는 토대가 된다. 이 새로운 변화의 이야기들이 말해주는 것처럼, '우리 국민'은 이제 '이것 아니면 저것' 하는 양극대치식의 자세를 버리고 '양쪽 다' 포용하라는 명령을 받고 있다.

삶은 진보적이다 ··· 그리고 보수적이다

진정한 안전이 가슴의 땅(land of heart)으로부터 나오는 또 다른 이유가 있다. 현대생활이 갈수록 사람을 스트레스에 짓눌리게 만들어가는 동안, 사람들은 자신을 자신의 신념과 지나치게 동일시하는 경향성을 보이고 있다. 만일 그 신념들이 부정확하거나 완전히 거짓이고 양극화를 조장한

● 같은 글. 더 자세한 정보는 Conscious Community Campaign을 검색해보라. www.itstimereno.org
●● World Cafe: 대화와 소통을 통한 장애물 돌파의 강력한 원리와 방법론을 전파함으로써 온 지구가 함께하는 대화의 문화, 소통의 장을 만들어가고자 하는 운동. 역주. www.theworldcafe.com

다면 문제는 더 심각하다. 그것은 결국 생명까지 위협하게 될 테니까 말이다.

진보와 보수의 차이도 차이지만, 그 공통점을 한 번 생각해보자. 양쪽이 다 삶의 기본적인 요소요, 자연스러운 충동이다. 하지만 그것이 신념이 되면 — 게다가 경직된 신념이라면 — 그것은 시스템의 성장을 저해하는 대치된 양극으로 굳어질 수 있다.

베트남전에 잇따른 문화적 격변기 이후로 미국인들은 호전적인 두 개의 당파로 갈라졌다. 진보주의 파랑족인 민주당파와 보수주의 빨강족인 공화당파가 그것이다. 이 두 진영은 기능을 마비시키는 분쟁에 빠져서, 태어난 인간을 죽이는 것이 더 나쁜 일인지 태어나기 전에 죽이는 것이 더 나쁜 일인지 따위를 따지는 일에 엄청난 힘과 에너지를 낭비하고 있다. 그러는 동안에 인간은 태어났든 태어나지 않았든 모두가 위험에 빠져 있다. 생명을 위협하는 범지구적인 '문제의 그물망'에 대한 대처가 이뤄지지 않고 있기 때문이다.

그러나 이 대치된 이원성 너머로 솟아오르면, 우리는 진보적 신념과 보수적 신념 모두가 성장과 방어라는 자연의 힘과 일치하는 것임을 깨닫는다. 생명은 근본적으로 진보적이다. 왜냐하면 그것은 영원히 성장하고 영원히 진화해가기 때문이다. 생명은 또한 보수적이다. 연약한 씨앗을 보호하는 단단한 씨껍질이 그것을 웅변해준다. 씨껍질 속에 있는 씨앗이나 껍질 속의 알은 보수적 기능과 진보적 기능이 협동적으로 조화롭게 통합된 멋진 본보기를 보여준다. 생명이 앞으로 전진해가려면 양쪽이 다 필요하다.

그러나 우리의 사회에서는 진보와 보수가 심각한 불균형 상태에 처해 있다. 해묵은 지배의 스토리가 우리 문화 속에 너무나 만연해 있어서, 우리가 건설해온 방어장치들이 이제는 생명의 진보를 위협하고 있다. 우리를 괴롭히는 사회적 불균형을 진단하라면 군산軍産복합증후군이라고 이름붙일 수 있을 것이다. 군산복합증후군은 문명의 안녕을 위협하고 있는 자기파괴적 면역기능장애다.

앞서 강조했듯이, 자연은 우리가 방어행동을 최소한으로만 취하기를 바란다. 그것은 방어메커니즘이 생명을 구하는 반응을 일으킬 때, 시스템의 생명을 지탱해주는 성장과정이 멈춤과 함께 엄청난 자원이 소비되기 때문이다.

바로 이 때문에 우리가 대치된 양극 위로 솟아올라 '새로운 통찰'의 상태를 일궈내는 법을 터득하면 공동체 의식을 높이는 것이 방어의 필요를 줄여준다는 사실을 깨닫게 되는 것이다. 바로 이것이 여섯 개의 아메리카 원주민 부족들로 하여금 이로쿼오즈 연방을 형성하게 하고 열세 개의 식민지로 하여금 미합중국을 형성하게 만든 동기인 것이다. 그리고 그들이 그 연합체를 설명할 때 선택한 단어들에 주목해보라. 연방(confederacy)이란 '공동의 목적을 위한 동맹'을 뜻하고 합슴(united)이란 '조화로운 단일체'를 뜻한다.

생명과 진화는 더 큰 공동의 목적 — 조화와 공동체 — 을 향해 나아가지만, 미국의 독립운동에서도 표출되었듯이 개인의 자유가 집단의 요구 때문에 억눌리지 않도록 보장받기를 원하는 보수적인 충동도 있다. 게다가 지난 세기에는 보수주의자들이 소련과 중공의 공산주의의 유토피아적인 꿈에 대해 과민한 경계태도를 보였다. 물론 그 꿈은 전체주의의 악몽으로 전락하고 말았지만 말이다. 오늘날 세계를 장악하고 있는 경제군사력 앞에서 보수주의자들은 권력 엘리트들이 똑같이 하향식 지배권을 휘두르는 훨씬 더 끔찍한 신세계 질서의 출현을 경계하고 있다.

하지만 새로운 전일적 세계질서는 원형圖形으로, 이와는 근본적으로 다르다. 그것은 공동체, 연결성, 그리고 서로 간의 이익을 위한 하나의 기능적 기반으로서 맨 밑바닥으로부터 일어날 것이기 때문이다. 그것은 실제로 개인의 자유를 높여줄 진화된 관점이다. 타인들로부터 자신을 방어할 필요를 덜 느낄수록, 우리는 행복을 추구할 자유와 부를 더 많이 갖게 될 것이다. 그리고 그 멋진 부작용으로서, 지구상에 행복이 커진다는 것은 곧 서로로부터 자신을 방어해야 할 필요가 줄어듦을 뜻한다.

톰 애틀리, 짐 러프, 리처드 플라이어와 같은 정치사상가와 운동가, 그리고 다른 '국가 치유가'들의 작업에 동참하다 보면 우리는 자신이 '우리는 모두 한 배에 탔다'는 새로운 윤리관에 발맞추어 가고 있는 자신을 발견하게 될 것이다. 이러한 전망을 얻은 진보주의자와 보수주의자는 서로 이기려고 애쓰는 대치된 양극이 아니라 멋지게 협동하는, 생기 넘치는 한 쌍의 무용수로 변신해 있을 것이다. 한 배를 탄 공동운명체로서 우리가, '우리는 어떻게 진보(progress)해가기를 원하는가?' 그리고 '우리는 무엇을 지키기(conserve)를 원하는가?'라는 질문을 던지고 답한다면 어떨지를 상상해보라.

인터넷이 지구촌을 그물망처럼 이어준 덕분에, 이 같은 대화는 이미 진행되고 있다. 실로 정치는 바야흐로 그 가장 높은 목적을 성취하려는 문턱에 있다. 풍요로운 지구 위에 건강한 인류를 탄생시켜 그 모든 세포의 영혼들이 번성하게 하는 목적 말이다. 지금 필요한 것은 단지 우리의 스토리를 바꿔놓는 작업에 참여할, 임계 숫자의 인류의 적극적인 의도다.

16

완전히 새로운 스토리

> "이젠 쓰레기 더미를 헛되이 긁는 대신
> 풍요로운 정원을 다시 가꾸기에 열정을 쏟을 때다."
>
> ― 스와미 비안다난다

이제 우리는 한 바퀴를 완전히 돌아왔다. 우리의 여행은 스토리가 지 닌 힘에 대한 이야기로부터 출발했었다. 특히, 그 존재를 깨닫기도 전에 우리의 의식을 침투하여 경험을 여과하는, 눈에 보이지 않는 스토리들 말 이다. 신화적 오해는 우리의 스토리를 왜곡시키고 사회의 기능장애와 신 성한 땅의 파괴를 초래하는 지경에 이르도록 우리를 타락시켰다.

이제 새로운 첨단과학과 영원한 지혜를 바탕으로 한 새로운 스토리가 제안하는 것들을 살펴본 우리 앞에는 새로운 도전거리가 놓여 있다. ― 어떻게 하면 낡은 스토리를 바꾸고 새로운 스토리를 쓸 수 있을까? 어떻 게 하면 구시대의 사고방식에 근거한 생활방식으로부터 더 온전한 진실 에 근거한 생활방식으로 전환해갈 수 있을까? 어떻게 하면 새로운 초생 명체인 인류의 의식적 진화에 참여할 수 있을까?

이름이 시사하듯이, 인류(humanity)는 그 '인도적(humane)'인 성질을 특 징으로 하는 하나의 생명체다. 역사를 통해 자비와 박애와 친절과 관용과 후덕함의 산 본보기가 되는 인간들이 있었다. 하지만 신화적 오해에 깊이 물든 발달기 세뇌교육의 결과로 너무나 많은 인간들이 냉담과 불관용과 잔혹성과 악의와 심지어는 인간으로부터 한참 동떨어진 야만적 행태를 노출하는 삶을 살고 있다. 오늘날의 문명은 엄밀히 말해서 인도적이라기보다는 비인도적이라고 하는 편이 더 정확하다.

진화적인 관점에서 우리는 더 이상 우리 중의 최고를 우리가 적응에 성공한 증거로 내세울 수가 없다. 우리의 문명이 멸종위기종의 목록 위에 불안하게 쪼그려 앉아 있는 현 상황에서, 우리의 생물학적 명령은 부지불식간에 우리로 하여금 인도적인 형질을 채택하게끔 몰아붙이고 있다. 인간이 생명을 받드는 인류라는 이름의 생명체로 온전히 진화해갈 수 있도록 말이다.

좋은 생각이긴 하다. 하지만, 어떻게 말인가?

과학적 물질주의가 제공했으나 새로운 과학에 의해 반증된 현재의 바탕 패러다임 신념은 우리의 문제를 해결해주지 못한다. 이것을 안다면 그 첫 단계는, 인간의 진정한 가능성을 실현하지 못하게끔 훼방을 놓는 제약적인 신념들로부터 우리가 다 함께 떨어져 나오는 것이다.

우리가 신념을 바꾼다면 어떻게 될까? 사실 살펴보았듯이, 우리가 살고 있는 세계는 상상의 세계다. 즉, 우리는 우리가 믿는 것을 만들어낸다. 뭔가 다른 것을 만들어내려면 다른 것을 믿어야만 하는 것이다. 오로지 물질만이 중요하고, 정글의 법칙이 지배하고, 우리는 유전자의 약하고 힘없는 노예에 불과하며, 진화의 주사위가 아무렇게나 던져져서 우리가 이곳에 떨어져 있게 되었다는, 그런 낡은 집단적 믿음들을 놓아버릴 때 출현할 새로운 현실을 생각해보라.

우리는 구시대의 스토리를 내려놓고 그것을 더 가능성 있고 실질적인 스토리로 바꿔야 할 뿐만 아니라 그 케케묵은 스토리가 오랜 세월에 걸쳐

입혀놓은 상처를 치유해야만 한다. 치유와 재再프로그래밍은 개인과 집단의 차원 양쪽에서 일어나야 한다. 프랙탈과 같은 — 위에서 그러하듯이 아래서도 그러하다 — 현실에서는 진화된 세포를 먼저 갖추지 않고는 진화된 생명체가 될 수 없다.

'완전히 새로운 스토리'라는 제목을 단 이 마지막 장의 의도는 새로운 문명의 세세한 스토리가 어떻다고 말해주려는 것이 아니다. 그 대신 우리는 인류의 탄생을 향해 진화해가는 위키wiki를 위한 하나의 토대가 되어주기를 바라는 마음으로, 새로운 통찰과 첨단과학이 제시하는 하나의 대략적인 윤곽을 보여주고자 한다. 우리가 진화해가는 동안 이 위키는 불가피하게 쓰이고 다시 쓰여서 무수히 고쳐 쓰일 것이다. 이 완전히 새로운 스토리는 단지 우리 자신이나 우리 부족이나 나라, 심지어 우리 인류에 관한 것만도 아니라, 모든 존재에 관한 것이 될 것이다. 하지만 너무 멀리 나가기 전에 지금 우리가 아는 것과, 그 앎이 시사하는 의미가 무엇인지부터 먼저 살펴보자. 달리 말해서, '뭐가 어떻다는' 말이고 또 '그래서 어쨌다는' 건지를 말이다.

뭐가 어떻고, 그래서 어쨌다는 건가?

한 친구가 로스앤젤레스에서 샌프란시스코까지 순례여행을 하는 길에 나를 방문했다. 이 친구와 다른 여섯 명의 구도자들은 디팍 초프라Deepak Chopra, 웨인 다이어Wayne Dyer, 루이스 헤이Luise Hay 등의 기라성 같은 스타 현자들이 출연하는 대형 뉴에이지 회합에 참석하러 가는 길이었다. 늘 하던 식으로 우리는 이 친구와 그의 친구들이 승합차에서 내리는 것을 맞아 한 사람씩 포옹해주었다. 그중에서 미간에 깊은 협곡이 파인 한 여성은 너무나 경직되어 있어서 우리로부터 좀 편하게 쉬셔야겠다는 말이 나오게 했다. 그러자 그녀는 즉각 흥분된 반응을 보였다. "난 편안하단 말이에요!" 편해 보이지 않는다는 말 자체에 분노가 튀어나온 것이다.

우리가 긴장이 초래하는 부정적인 생리현상을 부드럽게 설명해주자 그녀는 스트레스와 긴장과 건강에 관해 일장연설을 쏟아냈다. 이것이 만일 뉴에이지 지혜경연 대회였더라면 그녀는 특A급 점수를 땄으리라. 하지만 그녀는 자신을 방어하느라 분노했기 때문에 실험실 테스트는 통과하지 못했을 것이다.

이와 마찬가지로 우리는 빈 플라스틱 물병이 쓰레기통을 가득 채운 '지구 살리기' 회합에 참석한 일이 있다.

그러니까, 우리의 마음은 생명을 받드는 좋은 정보를 쉽게 끌어모을 수 있지만 그 정보가 반드시 목 아래로 내려가서 행동의 영역으로 옮겨지는 것은 아닐 수도 있다는 말이다. 무의식의 프로그램이 우리의 행동의 95퍼센트를 지배한다는 사실을 기억한다면 이것도 이해할 수 있다.

만일 이 책이 학교의 교과과정의 일부라면 우리는 이렇게 말하리라. "자, 이제 교과서를 덮고 종이와 연필을 꺼내서 퀴즈문제를 풀어봅시다." 물론 여러분 중 많은 분들이 우리가 지금까지 알려준 과학적 정보를 가지고 A학점을 받을 것이다. 하지만 이 책이 심사숙고해볼 만한 흥미롭고 새로운 통찰들 제공하긴 하지만 이 정보가 어떤 의미를 갖는가는 독자가 이 근본적인 의문을 얼마나 곱씹어보느냐에 달려 있다. ─ '내가 이 깨달음을 나의 행동 프로그램에 적용시킨다면 내 삶은 어떻게 달라질까?'

문명은 이제 우리의 스토리와 삶을 뿌리깊이 흔들어놓을 중요한 과학적 격변기를 맞고 있다. 이 새로운 통찰들은 가정에 관한 것이 아니라 사실에 관한 것이다. 따라서 첨단과학이 제공하는 스토리는 우리에게 우리의 집단적 행동을 바꾸기를 '권하는' 것이 아니라 '명령하고' 있다!

행동의 변화를 요구하는 과학 원리는 여러 갈래로부터 나온다. 전일론을 펼치는 신과학은 우리가 부분을 넘어서 전체를 보고자 한다면 자연과 인간경험에 대한 이해를 가져야만 한다고 강조한다.

생물학과 물리학과 수학이 서로 전혀 다른 지식분야를 대변한다는 종래의 생각은 진화를 제약하는 오해가 되었다. 자연계의 얼개와 작용을 연구하는 모든 체계적 학문은 과학이라는 한 지붕 아래서 서로 밀접하게 얽혀 있다. 그 지붕 아래에 축적된 지식은 고층 건물과 유사한 구조로 조립될 수 있다. 각 층들은 그 아래층이 제공하는 과학의 기초 위에 지어진다.

건물의 각 층들은 아래 그림처럼 과학의 각 분야들을 상징한다. 1층은 수학이고 그 위에 물리학 층이 조립된다. 물리학 위에는 화학의 층이 지어진다. 화학은 생물학의 기초가 되어주고 생물학은 현재 가장 꼭대기인 5층 심리학의 토대가 된다.

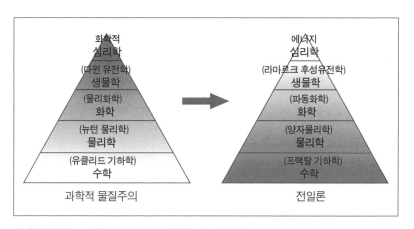

각 층의 과학은 그 전에 지어진 과학의 층 위에 세워졌다.

이 위계적 구조는 아래층의 과학은 높은 층의 과학보다 더 근본적이라는 사실을 보여준다. 한 예로, 뉴턴은 미분방정식이라는 수학분야를 진화시킨 후에야 물리학을 만들어낼 수 있었다.

이런 구조의 조직은 중요한 통찰을 보여준다. ― 아래층의 과학의 신념체계가 바뀌면 위층의 신념체계도 따라서 바뀌어야만 한다는 것이다. 하지만 위층의 과학의 신념체계가 바뀌어도 아래층에는 영향을 미치지 않을 수 있다.

문명의 현재의 앎과 그에 따른 행태는 과학적 물질주의의 지붕 아래서 가정된 '진리'에 의거해서 형성되었다. 이 '진리'의 불완전성은 현재 인간의 생존을 위협하고 있는 위기를 재촉했을 뿐만 아니라 많은 경우 전적인 책임이 있다. 우리 문명의 이 쇠퇴기에 출현한 새로운 과학의 수정론은 우리를 더 진화된 과학인 전일사상 ― 훨씬 더 튼튼한 기초 위에 세워진 건물 ― 으로 이끌어간다.

아동교육 교과과정은 학생들로 하여금 기억된 사실을 읊어서 '무엇이 어떻다'고 말하게 한다. 하지만 학생들은 성장하면서 '그래서 어떻다는 건가?' 하는, 좀더 가치 있는 질문을 던지기를 배운다. 그들은 '만일 무엇이 이러저러하다면 이 지식은 내 삶에 어떤 의미를 가지며 그것을 어떻게 적용할 수 있을까?' 하고 생각해보기 시작하는 것이다.

마찬가지로 지금 문명이 직면해 있는 의문은 이것이다. ― '수정된 과학은 지구상의 인류에게 어떤 의미를 가지는가?' 아래에 열거된 것은 '무엇이 어떻다'는 몇 가지의 새로운 과학적 사실과 함께 '그래서 어쨌다는 건가?' 하는 좀더 의미 깊은 의문에 대한 대답이다.

수학: '무엇이 어떻다' ― 프랙탈 기하학의 원리가 자연의 구조를 설명해준다. '그래서 어쨌단 말인가?' ― 프랙탈(위에서 그러하듯이 아래도 그

러하다)의 과학적 기반인 프랙탈 기하학은 조직의 제닮은꼴이 우주의 구조의 모든 층에서 발견됨을 밝혀준다. 자연의 성공을 보면 알 수 있지만, 우리가 자연의 인도를 의식적으로 따르기만 한다면 인간문명의 생존과 번영은 보장되어 있다.

물리학: '무엇이 어떻다' — 물질과 에너지, 곧 영은 분리될 수 없다. '그래서 어쨌단 말인가?' — 양자 우주의 만물은(물리적인 것이든 비물리적인 것이든, 예컨대 에너지의 파동이든 생각이든) 장場이라 불리는 보이지 않는 에너지의 바닷속에 서로 엮인 채 떠 있다. 자석이 쇳가루를 배열시키듯이, 장의 힘이 물리적 우주의 모양새에 영향을 미친다. 한 방울의 물로부터 인간에 이르기까지 그 어떤 형체도 장으로부터 분리될 수 없다. 장은 '근원'이고 '있는 모든 것'이고 또 어떤 이에게는 '신'이다.

'무엇이 어떻다' — 양자역학은 관찰자가 현실을 창조함을 인정한다. '그래서 어쨌다는 건가?' — 우리는 우리의 신념과 인식과 생각과 느낌으로써 현실을 공동창조한다.

생물학: '무엇이 어떻다' — 후성유전학이 유전 메커니즘을 지배한다. '그래서 어쨌다는 건가?' — 후성유전학의 분자차원의 메커니즘은 의식이 우리를 우리 자신의 건강과 행복의 주인이 되게 하는 물리적 경로를 보여준다. 우리의 신념과 인식의 장이 개인적, 집단적 차원에서 우리의 생리상태와 현실을 좌우한다.

'무엇이 어떻다' — 진화는 지구상에 통합되고 균형 잡히고 조화로운 생태공동체를 일궈내는, 생명의 '적응과정'으로부터 파생되어 일어난다. '그래서 어쨌다는 건가?' — 인간의 진화는 우연이 아니다. 우리는 상호간의 협동, 그리고 환경과의 협동을 통해 정원을 가꿔가기 위해 여기에 있다.

심리학 : '무엇이 어떻다' — 주로 신념의 장으로부터 획득된 프로그램을 통해, 무의식이 우리의 행동과 유전자조절 인식작용의 95퍼센트를 지배한다. '그래서 어쨌단 말인가?' — 개인적, 집단적 차원에서 자신의 무의식적 신념과 감정을 다스릴 수 있게 되면 우리는 자기 삶에 대한 창조적 지배권을 되찾는다.

'무엇이 어떻다'는 데 대해 '그래서 어쨌다는 말인가?' 하는 정말 큰 의문을 요약하자면, 우리는 현실과 그 속의 우리 자리에 관해 자신에게, 그리고 서로에게 이야기하는 스토리가 인간 문명뿐만 아니라 지구 그 자체에 뿌리 깊은 영향을 미친다는 사실을 깨닫는다. 우리는 자신을 작고 하찮은 존재로 여기지만, 우리의 집단의식과 집단무의식의 신념들은 실제로 우리가 현실이라 부르는 물질입자들을 재배열시키고 있다.

우리는 자석 위에 뿌려진 쇳가루가 가지런히 배열되게 하는 보이지 않는 자기장의 예를 들어 물질에 영향을 미치는 장의 힘을 설명했다. 하지만 입자에 미치는 장의 영향력이 스토리의 전부는 아니다. 왜냐하면 쇳가루 또한 자기장의 형태를 실제로 바꿔놓기 때문이다. 작은 쇳가루 하나하나의 영향력은 무시해도 될 정도지만 그 낱낱의 쇳가루를 압축하여 쇠막대로 만들면 그것은 자기장을 눈에 띄게 비틀리게 만든다.

이와 마찬가지로, 진화사를 통틀어 지구의 에너지장은 원시 생명체들의 조직형태에 영향을 미쳤고 인간의 운명에도 영향을 미쳤다. 반대로 각각의 인간들도 쇳가루와 마찬가지로 고유의 영향력권을 통해 무시해도 될 것처럼 보이는 작은 영향력을 장에 미쳤다.

그러나 인간의 자아의식의 출현은 진화 스토리의 뿌리 깊은 변화를 의미한다. 자아의식은 한 개체로 하여금 주변 환경의 장에 대해 반응할 것인지 말 것인지를 선택할 수 있는 선택권을 부여하는 신경학적 메커니즘이다. 그 선택의 자유가 인간에게는 '자유의지'가 된다. 그리하여 쇳가루는 스스로 모여서 쇠막대가 될 능력이 없지만 인간은 의식적으로 일치를 추구함으로써, 장에 영향을 미치는 '인류'라는 단일체를 형성할 수 있다.

또한 쇠막대가 자기장에 미치는 힘은 정적인 반면에 인간은 의식의 의도를 통해 지구의 장에다 역동적이고 창조적인 변화를 일으킬 수 있다. 집단의식을 통해 문명은 위기를 지속가능한 새로운 현실로 바꿔놓을 수 있다. 우리는 실로 정원을 다시 가꾸어 지상천국을 만들어낼 수 있다.

그렇다면 우리는 과연 어떻게 '인류출현의 운명'을 실현시킬 그 조화와 일치를 이뤄낼 수 있을까? 우리는 어떻게 하면 진화의 구경꾼이 아니라 참여자가 될 수 있을까?

그 첫 단계는 문명이 현실을 창조하는 데 사용하는 바탕 스토리를 고쳐 쓰는 것이다. 그것은 하향식으로 내려오는 스토리가 아니라 새로운 스토리가 바닥으로부터 생겨날 수 있게 해줄 줄거리로부터 시작된다. 우리가 진화의 운명을 실현시킬 수 있는 희망의 서광이 비치는 그 방향을 바라볼 때, 그 일은 일어난다.

낡은 스토리의 치유

제 모양을 닮은 프랙탈 조직 패턴은 온 우주에 메아리를 일으킨다. 자연의 일부인 인간의 문화 또한 반복되는 패턴으로 이루어져 있다. 인간의 역사에서 반복되고 있는 그런 패턴 중의 하나는 유감스럽게도 폭력적 지배와 착취와 전쟁이다. 거의 모든 민족들이 이 대하드라마 속에서 가해자와 피해자, 양쪽 역할을 다 맡아보았을 것이다.

이 싸움의 스토리 속에서 사심 없는 용기를 보여주는 본보기도 무수히 찾아낼 수 있겠지만, 우리의 의식적 스토리와 무의식 속의 기억 양면으로 표출되는 '고통'이라는 패턴이야말로 우리의 문화에 가장 많은 영향을 미친 패턴인 듯하다. 이러한 사실을 반영하듯, 인간 발달 연구가인 조셉 칠턴 피어스Joseph Chilton Pearce는 문화를 '육신의 생존을 위한 일련의 신념과 관습'이라고 정의하고, 그것을 단도직입적으로, '공유된 불안 상태'라고 불렀다.[•]

수천 년에 걸친 생존투쟁 프로그램의 세뇌, 그리고 기억을 자극하는 시각자료를 포함한 무수한 역사적 증거 덕분에 우리는 본능적으로 문제는 '나'와 '그들' 사이에 있다고 믿는다. 그리고 막다른 골목에 몰리면 우리는 힘에 의지할 수밖에 없다. 의식적인 마음으로는 사랑을 바탕으로 하는 황금률을 떠들지만 그보다 훨씬 더 강력한 무의식의 차원에서는, 특히 두려움과 강압이 부채질할 때는, 황금의 법칙이 지배한다. 이 막강한 프로그램을 우리는 어떻게 다뤄내야 할까?

무의식을 의식으로 바꿔놓음으로써 가능하다. 자신이 두려움에 의해 프로그램될 수 있다는 사실을 깨닫고 나면 우리는 대중의 갈등으로부터 이익을 얻는 자들의 조종에 덜 놀아나게 된다. 나치 지도자였던 헤르만 괴링Herman Goering은 뉘른베르크 재판의 증언에서 이 사실을 매우 덤덤하게 인정했다. — "일반국민은 원래 전쟁을 원하지 않는다. … 그러나 결국 국가정책을 결정하는 것은 지도자이고, 민주주의든 파시즘 독재체제든 의회정치체제든 공산주의 독재체제든 상관없이 국민을 전쟁터로 끌고

• Joseph Chilton Pearce, *The Biology of Transcendence: A Blueprint of the Human Spirit*, (Rochester, VT: Park Street Press, 2002), 119.

가는 것은 언제나 간단한 일이다. … 할 일은 단지 국민들에게 우리가 공격을 당하고 있으며 평화주의자들은 나라를 위험 속에 빠뜨리려는 애국심 없는 비겁자들이라고 몰아붙이기만 하면 된다. 어떤 나라에서든 이것은 똑같은 효과를 발휘한다."•

이것은 특히 이라크를 선제공격한 전쟁에서 대량살상무기를 찾아내겠다고 떠들던 목표를 이루지 못하고 미국을 경제적, 도덕적 파산상태 직전에 이르기까지 몰고 간 미국 정부에 해당하는 말이다. 8년에 걸친 부시-체니 정부의 집권이야말로 미국과 전 세계에 깊은 두려움에 뿌리를 둔 정치의 교훈을 일깨워준 값비싼 본보기였다고 말할 수 있다.

진화는 배움과 동의어다. 그리고 배움은 패턴의 인식을 바탕으로 한다. 그래서 우리는 패턴을 인식하고 그 의미를 이해함으로써 의식을 획득하는 것이다. 문제로 인식되는 상황은 그 배후의 패턴이 파악되고 이해될 때까지만 존속한다.

배움의 경험으로부터 정보를 얻고 나면 우리는 그것을 기억하고 의식속으로 가져온다. 그러면 이전의 문제나 그와 비슷한 문제를 다시는 경험하지 않아도 되게 된다. 그리고 그러한 배움과 함께 구태의연한 스토리는 놓아보낼 수 있게 되는 것이다.

역사가 반복되는 이유 중의 하나는 인간이 교훈을 배우지 않고 계속 고집을 부려왔기 때문이다. 대신 우리는 남을 탓하고 앙갚음하는 쪽을 택했다. 새로운 배움으로써 제약적이고 파괴적인 낡은 스토리를 밝혀내고 제거하는 것만으로는 문제 상황이 끝나지 않는 것은 이 때문이다. 우리는 또한 이 드라마에서 희생자와 악당의 역할을 한 이들도 각자 자신들의 프

• Herman Goering, quote, www.thinkexist.com

로그램에 의해 그렇게 한 것임을 이해해야 — 아니, 깊이 인식해야 — 한다. 범인은 딱히 그 개인이라기보다는 반복되는 행동패턴임을 깊이 깨달아야만 하는 것이다.

배우와 드라마에서의 역할은 별개라는 생각에 대해서는 많은 사람이 찬동하지 않고, 심지어는 화를 내기까지 할 것이다. 그것은 왜냐하면 이 스토리들은 마음에서 지적으로 인식됨과 동시에 신체감정으로 각인되기 때문이다. 조셉 칠턴 피어스는 스토리를 놓아보내려면 그 스토리를 그 자리에 붙들어놓고 있는 감정을 반드시 처리해야 한다고 강조한다. 그리고 그러려면 영적, 심리적, 감정적 상처를 우리가 인정해주고 치유해야만 한다는 것이다.

역사도 용서가 쉽게 이뤄지는 것이 아님을 보여준다. 마치 '잘못은 인간의 것, 용서는 신의 것'이라는 시인 알렉산더 포프Alexander Pope의 18세기 대구시對句詩가 우리의 집단의식 속에 깊이 각인되어 있는 것만 같다. 우리 자신의 신성에 대한 인식이 없으니, 대부분의 사람들은 용서를 편리하게 신의 손에다 맡겨버린다.

하지만 첨단과학은 우리가 존재하는 모든 것과 밀접하게 서로 엮여 있음을 밝혀준다. 우리는 신의 열매여서, 용서는 실로 우리의 영역 안에 있다. 우리 언행의 95퍼센트는 무의식적이라고 말하는 신과학이 '용서하라, 그들은 자신이 무슨 짓을 하고 있는지를 모른다'고 하는 성경의 권고가 타당함을 확인해주고 있다. 이 사실을 염두에 두고 이것을 생각해보라. — 사람들이 다툴 때 어느 한 쪽이라도 의식이 깨어 있었다면 그런 일이 애초에 일어나지도 않았을 것이라는 것을. 우리가 대부분의 행동을 스스로 자각하지 못하며 우리의 인식이 우리의 신념에 의해 왜곡될 수 있다는 사실을 제대로 이해한다면 우리는 우리와 마찬가지로 자신이 무슨 짓을 하고 있는지를 진실로 알지 못하는 상대방을 논리적으로, 이성적으로 용서할 수 있다. 용서가 진실과 논리를 바탕으로 일어날 수 있다면, 치유는 사랑의 힘에 의해 일어난다.

앞에서 우리는 평범한 사람이 사랑하는 사람의 목숨을 구하기 위해 자동차나 헬리콥터를 들어 올리는 것과 같은 놀라운 묘기를 보여주었던 사례를 몇 가지 살펴보았다. 그리고 13장에서는 사랑이 암 덩어리를 줄어들게 한 레오나드 라스코우의 실험도 살펴봤다. 서로에게 범죄를 저질러온 역사로부터 축적된 정치적 독소를 해독해야 하는 우리는 이번에도 사랑을 불러 헬리콥터를 들어올려 달라고 할 수 있을까?

지난 20년 사이에 행해진 가장 환상적인 실험은, 남아공화국을 수백 년 동안 지배해왔던 식민주의가 사랑과 진실과 용서에 의해 치유된 일이다. 남아공화국의 인종차별을 종식시키기 위해 발기된 혁명적 운동단체인 아프리카 민족의회의 지도자였던 넬슨 만델라Nelson Mandela는 1989년, 27년 동안의 수감 끝에 풀려났다. 쇠창살 안에서 인생의 3분의 1 이상을 보낸다는 것이 대부분의 사람들에게는 괴로움과 분노만 일으켰겠지만, 만델라는 자신의 경험을 영적 지혜와 자비심으로 승화시킬 수 있었다. 감옥에서 풀려나자 만델라는 서로를 존중하는 평화로운 방법을 통해 인종차별법을 다인종공존법으로 바꿔놓기로 맹세했다.

1994년 만델라는 남아공화국의 대통령으로서 진실과 화해 위원회(Truth and Reconciliation Commission)을 창설했다. 왜냐하면 그의 말에 의하면, '오로지 진실만이 과거를 놓아 보낼 수 있기 때문'이었다. 이 위원회의 목적은 정부와 혁명세력에 의해 저질러진 정치적 범죄를 밝혀내고 범죄자들이 그 범죄들을 고백하게 하여 그 진실한 증언의 대가로서 사면을 얻게 하는 것이었다. 남아프리카의 전통부족 사상인 우분투ubuntu의 옹호자로서 아프리카의 가장 뛰어난 영적 지도자인 성공회 대주교 데스몬드 투투Desmond Tutu가 이 위원회의 위원장이었다.

우분투란 남아프리카 언어인 반투어로 개인과 인류와 세계를 서로 이어주는 유대를 뜻한다. 이것은 10장에서 이야기했던 '종교(religion)'의 어원 religare의 뜻을 떠올리게 한다.• 아프리카 역사가이자 저널리스트인 스탄레이크 삼칸지Stanlake Samkange는 우분투의 성격을 보여주는 세 가지 좌우명을 열거한다.

1. 우리는 타인의 인간성을 인정함으로써 자신의 인간성을 긍정한다.
2. 사람의 생명과 부富 둘 중 하나를 택해야 한다면 우리는 생명을 택한다.
3. 왕의 지위는 백성의 뜻에서 나온다.

흠… 이것은 마치 황금률과도 같고 환전상들의 좌판을 뒤엎는 예수와도 같고 주권시민이 권력을 부여하는 정부와도 같다. 전통 우분투 사상은 공동체의 찢긴 천을 기우려는 그 의도로써 아프리카 화해운동의 출범에 기여한 것이 분명하다.

진실과 화해 위원회의 최종보고서는 남아공화국 주정부를 인종차별의 주범으로 지칭하면서도 양쪽의 잔학행위를 모두 인정하고 규탄했다. 만델라와 투투의 치유 의지가 이끈 위원회의 진화적 사업은 남아공화국의 권력이 평화적으로 이양되도록 길을 닦아주었다. 위원회가 옹호했던 사랑과 용서는 보드라운 감상이 아니었다. 그것은 진정한 용기와 영적 인

• 종교(religion)의 라틴어 어원으로서 '한데 묶는다'는 뜻. 역주.

내를 요구했다.

화해를 위한 만델라의 굳은 뜻은 그가 대통령으로 선출되기 전인 1993년에 그의 아프리카 민족의회의 동료였던 크리스 하니Chris Hani가 암살당했을 때 이미 시험을 거쳤다. 온 나라가 폭력으로 앙갚음하고자 하는 광분에 휩싸였을 때 만델라는 국민들에게 이렇게 호소했다. "오늘 밤 나는 흑인이든 백인이든 국민 한 분 한 분께 온 마음으로 호소합니다. 편견과 증오에 가득 찬 한 백인이 우리나라에 와서 너무나 비열한 일을 저질렀고, 이제 온 나라가 재앙의 문턱에서 동요하고 있습니다. 아프리카너Afrikaner(남아프리카 태생의 백인)인 한 백인 여성은 목숨의 위험을 무릅쓰고 이 암살사건을 우리에게 알려줌으로써 정의를 바로 세웠습니다. … 이제는 모든 남아공화국 국민들이 크리스 하니가 목숨을 바쳐 지키려고 했던 우리 모두의 자유를 파괴하려는 자들 — 어느 편이든 간에 — 에 맞서서 일어나야 할 때입니다."•

미국 대통령이 2001년 9월 11일 세계 무역센터 공격사건 후에 이 같은 연설을 했더라면 지금쯤 세상이 얼마나 달라져 있을지를 상상해보라. 미국이 세계로부터 진심어린 위로와 염려를 받고 있던 그 당시에, 그것은 사랑과 실천의 메아리를 일으킬 수 있었을까? 우리는 그렇다고 생각한다.

만델라의 영적 지도력은 한 새로운 나라를 사산死産의 위기로부터 구해주었다. 진실과 화해의 과정은 자체의 한계를 지니고 있었음에도 불구하고 온 나라를 용서에 동참하게 만들었다. 진실과 화해 위원회는 정치권에 사랑을 가져오려는 다른 운동과 계획들에도 영감을 제공했다.

2000년에, 《온전히 용서하라》(Forgive for Good)의 저자이자 스탠퍼드 용

• Nelson Mandela, "1993 Address to the Nation," blackpast.org

서 프로젝트의 진행자인 프레드 러스킨Fred Luskin 박사는 북아일랜드 종 파싸움에서 사랑하는 사람을 잃은 개신교도와 가톨릭교도들의 작은 그룹을 캘리포니아로 초대하여 그가 HOPE(Healing Our Past Experience)라 명명한 프로그램에 참여하게 했다.

그들은 20년도 이전에 사별을 겪었지만 그 슬픔은 결코 떠나지 않았다. 첫 번째 관문의 돌파는 개신교도와 가톨릭교도들이 자신들이 똑같이 느끼고 있는 슬픔은 서로 대치되는 양쪽의 입장 차이 너머에 놓여 있는 것임을 깨달았을 때 일어났다. 일주일간의 프로그램이 끝났을 때 참석자들은 자신에게 일어난 감정적, 심리적 변화를 평가하기 위한 설문지에 답했다. 참석자들은 상처와 분노와 슬픔의 느낌이 줄어들었음을 보고했다. 그뿐 아니라 그들은 불면증, 입맛의 변화, 무기력, 몸의 아픔 등과 같은 감정적 스트레스로 인한 생리증상이 35퍼센트나 경감된 것을 경험했다.*

이 결과는 무척 고무적이긴 하지만 한 가지 의문은 여전히 남아 있다. —'사랑은 정말 나쁜 감정, 특히 악질적인 증오심을 치유해줄 수 있을까?' 레오나드 라스코우가 배양접시 속의 암세포를 사랑한 결과는 그렇다 치더라도, 실제로 현실에서 코앞에 증오를 마주하고 있을 때는 어떻게 될까?

《칼로써 말고》(Not by the Sword)의 저자 캐스린 와터슨Kathryn Watterson은 유대인 합창 지휘자인 마이클 와이저Michael Weisser와 그의 아내 쥴리의 이야기를 전해준다.** 그들은 네브라스카 주 링컨 시에 새로 이사 와서

---

* Luskin, *Forgive for Good: A Proven Prescription for Health and Happiness*, 89-101.
** Kathryn Watterson, *Not by the Sword: How a Cantor and His Wife Transformed a Klansman*, (Boston, MA: Northeastern University, 2001).

이삿짐을 풀고 있던 1991년 6월에 한 통의 협박전화를 받았다.

얼마 지나지 않아서 그들은 "KKK가 너희를 지켜보고 있다, 이 쓰레기들아!"라고 적힌 인종차별주의 전단 더미를 소포로 받았다. 경찰의 말로, 그것은 나치당원임을 자처하는 지역 KKK단의 우두머리인 래리 트랩의 소행으로 보인다고 했다. 트랩은 그 지역의 흑인 가정과 베트남 망명자 센터에 일어난 폭탄 테러에도 관여한 자였다. 그 지역의 백인우월주의 운동 지도자인 마흔네 살의 트랩은 휠체어에 의지하는 장애인으로, 당뇨병을 앓고 있었다. 당시 그는 와이저가 성가대 지휘자로 있는 유대교 회당에 폭탄 테러를 가할 계획을 짜고 있었다.

쥴리는 협박성 우편물에 겁이 나면서도 한편으로는 단칸방에서 혼자 살고 있는 트랩에 대해 연민의 정을 느꼈다. 그래서 그녀는 날마다 트랩에게 성경의 잠언 구절을 편지로 써서 보내주기로 결심했다. 트랩이 지역 케이블 TV 방송에 증오를 토해내는 연속물을 방송하기 시작한 것을 보고, 마이클은 KKK단의 직통전화에 전화를 걸어 "래리, 당신은 날 알지도 못하면서 왜 증오하는 거요?" 하는 메시지를 계속 남겼다.

한번은 트랩이 직접 전화를 받았다. 그러자 마이클은 그가 트랩임을 확인한 후 그가 장보러 갈 때 혹시 도움이 필요한지를 물어보았다. 트랩은 도움을 거절했다. 하지만 그것을 다시 곰곰이 생각해보는 중에 그의 마음이 흔들리기 시작했다. 한동안 그는 두 사람이었다. 하나는 TV에서 여전히 독설을 쏟아냈고, 또 하나는 전화기를 들고 마이클 와이저에게 "할 수 없어. 난 평생 그런 식으로 말하면서 살아왔단 말이야" 하고 토로하고 있었다.

어느 날 밤 마이클은 그의 교회 사람들에게 '편협과 증오로 아픈' 어떤 사람을 위해 기도해줄 것을 부탁했다. 그날 밤, 트랩은 지금껏 한 번도

하지 않았던 짓을 했다. 양손 손가락에 끼고 있던 나치스의 십자기장이 달린 반지 때문에 갑자기 손가락이 근지러워져서 그것을 빼버린 것이다. 다음날 그는 마이클에게 전화를 걸어 "밖에 나가고 싶은데 어떻게 해야 할지 모르겠어"라고 했다. 마이클은 자기가 쥴리와 함께 트랩의 아파트로 가서 도와주겠다고 했다. 트랩은 잠시 머뭇거리다가 그것을 수락했다.

아파트에 도착하자 트랩은 눈물을 터뜨리면서 십자기장이 달린 반지를 와이저 부부에게 건네주었다. 1991년 11월에 그는 KKK단에서 탈퇴하고, 나중에는 자신이 그동안 해코지했던 이들에게 사과의 편지를 보냈다. 그 해 마지막 날에, 래리 트랩은 자신이 앞으로 1년도 살지 못하리라는 진단사실을 통고받았고, 같은 날 와이저 부부는 그에게 자기네 집으로 옮겨서 같이 살자고 제안했다. 그들의 거실은 트랩의 침실이 되었다. 트랩은 그들에게 말했다. "당신들은 내 부모님이 해주었어야 할 일을 내게 해주고 있소."

트랩은 침대에 누워서 마하트마 간디와 마르틴 루터 킹의 전기를 읽고 유대교에 대해 배우기 시작했다. 1992년 6월 5일에, 그는 자신이 폭탄으로 날려버릴 계획을 했던 바로 그 회당에서 유대교인으로 개종했다. 쥴리는 트랩이 죽을 때까지 그를 돌봐주기 위해 직장을 그만두었다. 그가 그해 9월 6일에 숨을 거뒀을 때, 마이클과 쥴리는 그의 손을 잡고 있었다.

자동차가 들어 올려졌듯이 카르마가 들어 올려졌다. 사랑은 양쪽을 다 가능케 한다. 두 이야기는 다 자발적 진화의 길을 가리켜 보여주는 놀라운 본보기다. 우리는, 그리고 우리가 지닌 사랑의 힘은, 우리의 스토리보다 더 큰 존재다. 하지만 사랑의 힘을 일으키려면 선한 의도 그 이상의 것이 필요하다. 인간의 역사가 축적해온 독을 해독시키기 위한 지구적인 치유의식儀式도 큰 돌파구가 되겠지만, 우리 각자 — 쇳가루와 마찬가지로 — 도 진화적 가능성을 현실로 바꿔놓기 위해 저마다 자신의 세뇌 프로그램을 대면하고 극복해야만 한다.

내면의 변화를 위해

자유에 대한 문명의 희구는 세계역사 어디에서나 찾아볼 수 있다. 특히 지난 2세기 동안 미국에서도 그랬다. 이 기간 동안에 서구사회의 시민들은 모든 곳을 여행하고 경험하고 탐사하고 배울 수 있는, 이전에 누리지 못했던 자유를 획득했다.

이제 또 다른 형태의 자유가 진화해 나오고 있다. 이것은 외적인 자유가 아니라 내적인 자유, 인류 진화의 핵심에 가까운 자유다. 그것은 제약적이고 원치 않는 무의식의 프로그램으로부터의 자유다.

새로운 과학은 인간의 마음이야말로 궁극의 감옥이라는 고금의 진리에 화답하고 있다. 마음의 정보장 속에는 마치 족쇄처럼 우리를 구속하는 습관적 행태가 프로그램되어 있다. 밧줄을 끊을 힘이 없다고 세뇌된 코끼리처럼, 우리 또한 우리는 꿈을 이룰 수 없다는, 운명을 성취할 수 없다는 부정적 신념의 사슬에 묶여 있다.

많은 사람들이 개인적 자유를 찾아 자기계발서를 닥치는 대로 찾아서 열심히 읽지만 결국은 좌절하고 어쩔 수 없는 기분에 빠진다. 어째서인지 종이 위에서는 훌륭한 생각들이, 삶 속에 현실화되는 데는 종종 실패하고 만다. 문제는, 의식적인 마음은 책 속의 내용을 읽고 이해하지만 그 정보가 행동습관을 조종하는 무의식 속의 기존 프로그램을 바꿔놓거나 그 속으로 침투하는 일은 매우 드물다는 데 있다. 어떻게 하면 좋을까?

크나큰 해방을 가져오는 첫 번째 단계는 우리 각자가 보이지 않는 그림자와 같은 행동습관에 빠져 있다는 사실을 정말로 깨닫는 것이다. 자신이 얼마나 영적으로 진화되어 있다고 상상하든지 상관없이 말이다. 무수한 영적 스승들, 정치가들, 자칭 도덕의 수호자들이 문자 그대로 바지를 내린 채 체포되는 현실을 생각해보라. 여기서 배움을 얻을 수 있는 확실한 길은, 그런 사람들을 희생자나 가해자로 만드는 것이 아니라 그것을 용서의 마음을 키울 기회로 활용하는 것이다. 우리의 행동이 의식하지 못하는 사이에 타인들의 신념에 의해 얼마나 잘 지배당하는지를 깨닫기만 하면 우리는 모두 비난과 수치심의 족쇄로부터 쉽게 풀려날 수 있다.

두 번째 단계는 우리 삶의 스토리에 책임을 지는 것이다. 참여의 책임을 부인하는 것은 희생자가 되기를 받아들이는 것이다. 왜냐하면 희생자란 자신의 상황을 어쩔 수 없는 것으로 만드는 사람이므로. 스스로 책임을 지고 나설 때에만 우리는 이전과 같은 스트레스 상황을 다시 마주쳤을 때 달리 반응할 수 있게끔 힘을 부여해주는 방법을 터득할 기회를 가질 수 있다. 사전 프로그램된 무의식적이고 반사적인 행동습관이 아니라 의식적인 결정으로써 자신의 행동을 제어할 수 있느냐 없느냐에 삶의 성패가 달려 있다.

자신의 삶을 의식적으로 지배하기로 마음먹고 나선 사람들은 자신의 노력을 이끌고 도와줄 고금의 가르침들을 도처에서 발견한다. 삶을 의식적으로 이끌어갈 방법론을 탐사하는 것은 이 책의 주제가 아니지만, 그 변화의 경로에는 최소한 세 가지의 기본요소, 곧 의도, 선택, 실천이 개입된다.

의도 : 의도는 목적과 방향을 널리 선포하는 것과 같은 역할을 한다. 옛말에도 있듯이, 자신이 어딜 가고 있는지를 모른다면 결국 거기서 멈춰

버리기 쉽다. 우리 각자의 진화를 위해 적절한 의도는, 각자의 능력과 사랑을 합하여 나비와 같은 새로운 생명체의 출현을 돕는 일일 것이다. 동서고금의 영적 스승들이 모두, 의도를 세우는 것은 마치 자석처럼 우리에게 새로운 경험을 끌어당겨준다고 말한다. 필요가 발명의 어머니라면 의도는 발명의 아버지라 할 수 있을 것이다.

선택 : 정해진 의도는 일이 무의식 차원에서 움직여가게 하기도 하지만 진정한 변화를 위해서는 그 의도가 일상 속의 의식적인 선택에도 반영되어야만 한다. 우리는 모두가 진화해 나올 초생명체 속의 한 세포와 같은 영혼들이라는 이 책의 주장을 받아들인다면 우리는 이런 질문을 던져볼 필요가 있다. '이 새로운 세계관에 힘을 보태주려면 나는 개인적으로 날마다 어떤 선택을 할 수 있을까?' 어떤 이에게는 그 답이 삶의 길을 바꾸는 것일 수도 있다. 또 다른 이에게는 밭을 가꾸거나 날마다 어떤 행동을 실천하거나 하는 일일 수도 있다. 각자의 선택은 저마다 다를 것이고, 이 변혁의 시기에 자신을 표현하는 가장 높은 방식을 취할 것이다.

실천 : 앞서 말했듯이, 천국은 목적지가 아니라 실천해야 할 일이다. 신의 어린아이로부터 신의 장성한 자녀로 빨리 커가려면 내면의 자아와 외적 표현 사이에 일치를 일궈내는 방법들을 훈련하고 실천해야 한다. 외부세계를 내면의 행복과 조화시키는 훈련법을 택하고 행함으로써 자신의 진화를 도울 수 있는 것이다.

다행히, 의식의 변성을 도와줄 방법과 참고할 수 있는 자료는 고대로부터 현재에 이르기까지 다양하게 주어져 있다. 방법이 다양하다는 것은 모두에게 맞는 신발은 없다는 진리를 반영한다. 각자의 잠재력을 극대화시켜줄 방법을 찾는 것은 실로 개인적 선택의 문제다.

삶에 대한 의식의 지배력을 되찾는 가장 오래된 실천법 중 하나는 불교의 비파사나vipassana(觀法) 수행이다. 비파사나는 본질적으로 마음이 과거와 미래로 헤매고 다니지 못하도록 붙잡아 현재의 순간에 집중하고 지금의 선택에 깨어 있게 만들기 위한 훈련이다. 간단히 말해서 비파사나는 무의식의 자동 프로그램을 해체하여 개인의 소망과 열망의 자리인 의식적 마음이 의도에 일치하는 행동을 일으킬 수 있게 해준다.

비파사나가 마음의 훈련에 집중함으로써 조화를 일궈내는 것이라면 어떤 훈련법들은 몸의 감각과 움직임에 특히 주의를 기울인다. 명상, 요가, 호흡수련, 이완법, 태극권, 기공 등은 내면의 조화와 일치를 일궈낸다.

무의식의 태만한 행동을 교정하는 전형적인 방법으로는, 자체로서 충분하진 않지만 다양한 형태의 인지행동치료법이 있다. 이것은 제약적인 무의식의 프로그램을 발견하고 이해하고 바꿀 수 있도록 거울을 비춰주는 대담 중심의 심리치료다. 최근에는 신체중심치료(Body Centered Therapy)라 불리는 매우 효과적인 새로운 치료법이 생겨났다. 이것은 대담치료와 명상적인 신체적 행법을 통합시켜서 만든 것이다.

무의식 프로그램의 수정을 도와주는 다른 방법들로는 확언, 임상최면치료, 그리고 여러 가지의 새로운 '에너지 심리학(energy psychology)' 요법들이 있다. 에너지 심리학은 제약적인 신념들을 다룰 수 있게 하는 혁신적이고 흥미로운 분야다. 신경과 심장의 생체장의 상호작용, 차크라 에너지 센터, 그리고 경락을 포함한 에너지 통로로부터 감지한 인체의 진동장을 감지하고 조절하는 것이 에너지 심리학의 치료방식이다. 놀랍게도 에너지 심리학의 요법들은 — 여기에는 홀로그래픽 리패터닝Holographic Repatterning, 바디토크 시스템BodyTalk System, 그리고 가장 잘 알려진 PSYCH-K 등이 포함되는데 — 흔히 몇 분 내에 행동습관의 영구적인 변화를 가져오는 것으로 입증되었다.

한편 하트매스HeartMath 연구소와 같은 단체들은 신경학적 처리능력을 엄청나게 향상시키면서 스트레스를 낮춰주는 새로운 뇌와 심장 기능조율법을 개발하고 있다. 아르쥬나 아르다Arjuna Ardagh가 이야기하는 일체성 축복(Oneness Blessing)은 이와 유사하게 범세계적으로 더 건강하고 조화된 인간의 장을 만들어내는 단체 훈련법의 한 보기를 보여준다.

조화된 집단이 보여주는 힘은 범지구 평화 명상과 기도의 날로 정해졌던 2007년 5월 20일에 입증되었다.[•] 65개국의 백만 명 이상의 사람들이 약속된 시간에 동시에 평화를 위해 명상하고 기도했다. 그 결과는 다이애나 공주의 장례식이나 세계무역센터 피격 같은 사건 때 난수생성기(RNG)가 보여준 반응과 비슷했다. 실제로 '지구의 조화를 위한 발의(Global Coherence Initiative)' 소속의 연구자인 로저 넬슨Roger Nelson은 명상이 진행되고 있는 동안에 전 세계의 모니터가 눈에 띄도록 증가된 RNG 수치 일치 상태를 기록했다고 보고했다. 그렇다, 조화된 의식상태는 지구장에 영향을 미친다!

이 기초적인 발견이 시사하는 바는 의미심장하다. 쇠막대로 압착된 쇳가루가 자기장의 힘에 영향을 미칠 수 있는 것과 동일한 방식으로, 이같은 집단의 명상과 의도가 지구의 장에 영향을 미칠 정도로 강력한 인류의식을 형성시키는 형틀을 만들어낼 수 있는 것일까? 사랑과 건강과 조화와 행복에 초점을 맞춘 집단의식을 보유한 문명의 일치된 전망은 실제로 지상천국을 실현시킬 정도로 강력한 장을 만들어낼 수 있을까?

그렇다. 우리는 그렇게 생각한다. 사실은, 실제로 그렇다.

• Ervin Laszlo, Jude Currivan, *CosMos: A Co-Creator's Guide to the Whole World*, (Carlsbad, CA: Hay House, 2008), 93.

하지만 이런 변화는 우주적(cosmic) 의식의 차원에서만 일어나고 있는 것이 아님을 유념하는 것이 중요하다. 이러한 연결성과 조화는 친절과 능률이라는 임의적인, 혹은 임의적이지만은 않은 무수한 행동으로 날마다 표현되고 있다. 오병이어五餠二魚의 기적처럼, 이 각각의 행동들은 다시 물결처럼 퍼져가서 더 많은 친절과 능률을 낳는다.

하지만 만일 당신이 명상이나 기도 같은 영적 행법 따위에는 관심이 없다면, 그리고 치료는 근육이 결릴 때나 필요한 것일 뿐, 신념을 바꾸기 위해 무의식을 뒤져봐야겠다는 생각 따위는 들지 않는다면 어쩌겠는가? 그래도 연구결과는, 그저 자신의 스토리를 바꾸는 것만으로도 긍정적인 결과를 이끌어낼 수 있음을 보여준다.

우리가 자신에게 들려주는 스토리는 삶의 질과 건강에 직접적인 영향을 미칠 수 있다. 마이애미 대학교 심리학과와 정신의학과 교수인 게일 아이언슨Gail Ironson 박사는, 우주는 사랑으로 가득 차 있다고 믿는 에이즈 환자들이 우주는 죄를 벌한다고 믿는 환자들보다 더 오래 건강을 유지한다는 사실을 발견했다.[•]

마시 쉬모프Marci Shimoff는 자신의 저서 《이유 없이 행복해》(Happy for No Reason)에서 사뭇 도발적인 제안을 한다. "이유 없이 행복해하다 보면 당신은 외적인 경험에서 행복을 '찾으려고' 애쓰는 대신 거기에 행복을 '가져다주게' 된다."[••]

이것이 세상을 너무 단순하게 보는, 웃음 뒤에 숨으라는 식의 얄팍한 처세술이라고 여겨진다면 다음의 과학적 사실을 생각해보라. ─ 표정은

[•] Marci Shimoff, *Happy for No Reason: 7 Steps to Being Happy from the Inside Out*, 125.
[••] 같은 책 21쪽.

실제로 신체에 행복이나 불행과 관련된 감정적 화학작용을 촉발시킨다. 우리는 보통 감정이 우리의 행동을 조종하는 배후의 힘이라고 생각하는 경향이 있다. 그러나 새로운 과학은 육체적 표현이 감정적 반응을 조종할 수 있다는 놀라운 사실을 밝혀냈다.

프랑스의 생리학자인 이즈라엘 웨인바움Israel Waynbaum 박사는 인상을 찌푸리는 것이 스트레스 호르몬인 코르티졸, 아드레날린, 노라드레날린 등의 분비를 촉발한다는 사실을 발견했다. 이 호르몬들은 면역계를 무력화하고 혈압을 높이고 불안과 우울증에 영향받기 쉽게 만든다. 반면에 미소를 지으면 스트레스 호르몬의 분비가 감소되고 신체가 만들어내는 천연 행복 호르몬인 엔도르핀 생산이 늘어난다. 또한 T세포 생산이 늘어나서 면역계의 기능이 향상된다.•

학습경험을 기억 속으로 다운로드할 때, 뇌는 그 감정과 행동반응을 서로 연관시킨다. 이 과정에서 일어나는 생물학적 작용은 대개 양방향으로 진행될 수 있어서, 감정이 경험을 이끌어낼 수도 있고 경험이 감정을 불러올 수도 있다. 이것은 기억포착 과정의 중요한 특성이다.

최근에 과학자들은 거울 뉴런이라 불리는 특이한 종류의 시상운동 신경세포를 발견했다. 원숭이를 실험한 연구결과, 이 세포는 원숭이가 직접 어떤 행동을 할 때도, 아니면 다른 원숭이나 인간이 비슷한 행동을 하는 것을 간접적으로 보기만 할 때도, 똑같이 전기신호를 발사한다는 사실이 밝혀졌다. 이와 동일한 거울 뉴런이 인간의 뇌에서도 발견된다. 당신은 영화를 보다가 주인공을 향해 기어오는 거대한 독거미를 보고 몸을 움츠린 적이 없는가? 다른 사람이 울거나 웃는 것을 보고 함께 울거나 웃은

• 같은 책 151쪽.

적은 없는가? 있다면 당신은 거울 뉴런의 작용에 반응한 것이다. 이 뉴런은 다른 사람이 비슷한 경험을 하는 것을 볼 때 자신의 경험에서 생겨난 학습된 반응을 재생시키는 것이다.•

어떤 행동을 할 때, 우리는 목표를 이루기를 의도한다. 역으로 다른 사람이 행동하는 것을 볼 때, 거울 뉴런은 그들의 행동을 번역하여 우리가 종종 그들의 의도를 추론해낼 수 있게 한다. 뇌세포를 염탐하는 신경과학자들은 타인의 생각과 의도를 식별하는 능력인 감정이입 능력의 원천은 바로 이 거울 뉴런이라고 주장한다.

거울 뉴런은 인류의 진화에서 일치와 조화를 일궈내는 데 매우 중요한 역할을 한다. 사랑과 기쁨과 행복과 감사를 표현하는 사람들을 대중 속에 심어놓으면 어떻게 될지를 생각해보라. 그를 보는 많은 사람들의 뇌 속의 거울 뉴런이 그들도 동일한 감각을 경험하게 만들 것이다. 이 뉴런은 모든 사람들이 긍정적인 기분의 건강한 파동을 느끼도록 신경학적 연쇄반응을 촉발시킬 것이다. 바로 이 때문에 넬슨 만델라나 존 F. 케네디나 마르틴 루터 킹과 같은 카리스마를 가진 지도자들이 대중의 감정과 태도에 그토록 큰 영향을 미칠 수 있었던 것이다.

이러한 통찰에 대한 '그래서 어쨌다는 말인가?'는, 상황에 대한 우리의 해석과 태도가 경험의 결과에 중대한 영향을 미친다는 것이다. 펜실베이니아 대학교 긍정적 심리학 센터의 마틴 셀리그만Martin Seligman 박사의 말에 따르면, 긍정적인 반응은 학습될 수 있다고 한다. 스스로 타고난 비관론자라고 말하는 셀리그만은 현대사회가 사람들에게 희생자 의식과 학

• Kiyosh Nakahara and Yasushi Miyashita, "Understanding Intentions: Through the Looking Glass," *Science* 308, (2005): 644-645.

습된 무력감을 강화시킨다고 주장한다. 그는 도전거리 앞에서 건전한 관점을 택함으로써 무력감의 프로그램을 고쳐놓을 수 있다고 말한다. 예컨대, 셀리그만은 나쁜 사건을 자신의 노력과 능력으로써 극복할 수 있는 단발적인 상황, 그저 일시적인 하나의 차질로 재인식하라고 권한다.•

마시 쉬모프도 또 다른 재인식 처방을 제시한다. 그녀는 부정적인 생각이 끈질기게 방해를 해올 때, 동일한 상황에 대해 똑같이 참이면서 긍정적인 생각 쪽으로 주의를 돌리라고 권한다. 또 평정심을 회복하기 위해서는 '모든 것에 감사합니다. 아무런 불만도 없습니다' 하고 기도하라고 권한다.••

이 장을 내면세계를 다스리는 기법에 관한 정보로 가득 채우지는 않을 것이다. 왜냐하면 이 분야의 가속적인 진화가 그 정보를 계속 업데이트해야만 하게 만들 것이기 때문이다. 환경의 도전에 적응하기 위해 급속도로 형질변이를 일으키는 박테리아와 마찬가지로, 인류라 불리는 새롭게 태어나고 있는 생명체 안의 인간 세포들은 제약적인 신념들로부터 자유를 얻기 위해 온갖 방법들을 왕성하게 실험해보고 있다. 그런 방법들에 대해 논하기에는 역동적인 위키 환경이 더 적합할 것이다. 이 웹은 대중이 시험과 시도를 통해 끊임없이 개선되고 있는 최신의 가장 효과 있는 자기변성 기법들을 접할 수 있는 장을 제공해준다.

• Martin Seligman, *Learned Optimism: How to Change Your Mind and Your Life*, (New York, NY: Pocketbooks, 1998)

•• Marci Shimoff, *Happy for No Reason: 7 Steps to Being Happy From the Inside Out*, 125.

대치하는 양극으로부터 춤추는 2인조로

자발적 진화를 위해서는 개인과 사회의 재프로그래밍도 필요하지만, 최소한 한두 번의 인식의 도약이 필요하다. 우리는 이 세상이 영원히 대치하는 양극 — 진보와 보수, 경쟁과 협동, 과학과 종교, 창조와 진화, 성장과 방어, 영과 물질, 파동과 입자, 독수리와 콘도르 등등 무수한… — 의 싸움터라는 신화적 오해에 세뇌되어 있다.

생명의 양극화된 성질들은 수천 년 동안 개인과 그룹들을 어느 한 편에 서게 함으로써 문명을 분열시켜놓았다. 이런 양극화의 예를 열거하자면 끝도 없겠지만, 방금 제시한 몇 가지 예들은 이 세계가 대치하는 성향들의 통합으로부터 생겨난 것임을 웅변해주고 있다.

바야흐로 진화되어 나오고 있는 통일체는 우리에게, 이 대치하는 성질들이 사실은 진화의 역동적 춤사위 속에서 서로를 돕고 있는 파트너라는 사실을 깨닫기를 요구하고 있다. 남성과 여성이 서로 반대의 힘을 상징한다고 생각하는 그릇된 인식을 해소하는 일보다 이러한 인식의 도약이 더 절실하게 요구되는 곳은 없다. 5천 년에 걸친 지배자 프로그램의 세뇌 결과 양성의 싸움은 당연한 것으로 되어 있다. 남성이 물론 우위지만.

전통 생물학은 여전히 자연을 목숨을 다투는 경쟁의 영원한 악몽과 같은 다원의 세계로 바라보고 있다. 유전학자들은 남성 유전자와 여성 유전자 사이에서 일어나고 있는 지배권 다툼을 언급할 때마다 이러한 인식을 비춘다. 그러나 지배자 스토리는 생물학적으로 전혀 말이 안 된다. 정자와 난자가 만나 하나가 되어서 새로운 생명을 창조하는 마당에 누가 누구를 싸워서 이긴다는 말인가? 《이브의 비밀 결혼지참금》(The Secret Dowry of Eve: Woman's Role in the Development of Consciousness)이라는 혁명적인 저서에

음양의 상징은 희고 검은 두 개의 분리된 도
형으로 이루어져 있다. 그러나 각각은 그 안
에 상대방의 씨앗을 품고 있다.

서 글린다-리 호프만Glynda-Lee Hoffmann은 이렇게 썼다. "정자와 난자 사
이에는 위계적인 상하관계가 없다. 그들은 함께 일하든가, 놀든가 할 뿐
이다."•

　양극화된 성질들의 본질에 대한 물리학과 생물학의 과학적 통찰은 이
성질들이 서로 분리되고 상반된 실체인 것처럼 보이지만 사실은 하나의
통일체 속에 함께 뿌리박고 있음을 밝혀준다. 흥미롭게도, 동양의 철학자
들은 거의 4천 년 전에 음과 양의 관계를 정의할 때부터 이 통일체의 속
내를 이미 간파하고 있었다.

　음양의 상징은 하나는 희고 하나는 검은 두 개의, 분리되어 있으면서

• Glynda-Lee Hoffmann, *The Secret Dowry of Eve: Woman's Role in the Development of Consciousness*, (Rochester, VT: Park Street Press, 2003), 16.

도 서로 엉키어 있는 도형으로 이뤄져 있다. 그러나 흰 것 속에 있는 검은 점과 검은 것 속에 있는 흰 점은 양쪽이 다 동일한 요소로부터 만들어졌음을 암시한다. 마찬가지로 암컷과 수컷은 겉만 보면 종을 불문하고 신체부터 서로 달라 보이지만 내부적으로는 암컷과 수컷이 모두 암수 양성의 호르몬을 다 지니고 있다.

음양이 보여주는 선천적 동질성을 깨달으면 남성이 우월하다는 생각은 근거가 없어진다. 그러니 양성 간의 싸움이라는 개념은 입자와 파동 간의 싸움이라는 개념만큼이나 의미가 없다. 남성 원리와 여성 원리를 완벽한 균형을 이루는 두 힘으로 바라보는 통합적 우주관이야말로 새로운 인류 탄생의 문을 여는 열쇠다.

인간은 인류가 될 수 있을까?

인간의 의식은 아직 이러한 진화적 임무를 떠맡을 수준에 이르지 못했다고 주장하는 이들이 있다. 예컨대 영적 결정론자들은 우리가 절망적으로 결점투성이인 죄인들이어서 신의 개입을 통해서만 구원받을 수 있다고 주장한다. 지적 엘리트주의자들은 대중의 무지와 인간이라는 종의 너무나 명백한 실패를 지적한다.

하지만 여러 징후들은 그것이 목하 얼마나 많은 사람들이 깨어나고 있는지를 우리가 과소평가한 것일 수 있음을 암시한다. 지구 각성 재단 (Fund for Global Awakening)이 2007년에 발표한 대규모 연구 프로젝트 보고서인 〈In Our Own Words 2000〉은 미국인의 85퍼센트가 '우리는 그 모든 차이의 배후에서 모두가 하나로 이어져 있다'고 믿고 있다고 보고했다. 또 93퍼센트나 되는 사람들이 '우리의 아이들을 지구와 사람들과 모든 생명과 연결되어 있음을 느끼도록 가르치는 것이 중요하다'는 데에 동의한다.[*]

아마도 인류가 왕성하게 진화해가고 있음을 보여주는 가장 중요한 징조는 버락 후세인 오바마가 미국 대통령으로 선출된 일일 것이다. 오바마는 대치하는 양극을 초월하여 모든 세계시민들의 본연의 인간성에 호소했다. 희망과 변화와 지구공동체의 협동에 대한 그의 전망은 지속가능한 전일적 패러다임의 창조에 필요한 근본요소다. 성충세포들의 목소리를 상징하는 오바마의 당선은 우리가 이제는 애벌레로부터 시간과 에너지와 주의와 의도를 회수하여 나비로 변신하는 일에 명운을 걸고 있음을 보여주는 하나의 징표다. 세계 지도자가 된 오바마의 말은 13장의 결론과 일치했다. "우리는 모두가 한 배를 타고 있습니다."[**]

오바마의 당선에는 진화적 의미를 지닌 측면이 하나 더 있다. 그것은 그가 과거에 공동체 조직가로서 일했었다는 점이다. 낡은 패러다임을 붙들고 있는 이들이 얕보는 바로 그 측면이 사실은 인류의 자발적 진화의 길을 상징한다. 기억하라. 모든 진화는 공동체를 키우고 의식을 확장시킴으로써 앞으로 나아간다.

만일 지구적 차원의 조화를 향해 가는 이 진화의 단계가 너무 거창한 것처럼 느껴진다면 그것은 우리에게 한층 더 폭넓은 조망이 필요하다는 신호인지도 모른다. — 다름 아니라, '인류'의 출현은 끝이 아니라 시작

● Alexander S. Kochkin, Patricia M. Van Camp, *A New America: An Awakened Future on Our Horizon*, (Stevensville, MT: Global Awakening Press, 2000-2005), 7-11
●● 이 책은 오바마가 미국 대통령으로 당선된 다음 해인 2009년에 출판되었다. 역주

이라는 것이다. 인류가 출현하는 발달단계는 우리네 지구 진화의 완성이다. '인류'의 진화를 통해 우리는 지구를 하나의 물리적 행성으로가 아니라 하나의 살아 있는 세포로 바라보게 될 것이다. 한 세포가 자신의 진화를 성취하면 어떤 일이 일어나는가? 그것은 다른 진화된 세포들과 어울려 의식을 공유하기 위해 군체를 형성한다.

이 진화를 마치면 지구는 지구와 비슷한 다른 의식 있는 행성들을 만나 의식을 확장시켜가는 과정을 계속 이어갈 것이다. 우리가 누구인지, 우리와, 우리가 살고 있는 우주의 본질이 무엇인지를 깨닫기 위해서 말이다.

한편 다시 지금 이곳에선 우리 자신이 바로 우리가 기다려왔던 선구자들이다. 우리가 비록 오바마의 당선과 정치기후 변화의 훈풍 앞에서 가슴이 부풀어 있지만 진화의 이 교차로에서 중요한 것은 맨 앞에 앞장선 개인들이 아니다. 중요한 것은 선구자들이 힘을 부여받아 인류라는 초생명체의 건강한 중심 목소리에 주파수를 맞추고 있을 수 있게끔 조화로운 사랑의 장을 일궈내는 낱낱의 세포 영혼들의 각성이다.

그러므로 각 개인들에게 주어진 진정한 과제는 진화를 실천하는 것, 곧 더 이상은 되풀이할 필요가 없게끔 지나간 스토리의 교훈을 깨우치는 것, 그리고 이 진화에 참여하는 임계수의 인류가 세상을 개벽시키리라는 사실을 늘 스스로 상기시키는 것이다. 우리는 천국을 실천하고 온 인류가 걸어 지나갈 다리를 설계하면서 희망찬 미래를 살아가고 있다.

이것이 우리의 러브스토리, 온 우주 ─ 당신과 나와 살아 있는 모든 생명체 ─ 를 위한 우주적인 러브스토리다. 자, 이제 가자, 제5막으로!

감사의 말

《자발적 진화》는 내가 알게 된 사람들과 살았던 장소들로부터 생겨나온 하나의 거대담론이다. 그러니 이 책은 나의 이야기인 동시에 다른 사람들의 이야기이기도 하다. 내 삶 속의 모든 이들이 이 책의 저술에 기여했으므로 그들의 이름을 모두 거명하고 싶지만 현실적으로는 추려서 말할 수밖에 없겠다.

이 책에 지혜와 통찰을 제공해준 절친한 친구 커트 렉스로스, 테드 홀, 롭 윌리엄즈, 벤과 밀리 부부, 셜리 켈러, 그리고 테리와 크리스틴 부부에게 감사드린다.

내 가슴속 특별한 곳에는 절친한 친구이자 영적 형제인 그렉 브레이든이 있다. 나는 그렉와 함께 강단에도 서고 둘만의 자리에서 그의 지혜를 경청하는 기쁨을 누렸었다. 아내 마가렛과 나는 그의 사랑과 빛으로써 축복을 받았다.

뉴질랜드 카이로프랙틱 대학의 선구적인 재단이사들, 특히 브라이언 켈리 이사장께, 첨단의 전망을 품고 있는 그들 학계의 일원으로 나를 영입해준 것을 감사드린다. 그들의 프로그램은 공동체의 힘을 보여주는 강력한 증거다.

아름다운 풍광의 뉴질랜드에 장기체류했을 때 나를 자신의 집에 머물게 해준 친구 스튜어트와 캐럴 부부에게 특별한 감사를 드린다. 태즈만

해海와 '공룡' 우림 사이에 자리 잡은 그들의 집은 어머니 지구에 관한 이 책을 집필하기에 안성맞춤인 배경이 되어주었다.

스티브와 크루디 베어맨 부부… 우리는 함께 웃고 울다가 또 웃었다. 우리가 친구 사이로부터 한 가족으로 진화해온 경로는 굉장한 탐험의 여행이었다.

가족에 대해서 말하자면, 이 여행길을 따라 진화해가는 동안 나는 문득 주위를 둘러보다가 내 친가족들 또한 나와 함께 발맞추어 진화해가고 있는 것을 발견하고 마음이 무척 기뻤다. 우리가 할 수 있다면 온 세계가 할 수 있는 것이다! 나의 어머니 글래디스, 형 데이빗과 형수 신디와 조카 알렉스, 내 누이 마샤, 남동생 아더에게 사랑을 보낸다. ― 우리는 한 사람도 빠짐없이 잘 진화해가고 있다!

이 책은 특별히 나의 사랑하는 딸들 타냐와 제니퍼와 그들의 가족을 위해 쓰였다. 우리는 그들에게 이 세상을 물려줄 텐데, 이 책이 그들에게 살기 좋은 곳을 남겨주는 데에 조금이나마 도움이 되기를 빈다.

그리고 가장 감사한 사람은 내 사랑하는 절친, 인생의 동반자인 마가렛 호튼이다. 당신은 나를 영감으로 가득 채워준다. 사랑해요!

― 브루스 립튼

무엇보다, 우리에게 이 임무를 맡겨주고 그것을 완수하게 해준 우주의 은총에 감사드린다.

다음으로, 이 일을 여러모로 도와주고 용기와 열의를 북돋아준 모든 이들에게 감사를 표한다. 특히 바쁜 중에도 역사를 통찰하는 시야를 빌려준 브라이언 보가트와 경제학의 지혜를 빌려 준 리처드 코틀라즈의 전문가적 식견에 감사드린다. 자료를 조사해준 루스 해리스와 내가 언제 나와서 놀아줄 수 있는지 궁금해하며 기다려준 사무장 안넷과 내 친구들에게도 감사한다.

내 동료 브루스 립튼과 그의 동반자 마가렛이 우정과 인내와 유머로써 이 협동작업에 임해준 데 대해 가장 깊은 감사를 드려야겠다. 이 일은 우리의 의식을 정말 고양시켜주었다.

마지막으로, 처음부터 마지막까지 이 책을 위해 꾸준히 도움을 주고, 내 안에서 최선의 것을 이끌어내어 준 아내 트루디의 사랑과 믿음에 특별히 감사드린다.

— 스티브 베어맨

605

2009년 8월 7일 네덜란드 남부의 마을 고스Goes의 한 밀밭에 지금껏 나타난 것 중에 가장 큰 크롭써클이 나타났다. 사람들은 이것을 애벌레가 나비로 변태하는 것과 같은, 인류의 진화적 변태를 암시하는 메시지로 해석한다.

표지그림에 대해

15세기 말에 레오나르도 다 빈치가 비트루비안 맨Vitruvian Man을 그릴 때, 그는 기하학과 대칭과 비율을 이용해서 인간이 우주와 신과 연결되어 있음을 보여주려고 했다. 그는 당시에 이용할 수 있었던 가장 수준 높은 수학인 유클리드 기하학을 사용했다. 다 빈치는 피타고라스(기원전 580~500년)로부터 지대한 영향을 받은 로마의 건축가이자 엔지니어인 비트루비우스의 글(기원전 27년)을 바탕으로 해서 그 그림을 그렸다.

오랜 세월 동안 비트루비안 맨은 남녀를 통틀어(실제 이미지는 남자의 것임이 분명하지만) 전 인류를 상징하는 가장 강력한 심볼로 여겨져 왔다. 더욱 놀라운 것은, 오늘날까지도 그것은 보는 이로 하여금 '보이는 것의 배후에' 뭔가가 더 진행되고 있다는 느낌을 너무나 자연스럽게, 즉각적으로 느끼게 한다는 사실이다.

이 오랜 상징적 이미지에다 상상 속의 날개를 단 것이 내가 좋아하는 이미지다. 이 시각적 비유는 우리 모두의 아름답고 희망찬 미래뿐만 아니라 인류의 운명적인 변태를 뚜렷이 암시해주기 때문이다. 그리고 나는 다 빈치도 '프랙탈 기하학'을 사용해서 자신의 그림을 이런 식으로 확대시켜놓은 것을 마음에 들어하리라고 즐겁게 상상해본다. 이 현대의 수학분야가 당시에 알려지지 않았던 것이 안타까울 뿐, 그는 수학을 인간의 신성한 기원을 밝혀줄 단서로 보는 선견지명을 지니고 있었기 때문이다.

마지막으로, 비트루비안 맨의 배꼽으로부터 대칭을 이루면서 진화의 '날개' 끝을 아름답게 장식하는 한 쌍의 황금률(phi) 곡선은 이 두 수학분야 사이에 다리를 놓아줄 뿐만 아니라 시간과 진화 그 자체를 상징하는 하나의 시각적 비유도 되어준다. 황금률은 레오나르도 시대에는 불가해하고 '신성한' 기하학 개념이었지만 오늘날 우리는 황금률의 근거가 되는 피보나치 수열이 사실은 되풀이되는 프랙탈 방정식임을 알고 있다.

　　이 '신성한 비율'의 제닮은꼴 나선은 하나의 프랙탈로서, 안으로도 밖으로도 '무한히' 확장해간다. 인간의 배꼽을 통해 이 나선을 안으로 추적해가면 우리는 자신이 우주 자체로서, 그리고 창조의 투명한 빛으로서 태어났음을 깨닫는다. 이제 막 펼쳐지고 있는 진화의 날개를 넘어 이 나선을 밖으로 따라가면, 우리는 푸른 창공을 만날 것이다. 그래, 날 낙관주의자라고 해도 좋다.

2009년 9월, 브루스 립튼

찾아보기

좁은 간격으로 반복 등장하는 단어는
동일 문맥에서 가장 처음으로
등장하는 쪽수만 기재하였음.

순금의 정신으로 빚어내는
천금의 감동이 있는 곳

정신세계사는 홈페이지와 인터넷 카페를 통해
열린 마음으로 독자 여러분들과 깊은 교감을 나누고자 합니다.
홈페이지(www.mindbook.co.kr) 또는 인터넷 카페(cafe.naver.com/mindbooky)의
회원으로 가입해주시면

1. 신간 및 관련 행사 소식을 이메일로 받아보실 수 있습니다.
2. 신간 도서의 앞부분(30쪽 가량)을 미리 읽어보실 수 있습니다.
3. 지금까지 출간된 도서들의 정보를 한눈에 검색하고 열람하실 수 있습니다.
4. 품절·절판 도서의 대여 서비스를 이용하실 수 있습니다.(카페 안내문 참고)
5. 자유게시판, 독자 서평, 출간 제안 등의 기능을 활용하실 수 있습니다.
6. 정신세계의 핫이슈에 대한 정보와 의견들을 자유롭게 나누고
   교류하실 수 있습니다.
7. 책이 출간되기까지의 재밌는 뒷이야기들을 들으실 수 있습니다.

일상의 깨달음에서 심오한 가르침에 이르기까지,
그 모든 정신의 도전을 책 속에 담아온 정신세계사의 가족이 되어주세요.

정신세계사의 주요 출간 분야

겨레 밝히는 책들 / 몸과 마음의 건강서 / 수행의 시대 / 정신과학 / 티벳 시리즈 / 잠재의식과
직관 / 자연과 생명 / 점성·주역·풍수 / 종교·신화·철학 / 환생·예언·채널링 / 동화와 우화
영혼의 스승들 / 비총서(소설 및 비소설)